AF450361

DICTIONNAIRE

DES

SCIENCES NATURELLES.

TOME XVII.

FIL — FYS.

Le nombre d'exemplaires prescrit par la loi a été déposé. Tous les exemplaires sont revêtus de la signature de l'éditeur.

DICTIONNAIRE

DES

SCIENCES NATURELLES,

DANS LEQUEL

ON TRAITE MÉTHODIQUEMENT DES DIFFÉRENS ÊTRES DE LA NATURE, CONSIDÉRÉS SOIT EN EUX-MÊMES, D'APRÈS L'ÉTAT ACTUEL DE NOS CONNOISSANCES, SOIT RELATIVEMENT A L'UTILITÉ QU'EN PEUVENT RETIRER LA MÉDECINE, L'AGRICULTURE, LE COMMERCE ET LES ARTS.

SUIVI D'UNE BIOGRAPHIE DES PLUS CÉLÈBRES NATURALISTES.

Ouvrage destiné aux médecins, aux agriculteurs, aux commerçans, aux artistes, aux manufacturiers, et à tous ceux qui ont intérêt à connoître les productions de la nature, leurs caractères génériques et spécifiques, leur lieu natal, leurs propriétés et leurs usages.

PAR

Plusieurs Professeurs du Jardin du Roi, et des principales Écoles de Paris.

TOME DIX-SEPTIÈME.

F. G. Levrault, Éditeur, à STRASBOURG, et rue des Fossés M. le Prince, N.º 33, à PARIS.

Le Normant, rue de Seine, N.º 8, à PARIS.

1820.

Liste des Auteurs par ordre de Matières.

Physique générale.

M. LACROIX, membre de l'Académie des Sciences et professeur au Collége de France. (L.)

Chimie.

M. CHEVREUL, professeur au Collége royal de Charlemagne. (Ch.)

Minéralogie et Géologie.

M. BRONGNIART, membre de l'Académie des Sciences, professeur à la Faculté des Sciences. (B.)

M. BROCHANT DE VILLIERS, membre de l'Académie des Sciences. (B. de V.)

M. DEFRANCE, membre de plusieurs Sociétés savantes. (D. F.)

Botanique.

M. DESFONTAINES, membre de l'Académie des Sciences. (Desf.)

M. DE JUSSIEU, membre de l'Académie des Sciences, prof. au Jardin du Roi. (J.)

M. MIRBEL, membre de l'Académie des Sciences, professeur à la Faculté des Sciences. (B. M.)

M. HENRI CASSINI, membre de la Société philomatique de Paris. (H. Cass.)

M. LEMAN, membre de la Société philomatique de Paris. (Lem.)

M. LOISELEUR DESLONGCHAMPS, Docteur en médecine, membre de plusieurs Sociétés savantes. (L. D.)

M. MASSEY. (Mass.)

M. POIRET, membre de plusieurs Sociétés savantes et littéraires, continuateur de l'Encyclopédie botanique. (Poir.)

M. DE TUSSAC, membre de plusieurs Sociétés savantes, auteur de la Flore des Antilles. (De T.)

Zoologie générale, Anatomie et Physiologie.

M. G. CUVIER, membre et secrétaire perpétuel de l'Académie des Sciences, prof. au Jardin du Roi, etc. (G. C. ou CV. ou C.)

Mammifères.

M. GEOFFROY, membre de l'Académie des Sciences, professeur au Jardin du Roi. (G.)

Oiseaux.

M. DUMONT, membre de plusieurs Sociétés savantes. (Ch. D.)

Reptiles et Poissons.

M. DE LACÉPÈDE, membre de l'Académie des Sciences, professeur au Jardin du Roi. (L. L.)

M. DUMERIL, membre de l'Académie des Sciences, professeur à l'École de médecine. (C. D.)

M. CLOQUET, Docteur en médecine. (H. C.)

Insectes.

M. DUMERIL, membre de l'Académie des Sciences, professeur à l'École de médecine. (C. D.)

Crustacés.

M. W. E. LEACH, membre de la Société royale de Londres, Correspondant du Muséum d'histoire naturelle de France. (W. E. L.)

Mollusques, Vers et Zoophytes.

M. DE BLAINVILLE, professeur à la Faculté des Sciences. (De B.)

M. TURPIN, naturaliste, est chargé de l'exécution des dessins et de la direction de la gravure.

MM. DE HUMBOLDT et RAMOND donneront quelques articles sur les objets nouveaux qu'ils ont observés dans leurs voyages, ou sur les sujets dont ils se sont plus particulièrement occupés.

M. F. CUVIER est chargé de la direction générale de l'ouvrage, et il coopérera aux articles généraux de zoologie et à l'histoire des mammifères. (F. C.)

DICTIONNAIRE

DES

SCIENCES NATURELLES.

FIL

FIL. (*Erpétol.*), nom spécifique d'une couleuvre. (H. C.)

FIL D'ARAIGNÉE (*Bot.*), nom vulgaire d'une espèce de joubarbe, *sempervivum aracnoideum*, Linn. (L. D.)

FIL D'EAU ou DE SERPENT (*Entom.*), nom donné quelquefois au dragonneau, à cause de sa ressemblance avec un fil, d'où le nom générique FILAIRE. Voyez ce mot. (DE B.)

FIL-NOTRE-DAME ou FILET DE LA VIERGE. (*Entom.*) On voit souvent en automne, à l'époque des premiers brouillards, des filamens très-blancs et très-légers, transportés par l'air, et qu'on regarde comme des fils d'araignées : on les attribue à de petites espèces de sirons, que Hermann fils nommoit *trombidium telarium*, dont Linnæus faisoit un *acarus*, et MM. Latreille et Fabricius un gamase. M. Cuvier pense que ces fils sont produits par de très-jeunes araignées, qui éclosent avant l'hiver, et qui filent ces corps blancs qui voltigent dans l'arrière-saison. (Règne animal, tom. III, p. 78.) (C. D.)

FIL Y AGULLA. (*Bot.*) Dans le royaume de Valence, on donne, suivant Clusius, ce nom espagnol, qui signifie fil et aiguille, à l'aloès pitte, *agave*, dont les feuilles donnent une espèce de fil, et ont des épines qui peuvent servir d'aiguilles. (J.)

FILACOTONA. (*Ornith.*) L'oiseau auquel Gesner et Aldrovande donnent ce nom, est le ganga, *tetrao alchata*, Linn. (Ch. D.)

FILAGE, *Filago.* (*Bot.*) [*Corymbifères*, Juss. — *Syngénésie polygamie nécessaire*, Linn.] Ce genre de plantes, de la famille des synanthérées, appartient à notre tribu naturelle des inulées, et à la section des gnaphaliées, dans laquelle nous le plaçons auprès du *micropus*, dont il diffère principalement en ce que la couronne est plurisériée; différence qui est la source de presque toutes les autres. Voici les caractères génériques que nous avons observés, dans l'herbier de M. de Jussieu, sur l'espèce qui est le vrai type du genre.

La calathide est oblongue, discoïde, composée d'un disque pauciflore, régulariflore, masculiflore, et d'une couronne plurisériée, multiflore, tubuliflore, féminiflore; le péricline, supérieur aux fleurs, est formé de squames subunisériées, appliquées, ovales, larges, concaves, scarieuses, coriaces, membraneuses sur les bords, et surmontées d'un appendice subulé. Le clinanthe est oblong, inappendiculé au sommet, qui est occupé par le disque, et garni du reste de squamelles analogues aux squames du péricline et supérieures aux fleurs, mais d'autant plus petites qu'elles sont plus intérieures. Les ovaires de la couronne sont obcomprimés, obovales, glabres, inaigrettés; les faux-ovaires du disque sont grêles, glabres, inaigrettés; les corolles de la couronne sont tubuleuses, grêles.

Les calathides sont immédiatement rapprochées en capitule terminal globuleux, sur un calathiphore nu, et entouré d'un involucre : elles sont peu nombreuses, et la calathide centrale est plus grande que les latérales.

Filage naine : *Filago pygmæa*, Linn., *Spec.*; *Filago acaulis*, Linn., *Syst.*; *Evax umbellata*, Gærtn. C'est une très-petite plante herbacée, annuelle, dont la racine produit une ou plusieurs tiges simples, à peine longues d'un pouce dans l'état sauvage, mais qui acquièrent par la culture jusqu'à deux pouces et demi : ces tiges sont menues, inclinées ou couchées, et garnies de feuilles alternes, petites, ovales-obtuses, comme spatulées, un peu cotonneuses ; les cala-thides, composées de fleurs jaunâtres, sont réunies en un capitule terminal, sessile, arrondi, involucré : son invo-lucre est formé de bractées nombreuses, inégales, plus grandes que les feuilles, ovales, obtuses, cotonneuses, blan-châtres, et disposées en une belle rosette, qui déborde beau-coup le capitule, et est couchée sur la terre. Cette jolie petite plante habite les lieux maritimes et les étangs dessé-chés de l'Europe méridionale et du Levant.

Linnæus a composé son genre *Filago* de sept espèces, qu'il a nommées *pygmæa*, *germanica*, *pyramidata*, *montana*, *gallica*, *arvensis*, *leontopodium*. La première espèce (*Filago pygmæa*) est la seule qui présente exactement tous les ca-ractères assignés à ce genre par Linnæus : il est donc indu-bitable que c'est sur cette seule espèce que Linnæus a dé-crit les caractères du genre *Filago*; que c'est pour cela qu'il a eu soin de la placer à la tête du genre, et qu'il n'a rapporté au même genre les six autres espèces que d'après leurs ressemblances extérieures avec la première, et sans vérifier leurs caractères génériques. Ainsi le *filago*, *pygmæa* est le véritable type du genre *Filago*; d'où il suit que le genre *Evax* de Gærtner ne peut être adopté. En effet, l'*evax* est absolument le même genre que le *filago*, proposé long-temps auparavant par Linnæus; car l'*evax* a pour objet l'espèce même qui sert de type au *filago*, et les caractères assignés par Gærtner à son *evax* ne diffèrent en rien des caractères attribués au *filago* par Linnæus. Nous avons publié, dans le Bulletin de la Société philomatique, de Septembre 1819, un examen analytique du genre *Filago* de Linnæus; nous y avons démontré que les espèces dif-fèrent tellement les unes des autres par les caractères gé-nériques, que presque toutes peuvent être considérées comme des genres ou des sous-genres aussi distincts que beaucoup d'autres admis sans difficulté par tous les bota-nistes. (H. Cass.)

FILAGINOÏDES. *Filaginoidea*. (*Bot.*) Linnæus a donné ce nom à l'une des trois sections de son genre *Gnaphalium*.

Cette section correspond à peu près au véritable genre *Gnaphalium*, tel qu'il convient de le définir et de le restreindre, en se conformant aux indications de M. R. Brown. (H. Cass.)

FILAGRANE (*Bot.*), un des noms vulgaires de la jacinthe monstrueuse. (L. D.)

FILAIRE, *Filaria.* (*Entozoair.*) Dénomination imaginée par Muller pour désigner un genre de vers intestinaux, dont la forme du corps rappelle assez bien celle d'un fil, et que Zeder avoit nommé Capsulaire, *Capsularia*, à cause de la manière dont la plupart de ces vers s'insinuent dans le péritoine, dont ils se forment une espèce de capsule. Les caractères de ce genre, qui a été adopté par la très-grande partie des zoologistes, et entre autres par M. Rudolphi, sont : Corps arrondi, très-alongé, presque cylindrique, ou décroissant très-peu vers les extrémités, qui sont obtuses; bouche orbiculaire, très-petite, terminale, ainsi que très-probablement l'anus; organe mâle court, presque arrondi, et sortant avant la pointe de la queue. On connoit très-peu l'organisation de ces animaux; on sait seulement que le canal intestinal est bien distinct et étendu dans toute la longueur du corps, ce qui fait présumer qu'il y a un véritable anus, et qu'il est terminal; la bouche est orbiculaire, le plus souvent très-petite et extrêmement simple, quelquefois cependant entourée de quelques papilles. Quoiqu'on n'ait pas vu les organes de la génération de la plus grande partie des espèces de ce genre, M. Rudolphi, ayant observé, dans son *filaria papillosa*, un petit aiguillon simple avant la terminaison du corps, admet, par analogie, que c'est l'organe mâle excitateur, et que les sexes sont séparés sur des individus différens. Les filaires se trouvent, le plus souvent, dans le tissu cellulaire des animaux de toutes les classes, quelquefois sous le péritoine, dans les cavités splanchniques; il paroit même qu'ils pénètrent le tissu des parties et peuvent sortir à l'extérieur.

M. Rudolphi place dans ce genre, qui diffère des hamulaires, parce que la bouche n'est pas armée de deux crochets, des trichocéphales, parce qu'elle n'est pas terminée par un fil, etc., quarante-trois espèces, dont trente-une sont douteuses, c'est-à-dire ne sont presque désignées que par l'espéce d'animal dans lequel elles ont été trouvées. En général, on conçoit aisément combien il est difficile de caractériser autrement des animaux qui n'offrent aucun appendice, qui tous ont la même couleur blanchàtre, et dont la proportion des deux diamètres varie peut-être beaucoup avec l'àge.

1.° Le F. DE MÉDINE : *F. medinensis*, Gmel.; *Gordius medinensis*, Linn.; le DRAGONNEAU, le VER DE MÉDINE, dont Grundler a donné, dans son traité *de verme medinensi*, une figure originale, qui a été copiée presque partout, et entre autres dans l'Encycl. méth., t. 29. fig. 5. Cette espéce, la plus célébre de toutes, est très-longue; les bords de la bouche sont renflés, et la pointe de la queue est infléchie. Elle est de la grosseur d'une petite corde, et presque partout du même diamètre; sa tête, d'après Grundler, est pourvue d'une sorte de suçoir formé par le renflement de la lèvre qui entoure la bouche, dont l'orifice est très-petit. La queue est terminée par une sorte de crochet infléchi; la couleur est celle de la très-grande partie des vers qui vivent dans les animaux, c'est-à-dire d'un blanc sale, passant au jaune dans l'alcool. Quant à la longueur de ce ver, il paroîtroit qu'elle varie beaucoup : en effet, Kæmpfer parle d'un pied, d'une coudée, et plus; Grundler décrit celui qu'il a vu comme ayant trois pieds et demi, mesure du Rhin; Kunsemüller lui donne souvent plus de deux aunes; Gallandat, de huit à douze pieds; et, enfin, Termin porte sa longueur jusqu'à huit aunes, ce qui commence à devenir fort peu probable. Quoi qu'il en soit, cette espéce de ver paroît, jusqu'ici, n'avoir été trouvée que sur l'espéce humaine, dans le tissu cellulaire de différentes parties, et surtout dans celui des jambes, vers les malléoles. Il paroît aussi qu'elle est endémique dans les régions brûlantes de l'ancien et du nouveau continent. Le nom de *ver de Médine*, de *ver de Guinée*, lui a été donné des lieux où elle a d'abord été observée. Il y a, parmi les observateurs, de grandes dissentions sur l'origine de ce ver. Les uns pensent qu'il est extérieur; que c'est un véritable *gordius*, qui s'insinue dans la peau des personnes qui mar-

chent nu-pieds ; qu'il y dépose ses œufs, y croît, s'y développe, et détermine, par sa présence, des symptômes
assez douloureux pour qu'on l'ait désigné sous le nom de *furie
infernale* : on a, en effet, des preuves qu'il peut exister ainsi
pendant un temps assez long. D'autres auteurs croient que
c'est un ver tout-à-fait intérieur, et ils apportent pour
preuve de leur opinion, qu'on ne l'a jamais trouvé hors
du corps de l'homme ; qu'il est tout-à-fait semblable aux
autres espèces, et surtout au filaire du singe, et qu'il est plus
que probable qu'il naît dans l'intérieur des parties ; qu'il peut
y exister des mois et même des années entières sans déterminer
d'accidens sensibles ; et que ce n'est que lorsqu'il approche de
la peau, qu'il la perce, que les accidens deviennent assez
graves pour déterminer des douleurs atroces, etc. : c'est à
peu près l'opinion de M. Rudolphi, et celle qui me semble la
plus probable. Cependant, des personnes plus versées dans
l'art de la chirurgie que dans la zoologie, et entraînées
sans doute par l'existence d'une espèce de furoncle ou de tumeur inflammatoire que détermine à la peau la présence du
ver, ont émis, dans ces derniers temps, des doutes sur son
existence réelle, pensant que ce n'étoit que du tissu cellulaire
frappé de mort, qui se moule pour ainsi dire en ver, dans
sa traversée de l'épaisseur de la peau. M. Delorme, dans
une lettre insérée dans le tome 87 du Journal de phys., a
montré, par des faits, combien cette opinion est erronée ;
il a confirmé ce qu'on savoit sur les symptômes et même
sur le traitement de l'affection qui suit l'apparition du ver
à la peau. Les symptômes sont une tumeur, avec rougeur,
et une violente douleur ; bientôt apparoît un petit orifice
par lequel le ver sort une petite partie de son corps. Le
traitement consiste à saisir cette partie, et à l'enrouler
avec beaucoup de précaution autour d'un petit bâton,
qu'on tourne fort doucement chaque jour, de crainte de
casser le corps de l'animal, ce qui en rendroit l'extraction
beaucoup plus difficile, outre que la présence de la partie
restée, en se putréfiant, pourroit déterminer des accidens
encore plus funestes. On a fait l'observation que les personnes qui marchent nu-pieds, comme les nègres de nos co-
lonies, en sont plus fréquemment affectées que les autres,

et que c'est vers les malléoles que l'affection a lieu : ce qui est assez difficile à expliquer, dans l'hypothèse que ces animaux sortiroient des cavités splanchniques ; car on ne voit pas trop pourquoi ils tendroient à sortir à peu près tous par le même endroit. Le ver de Médine peut donc encore être le sujet d'observations intéressantes.

2.° Le F. GRÊLE ; *F. gracilis*, Rudolphi, *Entoz.*, tab. 1, fig. 1. Très-long, un peu atténué aux deux extrémités : la tête obtuse ; la pointe de la queue aiguë et fléchie : grosseur d'un fil fin ; longueur, plus d'onze pouces : la queue est courte, très-grêle, déprimée. Trouvé dans la cavité abdominale du *simia capucina* par M. Albers. Il paroît que les singes sont assez sujets aux filaires.

3.° Le F. ATTÉNUÉ : *F. attenuata*, Rud.; *F. cornicis*, Gmel. Obtus aux deux extrémités, la postérieure atténuée : espèce d'un pouce et demi à six pouces de long, un peu épaisse, obtuse aux deux bouts. Dans la cavité abdominale des corneilles.

4.° Le F. OBTUS : *F. obtusa*, Rud. La tête un peu aiguë, la queue obtuse ; le corps de deux pouces et demi de long, assez épais et très-élastique. Dans cette espèce, dont M. Rudolphi n'a trouvé qu'un seul individu dans la cavité abdominale de l'hirondelle rustique, il a pu voir le canal intestinal et les ovaires placés autour.

5.° Le F. TRONQUÉ ; *F. troncata*, Rud. La tête tronquée ; la queue plus épaisse, obtuse, terminée par une pointe très-courte, presque papillaire : cinq pouces de long. Dans la larve du *tinea padella*.

6.° Le F. OVALE : *F. ovata*, Zeder ; *Gordius piscium*, Enc. méth., tab. 29. fig. 6. 7, d'après Gœze, *Naturgesch.*, pag. 126. tab. 8, fig. 1-5. Le corps de trois ou quatre pouces de long, atténué en avant ; la tête ovale ; la queue ronde. Trouvé par Gœze autour du foie du *cyprinus gobio*.

7.° Le F. CAPSULAIRE : *F. capsularia*. Rud.; *Ascaris halecis*, Gmel.; *Capsularia halecis*, Zeder, *Naturgesch.*, pag. 56, tab. 1, fig. 7. Ver d'un demi-pouce à un pouce de long, de la grosseur d'un fil médiocre ; la bouche comme bordée par un bourrelet ; la queue obtuse, avec une pointe courte, papilliforme. Zeder, dans deux individus mâles, a observé une épine courte avant la pointe caudale, un canal intestinal renflé, et une sorte d'estomac ; les femelles sont plus gonflées. Cette espèce est commune sous le péritoine des harengs, quelquefois agglomérée en plus ou moins grand nombre. Elle a la vie tenace, puisque Rudolphi dit en avoir conservé vivans pendant huit jours dans un lieu froid, et que des individus trouvés dans des harengs glacés peuvent revenir à la vie. C'est de cette espèce que Zeder a fait son genre Capsulaire, sur des caractères qui se trouvent évidemment dans beaucoup de filaires.

8.º Le F. papillaire : *F. papillosa*, Rud. ; *F. equi*, Gmel. ; *Cordius equinus*. Abilg., *Zool. Dan.*, vol. 3, p. 49, tab. 109, fig. 12, *a-c*. De deux à sept pouces de long sur un tiers de ligne de diamètre ; couleur cendrée ou brunâtre ; la tête un peu obtuse ; la bouche orbiculaire et le cou garni de papilles ; la queue courbée. Commun dans la cavité abdominale du cheval, quelquefois au-dessous, et même dans le canal intestinal, entre les deux méninges du cerveau.

9.º Le F. couronné : *F. coronata*, Rudolphi ; *Asc. coracæ*, Gmel. ; *Asc. acu*, Gœze, *Naturg.*, pag. 90, tab. 2, fig. 3 ; copié dans l'Encycl. méth., tab. 30, fig. 12-14. La tête, obtuse, est couronnée de trois tubercules ou papilles ; le corps, presque égal, obtus aux deux extrémités, a deux ou trois pouces de long, et est de la grosseur d'un fil médiocre. Le mâle a une épine courte, cylindrique, avant la pointe de la queue, et la femelle est plus grosse. La vie de ces vers, que tous les auteurs avoient rapportés au genre Ascaride, paroît être extrêmement fugace. Sous la peau du cou du rollier.

10.º Le F. acuminé : *F. acuminata*, Rud. ; *F. lepidopterorum* Gmel., Gœze, *Naturgesch.*, pag. 127, tab. 8, fig. 4-6 ; copié dans l'Enc. méth., tab. 29, fig. 10-12. Ver de deux à trois pouces, obtus aux deux extrémités ; la tête pourvue de quatre tubercules ; la queue obtuse, avec une pointe droite. Trouvé par Gœze dans la larve de la noctuelle fiancée.

11.º Le F. plissé : *F. plicata*, Rudolphi ; *F. attenuata*, Zed. La tête atténuée ; la lèvre de la bouche plissée ; la queue obtuse. Zeder n'en dit pas davantage ; il se contente d'ajouter qu'il l'a trouvé dans les chenilles.

12.° Le F. ailé; *F. alata*, Rud. Corps d'un pouce de long, grêle, un peu plus gros en avant; la tête rétrécie; la queue aiguë, recourbée, ailée sur les bords. Dans les parois de l'estomac du *simia maimon*. Cette espèce appartient-elle bien à ce genre?

Les espèces douteuses n'ont été, pour ainsi dire, qu'indiquées par les auteurs; nous allons seulement en rapporter les noms tirés de l'animal dans lequel elles ont été trouvées, afin d'exciter l'attention des observateurs; ce sont:

13.° *F. vulpis* de Camper (Malad. des anim.). 14.° *F. leonis*, Redi, Anim. viv., tab. 9, fig. 2. 15.° *F. mustelarum*, du même, tab. 9, fig. 3. 16.° *F. leporis*, Pallas et Gmel. 17.° *F. aquila*, Redi et Gmel. 18.° *F. falconum*, Redi et Gmel. 19.° *F. strigis*, Redi et Gmel. 20.° *F. collurionis* de Rossa. 21.° *F. cygni*, Redi et Gmel. 22.° *F. anatis* de Paullinus. 23.° *F. ciconia*, Red. et Gmel. 24.° *F. ardeæ cineræ* de Braun et Rudolphi. 25.° *F. alaudæ* de Velsch. 26.° *F. sturni* de Pallas. 27.° *F. carduelis*, Velsch, *de Ven. med.*, p. 137, fig. c. 28.° *F. colubri*, Bosc. 29.° *F. piscium*, Linn.; *gordius marinus* des auteurs. 30.° *F. coleopterorum*, Lister, etc. 31.° *F. sylpha*, Gmel. 32.° *F. Chrysomelæ tanaceti*, Frœlich. 33.° *F. chrysomelæ alui*, Holten., *Dansk. selk. skrist.*, 4, 1, p. 16, t. 3, fig. 1, 2. 34.° *F. buprestis*, Boucher. 35.° *F. forficulæ*, Rud. 36.° *F. locustæ*, Frisch, *Misc. Berol.*, t. 4, p. 394; *F. grylli*, Gmel. 37.° *F. cercopidis*, Rœsel. 38.° *F. du faucheur*, *F. phalangii*, Lamck. et Rudolphi. 39.° *F. araneæ*, Rud. 40.° *F. monoculi*, Gmel. 41.° *F. erucarum*, Rud.; *F. lepidopterorum*, Gmel. 42.° *F. phryganeæ*, Gmel., d'après Degéer. 43.° *F. tenthredinis*, Gmelin. (D. B.)

FILAMENTEUSES [Plantes], (*Bot.*), ayant l'aspect de filamens: les conferves sont dans ce cas. (Mass.)

FILANDER. (*Mamm.*) C'est ainsi que Le Bruyn et Valentin écrivent le nom d'une espèce de didelphe des Indes orientales, *didelphis Brunii*, Gmel. Voyez Kanguroo. (F. C.)

FILAO. (*Bot.*) Voyez Casuarina. (Poir.)

FILARIA. *Phillyrea*, L. (*Bot.*) Genre de plantes de la famille des jasminées, Juss., et de la *diandrie monogynie* de Linnæus, dont les principaux caractères sont les suivans: Calice petit, à quatre dents; corolle monopétale, courte, à quatre lobes;

deux étamines; un ovaire supérieur, arrondi, chargé d'un style simple, terminé par un stigmate épais et entier; une baie globuleuse ou presque globuleuse, à deux loges monospermes; une de ces loges est sujette à avorter.

Les filarias sont des arbrisseaux à feuilles opposées, glabres, persistantes, et à fleurs petites, groupées plusieurs ensemble dans les aisselles des feuilles. Les espèces de ce genre ne sont pas nombreuses : la plupart des botanistes en distinguent trois; quelques-uns en ont désigné cinq; d'autres n'en reconnoissent que deux, regardant comme des variétés causées par la nature du sol et du climat ce que les autres prennent pour des espèces distinctes. Tous les filarias croissent naturellement dans le midi de la France, en Espagne, en Italie, etc. Ils sont communs sur le penchant des montagnes, dans les lieux pierreux, et aux expositions sèches et chaudes; leurs fleurs sont d'un blanc jaunâtre, et paroissent au printemps.

Filaria a feuilles larges : *Phillyrea latifolia*, Linn., *Spec.*, 10; *Phillyrea prima*, Clus., *Hist.*, 51, et *Phillyrea secunda*, Clus., *Hist.*, 52. Cette espèce est un grand arbrisseau qui, dans son pays natal, s'élève à quinze ou vingt pieds de hauteur; ses feuilles sont ovales-lancéolées, un peu en cœur à leur base; ses fruits n'ont le plus souvent qu'une seule loge. Aiton, d'après les formes assez différentes qu'on peut observer dans les feuilles de cette espèce, l'a partagée en trois, sous les noms de *Phillyrea lœvis*, *Phyllirea spinosa*, et *Phillyrea obliqua*, qu'il nous paroît plus convenable de ne regarder que comme trois variétés, parce que souvent elles sont très-peu tranchées et se confondent insensiblement les unes dans les autres. Quoi qu'il en soit, la première variété se distingue à ses feuilles ovales-lancéolées, entières ou peu dentées; la seconde à ses feuilles plus larges, bordées de dents aiguës; et la troisième, à ce qu'elles sont de même dentées, mais plus alongées et plus étroites.

Filaria moyen : *Phillyrea media*, Linn., *Spec.*, 10; *Phillyrea tertia*, Clus., *Hist.*, 52. Cet arbrisseau s'élève un peu moins que le précédent; ses feuilles sont ovales-lancéolées, entières, ou rarement dentées; ses baies ont ordinairement deux loges.

Filaria a feuilles étroites : *Phillyrea angustifolia*, Linn., Spec., 10 ; *Phillyrea quarta et quinta*, Clus., Hist., 52. Cette espèce ne diffère de la précédente que parce que ses feuilles sont une fois plus étroites, constamment entières ; mais, comme on trouve des échantillons intermédiaires, il devient souvent difficile de déterminer à laquelle des deux plantes ceux-ci appartiennent.

Dans le nord de la France, on plante les différentes espèces de filaria dans les jardins paysagers, comme arbrisseaux d'ornement ; leur feuillage luisant, toujours vert, y jette de la variété. Autrefois on les tailloit en pyramide, en boule ; mais aujourd'hui on les laisse croître naturellement. On les emploie aussi quelquefois à faire des haies ou des palissades, et alors on les soumet à la taille. La dernière espèce est la plus propre à servir de cette manière, parce qu'elle pousse beaucoup de rameaux qui, en s'entrelaçant les uns dans les autres, rendent les haies et les palissades très-serrées.

Les filarias se multiplient facilement de semences et de marcottes. Leurs graines, qu'il faut faire venir de Provence ou de Languedoc, parce qu'il est rare d'en récolter sur les pieds cultivés dans les jardins du Nord, se sèment, en automne, dans une terre légère et à une exposition chaude, et mieux dans des pots ou des terrines, afin de pouvoir les rentrer dans l'orangerie pendant le premier et le second hiver. Dans le premier cas, on préserve les semis des gelées, en les couvrant avec des paillassons ou de la grande litière, lorsque les froids deviennent un peu rigoureux. Les marcottes se font aussi en automne, et il leur faut une année pour prendre racine. Quand elles ont repris, on peut les séparer et les mettre en pépinière, ainsi que les jeunes plants de semis qui sont assez forts : on les y laisse trois à quatre ans, jusqu'à ce qu'on veuille les mettre en place à demeure.

Dans le climat de Paris, les filarias résistent bien aux gelées ordinaires ; mais les grands froids les font souvent périr, non pas entièrement à la vérité, car dans ce cas il n'y a que les tiges qui meurent, et, en les coupant rez terre, les racines reproduisent de nouvelles pousses, qui ont bientôt réparé la perte des anciens pieds.

Le bois des filarias est dur, compacte, blanchâtre, susceptible de prendre un beau poli : il pourroit servir à faire des ouvrages de marqueterie ou des manches d'outils; mais, comme il n'acquiert jamais de grandes dimensions (on en trouve rarement des troncs de cinq à six pouces de diamètre), on n'en fait que très-peu d'usage, et on ne l'emploie guère qu'à brûler. (L. D.)

FILASSE (*Bot.*), nom vulgaire du chanvre dans les campagnes. (L. D.)

FILASSE DE MONTAGNE. (*Min.*) On a quelquefois donné ce nom à l'amianthe. Voyez Asbeste. (B.)

FILASSIER. (*Ornith.*) Dans le département des deux Sèvres on nomme ainsi la marouette ou petit râle d'eau, *rallus porzana*, Linn. (Ch. D.)

FILASSO. (*Bot.*) La guimauve de Narbonne porte ce nom en Languedoc. (L. D.)

FILDRA (*Ornith.*), nom qui, suivant les voyageurs Olafsen et Povelsen, est donné en Islande au chevalier aux pieds rouges, *scolopax calidris*, Linn. (Ch. D.)

FILET. (*Bot.*) On distingue trois parties dans les étamines : le pollen, l'anthère, et l'androphore ou le support de l'anthère. L'androphore, qui manque dans certaines plantes, porte, dans d'autres, plusieurs anthères. Lorsqu'il ne porte qu'une seule anthère, il est généralement désigné sous le nom de *filet*. On le nomme aussi *filament*.

Dans la plupart des plantes les filets sont cylindriques.

Ils sont déliés comme un cheveu dans le seigle, le plantaire, etc.; ils sont larges, minces et semblables à des pétales, dans le *kæmpferia*.

Ceux du *sparmannia* sont renflés de distance en distance; ceux du *mahernia* sont pliés en genou; ceux du *hirtella* sont contournés en tire-bourre. Dans la bourrache ils portent une espèce d'appendice.

Ils ont une très-large base dans la campanule; ils ont le sommet fourchu dans la brunelle; ils l'ont terminé par trois pointes dans quelques espèces d'ail. Dans le *paris quadrifolia*, ils se prolongent au-dessus de l'anthère.

Ceux du bouillon blanc, de l'*anagallis*, etc., sont chargés de poils; ceux de la fraxinelle, etc., sont garnis de glandes.

Dans l'ortie , la pariétaire , le mûrier, etc., les filets courbés dans la fleur, avant l'épanouissement, se redressent avec force comme un ressort que l'on relâche tout-à-coup, lorsqu'ils ne sont plus retenus par l'enveloppe florale.

Dans l'épine-vinette. la rue, le parnassia. le ciste hélianthème, etc., ils exécutent, au temps de la fécondation, des mouvemens qu'on ne peut attribuer à une force mécanique connue. Voyez FÉCONDATION. (MASS.)

FILETS. (*Chasse.*) Quoique l'art connu sous le nom d'*aviceptologie* ne forme pas une véritable branche des études ornithologiques, la connoissance des artifices imaginés pour prendre les oiseaux met à portée de mieux s'instruire de leurs habitudes; et l'amusement que cet exercice procure, est un autre motif pour déterminer à donner ici quelques notions sur la construction et l'emploi des principales sortes de filets.

Les plus simples sont les *lacets* et les *collets.* Le premier piége consiste à lier une ficelle d'un bout à une branche ou à quelque chose de solide, en laissant un nœud coulant dans l'endroit où l'on présume qu'il peut se présenter une occasion de prendre un oiseau par la patte; on s'éloigne avec l'autre bout à la distance de vingt ou trente pas, et l'on s'y tient caché, en attendant, pour tirer la corde, que l'oiseau se soit rendu au lieu où le nœud est préparé. C'est, en général, sur un nid et pendant l'incubation que se tend le lacet; mais il arrive le plus souvent que l'oiseau est pris par le cou : on attrappe même en général plus de femelles que de mâles, et toujours la nichée périt. La force du lacet se proportionne à celle de l'oiseau, et lorsqu'il ne s'agit que de fauvettes et autres becs-fins, le nœud peut être formé avec un simple fil, ou avec un crin de cheval quand le nid tendu est celui d'un merle ou d'un geai.

C'est surtout pendant l'hiver qu'on fait usage des *collets,* qui sont particulièrement le fléau des grives et des merles. On donne différens noms aux collets, suivant la manière dont on les tend. Ceux qu'on attache à des piquets fichés en terre, s'appellent *collets piqués* ou *à piquet.* Pour faire un collet, on prend quatre crins blancs d'environ un pied et demi de long, et on met les extrémités supérieures de deux de ces crins avec les inférieures des deux autres, qu'on noue dans le milieu d'un nœud simple. Ces crins doivent être tordus en manière de corde, afin qu'après la confection du nœud ils ne se détordent plus. Les piquets se font avec des baguettes de noisetiers ou d'autres bois verts, d'un pied de hauteur, auxquelles on fait une entaille qu'on tient entr'ouverte jusqu'à ce que le nœud y soit passé : l'autre extrémité s'aiguise en pointe, afin de pouvoir l'enfoncer aisément en terre jusqu'à ce que le collet ne soit plus qu'à deux travers de doigt du sol. Les piquets se placent de quinze en quinze pas de distance, en ayant soin de garnir l'intervalle de petites branches formant une haie, pour empêcher les oiseaux de passer à côté du collet; mais, si ce sont des grives qu'on veut prendre, il est bon de semer, au bas de chacun, quelques baies de genièvre pour les amorcer. On peut ajuster deux collets au même piquet, et ces collets doubles se tendent plutôt pour les perdrix et les bécasses : on les dispose dans les sentiers les plus larges.

Le *collet pendu* est celui qui n'est pas tenu dans une fente à un piquet, mais attaché à une baguette de bois vert, à laquelle on a fait des crans. Ce collet peut être employé dans la saison où les groseilles, les merises, les raisins et autres fruits dont les merles, les grives, ainsi que de plus petits oiseaux font leur nourriture, commencent à devenir rares. On en attache , avec des baguettes, à la cime des buissons, en les amorçant avec ces fruits, et l'on en met aussi le long des sentiers. A défaut de fruits réels, et spécialement des baies du néflier pyracanthe ou buisson ardent, on peut en composer des grappes factices, en collant à des fils de petites boulettes de cire blanche, auxquelles on donne une couleur rouge par leur immersion dans deux onces de cire fondue avec trois gros de vermillon.

On appelle *collets trainans*, ceux qui s'attachent à une ficelle qui traine à terre, et qu'on emploie surtout pour prendre des alouettes. On ajuste, à cet effet, de deux en deux pouces, sur une ficelle longue de vingt à trente pieds, des collets faits de deux crins de cheval, et l'on étend cette ficelle sur les raies d'un champ où il se fait de bons passages d'alouettes : on sème sur plusieurs raies ainsi tendues quelques grains de blé ou d'orge, et les alouettes s'y prennent par les pieds ou par le cou ; mais, pour qu'elles ne puissent entraîner les ficelles, on a eu soin de les assujettir par de petits crochets de bois enfoncés de deux en deux pieds. Cette chasse se fait dans les mois de Mars et d'Avril, et quelquefois dans le mois de Novembre.

On emploie aussi des collets pour faire aux canards une chasse qui se nomme *glanée*. On perce, à cet effet, au centre de plusieurs tuiles, un trou propre à y passer quatre fils de fer de moyenne grosseur, et longs d'un pied ; après les avoir tordus, on en courbe les quatre extrémités, à chacune desquelles on attache un collet de sept à huit crins formant anneau, et l'on traverse d'une corde l'anneau que ces fils forment sous le trou. On garnit ensuite le dessus de la tuile de terre-glaise, sur laquelle on sème du blé cuit dans de l'eau commune. Les tuiles doivent être recouvertes d'environ quatre pouces d'eau, et se placer dans des endroits où les plumes, l'abondance de la fiente et d'autres signes présentent des indices de lieux fréquentés, et que l'on a eu soin d'amorcer pendant quelques jours. Les collets surnageant horizontalement, et les canards plongeant à plusieurs reprises pour satisfaire leur avidité, ne manquent guère de se prendre, pendant la nuit, à l'un d'eux : pour empêcher qu'ils n'emportent la tuile dans un endroit profond où ils se noieroient et seroient perdus, on en attache au même cordeau plusieurs, qui se placent de distance en distance. Il arrive aussi que le lendemain on trouve pris au même piége des poules d'eau, des foulques ou morelles, des plongeons, etc.

Les filets proprement dits sont l'araigne, le hallier, la nappe, la panthière, le rafle, le rejet, le rets saillant, la ridée, la tirasse, la tonnelle, le traineau, le tramail. Les toiles extérieures des filets se nomment *aumées*, et celle du centre s'appelle *toile* ou *nappe*.

L'*araigne* est un filet composé de mailles à losanges larges de deux ou trois pouces ; il se fait avec du fil délié et retors en deux brins ; ses proportions doivent être de deux toises de largeur sur trois de hauteur ; s'il étoit plus ample on auroit trop de mal à le tendre sur l'arbre, où on l'emploie à la chasse des oiseaux de fauconnerie avec le duc. Ce filet est garni de bouclettes, ou bien l'on passe dans toutes les mailles du rang le plus élevé une ficelle unie de la grosseur d'un tuyau de plume, de sorte que les mailles puissent librement aller et venir sur la ficelle comme sur la verge d'un rideau de lit : ces filets se teignent en brun ou en vert. On fait aussi des araignes pour prendre des merles; mais les mailles ne doivent avoir qu'un pouce de largeur, et le filet n'a pas plus de sept à huit pieds de hauteur sur neuf ou dix de largeur. Lorsqu'on sait qu'il y a des merles dans une haie, on tend son filet dans le milieu; la perche en soutient un côté, tandis qu'une branche de haie soutient l'autre. Si la haie n'étoit pas assez haute, on y planteroit une seconde perche égale à la première. Le filet, pour être bien tendu, doit tomber à la première secousse; afin d'y amener les merles, on doit battre la haie de l'autre côté. Cette chasse, qui a lieu sur la fin de Mars et pendant le mois d'Avril, doit se faire dans un temps humide et couvert, parce qu'alors le merle vole bas le long des haies.

Le *hallier* est un filet auquel on adapte, à plus ou moins de distance, des piquets, que l'on enfonce en terre comme les chaînes des arpenteurs, et qui forment, ainsi placés, une sorte de haie. Il y a des halliers différens pour les diverses chasses auxquelles on se propose de les employer; mais ils ne varient que par leur longueur, leur hauteur et la largeur des mailles. On fait des halliers pour prendre les cailles, les perdrix, les faisans, les râles, les poules d'eau, les canards, les plongeons, etc.

Les halliers pour les *cailles* ont environ dix pieds de long sur dix pouces de hauteur; on les fait en soie d'un vert pâle. Les piquets doivent être longs de quatorze ou quinze pouces, et attachés à deux pieds de distance. On chasse aux cailles avec le hallier depuis leur arrivée jusqu'à ce qu'elles soient appariées, et depuis le mois d'Août jusqu'à leur départ. A la première époque, ces cailles s'appellent *vertes*. Pour les attirer, on se sert de l'*appeau*, instrument qui consiste en une bourse plate, à andouille ou en spirale. La première sorte, qui se nomme *courcaillet*, et dont on fait le plus communément usage, a un sifflet composé d'un os de la cuisse d'un lièvre ou de l'aile d'une oie, dont l'extrémité, coupée en coulisse, est accommodée avec de la

cire . ce sifflet s'adapte avec un fil ciré à une bourse faite
avec la peau d'une taupe, ou autre, cousue à points très-
serrés, et médiocrement remplie de crin bouilli. En étendant
la bourse sur la paume de la main gauche , on frappe avec
le côté du pouce de la main droite, de manière à imiter
le cri de la caille femelle, qui ressemble à celui du grillon.
Lorsque, dans un champ ou dans un pré, l'on entend le
cri d'une caille mâle, on s'empresse de tendre le hallier,
et, se plaçant à peu de distance , on répond à l'appel pour
l'attirer dans le filet.

La manière de prendre les cailles aux mois d'Août et de
Septembre, est différente de celle qui se pratique aux mois
de Mai et de Juin : on la nomme alors *bourrée*, parce que le
but est de contraindre les cailles et les râles à se jeter dans
les halliers que , vers la fin de la moisson, on tend sur
les sillons peu nombreux qui restent à récolter, et l'on
traque à pas lents du côté opposé. Lorsque les cailles sont
grasses, elles ne se déterminent qu'à la dernière extrémité
à s'envoler; et le râle, encore plus disposé à la course,
échappe rarement aux embûches. On peut aussi entourer
avec succès de halliers des portions de marais dont les herbes
sont assez élevées, et que l'on fait battre avec des chiens,
au moyen desquels on réussit souvent à prendre des râles
ou des poules d'eau.

Il y a des appeaux différens pour diverses espèces d'oiseaux :
un des plus anciens qu'on ait employés pour les *alouettes* se
faisoit avec un noyau de pêche usé sur une meule, percé
des deux côtés d'un trou égal en grandeur, et vidé ensuite.
On en a fait depuis en plomb, en fer-blanc, en cuivre, en
argent, etc., et on les a rendus propres à appeler d'autres
petits oiseaux, ainsi que des perdrix, des coucous, des tour-
terelles, des pluviers, etc. On fait aussi des appeaux avec
la feuille du chiendent; mais ils servent surtout à la *pipée*,
et l'on en parlera sous ce mot.

Les halliers à *perdrix* ont de grandes mailles carrées de
quatre à cinq pouces de largeur; leur hauteur ne doit être
que de trois ou quatre mailles, et leur longueur d'environ
quarante pieds. On fait cette chasse dans le mois d'Avril,
avec des appeaux particuliers, ou avec des *chanterelles*, qui

sont des femelles qu'on nourrit et qu'on transporte en cage, ou plutôt sous une calotte de chapeau attachée à une planche et percée supérieurement d'un trou par lequel l'oiseau passe la tête. A la fin des moissons, on chasse les perdrix à la bourrée, comme les cailles.

Le fond des halliers à faisans est le même ; la hauteur en est de trois grandes mailles, et la longueur à discrétion. Les piquets s'attachent à deux pieds et demi de distance, et le fil du hallier doit être retors avec soin ; car le faisan pourroit, en se débattant, rompre le filet et s'échapper.

Le filet *à alouettes*, auquel on donne assez improprement le nom de *nappes*, sert à prendre ces oiseaux, attirés par un miroir à facettes qu'on fait tourner avec une corde. Les deux nappes sont des filets formés de mailles en losange de neuf lignes de largeur, qui ont ordinairement huit toises de longueur et huit pieds de hauteur ; ils s'ajustent, par chaque bout, à un liteau de bois de sapin refendu, qui s'appelle quenouille, et un cordeau passé par la dernière maille dans toute sa longueur s'attache à l'extrémité de ces liteaux. Les côtés intérieurs des mêmes liteaux sont garnis d'une douille et d'une traverse en fer qui y joue facilement ; il y a aussi à chaque extrémité un anneau par où passe un piquet de quinze pouces de diamètre sur dix-huit pouces de longueur, lequel se fiche en terre assez profondément pour maintenir les quenouilles en place, lors même que le filet est tendu avec la plus grande force. A chaque côté extérieur des deux quenouilles est attaché un cordeau qui s'adapte à un piquet, et du côté le plus près de l'oiseleur un autre cordeau, plus long et attaché à la même place, forme une bifurcation peu avant l'endroit où les deux branches se réunissent dans sa main. Pour tendre le filet, on commence par choisir un endroit uni, où l'on puisse le faire aisément jouer, et l'on creuse, à une certaine distance, un trou, dans lequel l'oiseleur s'assoiera et se cramponnera les pieds. Les mesures ainsi prises, on couche parallèlement les deux nappes à une distance double de leur largeur respective, et l'on fiche d'abord en terre les douilles qui garnissent les quatre côtés intérieurs ; ensuite on plante diagonalement, et sur la même ligne que les piquets des douilles,

les autres piquets auxquels sont attachés les quatre cordeaux
destinés à maintenir les cadres des nappes, lorsque l'oiseleur,
qui tient les deux autres cordes un peu plus loin que l'endroit où elles se réunissent, fait un effort suffisant pour que
les nappes se relèvent en face l'une de l'autre et retombent
sur l'aire où il est parvenu à attirer les oiseaux, tant au moyen
du miroir placé environ au tiers de la longueur des nappes
et qu'il agite sans cesse, qu'à l'aide de moquettes, c'est-à-
dire d'alouettes et autres petits oiseaux retenus par les pattes
à de légères baguettes. Quand l'oiseleur a retiré sa capture
de dessous le filet, il le tend de nouveau et reprend son
poste.

La saison la plus favorable pour cette chasse est l'époque
des premières gelées blanches, et elle se fait avec succès
jusqu'à ce que les alouettes attroupées cessent de badiner
dans les airs. Beaucoup de petits oiseaux se mirent comme
les alouettes, et se prennent dans les mêmes filets, si les
mailles en sont assez étroites; et c'est surtout dans les premières neiges que les pinçons, les verdiers, les chardonnerets, les linottes, etc., s'y précipitent, lorsque, pour les
attirer, on a eu soin d'avoir des moquettes de plusieurs
espèces. On peut aussi prendre des buses et d'autres plus
petits oiseaux de proie dans ces nappes qui, lorsqu'elles
sont construites avec du fil bien retors, résistent d'autant
mieux aux efforts de ces rapaces, que leur surprise, dans
les premiers momens, affoiblit beaucoup leurs moyens de
défense; mais, pour réussir à les envelopper quand ils
s'acharnent trop sur la moquette, il faut que l'oiseleur soit
très-prompt à tirer le filet. D'un autre côté, quand un ra-
pace se montre dans les airs, la chance n'est pas favorable
pour une nombreuse capture de petits oiseaux, qui n'osent
alors approcher.

Au commencement du printemps et sur la fin de l'été, on
prend aussi des *ortolans*, avec les mêmes nappes, dans les
contrées où ils abondent; et c'est après la moisson, époque
où ils sont plus gras, que cette chasse se fait avec le plus
de succès.

Pendant l'hiver, quand les alouettes ne volent qu'à quelques pieds de terre, on leur fait une autre sorte de chasse,

qui se nomme *ridée*, avec les deux nappes du filet dont il vient d'être question, qu'on réunit par leurs extrémités, et que l'on tend avec trois guides. Le filet ainsi disposé, plusieurs personnes vont chasser les alouettes et les amener près du piége, que l'oiseleur fait tourner au moment où il le juge nécessaire.

Les nappes *à canard* ont des mailles à losanges de trois pouces de largeur : on éloigne de six pouces celles qui se font de côté avec des ficelles, pour y passer des cordes cablées et bouclées. Ces nappes, teintes en brun, sont ensuite trempées dans l'huile, pour mieux résister à l'humidité.

Le *traineau* est un filet long de huit ou dix toises, et large de quinze ou dix-huit pieds, dont les mailles sont à losanges et proportionnées à l'espéce de gibier qu'on veut chasser. A chaque extrémité s'attache une perche d'une longueur égale à la largeur du filet. De toutes les chasses qui se font au traîneau, celle des alouettes est la plus récréative. Lorsqu'on se prépare à la faire, on doit, vers le coucher du soleil, aller s'assurer où les alouettes se cantonnent, et l'on y plante une baguette portant un papier blanc à son extrémité, pour reconnoitre les endroits la nuit, et poser plus sûrement le traineau sur les dormeuses. Les deux chasseurs qui le tiennent font bien, pour ne pas jeter l'épouvante, de convenir d'avance de signes, comme d'un ou de plusieurs coups de sifflet, pour bander le filet, l'abattre, ou le relever afin de le porter plus loin. La saison la plus propre à cette chasse est la fin d'Octobre ou le commencement de Novembre, et l'on peut encore l'essayer au retour du printemps, avant que les alouettes ne s'accouplent. Quand on n'a pas connoissance de remises, et qu'on soupçonne seulement qu'il y a des alouettes dans un champ, chaque porteur de traîneau marche en tenant sa perche obliquement, de façon qu'un bout est levé de six à sept pieds, tandis que l'autre, auquel sont attachés des bouchons de paille, n'est qu'à un ou deux pieds de terre : le bruit de la paille qui traîne fait lever les alouettes, sur lesquelles on laisse aussitôt tomber le filet. On chasse de la même manière aux perdrix et aux cailles dont on ne sait pas la remise, et dans les passages de bécassines on peut également en prendre, même pendant des journées nébuleuses, dans les endroits marécageux où les herbes sont grandes.

La *tonnelle murée*, filet avec lequel on prend aussi beaucoup d'alouettes, est composée d'une grande bourse maillée, terminée en pointe, et dont l'ouverture ou entrée a au moins dix-huit pieds de haut; on en attache la pointe à un piquet planté au fond d'une raie de terre labourée. Cette bourse est portée par deux oiseleurs, qui l'alongent en ligne droite et en fixent l'entrée par deux piquets qui servent à la tendre; et on y ajoute de chaque côté des filets de la même hauteur, tendus de biais et en demi-cercle. Après cela, les chasseurs se rendent, par d'assez longs détours, au devant de la tonnelle, et, marchant courbés, ils y poussent doucement les alouettes, jusqu'à ce que, se trouvant très-près, ils les y précipitent en jetant un chapeau, et replient alors les filets des ailes sur ceux du fond.

La *tirasse* sert à chasser les cailles et les perdrix; mais il faut pour cela avoir un bon chien couchant. Ce filet, long de quarante ou cinquante pieds, a des mailles en losange d'un pouce et demi de largeur : lorsque le chien est en arrêt dans des pièces de grains ou dans des chanvres, les deux chasseurs qui tiennent le cordeau de la tirasse la traînent en avançant sur lui, et font lever le gibier, qui s'engage dans le filet; mais il faut que le chien soit assez bien instruit pour se laisser couvrir et ne pas briser la tirasse en se jetant à la poursuite du gibier au moment où il part.

La *rafle* est un filet contre-maillé, et large de douze ou quinze pieds sur dix de hauteur. On attache de chaque côté deux perches fort légères et longues de douze ou treize pieds. C'est en hiver, lorsqu'il fait peu de vent, et pendant les nuits les plus obscures, qu'on emploie ce filet le long des haies où l'on sait que beaucoup d'oiseaux ont l'habitude de passer la nuit. Il faut être au moins quatre personnes pour faire cette chasse : trois se tiennent d'un côté de la haie ou des buissons, et une de l'autre; des trois premières, l'une porte une torche allumée, et les deux autres tiennent le filet tendu pendant que le traqueur bat la haie avec une gaule pour amener à la rafle les oiseaux, qui dirigent leur vol du côté de la lumière, et sur lesquels on abat le filet. Afin de pouvoir même faire tomber les oiseaux qui s'écartent du lieu où ce filet est maintenu, deux autres chasseurs peuvent accompagner les personnes qui le tiennent, en portant des branches bien garnies de feuilles. Une attention qu'on doit avoir, est de placer, autant qu'on le peut, la rafle du coté du vent, pour peu qu'il en fasse dans le buisson ou la haie; car l'oiseau ne dort jamais que la tête au vent.

On se sert, pour prendre les bécasses, de filets composés de nappes, et dont le mobile est un poids; on les nomme *panthières*, et on les fait de trois espèces, savoir, *simples, contre-maillées*, ou *à bouclettes*. Quand les bécasses arrivent, elles se jettent dans les taillis près des hautes futaies, et il est alors difficile de les prendre; mais, lorsqu'elles repassent à l'automne, elles suivent les vallons et les clairières marécageuses des bois; et si, dans un bois de haute futaie, il y a un vallon creux et étroit arrosé d'une fontaine, et à quelque distance une terre glaise et fangeuse, c'est un endroit convenable pour les passages des bécasses et pour la chasse aux panthières. Un temps calme et sombre, une légère pluie tombée le matin, sont aussi d'un favorable augure pour les oiseleurs.

Il seroit difficile d'exposer sans figure la manière d'établir les panthières; mais le *rejet* ou *corde à pied*, qu'on emploie également pour les bécasses, est plus simple, et l'on s'en sert aussi pour faire des tendues à d'autres petits oiseaux, sur les mares où ils viennent se désaltérer pendant les chaleurs de l'été. Le mobile de ce piége est une branche élastique d'environ trois pieds, qui se fiche en terre par le gros bout aminci, et à l'extrémité supérieure de laquelle s'attache un fil qui doit être assez fort pour résister à l'élasticité du rejet. Cette machine a une petite marchette, qui est suspendue à la détente par un léger étau; et l'oiseau, en passant sur cette marchette, est pris au collet, que le rejet a tiré avec force. On reconnoît les endroits ou les bécasses, sortant du bois, vont ordinairement se promener dans les champs pendant la nuit, à leur fiente claire et blanche, qui se nomme *miroir*; et c'est dans les raies des terres labourées que les oiseleurs tendent leurs rejets de douze en douze pas. Lorsque la bécasse suit une de ces raies, elle met le pied sur la marchette, qui n'est qu'à environ deux pouces de terre, et se trouve prise.

La *raquette*, un des plus anciens piéges à ressort, se nomme aussi *repenelle*, *sauterelle*, etc. : elle consiste en une marchette tendue par un nœud coulant, dans lequel l'oiseau se trouve pris lorsqu'il se pose dessus. Les raquettes se tendent aux abreuvoirs, dans les chemins, sur les arbres, les buissons, dans les vignes, et l'on y attrappe beaucoup de petits oiseaux.

Le *trébuchet œdonologique*, imaginé par M. Arnault de Nobleville, se fabrique avec deux demi-cercles de fer de huit pouces de diamètre, dont un, beaucoup plus fort que l'autre, sert de ressort, et le second de battant. Ce piége s'emploie surtout pour prendre des rossignols, et l'on y met pour appât des vers de farine attachés avec des épingles. Les belles matinées d'Avril sont l'époque à laquelle on fait usage de ce trébuchet, et c'est depuis le lever du soleil jusqu'à dix heures du matin qu'on est le plus sûr d'attirer le rossignol.

On parlera d'autres piéges pour lesquels s'emploie la glu, au mot PIPÉE, et l'on va terminer cet article en donnant une idée du *trébuchet sans fin*, qui a l'avantage de se retendre lui-même lorsqu'il a été détendu, et avec lequel on peut prendre en toutes saisons, et sans que l'oiseleur soit obligé d'y mettre la main, des tarins, des chardonnerets, des pinçons, des moineaux et beaucoup d'autres petits oiseaux. Ce piége consiste en une cage partagée en trois : la partie supérieure sert de *trébuchet battant*; l'inférieure a deux compartimens, dans l'un desquels loge l'*appelant*, et dont l'autre est destiné aux oiseaux qui se prennent successivement par une bascule, sans qu'il puisse s'en échapper un seul.

Ceux qui voudront avoir plus de détails sur les chasses aux filets et sur les divers piéges qu'on tend aux oiseaux, pourront consulter les *Amusemens de la campagne* et la *Maison rustique*, par Liger, le *Dictionnaire de chasse et de pêche* de Delisle de Sales, copié presque littéralement dans le Dictionnaire de chasse et de pêche de l'Encyclopédie méthodique; et surtout l'ouvrage de Bulliard, en un volume in-12, ayant pour titre : *Aviceptologie françoise*, ou traité général des ruses dont on peut se servir pour prendre les oiseaux qui se trouvent en France; avec figures. (Ch. D.)

FILEUSE ou FILIERE (*Conchyl.*), nom marchand d'une espèce de cône, *conus figulinus*, Linn., maintenant une espèce de volute. (De B.)

FILEUSES. (*Entom.*) On le dit d'une section des araignées qui tendent des filets, tissent des toiles, ou se filent des cordages, pour se transporter et se soutenir, ou pour se procurer, dans ces sortes de piéges, les insectes dont elles se nourrissent. Voyez Araignée. (C. D.)

FILFEL. (*Bot.*) Voyez Faufel. (J.)

FILFIL. (*Bot.*) Les médecins arabes nomment ainsi le poivre rond, suivant Clusius et Linscot, cités par C. Bauhin. C'est aussi le *fulful* d'Avicenne, au rapport de Clusius. Le poivre long est nommé *darfulful* par le même, et *fulfel* par Sérapion. On ne le confondra pas avec le filfel, qui est le palmier arec. (J.)

FILFRESS, FIELFRASS, FIELDFROSS, etc. (*Mamm.*): noms du glouton dans les langues dérivées de l'allemand (*Vielfrass*), et qui ont la même signification que celui que nous employons pour désigner ce même animal. Voyez Glouton. (F. C.)

FILICASTRUM. (*Bot.*) J. Amman, auteur d'un ouvrage sur les plantes qui croissent en Russie, publié, en 1739, donne ce nom à l'*osmunda struthiopteris*, Linn., très-belle fougère, qui croit dans le nord de l'Europe, et dont Willdenow fait un genre particulier, Struthiopteris. Voyez ce mot. (Lem.)

FILICETTA (*Ornith.*), nom par lequel, suivant Aldrovande, les Bolonais désignent le vanneau commun, *tringa vanellus*, Linn. (Ch. D.)

FILICITE. (*Foss.*) Ce nom a été donné par les anciens oryctographes aux empreintes de feuilles de fougère que l'on trouve le plus souvent dans les mines de houille. Voyez Végétaux fossiles. (De F.)

FILICLA (*Bot.*), un des noms du *catananche*, cité par Adanson. (H. Cass.)

FILICORNES ou NÉMATOCÈRES. (*Entom.*) Nous avons désigné sous ces noms, et particulièrement par le dernier, les lépidoptéres à antennes en fil ou de même grosseur dans toute leur largeur, comme les *hépiales*, les *bombyces* et les *cossus*. Voyez NÉMATOCÈRES. (C. D.)

FILICULA (*Bot.*), c'est-à-dire, petite fougère, en latin. Ce nom a été donné à quelques petites espèces de fougères des genres *Polypodium*, *Asplenium*, *Acrostichum*, *Pteris* et *Trichomanes*, Linn., et de plusieurs genres faits aux dépens de ces derniers, nommés *Mohria*, *Aspidium*, *Davalia* et *Hymenophyllum*.

Maintenant le nom de *filicula* ne désigne plus de genre en botanique.

FILICULA CANDIDA. Cette fougère, décrite par Gesner, est sans doute le *polypodium calcareum*, Smith.

FILICULA DIGITATA de Plumier. C'est l'*hymenophyllum hirsutum*, W.

FILICULA FONTANA. Tabernæmontanus, Gerhard et C. Bauhin nomment ainsi quelques espèces de polypodes : P. *fontanum* et *rhæticum*, Linn., et l'*asplenium marinum*, Linn.

FILICULA MARITIMA. C. Bauhin donne ce nom à l'*asplenium marinum*, Linn.

FILICULA PETRÆA. Tabernæmontanus et Gerhard ont désigné sous cette dénomination quelques petites espèces de fougères, entre autres le *polypodium filix femina*, Linn., et l'*acrostichum marantæ*, Linn.

FILICULA *sive* POLYPODIUM, de J. Camerarius (*Epit.*, 995). C'est le polypode commun (P. *vulgare*, Linn.)

FILICULA SAXATILIS. J. Camerarius paroit donner sous ce nom la figure du *polypodium fragile*, Linn.; chez Tragus, c'est le nom de l'*acrostichum septentrionale*, et dans d'autres auteurs c'est celui de l'*osmunda crispa*, Linn. (LEM.)

FILICULE. (*Bot.*) Nom donné autrefois aux petites espèces de fougères employées dans les pharmacies, et particulièrement à l'*asplenium ruta muraria*, Linn., ou sauve-vie, et même au *polypodium vulgare*, ou polypode des boutiques. (LEM.)

FILIÈRE. (*Entom.*) On nomme ainsi les pores par lesquels les araignées et les chenilles font sortir la matière soyeuse dont les premières composent leurs toiles, et les secondes leurs cocons. Réaumur a décrit les glandes et les mamelons des filières chez les araignées dans les Mémoires de l'Académie des sciences pour l'année 1713, p. 218. Voyez, dans ce Dictionnaire, p. 324 et suivantes du tome II, et pour les filières des chenilles, voyez à l'article Bombyce, tome V, p. 131; consultez en outre les articles Chenille et Lépidoptères. (C. D.)

FILIFORME (*Bot.*), Délié comme un fil. La racine du *lemna*, la tige du *vaccinium oxycoccus*, le pédoncule du *fuchsia coccinea*, l'épi de la verveine officinale, les stigmates du maïs, les funicules du *magnolia grandiflora*, etc., sont *filiformes*. (Mass.)

FILINGEN. (*Ornith.*) L'oiseau qu'on nomme ainsi en Islande est rapporté par Muller, *Zool. Dan. prodr.*, n.° 143, au pétrel puffin, *procellaria puffinus*, Linn., et par Othon Fabricius, *Faun. Groenland.*, n.° 55, au fulmar ou mallemucke, *procellaria glacialis*, Linn. (Ch. D.)

FILIPENDULE. (*Bot.*) On donne ce nom à des plantes dont les racines, renflées de distance en distance, présentent la forme de petits tubercules tenant à la base de la tige par des fils auxquels ils paroissent suspendus : telle est la filipendule proprement dite, *filipendula* de Matthiole et de Tournefort, réunie par Linnæus au genre *Spiræa*, dans les rosacées. Telles sont encore quelques espèces du genre *Œnanthe*, dans les ombellifères, que l'on nomme *filipendules aquatiques*, et deux pédiculaires qui sont, pour Dodoëns et C. Bauhin, des *filipendules de montagne*. (J.)

FILIPENDULE AQUATIQUE (*Bot.*), nom vulgaire d'une espèce d'Œnanthe. Voyez ce mot. (L. D.)

FILIPENDULÉE [Racine]. (*Bot.*) On nomme ainsi les racines de la pomme de terre, du *spiræa filipendula*, etc., qui sont formées de tubercules attachés à des ramifications très-menues. (Mass.)

FILIPODE (*Bot.*), nom donné autrefois aux *polypodium filix femina* et *filix mas*, Linn. Voyez Polypodium, Aspidium et Athyrium. (Lem.)

FILIUS-ANTE-PATREM (*le fils avant le père*), (*Bot.*) On donnoit anciennement ce nom au tussilage, vulgairement pas-d'âne, dont les fleurs paroissent avant les feuilles. On désignoit aussi sous le même nom l'épilobe, dont le fruit est déjà très-visible avant que la fleur ne soit ouverte. (L. D.)

FILIX. (*Bot.*) Les fougères décrites par Pline sous ce nom

sont les mêmes que celles désignées par celui de PTERIS dans Dioscoride : nous y reviendrons à cet article.

FILIX a été long-temps parmi les botanistes un nom collec-tif employé pour désigner toutes les espèces de fougères, jus-qu'à Linnæus, qui l'a banni de la botanique. Les auteurs s'en sont servis pour désigner un très-grand nombre de fougères indigènes ou exotiques, qui rentrent dans les genres *Danæa*, *Mertensia*, *Todea*, *Osmunda*, *Hydroglossum*, *Acrostichum*, *Hemionitis*, *Meniscium*, *Cyathea*, *Dicksonia*, *Polypodium*, *Athy-rium*, *Aspidium*, *Adianthum*, *Diplazium*, *Lomaria* et *Pteris*.

C. Bauhin, et les botanistes du même temps, comprenoient, sous le nom de *filix*, les espèces d'*athyrium* et d'*aspidium* d'Europe placées par Linnæus dans son genre *Polypodium*, l'*os-munda regalis*, l'*acrostichum septentrionale* et le *pteris aquilina*. C'est parmi ces espèces que les auteurs croient retrouver les *filix mâle* et *femelle* de Pline, ou *pteris* de Théophraste et de Dioscoride, et ils citent à ce sujet les *aspidium filix mas* et *filix femina*, ainsi que le *pteris aquilina*, Linn.

Le *polypodium vulgare* ne fait point partie des *filix* de C. Bauhin, ni du genre *Filix* de Tournefort; celui-ci est une réunion de l'*aspidium* de Swartz et d'une partie du *pteris*.

Adanson donne au genre *Pteris*, Linn., le nom de *thelyp-teris*, et divise le genre *Polypodium*, Linn., en trois genres, chez lesquels la fructification est disposée sur deux rangs et en petits paquets ronds sous chaque division de la fronde : il nomme *filix*, le genre chez lequel l'enveloppe ou indusium des paquets fructifères est univalve. Cette enveloppe est soutenue par le milieu dans son genre *Dryopteris*. Enfin, dans le *polypodium*, les capsules ont un anneau élastique. D'après ces caractères, le *filix* d'Adanson seroit l'*athyrium* de Roth; le *dryopteris*, l'*aspidium* de Swartz; et le *polypodium*, le genre, du même nom, des botanistes actuels.

Haller et Scopoli ont cherché à introduire de nouveau en botanique le nom de *filix*, en le substituant à celui de *pteris* pour désigner ce genre de Linnæus.

FILIX. Césalpin donne ce nom, sans aucune épithète, au *pteris aquilina*, Linn., et Brunfelsius au *polypodium filix mas*, Linn.

FILIX ACULEATA. C. Bauhin désigne ainsi le *polypodium*

aculeatum, Linn., qui rentre dans le genre *Aspidium* de Swartz.

Filix aquatica et Filix palustris. Dodonée et Daléchamps donnent ce nom à l'*osmunda regalis*, Linn.

Filix baccifera. Cornuti a fait connoître le premier, sous ce nom, le *polypodium bulbiferum*, qui croît dans l'Amérique septentrionale. Voyez Nephrodium.

Filix femina. On a donné ce nom au *pteris aquilina*, Linn. Anguillara, Gesner et Césalpin l'appliquent au *polypodium filix mas*, Linn. Thallius et Tabernæmontanus l'ont également appliqué à quelques autres espèces de polypodium (*P. dryopteris*, Linn., *calcareum*, Smith, et *filix femina*, Linn.

Filix latifolia de V. Cordus. C'est l'*osmunda regalis*, Linn.

Filix mas et Filix mascula. C'est le *polypodium filix mas*, Linn., maintenant placé dans le genre Aspidium (voyez ce mot) et Polypodium. Gesner donne ce nom au *pteris aquilina*, et Anguillara à l'*osmunda regalis*, Linn.

Filix non ramosa. C. Bauhin forme sous cette dénomination un groupe particulier des *polypodium filix mas*, *filix femina*, *calcareum*, *fragile*; de l'*acrostichum septentrionale*, Linn., et de quelques autres fougères du même genre.

Filix nuda et Filix saxatilis. Tragus désigne ainsi l'*acrostichum septentrionale*, Linn.

Filix palustris. Voyez Filix aquatica, Linn.

Filix petræa de *Lonicenus*. C'est l'*acrostichum septentrionale*, Linn.

Filix pumila. Parmi les fougères que Clusius désigne par *filix pumila saxatilis*, sont le *polypodium calcareum*, Smith, et l'*aspidium fragile*, Sw.

Filix ramosa. Le *pteris aquilina* et l'*osmunda regalis*, Linn., forment le groupe des *filix ramosa* de C. Bauhin; les autres espèces de *filix* sont subdivisées en *filix non ramosa*, *filicula saxatilis* et *filicula fontana*. (Voyez ces articles.)

Filix sylvestris de Brunfelsius. C'est le *pteris aquilina*, Linn.

Filix vulgaris de Tragus. C'est le *polypodium filix mas*, Linn. (Lem.)

FILLE DE LA TERRE. (*Bot.*) Voyez Nostoc. (Lem.)

FILON. (*Min.*) Nous entendons par ce nom toute masse

pierreuse ou métallique, dont l'étendue en hauteur et longueur est beaucoup plus grande qu'en épaisseur, et qui traverse, au moins dans une partie de son étendue, un terrain ou une masse de roche quelconque.

Ces masses, d'une forme à peu près tabulaire, sont souvent d'une nature différente de celle des terrains qu'elles traversent : quelquefois aussi elles sont de même nature ; mais elles en diffèrent nécessairement par la structure. Elles traversent les terrains non stratifiés, comme les terrains stratifiés. Dans ce dernier cas, qui est aussi le plus ordinaire, elles coupent plus ou moins obliquement les assises ou couches. Si quelquefois elles suivent les fissures de stratification, elles ne peuvent être parallèles et parfaitement concordantes que dans une partie de leur cours ; car, d'après l'idée que nous attachons aux filons, les gîtes de minéraux ne peuvent pas être exactement et constamment parallèles à la stratification, puisque, dans ce dernier cas, ce ne seroit plus pour nous un *filon*, mais un *lit*, *banc* ou *couche*, de minérai ou de pierre, interposé entre les assises du terrain stratifié. Enfin, pour compléter l'idée qu'on doit prendre des filons, nous ajouterons que, dans un grand nombre de cas, ils se présentent comme des matières qui seroient venues remplir une fente ouverte dans une roche postérieurement à sa formation. Ce que nous regardons comme filon étant suffisamment déterminé par la définition précédente, nous devons examiner les diverses parties et les différentes manières dont se présente ce gîte de minérai. Nous ferons abstraction, dans cet examen, de toute idée théorique, nous bornant à considérer les faits et à rapprocher ceux qui paroissent avoir entre eux quelques rapports.

§. 1.er *Terminologie et manière d'être des filons.*

Nous étudierons dans un filon :
1.° Ses parties et ses ramifications ;
2.° Sa position par rapport à l'horizon ;
3.° Ses rapports de position avec le terrain qu'il traverse.

1.° Un filon pouvant être considéré comme une masse tabulaire, ou grande plaque, traversant un terrain plus ou moins obliquement, on y reconnoît deux faces, qu'on nomme *salbandes :* la face supérieure se nomme *ciel* ou *toit* (*hangendes*), et la face inférieure *chevet*, *lit* ou *mur* (*liegendes*) ; les parois ou surfaces de la roche sur lesquelles s'appliquent les salbandes, se nomment *épontes* ou *pontes ;* la partie du filon qui s'approche de la surface du sol, s'appelle *affleurement, tête* ou *chapeau.*

La plaque qu'un filon nous représente, a rarement ses deux surfaces parfaitement unies : tantôt elle offre des renflemens et des rétrécissemens fort remarquables ; tantôt elle offre des expansions qui, vues par une coupe perpendiculaire aux salbandes, présenteroient comme des ramifications du filon principal. On appelle ces rameaux *filons du toit* ou *du mur*, suivant qu'ils partent de l'une ou de l'autre de ces parties ; mais, lorsque ces rameaux, après avoir accompagné le filon principal dans une certaine étendue, semblent y rentrer et former comme des anses, on les nomme *branches.*

On distingue ordinairement dans un filon, surtout quand on le considère sous le point de vue du minérai qu'il contient, deux substances, le minérai et la roche pierreuse qui le renferme : on a donné improprement, en françois, le nom de *gangue* (*Gangart*) à cette dernière, par fausse application du mot *gang*, qui veut dire filon. Le minérai métallique, ou même toute autre substance pierreuse, est diversement disposé dans cette gangue : tantôt il y est disséminé en grains, taches, nodules, ou même sphéroïdes ; tantôt il y est disposé en zones à peu près parallèles ; tantôt, enfin, il y court en petits filons auxquels on donne souvent le nom de *veines*, quoique ce nom soit aussi appliqué à un gîte minéral très-différent de celui qui nous occupe.

En nous figurant un filon dégagé du terrain qu'il traverse, il se présenteroit généralement comme une plaque sinueuse à parois rarement parallèles et qui, se rejoignant à diverses distances du bord supérieur de cette plaque, lui donneroient la forme d'un coin dont le tranchant seroit sinueux, et tantôt simple, tantôt bifurqué, ou même ramifié.

L'épaisseur et l'étendue des filons varient beaucoup : l'épaisseur, qu'on mesure perpendiculairement aux salbandes, et qu'on nomme *puissance*, n'est quelquefois que de quelques millimètres; dans d'autres cas, elle atteint plusieurs mètres. Le filon le plus célèbre par sa puissance et son étendue est le filon argentifère de Guanaxuato au Mexique, nommé *veta madre*; il a, d'après M. de Humboldt, 40 à 45 mètres de puissance, et est exploité sur une étendue de 514 mètres de profondeur et de 12700 mètres en longueur, depuis Santa-Isabella et San-Bruno jusqu'à Buena-Vista.

Les filons diminuent généralement de puissance en s'approfondissant; mais il est des exceptions assez nombreuses à cette règle. Ainsi, le filon de galène argentifère de Kuhschacht près de Freyberg, les filons de fer sulfuré et arsenical aurifère de Goldcronacht en Franconie, vont en s'élargissant dans la profondeur.

2.° L'inclinaison et la direction d'un filon sont une considération également importante pour la géognosie et pour l'art des mines; mais encore plus peut-être pour celui-ci, puisqu'elles déterminent la position d'un filon et la route qu'il faut tenir pour le suivre ou le retrouver.

La direction se détermine par l'angle que fait avec le méridien ou par le point de l'horizon vers lequel se dirige une ligne horizontale menée sur la salbande la plus plane du filon.

L'inclinaison est l'angle que fait, avec la verticale, une ligne également menée sur la même salbande, et perpendiculairement sur la ligne horizontale de direction.

Il faut toujours désigner vers quel point de l'horizon se dirige la ligne d'inclinaison d'un filon; cette précaution prise, on sent que la connoissance de son inclinaison donne sa direction. Par conséquent, dans un filon vertical, il n'y a que la direction à considérer; dans un filon horizontal, s'il y en avoit réellement de cette sorte, il n'y auroit point de direction. Un filon dont la pente déterminée, en suivant la règle que nous venons d'indiquer, est vers le nord-est ou le sud-ouest, se dirige nécessairement du sud-est au nord-ouest : un filon qui se dirige du nord au sud, et qui n'est pas vertical, penche nécessairement ou vers l'est ou vers l'ouest. Enfin, un filon qui penche vers l'est-nord-est, se dirige nécessairement du sud-sud-est au nord-nord-ouest. Nous avons pris pour exemple des points de l'horizon dénommés;

on juge qu'on détermine, par l'indication des degrés du cercle, toutes les directions intermédiaires.

Il ne faut pas croire qu'un filon présente toujours, ni une ligne de direction bien déterminée et constante, ni des plans d'inclinaison réguliers et constans : non-seulement ces lignes et plans sont souvent ondulés par des sinuosités, renflemens ou rétrécissemens ; mais quelquefois un filon, dans son cours, change de direction ou d'inclinaison. Dans le premier cas, on prend la direction et l'inclinaison moyennes ; et dans le second, lorsque la marche d'un filon, qu'on appelle son *allure*, vient à changer, on doit soigneusement l'indiquer.

5.° Nous venons de considérer les filons dans leur position par rapport à l'horizon ; mais ils ont aussi des positions différentes, eu égard aux roches qu'ils traversent.

Lorsque les filons se présentent dans des montagnes stratifiées, ils coupent plus ou moins obliquement les assises : c'est le cas le plus ordinaire. Mais quelquefois, après avoir ainsi coupé la stratification, ils lui deviennent parallèles dans une étendue plus ou moins considérable, pour la couper de nouveau en s'enfonçant dans les assises. Ce cas est fort rare, du moins avec la régularité que nous lui supposons, et il est très-difficile à bien observer ; il nous conduit à l'examen d'une disposition encore plus embarrassante, et que nous avons déjà indiquée dans le développement de la définition de ce qu'on entend par filon.

On trouve quelquefois des gîtes de minérais qui ont d'ailleurs tous les caractères de structure des filons ; qui représentent, comme eux, de grandes plaques ; mais qui sont parallèles à la stratification des roches qu'ils traversent, et qui échappent ainsi à la définition généralement reçue de ce gîte. On donne comme exemple de cette disposition, le grand filon de Guanaxuato, que nous avons déjà cité, et qui est renfermé entre les couches ou strates du phyllade qui constitue le terrain ; celui de Villefort, dans la Lozère, qui a pour lit du granite, et pour toit du micaschiste.

On observe encore cette disposition à la mine de fer de Rothenberg, près de Schwarzenberg en Saxe. Un filon puissant de fer oxidé brun et rouge, situé entre le gneiss et

le granite, suit d'abord la stratification de ces deux roches,
et pénètre ensuite dans le granite.

Dans le vallon de la Mulda, à une lieue de Freyberg, à
l'embouchure du canal par où s'écoulent les eaux de la
mine d'*Alt-Isaac*, le filon appelé *Hasbrucknerspath*, après avoir
coupé les couches de gneiss, devient parallèle à la stratification de cette roche, puis la coupe de nouveau en s'approfondissant. (Werner, *Th. des filons.*)

Il est quelquefois très-difficile de distinguer dans ce cas un
vrai filon, c'est-à-dire un gîte de minérai d'une formation
différente de celle de la roche qui le renferme; de le distinguer, dis-je, d'un lit ou dépôt minéral formé par sédiment ou cristallisation confuse lors de la formation générale du terrain stratifié. On a cependant, pour reconnoître
la différence de ces deux gîtes, quelques caractères tirés
de leur rapport respectif et de la structure propre aux
filons, tels que nous allons bientôt les faire connoître.

En général, les filons qu'on a nommés souvent *filons-couches*,
se distinguent des lits métallifères, parce qu'ils offrent tous
les caractères d'une formation postérieure à celle des couches
inférieures et supérieures entre lesquelles ils sont situés.
Ces caractères consistent en une structure généralement
différente de celle des roches stratifiées, dans la présence
de cavités qui seroient incompatibles avec une formation
par dépôt, et faite par conséquent primitivement dans une
position horizontale ou presque horizontale, en fragmens
de la roche supérieure enveloppés dans les filons, en veines
des filons pénétrant dans des fissures de la roche supérieure.
Enfin, si ce gîte douteux, après avoir été parallèle à la stratification d'un terrain, se continue dans un autre terrain
supérieur ou inférieur, en coupant ses assises, on ne peut
douter que ce gîte ne soit d'une formation postérieure
au terrain, et, par conséquent, qu'il n'appartienne à la
classe des filons.

La continuité des couches d'une montagne n'est pas seulement interrompue par le filon qui les coupe; mais elle est
souvent dérangée: cela se remarque d'une manière évidente
lorsque les couches qui se succèdent sont de différente nature, la même couche se présentant dans une position plus

basse ou plus élevée sur le toit ou sur le mur d'un filon.

Ces dérangemens suivent quelques régles, qu'il est surtout important de connoître lorsqu'on exploite une couche dérangée par des filons, ou même par de simples fissures. C'est le cas des couches de houilles dérangées par ces fentes ou filons stériles, c'est-à-dire, composés uniquement de matière pierreuse, qu'on nomme *crain* ou FAILLE (voyez ce dernier mot). On remarque, en général, que le dérangement des couches en abaissement a lieu presque toujours sur le toit du filon. On connoît de nombreux exemples de cette disposition dans les mines de Riegeldorf, en Hesse, où des filons cobaltifères traversent des couches de sédimens de nature très-variée.

Nous parlerons, à l'article HOUILLE, des faits particuliers aux failles ou filons qui dérangent les couches de ce combustible minéral, et des principes d'exploitation qui doivent résulter de la connoissance de ces faits.

Les filons offrent, dans leurs rapports entre eux, d'autres considérations.

Il est rare que dans un terrain ou dans un canton on ne trouve qu'un filon : il y en a presque toujours plusieurs, qui sont tantôt d'une même nature, tantôt de nature différente, dans le même terrain, et tantôt de nature différente et dans des terrains différens.

On remarque, en général, que plusieurs filons dans une même contrée sont à peu près parallèles : si on examine les circonstances qui accompagnent ce parallélisme, on voit qu'elles tiennent plus à la nature du filon, c'est-à-dire des substances qui le composent, qu'à celle des terrains qu'il traverse. Ainsi, dans une même contrée, tous les filons principaux de plomb sulfuré auront à peu près la même direction et la même inclinaison, quelles que soient les roches qu'ils traversent ; tandis que, s'il s'y présente aussi des filons contenant des minéraux d'une toute autre espèce, ceux-ci n'auront ordinairement avec les précédens aucun rapport de direction et d'inclinaison, quoique traversant les mêmes terrains.

L'observation de cette disposition est de la plus grande ancienneté. Pline dit, en parlant des filons d'argent, que toutes les fois qu'on découvre une veine de ce métal, on est sûr qu'une autre n'est pas loin, et que ceci est commun à presque tous les métaux. Il paroît, ajoute-t-il, que c'est à cause de cette propriété que les Grecs les ont nommés *métallines*.

Il arrive très-souvent que des filons en croisent d'autres; et, d'après ce que nous venons de dire, il doit être rare que ces deux sortes de filons soient remplis d'une même substance. Quelle que soit l'opinion qu'on adopte sur la formation des filons, on sera obligé d'admettre que celui qui coupe l'autre est d'une formation plus nouvelle que lui, et on aura, par cette seule observation, un moyen de juger l'ancienneté relative de formation des substances qui composent ces filons, et, par là, l'ancienneté relative de tous les métaux ou substances qui remplissent les filons, si on peut déterminer quelles sont les substances dont les filons coupent constamment les autres.

Les filons, en se coupant, sont souvent dérangés de leur direction ou de leur inclinaison, comme ceux-ci dérangent les couches en les traversant. Cette considération est de la plus grande importance dans l'art des mines. De simples fissures produisent le même effet, et dérangent plusieurs fois, et dans des sens souvent opposés, l'*allure* d'un filon. La manière dont les filons coupés sont dérangés de leur marche par les filons coupant étant en général à peu près la même dans une même contrée, il suffit de l'avoir bien observée pour se servir ensuite de cette connoissance, quand il s'agit de retrouver, au-delà du filon coupant, la suite du filon qu'on exploitoit et qui a été dérangé par ce nouveau filon.

Il est encore, dans les rapports de position des filons entre eux, des phénomènes fort remarquables.

Il arrive quelquefois qu'un filon d'une nature renferme, soit dans son milieu, soit, ce qui est plus extraordinaire, sur l'une de ses salbandes, un filon de nature différente, qui l'accompagne constamment dans le même encaissement. On cite depuis long-temps dans la veine de Marcus Rœhling, au nord-nord-ouest d'Annaberg en Saxe, un petit filon de quarz, d'argile lithomarge, de chaux carbonatée brunissante, de chaux fluatée renfermant du minérai d'argent et du cobalt arsenical, qui est encaissé dans un puissant et véritable filon de vakite.[1]

Enfin, il arrive quelquefois qu'un filon coupant se continue pendant un certain espace dans le filon coupé, et le quitte ensuite pour suivre dans la roche sa première direction.

§. 2. *Des filons considérés relativement aux matières qu'ils renferment et à la nature des roches qu'ils traversent.*

Un grand nombre de substances minérales se trouvent en filons ou dans les filons; ils les constituent en tout ou en partie. Toutes celles qui se présentent en masse, c'est-à-dire qu'on a trouvées autrement que disséminées en cristaux dans les roches, peuvent aussi former la masse des filons, et plusieurs minéraux qu'on ne connoît point en masse, mais simplement implantés, remplissent quelquefois des filons. Les exemples que nous allons donner, feront connoître les règles que la nature semble avoir suivies à cet égard, sinon constamment, du moins ordinairement, dans les trois cas suivans.

1.º *Substances minérales qui remplissent entièrement les filons, et qu'on désigne généralement sous le nom de gangues.*

A. Minéraux qui ne se présentent jamais en masse ou roches.

Arragonite. — Chaux fluatée spathique. — Baryte sulfatée spathique. — Baryte carbonatée? — Strontiane sulfatée. — Quarz hyalin; quarz sinople. — Agathe. — Felspath commun; felspath adulaire. — Asbeste. — Bitume élastique. — Graphite? — Soufre. — Schéelin ferruginé. — Manganèse

---

[1] Ce fait est admis par tous les géologues et mineurs allemands, et je n'élève aucun doute sur son exactitude : mais il a fallu, pour s'en assurer, suivre pendant long-temps ce gîte de minérai, l'étudier à plusieurs reprises pour en prendre une juste idée; car il est trop peu distinct pour qu'à une première visite, faite rapidement, telle que celle que j'ai faite dans cette mine, on puisse voir clairement cette singulière disposition.

métalloïde: manganèse lithoïde. — Cobalt arsenical. — Antimoine sulfuré. — Zinc calamine ; zinc carbonaté : zinc sulfuré. — Fer arsenical ; fer spathique. — Étain oxidé. — Plomb sulfuré. — Nickel arsenical. — Cuivre natif ? cuivre sulfuré ; cuivre pyriteux ; cuivre gris ; cuivre malachite. — Mercure sulfuré. — Argent natif ? argent sulfuré ; argent rouge ?

B. Roches simples et mélangées.

Soude muriatée. — Chaux sulfatée ; chaux anhydrosulfatée ; chaux carbonatée spathique ; chaux saccharoïde ; chaux carbonatée dolomie ; chaux brunissante. — Quarz grenu. — Silex corné. — Jaspe commun : jaspe schistoïde. — Pétrosilex. — Basalte. — Amphibole hornblende. — Serpentine. — Stéatite. — Argile lithomarge. — Ocre ? — Vake et vakite. — Cornéenne trapp. — Houille ? — Anthracite. — Manganèse terne. — Fer sulfuré ; fer oxidulé ; fer oligiste ; fer oxidé rouge ; fer oxidé brun. — Granite. — Pegmatite. — Diabase ? — Gneiss ? — Amphibolite. — Melaphyre ? — Porphyre. — Eurite. — Psammite micacé. — Poudingue de toutes sortes. — Brèches de toutes sortes.

2.° *Substances minérales qui sont disséminées ou implantées dans les filons, mais qu'on n'a pas encore vues former entièrement des filons.*

Ces minéraux sont tellement nombreux que nous ne citerons que les plus remarquables, et uniquement comme exemple :

Chaux phosphatée apatite. — Strontiane carbonatée. — Laumonite. — Chabasie. — Harmotome. — Axinite. — Grenat? — Tourmaline. — Épidote. — Béril. — Topaze. — Corindon. — Pyroxène diopside. — Mica. — Cobalt gris. — Bismuth natif. — Fer phosphaté. — Plomb carbonaté ; plomb phosphaté ; plomb chrômaté. — Cuivre azuré. — Mercure argental. — Or natif.

3.° *Substances minérales qu'on n'a encore vues ni en filons ni dans les filons.*

Nous n'indiquerons encore ici que les plus remarquables, et que celles qui nous paroissent rentrer le plus certainement dans ce genre de considérations.

Magnésie boratée. — Zircon ? — Amphigène. — Staurotide
(les deux variétés). — Disthène ? — Spinelle. — Péridot ? —
Macle. — Pinite ? — Diamant ! — Platine natif ; et probablement toutes les roches que nous n'avons pas citées au premier article.

La manière dont se présentent les matières minérales qui
constituent ou remplissent les filons, offre, dans certains cas,
des règles ou au moins des sujets particuliers d'observation.

Dans le plus grand nombre des filons, et surtout dans ceux
qui traversent les terrains primordiaux, les matières minérales se présentent à l'état de cristallisation, soit régulière,
soit confuse, et ce dernier cas est le plus ordinaire. La
structure des minéraux en filons est donc presque toujours
lamellaire, et elle est souvent laminaire. Cette disposition,
qui est très-générale dans les filons des roches primordiales,
qui sont elles-mêmes presque toutes formées par voie de
cristallisation, se remarque jusque dans les filons des terrains secondaires les plus nouveaux, et composés de roches
de sédimens à parties souvent grossières et foiblement agré-
gées. Nous reviendrons plus bas sur ce sujet.

Les matières minérales à structure lamellaire remplissent
quelquefois sans ordre la capacité du filon ; mais dans d'autres
circonstances elles y sont disposées avec une sorte de régularité et de symétrie, de manière, par exemple, que le minéral pierreux qui est appliqué en lits d'une certaine épaisseur sur l'éponte gauche, se présente de la même manière
et à peu près avec la même épaisseur sur l'éponte droite. Si
un lit métallique, suivi d'un autre lit pierreux, succède à
gauche au premier lit pierreux, la même succession se remarque à droite ; le filon présente dans la coupe des bandelettes disposées comme les zones coloriées d'un ruban. Enfin,
le milieu est souvent rempli de matières d'une tout autre nature, cristallisées encore plus nettement, et laisse voir des cavités dont les parois sont tapissées de cristaux nets, quelquefois
très-volumineux et implantés dans ces cavités, tantôt comme
au hasard, tantôt dans une direction ou dans une position
à peu près constante. Ainsi les cristaux quelquefois réunis
en sphéroïdes irréguliers auront leurs axes généralement dirigés vers la surface du sol ; dans d'autres cas les cristaux de

ces houppes ou sphéroïdes auront leurs axes dirigés vers la partie inférieure des filons, comme si la matière qui les compose, arrivant en vapeur de l'intérieur de la terre, s'étoit condensée sur les faces inférieures des parties qui étoient en saillie dans la fente. Cette disposition, à laquelle on n'a encore fait que peu d'attention, doit être examinée avec soin, comme pouvant servir de preuve ou d'objection à l'égard de certaines théories des filons.

Quelquefois aussi les filons sont composés de minéraux cristallisés. de minéraux formés par voie de sédimens, et de fragmens de minéraux mêlés ensemble.

Dans certains cas les minéraux cristallisés sont enveloppés de la matière sédimentaire, lorsqu'elle s'est déposée dans la cavité du milieu des filons, ou bien ils sont appuyés et comme implantés sur elle, lorsqu'elle s'est déposée sur les épontes, ou entre les épontes et les salbandes. Cette matière est ordinairement une variété particulière d'argile, qu'on nomme *lithomarge.* On donne le nom spécial de *Besteg* à l'argile, quelquefois *plastique,* qui est entre les salbandes et les épontes. Lorsque ce dépôt argileux est le même sur les deux côtés, qu'il n'est interrompu par aucune adhérence immédiate des salbandes aux épontes, il permet au filon de glisser dans son encaissement, et à ses parties d'éprouver des dérangemens ou des chutes précipitées, qui se font avec une sorte d'explosion quelquefois dangereuse pour les mineurs.

Dans d'autres cas ce glissement paroît avoir eu lieu à une époque voisine de celle de la formation du filon, et être en partie la cause de ces surfaces unies, simplement marquées de stries parallèles, et quelquefois même presque polies, qu'on a remarquées sur plusieurs épontes et salbandes de filons au Saint-Gothard, dans le Derbyshire, etc.

Tels sont les cas où la matière minérale sédimentaire accompagne ou enveloppe les minéraux cristallisés; mais le contraire s'observe aussi assez souvent. Des parties de roches, de nature et souvent d'origine très-différentes, sont enveloppées et réunies par la masse minérale cristallisée qui constitue principalement le filon.

Enfin, il paroît que certains filons sont entièrement remplis tantôt de roches compactes ou sédimenteuses (et c'est

peut-être le cas le plus rare), tantôt même de fragmens anguleux ou arrondis, ou de matières sablonneuses et terreuses;
ils n'offrent alors aucune apparence cristalline. La plupart
des grands filons de basalte et de cornéenne qu'on nomme
dykes en Écosse, appartiennent au premier cas. Les *failles* ou
crains des terrains houillers appartiennent au second. Dans
les failles les matières sédimentaires sablonneuses ou de transport sont accumulées sans ordre : dans les filons de basalte,
où la matière est plus dense et plus homogène, on remarque
souvent de nombreuses fissures à peu près perpendiculaires
aux épontes, qui divisent la masse en petits prismes couchés.
Nous en avons parlé à l'article Basalte (voyez ce mot).

§. 3. *Des terrains et roches dans lesquels se trouvent les filons, et de leurs rapports avec eux.*

En prenant l'expression de filon dans toute l'étendue que
nous lui avons donnée au commencement de cet article,
on peut dire qu'on trouve des filons dans tous les terrains
et dans toutes les roches ; mais les dispositions de roches ou
de minéraux qu'on peut rapporter à cette définition, et qui
se voient dans les terrains tertiaires, ne sont généralement
que des fentes remplies, en tout ou en partie, soit par les
débris qui viennent d'en haut, soit par des infiltrations calcaires. Nous n'en dirons que peu de mots.

On voit sans aucun doute cette sorte de filons dans les
bancs de gypse à ossemens : elles sont remplies de marne ou de
calcaire concrétionné. On en voit dans le calcaire grossier :
elles sont remplies de terre végétale, de calcaire concrétionné
et quelquefois de calcaire farineux. Les environs de Paris
offrent de nombreux exemples de cette sorte de faux filons.
Enfin on voit aussi dans la craie de ces filons, qui, comme
dans les terrains à filons proprement dits, sont quelquefois
entièrement vides ; qui, dans d'autres cas, sont remplis ou
d'argile plastique pure, ou d'argile et de cailloux roulés ;
ou de sable (cette disposition est très-remarquable dans les
masses de craie-tufau de la montagne de S. Pierre près
Maestricht ; M. Bory-S.-Vincent en a donné une figure très-
exacte ; enfin de fragmens anguleux de silex liés par un ciment

de silex à peu près pur, ou de craie pénétrée de silex. Nous avons observé cette dernière disposition, d'une manière très-frappante, dans la masse de craie qui forme, à l'est de Rouen, la colline escarpée qu'on nomme la côte Ste-Catherine. De grandes fissures verticales dans la craie étoient remplies par une brèche dure composée de fragmens de silex et de craie siliceuse.

Les roches qui renferment les filons les mieux caractérisés appartiennent à l'ordre des terrains primordiaux, à celui des terrains de transition, et même à celui des terrains de sédimens inférieurs.

Les filons y sont nombreux, souvent puissans, ramifiés; les matières qu'ils renferment sont presque toujours cristallisées en tout ou en partie : ces matières sont ou entièrement métalliques, ou pierreuses et accompagnées de minérai métallique; mais dans les terrains de sédimens moyens, les matières métalliques deviennent rares ou même tout-à-fait nulles, et les filons ne sont plus remplis que de minéraux pierreux et presque uniquement même de calcaire spathique. Ils diminuent considérablement en nombre, en puissance, en étendue.

Dans les terrains primordiaux et de transition, et même dans quelques terrains de sédimens inférieurs, il n'y a aucun rapport constant de nature entre le filon et la roche qu'il traverse. La ressemblance dans la nature de ces deux choses est plutôt une exception qu'une règle; il y en a davantage dans la structure, quoiqu'elle soit loin d'être constante : mais, en général, les filons des roches primordiales les plus anciennes, comme le granite, le gneiss, le micaschiste, les eurites porphyroïdes, etc., sont de structure cristalline comme ces roches; les filons conservent même encore cette structure après que les roches l'ont perdue. Ainsi, dans les terrains de transition composés de roches sublamellaires, ou de roches de sédimens, comme le sont les calcaires et les phyllades de ces terrains, ou même de roches d'agrégation, comme le sont les psammites micacés, les psephites, les mimophyres, et surtout les brèches et les pouddingues de ces terrains, les filons, même au milieu de ces derniers terrains, présentent encore la structure éminemment cristallisée, sans participer en aucune manière de la nature ni de la structure de la roche qu'ils traversent.

Enfin, dans les roches de calcaire compacte qui composent les terrains de sédiment inférieur, la masse des filons, semblable par sa nature à celle de la roche, en diffère considérablement par la structure cristalline ; car presque tous ces filons stériles, c'est-à-dire qui ne renferment aucun minérai métallique, sont composés de calcaire lamellaire et même laminaire.

Ces considérations générales, qui donnent une idée de la disposition des filons, depuis les terrains les plus anciens jusqu'aux plus modernes, font voir que les différences qu'on remarque dans la structure et la nature de la matière des filons, tiennent bien plus aux époques auxquelles ils se sont formés qu'à la nature des terrains qu'ils traversent. Il existe cependant, comme nous allons le faire voir, quelques rapports entre les filons et les roches ; rapports très-importans à considérer tant pour l'art des mines que pour la théorie.

Nous avons dit qu'on trouvoit souvent dans les filons à structure cristallisée des portions de roches étrangères aux filons : on a très-souvent cru que ces roches, qui ont quelquefois une forme grossièrement sphéroïdale, venoient de la surface du sol dans lequel le filon s'étoit ouvert, et on a pris souvent aussi ces morceaux de roches pour des cailloux roulés.

La présence des cailloux roulés dans les filons est vraie dans quelques cas ; mais, dans un bien plus grand nombre, ces prétendus cailloux roulés sont des nodules quarzeux ou calcaires, formés par voie de cristallisation confuse, comme on en reconnoît sans aucun doute au milieu de plusieurs roches, et notamment des schistes noduleux. Dans le cas où ces morceaux adventices sont anguleux, on les reconnoît presque toujours pour des fragmens des rochers que traverse le filon, et qui se sont détachés de ses épontes. Ces fragmens sont quelquefois si volumineux qu'ils semblent entièrement déranger le filon, et faire naître ces ramifications rentrantes qu'on avoit tant de difficulté à concevoir avant qu'on eût fait l'observation que nous rapportons.

Dans beaucoup de terrains primordiaux et dans les roches

les plus anciennes de ces terrains, il est bien constaté que
beaucoup de filons ont avec la roche une adhérence remarquable : que les épontes et salbandes y sont à peine distinctes,
et que dans quelques parties le filon et la roche semblent se
fondre entre eux, quoiqu'il n'y ait entre eux dans d'autres
parties aucun rapport de nature.

La même liaison se remarque dans des terrains beaucoup
plus nouveaux, dans les roches de calcaire compacte, et dans
celles de quarz grenu et même de grès, lorsque les filons sont
de même nature que la roche, c'est-à-dire de calcaire spathique ou lamellaire dans le premier cas, et de quarz hyalin
dans le second.

Il est une autre influence de la roche sur les filons, et de
ceux-ci les uns sur les autres, bien plus singulière, mais
qu'on ne peut se refuser à admettre, parce qu'il paroît
qu'elle a été constatée par des observations certaines et multipliées : nous voulons parler du changement de nature ou
de proportion dans l'un de ses principes que paroît éprouver
un filon lorsqu'il passe d'une roche dans une autre, ou
lorsqu'il est en contact avec un autre filon qui le traverse
sans s'y réunir.

§. 4. *Théorie des filons.*

Après avoir exposé, de la manière la plus indépendante
de toute hypothèse, les faits qui composent l'histoire naturelle des filons, nous devons parler des théories qu'on a
successivement proposées, soit pour expliquer, soit simplement pour lier les faits entre eux.

Nous omettrons les anciennes théories rapportées dans tous
les ouvrages de géognosie, de géographie physique et de
l'art des mines, et qui ne sont plus admises par aucun naturaliste, telles que celles de Lehmann, qui regardoit les
filons comme les rameaux d'un grand tronc métallique qui
occupoit le centre de la terre; de Becher, Henkel, etc.,
qui pensoient que les filons se formoient ou s'étoient formés
par l'altération de la roche qu'ils traversent : nous omettrons
même les théories beaucoup plus raisonnables d'Agricola,
de Gerhard, de Lasius, qui regardoient les filons comme
des fentes remplies par les matières cristallisées ou sédi-

menteuses que les eaux courantes et pluviales avoient entraînées ou dissoutes, soit à la surface du sol, soit dans le
sein de la terre.

Si les faits que nous venons de rapporter ont été lus avec
assez d'attention pour être encore présens à l'esprit, ils suffisent pour réfuter ces théories, en opposition d'ailleurs
avec l'état actuel de nos connoissances en chimie et en physique. Nous nous bornerons donc à présenter ici les principales théories des filons, celles qui paroissent satisfaire à
l'explication d'un nombre de faits plus considérables que
ceux qu'on pourroit leur opposer.

Dans ces hypothèses ou théories on admet généralement
que les filons sont des fissures ou fentes produites dans la
roche pendant ou après sa formation, et qui se sont remplies de matières minérales d'une nature ou au moins d'une
structure différente de celle de la roche; mais on diffère
sur l'époque de formation des fentes et sur le mode de
remplissage des filons.

1.° On suppose que les fissures se sont faites pour ainsi
dire dans le même moment où s'opéra, soit la cristallisation
confuse de la roche, soit son dépôt sédimenteux, et qu'elles
ont été remplies d'une matière qui étoit tenue en dissolution
dans le même véhicule, mais qui a été comme sécrétée
plus particulièrement dans ces fissures. Tel paroît être le cas
des minérais d'étain et de fer arsenical, dans les granites, les
eurites, les pegmatites et les autres roches cristallisées; ces
minérais se sont agrégés en même temps ou presque en même
temps que ces roches cristallisoient, et ils se sont réunis dans
des espaces qu'ils écartoient et ouvroient sous forme de fentes.
Tel paroît être encore, pour les roches de sédiment, le cas
des veines nombreuses de calcaire spathique qu'on remarque
dans le marbre, et, d'une manière encore plus évidente, des
veines ou petits filons, soit de gypse strié, soit d'anhydrite,
soit de sel marin, qu'on voit, se croisant dans tous les sens,
au milieu des roches argileuses ou marneuses qui forment
souvent la masse principale de terrains salifères près de
Salzbourg et dans d'autres lieux.

C'est dans le cas d'une semblable formation que la roche
environnante est souvent pénétrée de la matière même du

filon, et qu'elle la présente en grains disséminés ou en vei-
nules et filets imperceptibles. C'est encore dans le même
cas que la matière d'un filon et la roche se fondent, dans
certaines parties, l'une dans l'autre, d'une manière insensible,
et offrent entre elles une adhérence difficile à vaincre. Dans
cette circonstance, enfin, les filons sont petits dans toutes
leurs dimensions, n'offrent aucune allure régulière, se
croisent dans toutes sortes de sens, et forment quelquefois, mais non toujours, ces *plexus*, *réseaux* ou *amas entrelacés*, auxquels les mineurs allemands donnent le nom de
Stockwerk.

Mais, si l'on veut étendre cette théorie à la formation de
tous les filons, les faits que nous avons rapportés font voir
qu'elle ne peut recevoir cette généralité; si, d'autre part,
on veut la rejeter entièrement, d'autres faits, parmi lesquels on doit placer les exemples que nous venons de citer,
la réclament : en effet, ces derniers, qui ne peuvent guère
s'expliquer que par cette supposition, n'ont aucun rapport
avec la seconde théorie générale que nous allons présenter.

2.° Dans cette théorie, dont les applications sont bien
plus nombreuses et encore bien plus évidentes que celles de
la première, on suppose que les roches de toutes natures,
depuis les plus anciennes jusqu'aux plus nouvelles, ont
éprouvé, après leur consolidation, des fentes plus ou moins
puissantes, dont il n'est pas difficile de trouver les causes
dans le desséchement des masses, leur affaissement, leur
ébranlement, leur chute ou leur dérangement quelconque,
et que ces fentes ont été remplies par les matières diverses
tenues en dissolution, ou même seulement en suspension,
dans le liquide où ces terrains étoient encore plongés.

Les observations faites avec soin dans toutes les parties
du globe où on exploite des mines, ne peuvent laisser aucun
doute sur cette cause de la production du plus grand
nombre des filons; il suffit de jeter un coup d'œil attentif
sur les faits que nous avons rapportés plus haut, pour voir
qu'ils tendent presque tous à faire envisager les filons comme
des fentes ouvertes et remplies postérieurement à la formation
des roches qu'elles traversent. Toutes les objections apportées
contre cette théorie tombent facilement au plus léger examen.

Le parallélisme approché des filons remplis à peu prés des mêmes minéraux; le croisement constant dans un même canton d'une sorte de filon par une autre sorte; le glissement ou abaissement presque aussi constant de la roche qui est au toit sur celle qui forme le mur, et le dérangement de niveau des mêmes couches, qui en résulte, sont une suite presque nécessaire de ce mode de formation. L'évasement des filons par en haut dans un grand nombre de cas; les ramifications des filons, leur inclinaison plus ou moins grande par rapport aux assises de la roche qu'ils coupent; la vacuité des filons dans plusieurs de leurs parties; les fragmens de rochers, soit étrangers, soit de leur toit, qu'on y rencontre si souvent; les cailloux roulés, les matières limoneuses ou sablonneuses, les débris de corps organisés, qu'on y trouve quelquefois, offrent une suite remarquable de preuves en faveur de cette théorie.

Il est facile de détruire, par un examen attentif, soit des parties constituantes des filons, soit des circonstances qui les accompagnent, les objections qu'on peut faire contre cette hypothèse. Ainsi, la puissance de certains filons, qui nous paroît si considérable dans quelques lieux, n'est presque rien quand on la compare à la masse des montagnes ou des terrains qu'ils traversent. Les étranglemens et évasemens qu'on y observe peuvent être dus à deux causes : tantôt parce qu'en raison de la nature du terrain la fente a été plus ouverte dans certaines roches que dans d'autres; tantôt, et c'est probablement le cas le plus commun, parce que, la fente ayant été faite dans une direction sinueuse, la masse supérieure, en glissant sur la masse inférieure, a présenté les saillies et les dépressions du toit vis-à-vis les saillies et les dépressions du mur. Enfin il arrive quelquefois que des filons, en se croisant, laissent entre eux un prisme de rocher qui sembleroit n'avoir eu aucun soutien dans le moment où on suppose que les fentes se trouvoient encore vides; mais il suffit de se rappeler qu'il est prouvé, par de nombreuses observations, que les filons se sont formés à plusieurs époques et à des époques très-éloignées les unes des autres, pour trouver une explication aussi facile que satisfaisante de cette disposition.

Il paroît donc aussi bien prouvé qu'une chose de cette nature puisse l'être, 1.° que tous les filons des terrains de sédimens composés de matières non entièrement cristallisées, ont été produits par des fentes ouvertes et remplies après la consolidation de ces terrains; tels sont surtout les *crains* ou *failles* des terrains houillers : 2.° que beaucoup de filons des terrains de cristallisation. et surtout ceux qui sont puissans. bien réglés dans leur allure, et dont les salbandes et les épontes sont facilement séparables, sont dans le même cas que les précédens.

Il s'agit maintenant de se rendre compte de la manière dont les filons, considérés comme des fentes, ont été remplis. Trois hypothèses se présentent : dans la première, on admet que les matières des filons s'y sont introduites constamment par leur ouverture supérieure, soit par voie de transport mécanique et de sédiment. soit par voie de cristallisation; dans la seconde. que les minéraux cristallisés y ont été introduits par transsudation latérale de ces matières dissoutes, en filtrant à travers la roche, à la manière de l'eau qui dépose les stalactites au sommet des voûtes des cavernes; dans la troisième, enfin, que les matières cristallisées, et même les minéraux à texture compacte, ont été introduits par en bas. venant des parties internes de la terre, tantôt à l'état de vapeurs qui se sont condensées dans les fentes, tantôt à l'état de liquéfaction soit ignée soit aqueuse.

Nous pensons encore ici, comme à l'occasion de la théorie de la formation des filons, qu'aucune de ces hypothèses ne peut, sans les plus grandes difficultés, sans être sujette aux objections les plus puissantes, être admise pour tous les cas des filons, et que chacune de ces causes peut avoir concouru, suivant les circonstances, au remplissage de diverses sortes de filons. Nous allons, dans ce but, reprendre successivement l'examen de ces trois hypothèses; nous nous contenterons d'indiquer nos motifs, de présenter succinctement nos raisons. sans entrer dans des développemens qui seroient hors de proportion avec le reste de cet article.

1.° Il n'y a pas de doute que des filons qui renferment des débris des rochers constituant les assises supérieures des terrains qu'ils traversent, des pierres roulées, des sables et limons argileux; des débris, enfin, de corps organisés, soit végétaux, soit animaux, soit terrestres, soit marins, n'aient été remplis par leur ouverture supérieure : cette même cause s'applique également, quoique avec moins d'évidence, aux filons remplis de minérais métalliques ou pierreux, à structure cristalline, qui se présentent en couches ou en amas dans les terrains supérieurs.

2.º Mais ce mode de formation est bien éloigné d'avoir la même évidence pour les filons dont les salbandes et les épontes sont tellement liées ensemble qu'on n'en voit pas ou qu'on n'en opère qu'avec la plus grande difficulté la séparation. Ici, la formation de la roche, celle du filon et son remplissage paroissent être presque contemporains, et ce dernier ne paroît pas avoir été opéré par la partie supérieure du filon, mais plutôt par tous ses points. On peut considérer le filon comme une fente ouverte au milieu d'un magma cristallin, pénétré encore de la dissolution en état de précipitation, et déposant dans cet espace moins saturé ou, pour mieux dire, moins épais, des parties d'une structure et d'une nature un peu différentes de celles du reste de la roche. Les rognons de granites à petits grains qu'on voit au milieu des granites à gros grains ; les amas de granites à gros cristaux qu'on voit au milieu des granites à petits cristaux ; les amas cristallisés d'amphibole, de tourmaline, de quarz, de pyrite, de galène, etc., qu'on voit au milieu des roches cristallisées, enveloppés de toutes parts par ces roches de manière à ce qu'on ne puisse dire qu'ils se soient introduits dans les cavités qu'ils remplissent, ni par en haut, ni par en bas, peuvent nous donner non-seulement une idée, mais une preuve évidente de ce mode de séparation d'une matière minérale entièrement différente de toute la masse au milieu de laquelle elle a cristallisé.

3.º Le remplissage des filons dont les épontes sont tapissées de matières siliceuses, calcaires ou métalliques, disposées par lits onduleux et parallèles entre eux et aux salbandes, à la manière des lits de calcédoine qui tapissent les géodes d'agate, ne peut guère s'expliquer non plus par une dissolution quelconque arrivant par en haut dans le filon, et déposant, avec cette régularité, des couches épaisses d'une matière aussi peu dissoluble par les agens que nous connoissons. Une cause encore inconnue, mais probablement du même ordre que celle qui a rempli les géodes d'agate , de quarz , de calcaire spathique, qu'on voit au milieu des terrains de cornéenne, cause bien différente de celle qui a pu , dans le premier cas, opérer le remplissage des filons par en haut, a pu contribuer également au remplissage de ces filons.

4.° Une troisième sorte de filons paroît avoir aussi été remplie, sinon en totalité, au moins en grande partie, d'une manière tout-à-fait différente : ce sont ceux qui renferment des sulfures métalliques de toutes sortes, déposés en houppes cristallines sur toutes les parties du filon qui sont en saillie, et surtout ceux qui renferment des corps décomposables dans toute dissolution aqueuse, tels que les sulfures et les arseniures métalliques, substances cependant si abondantes dans les filons. S'il n'est pas possible d'admettre encore que ces filons aient été remplis par en bas et par voie de sublimation, parce qu'aucun fait direct ne le prouve, il n'est pas non plus convenable de rejeter entièrement cette hypothèse, puisque nous n'avons aucune idée ni de ce qui se passe à quelques milliers de mètres au-dessous de la croûte du globe, ni de ce qui s'est passé à sa surface, lorsque les filons s'y sont ouverts, et que les matières minérales pierreuses et métalliques qui les remplissent s'y sont formées.

Mais, dans ces derniers temps, on a été plus loin; et ce sont principalement les Anglois qui ont avancé cette opinion. Ils regardent les grands filons de basalte et de cornéenne, nommés *winstone*, qui traversent des terrains de toutes les époques, depuis les granites jusqu'à la craie, comme des fentes ouvertes par le gonflement et l'éruption d'une matière pierreuse à l'état de fusion, qui, en sortant par ces fentes pour se répandre à la surface du sol, les a laissées pleines de cette même matière. Ce sont des filons ouverts par soulèvement et remplis de bas en haut d'une matière qui a été détruite et enlevée de la surface du sol, parce qu'elle s'y est altérée et désagrégée plus facilement, mais qui est restée intacte dans les filons, et qui forme même ces longs murs et saillies qu'on nomme *dykes*, murs si communs en Écosse, et que nous avons décrits au mot Basalte. Nous sommes d'autant plus disposés à admettre cette opinion, que nous l'avions déjà avant qu'elle eût été publiée par ces géologues, et nous sommes portés, comme eux, à l'appliquer au remplissage de plusieurs filons, soit pierreux, soit même métalliques, qui présentent une disposition, une forme, une structure et des phénomènes qui ne peuvent guère se concilier avec l'hypothèse du remplissage par en haut.

On voit qu'il est très-probable, pour ne pas dire certain, premièrement, que tous les gîtes de minérais ou de matières minérales qu'on nomme *filons*, n'ont pas été produits par une cause unique et générale ; secondement, qu'on ne peut non plus attribuer à une seule cause le remplissage des filons, quelle que soit leur nature ; troisièmement, que, dans toute hypothèse, les filons peuvent être *considérés* comme une fente remplie. Cette considération mène, 1.° à des connoissances générales de géognosie qui augmentent le domaine de cette science d'une manière positive ; 2.° à des règles présumables, et même presque certaines, propres à diriger les recherches et les travaux du mineur.

Les filons, quel que soit leur mode réel de formation, pouvant être considérés comme des fentes, il s'en suit que les filons coupans doivent nécessairement être plus nouveaux que les filons coupés ; et qu'on peut, par une suite nombreuse d'observations bien faites, établir à peu près l'ordre de formation des filons, et celui des différentes substances pierreuses et métalliques qui se trouvent dans les filons. Ayant ainsi un moyen certain de déterminer l'âge relatif des filons, on pourra arriver à déterminer les autres caractères des filons anciens comparés aux nouveaux, et à les reconnoitre, lors même qu'on n'aura pas le moyen comparatif d'où on sera parti.

Ainsi, on remarque que les filons les plus anciens, déterminés par le moyen précédent, ou, ce qui est la même chose, que les filons qui sont le plus ordinairement coupés par d'autres filons, se trouvent aussi dans les terrains primordiaux regardés comme les plus anciens, tels que les granites, les pegmatites, les hyalomictes, les gneiss, les micaschistes, les eurites porphyroïdes, quelques porphyres, etc.; que, dans ces filons, non-seulement la guangue et le minérai même adhèrent fortement à la roche, mais que le premier participe souvent de la nature de la roche, et que le second se trouve souvent disséminé dans la roche même, aux approches du filon, ou dans les fissures de stratification qui divisent la roche lorsqu'elle est stratifiée. On remarque que ces filons sont généralement peu puissans, rameux, mal réglés dans leur direction; qu'ils ont peu d'étendue; qu'ils présentent moins de druses, moins de minérai massif, et cependant aussi moins de cristaux implantés que les autres.

Les filons moins anciens, qui traversent les schistes luisans, les phyllades satinées et tuberculées, les phyllades pailletées, les calcaires sublamellaires noirâtres, dits de transition, les psammites schistoïdes, et même les psammites micacés et les calcaires compactes, sont plus puissans, plus étendus, mieux réglés dans leur allure; ils renferment de grandes cavités; enfin, ils présentent tous les caractères opposés à ceux des filons anciens.

Si l'on veut chercher à déterminer l'âge de formation des substances pierreuses et métalliques au moyen de l'ordre dans lequel elles se présentent successivement dans ces filons de différens âges, on a, d'après Werner, à peu près la série suivante, susceptible d'être perfectionnée par des observations plus multipliées, et faites dans des lieux plus variés et plus éloignés du siége habituel des observations de ce père de la vraie géognosie.

Les minéraux pierreux qui remplissent les filons les plus anciens, soit seuls, soit avec des métaux, sont le felspath, le quarz, le mica, l'amphibole; ceux qui remplissent souvent seuls les filons les plus anciens, sont la topaze, le béril-aigue-marine, le mica gris ou verdâtre, la chlorite, la chaux fluatée, la chaux phosphatée: ils sont presque toujours accompagnés de substances métalliques.

Les minéraux pierreux qui remplissent seuls, ou accompagnés de métaux, les filons plus modernes, sont, à peu près dans l'ordre d'ancienneté, le calcaire spathique, la baryte sulfatée, la baryte carbonatée, l'argile lithomarge, l'agate, le talc, la vake.

Les minérais métalliques paroissent s'être formés dans la croûte du globe dans l'ordre suivant.

Dans les terrains primordiaux les plus anciens : l'étain, le schéelin ferruginé et calcaire, le molybdène, le graphite, l'urane, le bismuth, le fer oxidulé, le cobalt gris, le fer arsenical, l'or, l'argent rouge.

Dans les terrains primordiaux très-stratifiés, tels que les gneiss, micaschistes, les schistes luisans, etc. : l'antimoine sulfuré, la manganèse métalloïde, le fer carbonaté spathique, le cobalt arsenical, le nickel sulfuré, l'argent gris, l'argent rouge, l'argent natif, le mercure sulfuré, le cuivre oxidulé et natif, le cuivre sulfuré, le cuivre gris, le cuivre pyriteux, le fer oligiste, le fer oxidé rouge, le fer oxidé brun, le fer pyriteux.

Dans les terrains de transition, et dans les terrains de sédimens ou secondaires inférieurs : le fer oxidé compacte, le mercure sulfuré, le plomb sulfuré, le zinc sulfuré, le manganèse oxidé compacte, le zinc carbonaté, le cuivre malachite et azuré, le zinc calamine.

Cette liste n'offre qu'un aperçu des principales substances, et de l'ordre le plus général dans lequel elles paroissent s'être formées ou déposées dans les *filons* de l'écorce du globe. Nous ne pourrions, sans alonger considérablement cet article, les donner avec plus de détails, en faisant distinguer, 1.° les métaux qui ne se présentent que dans certains filons, et qu'on ne voit plus dans les filons plus nouveaux, tels que l'étain; 2.° ceux qui, après s'être présentés dans des filons anciens, se représentent encore dans les filons du moyen âge, tels que le fer carbonaté spathique, etc.; 3.° ceux qui ne se présentent que dans les filons du moyen âge et dans les filons postérieurs, mais point dans les antérieurs, tels que le zinc carbonaté, etc.; et d'ailleurs nous n'aurions peut-être pas les moyens suffisans pour présenter cette nouvelle série avec les développemens et la certitude désirables.

Nous avons cité peu de faits à l'appui des principes que nous avons posés, parce que, n'en ayant pas qui nous soient particuliers, nous n'avons pas voulu répéter pour la vingtième fois ce qu'on trouve dans tous les ouvrages de géognosie et de l'art des mines publiés jusqu'à ce jour. (B.)

FILOU. *Epibulus.* (*Ichthyol.*) M. Cuvier a fait sous ce nom un sous-genre dans le grand genre des labres. Le corps et la tête sont recouverts de grandes écailles, dont le dernier rang empiète même sur la nageoire de l'anus et sur celle de la queue. Il y a deux dents coniques plus longues au-devant de chaque mâchoire, et ensuite de petites dents mousses. On n'en connoit qu'une espèce de la mer des Indes ; c'est le *sparus insidiator* de Pallas. Cet animal, par l'extrême extension qu'il peut donner à sa bouche, dont il fait subitement une espèce de tube, saisit au passage les petits poissons qui nagent à portée de ce singulier instrument. (H. C.)

FILTRATION. (*Chim.*) Opération par laquelle on sépare une matière solide qui est mêlée à un liquide, en faisant passer ce liquide au travers d'un papier non collé, ou encore au travers d'une étoffe de laine, de coton, de lin ou de chanvre, ou enfin au travers d'une colonne de sable ou de verre pilé. Les particules du liquide s'écoulent par les interstices du papier, de la toile ou du sable, et les particules du solide, plus volumineuses, restent sur le papier, sur l'étoffe ou entre les grains de sable. (Ch.)

FILTRE. (*Chim.*) C'est l'intermède qui sert à la filtration. Les filtres sont de papier non collé, d'étoffe de laine, de coton, de lin ou de chanvre, ou bien encore de sable ou de verre pilé. Ils ne doivent exercer aucune action chimique sur les mélanges que l'on veut filtrer.

Les filtres de papier se font avec du papier Joseph ou du papier gris. Lorsqu'on opère sur de petites quantités de liquides, et qu'on veut recueillir sans perte tout le liquide et toute la matière solide, on fait usage des filtres de papier Joseph, auxquels on donne la forme d'un cône et qu'on place ensuite dans un entonnoir de verre. Dans les expériences délicates, ces filtres doivent être lavés avec de l'acide hydrochlorique, parce qu'ils contiennent un peu de carbonate de chaux et de peroxide de fer. Les filtres de papier gris sont employés en général pour filtrer de grandes quantités de liquides ; souvent, au lieu de leur donner la forme d'un cône et de les mettre dans un entonnoir de verre, on les place sur une toile peu tendue, qui est fixée aux quatre coins sur un châssis de bois.

Les filtres d'étoffes de laine, qui ont la forme d'un cône, sont appelés chausses; on s'en sert dans les pharmacies et les offices pour filtrer les sirops et les ratafias.

Les filtres de sable ou de verre pilé s'emploient pour filtrer de l'eau, et quelquefois des liquides acides qui corroderoient les filtres de papier ou de toile. (Ch.)

FIMA (*Bot.*), nom japonois du ricin ordinaire, suivant Kæmpfer et Thunberg. (J.)

FIMBAR-MINGANANG (*Bot.*), nom malais, suivant Burmann, de son *polypodium scolopendria*, qui est le *daun-sambang* des Javanois, différent du *daun sombong*, espèce d'eupatoire mentionné par Rumph. (J.)

FIMBRILLAIRE, *Fimbrillaria*. (*Bot.*) [*Corymbifères*, Juss. — *Syngénésie polygamie nécessaire*, Linn.] Ce genre de plantes, que nous avons établi dans la famille des synanthérées (Bull. de la soc. philom., Février 1818), appartient à notre tribu naturelle des Astérées, dans laquelle nous le plaçons entre le *dimorphanthes*, dont il diffère par le clinanthe fimbrillé, et le *baccharis*, dont il diffère par le même caractère, et de plus en ce que chaque calathide réunit les deux sexes.

La calathide est discoïde, subglobuleuse, composée d'un disque pluriflore, régulariflore, masculiflore ou quelquefois androgyniflore, et d'une couronne multisériée, multiflore, tubuliflore, féminiflore. Le péricline, inférieur aux fleurs, est arrondi, et formé de squames irrégulièrement imbriquées, appliquées, oblongues-linéaires, coriaces-foliacées. Le clinanthe est plane, et garni de très-longues fimbrilles charnues, irrégulières, inégales et dissemblables, entregreffées inférieurement. Les ovaires sont comprimés, obovales, hispides, munis d'un bourrelet apicilaire; leur aigrette est composée de squamellules filiformes, barbellulées.

FIMBRILLAIRE BACCHAROÏDE: *Fimbrillaria baccharoides*, H. Cass.; *Baccharis ivæfolia*, Linn. C'est un arbuste d'Amérique, haut d'environ quatre pieds. Sa tige est épaisse et revêtue d'une écorce crevassée; ses branches sont droites, cylindriques, pleines de moelle, striées, pubescentes, garnies de feuilles;

celles-ci sont alternes, éparses, à pétiole long de six lignes,
à limbe long d'un pouce et demi, large de dix lignes,
ovale-lancéolé, grossièrement denté en scie sur les bords
de sa partie supérieure seulement; les deux faces de la
feuille sont un peu hispidules, et il y a trois nervures
principales saillantes en-dessous; les calathides, composées
de fleurs jaunâtres, sont petites, nombreuses et disposées en
corymbes terminaux irréguliers. Nous avons observé les caractères génériques et spécifiques de cet arbuste au Jardin
du Roi.

Fimbrillaire a tuyaux : *Fimbrillaria tubifera*, H. Cass., Bull.
de la soc. philom., Octob. 1819. C'est une plante probablement
herbacée, dont la tige est simple et haute d'un pied, dans
l'échantillon sec et incomplet que nous décrivons; cette tige
est épaisse, pleine de moelle, cylindrique, striée, un peu
anguleuse, un peu pubescente. Les feuilles, qui sont alternes et nombreuses, ont un pétiole long d'environ un
pouce et demi, dilaté à la base, et un limbe long de six
pouces, large de trois pouces, lancéolé, très-entier sur les
bords, un peu tomenteux sur les deux faces, un peu épais,
nervé. Les calathides, très-nombreuses et composées de fleurs
à corolle jaune, sont rapprochées en glomérules inégaux
sur les ramifications de l'inflorescence, dont l'ensemble forme,
au sommet de la tige, une grande panicule corymbée; elles
sont discoïdes, composées d'un disque multiflore, régulariflore, masculiflore, et d'une couronne plurisériée, multiflore, tubuliflore, féminiflore; leur péricline est inférieur
aux fleurs, irrégulier, formé de squames irrégulièrement
bisériées, un peu inégales, appliquées, elliptiques, subco-
riaces, un peu membraneuses sur les bords. Le clinanthe est
plane, hérissé de fimbrilles inégales, irrégulières, entre-
greffées à la base; les ovaires sont hispidules, et ont une
aigrette de squamellules nombreuses, inégales, filiformes,
à peine barbellulées; les fleurs de la couronne, au moins
aussi longues que celles du disque, ont une corolle en
forme de long tube grêle, coloré, arqué en dedans et
denticulé au sommet; les fleurs du disque ont une corolle
à cinq divisions, et un faux-ovaire avorté, pourvu d'une
aigrette semblable à celles de la couronne.

Nous avons observé cette nouvelle espèce de fimbrillaire dans un herbier des îles de France et de Bourbon, reçu au Muséum d'histoire naturelle de Paris, en Janvier 1819. Elle diffère beaucoup de l'espèce originaire, et elle est remarquable par sa couronne de tubes longs, colorés et très-apparens en dehors, ce qui est rare dans une calathide discoïde, et ce qui donne à celle-ci l'aspect d'une calathide radiée dont la couronne ne seroit pas encore épanouie. Nous doutons si cette plante est une herbe ou un arbrisseau, et ce que nous avons décrit comme étant la partie supérieure de la tige n'est peut-être qu'une branche. (H. Cass.)

FIMBRILLES. (*Bot.*) Le clinanthe de la calathide des synanthérées est souvent garni d'appendices, dont nous avons distingué plusieurs sortes, mal à propos confondues par les botanistes. Nous avons donné le nom de fimbrilles (*fimbrillæ*) à ceux qui sont en forme de filets membraneux, laminés, linéaires ou subulés, inégaux, irréguliers, souvent entre-greffés inférieurement, et toujours beaucoup plus nombreux que les fleurs. Les fimbrilles ne sont point de vraies bractées, comme les squamelles; mais ce sont de simples saillies du clinanthe. Quelques botanistes, tels que M. De Candolle, supposent que les fimbrilles sont des squamelles découpées, longitudinalement jusqu'à la base, en lanières sétiformes. Cette opinion n'a aucun fondement, et sa fausseté nous est démontrée par une foule d'observations qu'il seroit trop long de rapporter ici. D'autres botanistes, tels que M. Richard, croient que les fimbrilles sont exclusivement propres aux cynarocéphales, et ne se retrouvent point chez les corymbifères : cette assertion est démentie par l'*andromachia*, le *coleosanthus*, le *culcitium*, le *charieis*, le *fimbrillaria*, l'*edmondia*, l'*absinthium*, le *clomenocoma*, l'*eriocline*, le *trichocline*, le *tessaria*, l'*isonema*, le *glyphia*, le *tarchonanthus*, l'*arctotis*, le *gymnostyles*, le *gaillardia*, et par beaucoup d'autres corymbifères. Pour avoir une idée juste de la distinction des fimbrilles et des squamelles, on peut comparer le clinanthe fimbrillifère du chardon avec le clinanthe squamellifère de l'hélianthe. Notre genre *Cladanthus* offre l'exemple remarquable d'un clinanthe tout à la fois squamellifère et fimbrillifère, ce qui est un cas très-rare. Voyez l'article Composées ou Synanthérées, tome X, page 146. (H. Cass.)

FIMBRISTYLIS. (*Bot.*) Genre de plantes monocotylédones, à fleurs glumacées, de la famille des *cypéracées*, très-voisin des scirpes, dont il faisoit d'abord partie. Il appartient à la *triandrie monogynie* de Linnæus, et se distingue par des épis composés d'écailles en paillettes, imbriquées dans tous les sens, rarement stériles ; trois étamines ; un style comprimé, caduc, articulé avec l'ovaire, souvent cilié et bulbeux à sa base ; deux stigmates, rarement trois ; point de soies sur le réceptacle ; une seule semence.

Ce genre diffère essentiellement des scirpes par le style articulé avec l'ovaire, par le réceptacle dépourvu de soies. Il se compose d'espèces toutes exotiques. Les tiges n'ont point de nœuds ; elles sont munies à leur base de gaines ou de feuilles étroites, souvent canaliculées, légèrement denticulées à leur base ; les épis solitaires ou en ombelles ; un involucre assez semblable aux feuilles, plus court, quelquefois scarieux. Parmi les nombreuses espèces de ce genre on peut distinguer :

* *Fleurs en épis simples.*

Fimbristylis penchée : *Fimbristylis nutans*, Vahl ; *Scirpus nutans*, Retz., *Obs.*, 4, pag. 12. On trouve cette plante à Malacca, dans les lieux marécageux. Ses racines sont fibreuses ; ses tiges filiformes, hautes de six à sept pouces, nues, comprimées, presque tétragones, munies à leur base de quelques écailles courtes, brunes, et enveloppées par une ou deux gaines longues d'un pouce. Les fleurs sont disposées en un épi nu, solitaire, ovale, incliné, composé d'écailles brunes, imbriquées.

Fimbristylis dentelée ; *Fimbristylis serrulata*, Vahl, *Enum.*, 2, pag. 285. Ses tiges sont filiformes, anguleuses, longues d'environ trois pouces, munies à leur base de deux feuilles un peu obtuses, rudes à leurs bords, et de deux gaines ferrugineuses ; l'épi est un peu plus gros qu'un grain de millet, accompagné de deux folioles linéaires, inégales ; les écailles ovales, acuminées, finement striées. Cette plante croît dans l'Amérique méridionale.

Fimbristylis hérissée ; *Fimbristylis hirtella*, Vahl, *l. c.*, 286. Cette espèce a des tiges sétacées, hautes de trois ou quatre pouces, trigones vers leur sommet ; deux feuilles capillaires, pileuses ; leur gaine ferrugineuse ; l'involucre composé de deux folioles pileuses ; deux épis, l'un sessile, l'autre pédonculé, garnis d'écailles glabres, ovales, médiocrement mucronées ; les semences d'un blanc de neige, striées dans leur longueur. Elle est originaire de l'Amérique méridionale.

** *Fleurs en épis disposés en ombelle.*

Fimbristylis tomenteuse ; *Fimbristylis tomentosa*, Vahl, *l. c.*, pag. 290. Plante des Indes orientales, couverte de poils blanchâtres sur toutes ses parties. Ses tiges sont grêles, comprimées, hautes d'un pied et plus, munies de deux ou trois feuilles linéaires ; une ombelle à sept rayons, trois ou quatre aux ombellules, soutenant de petits épis ovales, acuminés ; les involucres composés de cinq folioles très-pileuses ; les écailles brunes, ovales, acuminées, pileuses dans leur jeunesse, puis glabres et luisantes.

Fimbristylis pileuse ; *Fimbristylis pilosa*, Vahl, *l. c.*, p. 290. Plante de l'Isle-de-France, remarquable par sa belle couleur glauque, et dont les tiges sont grêles, hautes de deux pieds, munies de deux ou trois feuilles étroites, ciliées ; leur gaine est pileuse, ferrugineuse ; l'involucre cilié, à deux folioles courtes ; les ombelles composées de six rayons ; les ombellules terminées par des épis ovales, un peu obtus, de la grosseur d'un pois ; les écailles brunes, ovales, un peu mucronées ; les semences un peu pédicellées, ondulées et striées dans leur longueur.

Fimbristylis lâche ; *Fimbristylis laxa*, Vahl, *l. c.*, p. 292. Ses tiges et ses feuilles sont filiformes ; ses épis petits, glabres, ovales ; l'involucre à deux folioles plus courtes que l'ombelle ; une seule étamine ; les semences jaunes, arrondies, striées dans leur longueur. Cette espèce croît dans l'Amérique méridionale.

Fimbristylis mucronée ; *Fimbristylis mucronata*, Vahl, *l. c.*, p. 293. Cette espèce a des rapports avec le *scirpus lacustris*. Ses tiges sont trigones, spongieuses : son involucre se compose du prolongement de la tige et d'une écaille qui lui est opposée, ovale, aiguë, d'un brun ferrugineux. L'ombelle est simple, à deux ou quatre rayons comprimés, rudes sur leurs bords; les épis d'un brun clair, luisans, à peine longs de trois lignes; les écailles blanchâtres, mucronées. Elle croit à l'île Mahon.

Fimbristylis cylindrique; *Fimbristylis cylindrica*, Vahl, *l. c.*, p. 293. Plante de la Caroline, dont les tiges sont grêles, hautes de deux pieds; les feuilles roulées, filiformes, un peu glauques, d'un brun noirâtre sur leur gaine; une ombelle simple, à cinq rayons sétacés; les épis cylindriques, très-obtus, presque longs de six lignes; les écailles d'un jaune clair, un peu arrondies; deux folioles sétacées à chaque épillet; les pédoncules très-longs; les semences lisses, comprimées, arrondies.

M. Robert Brown cite environ une trentaine d'espéces de *fimbristylis*, toutes recueillies sur les côtes de la Nouvelle-Hollande, parmi lesquelles on distingue le *Fimbristylis pauciflora*, à un seul épi nu, subulé, peu garni; le style bifide, les semences un peu rudes; une seule étamine dans chaque fleur; les tiges sétacées. *Fimbristylis tetragona*, dont les tiges sont tétragones, engainées à leur base, terminées par un seul épi droit, nu, ovale, obtus; les styles trifides, frangés dans leur longueur; les écailles ovales, très-obtuses. *Fimbristylis tristachia*, à trois épis oblongs, aigus; les écailles ovales, mucronées; les semences lisses; les tiges rudes, anguleux. (Poir.)

FIME-FAGI, ONSI. (*Bot.*) Noms japonois du *polygala* commun, suivant M. Thunberg. La *fime-juri* est le lis pomponien. Le *campanula marginata* de M. Thunberg a le nom de *fime-kikjo*, qui signifie violette des vierges. (J.)

FIMORO (*Bot.*), nom japonois, suivant Kæmpfer, d'un genévrier, qui est le *cupressus pendula* de M. Thunberg. (J.)

FIMPI. (*Bot.*) Arbre de Madagascar, mentionné par Flacourt, qui ajoute que c'est le *costus indicus*. Il a la forme d'un olivier, l'écorce blanche, l'odeur de musc, le goût plus piquant que celui du poivre, et il laisse suinter une résine noire et très-odorante. Ces diverses indications font croire que c'est la cannelle blanche, *canella*. (J.)

FINANGO (*Bot.*), voyez Feo. (J.)

FIN-FISCH , FINNE-FISKE , FINN-FISK (*Mamm.*) ; noms, chez les peuples du Nord de race gothique , de la baleine gibbar; ils signifient proprement *poisson à boutons.* (F. C.)

FINGAN-SAKURU (*Bot.*), arbre du Japon , qui est , suivant M. Thunberg , son *prunus incisa.* (J.)

FINGOSAKE (*Bot.*), nom japonois de la fumeterre ordinaire , suivant M. Thunberg. (J.)

FINGRIGO. (*Bot.*) L'arbre de la Jamaïque désigné sous ce nom par Sloane et par Plukenet , paroit être le *pisonia aculeata.* (J.)

FINGUERE. (*Bot.*) Rochon cite sous ce nom un figuier sauvage de Madagascar , dont on retire, par incision , un suc laiteux qui , en se coagulant , devient une résine élastique propre à être employée comme celle du caoutchouc. Rochon dit que les Malgaches en font des torches qui brûlent sans mèche , et éclairent très-bien dans la nuit. (J.)

FIN-HOULLY (*Bot.*), nom vulgaire du trèfle rampant dans quelques cantons. (L. D.)

FINNE, *Fina.* (*Entoz.*) Mot dérivé de l'allemand, et signifiant la ladrerie des cochons, que quelques zoologistes allemands , et entre autres Werner (*Brev. expos. cont.*, 2 , p. 2 , tab. 1 , fig. 8 - 1), emploient pour désigner un genre de vers intestinaux hydatiformes, créé pour une espèce d'hydatide , ou mieux de cysticerque, qui se trouve en grande abondance dans le tissu cellulaire du cochon (auquel elle occasionne la maladie connue sous le nom de ladrerie), et qui diffère un peu des autres , parce qu'elle a une sorte de double sac extérieur ; mais, comme il est évident que ce sac ne lui appartient pas, mais bien à l'animal dans lequel cette hydatide se développe , cette circonstance ne peut être suffisante pour l'établissement d'un genre. Voyez CYSTICERQUE. (DE B.)

FINOCHIO (*Bot.*), nom italien du fenouil ; le *finochietta* est le *meum* des pharmaciens , *œthusa meum* de Linnæus. (J.)

FINO-KI (*Bot.*), nom japonois du *thuya.* (J.)

FIN-OR D'ÉTÉ et FIN-OR DE SEPTEMBRE. (*Bot.*) On donne ces noms à deux variétés de poire. (L. D.)

FIOFUKI. (*Bot.*) Nom japonois du lamier rouge, *lamium purpureum.* Le *fiotari* est une courge, *cucurbita hispida* de

Thunberg : le *fioogi* est le *moræa chinensis* du même ; le *fioo* est la rose trémière, *alcea rosea*. (J.)

FIOLSTER (*Ornith.*), nom norwégien de l'ortolan ou bruant de neige, *emberiza nivalis*, Linn. (Ch. D.)

FIONOUTS. (*Bot.*) Herbe de Madagascar, a fleurs jaunes, en bouquets et à feuilles grasses. Flacourt dit qu'on la brûle pour en retirer des cendres qui sont employées dans les lessives et dans quelques teintures. Ces indications peuvent s'appliquer à quelques espèces du genre *Cotylédon ;* mais, dans le catalogue de l'herbier de Vaillant, la plante ainsi nommée est placée parmi les conyses. (J.)

FIOR CAPUCCIO. (*Bot.*) Nom toscan du pied-d'alouette des jardins, *delphinum ajacis*, selon Césalpin ; c'est celui sur les pétales duquel on croit voir des lettres tracées qui rappellent une des métamorphoses décrites par Ovide. (J.)

FIOR RANCIO. (*Ornith.*) L'oiseau ainsi nommé dans Olina est le roitelet, *motacilla regulus*, Linn. (Ch. D.)

FIORALIA. (*Bot.*), nom italien du bluet, suivant Adanson. (H. Cass.)

FIORITE (*Min.*), nom donné par Thomson à une variété de quarz concrétionné qu'on trouve au mont Fiora, en Toscane. Voyez Quarz hyalite concrétionné. (B.)

FIORNA. (*Ornith.*) C'est, en Ostrobothnie, le petit grèbe cornu, *colymbus auritus*, Linn. (Ch. D.)

FIOU. (*Bot.*) La plante de Madagascar citée sous ce nom par Flacourt est une espèce d'asperge, selon Vaillant. (J.)

FIR. (*Bot.*) Nom japonois du poireau ordinaire. Le carandas, *carissa*, est nommé *fira* et *firasi* ; le liseron du Japon, *convolvulus japonicus*, est le *firagano ;* le houx est le *firaggi* de Kæmpfer. Un varec, *fucus saccharinus*, est le *firome* du même. Il dit que le *firumusiro* est un *potamogeton* à feuilles de muguet. (J.)

FIRENZIA. (*Bot.*) Necker érige en genre, sous ce nom, un sebestier, *cordia flavescens* d'Aublet, parce qu'il a six divisions à la corolle et six étamines au lieu de cinq, et que son fruit ne contient qu'une graine, probablement par suite de l'avortement des autres. (J.)

FIRMIANA. (*Bot.*) Marsigli, dans les Actes de Padoue, nommoit ainsi le *sterculia platanifolia*, qui étoit aussi le *culhamia* de Forskal, et qui, avant de fleurir dans le jardin de Trianon, y a subsisté long-temps sous le nom de *richardia*. (J.)

FIROLE, *Pterotrachea*. (*Malacoz.*) Genre de mollusques établi par Forskal, *Faun. arab.*, p. 117, sous la dénomination de *Pterotrachea*, changée, on ne sait trop pourquoi, en celle de *Firola*, Firole, par Bruguières et tous les zoologistes françois. Ses caractères, tels que nous les avons exposés dans notre Mémoire sur l'ordre des mollusques ptéropodes, inséré dans le Bulletin de la Société philomatique, peuvent être exprimés ainsi : Corps alongé, plus ou moins conique en avant comme en arrière, ou atractosome, symétrique, comme gélatineux, pourvu en-dessous d'une nageoire arrondie, comprimée, bordée d'un petit suçoir préhensile, et offrant en-dessus et en arrière du milieu du dos une sorte de nucléus nu, formé des principaux viscères, et entre autres du cœur et des branchies symétriques composées par deux groupes de longs filamens ; deux yeux ; des tentacules presque rudimentaires ; la bouche à l'extrémité d'une sorte de trompe rétractile, et pourvue de mâchoires ; la queue terminée par des appendices natatoires et souvent prolongée en un long filet moniliforme. D'après cela, il est aisé de voir que ces mollusques sont extrêmement voisins des carinaires, dont ils ne diffèrent peut-être que parce que le nucléus est nu et n'est pas recouvert par une coquille (voyez CARINAIRE) ; aussi les avons-nous placés, dans notre Système de classification des malacozoaires, avec ce genre, dans un petit ordre distinct, que nous avons nommé *Nucléobranches*. Avant le Mémoire de MM. Péron et Le Sueur, sur l'ordre des ptérobranches, aucun zoologiste n'avoit essayé de classer ces animaux. Ces auteurs, M. Meckel, etc., sur la simple observation que les firoles se meuvent au moyen d'appendices natatoires, en firent un genre de l'ordre que M. Cuvier venoit d'établir sous le nom de Ptéropodes, mais en n'envisageant la chose que d'une manière superficielle ; car tous les rapports les rapprochent évidemment des mollusques gastéropodes, parmi lesquels M. Cuvier les a en effet rangés depuis dans son Règne animal. M. de Lamarck en a fait, comme nous, un ordre distinct, qu'il nomme Hétéropodes, et qu'il place tout à la fin des mollusques céphalés. Mais, avant les travaux de ces deux derniers zoologistes, nous avions montré, dans le Mémoire cité plus haut, que c'étoit à tort que MM. Péron et Le Sueur en faisoient des ptéropodes, et qu'en outre c'étoit encore plus à tort qu'ils avoient décrit, dessiné et défini ces animaux comme ayant la nageoire comprimée sur le dos, et le nucléus ou les branchies sous le ventre : c'est ce que nous croyons avoir démontré d'une manière peu douteuse par voie d'analogie avec tous les autres mollusques, et par voie d'observation, puisque Forskal, qui est évidemment celui qui les a observés, le premier vivans dans l'eau de la mer, quoique Péron ait dit le contraire, les décrit, comme nous les avons définis. Mais, comme MM. Péron et Le Sueur ont également vu ces animaux nageant au milieu des eaux, il faut en conclure que les firoles ont la faculté de nager le pied ou le ventre en haut, comme le font un assez grand nombre de mollusques, et entre autres les janthines, les glaucus, les lymnées, planorbes, etc. Malgré nos observations, M. Le Sueur, depuis la mort de son ami, n'a pas moins cru devoir persister dans sa première opinion, comme on pourra le voir dans le Mémoire qu'il a publié sur ce genre, avec des figures, dans le n.° 1.er du Journal de l'Académie des sciences de Philadelphie, en 1817.

Le corps des firoles est, comme il a été dit plus haut, généralement fort alongé, renflé au milieu et plus ou moins appointi vers ses deux extrémités, l'antérieure étant conique et la postérieure plus ou moins comprimée. La peau qui le revêt est comme gélatineuse, mais un peu consistante, et assez transparente pour laisser voir à travers le trajet du canal intestinal : elle est en outre chargée ou hérissée d'un assez grand nombre de tubercules irréguliers dans leur forme et leur position. Forskal et MM. Péron et Le Sueur sont d'accord pour admettre chez les firoles des yeux assez grands, situés à la jonction du tronc et de la trompe, formant de chaque côté une tache ovale, transverse, noire au devant et près de laquelle est une petite bulle hyaline entourée d'un cercle noir ; M. Le Sueur ajoute qu'ils sont supportés par un petit pédoncule. Ce dernier observateur dit positivement qu'il n'y a pas de tentacules. Mais ne peut-on pas, jusqu'à un certain point, regarder comme analogues les tubercules qui se trouvent en avant des yeux et sur la partie antérieure de la tête? Les organes de la locomotion consistent d'abord en une sorte de pied ou de masse charnue, musculaire, très-comprimée, arrondie, et qui est attachée par un assez large pédoncule au milieu de la face abdominale : on voit aisément à droite et à gauche les fibres musculaires qui, de l'enveloppe générale, se portent sur les côtés de cet organe : et, en examinant avec attention, on trouve vers le milieu du bord inférieur de cette nageoire une petite ventouse ou capsule musculaire, qui n'est autre chose, suivant nous, qu'un moyen pour l'animal de se fixer aux corps sous-marins dans l'état de repos. Cet organe, qui paroît avoir échappé à MM. Péron et Le Sueur, avoit été parfaitement indiqué par Forskal. Enfin, l'extrémité postérieure du corps, ou la queue, séparée du tronc par le nucléus, est terminée par une sorte d'aplatissement ou de nageoire bifurquée, d'où sort très-probablement, dans tous les individus bien entiers, un long filament renflé, d'espace en espace, en espèces de tubercules, et dont l'usage est inconnu. Nous avons déjà fait observer que la bouche ou l'orifice du canal intestinal est à l'extrémité élargie d'une sorte de trompe conique, qui semble être une continuation du tronc. MM. Péron et Le Sueur disent qu'elle est armée de deux mâchoires rétractiles, opposées, à ce qu'il paroît, latéralement, ce dont il nous seroit possible de douter un peu par analogie, et garnie chacune d'une série de pointes courbes cornées, rangées comme les dents d'un peigne, avec un autre rang de plus petites intermédiaires ; mais, ce qui est plus remarquable, c'est que plus en arrière et à l'intérieur, suivant M. Le Sueur, se trouvent deux appendices palpiformes, composés de deux articulations, dont le premier est très-court et oblique, et le second alongé et recourbé, organes qu'il regarde comme des espèces de palpes intérieurs. A la suite de cette cavité buccale, dans le corps proprement dit, part un large canal cylindrique, plus ou moins dilaté, traversant une sorte de membrane diaphragmatique qui sépare la tête du tronc, et qui, se prolongeant dans l'intérieur du corps, remonte vers

ie nucléus, qu'il embrasse dans sa partie inférieure, et avec
lequel il communique par deux ouvertures, l'une simple et
l'autre double. Ce nucléus, que nous avons dit être situé
dans une espèce de sillon ou d'étranglement qui sépare le
tronc de la queue, est oblong, pyriforme : il paroit qu'il est
revêtu d'une sorte de membrane gélatineuse, irisée, qui, à
quelques pieds sous l'eau, devient resplendissante. Ce nucléus
nous paroit contenir, au milieu du foie, l'estomac, vers lequel arrive un intestin filiforme, flexueux, qui est sorti de
la cavité buccale. Quant à la terminaison de celui-là, il
paroit qu'elle se fait par un orifice situé au côté droit de la
cavité branchiale. Cette cavité est située à la partie antérieure et supérieure du nucléus, et les branchies, bien symétriques. sont formées par une série de douze a seize filamens. Le cœur est placé au milieu ; on en voit aisément les
battemens dans les individus vivans : il en nait une artère principale qui se porte en avant jusque vers les mâchoires ; une
branche en nait inférieurement pour aller se porter dans
la nageoire abdominale, où elle forme, par un grand nombre
d'anastomoses, un réseau vasculaire. Quant aux organes de
la génération, ils sont encore assez mal connus. Ainsi M. Le
Sueur ne parle ni des ovaires ni des testicules ; il paroît
cependant que les deux sexes ne sont pas portés sur le même
individu. Il regarde, très-probablement avec raison, comme
l'organe excitateur mâle, un appendice vermiforme attaché
au côté droit du corps et composé de trois parties. dont la
première, placée au-dessus, paroît devoir protéger les deux
autres, et la troisième, alongée, vermiculaire, est attachée
à la base de la seconde, qui est courte et cylindrique ; et il
trouve dans les individus qu'il pense être femelles, un oviducte filiforme, contenant de petits globules éloignés, et qui
se termine au côté gauche de la cavité branchiale, c'est-à-
dire, dans une position contraire à celle de l'organe mâle.
Enfin. M. Le Sueur a aussi étudié le système nerveux des
firoles : il est composé d'un ganglion quadrilobé situé entre
les yeux et l'œsophage ; outre les nerfs optiques, ils en ont
quatre autres principaux, dont deux vont dans les mâchoires. et les deux autres se dirigent en arrière : mais, ar-
rivés à la base de la nageoire, ils se terminent dans un

double ganglion oblong, qui fournit les filets des différentes parties du corps, et surtout, sans doute, ceux de la nageoire.

On connoit peu les mœurs et les habitudes des firoles ; elles se trouvent, à ce qu'il paroît, assez communément dans toutes les mers des pays chauds, et même dans la Méditerranée, où elles nagent avec beaucoup d'élégance, au moyen de leur nageoire et de la queue. Il arrive souvent qu'elles sont mutilées, et il semble qu'un assez grand nombre des individus observés par Forskal étoient dans ce cas, du moins suivant l'observation, peut-être un peu trop généralisée, de M. Péron. M. Le Sueur, ayant remarqué des différences dans l'existence des filamens de la queue et de la capsule du bord de la nageoire, s'en est servi pour distinguer les espèces qu'il croit devoir établir dans ce genre. Nous allons en donner les caractères, quoiqu'il se pourroit qu'elles fussent réellement un peu multipliées, et que l'absence du filament de la queue, par exemple, fût due à une mutilation, ou, peut-être encore mieux, que ce filament ne fût composé que des œufs sortis de l'oviducte. Je doute également un peu que la capsule de la nageoire manque jamais complétement.

1.° La Firole tronquée; *P. mutica*, Le Sueur, J. des sc. nat. de Phil., pl. 1, fig. 1. Point de ventouse à la nageoire, ni de filament caudal; six pointes gélatineuses disposées par paires au front.

M. Le Sueur ajoute à ces caractères spécifiques l'absence de l'organe vermiforme ; mais, en admettant que les sexes soient séparés, et qu'il appartienne au sexe mâle, on ne peut en tirer un caractère d'espèce.

2.° La F. gibbeuse; *P. gibbosa*, Le Sueur, *loc. cit.*, fig. 2. Le corps est gibbeux au-dessous du nucléus, et les pointes gélatineuses du front sont disposées en demi-cercle ; du reste, ni ventouse ni appendice filiforme.

L'existence de l'organe vermiforme, que M. Le Sueur donne pour caractériser cette espèce, ne peut pas plus servir ici que son absence pour l'espèce précédente. Il en est de même des suivantes.

3.° La F. de Forskal ; *P. Forskalia*, Le Sueur, *loc. cit.*, fig. 3. Une ventouse à la nageoire, pas d'appendice caudal : les pointes tuberculeuses, comme dans la première espèce.

4.º La F. DE CUVIER : *P. Cuviera*, Le Sueur, *loc. cit.*, fig. 4, et Ann. du Mus. d'hist. nat., tom. 14, p. 218, et tom. 15, p. 57. pl. 2, fig. 8. Nageoire sans ventouse ; la queue avec un appendice ; les tubercules frontaux au nombre de huit : quatre dans une seule ligne transversale, et les quatre autres en deux.

5.º La F. DE FRÉDÉRIC ; *P. Frederica*, Le Sueur, *loc. cit.*, fig. 5. Une ventouse et un appendice caudal : du reste extrêmement semblable à la précédente.

6.º La F. DE PÉRON ; *P. Peronia*, Le Sueur, *loc. cit.*, fig. 6. Pas de pointes gélatineuses, une ventouse et un appendice caudal. Le corps est en outre presque lisse et sans les tubercules qui se trouvent dans les autres espèces. (DE B.)

FIROLOÏDE, *Firoloida*. (*Malacoz.*) Nouveau genre de malacozoaires, dont le nom indique l'affinité avec les firoles, et qui a été établi par M. Le Sueur, p. 57 du 1.er vol. du Journ. des sc. nat. de Philad., 1817, pour quelques animaux qui ne diffèrent réellement des firoles que parce que la queue de celles-ci ou la partie du corps qui se trouve après le nucléus, est nulle, ou mieux, extrêmement petite : ainsi les caractères génériques seront absolument les mêmes, avec cette différence que le nucléus est à l'extrémité postérieure du corps, et que la queue n'est formée que par une pointe très-courte sans nageoire. Du reste, c'est tout-à-fait la même organisation et les mêmes mœurs ; mais une observation faite par M. Le Sueur, que dans deux individus de ce nouveau genre il a vu partir de l'extrémité postérieure du corps un appendice filiforme fort alongé, rempli de petits globules semblables à des œufs, et qu'il regarde, selon nous, à tort comme des oviductes, parce qu'il est évident qu'ils ne sont très-probablement que des cordons d'œufs, nous porte à croire qu'il faut aussi admettre comme analogue l'appendice filiforme de la queue des vraies firoles, et alors il sera encore plus impossible de s'en servir comme caractère d'espèces. Quoi qu'il en soit, voici les espèces que M. Le Sueur range dans ce nouveau genre, et qu'il a observées dans l'océan atlantique en 1816.

1.° La F. DE DESMAREST; *F. Desmarestia*, Le Sueur, *loc. cit.*, pl. 11, fig. 1. Le corps long, glabre, hyalin, pointu aux deux extrémités; sans pointes gélatineuses : deux pouces de long.

2.° La F. DE BLAINVILLE : *F. Blainvilliana*, Le Sueur, *loc. cit.*, pl. 2, fig. 2. Le corps court, glabre, plus épais en arrière et comme tronqué; la nageoire médiocre. Un à deux pouces de long.

3.° La F. AIGUILLONNÉE; *F. aculeata*, Le Sueur, *loc. cit.*, fig. 3. Corps presque cylindrique, glabre, hyalin; des rides au-dessous des yeux : nageoire médiocre.

Ces trois espèces viennent des mers de la Martinique. (DE B.)

FIROME. (*Bot.*) Voyez FIR et LAMINARIA. (LEM.)

FIS (*Bot.*), nom japonois de la macre, *trapa*. (J.)

FISAH KLAB. (*Bot.*) Suivant M. Delile, ce nom arabe, qui signifie pet de chien, est donné à l'anserine blanche, *chenopodium album*, et à l'ortie romaine, *urtica pilulifera*. (J.)

FISAKAKI, OBAMMI (*Bot.*), noms japonois, suivant M. Thunberg, de son genre *Eurya*, qui n'est pas encore rapporté à une famille connue. (J.)

FISANELLE. (*Ornith.*) On nomme ainsi, à Venise, le grèbe proprement dit, Buff., *colymbus urinator*, Linn. (CH. D.)

FISCAL. (*Ornith.*) La pie-grièche du cap de Bonne-Espérance à laquelle M. Levaillant a donné ce nom, est le *lanius collaris*, Linn. (CH. D.)

FISCH. (*Ornith.*) Ce terme, avec l'addition d'*adler* ou de *ahr*, désigne, en allemand, le balbuzard, *falco haliœtus*, Linn.; et le *Fischgeyer* de Frisch est la harpaie, *falco rufus*, Linn. (CH. D.)

FISCHERA (*Bot.*) : Sprengel, *Prodr. umbell.*, 27, fig. 1. Sprengel réunit sous ce nom générique les espèces d'*azorella* de Cavanilles et de Labillardière, et soupçonne qu'on doit également y rapporter le *fragosa* de la Flore du Pérou. Il le caractérise par une ombelle très-simple; un involucre à plusieurs folioles : le fruit ovale, solide, un peu rude, relevé en côtes sur le dos. Voyez AZORELLE. (POIR.)

FISCHÉRIE, *Fischeria*. (*Bot.*) Genre de plantes dicotylédones, à fleurs complètes, monopétalées, de la famille des *apocinées*, de la *pentandrie digynie* de Linnæus, offrant pour caractère essentiel : Un calice à cinq divisions profondes ; une corolle en roue, à cinq divisions ondulées et crispées ; la couronne des cinq étamines monophylle, charnue, tronquée, point lobée, entourée à sa base d'un anneau nectarifère ; le sommet de l'anthère simple, crochu, replié en dedans ; les masses du pollen insérées latéralement vers le milieu, tombant sur un stigmate pentagone. Le fruit consiste en deux follicules.

Fischérie grimpante : *Fischeria scandens*, Decand., *Catal. Hort. Monsp.*, 112. Arbrisseau toujours vert, de l'Amérique méridionale, cultivé au Jardin de botanique de Montpellier, qui offre quelques rapports avec le *cinanchum crispiflorum* de Swartz. Ses tiges sont grimpantes ; il en découle un suc laiteux : ses rameaux longs, cylindriques, couverts, ainsi que les feuilles dans leur jeunesse, d'un duvet très-fin, mou et velouté. Les feuilles sont pétiolées, opposées, ovales-oblongues, aiguës, échancrées en cœur à leur base ; l'échancrure étroite, fermée par des poils bruns, droits, en forme d'écailles : les pédoncules axillaires, chargés de petites ombelles ; les pédicelles uniflores ; les fleurs d'un jaune verdâtre ; leurs divisions crépues, ondulées. (Poir.)

FISCHERINE. (*Min.*) Nom donné par M. John à une variété de sphène ou titanite spathique de Norwége qu'il a analysée et dans laquelle il a reconnu les principes suivans :

Silice.	66
Fer oxidé.	65.5
Chaux	25.25
Alumine.	10
Titane oxidé	18.10
Manganèse oxidé	6.50
Zircone.	2

Les minéraux unis ici au titane modifient les caractéres du sphène, et lui donnent une plus grande dureté, une couleur brun de cheveux, une pesanteur spécifique de 3,86, etc. (B.)

FISCHERLIN. (*Ornith.*) L'oiseau qu'on appelle ainsi, dans les environs de Strasbourg, est la petite hirondelle de mer, *sterna minuta*, Linn. (Ch. D.)

FISCHIOSOMA. (*Entom.*) Brera, dans ses Leçons pratiques sur les principaux vers vivans dans le corps humain et sur les maladies vermineuses, a établi, sous ce nom, un genre particulier pour les animaux que l'on connoît ordinairement sous le nom d'*hydatide* ou de *cysticerque*. (De B.)

FISCH-OTTER ou **OTTER** (*Mamm.*), nom allemand de la loutre. (F. C.)

FISHTALL. (*Mamm.*) Espèce de ruminant de Barbarie, dont Shaw (tom. 1.er, p. 515) donne une description trop imparfaite pour qu'on puisse reconnoître les caractères de cet animal, qui paroît cependant se rapprocher du genre Gazelle plus que de tout autre. (F. C.)

FISKAND (*Ornith.*), nom norwégien du harle vulgaire, *mergus merganser*, Linn. (Ch. D.)

FISKATTE. (*Mamm.*) C'est ainsi, dit Kalm, que les Suédois établis en Amérique nomment une espèce de moufette. (F. C.)

FISKE-GIOE. (*Ornith.*) On donne, en Norwége, ce nom et celui de *fiskejou*, suivant Muller, *Zool. Dan. prodr.*, n.° 66, au balbuzard, *falco haliœtus*, Linn. (Ch. D.)

FISKE-HEYES (*Ornith.*), nom norwégien de la variété du héron commun, *ardea cinerea*, Linn. (Ch. D.)

FISKEREN. (*Ornith.*) Suivant Othon Muller, n.° 147, l'oiseau ainsi nommé en Norwége est le *procellaria graculus*. (Ch. D.)

FISKLITA. (*Ornith.*) L'oiseau qu'on nomme ainsi en Ukraine est le phalarope à festons dentelés, *tringa lobata*, Linn. (Ch. D.)

FISSIDENS, *Fendule* et *Fissident*. (*Bot.*) Ce genre, de la famille des mousses, établi par Hedwig sur des plantes que Linnæus comprenoit dans le genre *Hypnum*, est très-voisin du genre *Dicranum* d'Hedwig, et en diffère essentiellement par ses fleurs, qui sont monoïques au lieu d'être dioïques. Le péristome est simple et formé de seize dents fléchies en dedans, chacune fendue jusqu'au milieu, à divisions presque égales et divergentes. Les rosettes, qu'Hedwig regarde comme les fleurs mâles, sont axillaires. Les autres caractères sont communs avec le *dicranum*.

Bridel est l'auteur qui a donné la monographie la plus

récente des espèces de ce genre : le nombre s'en élève à vingt-trois, sans y comprendre, 1.º le *fissidens semi-completus*, Schwægr., type du genre *Octodiceras*, Brid., *Harissona*, Adans.; 2.º les *Fissidens patens*, Wahlenb., *Pulvinatus*, Funk (*Dicranum pulvinatum*, Dec.), qui rentrent dans le genre *Campylopus*, Brid. (voyez TORPIER); 3.º les *Fissidens strumifer* et *polycarpus*, Wahlenb., qui sont des espèces de *dicranum*; 4.º le *Fissidens sciuroides*, Schultz et Wahlenb., qui est le *dicranum sciuroides*, Decand., et le type du genre *Leucodon*, Schwægr. M. Bachelot de la Pilaye, qui a donné une monographie de ce genre, le nomme *skytophyllum*, et en décrit vingt-une espèces, parmi lesquelles se trouvent deux espèces nouvelles que ses recherches lui ont fait découvrir en France. Cette monographie est insérée dans le Journal de botanique, vol. 4, pag. 50 et 145, et accompagnée de planches qui représentent toutes les espèces décrites par l'auteur.

Plusieurs botanistes, parmi lesquels sont Smith, Swartz, Weber, Mohr et De Candolle, ne séparent point le genre *Fissidens* du *Dicranum*, lequel a également les dents du péristome bifides.

Les espèces de *fissidens* ont un port particulier, qui les fait distinguer aisément des *dicranum* : elles sont simples ou rameuses, et leurs feuilles sont disposées sur un même plan, comme celles des jongermannes. M. Bachelot de la Pilaye a remarqué que leurs feuilles sont minces, transparentes, munies d'une nervure délicate, laquelle, située d'abord au milieu, quitte ensuite cette direction pour se rapprocher à la base du bord inférieur des feuilles. Celles-ci présentent, dans cette partie et du côté qui fait face au sommet de la tige, une fente ou dédoublement dans leur épaisseur, qui descend jusqu'à la nervure et se prolonge même quelquefois au-delà du milieu de la longueur. Les feuilles embrassent la tige par cette fente, et sont par conséquent amplexicaules. Cette structure des feuilles explique pourquoi elles sont situées sur le même plan, et elle donne au genre *Fissidens* un caractère facile à reconnoitre, même lorsque la fructification manque.

Les bourgeons, qu'Hedwig prend pour les fleurs mâles,

sont situés dans la fente des feuilles. Les urnes ou les fleurs femelles sont portées sur des pédicelles axillaires et munies de coiffes fendues sur le côté.

Les espèces croissent dans les lieux frais et ombragés, les bois, les haies, les vergers, et le plus souvent à terre, quelquefois cependant aussi sur les écorces des arbres. On en trouve en Europe, en Amérique et à la Nouvelle-Hollande; quelques espèces ont été observées en Afrique et dans les îles adjacentes. Nous citerons les suivantes.

* *Tige simple, pédicelle terminal.*

FISSIDENS FLUET (*Fissidens exilis*, Hedw., *Musc.*, tab. 58, fig. 7, 8, 9; *Excl. syn.*, Linn. : *Dicranum viridulum*, Smith; *Skitophyllum exile*, Delap., Journ. bot., 4, pag. 145, pl. 58, fig. 1). Petite mousse de deux à trois lignes de hauteur; à tige une à la base, munie de feuilles ovales-lancéolées, imbriquées; terminée par un pédicelle flexueux portant une urne oblique. Cette petite mousse, d'un vert gai, se plaît dans les lieux frais et ombragés, sur la terre nue. Elle croît en France et dans les différentes parties de l'Europe. Bridel en possède des échantillons recueillis à l'Ile-de-France.

FISSIDENS BRYOÏDE (*Fissidens bryoides*, Hedw., *Musc.*, tab. 29; *Bryum viridulum*, Linn.; *Dicranum viridulum*, Decand., Fl. Fr.; *Skitophyllum bryoides*, Delap., l. c., fig. 4; Vaill., *Par.*, tab. 24, fig. 13). Cette espèce est deux à trois fois plus grande que la précédente; elle forme de petits gazons composés de tiges simples, garnies de feuilles écartées, lancéolées et jamais imbriquées à leur base; les pédicelles portent des urnes droites. Cette espèce est plus commune que la précédente et se rencontre dans les mêmes circonstances. On l'observe partout en Europe. Elle existe aux environs de Constantinople et d'Alger.

Le genre *Fuscina* de Schranck à cette mousse pour type et rentre dans le genre LUIDA (voyez ce mot) d'Adanson.

** *Tige rameuse, pédicelle terminal.*

FISSIDENS ASPLÉNIOÏDE (*Fissidens asplenioides*, Hedw., *Musc. frond.*, tab. 28; Brid., *Musc. suppl.*, 4, pag. 190; *Skitophyllum asplenioides*, Delap., l. c., fig. 8 et 9). Cette mousse est simple ou peu rameuse; longue d'un à deux pouces, et garnie dans toute la longueur de sa tige de feuilles lancéolées, étalées, et dont le sommet se tortille souvent. Le pédicelle, qui dans les espèces précédentes fait la moitié de la longueur de la plante, est ici fort court, n'ayant que trois à quatre lignes. L'urne est un peu oblongue. Cette jolie mousse croît sur les rochers humides à la Jamaïque. Bridel pense que les mousses observées en Afrique et en Europe, et qu'on rapporte à cette espèce, doivent constituer des espèces différentes.

✳✳✳ *Tige rameuse, pédicelle latéral.*

FISSIDENS ADIANTHOÏDE (*Fissidens adianthoides*, Hedw., *St. cr.*, 5, tab. 26: *Skitophyllum adianthoides*, Delap., l. c., pl. 59, fig. 15; *Hypnum adianthoides*, Linn., Vaill., *Par.*, tab. 28, fig. 5). Cette espèce est une des plus grandes; elle a deux, trois et quatre pouces de longueur : sa tige ou fronde est rameuse et garnie de feuilles nombreuses, lancéolées, imbriquées, dentées à l'extrémité : les pédicelles sont rougeâtres, et partent du milieu des tiges, ou près de la base, ou vers son sommet, ou sur ses rameaux; ils ont un pouce et plus de longueur : les urnes sont ovoïdes et pas tout-à-fait droites. Cette mousse, d'un vert foncé, croit dans les bois humides et tourbeux. Elle fleurit et fructifie au printemps. Elle est commune en Europe, et se retrouve dans l'Amérique septentrionale. On la trouve rarement avec ses urnes.

✳✳✳✳ *Tige simple, pédicelle latéral.*

FISSIDENS A FEUILLES D'IF (*Fissidens taxifolium*, Hedw., *Sp. musc.*, tab. 59, fig. 1 et 5 : *Hypnum taxifolium*, Linn.; Dill., *Musc.*, tab. 34, fig. 1 : Vaill., *Bot.*, tab. 24, fig. 11). Cette mousse ressemble au *fissidens bryoïde*; mais elle est plus grande, plus feuillée, et ses pédicelles partent de la racine et non près du sommet de la tige : sa tige est un peu couchée; ses feuilles sont ovales, lancéolées, aiguës, imbriquées, un peu dentelées à l'extrémité : les pédicelles sont deux fois plus longs que la plante, et portent les urnes penchées, ovales-oblongues, munies d'opercules, terminées chacune par une longue pointe. Cette mousse se rencontre fréquemment à terre dans les bois humides. (LEM.)

FISSILIER, *Fissilia*. (*Bot.*) Genre de plantes dicotylédones, à fleurs complètes, monopétalées, de la famille des *ardisiacées*, de la *triandrie monogynie* de Linnæus, offrant pour caractère essentiel : Un calice entier, urcéolé, persistant ; une corolle tubulée, régulière, fendue profondément en trois parties, dont deux bifides ; trois étamines ; cinq filamens stériles ; un ovaire supérieur ; un style ; un stigmate obtus ; une noix en forme de gland, enveloppée en grande partie par le calice alongé, prenant la forme d'une cupule, ne contenant qu'une seule semence.

Il paroît que ce genre diffère si peu de l'*olax*, qu'il pourroit bien y être réuni, ainsi qu'il l'a été par Vahl. Il est probable qu'il faudroit également y joindre le *pseudalira* de M. du Petit-Thouars. Il ne renferme qu'une seule espèce.

FISSILIER DES PERROQUETS : *Fissilia psittacorum*, Lamk.; *Ill. gen.*, tab. 28; *Olax psittacorum*, Vahl, *Enum.*, 2, pag. 83; vulgairement BOIS DE PERROQUET. Arbre d'un beau port, dont les feuilles restent toujours vertes, et ressemblent à celles d'un laurier. Ses rameaux sont glabres, alternes, cylindriques, garnis de feuilles à peine pétiolées, alternes, lancéolées, entières, un peu aiguës, glabres à leurs deux faces : les fleurs sont axillaires, pédonculées ; les pédoncules solitaires, simples ou légèrement ramifiés en une petite grappe à peine plus longue que les feuilles. Le fruit est une noix ovale, de la grosseur d'une petite olive, ayant la forme d'un gland. Cet arbre croît à l'île de Bourbon. Les perroquets sont très-friands de ses fruits. (POIR.)

FISSIPEDES. (*Ornith.*) On appelle ainsi les oiseaux dont les pieds sont séparés et sans membranes. (CH. D.)

FISSIROSTRES. (*Ornith.*) M. Cuvier donne ce nom à une famille d'oiseaux dont le bec, court, large, aplati horizontalement, légèrement crochu, mais sans échancrure, est fendu très-profondément, en sorte que l'ouverture de leur bouche est très-large, et qu'ils engloutissent aisément les insectes qu'ils prennent au vol. Les oiseaux que comprend cette famille se divisent en diurnes et nocturnes. Les premiers sont les martinets et les hirondelles : les seconds, les engoulevents et les podarges. (Ch. **D.**)

FISSULE, *Fissula.* (*Entoz.*) Genre de vers intestinaux, jusqu'à un certain point pressenti, quoique mal établi, par Bruguières, dans l'Encyclopédie méthodique, sous le nom de *proboscidea*, établi de nouveau, par Fischer, sous celui de *cystidicola;* nommé *ophiostoma* par MM. Rudolphi, Zeder, Ocken, et que M. de Lamarck paroît avoir le premier caractérisé, dans ses leçons, sous le nom de Fissule, pour l'*ascaris bifida*, en quoi il a été suivi par M. Bosc. Les caractères de ce genre, quelle que soit la dénomination qu'on lui assigne, sont : Corps alongé, cylindrique, un peu atténué postérieurement; bouche terminale, à deux lèvres distinctes, une supérieure et l'autre inférieure : anus près de la pointe de la queue : organes de la génération *mâles*, consistant en une soie grêle, sortant près de l'anus ; *femelles*, en un orifice situé au tiers antérieur de la partie inférieure du corps. D'après cela, il est aisé de voir que ces animaux ont les plus grands rapports avec les ascarides : aussi leur canal intestinal, les ovaires et l'utérus ont-ils la même forme, et ils n'en diffèrent guère que par l'orifice antérieur du canal alimentaire. Ils vivent également librement dans les intestins des mammifères et dans ceux des poissons. On n'en connoît encore que quatre espèces :

1.° La F. mucronée; *F. mucronata*, Rudolphi, *Entoz.*, 2, pag. 117. tab. 5, fig. 13, 14. Petits vers d'un pouce et plus de long, dont les bords de la peau sont comme crénelés; la tête obtuse; les deux lèvres de la bouche égales, et la queue obtuse, terminée par une petite pointe subulée. M. Rudolphi dit avoir observé les fœtus vivans dans les œufs dont les oviductes étoient remplis. Cette espèce se trouve dans les intestins de la chauve-souris oreillarde ; aussi M. de Lamarck la nomme-t-il la fissule de la chauve-souris.

2.° La F. de phoque; *F. dispar*, Lamck.; *Oph. dispar*, Rud.; *Asc. phocæ*, Gmel.; Mull., *Zool. Dan.*, vol. 2, pag. 46, tab. 74, fig. 1 ; Enc. méth., tab. 52, fig. 8. Dans cette espèce, qui diffère essentiellement de la précédente, parce que les deux lèvres de la bouche sont inégales, la supérieure étant la plus longue, la femelle, plus grosse que le mâle, a le plus souvent trois pouces de long, quelquefois huit sur une ligne de diamètre, et la queue est obtuse, tandis que celle du mâle est terminée par une pointe longue et recourbée. Elle se trouve fréquemment, d'après Fabricius, dans les intestins des phoques du Groenland et fétide. Cet observateur dit avoir trouvé le cœur d'un phoque vivant de cette dernière espèce, qui avoit été blessé par un harpon, presque entièrement détruit par cette fissule.

3.° La F. Lepture : *F. leptura*, Rudolphi, *Entoz.*, tab. 7, fig. 1, 2. Ver de trois pouces de long et de deux tiers de ligne de large au milieu, dont la tête, plus épaisse à sa base, se prolonge et se divise en deux lèvres, dont l'inférieure est double de la supérieure, et dont l'extrémité postérieure est capillaire, presque comme dans les trichiures. Cette espèce, trouvée par M. Tilesius dans les intestins de la *coryphæna hippurus*, appartient-elle à ce genre?

4.° La F. cystidicole : *F. cystidicola*, Rudolphi; Fischer, *de Cystidicola*. Corps arrondi, plus épais antérieurement, filiforme et atténué en arrière; les lèvres de la bouche égales et un peu aiguës; la queue subélargie, déprimée, terminée par une pointe subulée.

C'est cette espèce dont M. Fischer avoit fait son genre *Cystidicola*, parce qu'il l'avoit trouvée dans la vessie natatoire d'une truite. (De B.)

FISSURELLE, *Fissurella*. (*Malacoz.*) Genre de mollusques conchylifères, établi par M. de Lamarck pour les animaux dont la coquille, percée vers le sommet, formoit, dans Linnæus et la plupart des conchyliologistes anciens, la subdivision tranchée des patelles à sommet percé, mais qui diffèrent réellement beaucoup des véritables Patelles (voyez ce mot). Les caractères de ce genre sont : Corps ovalaire, presque circulaire, conique, pourvu inférieurement d'un large pied, débordé de toutes parts par un manteau garni de filamens tentaculaires, et percé à sa partie supérieure d'un trou ovalaire communiquant dans la cavité branchiale; branchies formées de deux peignes branchiaux bien symétriques, et situés à la partie antérieure et supérieure du dos; tête distincte; deux tentacules coniques, rétractiles; les yeux à leur base externe. Coquille simple, conique, bien symétrique, souvent presque circulaire, à bord horizontal, et percée vers son sommet, toujours antérieur, d'un orifice ovalaire correspondant à celui du manteau. Les fissurelles, du reste, ont un assez grand nombre de rapports avec les véritables patelles, mais surtout avec les émarginules; elles vivent également presque fixées sur les rochers qui bordent les mers et surtout celles des pays chauds. Adanson (Sénég., p. 55, pl. 2) nous a donné quelques détails sur la *fissurella nimbosa*, à laquelle il donne le nom de *dasan*. L'espèce la plus commune dans la Méditerranée, la fissurelle grecque, sert quelquefois de nourriture aux habitans de Marseille, qui la nomment OREILLE DE S. PIERRE. Tournefort, dans son Voyage au Levant, dit que l'animal seringue de l'eau par l'orifice de sa coquille.

Ce genre fait partie de notre ordre des CERVICOBRANCHES et de celui des SCUTIBRANCHES de M. Cuvier. Il comprend un assez grand nombre d'espèces, mais qui sont bien loin, pour la plupart, d'avoir été suffisamment examinées. Nous allons en faire connoître les principales, que l'on peut diviser d'après la position de l'orifice de la coquille, qui est ou immédiatement percé dans le sommet, ou plus ou moins en avant, de manière à former un passage vers les émarginules.

La FISSURELLE GRECQUE : *Fissurella græca*, Gmel.; le Gival, Adans., Sénég., 1, tab. 2, fig. 7. Coquille ovale, assez convexe, plus large en arrière, crénelée à son bord interne, avec des stries cancellées en-dessus; couleur blanchâtre et souvent tachetée. Mers Méditerranée et Atlantique.

La FISSURELLE DASAN : *Fissurella nimbosa*, Gmel.; le Dasan, Adans., Sénég., tab. 2, fig. 6. Coquille quelquefois de deux pouces de long, ovale, striée, rugueuse, blanchâtre et souvent radiée ou nuancée irrégulièrement de violet. Le trou du sommet fort alongé. Des mêmes mers que la précédente.

La FISSURELLE TEINTE : *Fissurella picta*, Gmel.; Martini, Conch., 1, tab. 11, fig. 90. Coquille de trois à quatre pouces de long, ovale, épaisse, blanche, nuancée de verdâtre, avec des rayons obliques alternativement violets et blancs. L'orifice du sommet rond. Détroit de Magellan.

La FISSURELLE DES BARBADES : *Fissurella barbadensis*, Gmel.; List., Conch., tab. 528, fig. 7. Oblongue, les bords crénelés, striés inégalement en-dessus ; couleur grisâtre tachetée fréquemment de jaune verdâtre. Le trou du sommet circulaire et entouré d'un anneau fauve. Des îles Barbades.

La Fissurelle cafre : *Fissurella caffra*, Gmel. ; Martini, *Conch.*, 1, tab. 71, fig. 95. Ovale, comprimée, très-finement striée, blanchâtre, radiée de noir. L'orifice presque central. Du cap de Bonne-Espérance.

La Fissurelle a bandes pourprées ; *Fissurella porhyrozonias*, Gmel. ; Martini, *Conchyl.*, 1, tab. 12, fig. 102, 103. Oblongue, comprimée, inégalement striée : de couleur blanche, avec cinq bandes pourprées interrompues ; le trou du sommet petit et orbiculaire. Amérique septentrionale.

La Fissurelle masque ; *Fissurella personata*, Gmel. ; Martin., *Univ. conchyl.*, 2, tab. 64. Coquille convexe ; des stries fines croisées dans les deux sens et des rayons noirs. Des îles Falkland.

Parmi les espèces dont l'orifice est en avant du sommet, nous citerons :

La Fissurelle pustule ; *Fissurella pustula*, Gmel. ; List., *Conch.*, tab. 528, fig. 5. Coquille ovale, gibbeuse, convexe, réticulée par des stries inégales qui se croisent à angles droits, et de couleur blanche. Il paroît qu'elle se trouve dans les mers Méditerranée, Atlantique, du Sud et de l'Inde.

Je le répète, le nombre des espèces de ce genre est beaucoup plus considérable, comme il sera aisé de s'en assurer dans Gmelin, qui en caractérise, d'après Schrœter, au moins quarante dans sa quatrième et dernière division des patelles, dont il faut cependant retrancher les deux premières, qui sont des émarginules. Il me paroît en outre certain qu'il en existe plusieurs espèces non décrites dans les collections. (De B.)

FISSURELLE. (*Foss.*) Les espèces de ce genre ne se sont encore présentées à l'état fossile que dans les couches les plus nouvelles du globe. Voici celles que je connois et qui se trouvent dans ma collection.

Fissurelle labiée ; *Fissurella labiata*, Lamk., vélins du Mus. d'hist. nat., n.° 1, fig. 19 et 20. Coquille ovale, en cône déprimé, couverte de stries écailleuses rayonnantes, ayant à son sommet un trou oblong, bordé intérieurement d'un côté par une petite lèvre. Longueur, un pouce.

Les individus très-jeunes ont le bord supérieur du trou terminé par une pointe en spirale ; mais il est très-probable qu'il en est ainsi des jeunes individus de toutes les espèces. On trouve celle-ci à Grignon près de Versailles, à Hauteville, département de la Manche, et dans les couches du calcaire marin grossier des environs de Paris.

On trouve aussi avec cette espèce une variété ou une autre espèce qui est beaucoup plus écailleuse.

Fissurelle de la Touraine ; *Fissurella turoniensis*, Def. Cette espèce est beaucoup plus conique que la précédente ; elle est couverte de stries rayonnantes, qui sont coupées par d'autres stries circulaires. Longueur, huit à neuf lignes. On peut la regarder comme l'analogue de la *patella fissura* de Linnæus. On la trouve dans les faluns de la Touraine.

Fissurelle d'Italie ; *Fissurella italica*, Def. Cette espèce est plus grande que les précédentes. Elle est chargée de fortes stries rayonnantes, coupées vers le sommet par des stries circulaires ; ses bords sont dentelés et abaissés aux deux bouts. Longueur quinze à seize lignes. On la trouve dans le Plaisantin.

Fissurelle conique ; *Fissurella conica*, Def. Coquille mince, suborbiculaire, à sommet élevé et à bords unis. Longueur, neuf lignes. On la trouve dans la falunière de Hauteville. (D. F.)

FIST DE PROVENCE. (*Ornith.*) L'oiseau qui est figuré sous ce nom dans la planche enluminée de Buffon, 654, n.° 1, et qui, ressemblant aux alouettes, n'a pas l'ongle du pouce long comme le leur, est rapporté au pipi des arbres, *anthus arboreus*, Bechst. (Ch. D.)

FISTICI. (*Bot.*) Voyez Fistuc. (J.)

FISTUC, FISLUC. (*Bot.*) Les Maures nomment ainsi le pistachier de Malte, *pistacia vera*. C'est, selon Dodoëns, le *fistici* des boutiques, le *fisticos* ou *albocigos* des Espagnols ; selon M. Delile le *festog* des Arabes. Il ne faut pas le confondre avec le *fostuk*, qui est, suivant Forskal, le lentisque. Dans Daléchamps, il est sous les noms de *festich* et *pustech* : c'est probablement de ce dernier que dérive celui de *pistache* en France, et de *pistachi* en Italie. (J.)

FISTULA. (*Spong.*) M. Ocken, ayant divisé les éponges en un certain nombre de petites coupes génériques, désigne, sous le nom de *fistula*, les espèces dont le tissu est feutré, et qui sont creuses ou en forme de tuyau. Les espèces qu'il range dans ce genre sont les *Sp. pilosa*, qu'il nomme *F. aculeata, pertusa, rigida*, et *fulva*, qu'il appelle *F. cancellata*. Voyez ÉPONGE et SPONGIAIRES. (DE B.)

FISTULÆ. (*Bot.*) Ce nom, chez les anciens, étoit donné à des tiges creuses de végétaux propres à faire des flûtes, des pipeaux, des plumes à écrire, ou aux végétaux eux-mêmes qui les fournissoient. Ainsi, le *fistula* ou *syringa* de Lobel est le *syringes* ou *fistularis* de Dioscoride, que C. Bauhin et Tournefort nomment *arundo scriptoria*. Le *fistula pastoris*, cité par Cordus, dans ses Commentaires sur Dioscoride, est le plantain d'eau, *alisma plantago;* un autre *fistula pastoris*, cité par Césalpin, d'après Avicenne, est la digitale jaune, *digitalis lutea.* (J.)

FISTULAIRE, *Fistularia.* (*Echinod.*) Petite subdivision générique, établie par M. de Lamarck, dans la nouvelle édition de ses Animaux sans vertèbres, pour quelques espèces d'*holothuria* de Linnæus, qui ont, en général, le corps beaucoup plus alongé, plus tuberculeux; dont les tentacules qui entourent la bouche sont dilatés en plateau à l'extrémité, et dont le plateau est divisé ou denté. C'est évidemment le genre auquel M. Ocken a conservé le nom d'Holothurie. Il paroît, du reste, que c'est la même organisation et les mêmes mœurs que dans les véritables HOLOTHURIES. (Voyez ce mot.) M. de Lamarck range dans ce genre :

1.º La F. ÉLÉGANTE : *F. elegans*, Lamck.; *H. elegans*, Gmel.; Mull., *Zool. Dan.*, t. 1, fig. 1-3, et Encycl. méth., pl. 86, fig. 9, 10. Corps papilleux, long d'une palme et épais de deux à trois lignes, terminé en avant par vingt tentacules courts et divisés à leur extrémité, qui est peltée. Des mers de Norwége.

2.º La F. TUBULEUSE : *F. tubulosa*, Lamck.; *Hol. tremula*, Gmel.; Soland. et Ellis, t. 8; Enc. méth., pl. 86, fig. 2, et Forskal, *Icon. ægypt.*, t. 59, fig. *A*. Corps assez alongé, couvert de papilles en-dessus et de tubules rétractiles en-dessous : la bouche entourée, comme dans la précédente, de vingt tentacules dilatés en plateau, divisés à l'extrémité. De la mer Rouge.

5.° La F. impatiente : *F. impatiens*, Forsk., *Faun. Arab.*, pag. 121 ; *Icon.*, tab. 39, fig. *B.*, copiée dans l'Enc. méth., pl. 86, fig. 11. Corps roide, verruqueux ; les plateaux des tentacules divisés en cinq lobes denticulés. Mer Rouge.

4.° La F. limace : *F. maxima*, Forsk., *loc. cit.*, pag. 121, et t. 38, fig. *B* 4. Corps rigide, convexe en-dessus, plane et bordé en dessous ; les tentacules filiformes, élargis et laciniés au sommet. Des mêmes mers.

5.° La F. digitée : *F. digitata*, Lamck. ; *H. digitata*, *Act. Soc. Linn.*, vol. 11, pag. 22, tab. 4, fig. 6 ; *an Hol. inhærens*, Mull., *Zool. Dan.*, tom. 31, fig. 1-4 ? Corps cylindracé, presque nu ; papilles petites, en forme de pointe ; tentacules au nombre de douze, digités et dentelés au sommet. (De B.)

FISTULAIRE, *Fistularia*. (*Ichthyol.*) M. de Lacépède a donné ce nom à un genre de poissons fort singulier. Dans les fistulaires proprement dites, de M. Cuvier, qui sont les mêmes que celles de M. de Lacépède, il n'y a qu'une nageoire dorsale. Les os intermaxillaires et la machoire inférieure sont armés de petites dents. D'entre les deux lobes de leur nageoire caudale sort un filament quelquefois aussi long que le corps. Le tube du museau est très-long et déprimé ; la vessie natatoire paroit excessivement petite ; les écailles sont invisibles.

Le genre *Fistularia* entre, avec ceux de *l'aulostome* et du *solénostome*, dans la première famille des poissons holobranches abdominaux, que M. Duméril nomme les Syphonostomes.

On en trouve dans les mers chaudes des deux hémisphères.

Le Fistulaire petimbe : *Fistularia petimba* ; *Fistularia tabacaria*, Linn. C'est la seule espèce assez bien connue. Elle parvient à la longueur de plus de trois pieds. L'ouverture de la gueule est située à l'extrémité d'un tuyau formé par les machoires. Les catopes sont très-écartés l'un de l'autre ; les nageoires dorsale et anale sont ovales et semblables l'une à l'autre. Le filament de la queue est de la longueur du corps ; il est roide et articulé ; il ressemble à un brin de fanon de baleine, dont il a la couleur et un peu l'apparence.

Commerson a observé ce poisson dans les détroits de la

Nouvelle-Bretagne. Bloch l'a figuré, 387, 1. On le trouve aussi dans la mer des Antilles et au milieu des eaux du grand Océan équinoxial. Il paroît vivre de petits animaux marins. Sa chair est maigre et peu sapide. (H. C.)

FISTULANE, *Fistulana.* (*Malacoz.*) Genre de mollusques de la famille des Pyloridés, Blainv., des Enfermés de M. Cuvier, des Tubicolés de M. de Lamarck, indiqué par Adanson, à son article *Ropan*, Sénég., p. 267, pl. 19, établi par MM. Bruguières et de Lamarck, et adopté depuis par tous les auteurs systématiques. Les caractères qu'on peut lui assigner sont les suivans : Corps alongé, arrondi, et plus ou moins renflé en massue à sa partie antérieure ou céphalique, terminé en arrière par deux longs tubes réunis; contenu, en plus ou moins grande partie, dans une coquille équivalve, oblique, très-inéquilatérale, très-bâillante, et beaucoup plus large à une des extrémités qu'à l'autre, sans charnière ni ligament : le tout renfermé dans un tube ou fourreau calcaire, plus ou moins épais, fermé et renflé à une de ses extrémités, et se terminant à l'autre, toujours plus grêle, par une ou deux ouvertures.

D'après cette définition, il est évident que c'est un genre voisin des tarets, et surtout des clavagelles : aussi M. Le Sueur, qui a observé une espèce de fistulane, quoique incomplétement, nous apprend-il que l'animal fait sortir, par l'orifice de son tube, deux longs appendices filiformes, fistuleux, calcaires, terminés chacun par cinq à huit godets infundibuliformes, semi-cornés ou calcaires, empilés les uns au-dessus des autres, de manière à faire paroitre la partie supérieure de cet organe comme verticillée. C'est évidemment l'analogue des deux palmules observées par M. Cuvier dans une espèce de taret. M. de Lamarck pense que ces organes ne peuvent être que les supports des branchies, et non des organes analogues des appendices des cirripèdes, ni même des deux palettes des tarets; mais c'est ce que nous n'oserions assurer, la description que nous avons de ces organes étant bien loin d'être suffisante pour se décider par analogie.

Quoi qu'il en soit, les fistulanes vivent, à peu près comme les tarets, dans le sable, le bois, les pierres, et même dans le têt de quelques mollusques. Il paroit que quelquefois elles ne forment pas de fourreau ou de tube calcaire, ou qu'il est extrêmement mince, ce qui a également lieu pour les tarets.

Les espèces vivantes et connues de ce genre sont au nombre de quatre.

1.º La F. massue; *F. clava*, Lamck., Enc. méth., pl. 167, fig. 17-22. Valves alongées, dont les extrémités sont un peu recourbées; tube droit, arrondi, en massue. Océan des grandes Indes.

2.º La F. corniforme; *F. corniformis*, Lamck., Enc. méth., pl. 167, fig. 16. Tube droit, en massue, un peu tortueux, ayant son ouverture divisée intérieurement en deux tubules inclus. Océan des grandes Indes.

Il paroit que c'est cette espèce qu'a observée M. Le Sueur.

3.º La F. en paquet; *F. gregaria*, Lamck., Enc. méth., pl. 167, fig. 6-14. Valves étroites, arquées, onguiculées, dentelées; tubes en massue, agglomérés les uns avec les autres. Patrie?

4.º La F. lagénule; *F. lagenula*, Lamck., Enc. méth., pl. 167, fig. 23. Très-petite espèce, dont le tube, fixé à l'extérieur des corps, est en forme de petite poire, et comme articulé par des segmens transverses. Patrie?

5.º La F. ropan; *F. ropan*, Adans., Sénég., pl. 19. Valves ovales, terminées en pointe sans un tube bien évident; vivant dans les coquilles des glands de mer, sur la côte du Sénégal. (De B.)

FISTULANE. (*Foss.*) Dans cet article je vais présenter plusieurs espèces de coquilles qui avoient été réunies dans le genre Fistulane par M. de Lamarck, mais dont il a été formé, depuis, le genre Clavagelle et peut-être aussi celui de Gastrochène.

Fistulane ampulaire : *Fistulana ampullaria*, Lamck.; Fistulane...... Faujas, Essais de Géologie, tom. 1.ᵉʳ, pag. 93, pl. 2. Tube testacé, ayant la forme d'une poire alongée ou d'une bouteille, auquel il adhère quelquefois du sable calcaire et même des coquilles univalves. A son extrémité étroite, où se trouve l'ouverture, on voit deux carènes intérieures opposées, qui formeroient une cloison longitudinale, si elles se touchoient, en sorte que cette ouverture est comme composée de deux trous qui viendroient se réunir par leur rapprochement. Dans ce tube on trouve une coquille libre, bivalve, équivalve, sans dents à la charnière et très-bâillante. Longueur du tube, neuf lignes : longueur de la coquille, quatre à cinq lignes.

J'ai l'exemple qu'un des mollusques de ce genre a formé son ouverture avec une portion de cérite qu'il a attachée à son tube, et qu'il a percée dans le sens de sa longueur.

Il n'est pas aisé de concevoir comment ces tubes, ou petites bouteilles, dont quelques uns paroissent avoir été isolés dans leur formation, ont pu prendre de l'accroissement. J'en possède dont le volume extérieur et le vide intérieur sont de moitié plus considérables que d'autres tubes, en sorte que certaines de ces petites bouteilles pourroient être contenues dans le vide des plus grandes. L'on ne peut concevoir l'extension de ces tubes et de leur cavité, qu'en admettant que l'animal qui les formoit, avoit la faculté de dissoudre l'intérieur, en même temps qu'il portoit de la matière calcaire à l'extérieur pour l'agrandir; car ils sont presque tous de la même épaisseur.

Il paroît que les mollusques qui formoient ces tubes, pouvoient aussi se loger dans les corps solides; car je possède un petit polypier fossile où il se trouve un vide qui a servi de demeure à l'un d'eux. Ce vide est tapissé de matière calcaire très-lisse, comme l'intérieur des tubes. On trouve cette espèce à Beynes, près de Grignon, département de Seine et Oise.

Il n'est pas rare de trouver, tant à l'état fossile qu'à l'état frais, des polypiers ou des coquilles sur lesquelles on rencontre des trous dont l'ouverture ressemble à celle de la fistulane ampullaire, et dans lesquels on trouve deux petites valves qui paroissent avoir été rangées par M. Cuvier dans le genre Gastrochène.

Fistulane hérissée ; *Fistulana echinata*, Lamk., Ann. du mus. d'hist. nat., tom. 12, pl. 43, fig. 9. Cette espèce, que M. de Lamarck a rangée, d'après son nouveau Système des animaux sans vertèbres, dans le genre Clavagelle, offre beaucoup de choses singulières dans sa conformation. Son fourreau est renflé ou ventru à sa base, et présente la forme d'une massue. Il est mince, testacé, tubuleux du côté de l'ouverture. La partie ventrue est hérissée, d'un côté, de pointes tubuleuses, disposées sans ordre sur une face dont la circonférence offre une frange épineuse ; cette face est séparée, par un petit espace lisse, des restes d'une autre face, aussi bordée d'une frange épineuse. L'autre côté du fourreau n'offre aucune pointe épineuse, mais présente à découvert une des deux valves de la coquille qui se trouve enchâssée dans ce côté du fourreau et en fait partie. Cette valve est hérissée de petits points écailleux disposés par séries qui se dirigent vers les crochets : l'autre valve est intérieure, libre, semblable à celle qui est dans le côté du fourreau. Il paroît qu'elle a une petite dent à la charnière. Longueur du fourreau, douze lignes et demie. Cette coquille a été trouvée à Grignon, dans l'intérieur d'une crassatelle (*crassatella tumida*), qui étoit remplie de sable calcaire. Elle se trouve dans le cabinet de M. de Roissy.

Je n'ai pu vérifier si cette coquille étoit adhérente dans la crassatelle où elle a été trouvée ; mais j'ai les plus grandes raisons de le croire, car je possède une valve de crassatelle où se trouvent encore adhérer des portions de pointes tubuleuses d'une pareille coquille. Je possède aussi des portions de cette coquille que j'ai trouvées dans le sable de Grignon, et qui très-certainement ont été attachées contre un corps lisse et concave, comme l'intérieur d'une crassatelle, en sorte que l'on peut croire que cette espèce, dont le têt est fragile, se trouvoit protégée dans l'intérieur des coquilles vides, et peut-être exclusivement dans les crassatelles, où elle s'attachoit par ses pointes tubuleuses.

M. Brocchi a trouvé dans le Plaisantin des coquilles fossiles qui ont les plus grands rapports avec la clavagelle hérissée, et il en a donné la figure dans sa Conchyliologie subapennine, pl. 15, fig. 1. A l'égard des coquilles de genre différent, et de celles que cet auteur a trouvées libres dans l'intérieur du fourreau, il y a lieu de penser qu'elles étoient venues s'emparer de cette demeure, comme on en a l'exemple dans celles dépendantes du genre *Clotho*, qui ont été trouvées dans les trous formés par des cardites ou pétricoles. (Voyez au mot CLOTHO.)

FISTULANE TIBIALE ; *Fistulana tibialis*, Lamk., *l. c.*, pl. 43.

fig. 8; Clavagelle tibiale, Lamk. Tube calcaire, en cylindre comprimé, dilaté à sa base, où l'on aperçoit d'un côté l'une des deux valves de la coquille enchâssée et faisant partie du tube. Cette coquille est bivalve équivalve. Toute sa surface extérieure offre des stries transverses et inégales, occasionées par ses accroissemens successifs. Vers le dos de la coquille libre l'on voit à la loupe de légères stries longitudinales. La charnière n'a point de dents. J'ai trouvé cette espèce à Grignon; mais le tube n'en est pas entier. La longueur de la valve enchâssée et de la portion de tube qui en dépend, est de dix-huit lignes; celle de la coquille libre est de treize lignes.

M. Brocchi, dans son ouvrage ci-dessus cité, a donné (pl. 15, fig. 6) la figure d'une coquille à tuyau, qu'il a nommée *teredo bacillum*, et que M. de Lamarck a placée dans le genre Térédine; mais je suis porté à croire qu'elle a plus de rapports avec la clavagelle tibiale qu'avec toute autre espèce. (D_e F.)

FISTULARIA. (*Bot.*) Dodoëns nommoit ainsi une pédiculaire, *pedicularis sylvatica*, parce qu'elle passoit pour être trésutile dans le traitement des fistules et des ulcères sinueux. (J.)

FISTULARIA. (*Bot.*) Genre de plantes cryptogames, de la famille des algues, qui a été fondé par Stackhouse, et auquel il rapporte les *fucus nodosus*, Linn. ; *fibrosus*, Linn., et *machœi*, Stackh. Ce genre est caractérisé par sa fronde cartilagineuse, épaisse, très-glabre, rameuse, à rameaux distiques; par des vésicules contenues dans la substance de la fronde, et dont celles des tiges sont les plus grosses; et par ses séminules muqueuses, ovales, situées sur les côtés de la fronde ou à ses extrémités.

Ce genre est le même que le *nodularia* de Roussel, l'auteur de la Flore du Calvados. Lyngbye le réunit à l'halydris de Stackhouse. (L_{em}.)

FISTULEUX (*Bot.*), ayant une cavité longitudinale continue ou coupée par des diaphragmes. Le chaume du roseau, du seigle, etc., la tige de l'*œnanthe fistulosa*, etc. ; la hampe de l'oignon commun, du pissenlit, etc. ; les feuilles de la ciboule, du *lobelia dortmannia*, etc. ; le spadix de l'*arum dracunculus*, etc., sont *fistuleux*. (M_{ass}.)

FISTULINE, *Fistulina*. (*Bot.*) Bulliard donne ce nom à un genre de la famille des champignons, très-voisin des bolets, et qui en diffère par ses tubes libres et non soudés entre eux. Ce genre ne comprend qu'une seule espèce.

La Fistuline buglossoïde (*Fistulina buglossoides* , Bull., Champ., tab. 74, 464 et 497; *Boletus buglossum*, *Fl. Dan.*, tab. 1039; *Boletus hepaticus*, Schæff., *Fung.*, tab. 116—120; Pers., Decand., Fl. Fr., n.° 297 ; *Hypodrys*, Solenander; Agaric langue ou foie de bœuf, Paulet, Traité champ., 2, pag. 98, tab. 12, fig. 1, 2, 3, 4, 5). Ce champignon est très-facile à reconnoître à sa couleur rouge-sanguine ou rouge-brune, et à sa forme de langue ou de foie. Il est connu vulgairement sous les noms de *langue de bœuf*, *foie de bœuf*, *glu de chêne*, etc. Il est sessile, ou à peine stipité, et fixé par le côté et horizontalement sur les troncs des arbres. Il a une consistance de chair; sa chair est lourde, juteuse, fibreuse et zonée de bandes rouges plus ou moins foncées. Sa forme est d'abord celle d'une langue; mais, en se développant, il s'arrondit et devient quelquefois lobé. Dans sa jeunesse, sa surface présente de petites protubérances qui, examinées au travers d'une loupe, sont des rosettes pédicellées. Après la chute de ces protubérances, la surface du champignon devient lisse. La partie inférieure est garnie de tubes serrés, courts, distincts et inégaux, d'abord blancs, puis rougeâtres ou jaunâtres, et un peu frangés à leur orifice.

La fistuline croît sur les troncs des gros arbres, et ordinairement à rez-terre, et principalement sur les troncs des chênes et des châtaigniers ; ce qui fait que les Italiens le nomment *langue du châtaignier* (*lingua di castagne*).

Ce champignon acquiert un développement de plus d'un pied de diamètre, et pèse jusqu'à deux ou trois livres. Il paroît en automne. Cette plante, selon Paulet, offre un aliment agréable et une ressource au besoin, un seul individu pouvant fournir amplement de quoi faire un bon repas. On recherche, pour l'usage, les pieds qui sont encore en forme de langues, c'est-à-dire, les plus jeunes; lorsqu'ils sont trop avancés, leur surface est trop visqueuse, et leur chair ferme tend à l'état ligneux ; ils le deviennent même entièrement par vétusté.

Il y a deux principales manières de manger ce champignon, soit cuit sous la cendre et ensuite coupé par tranches avec une liaison; soit en façon de fricassée de poulet, c'est-à-dire qu'après l'avoir lavé, épluché et bien essuyé, on le fait revenir à l'eau bouillante, on le fait cuire dans le beurre avec un peu de persil, de ciboule, du poivre, du sel, etc., et on fait une liaison de jaune d'œuf : l'assaisonnement un peu piquant est toujours nécessaire, à cause de sa viscosité, lorsqu'il est un peu avancé. On a reconnu que le vinaigre ne se marie pas avec ce champignon, et qu'il gâte la sauce.

La fistuline a une légère saveur de truffe; elle altère, et même échauffe un peu lorsqu'on en mange trop, mais ne nuit jamais. Elle ne produit point cet effet lorsqu'on la cueille naissante.

Solenander, médecin qui vivoit à la fin du seizième siècle, nommoit ce champignon *hypodrys*, parce qu'il croît sur le chêne. Il lui reconnoissoit la propriété d'apaiser les douleurs de goutte, étant appliqué sur les parties malades. Pour cela on le coupoit par tranches, et on le mettoit avec du sel dans un pot couvert qu'on enterroit. C'est de la saumure qui en résultoit que l'on se servoit pour frotter les parties douloureuses. (LEM.)

FITATSI, TUSU-KAKI. (*Bot.*) M. Thunberg cite ces noms japonois pour son genre *Doræna*, non rapporté à une famille connue. (J.)

FITCHEL (*Mamm.*), nom anglois du putois. (F. C.)

FITERT. (*Ornith.*) Ce traquet de Madagascar est le *motacilla sibylla*, Linn. (CH. D.)

FITIS. (*Ornith.*) M. Vieillot a donné ce nom à un pouillot, *sylvia fitis*, Meyer. (CH. D.)

FITOMOSI, SOO (*Bot.*), noms japonois de l'oignon ordinaire, *allium cepa*, suivant Kæmpfer et M. Thunberg. (J.)

FITORNAS. (*Ornith.*) C'est, dans Gesner, la huppe commune, *upupa epops*, Linn. (CH. D.)

FITOSAI (*Bot.*), nom japonois, cité par M. Thunberg, de son *perdicium tomentosum*, genre de plante composée. (J.)

FITZMA, SI-KUA (*Bot.*), noms japonois, suivant Kæmp-

fer, d'une espèce de concombre à fruit alongé, strié et replié. qui est peut-être le *cucumis flexuosus*. (J.)

FIWA (*Bot.*), nom japonois, suivant M. Thunberg, de
son genre *Tomex*, que nous avons réuni au *litsea*, dans la
famille des laurinées. Gmelin, conservant le genre, et observant qu'il y avoit un autre *tomex* établi par Forskaël,
nomme *fiwa* celui de Thunberg. (J.)

FIXITÉ. (*Chim.*) Ce mot, pris dans un sens absolu, signifie
la faculté qu'a un corps de ne pas se volatiliser par l'action
de la chaleur; pris dans un sens relatif, il signifie qu'un
corps ne se volatilise pas à un certain degré où un autre
corps, que l'on compare au premier, se volatilise : c'est ainsi
que la potasse et la soude ont été appelées des *alcalis fixes*,
quoiqu'ils soient susceptibles de se réduire en vapeur ; mais,
quand on les compare sous ce rapport avec l'ammoniaque
liquide, qui évapore avec la plus grande facilité, on trouve
une différence si considérable qu'elle justifie suffisamment
la distinction de ces corps en *alcalis fixes* et en *alcali volatil*.
(Cʜ.)

FIZ-ẸA. (*Bot.*) Voyez Koto-ғɪz. (J.)

FLABELLA, Fʟᴀʙᴇʟʟᴜᴍ (*Zoophyt.*) : nom générique sous
lequel Rumph désigne les espèces de gorgones dont les branches
s'anastomosent et forment une sorte de large feuille, comme
les G. *ventilabrum*, *reticulum*, etc. Voyez Gᴏʀɢᴏɴᴇ. (Dᴇ B.)

FLABELLAIRE, *Flabellaria*. (*Bot.*) Genre de plantes dicotylédones, de la famille des malpighiacées, de la *décandrie
trigynie* de Linnæus ; rapproché des *hiræa*, offrant pour caractère essentiel : Un calice très-petit, à cinq divisions; une
corolle nulle ou point connue ; dix filamens monadelphes
à leur base ; trois ovaires fort petits, connivens, dont deux
avortent ordinairement; trois styles surmontés d'autant de
stigmates globuleux. Le fruit consiste en une seule capsule,
très-rarement trois, relevée en carène, environnée d'une
grande aile orbiculaire, en éventail, profondément échancrée en cœur à son sommet, renfermant une semence ovale.

Fʟᴀʙᴇʟʟᴀɪʀᴇ ᴘᴀɴɪᴄᴜʟᴇ́ᴇ : *Flabellaria paniculata*, Cavan., *Diss.
Bot.*, 9, pag. 454, tab. 264; *Hiræa pinnata*, Willd., *Spec.*, 2,
pag. 745. Ses rameaux sont ligneux, garnis de feuilles opposées, ailées avec une impaire, composées de cinq folioles

alternes, coriaces, ovales, entières, veinées, réticulées, glabres à leurs deux faces, amincies à leur sommet ; les supérieures beaucoup plus grandes. Les fleurs sont blanchâtres, disposées en panicules axillaires, terminales, étalées, tomenteuses ; leurs ramifications opposées en croix, munies à leur base de bractées lancéolées, aiguës; les pédicelles courts et tomenteux ; le calice, d'une seule pièce, fort petit, à cinq découpures persistantes et réfléchies à la maturité des fruits. Les filamens sont capillaires, réunis en un seul corps à leur base, insérés sur le calice ; les anthères jaunes, linéaires, sillonnées ; la capsule roussâtre, transparente, monosperme. (Poir.)

FLABELLAIRE, *Flabellaria.* (*Polyp.?*) Dénomination imposée par M. de Lamarck, Ann. du Mus., tom. 20, p. 299, et Anim. sans vert., 2.ᵉ édit., t. 2, pag. 342, à un petit groupe de corps organisés, de la famille des corallines, genre dont ils faisoient partie dans Linnæus, Ellis, Esper. etc., et que M. Lamouroux, dès l'année 1812, avoit établi sous le nom d'halimède. Les caractères que M. de Lamarck assigne à ce genre sont : Polypier caulescent, flabelliforme, encroûté, souvent divisé; à expansions aplaties, subarticulées, prolifères; tige courte, cylindrique; tissu composé de fibres entrelacées; articulations subréniformes, plus larges que longues, à bord arrondi, ondé, subulé. C'est pour lui un genre de la famille des polypiers empâtés, qu'il place entre les genres Pinceau et Éponge : il en compte sept espèces qu'il divise d'après la réunion ou la distinction des articulations. Voyez, pour plus de détails, HALIMÈDE. (DE B.)

FLABELLAIRE. (*Foss.*) Quoique les flabellaires soient assez communes dans les mers actuelles, il est très-rare d'en trouver à l'état fossile. La destruction de leur partie fibreuse qui n'a pu se conserver, et le peu de solidité de celle qui est calcaire, empêchent qu'on n'en retrouve dans les lieux où elles étoient peut-être communes autrefois. Il en est sans doute ainsi pour les corallines et autres polypiers corticifères, dont, à l'exception des isis, on ne retrouve point de vestiges. L'espèce de flabellaire que j'ai trouvée à Grignon près de Versailles, étoit composée d'articulations distinctes et comprimées, qui se rapprochent de la forme de celles de la flabellaire raquette, mais qui sont plus alongées. L'on voit à leur partie supérieure les petits trous qui servoient de passage aux fibres qui tenoient ces articulations rapprochées les unes au-dessus des autres. Longueur des articulations, 3 lignes environ. J'ai donné à cette espèce le nom de flabellaire antique, *flabellaria antiqua.*

Avec ces articulations comprimées, j'en ai rencontré qui sont d'une forme alongée et subcylindrique ; j'ai pensé qu'elles avoient pu faire partie de la tige de l'espèce ci-dessus, qui paroît ne se rapporter à aucune espèce connue. (D. F.)

FLABELLARIA. (*Bot.*) Genre de la famille des algues, établi par M. Lamouroux pour placer le *conferva flabelliformis* que M. Desfontaines a décrit dans sa Flore atlantique, et qui est l'*ulva flabelliformis* de Roth, que Decandolle met avec doute dans le genre *Conferva.*

L'organisation de cette plante la place entre les algues et les conferves. Sa fronde semble formée par des filamens analogues à ceux des conferves, soudés ensemble, et produisant un réseau à mailles très-petites, superposées et entremêlées.

Le flabellaria varie beaucoup dans sa forme, mais jamais dans sa couleur qui est le vert d'herbe foncé. Il offre une tige cylindrique d'où s'élève une fronde étalée en forme d'éventail ou de spatule d'un à deux pouces environ de hauteur. Le bord supérieur est toujours frangé et lacéré et plus mince que le reste de la plante. Plusieurs tiges ou frondes semblables partent d'une racine commune, rampante et entrelacée.

« L'organisation, dit M. Lamouroux, est évidemment réticulée: les mailles sont très-petites, entrelacées et comme feutrées. Les fibres longitudinales, appliquées presque les unes contre les autres, paroissent articulées et transparentes ; les fibres transversales sont à peine visibles. On trouve souvent sur les feuilles des stries transversales et concentriques dans lesquelles la substance est plus mince, ou des zones d'une couleur plus foncée et presque opaque, mais se dégradant et se fondant dans la substance de la plante inférieurement ou supérieurement. »

M. Lamouroux présume, par analogie avec ce qui s'observe dans les dictyotées, que ces zones sont produites par les fructifications de cette plante, qui n'ont pas encore été observées.

Le *flabellaria Desfontanii*, nom que M. Lamouroux donne à cette plante, croît sur les bords de la Méditerranée. On le trouve à Marseille, Nice, etc. Il est figuré tab. 6, fig. 4 de l'Essai sur les genres de la famille des thalassiophytes de l'auteur cité, dans Marsigli, Hist., tab. 6, fig. 27, et dans Ginanini, Adriat. tab. 25, n° 56. Ce genre fait partie de l'ordre des dictyotées dans la Méthode de M. Lamouroux. (Lem.)

FLABELLIPÈDES. (*Ornith.*) Les oiseaux auxquels on donne ce nom, qui exprime des doigts en éventail, sont ceux dont les quatre doigts, dirigés en avant, sont réunis dans une même membrane, comme chez le fou, le pélican, etc. (Ch. D.)

FLACHS-FINK. (*Ornith.*) On nomme ainsi en allemand la linotte commune, *fringilla linota*, Linn. (Ch. D.)

FLACKIG-HOITTING (*Ichthyol.*), nom suédois du chaar-cin double-mouche de M. de Lacépède, lequel sera décrit à l'article Piabuque. (H. C.)

FLACON DES PÉLERINS (*Bot.*), un des noms vulgaires d'une espèce de courge, *cucurbita lagenaria*, Linn. (L. D.)

FLAGELLARIA. (*Bot.*) Stackhouse, en établissant ce genre dans la famille des algues, le caractérise ainsi : Fronde cylindrique, roide, cartilagineuse, torse, renflée dans son milieu, remplie d'une matière muqueuse cellulaire ; fructification constituée par des tubercules très-petits, nus et enfoncés dans la substance de la fronde, et à son extrémité.

Stackhouse ramène à ce genre les fucus *filum*, *thrix*, *flagelliformis* et *longissimus* de sa Néréide britannique et des auteurs, ce qui le place dans le genre *Chordaria* de Link adopté par Agardh, Lyngbye, etc. et y ramène le *chorda*, Lamx., fondé sur le *fucus filum* seulement. (Lem.)

FLAGELLÉE (*Bot.*), nom que les jardiniers donnent à une variété de la laitue cultivée. (L. D.)

FLAG-SPAET (*Ornith.*), nom danois de l'épeiche ou pic varié, à tête rouge, *picus medius*, Linn. (Ch. D.)

FLAMANT. (*Entom.*) Barrère désigne ainsi dans son Hist. nat. de la France équinoxiale, pag. 197, une espèce de fourmi des bois dont la piqûre donne la fièvre pendant vingt-quatre heures. (C. D.)

FLAMANT. (*Ornith.*) L'oiseau auquel on donne ce nom, qui, dans certains auteurs, est écrit *flamand*, *flambant*, *flam-*

beau, est le phénicoptère ou oiseau aux ailes de flamme. La couleur éclatante de l'ibis rouge a aussi fait appliquer à cet oiseau la dénomination de flambe ou flamant, qui s'est même étendue aux ibis brun et des bois. Voyez FLAMMANT. (CH. D.)

FLAMBANT. (*Ornith.*) Voyez FLAMANT. (CH. D.)

FLAMBE. (*Bot.*) L'iris est souvent désigné sous ce nom françois. (J.)

FLAMBE BATARDE. (*Bot.*) C'est l'iris faux-acorus. (L. D.)

FLAMBÉ. (*Entom.*) C'est le nom donné par Geoffroy au papillon chevalier grec nommé *Podalirius*. (C. D.)

FLAMBEAU (*Ichthyol.*), un des noms vulgaires de la cépole tænia. Voyez CÉPOLE. (H. C.)

FLAMBEAU DU PEROU. (*Bot*) C'est le cierge du Pérou, *cactus peruvianus*. (J.)

FLAMBERGENT. (*Ornith.*) On appelle ainsi l'huîtrier ou pie de mer, *hœmatopus ostralegus*, Linn. Il paroît même que cette dénomination s'étend au courlis commun. (CH. D.)

FLAMBO. (*Ichthyol.*) Voyez FLAMBEAU. (H. C.)

FLAMBOISIER. (*Bot.*) C'est le framboisier dans quelques cantons. (L. D.)

FLAMENCO (*Ornith.*), nom espagnol du flammant, qui s'écrit en portugais, en anglois et en allemand, flamingo. Dampier, Nouv. Voy. autour du Monde, Rouen, 1715, t. 1, p. 94, dit avoir vu une très-grande quantité de ces oiseaux dans une île vis-à-vis de Curaçao, appelée par les pirates l'île de Flamingo. (CH. D.)

FLAMINGO. (*Ornith.*) Voyez FLAMENCO. (CH. D.)

FLAMMA, FLAMMULA. (*Bot.*) Les anciens donnoient ces noms à des plantes caustiques capables d'enflammer les parties d'un corps vivant avec lesquelles on les met en contact. Telles sont diverses espèces de renoncules, et surtout la petite douve, *ranunculus flammula*; les diverses clématites, et principalement le *clematis recta*; la dentelaire, *plumbago*. Gesner nommoit aussi *flamma* ou *flammula Jovis*, la coquelourde des jardiniers, *agrostemma coronaria*, peut-être à cause de la belle couleur rouge de ses fleurs ; et, pour le même motif, Rumph donne à l'*ixora coccinea* le nom de *flamma sylvarum*. (J.)

FLAMMANT. (*Ornith.*) Les Grecs ont donné à cet oiseau le nom de phénicoptère, c'est-à-dire d'oiseau à l'aile de flamme, qui convenoit surtout aux individus âgés de deux ans, dont les ailes seules sont d'un bel incarnat, et dont le cou et le corps sont encore revêtus de plumes blanches.

On est surpris de ne pas trouver dans Aristote une dénomination qu'on lit dans Aristophane, et qui a paru si expressive aux Latins, que Pline, Appius, Juvénal, Suétone, n'ont pas hésité à l'adopter. Ce terme, traduit en françois par *flambant*, *flamboyant*, *flammant*, a perdu parmi nous ce qu'il avoit d'énergie et de grâce dans le langage des Grecs, et, en l'écrivant, par oubli de l'étymologie, *flamand* ou *flamant*, on a fait d'un oiseau de couleur de flamme un oiseau de Flandre, pays où il n'existe pas.

Le même oiseau a reçu en France un autre nom tout-à-fait étranger à la couleur du plumage, et tiré d'une partie plus essentielle, du bec, qui doit plutôt servir de type aux noms génériques : comme la forme de celui du phénicoptère a du rapport avec un manche de charrue, on l'a appelé *bécharu*. Mais, quoique MM. de l'Académie des Sciences en aient donné, tom. 3, part. 3 de l'Histoire de cette Académie, une description anatomique sous ce nom, que Valmont de Bomare a adopté, il n'est pas très-sonore et n'a pas fait fortune. A Cayenne on appelle le même oiseau *tococo*.

Le flammant réunit aux caractères de l'échassier, dans des proportions excessives, ceux des palmipèdes, puisque ses jambes, situées hors de l'abdomen et dégarnies de plumes, sont très-hautes, et qu'il a les trois doigts antérieurs engagés dans des membranes qui, quoique échancrées à leur centre, s'étendent jusqu'aux ongles, tandis que le doigt de derrière, fort court, est seul libre. Le cou, également long et très-grêle, est surmonté d'une tête petite, et le bec, lamelleux et plus haut que large, a les bords dentelés. La mandibule supérieure, droite et voûtée à sa base, se fléchit tout à coup et presque à angle droit, vers le milieu, s'aplatit, se rétrécit et s'incline encore à sa pointe sur la mandibule inférieure, qui est plus épaisse et plus large, circonstance d'après laquelle on a supposé la première seule mobile sur l'autre. Les narines, percées longitudinalement dans un sillon près de l'arête supérieure du bec, sont bordées d'une membrane extensible et à l'aide de laquelle l'oiseau peut les couvrir entièrement. La langue, épaisse et charnue, est garnie de glandes à son origine, et couverte à sa surface de papilles recourbées en arrière.

Le genre Flammant n'a long-temps été composé que d'une seule espèce, dont plusieurs auteurs ont cru ensuite devoir séparer les flammants observés au Chili par l'abbé Molina ; et, depuis, M. Geoffroy - Saint - Hilaire en a décrit, dans le Bulletin des Sciences, publié par la Société philomathique, en germinal an VI (mars 1798), une troisième, sur laquelle il a remarqué des particularités plus relatives aux caractères génériques qu'à ceux qui servent à distinguer les espèces, puisqu'elles ont rapport à la forme du bec. La face interne de la mandibule supérieure, qui, dans le phénicoptère des anciens, est partagée en deux vers le milieu par une arête étroite et haute de trois millimètres, consiste dans le flammant du Sénégal, dont la taille est d'ailleurs plus petite, en une lame verticale, haute de quinze millimètres, aussi large à sa base que le demi-bec lui-même, et dont le bord libre se termine en un tranchant très-acéré. Cette lame descend profondément et est reçue dans la mandibule inférieure, disposée à cet effet ; car les prolongemens rentrans qui, dans le phénicoptère des anciens, dépassent presque à angle droit, de trois millimètres au plus, les bords de la mandibule inférieure, sont remplacés dans la nouvelle espèce par une lame de quinze millimètres, laquelle fait un angle aigu avec les bords de la mandibule, circonstance qui, suivant l'auteur, doit influer sur la forme de la langue et le mode de nourriture. M. Geoffroy a accompagné sa notice de figures des becs comparés ; et M. Vieillot, partant de cette observation, a divisé le genre Phénicoptère en deux sections énoncées, la première en ces termes : « Surface interne de la mandibule supérieure partagée en deux, vers son milieu, par une arête assez mince ; bords internes de la mandibule inférieure étroits ; » et la seconde, ainsi qu'il suit : « Surface interne de la mandibule supérieure verticale, très-haute, aussi large à sa base que le demi-bec lui-même, et dont le bord se termine en tranchant très-acéré ; bords internes de la mandibule inférieure très-larges. »

Si l'on regarde les observations de M. Geoffroy comme suffisantes pour opérer la division du genre, et si les différences de plumage remarquées par Molina, dans son Essai sur l'histoire naturelle du Chili, p. 223 de la traduction françoise de Gruvel, sont jugées de nature à constater aussi l'existence d'une espèce particulière, il en résultera trois espèces, que M. Geoffroy désigne ainsi :

PHÉNICOPTÈRE DES ANCIENS ; *Phœnicopterus major*, ayant les pennes des ailes noires et le bec en partie jaune.

PETIT PHÉNICOPTÈRE ; *Phœnicopterus minor* (Sénégal), dont les pennes alaires et le bec sont noirs.

PHÉNICOPTÈRE DU CHILI ; *Phœnicopterus Chilensis*, Gmel., lequel a les pennes alaires blanches.

Mais M. d'Azara, qui a décrit des flammants tués dans les lagunes de la rivière de la Plata et à Buenos-Ayres, leur a trouvé les pennes alaires noires, comme au phénicoptère des anciens; et Molina, qui avoue que ces pennes sont également noires chez les flammants des autres parties de l'Amérique, est le seul qui parle de pennes blanches pour ceux du Chili. D'un autre côté, il a vu des individus de différentes tailles; et Mauduyt, à qui les flammants d'Afrique et du Chili étoient aussi connus, dit positivement, au mot PHÉNICOPTÈRE de l'Encyclopédie méthodique, que « ceux d'Amérique et ceux de l'ancien continent, les phénicoptères de la plus haute taille et ceux qui sont les moins grands, sont tous certainement de la même espèce. » Peut-être conviendroit-il, en conséquence, de suspendre encore l'adoption absolue de trois espèces différentes, jusqu'à ce qu'on ait soumis à un nouvel examen les circonstances relatives aux variations dans le bec du flammant du Sénégal, qu'on ait été à portée d'en mieux apprécier la valeur réelle par des observations anatomiques renouvelées sur un assez grand nombre d'individus; et que, par rapport au flammant du Chili, on ait pu s'assurer si les faits observés par Molina, relativement à la blancheur des pennes alaires et de plusieurs autres parties du plumage dans les âges divers, ainsi qu'à une sorte de houppe sur la tête, sont aussi constans, aussi généraux qu'il l'annonce, et s'ils ne tenoient pas au sexe et à d'autres circonstances locales.

On se bornera, d'après ces considérations, à donner ici la description et l'histoire du flammaut ou phénicoptère des anciens, *phœnicopterus ruber*, Linn.

Il résulte des observations anatomiques de MM. de l'Académie des Sciences, que la langue très-grosse de l'individu par eux disséqué étoit contenue dans la cavité formée par la mandibule inférieure ; que de chaque côté elle étoit recouverte, dans un espace de plus de six lignes, par les rebords de cette mandibule, et qu'elle étoit garnie, depuis sa racine jusqu'à la moitié de sa longueur, de deux rangs de longues pointes charnues, tournées vers le gosier. Quant à la couleur, les jeunes, avant la mue, ont tout le plumage cendré, et beaucoup de noir sur les pennes secondaires des ailes et sur celles de la queue. A l'âge d'un an ils sont d'un blanc sale ; les pennes secondaires des ailes sont d'un brun noirâtre, avec une bordure blanche ; les couvertures, à leur origine, d'un blanc nuancé de rose et terminées de noir, et les pennes blanches de la queue tachetées de brun noirâtre : leur longueur n'est alors que d'environ trois pieds. Lorsqu'ils ont atteint deux ans, le rose prend plus d'éclat sur les ailes ; mais le cou est encore blanc, ainsi que les autres parties du corps. Les vieux mâles, âgés de quatre ans, ont la tête, le cou, les ailes, la queue qui est très-courte, et les parties inférieures, d'un beau rouge, moins foncé toutefois sur le dos et les scapulaires, et davantage sur les ailes, dont les pennes secondaires dépassent de plusieurs pouces les rémiges, qui sont d'un beau noir. Le tour des yeux et la base du bec sont blanchâtres ; depuis cette base jusqu'à sa courbure, le bec est d'un rouge de sang, et le reste, vers la pointe, est noir : les pieds sont rouges. Sa longueur, depuis le bout du bec jusqu'à celui de la queue, est alors de quatre pieds quatre pouces, et jusqu'à celui des ongles de six pieds. Les vieilles femelles, âgées de plus de quatre ans, ont aussi tout le plumage rouge ; mais la teinte en est plus pâle, et leurs dimensions sont moins fortes.

Le flammant paroît répandu sur tout le globe, au-dessous de 40 à 46 degrés ; mais cet oiseau, qui ne visite pas les régions du Nord, est voyageur dans les climats chauds et tempérés des deux continens : seulement de passage sur les côtes méridionales de l'Europe, on ne le rencontre qu'accidentellement sur les fleuves dans l'intérieur des terres. Les flammants vivent de coquillages, de frai de poissons et d'insectes, pour se saisir de leur nourriture, ils appuient la partie plate de la mandibule supérieure sur la terre, et remuent en même temps les pieds afin de porter dans leur bec, avec le limon, la proie que la dentelure de ce bec sert à y retenir. Toujours en troupes, ils se forment en file pour pêcher, et ce goût de s'aligner leur reste même lorsque, placés l'un contre l'autre, ils se reposent sur la plage. Ils ont l'habitude d'établir des sentinelles pour la sûreté commune ; et, soit qu'ils se reposent ou qu'ils pêchent, l'un d'eux est toujours en vedette, la tête haute. Si quelque chose alarme celui-ci, il jette un cri bruyant qui s'entend de très-loin, et qui ressemble au son d'une trompette. Aussitôt la troupe part, et observe dans son vol un ordre semblable à celui des grues. Il y a néanmoins des voyageurs qui prétendent que lorsqu'on parvient à surprendre les flammants, leur épouvante les rend en quelque sorte stupides, et qu'ils laissent au chasseur le temps de les abattre presque jusqu'au dernier.

Ces oiseaux nichent, en général, sur les plages noyées, et sur les îles basses ; et comme ils ne pourroient, vu l'extrême longueur de leurs jambes, se tenir accroupis dans leur nid, ils le construisent au bord des eaux, avec la fange des marais, en forme d'un cône tronqué par le haut, d'environ vingt pouces, et ils se placent dessus, les jambes pendantes de chaque côté et appuyées sur la terre. L'endroit destiné à recevoir les œufs, qui sont blancs, au nombre de deux ou trois, gros comme ceux de l'oie et un peu plus alongés, est concave ; mais tandis que, suivant Labat et autres, ces œufs sont posés à nu, l'enfoncement du cône étoit, dans ceux qu'a observés Molina, tapissé d'un duvet très-fin. Les jeunes, qui ne peuvent voler que lorsqu'ils sont revêtus de toutes leurs plumes, courent, même avec vitesse, peu de jours après leur naissance.

Les anciens faisoient grand cas de la chair du flammant. Philostrate la compte entre les délices des festins, et la langue, fort grasse, en étoit surtout recherchée comme un excellent morceau ; mais les modernes qui ont eu occasion de manger de ces oiseaux, en ont trouvé la chair huileuse et presque toujours d'une odeur de marais fort désagréable. M. Geoffroy dit qu'on en tue en Egypte des quantités assez grandes pour en emplir des bateaux, et qu'on les y vend sans les langues, qui sont garnies d'une multitude de glandes dont l'huile, exprimée entre des ais, est conservée pour assaisonner des mets divers.

On a essayé d'élever des flammants en domesticité, et l'on est parvenu à apprivoiser des individus qui avoient été pris jeunes; mais cet oiseau languit et vit peu dans nos climats, où il a été impossible d'en obtenir la reproduction. Peiresc a remarqué qu'il trempoit dans l'eau le pain qu'on lui présentoit; qu'il mangeoit plus la nuit que le jour; que, très-sensible au froid, il s'approchoit du feu jusqu'à se brûler les pieds; que, lorsqu'il dormoit, il retiroit une de ses jambes sous le ventre, et que, privé de l'usage d'une jambe, il marchoit avec l'autre, en s'aidant du bec, et l'appuyant à terre comme une béquille.

La peau du flammant est garnie d'un bon duvet, et l'on s'en sert aux mêmes usages que de celle du cygne. Les Indiens font, avec ses plumes, des colliers, des bonnets ou tours de tête, des ceintures et d'autres atours. Suivant Cetti, *gli Uccelli di Sardegna*, p. 297, les Sardes fabriquent avec l'os de sa jambe une flûte, qu'ils appellent *lionedde*, et dont ils tirent un son très-doux. (Ch. D.)

FLAMME. (*Bot.*) Les fleuristes donnent ce nom à une variété de l'œillet commun. (L. D.)

FLAMME et FEU. (*Chim.*)

Définitions. Le mot *feu* a été employé suivant deux acceptions différentes : il l'a été, premièrement, pour désigner le phénomène par lequel de la chaleur et de la lumière se manifestent simultanément à nos sens; en second lieu, pour désigner la cause même de ce phénomène.

Le mot *flamme* est particulièrement appliqué au feu qu'on observe dans l'action mutuelle de deux gaz, ou lorsque des corps solides ou liquides passent à l'état aériforme. La flamme n'est donc qu'une circonstance particulière de la manifestation du feu; cependant nous ferons remarquer que le $\pi\grave{\upsilon}\rho$ des Grecs, que nous traduisons par feu, s'appliquoit certainement à la flamme, puisqu'ils avoient fait dériver $\pi\upsilon\rho\alpha\mu\grave{\iota}\varsigma$, pyramide, de $\pi\grave{\upsilon}\rho$, à cause de sa forme, qui a quelque ressemblance avec celle de la flamme.

Les phénomènes que le feu présente, soit qu'on les considère en eux-mêmes, soit qu'on les considère relativement aux actions chimiques qui accompagnent la production de ces phénomènes, étant du plus haut intérêt, nous allons examiner le feu :

1.º Par rapport aux circonstances dans lesquelles il se manifeste ;

2.º Par rapport aux phénomènes qu'il présente lorsqu'il est à l'état de flamme ;

3.º Par rapport à la manière dont on en a envisagé la nature.

Ces sections nous permettront d'exposer à la fois les belles découvertes que l'on a faites sur le feu, et les hypothèses ingénieuses dont il a été l'objet. Tout ce qui va suivre ne devra s'entendre que du feu que nous pouvons développer, et nullement de celui du soleil.

Ire SECTION.

Circonstances dans lesquelles le feu apparoît.

A. *Feu qui apparoît par simple communication.*

Lorsque des corps solides ou liquides, fixes au feu, sont en contact avec des substances incandescentes, ou placées dans des atmosphères dont la température est au moins de 557 d., et que ces corps ne peuvent d'ailleurs éprouver aucune action chimique, ils répandent de la lumière et de la chaleur. Ce phénomène est une conséquence de l'équilibre de la chaleur, et de ce que les corps solides et liquides ne peuvent être échauffés au-dessus de 557 d. sans devenir lumineux.

Les corps gazeux sont sans doute susceptibles de devenir lumineux par communication, mais ce n'est qu'à une température de beaucoup supérieure à 557 d. Plusieurs expériences le démontrent : la première qui ait constaté ce fait est due à T. Wedgewood. Ce savant, ayant dirigé un courant d'air dans un tube de verre chauffé au rouge, observa que l'air, à la sortie du tube, n'émettoit pas de lumière, et que cependant il étoit assez chaud pour qu'un fil mince d'or qu'on y plongeoit y devînt lumineux très-promptement.

Quant à la température que l'on peut donner à un corps par communication, elle ne peut jamais aller au-dessus de celle du foyer.

B. *Feu produit par la percussion ou le frottement.*

En percutant les corps, ou en les frottant, on en élève la température, comme tout le monde sait : il est donc tout simple qu'en percutant rapidement un morceau de fer sur une enclume, on le rende lumineux ; qu'en frottant vivement deux morceaux de bois sec l'un contre l'autre, on en élève assez la température pour qu'ils prennent feu. C'est aussi en développant de la chaleur que la compression rend quelques gaz lumineux, et qu'elle détermine l'inflammation de plusieurs mélanges aériformes.

C. *Feu produit pendant l'acte de la combinaison.*

Au mot *Attraction moléculaire*, nous avons dit qu'un phénomène très-commun dans la combinaison chimique est une élévation dans la température des corps qui s'unissent, élévation qui est d'autant plus grande, que les corps ont une affinité mutuelle plus énergique. Nous en avons conclu que, de ce fait, on pouvoit déduire la manifestation du feu ou de la flamme par l'action chimique ; que, pour la concevoir, il falloit admettre un dégagement de chaleur capable de porter les *corps* à la température où ils deviennent lumineux. Lorsque des solides ou liquides, en se combinant entre eux, ou avec un gaz, forment des composés solides ou liquides, il suffit, pour qu'il y ait *incandescence*, que la chaleur mise en liberté porte leur température à 557 deg.; lorsque des solides ou liquides se combinent à un gaz et forment un composé gazeux, ou bien lorsque deux gaz s'unissent ensemble, et que, dans les deux cas, il y a assez de chaleur dégagée pour rendre les gaz lumineux, il y a *inflammation :* d'où il suit que *la flamme n'est qu'une substance gazeuse dont la température est assez élevée pour être lumineuse* ; et, d'après les expériences exposées plus haut, il est évident que cette température doit être supérieure à celle qui porte les corps solides au rouge blanc.

D. *Feu produit par plusieurs composés qui sont exposés à la chaleur.*

Plusieurs antimonites et antimoniates, l'oxide de chrôme, d'après les expériences de M. Berzelius ; la zircone, d'après celles de M. Davy; le peroxide de titane, d'après les miennes, exposés à une chaleur d'un rouge obscur, éprouvent tout à coup un phénomène d'incandescence très - remarquable. M. Berzelius, qui l'a observé le premier, l'attribue à un degré de combinaison plus intime qui s'établit entre les élémens des composés qui présentent ce phénomène.

E. *Feu produit par une simple séparation d'élémens auparavant combinés.*

Le chlorure d'azote, l'iodure d'azote, qui se décomposent, soit par une légère percussion, soit par une légère élévation de température, donnent lieu à un vif dégagement de feu.

F. *Feu produit par la réunion des deux électricités.*

Lorsque des quantités suffisantes des deux électricités se réunissent, il se produit une élévation de température et une lumière très-sensible. L'expérience la plus propre à démontrer ce résultat, est celle de M. H. Davy. Cet illustre chimiste ayant établi, au moyen d'un charbon, dans une cloche vide d'air, la communication entre les deux pôles d'une pile voltaïque, a observé que le charbon devenoit resplendissant de lumière comme s'il eût brûlé dans l'oxigène; et, ce qui est bien remarquable, c'est qu'après l'avoir tenu pendant deux heures dans cet état, il a vu qu'il n'avoit pas changé de poids. M. H. Davy pense que ce moyen est celui qui peut donner la température la plus élevée.

IIe SECTION.

Des phénomènes que présente la flamme.

§. Ier

Des flammes considérées sous le rapport de leur durée.

Nous avons défini plus haut ce que c'est que la flamme, et les circonstances dans lesquelles elle est produite; établissons maintenant les rapports qui existent entre la flamme persistante d'un gaz combustible que l'on a allumé à l'orifice d'un tuyau par lequel se dégage, dans un milieu comburent, la flamme également persitante d'une bougie, d'une chandelle, etc., et les flammes instantanées que présentent les mélanges d'un gaz inflammable et d'un gaz comburent, lorsque ces gaz passent à l'état de combinaison.

A. *Flammes persistantes.*

Lorsque du gaz, ou une vapeur susceptible d'être enflammée dans une atmosphère comburente, arrive dans cette atmosphère par l'orifice d'un tuyau, orifice que nous supposons circulaire ; si on en approche un corps suffisamment chaud, l'inflammation a lieu et se continue tant qu'il se dégage du gaz combustible, en supposant qu'il y ait un excès de corps comburent. Dans ce cas, la flamme a une forme conique, plus ou moins régulière ; elle donne plus ou moins de lumière, et plus ou moins de chaleur, suivant la nature de la substance enflammée.

La température nécessaire pour allumer un gaz inflammable varie suivant sa nature ; c'est ce que nous dirons plus particulièrement dans la suite. La durée de la flamme s'explique facilement : en effet, dès que les premières particules se sont enflammées, elles dégagent de la chaleur qui échauffe assez les particules qui les suivent pour mettre celles-ci en état de se combiner au gaz comburent. On conçoit donc que s'il n'y a pas d'interruption dans l'écoulement du gaz, la flamme devra se continuer. Sa forme conique dépend, 1°. de ce que la quantité de gaz combustible contenue dans chaque tranche horizontale va en diminuant à mesure que les portions de ce gaz se combinent successivement au gaz comburent qui l'environne, de sorte que la flamme se termine en pointe lorsque tout le gaz combustible est consumé ; 2.° de ce que, la température étant plus élevée à la partie inférieure de la flamme (1), et allant en diminuant jusques au sommet, l'espace occupé par le gaz combustible doit aussi diminuer de la base au sommet ; 3.° de l'accélération de la vitesse avec laquelle le gaz combustible doit s'élever dans une atmosphère toujours plus lourde que lui, ne fût-ce qu'à cause de la haute température du premier.

Les flammes d'une bougie, d'une chandelle, d'une lampe, ont beaucoup d'analogie avec celles dont nous venons de parler ; mais elles présentent cependant quelques circonstances qui leur sont particulières : c'est ce qui nous engage à en parler. Lorsqu'on allume, pour la première fois, une bougie, une chandelle, il faut d'abord liquéfier la couche de cire, de suif, qui est immédiatement au-dessous de la portion de mèche qui se trouve à découvert, afin que le combustible

---

(1) Non pas à la base même de la flamme, mais un peu au-dessu-

liquéfié s'élève, au moyen des interstices capillaires de la mèche, jusqu'à son sommet. Il faut, en second lieu, chauffer assez fortement le combustible qui est parvenu au sommet de la mèche, pour que son carbone et son hydrogène s'unissent à l'oxigène de l'atmosphère. Une fois que l'inflammation a commencé, elle se continue jusqu'à ce que tout le combustible soit consumé, parce que la chaleur du foyer fond le combustible placé au-dessous, et que celui-ci s'élève incessamment dans la mèche pour remplacer celui qui vient de brûler.

La flamme d'une bougie ou d'une chandelle est creuse intérieurement; la partie lumineuse est très-mince; elle se compose de deux couches: la plus extérieure, à peine visible, est bleuâtre; la seconde, d'un éclat plus vif, est d'un blanc roux. La manière de se convaincre que la partie lumineuse n'est qu'une enveloppe très-mince, consiste à couper horizontalement la flamme par une toile métallique suffisamment serrée et froide : alors la partie de la flamme située au-dessus de la toile s'éteint, et est remplacée par une vapeur combustible. La partie inférieure conserve sa forme première de coupe; et en regardant l'intérieur de cette coupe au travers de la toile, on voit que le bord est un anneau étroit et lumineux, et que la cavité de la coupe, au milieu de laquelle se trouve la mèche, est tout-à-fait obscure. Si l'on approche un corps en ignition de l'espace où se trouvoit la partie supérieure de la flamme, on allumera la vapeur combustible qui sort au travers de la toile métallique, et on reproduira une flamme semblable à ce qu'elle étoit avant l'interposition de la toile. Il y aura cependant cette différence, que la partie supérieure ne sera pas contiguë à la partie inférieure, qu'il y aura même un espace, entre la toile et la partie lumineuse supérieure, qui permettra de voir que cette partie creuse est obscure à l'intérieur et limitée extérieurement par une enveloppe lumineuse dont l'épaisseur va en augmentant de la base au sommet. Cette jolie expérience est de M. Sym ; mais nous devons dire que Carradori, long-temps avant M. Sym, avoit envisagé la flamme d'une bougie comme une bulle obscure au centre et lumineuse à l'extérieur. Nous expliquerons plus bas la manière dont agit le tissu métallique, ainsi que les expériences de M. H. Davy, qui ont conduit M. Porret à faire, sur la flamme d'une chandelle, plusieurs observations

que nous allons rapporter. M. Porret pense que la couche
extérieure de cette flamme est la seule qui brûle ; qu'elle
donne lieu à la manifestation de la chaleur, et que c'est la
couche intérieure qui donne lieu surtout à la manifestation de
la lumière. Dans celle-ci il y a un dépôt de charbon, qui est
porté à l'incandescence. Ce dépôt a lieu par la chaleur de
la couche extérieure ; il ne se produit que dans une très-
légère épaisseur : le centre obscur de la flamme est occupé
par des gaz et des vapeurs inflammables que la mèche laisse
échapper. M. Porret a fait deux expériences pour prouver
que le dépôt du charbon se fait dans la seconde couche, et
non au centre de la flamme. Il a pris un tube de verre de deux
pouces de longueur, ouvert à ses deux extrémités, dont le
diamètre total étoit moindre que celui de la flamme, et le
diamètre intérieur étoit à peu près égal à celui de la mèche.
Il a placé ce tube sur la mèche d'une chandelle qui venoit
d'être mouchée : par l'orifice supérieur, il est sorti un gaz
qu'on a enflammé ; et ce qu'il y a de remarquable, c'est qu'au
bout de quelques secondes le tube n'étoit pas, ou presque
pas, noirci intérieurement, tandis qu'il étoit recouvert extérieurement d'une couche de charbon. Si on répète l'expérience avec un tube coudé à angle droit, dont la branche
horizontale est fort longue, il y aura des vapeurs inflammables
qui se condenseront en des substances dont l'une est fusible à
100 d., et l'autre à 52 d.

La flamme d'une lampe présente des résultats analogues
aux précédens, si ce n'est que l'huile, à cause de son état
liquide, n'a pas besoin d'être préalablement échauffée pour
s'élever dans la mèche par l'action capillaire de ses interstices.

Le phosphore allumé continue de brûler jusqu'à la fin, parce
que la chaleur dégagée par la combustion est suffisante pour
vaporiser et déterminer la combustion rapide du phosphore
qui n'a point encore brûlé. Le soufre se comporte d'une manière analogue au phosphore ; cependant il peut s'éteindre
si sa masse est trop considérable pour être portée à la température nécessaire à sa vaporisation par la chaleur de la
flamme.

Le zinc, chauffé dans un creuset, s'enflamme facilement ;
mais, si on retire le creuset du feu, il pourra s'éteindre, parce

que le produit de la combustion est un corps fixe, qui, en s'attachant à la surface du métal, préservera celui-ci du contact ultérieur de l'oxigène. L'arsenic est plus facile à brûler complétement que le zinc, parce que, le produit de la combustion étant volatil, la surface du métal est continuellement en contact avec l'atmosphère. Mais, dans tous les corps qui sont volatiles, et dont le produit de la combustion l'est aussi, il faut observer que, si la chaleur dégagée par l'inflammation n'est pas considérable, la combustion cessera, à cause du refroidissement occasioné par la production des vapeurs.

B. *Flammes instantanées.*

Lorsqu'on plonge un corps, suffisamment chaud, dans un mélange de gaz combustible et de gaz comburent, il y a tout à coup une inflammation qui est si rapide, au moins dans les volumes de mélanges sur lesquels nous opérons, qu'elle paroît instantanée ; mais, dans la réalité, elle ne l'est point. Les particules qui touchent le corps chaud, s'enflamment d'abord ; puis la chaleur qu'elles dégagent par l'acte de leur combinaison, détermine l'inflammation des particules voisines, et ainsi de suite. C'est donc parce que l'action chimique se propage avec rapidité, que l'inflammation des mélanges gazeux nous paroît instantanée : c'est donc par la rapidité seule que les flammes des mélanges gazeux diffèrent des flammes persistantes.

La détonation qui accompagne les inflammations instantanées, et qu'on n'observe pas dans les flammes persistantes, est une suite de la rapidité avec laquelle l'inflammation se propage dans un mélange gazeux. Dans ce cas, les particules du gaz comburent étant intimement mêlées avec celles du gaz combustible, la combustion se fait dans un grand nombre de points à la fois : dès lors, la chaleur dégagée dans un instant étant toujours plus ou moins considérable, le produit de la combustion en éprouve une expansion subite, telle qu'il frappe l'air ambiant avec assez de force pour le mettre en vibrations sonores. Les flammes persistantes étant produites par un courant de gaz ou de vapeur inflammable, dont la surface seulement se combine à un gaz comburent qui l'environne de toutes parts, on voit pourquoi il n'y a pas de détonation.

§. II.

De plusieurs propriétés des flammes.

Transparence de la flamme.

La flamme est transparente; si on ne peut voir un corps non lumineux au travers de la flamme d'une bougie ou d'une chandelle, cela tient au trop grand éclat de la flamme comparé à celui des corps placés derrière elle, et non à son opacité, comme M. Sym l'a prétendu en 1816. Des expériences de Rumford, décrites en 1794, et plusieurs autres faites en 1817 par M. Porret, démontrent sans réplique la transparence de la flamme. M. de Rumford a observé que la lumière de deux chandelles placées de front, avoit le même éclat que dans le cas où l'une étoit placée devant l'autre sur la même ligne; et, en outre, que la flamme d'une chandelle, placée à midi entre l'œil et le soleil, étoit tout-à-fait invisible, tandis que la mèche et le suif dans lequel elle étoit implantée, étoient parfaitement visibles à cause de leur opacité. M. Porret a fait plusieurs expériences pour prouver le même résultat : la plus simple est celle-ci : On allume deux chandelles; on les laisse brûler jusqu'à ce que leurs mèches soient devenues fort longues. On mouche l'une d'elles, afin d'avoir une flamme brillante et une flamme terne. En regardant ensuite la flamme brillante au travers de la flamme terne, on l'aperçoit très-bien, tandis qu'on ne peut distinguer la flamme terne lorsque celle-ci est placée derrière la flamme brillante.

Eclat des flammes.

Il existe une très-grande différence dans l'éclat des flammes. Le phosphore, le zinc, brûlant dans l'oxigène ; le potassium, brûlant dans le chlore, répandent une vive lumière, tandis que l'hydrogène, le soufre, brûlant dans l'oxigène ; le phosphore, brûlant dans le chlore, n'en répandent qu'une plus ou moins pâle.

M. H. Davy pense que, dans les flammes brillantes, il se trouve une substance solide qui est la cause de leur éclat, par l'état d'ignition que lui donne la chaleur de la combustion. Cette substance, pour les flammes que nous avons citées en premier lieu, est l'acide phosphorique, l'oxide de zinc, le chlorure de potassium. Dans la flamme des hydrogènes carburés,

des huiles , de la cire , des graisses , c'est du carbone précipité à l'état solide qui entre en ignition , puis en combustion ; et ce qu'il y a de remarquable , c'est que M. Davy a
donné de l'éclat aux flammes pâles dont nous avons parlé , en
y projetant de l'oxide de zinc , ou en y plaçant un fil d'amiante
ou de platine.

Température des flammes.

Les températures des diverses flammes paroissent être fort
différentes ; mais, ce qui est digne d'être observé, c'est que
l'élévation de la température n'est point en rapport avec
l'intensité de l'éclat. Ainsi, le mélange d'hydrogène et d'oxigène, enflammé à l'orifice du chalumeau de Newman, emet
une lumière qu'on a peine à voir à la clarté du jour ; et
cependant sa température est si élevée, que la plupart des
corps réfractaires qu'on y expose se fondent, et que tous y
répandent une lumière extrêmement vive.

M. H. Davy pense que, dans le cas où des gaz mêlés
entrent en combinaison sans qu'il y ait changement de volume , comme cela a lieu pour le mélange de volumes égaux
de chlore et d'hydrogène, pour celui de 1 de cyanogène et de
2 d'oxigène, l'expansion qu'ils éprouvent pendant leur réac-
tion , peut indiquer, par approximation , la température produite. Cet illustre chimiste, ayant fait détoner le second de ces
mélanges dans un tube recourbé, de $\frac{2}{5}$ de pouce de diamètre,
qui contenoit de l'eau, a estimé l'expansion par la quantité
de ce liquide chassée hors du tube. Il l'a évaluée à quinze
fois le volume du mélange ; ce qui indiqueroit une température de 2760 deg. Mais il n'est pas douteux que ce nombre
est plutôt au-dessous du véritable qu'au-dessus, car la matière
du tube et l'eau ont dû nécessairement absorber de la chaleur. Le carbone du cyanogène , en brûlant dans l'air, paroît
donner plus de chaleur que l'hydrogène ; car M. H. Davy a
fondu, dans la flamme du premier, un fil de platine qui avoit
résisté à la flamme de l'hydrogène.

Coloration des flammes.

On sait que la strontiane et la chaux colorent la flamme des
substances hydro-carburées en rouge ; que l'acide borique les
colore en vert, ainsi que l'oxide de cuivre. M. H. Davy pense
que ces substances sont décomposées dans les flammes qu'elles

colorent ; que leur radical combustible, d'abord séparé de l'oxigène par le carbone et l'hydrogène, entre ensuite en ignition, puis en combustion : mais nous croyons que cette opinion est loin d'être démontrée, et qu'il est plus probable de considérer la couleur comme appartenant au corps brûlé lui-même qu'à l'acte même de la combustion de son radical.

§. III.

De l'influence de la température sur la production et l'entretien des flammes, et des combustions lentes.

C'est surtout avec les mélanges gazeux inflammables que l'on peut s'assurer de cette vérité, qu'ils diffèrent beaucoup, suivant les espèces de gaz qui les constituent, sous le rapport de la température qui est nécessaire pour déterminer l'inflammation de chacun d'eux.

Le gaz hydrogène phosphuré, à la température ordinaire, ne peut être mis en contact avec l'air ou avec le chlore sans qu'il y ait une inflammation subite. Il est le seul gaz connu qui soit susceptible de s'enflammer à une température aussi basse.

Le mélange de 7 parties d'hydrogène percarburé, et de 100 parties d'air, est enflammé par le fer et le charbon chauffés au rouge foible. Le gaz hydrosulfurique, le gaz hydrogène, mêlés à l'air, s'enflamment à peu près à la même température. Il en est encore de même du mélange de 1 partie d'oxide de carbone avec 2 parties d'air.

Le mélange de gaz hydrogène protocarburé et d'air, fait dans les proportions les plus favorables à l'inflammation, ne s'allume pas par le charbon qui brûle sans flamme, ni par le fer chauffé au rouge blanc : il faut, pour qu'il détone, la flamme d'une bougie, ou celle de l'oxide de carbone, de l'hydrogène percarburé ; il détone encore quand on y plonge un fer qui est en combustion.

On voit donc que l'hydrogène protocarburé est bien éloigné de l'hydrogène phosphuré, par le degré de chaleur qu'il exige pour être enflammé.

M. H. Davy, à qui nous devons les observations que nous venons de rapporter, a essayé de mesurer la chaleur dégagée pendant la combustion de quantités égales des gaz précédens.

Le gaz qui devoit être brûlé, étoit contenu dans un gazomètre à mercure, auquel on avoit adapté un système de robinets terminés par un fort tube de platine ayant une petite ouverture ; un vase de cuivre, plein d'huile, à 100 deg., dans laquelle plongeoit un thermomètre, étoit placé au-dessus de cette ouverture : tous les gaz sortirent sous une même pression, et tous furent consumés à peu près dans le même temps.

La flamme du gaz hydrogène percarburé éleva le thermomètre à .... $132°,2$
hydrogène, à .... $114°,4$
hydrosulfurique, à .... $111°,1$
du charbon de terre, à .... $113°,3$
oxide de carbone, à .... $103°,3$

M. H. Davy dit que les quantités d'oxigène consumées (en prenant pour unité celle qui est absorbée par l'hydrogène) seroient, en supposant la combustion parfaite, 6 pour le gaz hydrogène percarburé, 3 pour l'acide hydrosulfurique, 1 pour l'oxide de carbone. Le gaz du charbon de terre ne contenoit qu'une très-petite proportion de gaz hydrogène percarburé : en le regardant comme de l'hydrogène protocarburé bien pur, il auroit consumé 4 d'oxigène. Si l'on prend les élévations de température et les quantités d'oxigène pour données, les rapports de la chaleur produite par la combustion des différens gaz seroient, pour l'hydrogène, 14,44; pour le gaz hydrogène percarburé, 5,37 ; pour l'acide hydrosulfurique, 3,7, et pour l'oxide de carbone, 3,33. M. Davy ajoute qu'il ne faut pas raisonner sur ces rapports comme s'ils étoient exacts, parce que, pendant la combustion, les gaz hydrogènes carburés déposèrent du charbon, et l'acide hydrosulfurique beaucoup de soufre ; et, en second lieu, qu'il y a grande raison de croire que les capacités des gaz pour le calorique croissent avec leur température (1).

Nous avons vu que la durée d'une flamme se perpétuoit dans le cas où les particules inflammables aériformes se succédoient dans une atmosphère comburente, et que l'inflammation se propageoit très-rapidement de couche en couche

---

(1) C'est ce que MM. Dulong et Petit ont démontré.

dans un mélange combustible par la chaleur résultante de la combustion. On comprendra sans peine maintenant comment la présence d'un corps solide, mis en contact avec la flamme, peut l'affoiblir et même l'éteindre, en absorbant la chaleur nécessaire à sa durée ou à sa propagation : c'est ainsi,

1.° Qu'un fil métallique, placé horizontalement dans la flamme d'une bougie ou d'une chandelle, en affoiblit l'éclat, et d'autant plus qu'il a plus de masse et qu'il est meilleur conducteur ;

2.° Qu'une boule de métal de la grosseur d'une balle de fusil, introduite dans l'intérieur de la flamme d'une chandelle, en affoiblit tellement l'éclat, qu'elle n'émet plus qu'une pâle lumière bleue (1) ;

3.° Que le mélange d'hydrogène protocarburé et d'hydrogène ne détone point dans des canaux métalliques, lorsque le diamètre de ces derniers est moindre qu'un septième de pouce, et leur longueur considérable en raison de leur diamètre (2) ;

4.° Qu'une toile métallique en laiton, épaisse de $\frac{1}{200}$ de pouce, et dont les interstices ont $\frac{1}{120}$ de pouce, façonnée en vase, et placée dans un mélange détonant d'hydrogène protocarburé et d'air, occasionne un refroidissement assez grand à la flamme de la portion de mélange que l'on enflamme dans l'intérieur du vase, pour que l'inflammation ne se propage pas au dehors ;

5.° C'est ainsi que cette même toile agit lorsqu'on la place horizontalement au milieu de la flamme d'une bougie, etc.

Des faits précédens il ne faut pas conclure que les mélanges inflammables ne peuvent entrer en combinaison que dans le cas seulement où ils sont exposés à une chaleur capable de les enflammer : il existe, au contraire, une autre circonstance extrêmement remarquable, où ils se combinent lentement sans donner lieu à aucune lumière sensible : quoique cette circonstance paroisse, au premier aspect, étrangère à la nature de la flamme, qui fait l'objet de cette section, ce que nous dirons plus tard fera voir qu'elle s'y rattache par plusieurs points.

---

(1) M. Porret.
(2) M. H. Davy.

1.º 1 v. de chlore, 1 v. d'hydrogène, exposés à la lumière diffuse, se combinent lentement sans qu'il y ait de lumière.

2.º Un grand nombre de métaux qui, à une température élevée, dégagent beaucoup de lumière, peuvent brûler sans en dégager à une température plus basse.

3.º La même chose arrive au charbon qu'on expose à une température un peu supérieure à 360 d. ; ce combustible se convertit assez rapidement en acide carbonique.

4.º Au rouge obscur l'oxigène brûle l'hydrogène percarburé, sans explosion.

. 5.º 1 d'oxigène et 2 d'hydrogène, échauffés dans un tube, à un degré qui se trouve entre 360 d. et la plus grande température que l'on peut donner au verre sans le rendre visible dans l'obscurité, se combinent lentement sans dégager de lumière.

6.º L'oxide de carbone, le cyanogène, mêlés à l'air, sont susceptibles d'éprouver la même combustion.

7.º Il en est encore de même des vapeurs d'alcool, d'éther, d'essence de térébenthine et de naphte.

M. H. Davy, à qui nous devons la connoissance des cinq derniers faits, a prouvé, d'une manière extrêmement ingénieuse, que, dans l'acte des combinaisons lentes des substances gazeuses, il se dégage *une quantité de chaleur qui est insuffisante pour rendre les gaz lumineux, mais qui est capable de porter les fils de platine et de palladium à un état d'ignition voisin de la chaleur blanche.* Nous allons décrire la manière de faire cette expérience.

Dans des mélanges d'oxigène et d'hydrogène, d'air et de gaz hydrogène percarburé, d'air et de cyanogène, d'air et d'oxide de carbone, on plonge le fil métallique, qu'on a préalablement chauffé au degré de température où les gaz que l'on veut unir sont susceptibles de se combiner lentement; le fil détermine la combinaison des parties qui le touchent, et la chaleur dégagée le rend lumineux. En employant des fils de même épaisseur, on observe que l'ignition est plus grande dans le mélange d'oxigène et d'hydrogène que dans le mélange d'hydrogène percarburé, plus grande dans celui-ci que dans le mélange d'oxide de carbone. L'ignition du platine est foible dans un mélange de 2 p. d'air et de 1 de gaz du charbon de terre; elle est forte, au contraire, dans un mélange de 3 d'air et de 1 de gaz inflammable. M. Davy a observé qu'un fil de $\frac{1}{80}$ de pouce de diamètre, plongé dans les mélanges très-combustibles, s'échauffoit assez pour les faire détoner, tandis que ce même fil ne devenoit que rouge-cerise ou rouge obscur dans les mélanges moins combustibles.

Pour faire l'expérience avec l'alcool et l'éther, on met une goutte d'éther dans un verre froid, ou une goutte d'alcool dans un verre chaud : on chauffe, à la flamme d'une bougie, un fil de platine de $\frac{1}{60}$ à $\frac{1}{70}$ de pouce de diamètre, roulé en spirale, jusqu'au rouge ; on le retire de la flamme ; on le laisse refroidir jusqu'à ce qu'il ne soit plus lumineux ; puis on le plonge dans l'intérieur du verre, très-promptement : il devient rouge-cerise, et même rouge blanc dans quelques parties. Le même phénomène s'observe en mettant le fil de platine dans la mèche d'une lampe à alcool, de manière qu'il ne la touche pas, mais qu'il puisse être plongé dans la vapeur qui s'en exhale ; si on allume la lampe, puis qu'on l'éteigne quand le fil sera suffisamment échauffé, celui-ci deviendra lumineux, et il le sera tant qu'il s'évaporera de l'alcool. La combustion lente de l'éther produit un acide volatil qui a paru d'une nature particulière à M. Faraday qui l'a examiné.

Les lames, les feuilles de platine sont susceptibles de rougir, comme les fils. M. Davy n'a pu faire ces expériences qu'avec le platine et le palladium, parce que, vraisemblablement, ces métaux sont moins conducteurs de la chaleur et ont moins de capacité pour elle que les autres métaux, et, d'un autre côté, qu'ils ont un foible pouvoir rayonnant. Ce qui prouve cette dernière assertion, c'est qu'une couche mince de charbon sur le platine, une couche mince de sulfure sur le palladium, empêchent l'expérience de réussir.

§. IV.

Influence de plusieurs causes qui tendent à affoiblir la propagation de l'inflammation, en écartant les particules des mélanges combustibles.

L'écartement plus ou moins grand des particules des mélanges gazeux étant une des causes qui doivent influer sur l'intensité de leur combustion, nous allons examiner successivement l'influence de l'écartement produit par une diminution de pression ; l'influence de l'écartement produit par une élévation de température ; enfin , celle qui résulte de l'écartement produit par l'interposition d'un gaz qui ne prend point part à la combustion. Nous prendrons pour guide l'excellent travail de M. H. Davy sur la flamme.

Art. I.er *Effets qu'exerce sur la flamme l'écartement des particules des gaz, produit par une diminution de pression.*

M. H. Davy pense que la raréfaction des gaz, produite par une moindre pression, n'augmente ni ne diminue la température nécessaire à l'inflammation d'un gaz, et que , si la flamme d'un combustible s'éteint dans un air raréfié, cela tient à ce que la chaleur de cette flamme n'a plus l'intensité nécessaire pour entretenir la combustion.

C'est en partant de cette hypothèse qu'il explique les faits suivans :

1.° Les combustibles qui demandent le moins de chaleur pour leur inflammation , brûlent dans un air raréfié où s'éteignent les combustibles qui exigent pour leur inflammation une température plus élevée.

2.° Les combustibles qui développent beaucoup de chaleur en brûlant, doivent, si toutes les autres circonstances restent les mêmes, brûler dans un air raréfié où s'éteignent des combustibles qui développent moins de chaleur.

On observe , en effet , que

1.° L'hydrogène phosphuré brûle dans l'air le plus raréfié ; car si l'on en introduit dans le vide fait au moyen d'une excellente machine pneumatique , il produit un éclair.

2.° Le phosphore brûle dans un air raréfié soixante fois.

3.° Le soufre , qui s'enflamme à une température assez basse , mais cependant beaucoup plus élevée que celle qui fait brûler le phosphore , s'éteint dans un air raréfié vingt fois.

4.° L'hydrogène cesse de brûler dans une atmosphère raréfiée sept à huit fois.

5.° Il en est à peu près de même de l'hydrogène percarburé , qui est aussi inflammable que l'hydrogène.

6.° L'acide hydrosulfurique est bien inflammable ; mais comme la chaleur est enlevée par le soufre qui se sépare d'abord de l'hydrogène et qui se vaporise ensuite, il cesse de brûler dans une atmosphère raréfiée sept fois (1).

7.° L'oxide de carbone produit peu de chaleur en brûlant; mais comme il s'enflamme aussi facilement que l'hydrogène, il brûle dans une atmosphère raréfiée six fois (1).

8.° L'alcool et la cire, qui exigent plus de chaleur que les combustibles précédens, parce qu'ils en absorbent une assez grande quantité pour se vaporiser et se décomposer, cessent de brûler dans une atmosphère raréfiée cinq à six fois.

9.° L'hydrogène protocarburé, qui demande une température plus élevée que les gaz précédens, s'éteint dans un air raréfié quatre fois (1).

En comparant la chaleur dégagée pendant la combustion de l'hydrogène percarburé, de l'hydrogène, de l'acide hydro-sulfurique, de l'hydrogène protocarburé et de l'oxide de carbone, avec les résultats que nous venons de donner, on verra que la deuxième conséquence que nous avons déduite de l'opinion énoncée au commencement de cet article, est, ainsi que la première, d'accord avec l'expérience.

Le mélange de chlore et d'hydrogène, qui brûle à une température inférieure à celle qui fait brûler le mélange d'oxigène et d'hydrogène, s'enflamme par l'électricité lorsqu'il est vingt-quatre fois plus rare que sous la pression ordinaire, tandis que le second mélange cesse de s'enflammer lorsqu'il est raréfié dix-huit fois.

Un fait très-remarquable, et qui est parfaitement d'accord avec cette théorie, c'est que, si l'on met en contact avec un gaz inflammable un corps solide qui puisse s'échauffer jusqu'à un certain point par la combustion d'une partie de ce gaz, la combustion de l'autre partie pourra avoir lieu dans une atmosphère plus raréfiée que celle où elle auroit cessé si le corps solide n'y eût pas été. C'est ainsi qu'en plaçant un fil de platine mince, 1.° dans l'hydrogène, celui-ci ne cesse de brûler que quand l'atmosphère est raréfiée treize fois; 2.° dans l'hydrogène percarburé, celui-ci ne s'éteint que quand la pression

---

(1) Dans cette expérience, la combustion du gaz étoit facilitée par un fil de platine roulé en spirale, qui se trouvoit à l'orifice du tube de verre où l'inflammation avoit lieu.

8.

est dix à onze fois moindre ; 3.° dans la mèche d'une lampe à alcool, d'une bougie, celles-ci brûlent dans une atmosphère raréfiée sept à huit fois.

On observe encore que le naphte, qui s'éteint dans une atmosphère raréfiée six fois, brûle dans une atmosphère raréfiée trente fois, lorsqu'on y a placé un fer rouge de feu ; qu'un mélange d'oxigène et d'hydrogène, contenu dans un tube de verre dont l'extrémité est échauffée jusqu'à le ramollir, raréfié dix-huit fois, s'enflamme par l'étincelle électrique dans les seules parties qui sont échauffées.

Art. II. *Effets que produit, relativement à l'inflammation, l'écartement des particules des gaz déterminé par la chaleur.*

La raréfaction occasionée par la chaleur ne diminue pas la combustibilité des gaz ; elle la facilite plutôt : car tel mélange qui est dilaté par la chaleur, exige pour s'enflammer une température moins élevée que celle qu'il auroit demandée, si on l'eût enflammé en le prenant à la température ordinaire, et en y plongeant un corps chaud.

M. H. Davy a fait plusieurs expériences qui prouvent cette assertion ; mais, avant de les exposer, il faut savoir que ce chimiste a observé que de l'air, chauffé dans un tube de verre contenant du métal fusible, jusqu'à ce que celui-ci commence à être visible dans l'obscurité, occupe un espace qui est à celui qu'il occupoit à 100 d. comme 2,25 est à 1, et qu'à la température rouge-cerise le même volume d'air en occupe un qui n'excède pas 2,50.

1.° Un mélange de 1 partie oxigène et 2 parties hydrogène, chauffé dans un tube de verre avec une lampe à alcool jusqu'à ce que le volume du mélange fût devenu 2,5, a brûlé lorsqu'on a dirigé sur l'extrémité du tube, au moyen d'un chalumeau, la flamme d'une autre lampe à alcool.

2.° Un mélange semblable au précédent, contenu dans une vessie à robinet, introduit lentement dans un tube de verre épais, de 3 pieds de longueur et de $\frac{1}{8}$ de pouce de diamètre, placé au milieu d'un feu de charbon, a détoné à une température où le tube n'étoit pas rouge. Or, il faut, à la température ordinaire, un corps rouge pour enflammer ce mélange.

3.° Un mélange de 1 volume d'hydrogène protocarburé et 8 volumes d'air, ont été mis dans une vessie armée d'un tube capillaire ; ce tube a été exposé à une chaleur suffisante pour le ramollir ; ensuite on a pressé la vessie de manière à faire passer lentement le gaz dans le tube , et on a présenté à l'orifice la flamme d'une lampe à alcool : le mélange s'est enflammé et a continué de brûler , après qu'on a eu retiré la lampe , quoique l'extrémité du tube fût chauffée au rouge blanc. M. Davy s'est aussi assuré que les combustions lentes étoient tout-à-fait indépendantes de l'état de dilatation dans lequel on pourroit supposer les gaz ; car ce genre de combinaison s'effectue lorsque les gaz exposés à la chaleur ne sont pas libres de s'étendre.

Art. III. *Effets que produit, relativement à l'inflammation, la présence de divers gaz qui ne prennent point part à l'inflammation dans un mélange gazeux combustible.*

Si, à 1 volume d'oxigène et 2 volumes d'hydrogène, on ajoute des gaz qui ne peuvent s'emparer de l'oxigène à l'exclusion de l'hydrogène, jusqu'à ce que l'inflammation de l'hydrogène n'ait plus lieu, on observe qu'il faudra des proportions très-différentes de ces gaz, suivant l'espèce de chacun d'eux. M. H. Davy a trouvé que l'inflammation (1) d'une partie de ce mélange étoit empêchée par

8 d'hydrogène environ ;

9 d'oxigène ;

11 de protoxide d'azote ;

1 d'hydrogène protocarburé ;

2 d'acide hydrosulfurique ;

$\frac{1}{2}$ d'hydrogène percarburé ;

2 de gaz hydrochlorique ;

$\frac{5}{6}$ de gaz phtorosilicique.

L'inflammation a eu lieu lorsque les mélanges contenoient

6 d'hydrogène ;

7 d'oxigène ;

10 de protoxide d'azote ;

---

(1) Les gaz étoient soumis à une forte étincelle électrique tirée d'une bouteille de Leyde.

$\frac{3}{4}$ d'hydrogène protocarburé ;

$\frac{2}{3}$ d'hydrogène percarburé ;

1 $\frac{1}{2}$ d'acide hydrosulfurique ;

1 $\frac{1}{2}$ de gaz hydrochlorique ;

$\frac{3}{4}$ de gaz phtorosilicique.

Il est bien certain que, quand ces gaz empêchent l'inflammation, cela tient surtout à la faculté qu'ont leurs particules d'enlever, plus ou moins rapidement, la chaleur aux particules des mélanges inflammables qui leur sont contiguës. Il est probable que ce pouvoir refroidissant qu'ils exercent dépend, 1.° de la rapidité plus ou moins grande avec laquelle ils absorbent la chaleur qui en élève la température; 2.° de leur capacité, ou de la plus ou moins grande quantité de chaleur qui est nécessaire pour élever une unité de poids de chacun d'eux au même degré de température. Cependant, si l'on applique, aux résultats de M. H. Davy, les densités et les capacités des gaz déterminées par MM. Delaroche et Berard, on observera qu'ils ne s'accordent point : car, 1.° le protoxide d'azote, dont la densité est environ un tiers plus grande que celle de l'oxigène, et dont la capacité est à celle de ce dernier : : 1,3503 : 0,9765 en volume, oppose moins d'obstacle que lui à l'inflammation; 2.° l'hydrogène, beaucoup plus léger que l'oxigène, et ayant, à volume égal, une capacité plus petite, exerce plus de pouvoir refroidissant que ce dernier; 3.° enfin, le gaz hydrogène percarburé a un pouvoir refroidissant beaucoup plus élevé que ne l'indiquent sa densité et sa capacité.

Si la cause de la faculté refroidissante des gaz, pour empêcher l'inflammation, n'est pas encore démontrée, l'expérience prouve, 1.° *qu'ils agissent de la même manière dans les différentes espèces de combustion; 2.° que les mélanges ou les corps inflammables qui exigent le moins de chaleur pour brûler, exigent de plus grandes quantités de gaz différens pour ne pas être enflammés,* et réciproquement : c'est ce que M. H. Davy a démontré de la manière la plus satisfaisante.

(*a*) On introduit une bougie allumée dans une bouteille alongée dont le col est étroit; on l'y laisse brûler jusqu'à ce qu'elle s'éteigne, puis on la retire ; on bouche le vase, et quand il est refroidi, on y plonge une seconde bougie allumée, qui s'éteint avant d'être arrivée à la base du col.

(b) On met du zinc et de l'acide sulfurique à 10 d. dans un petit tube de verre; quand l'hydrogène s'en dégage, on l'enflamme; puis on plonge le petit tube dans la bouteille : le gaz continue d'y brûler dans toutes les parties où on le met, mais il finit par s'éteindre.

(c) Quand il est éteint, on plonge du soufre allumé dans la bouteille ; ce combustible brûle quelques instans.

(d) Si, après qu'il est éteint, on met du phosphore dans la bouteille, ce combustible paroîtra aussi lumineux que dans l'air.

On voit, par ces expériences, que l'hydrogène, plus facilement inflammable que la bougie, brûle dans une atmosphère où celle-ci s'est éteinte; que le soufre, plus inflammable que l'hydrogène, brûle dans l'air où l'hydrogène ne brûle plus : enfin, que le phosphore, plus combustible que le soufre, brûle dans un air où ce dernier a cessé de brûler.

Lorsqu'un mélange exige peu de chaleur pour s'enflammer, l'interposition d'un gaz qui en empêche l'inflammation, n'empêche point les élémens de ce mélange de se combiner sans dégager de lumière. En effet, si l'on met 1 volume de chlore, 1 volume d'hydrogène avec 2 volumes de gaz hydrogène percarburé, et qu'on fasse éclater une étincelle électrique dans les gaz, il se forme de l'acide hydrochlorique; il se dégage de la chaleur qui dilate les gaz, et qui est si promptement absorbée par l'hydrogène percarburé, qu'il n'y a point de lumière. Bientôt après l'expansion, les gaz reviennent à leur premier volume.

Il est très-vraisemblable que, quand le phosphore brûle dans des mélanges où l'oxigène est peu abondant, la lumière se trouve seulement sur les particules de l'acide phosphorique, et que quand l'hydrogène phosphuré brûle dans un air très-rare, le phosphore seul est consumé.

Il est évident que la condensation doit augmenter et la raréfaction diminuer le pouvoir refroidissant des gaz, tandis que la quantité de matière qui brûle dans des espaces donnés, augmente ou diminue dans le même rapport.

M. H. Davy a observé, 1.° *que la chaleur dégagée dans l'air raréfié pendant une combustion, diminue très-lentement par la raréfaction, parce que probablement le pouvoir refroidissant de l'azote diminue plus rapidement que la chaleur dégagée par les corps qui brûlent; 2.º que, dans le cas où il y a condensation, le pouvoir refroidissant de l'azote croît moins vite que la chaleur dégagée n'est augmentée par l'accroissement de la quantité des corps qui brûlent :* mais cette augmentation de chaleur n'est pas considérable; car les flammes d'une bougie, du soufre et de l'hydrogène, brûlant dans un air quatre fois plus dense que l'atmosphère, ne reçoivent pas un accroissement de combustibilité plus grand que si l'on eût ajouté $\frac{1}{5}$ d'oxigène à l'air ordinaire.

M. H. Davy tire cette conclusion que, dans les limites d'élévation ou de profondeur où nous pouvons nous trouver dans l'atmosphère, celle-ci possède le pouvoir comburent à des degrés très-rapprochés.

Puisque les gaz qui ne prennent point part à la combustion d'un mélange combustible avec lequel ils se trouvent en contact, agissent en refroidissant, il est évident qu'à de hautes températures l'influence de ces gaz pour empêcher la combustion, devra être moindre qu'à la température ordinaire. Il est encore évident qu'il en sera de même des vapeurs, qui exigent beaucoup de chaleur pour leur formation.

§. V.

Applications.

Dans ce paragraphe nous donnerons quelques développemens à plusieurs points de l'histoire des flammes persistantes, et ensuite nous parlerons de la lampe de sûreté de H. Davy, qui est une des plus utiles et des plus belles applications que l'on ait faites des connoissances physiques et chimiques au bien de l'humanité.

En traitant des flammes persistantes, nous avons expliqué la manière dont la combustion d'une bougie, d'une chandelle, d'une lampe, continue après qu'on l'a déterminée par une chaleur étrangère. Nous avons passé sous silence plusieurs développemens, qui exigent, pour être bien entendus, l'ensemble des faits qui ont été exposés dans les paragraphes précédens.

Si une matière grasse, employée à l'éclairage, donne lieu à une production de noir de fumée et à une odeur plus ou moins désagréable, cela tient à ce que la combustion du carbone et de l'hydrogène des élémens de la matière grasse n'est point complète ; car, si elle l'étoit, il ne se formeroit que de l'eau et de l'acide carbonique , et la lumière que l'on obtiendroit dans ce cas seroit plus éclatante que celle qui est produite dans le cas contraire. C'est pour atteindre ce but que l'ingénieux Argant a imaginé les lampes qui portent son nom, et auxquelles on donne plus communément celui de quinquets. On sait que, dans ces lampes, une mèche circulaire est placée dans l'intervalle de deux cylindres dont l'un enveloppe l'autre ; que cet intervalle, fermé au fond , communique avec un réservoir d'huile. On sait encore que le cylindre inscrit est creux et ouvert aux deux extrémités ; de sorte que, quand la mèche est allumée, il se produit deux courans d'air ascendans , un qui enveloppe la mèche extérieurement, un autre qui passe dans l'intérieur du cylindre, et qui touche la surface intérieure de la mèche. Par cette disposition , le corps combustible se présente par une plus grande surface à l'oxigène atmosphérique, que dans les lampes ordinaires : par conséquent il est placé dans des circonstances plus favorables à la combustion ; mais si la mèche n'étoit pas enveloppée d'une cheminée de verre, la lampe d'Argant seroit loin d'être parfaite. En effet, c'est cette cheminée qui détermine, tant à l'intérieur qu'à l'extérieur, des courans d'air suffisans pour brûler toutes les parties combustibles de l'huile ; c'est elle qui, en mettant obstacle à la dispersion de la chaleur, concentre celle produite par la combustion dans le foyer de la lampe, et complète par là les conditions absolument nécessaires à la parfaite combustion de l'huile.

L'on sait que, quand la mèche d'une bougie ou d'une chandelle allumée n'a pas été mouchée, l'éclat de la lumière est diminué. Rumford prétend que cette circonstance diminue de moitié l'éclat d'une bougie ; et que l'éclat d'une chandelle, qui étoit exprimé par 100 quand on venoit de la moucher, étoit déjà réduit à 39 après sept minutes, à 23 huit minutes plus tard , à 16 après dix minutes. Mais, ce qui mérite encore d'être remarqué, c'est qu'une chandelle non mouchée fait une déperdition de suif plus considérable que celle qui l'a été. M. Porret explique ces deux effets, la diminution de l'éclat et la consommation plus grande du suif, par l'opacité et la couleur noire de la mèche, qui intercepte et absorbe la lumière d'une partie de la flamme, et par la faculté conductrice de cette mèche, qui, transmettant de haut en bas, une grande quantité de la chaleur de la flamme, détermine par là une grande volatilisation de suif. Ce dernier effet, joint au rayonnement de la mèche, contribue aussi à diminuer l'éclat de la flamme, parce qu'il la refroidit, et que ce refroidissement s'oppose à ce qu'il y ait autant de charbon déposé qu'il y en auroit eu dans le cas où la mèche auroit été mouchée. Si on se rappelle que M. H. Davy attribue à ce dépôt de charbon l'éclat de la flamme des hydrogènes carburés et des corps gras, on concevra sans peine pourquoi la lumière devient moins éclatante lorsque ce dépôt diminue.

Lampe de sûreté.

Dans les galeries des mines de charbon de terre, il se développe souvent du gaz hydrogène protocarburé, que l'approche d'un corps enflammé fait détoner après qu'il s'est mêlé à l'air. Si le volume du gaz inflammable est considérable, la détonation peut avoir les suites les plus dangereuses pour les ouvriers qui s'y trouvent exposés. M. H. Davy, consulté sur les moyens d'empêcher ces effets, a imaginé ces ingénieux appareils, qu'il a appelés *lanternes* ou *lampes de sûreté*. Le mineur qui en fait usage n'a plus à craindre désormais que la lumière qui le guide dans l'obscurité des galeries qu'il a creusées, lui devienne funeste en allumant le gaz inflammable qui peut s'y trouver.

M. H. Davy a construit trois sortes de lampes de sûreté.

Lampe de la première sorte. C'est une lampe à huile, dont le réservoir circulaire est placé dans le bas d'une lanterne de fer-blanc, garnie de quatre vitres; l'air arrive à la mèche par plusieurs tubes métalliques, de $\frac{1}{8}$ de pouce et de 1 pouce $\frac{1}{2}$ de hauteur, qui sont rangés autour d'elle. Une cheminée, formée de deux cônes ouverts, ayant une base commune percée de plusieurs petits trous, est adaptée au haut de la lanterne; les orifices inférieur et supérieur de la cheminée ont $\frac{1}{3}$ de pouce de diamètre.

Cette lampe a l'inconvénient de s'éteindre quand elle est agitée fortement.

Lampe de la seconde sorte. Elle ressemble à la précédente, si ce n'est que l'air arrive à la mèche par des *canaux de sûreté*, au lieu d'y arriver par des tubes. Ces canaux, au nombre de trois, sont formés par des cylindres de divers diamètres, placés l'un dans l'autre, de manière qu'ils forment des conduits de $1\frac{7}{10}$ de pouce de longueur, et depuis $\frac{1}{25}$ jusqu'à $\frac{1}{40}$ de pouce de largeur. La cheminée contient quatre canaux semblables, dont le plus petit a deux pouces de circonférence; elle est surmontée d'un cylindre creux, garni d'un chapiteau, dont l'usage est d'empêcher la poussière de pénétrer dans la cheminée.

Lampe de sûreté de la troisième sorte. Elle est plus simple et meilleure que les deux précédentes; elle se compose d'une lampe ordinaire, dont la partie supérieure sert de base à un cylindre creux de toile métallique en laiton, épaisse de $\frac{1}{200}$ de pouce, et dont les interstices ont $\frac{1}{120}$ de pouce. Cette lampe est plus portative que les autres; l'air y circule plus librement, et la flexibilité de la toile la rend plus propre à résister aux chocs qu'elle peut éprouver.

Lorsque l'hydrogène protocarburé est mêlé à l'air dans une proportion suffisante pour le rendre détonant, la lumière de la lampe s'agrandit (1), puis s'éteint. Ce phénomène avertit les mineurs de se retirer, parce qu'il est nécessaire de renouveler l'air de la galerie. Mais comment se guideront-ils? Par un moyen très-simple, que nous devons encore au génie de Davy. On se rappelle qu'un fil, qu'une feuille de platine ou de palladium, deviennent rouges de feu lorsqu'ils sont placés dans un mélange gazeux susceptible d'éprouver une combustion lente: hé bien, qu'on dispose au-dessus de la mèche de la lampe de sûreté une petite cage de fils de platine d'une épaisseur de $\frac{1}{70}$ de pouce, ou une petite feuille de ce métal ou de palladium; à la combustion rapide et lumineuse succédera une combustion lente, qui sera déterminée par la température que la flamme de la lampe aura communiquée au métal placé au-dessus d'elle, et qui le mettra en ignition. Tant que l'ignition du métal aura lieu, le mineur peut être assuré qu'il ne court pas le risque d'être asphyxié.

---

(1) Dans cette proportion l'air est encore respirable.

III.ᵉ SECTION.

De la manière dont les Chimistes ont envisagé le feu, relativement à sa nature.

Les anciens regardèrent le feu comme un élément. Stahl, adoptant cette idée, distingua, sous le nom de phlogistique, le *feu combiné*, du feu libre de toute combinaison. Stahl attribuoit la manifestation du feu qui a lieu dans l'action chimique, au phlogistique qui étoit mis en liberté.

Après que Lavoisier eut démontré que cette explication n'étoit pas fondée, on pensa assez généralement que la chaleur n'étoit qu'un effet produit sur nos organes par un corps impondérable, que l'on désigna par le nom de calorique; et l'on admit que ce corps pénétroit toutes les substances pondérables, qu'il en tenoit les particules à distance, et que, suivant la proportion dans laquelle il s'y trouvoit, les corps étoient ou solides, ou liquides, ou gazeux. Les chimistes, pour qui le calorique et la lumière étoient deux corps impondérables distincts, pensoient que, dans les fluides aériformes, et spécialement dans l'oxigène, ces corps étoient unis à une base pondérable.

L'explication que Lavoisier donna du feu qui apparoît dans la combustion, ou plutôt des changemens de température qu'on remarque dans l'action chimique, étoit principalement basée sur la capacité des corps pour le calorique. Y avoit-il élévation de température ? le composé produit avoit une capacité moindre que ses élémens. Y avoit-il refroidissement ? le composé avoit une plus grande capacité que ses élémens. Enfin, quand les capacités des élémens et celle du composé étoient les mêmes, il n'y avoit aucune variation de température. Quelques chimistes, sans admettre explicitement la capacité pour le calorique, expliquèrent les changemens de température par le seul principe de l'affinité élective; et, pour nous borner à citer un seul exemple, celui de la combustion d'un corps inflammable par l'oxigène, ils disoient que, dans cette circonstance, l'affinité du combustible pour l'oxigène l'emportant sur celle de ce corps pour le calorique et la lumière, qui le constituoient à l'état gazeux, ces corps impondérables, mis en liberté, nous devenoient sensibles sous la forme de feu.

Ces explications, étant sujettes à beaucoup d'objections, reçurent d'autant plus de modifications, que Lavoisier, dans sa Théorie de la combustion par la fixation de l'oxigène, n'avoit point arrêté d'une manière bien positive quelle étoit l'origine du feu. Enfin, il arriva une époque où elles parurent si peu d'accord avec les faits électro-chimiques récemment observés, que plusieurs savans cherchèrent à les renverser. Parmi eux on doit distinguer Ritter, M. Berzelius, M. Oersted.

Ces deux derniers savans ont cité beaucoup d'exemples de composés dont la capacité pour le calorique est égale, ou plus grande que celle de leurs élémens, quoique ceux-ci, en se combinant, donnent lieu au phénomène du feu.

M. Berzelius pense que le feu produit dans l'action chimique, ainsi que celui qui est produit dans la décharge électrique, résulte de l'union des deux électricités.

Il se fonde, 1.º sur ce que la décharge électrique produit de la lumière en même temps qu'elle échauffe, qu'elle fond, qu'elle volatilise, qu'elle porte à l'incandescence les corps par l'intermède desquels elle s'opère; 2.º sur ce que, suivant les observations de M. H. Davy, les corps que l'on met en contact développent d'autant plus d'électricité qu'ils ont plus d'affinité mutuelle; que cette électricité et cette affinité vont en croissant à mesure qu'on élève la température de ces corps; qu'au moment où ils se combinent, il y a, comme dans la décharge électrique, production de feu et neutralisation des électricités; enfin, sur ce que les corps qui se sont unis, se séparent de nouveau lorsqu'ils sont soumis à une décharge suffisante pour les rétablir dans leur premier état électrique.

Ces vues de M. Berzelius ont reçu un nouveau degré de probabilité par l'assentiment que leur ont donné deux savans français du plus grand mérite, MM. Dulong et Petit. (Ch.)

FLAMME BLANCHE (*Bot.*), nom vulgaire d'une espèce d'iris. (L. D.)

FLAMME DE JUPITER. (*Bot.*) On donnoit autrefois ce nom à la clématite droite. (L. D.)

FLAMME DE MER (*Ichthyol.*), nom vulgaire de la cépole bandelette. Voyez Cépole. (H. C.)

FLAMME FÉTIDE. (*Bot.*) C'est l'iris fétide. (L. D.)

FLAMMETTE, Flammule (*Bot.*), nom vulgaire de la renoncule petite-douve et de quelques espèces de clématites. (L. D.)

FLAMO. (*Ichthyol.*) Suivant M. Risso, à Nice, on donne ce nom au ruban de mer, *cepola tœnia*. Voyez Cépole. (H. C.)

FLASCO-PSARO (*Ichthyol.*), nom que les Grecs modernes donnent au *tetraodon lineatus* de Linnæus, lequel est le *fahaca* des Arabes, et habite le Nil. Voyez Tetraodon. (H. C.)

FLAT BROOK TURTLE. (*Erpét.*) En Pensylvanie, on appelle ainsi l'émyde peinte, suivant Schæffer. Voyez Emyde. (H. C.)

FLATE, *Flata.* (*Entom.*) M. Fabricius a désigné sous ce nom de genre un groupe de petites cigales, la plupart des pays chauds, qui ressemblent à des pyrales par leurs ailes disposées en toit, beaucoup plus longues que l'abdomen qu'elles recouvrent en se dilatant, et se portent beaucoup en arrière; ce qui avoit déjà fourni à M. Latreille l'idée du nom de *poekiloptère*, tiré des mots grecs ποικίλος, singulières (*diversi generis*), et πίερὸν, aile. L'étymologie du nom de *flata*, s'il en a une, nous est inconnue.

Les insectes de ce genre appartiennent à la famille des insectes hémiptères collirostres, ou auchénorinques, dont le bec paroît naître du cou, qui ont les ailes d'égale consistance, trois articles à tous les tarses, et les antennes très-courtes.

Nous avons fait figurer une espèce de ce genre dans l'Atlas de ce Dictionnaire, sous le n° 1 de la planche des auchénorinques; c'est la *flate blanche* de l'Ile-de-France.

Les flates ressemblent beaucoup aux *fulgores* et aux *cercopes*. Comme ces hémiptères, elles ont les antennes insérées au-dessous des yeux, et non dans l'orbite des yeux même, comme chez les *delphaces* ou *asiraques* de M. Latreille, ni entre les yeux, comme dans les *cigales*, les *cicadelles* ou les *membraces*. Ces antennes sont courtes en soie; leur tête est comme tronquée, et les yeux globuleux. La largeur et la dilatation des ailes les éloignent des *cercopes*, et leur tête comme tronquée les sépare des *fulgores* dont le front toujours prolongé est souvent singulièrement dilaté.

Ainsi que nous l'avons dit, la plupart des espèces de ce genre sont étrangères à l'Europe. Fabricius en a décrit cinquante,

parmi lesquelles cinq ou six seulement se trouvent en France, encore ce sont de très-petites espèces. Telle est

La Flate nerveuse, *Flata nervosa*, décrite sous le nom générique de *cicada* par Linnæus et par Geoffroy, t. Ier, p. 415, sous le n.° 1, *à ailes transparentes*, en remarquant le rapport qui existe entre cette espèce et les vraies cigales de Provence.

Les autres espèces indiquées sont très-petites. On en trouve une sur le chardon des champs dont elle porte le nom. C'est la *flata serratulæ*, qui est jaune, à élytres pâles, blanchâtres avec un point et deux lignes noires. (C. D.)

FLAT-EEL (*Ichthyol.*), nom anglois du plotose anguillé. Voyez Plotose. (H. C.)

FLAVE-FLIT (*Ornith.*), nom islandois du petit grèbe cornu, *colymbus auritus*, Linn. (Ch. D.)

FLAVÉOLE. (*Ornith.*) Buffon a appliqué à un bruant étranger cette dénomination tirée de l'épithète donnée par Linnæus à son *emberiza flaveola*, épithète également employée par le même auteur pour désigner un de ses *certhia*, sucrier de Buffon ; et par M. Vieillot, pour indiquer l'une de ses fauvettes. (Ch. D.)

FLAVÉRIE, *Flaveria*. (*Bot.*) [*Corymbifères*, Juss.—*Syngénésie polygamie superflue*, Linn.] Ce genre de plantes, établi par M. de Jussieu, dans la famille des synanthérées, appartient à notre tribu naturelle des hélianthées, et à la section des hélianthées-millériées, dans laquelle nous le plaçons auprès des *navenburgia*, *milleria*, *riencurtia*; il est surtout très-voisin du *navenburgia*, dont il ne diffère presque point. Voici ses caractères, que nous décrivons d'après Cavanilles, et dont nous ne garantissons pas l'exactitude, parce que nous ne les avons pas vérifiés.

La calathide est semi-radiée, composée d'un disque uni-quinquéflore, régulariflore, androgyniflore, et d'une demi-couronne uniflore, liguliflore, féminiflore (rarement nulle). Le péricline est formé de deux à quatre squames égales, unisériées, appliquées, ovales, concaves, foliacées; le clinanthe est punctiforme, inappendiculé; les ovaires sont oblongs, sillonnés longitudinalement, très-glabres, inaigrettés.

Flavérie contre-poison : *Flaveria contrayerba*, Pers. ; *Milleria contrayerba*, Cav., Icon.; *Vermifuga corymbosa*, Ruiz et Pav. C'est une plante herbacée, annuelle, haute de trois pieds, a tige sillonnée, rougeâtre, divisée en rameaux opposés, croisés, étalés, un peu velus; les feuilles sont opposées, amplexicaules, lancéolées, dentées en scie, glabres, glauques en dessous, munies de trois nervures saillantes sur la face inférieure; les calathides sont terminales, agglomérées et corymbées; leur péricline est souvent accompagné à sa base de deux bractées; leurs corolles sont jaunes, velues à la base; la languette de la fleur femelle est dressée, concave, échancrée. Cette plante habite le Pérou et le Chili, où on l'emploie à teindre en jaune. (H. Cass.)

FLAVERT (*Ornith.*), nom donné par Buffon à un gros-bec du Canada, *loxia Canadensis*, Linn. (Ch. D.)

FLEAU. (*Bot.*) C'est la fléole des prés. (L. D.)

FLÉAU DU CHIEN. (*Entom.*) Aristote, Hist. des Animaux, liv. V, chap. 31, désigne sous ce nom traduit du grec (κυνοραισ]η) la *tique* des chiens. Voyez Tique. (C. D.)

FLÈCHE (*Ichthyol.*), nom spécifique d'un poisson du genre Callionyme. (H. C.)

FLÈCHE D'EAU (*Bot.*), nom vulgaire de la fléchière. (L. D.)

FLÈCHE-EN-QUEUE. (*Ornith.*) C'est la version du mot *pylstaart*, dans la traduction faite par Demeunier du Voyage de Forrest aux Moluques et à la Nouvelle-Guinée, p. 155; et, quoique Brisson, t. VI, p. 253, rapporte le pylstaart ou *pylstert* au harle étoilé, *mergus minutus*, Linn., il ne paroît pas douteux que l'oiseau dont il est ici question ne soit le *paille-en-queue*, ou oiseau du tropique, *phaeton æthereus*, Linn. (Ch. D.)

FLÉCHIÈRE (*Bot.*); *Sagittaria*, Linn. Genre de plantes monocotylédones, de la famille des alismacées, Juss., et de la *monoécie polyandrie*, Linn., dont les fleurs sont monoïques, et dont les principaux caractères sont ceux qui suivent : Fleurs mâles situées dans la partie supérieure de la plante, formées d'un calice de trois folioles ovales, persistantes; d'une corolle de trois pétales arrondis, plus grands que le calice, et de vingt étamines ou plus. Fleurs femelles situées au-dessous des mâles, ayant un calice et une corolle de la même forme, et des ovaires nombreux, supérieurs, ramassés sur un réceptacle commun, globuleux, terminés chacun par un style court, à stigmate simple. Chaque ovaire devient une capsule monosperme et indéhiscente.

Les fléchières sont des plantes herbacées, à racines vivaces,
à feuilles radicales, et à fleurs disposées par verticilles sur une
tige nue. Elles croissent dans les eaux sur les bords des rivières,
des lacs et des étangs, dans les quatre parties du Monde. Une
seule espèce est indigène de l'Europe.

Fléchière sagittée, vulgairement Sagittaire, Flèche-d'eau,
Queue d'arondelle : *Sagittaria sagittifolia*, Linn., *Spec.*, 1410;
Fl. Dan., t. 172. Sa racine, composée de fibres nombreuses,
donne naissance à des tiges droites, ordinairement simples,
striées, élevées d'un pied, ou environ, au-dessus de la surface de l'eau, et à plusieurs feuilles pétiolées, glabres, ayant
la forme d'un fer de flèche, plus ou moins larges, ou plus ou
moins étroites, selon les variétés, et s'élevant à peu près à la
hauteur des tiges. Celles-ci se terminent par trois ou quatre
verticilles de fleurs blanches, pédonculées, larges de dix à
douze lignes, et d'un aspect agréable. Cette plante est commune en Europe; elle fleurit en juin et juillet.

La flèche-d'eau a passé autrefois pour être rafraîchissante et
astringente; aujourd'hui elle n'est plus employée en médecine.
L'intérieur de ses tiges et des pétioles de ses feuilles est rempli
d'une moelle douce et savoureuse, dont les cochons sont très-
friands, et qui fait rechercher cette plante par ces animaux,
une fois qu'ils en ont mangé. Les chevaux en sont aussi très-
avides.

On cultive en Chine une espèce de fléchière dont les racines
sont tubéreuses et bonnes à manger; et, sur la côte ouest de
l'Amérique septentrionale, à l'embouchure de la Colombia, les
naturels du pays emploient aussi comme aliment, soit la même
espèce de la Chine, soit une autre plante du même genre dont
les racines sont également tubéreuses.

Par la forme singulière de ses feuilles, et par ses jolies
fleurs, notre fléchière commune fait un effet agréable dans les
eaux des petites rivières et des bassins placés dans les grands
jardins paysagers, où il faut la planter dans un terrain argileux, qui est celui qu'elle préfère. Dans les lieux où elle se
trouve naturellement, elle est très-propre à produire de la
tourbe, et à fixer les terrains d'alluvion, qu'elle transforme
promptement en terres bonnes à cultiver. En la faisant arracher
dans des endroits où elle est commune, et en emportant la boue

attachée à ses longues racines, les cultivateurs peuvent en faire un engrais dont ils se serviront utilement pour fertiliser leurs terres sablonneuses et trop maigres.

SAGITTAIRE A FEUILLES LARGES ; *Sagittaria latifolia*, Willd., *Spec.*, 4, p. 409. Cette espèce diffère de la précédente par ses feuilles plus larges, dont les pétioles sont lisses, demi-cylindriques et non cannelés. Elle croît dans l'Amérique septentrionale, depuis la Caroline jusqu'en Canada.

SAGITTAIRE OBTUSE ; *Sagittaria obtusa*, Willd., *Spec.*, 4, p. 409. Cette plante est très-petite ; ses feuilles n'ont qu'un pouce et demi de long : leur lobe principal est ovale, arrondi et obtus, et les lobes latéraux sont alongés, droits, non divergens ; la tige est simple. Elle se trouve dans l'Amérique septentrionale.

FLÉCHIÈRE A FEUILLES OBTUSES ; *Sagittaria obtusifolia*, Linn., *Spec.*, 1410. C'est moins dans la forme obtuse de ses feuilles qu'il faut chercher les caractères qui distinguent cette espèce de la fléchière commune, que dans la ramification de sa tige, dont le verticille inférieur a ses rayons munis eux-mêmes de deux autres verticilles. M. de Lamarck dit aussi que ses capsules sont à trois loges, dont deux constamment vides. Cette plante croît naturellement dans les Indes orientales.

FLÉCHIÈRE NAGEANTE : *Sagittaria natans*, Willd., *Spec.*, 4, p. 410. Ses feuilles sont longues d'un pouce à un pouce et demi, elliptiques, lancéolées, obtuses, rétrécies à leur base, ou légèrement en cœur ; ses fleurs ressemblent à celles de la fléchière commune, mais elles sont un peu plus petites. Cette plante a été trouvée en Caroline par Michaux.

FLÉCHIÈRE ALPINE ; *Sagittaria alpina*, Willd., *Spec.*, 4, p. 410. Ses feuilles, longues de deux pouces et plus, sont lancéolées, aiguës, rétrécies à leur base, ou légèrement échancrées en cœur. Ses fleurs ressemblent, pour l'aspect et la grandeur, à celles de l'espèce commune. Cette plante habite dans les lacs des montagnes alpines de la Sibérie.

FLÉCHIÈRE A FEUILLES LANCÉOLÉES ; *Sagittaria lancifolia*, Linn., *Spec.*, 1411. Sa racine est grosse, comme tubéreuse, fongueuse intérieurement, odorante ; elle produit des tiges hautes de trois à quatre pieds, et des feuilles longues de deux, y compris leur pétiole, ovales-lancéolées, rétrécies à leurs deux extrémités. Ses fleurs sont blanches, grandes et belles, à calice

rougeâtre, et disposées dans la partie supérieure des tiges en six verticilles ou plus, à rayons ternés et uniflores, excepté ceux du verticille inférieur qui sont ramifiés. Cette plante croît à la Jamaïque et en Caroline.

FLÉCHIÈRE GRAMINIFORME; *Sagittaria graminea*, Willd., *Spec.*, 4, p. 411. Dans cette espèce, qui croît en Canada, les feuilles sont lancéolées-linéaires, presque semblables à celles des graminées, et les pistils des fleurs femelles forment une très-petite tête.

FLÉCHIÈRE A FEUILLES AIGUES; *Sagittaria acutifolia*, Linn., *Sup.*, 419. Ses feuilles sont en alêne: elles diminuent insensiblement de la base à leur sommet, sans offrir dans leur longueur aucune dilatation à la manière du limbe des feuilles des autres espèces. Celle-ci croît dans l'Amérique méridionnale, aux environs de Surinam.

FLÉCHIÈRE A TROIS FEUILLES; *Sagittaria trifolia*, Linn., *Spec.*, 1413. Cette espèce, qui croît naturellement à la Chine, diffère de toutes les précédentes par ses feuilles composées de trois folioles alongées. (L. D.)

FLECHTMUND (*Bot.*), nom allemand donné par Bridel au genre de mousse qu'il désigne par *syntrichia*, fondé sur le *bryum subulatum*, Linn. Voyez TORTULA. (LEM.)

FLEDERMAUS (*Mamm.*); FLITTERMOUSSE, FLADERMUS; FLAC-CERMUUS, VLEDERMUYS, etc., signifient chauve-souris dans les langues d'origine germanique. (F. C.)

FLEGME. (*Chim.*) Les anciens chimistes, qui regardoient l'eau comme un élément, donnoient le nom de flegme à celle qu'ils retiroient des corps, soit que ces corps la continssent toute formée, soit qu'ils en continssent seulement les principes. Déflegmer un acide ou de l'alcool, c'étoit en séparer l'eau, ou au moins une certaine quantité. Ce mot n'est plus usité. (CH.)

FLÉMINGE, *Flemingia*. (*Bot.*) Genre de plantes dicotylédones, à fleurs papillonacées, de la famille des légumineuses, de la *diadelphie décandrie* de Linnæus. Très-rapproché des sainfoins (*hedysarum*), dont il a été séparé par Roxburg, il offre pour caractère essentiel: Un calice à cinq divisions; une corolle papillonacée: l'étendard strié, dix étamines diadelphes ; une gousse sessile, ovale, renflée, à deux valves, contenant deux semences sphériques.

Les principales espèces rapportées à ce genre, sont :

FLÉMINGE A GRANDES BRACTÉES : *Flemingia strobilifera*, Roxb., Corom., 3 ; *Hedysarum strobiliferum*, Linn. ; *Lourea*, Jaum., Saint-Hil., Bullet. philom.; *Moghania*, id., Journ. de Bot. nat. ; *Ostryodium*, Desv., Journ. de Bot. Cette plante, née dans les Indes orientales, est très-remarquable par la grandeur de ses bractées et la longueur de ses épis. Ses tiges sont ligneuses ; ses rameaux un peu pubescens ; les feuilles amples, alternes, pétiolées, simples, glabres, ovales, longues d'environ trois pouces, sur un pouce et demi de large, vertes, pâles en dessous ; les nervures régulières et saillantes ; les veines ondulées, pubescentes. Les fleurs sont disposées en longs épis simples, axillaires et terminaux, garnis, dans toute leur longueur, de grandes et larges bractées renflées, arrondies, presque en cœur, aiguës, un peu velues, marquées de veines en réseau, d'un brun-clair, couvrant entièrement les fleurs et les gousses.

FLÉMINGE RAYÉE : *Flemingia lineata.*, Roxb., Corom., 3 ; *Hedysarum lineatum*, Linn. ; Burm., *Fl. Ind.*, tab. 53, fig. 1. Sous-arbrisseau à tige droite, glabre, cylindrique, purpurine ou rougeâtre ; les rameaux garnis de feuilles alternes, pétiolées, ternées ; les folioles alongées, presque lancéolées, glabres à leurs deux faces, un peu pubescentes en dessous dans leur jeunesse, longues d'environ deux pouces, marquées de nervures saillantes, quelques unes prolongées en lignes droites dans toute la longueur des folioles ; les stipules membraneuses, striées, alongées, aiguës. Les fleurs sont disposées en grappes presque simples ou en épis axillaires, de la longueur des feuilles ; les pédicelles courts, capillaires, recourbés ; le calice oblong, pubescent, à cinq découpures lancéolées, aiguës. Les gousses n'ont qu'une seule articulation de forme pyramidale, et ne renferment qu'une semence. Cette plante croît dans l'île de Ceilan.

FLÉMINGE ROIDE : *Flemingia stricta*, Roxb., Cor., 3, tab. 248 ; Ait., *Hort. Kew. Ed. nov.*, 4, pag. 349. Ses tiges sont roides, presque simples ; ses feuilles glabres, ternées ; les folioles elliptiques ; les pétioles ailés ; les fleurs disposées en grappes

axillaires, solitaires, de la longueur des pétioles. Cette plante,
ainsi que les suivantes , croît dans les Indes orientales. Le
flemingia semialata, Roxb., Corom., 3, tab. 249, est un
arbrisseau à tige dressée et rameuse; les feuilles glabres, les
folioles elliptiques; les pétioles à demi-ailés; les fleurs disposées en grappes paniculées, axillaires et terminales.

Fléminge naine : *Flemingia nana*, Roxb., Corom., n.° 3;
Ait., *Hort.*, 1. c. Petit arbuste, médiocrement rameux, à
feuilles ternées ; les folioles en ovale renversé; les pétioles
ailés ; les fleurs réunies en grappes épaisses; les gousses glan-
duleuses et visqueuses. Le *flemingia congesta*, Roxb., 1. c.,
est un autre arbuste à tige dressée, dont les folioles sont
élargies , lancéolées; les fleurs disposées en grappes axillaires
et touffues. (Poir.)

FLÉOLE (*Bot.*), *Phleum*, Linn. Genre de plantes monocotylédones, de la famille des graminées, Juss., et de la *triandrie
digynie*, Linn., dont les principaux caractères sont les suivans :
Calice uniflore, à deux glumes égales, creusées en nacelle,
chargées, sur leur dos, d'une côte cartilagineuse ; corolle à
deux balles plus courtes que le calice; trois étamines; un ovaire
supérieur surmonté de deux styles à stigmates plumeux; une
graine enveloppée par la balle florale.

Les fléoles sont des plantes herbacées, à feuilles alternes,
linéaires, et à fleurs disposées en panicule resserrée, ayant la
forme d'un épi. Toutes les espèces connues jusqu'à présent
croissent naturellement en France et dans plusieurs autres
parties de l'Europe.

** Glumes non ciliées sur leur dos.*

Fléole grêle ; *Phleum tenue*, Schrad., *Fl. Germ.*, 1, p. 191.
Sa tige est droite, grêle, haute de six pouces à un pied, terminée
par un épi cylindrique, formé de fleurs blanchâtres, rayées de
vert, dont les glumes sont semi-elliptiques, à peine aiguës.
Cette plante est annuelle ; on la trouve dans les champs du
midi de la France, en Autriche, en Italie.

Elle fleurit en mai et juin.

Fléole rude ; *Phleum asperum*, Jacq., *Ic. rar.*, 1, t. 14. Sa
racine, qui est fibreuse et annuelle, produit plusieurs chaumes
qui croissent réunis en touffe, à la hauteur de six pouces à un

pied, et sont terminés par un épi alongé, cylindrique, composé d'un grand nombre de fleurs verdâtres, dont les glumes sont cunéiformes, mucronées à leur sommet. Cette espéce fleurit en juin et juillet; elle se trouve sur les collines, dans le midi de la France et de l'Europe.

**** *Glumes ciliées sur le dos.***

FLÉOLE DES SABLES; *Phleum arenarium*, Linn., *Spec.*, 88. Dans cette espèce, une racine fibreuse, annuelle, produit plusieurs chaumes rameux à leur base, coudés, redressés, hauts de trois à six pouces, terminés par un épi ovale, composé de fleurs blanchâtres, panachées de vert, dont les glumes sont lancéolées, aiguës. Cette fléole fleurit en mai et juin, et croit dans les sables des bords de l'Océan et de la Méditerranée.

FLÉOLE DE MICHÉLI; *Phleum Michelii*, All., *Fl. Ped.*, n. 2158. Sa racine est vivace; elle produit une tige redressée, ordinairement simple, haute d'un pied et plus, portant à son sommet un épi alongé, cylindrique, à fleurs verdâtres, dont les glumes sont lancéolées, très-aiguës et acuminées. Cette plante croit dans les prairies des Alpes, où elle fleurit en juin et juillet.

FLÉOLE DE BOHÉMER : *Phleum Bohemeri*, Schrad., *Fl. Germ.*, 1, p. 186; *Phalaris phleoides*, Linn., *Spec.*, 80. Ses racines sont vivaces; elles produisent plusieurs chaumes redressés, hauts d'un pied à un pied et demi, terminés par un épi alongé, cylindrique, à fleurs verdâtres ou quelquefois un peu rougeâtres, à glumes lancéolées, très-légèrement ciliées sur le dos, obtuses à leur sommet, terminées sur le côté par une pointe particulière, un peu divergente. Cette plante est commune dans les bois et les prés secs, où elle fleurit de mai en juillet.

FLÉOLE DES PRÉS; *Phleum pratense*, Linn., *Spec.*, 87. Sa tige est droite, haute de deux à trois pieds, portant à son sommet un épi cylindrique, long de deux à six pouces, formé de fleurs blanchâtres, panachées de vert, dont les glumes sont oblongues, tronquées au sommet, chargées d'une pointe assez longue. Cette plante est vivace et commune dans les prés, sur les bords des champs, où elle fleurit pendant une grande partie de l'été.

La fléole des prés forme un très-bon fourrage que les chevaux préfèrent à toute autre espéce de graminées, mais qui ne

fournit pas beaucoup de foin, quoiqu'on puisse en retirer jusqu'à trois coupes lorsqu'on a la facilité de l'arroser.

Fléole noueuse; *Phleum nodosum*, Linn., *Spec.*, 88. Cette plante diffère de la précédente, parce que sa tige est beaucoup plus sensiblement renflée en bulbe à sa base, parce qu'elle s'élève moins, et que ses premières articulations sont coudées et couchées; ses fleurs forment un épi plus court, long seulement d'un à deux pouces. Elle croît sur les bords des champs, et fleurit en été.

La fléole noueuse est recherchée des bestiaux comme la précédente, dont elle n'est peut-être qu'une variété ; mais comme ses tiges sont en grande partie couchées, elles ne sont pas bonnes à faucher, et ne peuvent qu'être broutées sur place. Les cochons sont très-friands des petits tubercules que forment les racines ; ils savent fort bien les trouver à la fin de l'été, lorsque la plante a perdu ses tiges, et on les voit souvent courir, pour les chercher, vers les lieux où ces racines sont communes.

Fléole des Alpes: *Phleum alpinum*, Linn., *Spec.*, 88. Cette plante ressemble à l'espèce précédente; mais elle en diffère par son épi ovale ou ovale-oblong, dont les fleurs sont plus grandes, plus longuement ciliées, souvent d'un vert rougeàtre, et dont la pointe de la nervure dorsale est plus alongée. Elle croît dans les prés des Alpes, des Pyrénées et des hautes montagnes.

Fléole de Gérard : *Phleum Gerardi*, All., *Flor. Ped.*, n. 2135; Jacq., *Icon. rar.*, 2, t. 301. Sa racine est vivace, horizontale, un peu ligneuse; elle produit une tige droite, haute de quatre à huit pouces, dont la feuille supérieure a sa gaîne lâche et renflée; cette tige est terminée par un épi ovale, à fleurs blanchâtres ou d'un rouge violet, dont les glumes sont lancéolées, acuminées, velues, et dont la balle extérieure est chargée d'une petite arête sur son dos. Cette plante se trouve dans les prairies des Alpes, des Pyrénées, etc. (L. D.)

FLESSERA. (*Bot.*) Adanson a séparé du genre *Nepeta*, sous ce nom, le *nepeta tuberosa*, distinct, selon lui, par la lèvre supérieure de la corolle entière et les fleurs rassemblées en épis serrés, accompagnées de bractées larges et colorées. (J.)

FLET (*Ichthyol.*), un des noms vulgaires du *pleuronectes flesus*. Voyez Plie. (H. C.)

FLÉTAN. (*Ichthyol.*) M. Cuvier a donné ce nom à un sous-genre dans le grand genre des pleuronectes des ichthyologistes. Il lui assigne pour caractères d'avoir les nageoires et la forme des plies, les mâchoires et le pharynx armés de dents aiguës ou en velours. La forme des flétans est généralement plus oblongue.

La mer du Nord en produit un qui devient énorme; c'est le flétan qui a les yeux à droite. On le sèche, et on le vend par morceaux dans tout le Nord.

Il y en a de plus petits dans la Méditerranée, dont la plupart ont les yeux à gauche. (H. C.)

FLÉTELET. (*Ichthyol.*) Voyez FLET. (H. C.)

FLÉTON. (*Ichthyol.*) Voyez FLET. (H. C.)

FLEUR, *Flos.* (*Bot.*) La fleur est cette partie locale et transitoire du végétal, existant par la présence et la jeunesse d'un ou de plusieurs organes mâles, ou bien d'un ou de plusieurs organes femelles, ou encore des organes mâles et femelles rapprochés et groupés, nus, ou accompagnés d'enveloppes particulières.

Un organe mâle ou femelle peut donc à lui seul constituer une fleur; mais cette fleur est incomplète. Pour qu'une fleur soit complète, elle doit offrir les organes des deux sexes, environnés d'une double enveloppe.

La rose, l'œillet, sont des fleurs complètes: c'est ce qu'on reconnoît facilement si on examine les parties qui les composent. Prenons l'œillet pour exemple : ce qui attire d'abord les regards, ce sont cinq lames délicates et colorées, ou, si l'on veut, cinq pétales disposés en rosace, et qui sortent d'un tube vert. Les cinq pétales constituent la corolle; le tube vert est le calice : le calice et la corolle forment le périanthe double, c'est-à-dire la double enveloppe de la fleur.

Deux filets incolores, divergens et courbés, sortent du milieu de la corolle. En détachant le calice et la corolle, vous verrez que les deux filets surmontent un corps oblong placé au centre de la fleur. Si vous examinez, à l'aide d'une loupe, les deux filets, vous apercevrez des papilles très-délicates, placées sur une ligne longitudinale, d'un seul côté des filets. Le corps oblong est l'ovaire ; les filets sont les styles ; les papilles indiquent la place des stigmates : l'ovaire, les styles et les stigmates composent le pistil, ou l'organe femelle.

Avant que vous eussiez détaché le double périanthe, vous avez dû remarquer dix petites masses membraneuses et colorées, placées avec symétrie autour des styles : après la supression du périanthe, vous voyez clairement que ces dix petites masses sont attachées au sommet de dix supports grêles ; que cinq des dix supports sont fixés sous l'ovaire ; que les cinq autres sont fixés à l'extrémité inférieure des pétales.

Si la fleur est un peu avancée, une quantité innombrable de corpuscules jaunâtres, semblables à une poussière très-fine, s'échappent des dix petites masses par des fentes qui s'ouvrent d'elles-mêmes. Les corpuscules sont le pollen ; les dix masses, ou, pour mieux dire, les dix petits sacs membraneux qui contiennent le pollen, sont les anthères ; les supports des anthères sont les filets, que j'appellerai, en employant une expression plus générale, les androphores. Le pollen, les anthères et les androphores composent les étamines, qui sont les organes mâles.

Cet examen rapide et superficiel de la fleur de l'œillet nous suffit pour juger qu'elle est complète, et, par conséquent, hermaphrodite.

La fleur du lis est moins complète que celle de l'œillet. Elle offre à la vérité les deux sexes réunis : le pistil se compose d'un ovaire, d'un style et d'un stigmate ; les étamines, au nombre de six, offrent chacune un androphore ou filet, surmonté d'une anthère remplie de pollen : ainsi, nul doute que la fleur du lis ne soit hermaphrodite, comme celle de l'œillet ; mais le périanthe de l'œillet, composé d'un calice et d'une corolle, est double, tandis que celui du lis, formé d'une seule enveloppe, est simple.

La fleur du *saururus* est plus incomplète encore : elle n'a pas de périanthe, car on ne sauroit reconnoître cet organe dans la foliole à la base de laquelle elle est attachée. Un pistil à quatre stigmates roulés en dehors, six étamines à filets grêles et à anthères dressées sont les seules parties qui la constituent.

A plus forte raison devons-nous estimer qu'une fleur est incomplète quand elle est mâle ou femelle, c'est-à-dire, quand elle ne présente qu'un des deux sexes, les étamines ou le pistil (chanvre, houblon, platane, etc.).

La partie d'où naissent médiatement ou immédiatement les

organes sexuels et la corolle, est le réceptaele de la fleur. Lorsqu'une fleur n'a pas de périanthe, le point de la plante-mère sur lequel elle repose est le réceptacle ; lorsqu'une fleur n'a pas de périanthe simple, le fond de ce périanthe est le réceptacle ; lorsqu'une fleur a un périanthe double, le fond du calice est le réceptacle. Nulle fleur n'est privée de récep-tacle, puisqu'il faut bien que les organes qui la composent soient attachés en quelque endroit.

On distingue les fleurs en régulières et irrégulières.

Pour qu'une fleur soit parfaitement régulière, il faut que les pièces de même nature qui composent chacun de ses systèmes organiques soient absolument semblables entre elles et placées sur un plan régulier, à égale distance les unes des autres, et que les pièces de natures diverses qui appartiennent aux dif-férens systèmes organiques de cette même fleur, affectent entre elles une ordonnance symétrique ; mais il suffit que cet état de choses existe dans le périanthe, pour que l'on considère la fleur comme régulière ; et, par opposition, on nomme fleur irrégulière celle dont les divisions ou les segmens du périanthe diffèrent entre eux par la grandeur, la forme et la position. Une seule de ces différences entraîne l'irrégularité de la fleur, et la plus grande irrégularité possible résulte du concours de toutes ces différences.

Il y a des espèces qui portent habituellement des fleurs régulières (liseron, œillet, rosier, etc.), et d'autres des fleurs irrégulières (linaire, labiées, etc.). Les espèces à fleurs régu-lières produisent quelquefois, par accident, des fleurs irrégu-lières (reine-marguerite, œillet d'Inde, etc., à fleurs doubles); et les espèces à fleurs irrégulières, des fleurs régulières (*teu-crium campanulatum, linaria officinalis*, etc.). Dans les deux cas, ces fleurs sont sensées des *monstres*, c'est-à-dire, des êtres dont l'organisation s'écarte du type primitif de l'espèce.

La dégradation du type primitif a lieu par surabondance, par défaut, par difformité. Un organe peut prendre un accrois-sement excessif, ou bien rester plus petit qu'il n'a coutume d'être ; le nombre des pièces peut augmenter ou diminuer ; les formes peuvent même éprouver des altérations manifestes. L'extrême simplicité du tissu végétal se prête à toutes ces mo-difications : c'est comme une pâte molle, à laquelle on donne toutes les figures possibles, sans faire éprouver le moindre changement à sa substance. Il n'en est pas de même dans les animaux, parce que la forme extérieure des parties y est combinée de telle sorte avec la structure interne, qu'un changement marqué dans l'une produiroit un dérangement total dans l'autre.

L'anthère et le stigmate ne conservent pas long-temps leur fraicheur; dès qu'ils sont fanés, ce qu'on nommoit *fleur* n'existe plus. C'est pourquoi Linnæus a dit, dans son style concis et dogmatique, que l'anthère et le stigmate font l'essence de la fleur : *Essentia floris in anthera et stigmate consistit.* *Phil. Bot.*; Mirb., Elém. de Phys. vég. et de Bot. (MASS.)

FLEUR. (*Ornith.*) Camus, ne sachant à quel oiseau devoit être rapporté le *florus* des Grecs modernes et des Latins, correspondant à l'*anthos* des anciens Grecs dont Aristote parle au liv. 8, chap. 5, et au liv. 9, chap. 1 de son Histoire des Animaux, a employé le mot *fleur* dans sa traduction. Aristote, après avoir comparé la taille de cet oiseau à celle du pinson, dit qu'il habite près des rivières et des marais, que sa couleur est belle, et il le met au rang des oiseaux qui se nourrissent de vers. Belon, p. 366, croit qu'il s'agit ici du bruant, *emberiza citrinella*, Linn. Gesner, Scaliger, le P. Hardouin, etc., ont adopté cette opinion, et Brisson s'en est peu écarté en rapprochant l'*anthus* ou *florus* du verdier, *loxia chloris*. Linn. Mais Camus, qui, dans ses Notes sur Aristote, t. 2, p. 532, attribue, par erreur, au dernier de ces auteurs l'ouvrage intitulé, *Système naturel du règne animal*, lequel est, pour l'ornithologie, une traduction de l'*Ordo avium* de Klein par la Chesnaye des Bois, donne la préférence au rapprochement qu'on y fait du *florus* et de la bergeronnette de printemps, *motacilla flava*, Linn.; et le genre de nourriture paroit être le principal motif de cette opinion, quoiqu'aux termes même de la traduction, t. 1, p. 469, Aristote désigne le pinson, le passereau, le verdier, etc., comme *se nourrissant de vers*, expression qui, dans sa généralité, ne distinguoit pas ceux-ci des insectes proprement dits, lesquels font partie de la nourriture du verdier, etc. Il résulte donc du sentiment presque unanime des ornithologistes, que le *florus* seroit le bruant ou le verdier. Cependant, on a vu au mot *Anthus*, dans le Supplément au

1.er volume de ce Dictionnaire, que Bechstein a fait de ce terme la dénomination générique des farlouses. (Сн. D.)

FLEUR ADONIS. (*Bot.*) C'est le *flos Adonis* de Clusius, rapporté par C. Bauhin au genre *Helleborus*, par Tournefort au *Ranunculus*, maintenant rétabli avec raison par Linnæus comme genre distinct sous le nom d'*Adonis vernalis*. (J.)

FLEUR AIGLANTINE ou Colombine (*Bot.*), un des noms vulgaires de l'ancolie commune. (L. D.)

FLEUR AILÉE (*Bot.*), nom vulgaire donné à plusieurs espèces d'ophrydes, dont le labelle paroît ressembler à une mouche, à un insecte volant. (L. D.)

FLEUR D'AFRIQUE, Fleur d'Inde. (*Bot.*) Suivant Dodoens, ces noms sont donnés au *tagetes*, plus connu dans les jardins sous celui d'œillet d'Inde, qui paroît cependant originaire du Mexique, et dont Hernandez cite plusieurs variétés. C. Bauhin le nomme pour cette raison *tanacetum, seu flos mexicanus*. (J.)

FLEUR AMBERVALE. (*Bot.*) Dodoens donnoit au polygale ordinaire le nom de *flos ambervalis*. (J.)

FLEUR DE L'AMOUR (*Bot.*), nom donné dans la Provence à la dauphinelle ou pied d'alouette sauvage, *delphinium segetum*, suivant Garidel. Il est aussi donné en Allemagne, suivant Dalechamps, à quelques amarantes rapportées maintenant au genre *Celosia*. (J.)

FLEUR D'ARAIGNÉE (*Bot.*), un des noms vulgaires de la nigelle de Damas. (L. D.)

FLEUR D'ARMÉNIE. (*Bot.*) C'est un des noms donnés autrefois à l'œillet de poëte. (L. D.)

FLEUR CARDINALE. (*Bot.*) Ce nom est donné au quamoclit, *ipomœa quamoclit*, suivant Rumph, soit parce que ses fleurs sont d'une belle couleur rouge, soit parce qu'il a été introduit dans l'Italie par un cardinal. (J.)

FLEUR DE CARÉME. (*Bot.*) On donne ce nom à une variété de renoncule dont la fleur paroît à cette époque de l'année. (L. D.)

FLEUR EN CASQUE (*Bot.*), nom vulgaire de l'aconit napel. (L. D.)

FLEUR DE CHA ou DE THÉ. (*Bot.*) Pomet, dans son Histoire des Drogues, dit que le thé de première qualité est ainsi nommé dans la Chine. (J.)

FLEUR DE CHAIR. (*Bot.*) On donne vulgairement ce nom à trois plantes, le mélampyre des champs, la lychnide fleur de coucou, et le tréfle incarnat. (L. D.)

FLEUR DES CHAMPS (*Bot.*), nom vulgaire commun au liseron des champs et à la potentille anserine. (L. D.)

FLEUR EN CLOCHETTE (*Bot.*), nom vulgaire donné aux campanules et aux ancolies. (L. D.)

FLEUR DE CONSTANTINOPLE. (*Bot.*) C'est le *lychnis chalcedonica* des botanistes, nommé aussi *fleur de Jérusalem, fleur d'écarlate* et *croix de Malte*. (J.)

FLEUR DE COUCOU. (*Bot.*) C'est une espèce de lychnide, *lychnis flos cuculi*. Le même nom est donné dans quelques provinces méridionales à la primevère ordinaire : selon Dalechamps, au cresson des prés, *cardamine pratensis*, et selon Tragus, au *buplevrum odontites*. (J.)

FLEUR DE CRAPAUD. (*Bot.*) On a donné ce nom au *stapelia variegata* de la famille des apocynées, dont la fleur a des couleurs livides, et de plus une odeur très-désagréable. (J.)

FLEUR AUX DAMES (*Bot.*), un des noms vulgaires de l'anémone pulsatile. (L. D.)

FLEUR DES DAMES. (*Bot.*) L'héliotrope du Pérou est quelquefois désigné sous ce nom. (L. D.)

FLEUR DU DIABLE (*Bot.*), nom vulgaire de l'iris de Suze. (L. D.)

FLEUR DORÉE. (*Bot.*) C'est le nom françois du *chrysanthemum*, dont il est la traduction. (J.)

FLEUR D'EAU (*Bot.*), nom donné par Linnæus à une substance surnageant sur l'eau, qu'il plaçoit parmi les byssus, sous celui de *byssus flos aquæ*. Weiss affirme que ce n'est point une plante, mais une réunion de détrimens de plusieurs végétaux aquatiques. (J.)

FLEUR D'ECARLATE. (*Bot.*) V. Fleur de Constantinople. (J.)

FLEUR D'ECREVISSE. (*Bot.*) Dalechamps dit que quelques personnes nomment le balisier *flos cancri*, parce que ses fleurs, avant leur épanouissement complet, présentent la forme de pates d'écrevisse. (J.)

FLEUR ÉPERONNIÈRE. (*Bot.*) Trois plantes ont été désignées sous ce nom, la capucine, la linaire et le pied d'alouette, ou dauphinelle. (L. D.)

FLEUR D'ESQUINANT. (*Bot.*) C'est le nom donné, suivant Pomet, à la fleur très-odorante du schenante, *andropogon schœnanthus.* (J.)

FLEUR-FEUILLE (*Bot.*), nom vulgaire de la sauge-ormin. (L. D.)

FLEUR DES GRAINES (*Bot.*), un des noms vulgaires du bluet, *centaurea cyanus*, Linn. (H. Cass.)

FLEUR DU GRAND-SEIGNEUR. (*Bot.*) Quelques personnes nomment ainsi l'ambrette ou centaurée musquée, *centaurea moschata.* (J.)

FLEUR DE GUIGNES (*Bot.*), nom d'une variété de poire. (L. D.)

FLEUR HÉPATIQUE. (*Bot.*) On donnoit autrefois ce nom à la parnassie des marais. (L. D.)

FLEUR D'UNE HEURE (*Bot.*), nom vulgaire de la ketmie changeante, dont les fleurs sont de très-courte durée. (L. D.)

FLEUR D'HIVER (*Bot.*), nom vulgaire de l'hellébore d'hiver. (L. D.)

FLEUR HORAIRE. (*Bot.*) Ce nom, qui signifie fleur marquant les heures, est donné, suivant Rumph, à l'*hibiscus mutabilis*, nommé aussi rose de Chine, dont les fleurs, blanches le matin, passent insensiblement à la couleur rouge dans le cours de la journée. (J.)

FLEUR IMPIE. (*Bot.*) Chez les Malais, on donne, suivant Rumph, le nom de *bonga-haram-tsjada*, ou fleur profane, *flos impius*, au *pentapetes phœnicea* de Linnæus, dont la fleur, disent les Malais, semble affecter de ne jamais regarder le ciel. (J.)

FLEUR D'INDE. (*Bot.*) Voyez FLEUR D'AFRIQUE. (J.)

FLEUR DE JALOUSIE. (*Bot.*) Ce nom, donné à l'amarante tricolore, paroît provenir du nom *gelosia* sous lequel Tragus, auteur ancien, le désigne. C'est le même qui est le *symphonia* et *gomphena* de Pline et de Dalechamps, l'*herba de la maraviglia*, ou herbe des merveilles, chez les Toscans, le *papagalli* des Flamands. Cette plante est remarquable surtout par ses feuilles qui sont variées de toutes couleurs, et qui font un des ornemens des jardins. Le nom *gelosia* de Tragus est cité par C. Bauhin sous celui de *celosia*, adopté ensuite par Linnæus pour un autre genre voisin de l'amarante. Celui de *gomphena*, changé en *gomphrena*, a été appliqué par le même à un autre genre amarantacé. (J.)

FLEUR DE JÉRUSALEM (*Bot.*), nom vulgaire du *lychnis chalcedonica*. (L. D.)

FLEUR DE JUPITER. (*Bot.*) C'est l'*agrostema flos Jovis*. (L. D.)

FLEUR DE LIS. (*Bot.*) On donne ce nom au lis blanc et à deux espèces de phalangère, *phalangium liliastrum* et *liliago*. (L. D.)

FLEUR DE MALLET. (*Bot.*) Dans quelques parties du midi de la France on donne ce nom à la pivoine officinale. (L. D.)

FLEUR DE MANILLE. (*Bot.*) On trouve dans Rumph, sous le nom de *flos manilhanus*, le *nyctanthes acuminata* de Burmann, qui avoit été transporté de Manille à Amboine. (J.)

FLEUR DE MANORA. (*Bot.*) Le sambac, *mogorium sambac*, est nommé par les Malais *bonga-manoor*, ce que Rumph a traduit par *flos manoræ*. C'est le *mogori* d'autres lieux de l'Inde, d'où est tiré son nom générique actuel. (J.)

FLEUR DU MEXIQUE. (*Bot.*) Voyez FLEUR D'AFRIQUE. (J.)

FLEUR DE MIDI (*Bot.*), nom d'une espèce de ficoïde, *mesembryanthemum promeridianum*, dont les fleurs s'ouvrent plusieurs jours de suite après midi, et se referment après minuit. (L. D.)

FLEUR DE LA MISTELA. (*Bot.*) Dans le Chili on donne ce nom au *talinum umbellatum* de la Flore du Pérou, dont la fleur est employée dans le pays pour colorer la *mistela*, qui est une boisson composée d'esprit de vin, d'eau et de sucre ; les femmes s'en servent aussi comme de fard. (J.)

FLEUR A MOUCHE (*Bot.*), nom vulgaire de l'asclépiade de Syrie, et de quelques espèces d'ophrydes dont les fleurs offrent une certaine ressemblance avec une mouche ou un autre insecte. (L. D.)

FLEUR MUSQUÉE. (*Bot.*) C'est l'abelmosch, *hibiscus abelmoschus*, que Sibille Mérian nomme ainsi parce que ses graines ont une odeur de musc très-marquée dont les parfumeurs tirent parti. (J.)

FLEUR DE NOEL. (*Bot.*) C'est l'hellébore noir. (L. D.)

FLEUR DE NUIT (*Bot.*), nom donné à quelques plantes qui fleurissent le soir, telles que la belle-de-nuit, *nyctago*, le *silene noctiflora*, etc. (J.)

FLEUR D'ONZE HEURES (*Bot.*), un des noms vulgaires de l'ornithogale à ombelle. (L. D.)

FLEUR D'OREJEVALLA. (*Bot.*) Blegny, dans un de ses ouvrages, dit qu'une fleur de ce nom entre dans la composition du chocolat; mais il n'a jamais pu l'indiquer ou la faire connoître à Pomet, qui vouloit en faire mention dans son Traité des Drogues : d'où celui-ci conclut que cette fleur n'existe pas. (J.)

FLEUR DE PAQUES ou LIANE RUDE. (*Bot.*) Je trouve dans mon herbier, sous ce nom, le *petræa volubilis*, genre des verbenacées. C'est aussi un des noms de la paquerette vivace. (J.)

FLEUR DE PARADIS. (*Bot.*) Suivant Jacquin, la poincillade, *poinciana pulcherrima*, est ainsi nommée dans les Antilles. A Surinam, suivant Sibile Mérian, elle porte le nom de fleur de paon, *flos pavonis*, et ailleurs, suivant Breynius, celui de crête de paon. (J.)

FLEUR DE PARFAIT AMOUR (*Bot.*), un des noms vulgaires de l'ancolie commune. (L. D.)

FLEUR DU PARNASSE. (*Bot.*) La plante que Dioscoride citoit comme croissant sur le mont Parnasse, qui étoit nommée par tous les anciens *gramen Parnassi*, et par quelques uns *flos Parnassi*, est celle qui maintenant est généralement connue sous le nom de *parnassia*. Voyez PARNASSIE. (J.)

FLEUR DE LA PASSION (*Bot.*), nom vulgaire de la grenadille, *granadilla* de Tournefort, dont les diverses parties de la fleur offrent une ressemblance un peu éloignée avec quelques instrumens de la Passion. Comme le nom adopté par Tournefort est un diminutif du mot espagnol *granada*, Linnæus, rejetant les noms diminutifs, a substitué à celui-ci le nom de *passiflora*. (J.)

FLEUR PLEURÉTIQUE. (*Bot.*) Le pavot des champs, ou coquelicot, a été quelquefois désigné sous ce nom. (L. D.)

FLEUR DE PLUME. (*Bot.*) C'est sous ce nom que l'on cultive dans quelques jardins la polemoine ou valeriane grecque, *polemonium cœruleum*, suivant M. Decandolle. (J.)

FLEUR DU PRINCE. (*Bot.*) On donnoit jadis ce nom au liseron tricolore. (L. D.)

FLEUR DE PRINTEMPS. (*Bot.*) C'est encore un des noms des primevères. (L. D.)

FLEUR PRINTANIÈRE (*Bot.*), nom commun à la pâquerette et à la primevère. (L. D.)

FLEUR ROYALE. (*Bot.*) Dodoens donne ce nom à la dauphinelle ou pied d'alouette des jardins, *delphinium Ajacis.* (J).

FLEUR SAINTE-CATHERINE. (*Bot.*) C'est la nigelle. (L. D.)

FLEUR DU SAINT-ESPRIT, *Flor del espiritu santo* (*Bot.*), nom espagnol de l'*anguloa* de la Flore du Pérou, genre de la famille des orchidées. (J.)

FLEUR DE SAINT-JACQUES. (*Bot.*) Dalechamps cite sous ce nom la jacobée, *senecio jacobæa.* (J.)

FLEUR SAINT-JEAN (*Bot.*), nom vulgaire du caille-lait jaune. (L. D.)

FLEUR DE SAINT-JOSEPH. (*Bot.*) Le laurier-rose étoit autrefois ainsi appelé. (L. D.)

FLEUR DE SAINT-LOUIS. (*Bot.*) Suivant Commerson, ce nom est donné, dans l'ile de Bourbon, à un arbrisseau de la famille des malvacées, dont il faisoit un genre sous celui de *Cremontia*, mais qui n'est qu'une espèce de ketmie, *hibiscus liliflorus* de Cavanilles. (J.)

FLEUR DE SAINT-THOMAS. (*Bot.*) A Pondichéry, suivant un catalogue et un herbier communiqués à Commerson, ce nom est donné au *guettarda speciosa*, genre de rubiacées déjà cité ici sous celui de *cadamba* et fleur de Saint-Thomé. Hermann, dans son *Paradisus Batavus*, nomme *Thomæa arbor, flos Sancti Thomæ* le *bauhinia acuminata*, ainsi inscrit dans l'herbier de Vaillant. (J.)

FLEUR DE SANG. (*Bot.*) On trouve dans plusieurs livres anciens la capucine, *tropæolum*, sous le nom de *flos sanguineus.* Ce nom est donné aussi à la tulipe du Cap, *hæmanthus.* (J.)

FLEUR DE SCORPION. (*Bot.*) C'est la traduction du nom *foulilacra*, donné par les Portugais à une plante orchidée dont la fleur a, selon eux, la figure d'un scorpion. Kæmpfer l'a décrite et figurée sous celui de *katong-ging* des Javanois, et Linnæus l'avoit nommée *epidendrum flos aeris.* Plus récemment, Swartz en fait son genre *Aerides*, auquel il a ajouté quelques espèces. L'origine du mot *flos aeris* n'est point indiquée. Burmann, dans son *Flora Indica*, dit seulement que cette plante est aussi nommée à Java *angrec-cambaug*, c'est-à-dire fleur d'araignée, parce que sa fleur a quelque ressemblance avec cet insecte. (J.)

FLEUR DU SOLEIL. (*Bot.*) On donne ce nom à des plantes

dont les fleurs se tournent du côté du soleil : telles sont le tournesol, *croton tinctorium*, et l'héliantbème, *helianthemum vulgare*, ainsi que plusieurs de ses congénères. On le donne aussi à celles dont la forme de la fleur représente le soleil, surtout aux divers hélianthes, *helianthus*, que Tournefort nommoit pour cette raison *corona solis*, et particulièrement à l'*helianthus annuus*, qui est le grand soleil des jardins. (J.)

FLEUR DE SOUCI. (*Ornith.*) Traduction, faite par Salerne, Ornithol., p. 240, du *fior rancio* des Toscans, qui est le roitelet, *motacilla regulus*, Linn., d'après la couleur des plumes dont sa tête est ornée. (Cɴ. D.)

FLEUR DE SUSANNE. (*Bot.*) Rumph, dans son *Herb. Amb.*, donne le nom de *flos Susannœ* à un orchis, *orchis Susannœ*, pour conserver la mémoire d'une amie qui l'avoit aidé dans ses recherches, et à laquelle il devoit particulièrement la première connoissance de cet orchis. (J.)

FLEUR DE TAN ou DE LA TANNÉE (*Bot.*), nom vulgaire d'une espèce de moisissure qui croit sur le tan pouri ; c'est le *mucor septicus*, Linn., ou *fuligo vaporaria*, Persoon, ou *reticularia hortensis*, Bull. Voyez Fuligo. (Lem.)

FLEUR A TEINDRE (*Bot.*), nom vulgaire du genêt des teinturiers. (L. D.)

FLEUR DES TEINTURIERS. (*Bot.*) Brunsfels et Fuchsius donnent ce nom à la genestrole ou genêt des teinturiers, *genista tinctoria*, et Tragus à l'*erigeron acre*. (J.)

FLEUR DU TIGRE ou Fleur tigrée. (*Bot.*) Dodoens, Dalechamps et Hernandez citent et figurent sous ce nom une plante de la famille des iridées, dont nous avons fait le genre *Tigridia*, et que Linnæus fils a voulu réunir au *Ferraria*, genre voisin, dont cependant il diffère suffisamment. (J.)

FLEUR DE TOUS LES MOIS. (*Bot.*) On désigne quelquefois sous ce nom le souci des jardins. (L. D.)

FLEUR DE TOUTE L'ANNÉE, *Flor de todo el anno* (*Bot.*), nom espagnol d'un angrec, *epidendrum corymbosum*, de la Flore du Pérou, qui fleurit toute l'année. (J.)

FLEUR DES TREILLES. (*Bot.*) C'est la traduction du nom *flos pergulanus*, donné par Rumph à l'arbrisseau nommé postérieurement *pergularia*, faisant partie de la famille des apocynées, employé à Java pour former des treilles ombragées. (J.)

FLEUR DE LA TRINITÉ. (*Bot.*) Ce nom, dans l'*Hortus Eystetensis*, est donné à la pensée des jardins, *viola tricolor*. (J.)

FLEUR DU VENT. (*Bot.*) C'est, suivant Dalechamps, l'anémone, qui est la même que le *flos Adoneidis*, cité par Ovide, qui étoit très-agité par le vent. (J.)

FLEUR DES VEUVES. (*Bot.*) Une espèce de scabieuse, *scabiosa atropurpurea*, Linn., porte vulgairement ce nom. (L. D.)

FLEURS. (*Chim.*) Les anciens chimistes ont, en général, appelé fleurs des matières réduites en poudre, soit que la nature nous les présentât dans cet état, soit qu'elles y eussent été amenées par quelque opération de l'art. Ils ont particulièrement appliqué ce nom aux sublimés dont les parties étoient très-divisées, ou bien encore à des sublimés cristallisés et en aiguilles déliées. (Cʜ.)

FLEURS ARGENTINES DE RÉGULE D'ANTIMOINE. (*Chim.*) C'est l'acide antimonieux sublimé, sous forme de longues aiguilles blanches qui ont un reflet brillant. Les anciens chimistes le préparoient avec l'antimoine pur, tandis qu'ils préparoient les fleurs d'antimoine avec le sulfure de ce métal. (Cʜ.)

FLEURS D'ANTIMOINE. (*Chim.*) C'est l'acide antimonieux, préparé par sublimation. (Cʜ.)

FLEURS D'ARSENIC. (*Min.*) On a quelquefois donné ce nom à l'arsenic oxide pulvérulent ou capillaire.

FLEURS D'ARSENIC. (*Chim.*) C'est l'acide arsénieux sublimé, dont les parties sont sous la forme de poussière. (Cʜ.)

FLEURS D'ASIE. (*Min.*) On dit que c'est une terre magnésienne, qui vient d'Orient. C'est, selon Bomare, le natron ou soude carbonatée. (B.)

FLEURS DE BENJOIN (*Chim.*), ancien nom de l'acide benzoïque obtenu par sublimation. (Cʜ.)

FLEURS DE BISMUTH. (*Min.*) On a nommé ainsi l'oxide de bismuth et efflorescent, ordinairement grisâtre, sur les minérais qui renferment en même temps ce métal natif. (B.)

FLEURS DE CHAUX. (*Min.*) On assure qu'on a donné ce nom au calcaire farineux. (B.)

FLEURS DU CIEL. (*Bot.*) Voyez Nostoc. (Lᴇᴍ.)

FLEURS DE COBALT, Romé de Lisle. (*Min.*) C'est le cobalt arséniaté pulvérulent. (B.)

FLEURS DE CUIVRE. (*Min.*) C'est le cuivre oxide rouge capillaire. (B.)

FLEURS DE FER. (*Min.*) C'est la traduction inusitée de *flos-ferri*. (B.)

FLEURS DE NICKEL, *Flos niccoli*, de Vallerius. (*Min.*) C'est le nickel oxidé. (B.)

FLEURS DE SEL AMMONIAC. (*Chim.*) C'est l'hydrochlorure d'ammoniaque qui a été sublimé, et dont les parties ne se sont point assez rapprochées pour former une matière compacte. (Cн.)

FLEURS DE SOUFRE. (*Min.*) C'est, comme on sait, le soufre sublimé. On le trouve ordinairement en cet état dans les fissures des montagnes volcaniques. (B.)

FLEURS DE SOUFRE. (*Chim.*) C'est le soufre sublimé, sous forme de cristaux extrêmement petits : dans cet état, il est presque toujours mêlé avec de l'eau et des acides sulfureux ou sulfuriques. (Cн.)

FLEURS DE ZINC. (*Chim.*) C'est l'oxide de zinc, que l'on obtient en faisant brûler dans l'air le zinc qui a été chauffé au rouge. Cet oxide est fixe. Voyez ZINC. (Cн.)

FLEURIEU. (*Ichthyol.*) M. de Lacépède a décrit, sous le nom d'ostorhinque fleurieu, un poisson que M. Cuvier rapporte au genre Apogon. Voyez OSTORHINQUE. (H. C.)

FLEURONÉE. (*Bot.*) Voyez FLOSCULEUSE. (Mass.)

FLEUVE (*Min.*), et en général cours d'eau. Voyez EAU. (B.)

FLEZ (*Ichthyol.*), nom vulgaire d'un pleuronecte. Voyez PLIE. (H. C.)

FLIEGEN-ENTE (*Ornith.*), nom allemand du canard souchet, *anas clypeata*, Linn. (Cн. D.)

FLIEGENSCHNAPPER (*Ornith.*), nom allemand du gobe-mouches à collier, *muscicapa atricapilla*, Linn. (Cн. D.)

FLIN. (*Min.*) C'est sous ce nom qu'on désigne dans le commerce une substance minérale, qu'on nomme aussi *marcassite*, qui est, dit-on, de couleur grise ou brune, et dont on se sert pour fourbir les lames d'épées. Est-ce bien une pyrite ou fer sulfure ? ou plutôt ne seroit-ce pas une hématite ? (B.)

FLINDER (*Ichthyol.*), un des noms prussiens du flez, *pleuronectes flesus*. Voyez PLIE. (H. C.)

FLINDERSIA. (*Bot.*) Genre de plantes dicotylédones, à fleurs complètes, polypétalées, régulières, très-rapproché de la famille des méliacées, de la *décandrie monogynie* de Linnæus, qui a des rapports avec les *cedrela* et les *calodendrum*. Son caractère essentiel consiste dans un calice à cinq divisions ; cinq pétales insérés à la base d'un disque staminifère ; dix étamines, dont cinq alternes, stériles; un style pentagone. Le fruit consiste en une capsule à cinq loges, hérissée de pointes coniques; deux semences ailées dans chaque loge.

FLINDERSIA AUSTRALE : *Flindersia australis*, Brow., *Remark. bot. of ter. austr.*, pag. 63 , tab. 15 ; Radulier, Poir., Encycl. et *Ill. Gen. Suppl.*, cent. 10, *Icon.* Arbre assez élevé de la Nouvelle-Hollande, mais d'une grosseur médiocre, terminé par une cime irrégulière, composée de branches étalées, et de rameaux cylindriques: les plus jeunes rapprochés presque en ombelle. Les feuilles sont alternes, pétiolées , réunies en touffes vers le sommet des rameaux; les unes ternées, les autres à deux ou à quatre paires de folioles avec une impaire, glabres, pédicellées, très-entières, elliptiques ou lancéolées, parsemées de points transparens, longues de deux, ou trois pouces sur un pouce et plus de largeur; point de stipules ; les bourgeons gommeux.

Les fleurs sont petites , blanchâtres, légèrement odorantes, disposées en panicules terminales et touffues, un peu pubescentes , accompagnées de petites bractées subulées. Le calice est persistant, court, pubescent : la corolle composée de cinq pétales planes, ovales, obtus, légèrement pubescens, attachés à la base d'un disque staminifère : dix étamines insérées un peu au-dessous du sommet d'un disque hypogyne, plus courtes que les pétales ; cinq filamens stériles opposés aux pétales , les autres alternes ; les anthères conniventes, en cœur, acuminées : le disque à dix plis ou crénelures ; un ovaire libre, globuleux, chargé de nombreux tubercules ; le style simple ; le stigmate pelté, à cinq lobes. Le fruit est une capsule ligneuse, ovale , longue de trois pouces, couverte de pointes coniques très-nombreuses. Elle se divise, à l'époque de la maturité, en cinq loges profondes, naviculaires ; chaque loge à demi bifide au sommet : un placenta central, à cinq lobes, formant autant de cloisons dans les loges, contenant

de chaque côté deux semences planes, convexes, surmontées
d'une aile membraneuse; point de périsperme ; les cotylédons épais. foliacés ; la radicule placée vers le milieu du
bord intérieur de la semence.

FLINDERSIA D'AMBOINE : *Flindersia Amboinensis ;* Radulier ,
Poir., Encycl., Suppl. ; *Arbor radulifera,* Rumph, *Amboin.,*
vol. 3, tab. 129. Il est très-probable que cette plante , quoique
imparfaitement connue, appartient à ce genre, et qu'elle
en est une espèce distincte. Rumph en parle comme d'un
grand arbre des Indes , chargé de feuilles ailées avec une
impaire ; les folioles pédicellées, presque opposées, lancéolées, aiguës, glabres, entières, longues de trois à quatre
pouces sur deux de large. Les fleurs sont odorantes, pendantes en longues grappes : il leur succède des fruits ovales,
oblongs, à cinq faces, couverts de tubercules courts, aigus,
divisés intérieurement en cinq loges, s'ouvrant en cinq
valves. Cet arbre, assez rare, croît à l'île d'Amboine. On
construit des palissades avec son bois · l'écorce de ses fruits
est employée pour râper les racines tendres de certaines
plantes dont on fait usage, soit comme alimens, soit comme
remède ou assaisonnement. (POIR.)

FLINT. (*Min.*) C'est le nom anglais du silex pyromaque ,
employé quelquefois, sans être traduit, dans des relations de
voyage ou de géographie physique. (B.)

FLIRUS. (*Mamm.*) On trouve dans Jonston, pl. 25, sous le
nom de flirus, la figure d'un animal ayant tous les caractères
d'une espèce de chèvre, mais pourvu à la fois d'organes mâles
et d'organes femelles, ce qui ne peut être qu'une monstruosité
de la nature, ou une erreur de Jonston. (F. C.)

FLOCONNÉE, *Floccosi.* (*Bot.*) Quatrième série du deuxième
ordre , les *gastromyciens,* de la famille des champignons, dans
la méthode de Link. Son caractère consiste dans les peri-
dium situés sur une base floconneuse. Il comprend deux
genres, *Trichoderma* et *Myrothecium.* (LEM.)

FLOERKEA (*Bot.*), Willd., *Act. Soc. Nat. Cur.,* Berol.,
vol. 3, ann. 1801; *Floerkea palustris,* Nuttal, *Amer.* 1, pag. 229.
Genre jusqu'à présent peu connu, établi par Willdenow
pour une plante qui croît dans les marais et dans les lacs
de la Pensylvanie, caractérisée par un calice à trois folioles,

par une corolle à trois pétales , renfermant six étamines , un style bifide. Le fruit se présente sous la forme d'un utricule à deux coques. (POIR.)

FLOENDER SLAETER (*Ichthyol.*), un des noms norwégiens de la plie, *pleuronectes platessa.* Voyez PLIE. (H. C.)

FLONDER (*Ichthyol.*), un des noms prussiens du flez, *pleuronectes flesus.* Voyez PLIE. (H. C.)

FLONDRE DE RIVIÈRE. (*Ichthyol.*) M. Noël dit que l'on nomme ainsi , dans les environs du Pont-de-l'Arche , les flez que l'on pêche dans la Seine. Voyez PLIE. (H. C.)

FLOQUET (*Ornith.*), nom que , suivant Salerne, on donne vulgairement, en Sologne, au tarier, *motacilla rubetra* , Linn. (CH. D.)

FLORAISON , *Florescentia.* (*Bot.*) L'apparition des organes sexuels, par suite de la dilatation et de l'écartement naturel des enveloppes florales immédiates ou accessoires, est ce qu'on nomme l'épanouissement de la fleur. L'épanouissement successif et simultané des fleurs d'un végétal marque le temps de sa floraison. Quand toutes les fleurs sont passées, et qu'il n'en paroît pas de nouvelles, la floraison est terminée.

Les fleurs des salviniées n'ont pas d'épanouissement ; l'enveloppe dans laquelle elles sont renfermées reste toujours close.

Les plantes annuelles fleurissent peu de temps après la germination ; leurs fleurs sont quelquefois accompagnées de bractées, d'involucres, de spathes, etc., mais jamais de pérules écailleuses, semblables à celles des boutons à fleurs des arbres et des arbrisseaux. Les pérules écailleuses sont des rudimens de feuilles arrêtées dans leur croissance par suite des vicissitudes des saisons. Or, les herbes ne vivent pas assez long-temps , et elles se développent dans des circonstances trop favorables pour que leurs feuilles ne prennent pas d'abord toute la croissance dont elles sont susceptibles.

L'intensité et la durée de la chaleur ont une influence marquée sur la floraison des différens végétaux , selon leurs natures diverses, et déterminent visiblement les époques auxquelles elle s'effectue.

De là vient que l'on hâte ou retarde la floraison des plantes annuelles, en les semant plus tôt ou plus tard ; que certaines plantes bisannuelles des climats tempérés deviennent annuelles si nous les cultivons en serre chaude, en sorte qu'avant l'année révolue elles germent, fleurissent, fructifient et meurent; qu'au contraire, certaines plantes annuelles des tropiques, portées dans les régions plus voisines des pôles, y demeurent bisannuelles, et, par conséquent, ne fleurissent que la seconde année : que, sous les mêmes parallèles, aux mêmes expositions et hauteurs, la floraison des individus d'une espèce quelconque s'opère, en général, dans un espace de temps compris entre des limites très-rapprochées, ce qui fait que les saisons, les mois, et je dirois presque les jours, ont en chaque pays leur floraison particulière : et que l'épanouissement des fleurs peut servir, aussi bien que le développement des boutons, à composer un calendrier de Flore.

Le tableau suivant, que M. de Lamarck a publié, de la floraison annuelle de quelques végétaux indigènes ou exotiques qui croissent aux environs de Paris, offre un exemple de cette sorte de calendrier.

Janvier : L'hellébore noir.

Février : L'aune, le saule marceau, le noisetier, le *daphne mezereum*, le *galanthus nivalis*.

Mars : Le cornouiller mâle, l'anémone hépatique, la soldanelle, le buis, le thuya, l'if, l'*arabis alpina*, la renoncule ficaire, l'hellébore d'hiver, l'amandier, le pêcher, l'abricotier, le groseillier épineux, le *tussilago petasites*, le *tussilago farfara*, le *ranunculus auricomus*, la giroflée jaune, la primevère, la fumeterre bulbeuse, le *narcissus pseudo-narcissus*, l'*anemone ranunculoides*, le safran printanier, le *saxifraga crassifolia*, l'alaterne, etc.

Avril : Le prunier épineux, le rhodora du Canada, la tulipe, le *draba aizoides*, le *draba verna*, le *saxifraga granulata*, le *saxifraga tridactylites*, le *cardamine pratensis*, l'*asarum europœum*, le *paris quadrifolia*, le pissenlit, la jacinthe, le *lamium album*, les pruniers, l'*anemone nemorosa*, l'orobe printanier, la petite pervenche, le frêne commun, le charme, le bouleau, l'orne, la fritillaire impériale, le lierre terrestre, le *juncus sylvaticus*, le *juncus campestris*, le *cerastium arvense*, les érables, le prunier mahaleb, les poiriers, etc.

Mai : Les pommiers, le lilas, le marronier, le *cercis* ou bois de Judée, le merisier à grappes, le cerisier, le frêne à fleurs, le faux ébenier, le *spiræa filipendula*, la pivoine, l'*erysimum alliaria*, la coriandre, la bugie, l'aspérule odorante, la brione, le muguet, l'épine-vinette, la bourrache, le fraisier, l'argentine, le chêne, les iris, et le plus grand nombre de plantes.

Juin : Les sauges, l'alkekenge, le coquelicot, le *leonurus cardiaca*, la ciguë, le tilleul, la vigne, les nigelles, l'*heracleum sphondylium*, les nénuphars, la brunelle, le lin, le cresson de fontaine, le seigle, l'avoine, l'orge, le froment, les digitales, les pieds-d'alouette, les *hypericum*, le bluet, l'amorpha, le *melia azedarach*, etc.

Juillet : L'hysope, les menthes, l'origan, la carotte, la tanaisie, les œillets, le *gentiana centaurium*, le *monotropa hypopithys*, les laitues, plusieurs inules, la salicaire, la chicorée sauvage, le *solidago virga aurea*, le *bignonia catalpa*, le *cephalanthus*, le houblon, le chanvre, etc.

Aout : Le *scabiosa succisa*, le parnassia, la gratiole, la balsamine des jardins, l'euphraise jaune, plusieurs actéas, le *viburnum tinus*, les *coreopsis*, les *rudbeckia*, les *silphium*, etc.

Septembre : Le *ruscus racemosus*, l'*aralia spinosa*, le lierre, le cyclamen, l'amaryllis *lutea*, le colchique, le safran.

Octobre : L'*aster grandiflorus*, l'*helianthus tuberosus*, l'*aster miser*, l'*anthemis grandiflora*, etc.

L'art d'orner les jardins est fondé en partie sur la connoissance des époques de la floraison. La succession non interrompue de fleurs différentes par leurs couleurs, leurs formes et leurs odeurs, ajoute beaucoup, comme on sait, à l'agrément des parterres et des bosquets. Que ceux donc qui nient obstinément, et contre toute évidence, que l'étude du règne végétal a une utilité directe, conviennent du moins qu'elle peut contribuer à nos jouissances.

Si la chaleur seule agissoit sur les plantes, et que la force vitale n'eût aucune influence dans les résultats, il est évident que, sans aucune exception, tous les individus de la même espèce, dans des circonstances semblables, devroient fleurir en même temps. Mais les plantes ne sont pas des corps bruts, et une multitude de causes, dont la plupart nous échappent, concourent à avancer ou retarder les époques de leurs développemens.

En général, il semble qu'une grande vigueur dans les individus nuise à la production des organes de la génération, et que, pour que les fleurs se forment, il est nécessaire que la séve circule avec lenteur. Les arbres ne fleurissent pas dans leur première jeunesse ; ils donnent souvent alors des jets d'une longueur considérable ; et leur séve, s'élevant dans une tige droite, élancée, dépourvue de branches, court avec d'autant plus de vitesse , qu'elle suit des canaux plus directs pour se porter vers les feuilles. Par des raisons contraires, les vieux arbres sont plus précoces , et donnent quelquefois plus de fleurs que les autres.

L'excès de nourriture est un obstacle à la floraison des végétaux ligneux, et, par conséquent, nuit à leur fécondité.

Qu'un arbre fatigué par un voyage de long cours, qu'une bouture nouvelle fleurissent dans la première année, il ne faut pas s'y méprendre , c'est symptôme de foiblesse, non de vigueur.

Trop de foiblesse néanmoins peut devenir contraire à la floraison.

Il arrive quelquefois que, dans une avenue, des arbres de même espèce, et placés dans des circonstances tout-à-fait semblables en apparence, fleurissent à des époques très-éloignées. La raison peut en être dans des causes extérieures que nous ne sommes pas encore parvenus à découvrir, et aussi dans des différences individuelles de nature à échapper toujours aux recherches des observateurs.

Les fleurs sont déjà toutes formées dans le bouton. Ecartez, en automne, les écailles d'un bouton de lilas ou de marronier d'Inde, vous trouverez au centre le thyrse qui se seroit développé le printemps suivant.

Les fleurs sont quelquefois visibles pour le botaniste plusieurs années avant l'époque marquée pour la floraison. C'est ce que M. du Petit-Thouars remarque relativement aux palmiers ; Mirbel, Elémens de Physisique et de Botanique. (Mass.)

FLORALE [Feuille]. (*Bot.*) Feuille placée à la base des fleurs (*lonicera caprifolium*, etc.). Les feuilles florales prennent le nom de *bractées* lorsqu'elles diffèrent des autres feuilles (*melampyrum cristatum*, *monarda didyma*, etc.).

FLORALE [Glande]. Les glandes qui se trouvent sur les
fleurs sont nommées glandes *florales*. On les distingue en
épisépales, c'est-à-dire, naissant sur les sépales du calice (*malpi-
ghia*, etc.); en *épipétales*, c'est-à-dire, naissant sur les pétales
(*delphinium*, *berberis*, etc.); en *épistaminales*, ou naissant sur
les étamines (*geranium*, *dictamnus*, etc.). Les glandes florales
prennent pour la plupart le nom de *nectaire*.

FLORALE [Bulbille]. Certaines espèces d'ail, et d'autres
plantes, portent des petites bulbes à la place des fleurs. Dans
le *crinum asiaticum*, Linn., elles se trouvent dans le péricarpe
à la place des graines; dans le lis bulbifère, etc., elles sont
placées aux aisselles des feuilles. Celles qui se trouvent à la
place des fleurs sont des bulbilles *florales*. (Mass.)

FLORENTITE. (*Min.*) M. De la Métherie a cru devoir faire
une espèce particulière du calcaire marbre, dit marbre de
Florence, et lui a donné ce nom. C'est une sorte de marne
calcaire, dont les fissures, presque rectangulaires, sont remplies de filtrations argilo-ferrugineuses dures. (B.)

FLORESTINE, *Florestina*. (*Bot.*) [*Corymbifères*, Juss. — *Syngénésie polygamie égale*, Linn.] Ce genre ou sous-genre, que
nous avons établi dans la famille des synanthérées (Bull. Soc.
philom., octobre 1815 et janvier 1817), appartient à notre
tribu naturelle des hélianthées, et à la section des hélianthées-
héléniées, dans laquelle nous le plaçons entre l'*hymenopappus*
et le *schkuhria*.

La calathide est subglobuleuse, incouronnée, équaliflore,
pluriflore, régulariflore, androgyniflore; le péricline, inférieur aux fleurs, est formé d'environ huit squames unisériées,
à peu près égales, appliquées, oblongues, arrondies au sommet, foliacées, pourvues d'une bordure membraneuse, frangée. Le clinanthe est très-petit, plane et inappendiculé; les
ovaires sont oblongs, subtétragones, hispidules, munis de plusieurs côtes longitudinales; leur aigrette est très-courte, et
composée d'environ dix ou douze squamellules unisériées, pa-
léiformes, orbiculaires, denticulées, membraneuses, portées
chacune sur une base linéaire, épaisse, charnue, verte; les
corolles ont le tube extrêmement court, et le limbe divisé par
des incisions profondes et inégales en lanières hérissées de papilles sur les bords; les étamines ont l'anthère noirâtre et le

pollen blanc. Le style a ses deux branches terminées chacune par un appendice subulé, hispide au sommet.

FLORESTINE PÉDALÉE : *Florestina pedata*, H. Cass., Atlas du Dict. des Sc. nat., 5ᵉ cahier, pl. 8 ; *Stevia pedata*, Cav., *Icon.* ; Willd. ; Pers. ; *Hymenopappus pedatus*, Cav., *Herb.* ; Lag., *Gen. et Sp. pl.* ; Kunth, *Nov. Gen.* ; *Ageratum pedatum*, Ort., *Dec.* Cette plante, originaire du Mexique et de l'île de Cuba, est herbacée, annuelle, presque glabriuscule ; sa tige, haute d'environ deux pieds, est dressée, rameuse, légèrement striée ; ses feuilles, alternes supérieurement et le plus souvent opposées inférieurement, sont pétiolées, longues de trois pouces, pédalées, à trois folioles, dont la moyenne est pétiolée, indivise, oblongue-elliptique, obtuse, et dont les deux latérales sont sessiles, et partagées chacune en trois divisions inégales, oblongues, obtuses ; les calathides, composées d'une douzaine de fleurs à corolle blanche, sont irrégulièrement corymbées ou paniculées au sommet des rameaux.

Dans nos deux premiers Mémoires, sur le style et sur les étamines des synanthérées, nous avions remarqué que le *stevia pedata*, étant une hélianthée, ne pouvoit pas être congénère des vrais *stevia*, qui sont des eupatoriées ; c'est pourquoi, dans notre troisième Mémoire, sur la corolle, nous avons proposé d'en faire un genre, sous le nom de *florestina* (Journ. de Phys., t. 82, p. 145). Depuis cette époque, M. Lagasca a publié un petit ouvrage, où il nomme cette plante *hymenopappus pedatus*, à l'exemple de Cavanilles qui l'avoit étiquetée ainsi dans son herbier. Enfin M. Kunth rapporte aussi notre florestine au genre *Hymenopappus* de L'héritier, et il la nomme comme M. Lagasca. La réunion ou la séparation des genres immédiatement voisins étant une chose tout-à-fait arbitraire, on peut sans doute, si l'on veut, confondre ensemble l'*hymenopappus* et le *florestina* ; mais on peut aussi les distinguer, parce que les squames du péricline sont disposées sur plusieurs rangs dans l'*hymenopappus*, tandis qu'elles sont sur un seul rang dans le *florestina*. Au reste, le *florestina* n'est ni plus ni moins analogue à l'*hymenopappus* qu'au *schkuhria* ; car celui-ci ne diffère de notre genre qu'en ce qu'une des fleurs de sa calathide est femelle et à corolle ligulée, et en ce que les squamellules de l'aigrette sont lancéolées. (H. CASS.)

FLORICAN. (*Ornith.*) C'est le nom que, suivant Robert Percival, Voyage à Ceilan, t. 2, p. 89, on donne à une espèce de grue de cette ile. (Ch. D.)

FLORICEPS. (*Entoz.*) M. Cuvier, Rég. anim., tom. IV, p. 45, établit, comme une division des tænias, une petite section qui a pour caractère quatre petites trompes ou tentacules armés d'épines recourbées, par le moyen desquels ces vers s'enfoncent dans les viscères. L'espèce qui lui sert de type, est le *bothryocephalus corollatus* de M. Rudolphi; elle a quelques pouces de long; la tête est laciniée comme certaines fleurs. On la trouve communément dans les raies.

M. Rudolphi, qui a adopté ce petit genre, le nomme *anthocephale*, qui n'est que la traduction grecque du nom proposé par M. Cuvier. Les caractéres qu'il lui assigne sont les suivans : Corps alongé, se terminant en arrière par une vessie caudale élargie; la tête semblable à celle des tétrarhynques, pourvue de quatre trompes garnies de crochets et de deux ou quatre fossettes. Ces animaux sont, en outre, contenus dans une vessie mince, entourée elle-même d'une autre enveloppe plus dure et élastique.

M. Rudolphi, dans son *Synopsis Entozoorum*, 1819, énumére cinq espéces de floriceps, et qui toutes ont été trouvées dans la cavité abdominale de poissons : l'une est le Floriceps alongé, *anthocephalus elongatus*, dont il vient d'être parlé, et les quatre autres, *anthocephalus gracilis*, *granulum*, *macourus*, et *interruptus*, sont nouvelles; mais M. Rudolphi paroit n'être pas trop certain qu'elles appartiennent définitivement à ce genre. (De B.)

FLORIDÉES. (*Bot.*) C'est le nom du second ordre de la famille des thalassiophytes non articulés de M. Lamouroux, qui comprend toutes les plantes de la famille des algues qui ne sont point articulées. Les floridées se font remarquer par leur couleur pourpre ou rougeâtre, souvent avec une légére teinte de vert : c'est par leur exposition à l'air que leur couleur se développe, et acquiert un éclat brillant dont elle est dépourvue pendant la vie de ces végétaux.

Les floridées différent des fucacées, autre ordre de la même famille des thalassiophytes non articulées, par l'absence d'un canal médullaire. La substance de ces plantes se développe en frondes tantôt planes ou subcylindriques. La tige est formée d'un épiderme qui recouvre un tissu cellulaire à cellules très-petites et égales qui entourent un second tissu cellulaire, plus abondant, à cellules très-grandes et tellement alongées qu'elles ressemblent à des lacunes. Dans le centre de la tige on trouve quelquefois une lacune qui se prolonge dans toute sa longueur. La fronde ne présente point de tissu cellulaire à grandes mailles, ou de lacune centrale, si ce n'est lorsqu'elle offre des nervures.

Deux sortes de fructifications s'observent dans les floridées. La première est formée par des tubercules capsulifères, le plus souvent très-saillans. La seconde, beaucoup plus rare, se développe sur le même pied ou sur des pieds différens; elle consiste en des capsules situées sous l'épiderme, et qui occupent un espace plus grand. Ces capsules forment peu à peu une petite élévation qui se déchire pour les laisser échapper; elles se divisent en trois parties. Les fructifications sont éparses dans les floridées à frondes sans nervures; mais, dans celles qui en sont pourvues, les fructifications sont situées dessus ou à leur extrémité.

Les floridées paroissent devoir leurs belles couleurs, comparées par M. Lamouroux à celle des fleurs pour l'éclat à l'oxigène dont elles laissent dégager une moindre quantité que les autres thalassiophytes non articulées; elles sont divisées ainsi qu'il suit :

§. 1.er Floridées à frondes planes.

Genres : *Claudea, Delesseria, Chondrus.*

§. 2. Floridées à frondes non planes, subcylindriques. ou comprimées, ou linéaires.

Genres : *Gelidium, Laurentia, Hypnea, Acanthophora, Dumontia, Gigartina, Plocamium, Champia.* Voy. ces divers noms.

Agardh, en conservant l'ordre des floridées, n'y place que les genres suivans : *Lamourouxia* (claudea, Lmx.), *Delesseria, Sphæroccus, Chondria, Champia, Ptilota,* et *Halymenia.* (Lem.)

FLORIFÈRE (*Bot.*), portant les fleurs. Dans les chatons du peuplier, du noisetier, du saule, etc., les bractées sont *florifères.* Les feuilles du *lemna,* du *xylophylla falcata,* etc., sont également florifères. Les boutons des arbres sont *florifères,* lorsqu'ils ne produisent que des fleurs : *foliifères,* lorsqu'ils ne produisent que des bourgeons à feuilles; *mixtes*, lorsqu'ils produisent des feuilles et des fleurs. (Mass.)

FLORILÉGES ou ANTHOPHILES. (*Entom.*) Nous avons ainsi nommé (Voyez Anthophiles) une famille d'hyménoptères voisine de celle des abeilles, qui comprend les *scolies*, les *frelons* ou *crabrons*, les *philanthes*. Ce mot est emprunté d'Ovide, Métamorphoses : *Florilegæ nascuntur apes*. (C. D.)

FLORILIE. *Florilus*. (*Conchyl.*) Genre de coquilles multiloculaires, établi par M. Denys de Montfort, pour une coquille microscopique, décrite et figurée sous le nom de *nautilus asterizans*, par Von Fichtel et Von Moll, tab. 3, fig. *e h* de leur Testac. microscop. : elle est plane et ombiliquée d'un côté, avec un sommet mamelonné de l'autre. L'ouverture est triangulaire ; mais elle est presque complétement fermée par un diaphragme, si ce n'est contre le retour de la spire. Les cloisons sont unies : le syphon est inconnu. L'espèce qui sert de type au genre est turbinée, nacrée, diaphane, d'une demi-ligne de large, et son sommet offre un mamelon criblé de petits trous au milieu d'une sorte d'étoile. Aussi M. Denys de Montfort la nomme-t-il florilie étoilée, *florilus stellatus*. (De B.)

FLORIPONDIO (*Bot.*), nom espagnol donné dans le Pérou au *datura arborea*, arbrisseau dont les fleurs sont très-grandes, en entonnoir, et pendantes, à cause de leur poids. (J.)

FLORISPERSI. (*Bot.*) Micheli et Lancisi nomment ainsi les agarics et les bolets dont le chapeau est saupoudré de flocons semblables à des étamines. (Lem.)

FLORISUGA. (*Ornith.*) L'oiseau auquel cette dénomination est donnée par Séba, t. 2, p. 42, est le *trochilus mellisugus*, Linn., oiseau-mouche de Cayenne ou vert-doré de Buffon. (Ch. D.)

FLORUM FASCICULUS. (*Bot.*) Sterbecck donne ce nom à une espèce de *boletus* très-voisine des *boletus frondosus*, Pers., et *ramosissimus*, Jacq. Comme eux il est volumineux, et formé par la réunion d'une multitude de chapeaux imbriqués l'un sur l'autre, à la manière des coquilles. Aussi Paulet le classe-t-il dans le groupe qu'il désigne par polypores coquilliers, et prétend que c'est le *gallinaccia* de Porta. C'est peut-être aussi celui que, dans les Vosges, on nomme *poule de bois* et *couveuse*. (Lem.)

FLORUS. (*Ornith.*) Voy. Fleur. (Ch. D.)

FLOS AFRICANUS. (*Bot.*) Dodoens nommoit ainsi le *tagetes patula*, Linn. (H. Cass.)

FLOSCOPE, *Floscopa.* (*Bot.*) Genre de plantes dont les rapports naturels ne sont pas encore déterminés, établi par Loureiro pour un arbrisseau des Indes orientales, de l'*hexandrie monogynie* de Linnæus, et dont le caractère essentiel consiste dans un calice inférieur, pileux, à trois divisions profondes ; trois pétales ovales ; six étamines ; un style ; une capsule à deux loges monospermes.

Floscope grimpant ; *Floscopa scandens*, Lour., *Fl. Coch.*, 1, pag. 238. Ses tiges sont simples, grimpantes, ligneuses, cylindriques ; ses feuilles alternes, lancéolées, ciliées, très-entières, rudes en dessus, lisses en dessous, nerveuses, vaginales à leur base. Les fleurs sont petites, pédicellées, d'un violet clair, réunies en épis grêles, roides, fasciculés ; le calice coloré ; ses découpures ovales, réfléchies en dehors ; la corolle composée de trois pétales droits, ovales, de la longueur du calice ; les étamines plus longues que la corolle ; les filamens subulés ; les anthères à deux lobes arrondis ; l'ovaire ovale, comprimé, à deux lobes ; le style subulé, plus long que les étamines ; le stigmate épais. Le fruit est une capsule presque ovale, à deux lobes, à deux loges ; chaque loge renferme une semence ovale, aplatie, cornée. Cette plante croît à la Cochinchine, sur les montagnes. (Poir.)

FLOSCULEUSE [Calathide], (*Bot.*), n'ayant que des fleurons (chardon, artichaut, centaurée, etc.) (Mass.)

FLOSCULEUSES. (*Bot.*) Tournefort a divisé les synanthérées en trois classes, sous les titres de *flosculeuses*, *semiflosculeuses* et *radiées*. Cette classification, adoptée par M. Desfontaines dans la distribution de l'école de botanique du Jardin du Roi, est à la vérité très-simple et très-commode, et elle séduit infailliblement au premier coup d'œil ; mais elle n'est pas sans difficulté dans son application, et surtout elle est fort peu conforme à l'ordre naturel, qui ne reconnoît que le groupe des semi-flosculeuses, fondé sur la structure de la fleur proprement dite, et correspondant à notre tribu des lactucées. Le groupe artificiel des flosculeuses, fondé sur la composition de la calathide, comprend toutes les synanthérées à ca-

lathide dite *flosculeuse*. Les botanistes confondent sous cette
dénomination de calathide flosculeuse, deux sortes de com-
positions bien distinctes : 1°. celle qui constitue ce que nous
nommons la calathide incouronnée, équaliflore, comme dans
le chardon, l'eupatoire ; 2°. celle qui constitue ce que nous
nommons la calathide discoïde, comme dans l'*artemisia*, le
carpesium. La plupart des botanistes assimilent aussi à leur calathide flosculeuse, la calathide vraiment radiée du bluet et
de beaucoup d'autres centauriées. Enfin la calathide radiati-
forme des nassauviées, quoique tout-à-fait analogue à la calathide dite semi-flosculeuse des lactucées, est rapportée par les
uns à la calathide flosculeuse, et par les autres à la calathide
radiée. Ce sont là les principaux motifs qui nous ont empêché
de conserver, dans notre nouvelle terminologie, la dénomination de calathide flosculeuse, qui est d'ailleurs insignifiante
dans le sens distinctif qu'on lui attribue, puisqu'elle exprime
une calathide composée de *petites fleurs*, ce qui s'applique à
toutes les calathides quelconques. Si le mot de *flosculeuse* est
entendu par opposition à celui de *semi-flosculeuse*, il est très-
impropre : car il se réfère alors à la distinction des fleurons
et des demi-fleurons, qui est inadmissible pour tout botaniste
jaloux de conformer le langage de la science à la nature des
choses. Les calathides ne sont composées ni de fleurons, ni de
demi-fleurons, mais de petites fleurs, dont la corolle affecte
des formes diverses. Le nom de demi-fleurons doit surtout être
repoussé, parce qu'il confond deux natures de fleurs très-différentes : en effet, si ce nom est tolérable jusqu'à un certain
point, quand on ne l'applique qu'aux fleurs extérieures des
calathides radiées, dont la corolle est ligulée, c'est-à-dire
avortée d'un côté et luxuriante du côté opposé, il est tout-
à-fait intolérable quand on l'applique aux fleurs des lactucées ou chicoracées, dont la corolle est fendue, mais très-
complète et dans un état naturel. Le nom de fleurons confond aussi très-mal à propos les fleurs à corolle régulière, et
les fleurs à corolle tubuleuse, demi-avortée, qui composent
la couronne des calathides discoïdes, et qui mériteroient peut-
être, mieux que toute autre, le nom de demi-fleurons. Voy.
notre article Composées ou Synanthérées. (H. Cass.)

FLOS FERRI. (*Min.*) Nous avons placé cette variété de

calcaire concrétionné parmi celles qui appartiennent à la chaux carbonatée rhomboïdale ; mais il paroît, d'après de nouvelles observations, que les minéralogistes s'accordent à la considérer comme appartenant à la chaux carbonatée octaédrique ou *arragonite*. On a constamment désigné cette variété sous son nom latin dans les ouvrages de minéralogie de presque toutes les langues. Voyez son histoire , à l'article de la *Chaux carbonatée rhomboïdale*, 6.ᵉ variété, Calcaire coralloïde. On doit la désigner maintenant par le nom d'*arragonite coralloïde*. (B.)

FLOS SOLIS. (*Bot.*) Ce nom a été appliqué, par plusieurs anciens botanistes, à diverses plantes, telles que les *helianthus tuberosus* et *angustifolius*, l'*inula helenium*, le *cistus helianthemum*. (H. Cass.)

FLOT. (*Phys.*) C'est la marée montante. Voyez Marée. (L. C.)

FLOT. (*Entom.*) C'est le nom donné par Geoffroy à une noctuelle qu'il a figurée tom. II, fig. 12 , n.° IV, et décrite n.° 86, pag. 153. (C. D.)

FLOTTANTES [Plantes]. (*Bot.*) Parmi les plantes aquatiques, les unes nagent à la surface de l'eau sans tenir au sol (*pistia stratiotes*, *lemna*, *salvinia*, etc.). Les autres sont fixées au fond de l'eau, et flottent au gré du courant (*potamogeton lucens*, etc.). (Mass.)

FLOTWI (*Ichthyol.*) , nom russe de la rosse, *leuciscus rutilus*. Voy. Able , dans le Supplément du premier volume. (H. C.)

FLOUNDER BULET FLUKE (*Ichthyol.*) , nom anglois du flételet. Voyez Flet. (H. C.)

FLOUSSADO. (*Ichthyol.*) A Nice, suivant M. Risso , on donne ce nom à la raie batis. Voyez Raie. (H. C.)

FLOUVE (*Bot.*) ; *Anthoxanthum*, Linn. Genre de plantes de la famille des graminées , Juss., et de la *diandrie digynie*, Linn., dont les caractères principaux sont les suivans : Calice uniflore, à deux glumes inégales, aiguës ; corolle double : l'extérieure composée de deux balles velues, égales, dont l'une est aristée sur son dos, et l'autre à sa base ; l'intérieure formée de deux petites balles mutiques ; deux étamines ; un ovaire supérieur, chargé de deux styles filiformes, un peu velus, à stigmates simples et divergens ; une graine oblongue, acuminée aux deux bouts, enveloppée par la balle florale.

Les fleuves sont des plantes herbacées, vivaces, dont les tiges sont articulées, garnies de feuilles alternes, linéaires, et les fleurs disposées en panicule contractée en épi. Les botanistes en comptent six espèces : mais parmi celles-ci nous ne décrirons que les deux qui croissent naturellement en Europe, les quatre autres n'ayant pas encore été suffisamment observées et devant peut-être se rapporter à des genres différens.

FLOUVE ODORANTE : *Anthoxanthum odoratum*, Linn., *Spec.*, 40 ; *Fl. Dan.*, t. 666. Ses chaumes sont droits, hauts d'un ou deux pieds : ils naissent ordinairement plusieurs ensemble, disposés en touffe, et sont garnis de feuilles légèrement pubescentes. Ses fleurs sont verdâtres, réunies cinq à six ensemble par petits épillets serrés les uns contre les autres, formant dans leur ensemble un épi cylindrique. Les glumes calicinales sont ordinairement glabres, quelquefois pubescentes. Cette espèce est commune dans les prés et les bois ; elle fleurit en mai et juin.

Cette plante, surtout quand elle est sèche, répand une odeur agréable, qui devient plus pénétrante dans les prairies des montagnes élevées. C'est en partie elle qui donne un si doux parfum au foin des Alpicoles ; mais elle fournit peu de fourrage, parce qu'étant précoce, elle est sèche avant la maturité des autres plantes. Les bestiaux en sont très-friands. Quelques agronomes ont essayé de la cultiver seule : elle peut de cette manière fournir trois coupes. Elle n'est pas difficile sur la nature du terrain.

FLOUVE AMÈRE ; *Anthoxanthum amarum*, Brot., *Phyt. Lusit.*, *fasc.*, 1. Cette espèce ressemble beaucoup à la précédente ; mais elle en diffère constamment par ses tiges et ses feuilles rudes ; par son épi plus alongé, composé d'épillets plus gros, d'un blanc cendré ; par ses glumes toujours pubescentes, et par ses balles plus fortement velues. Elle croît naturellement en Portugal. (L. D.)

FLOYERA. (*Bot.*) C'est sous ce nom générique que Necker veut séparer de l'*exacum* deux espèces d'Aublet, *exacum guianense* et *tenuifolium*, parce que le tube de leur corolle est évasé par le haut et non rétréci. Ce genre n'a pas été adopté. (J.)

FLUATE DE CHAUX (*Chim.*), ancien nom du phtorure de calcium. (Cʜ.)

FLUATES. (*Chim.*) Ancienne dénomination des hydro-phtorates. (Cʜ.)

FLUDER. (*Ornith.*) L'oiseau que Gesner et Aldrovande disent être ainsi nommé sur le lac de Constance, est le grand plongeon, *colymbus immer*, Linn. (Cʜ. D.)

FLUEVOGEL (*Ornith.*), dénomination allemande de la fau-vette des Alpes ou pégot, *motacilla alpina*, Gmel. (Cʜ. D.)

FLUGELBLATT (*Bot.*), nom allemand donné par Bridel au genre *Pterygophyllum*, de la famille des mousses, qui est le *cyathophorum* de Beauvois, et l'*hookeria* de Smith. (Lᴇᴍ.)

FLUGGÉE, *Fluggea.* (*Bot.*) Genre de plantes dicotylédones, à fleurs dioïques, de la *dioécie pentandrie* de Linnæus, qui me paroît tenir le milieu entre les rhamnées et les euphorbiacées, et dont le caractère essentiel consiste dans des fleurs dioïques. Les mâles offrent un calice à cinq folioles ; point de corolle ; cinq étamines avec le rudiment d'un ovaire ; dans les fleurs femelles, un style bifide ; deux stigmates bifides, recourbés ; une baie à quatre semences pourvues d'une arille.

Ce genre, borné à une seule espèce, a été établi par Willdenow. Avant lui M. Richard (Schrad., Nouv. Journ., pag. 8, tab. 2, fig. *a*) avoit employé le nom de *fluggea* pour la *convallaria japonica*, que M. Desfontaines a conservée parmi les *convallaria* dans la réforme qu'il a présentée sur ce genre : cette espèce est un *ophiopogon* dans le *Bot. Magaz.*, tab. 1063 ; un *slateria*, Desv., Journ. Bot., 1, pag. 243. Grâces soient rendues à nos réformateurs de noms : en voilà déjà trois pour un genre dont l'existence pourroit bien être contestée !

Fʟᴜɢɢᴇ́ᴇ ᴀ ꜰʀᴜɪᴛs ʙʟᴀɴᴄs ; *Fluggea leucopyrus*, Willd., *Spec.*, 4, pag. 737. Arbrisseau des Indes orientales, pourvu de rameaux cylindriques ou médiocrement anguleux, glabres, cendrés, terminés par une pointe épineuse, armés d'un grand nombre d'autres épines très-fortes, longues de trois pouces, souvent feuillées : ce sont de jeunes rameaux non développés. Les feuilles sont petites, alternes, pétiolées, presque orbi-culaires, longues de quatre lignes, glabres, entières, échan-crées au sommet ; les fleurs petites, axillaires, pédonculées : le calice divisé en cinq folioles ovales, concaves, obtuses, membraneuses, un peu déchiquetées à leurs bords ; point de corolle ; les filamens subulés, une fois plus longs que le calice :

les anthéres ovales, sillonnées ; dans les fleurs femelles , un ovaire ovale ; le style très-court, bifide ; les stigmates à deux découpures réfléchies en dehors. Le fruit est une baie globuleuse , d'un blanc de neige , à quatre semences trigones , recouvertes d'une arille. On distingue, dans les fleurs mâles , le rudiment de deux corps bifides et recourbés. (Poir.)

FLUIDES. (*Phys.*) Ce sont des corps dont toutes les parties, cédant à la plus petite pression, peuvent se mouvoir indépendamment les unes des autres, ce qui n'a pas lieu pour les solides tant que leurs molécules ne sont pas désunies. Au reste, la division des corps en *solides* et en *fluides* n'est pas plus tranchée que toutes celles qu'on a tenté de faire dans les productions naturelles. Entre les fluides parfaits et les solides, se trouvent les liquides visqueux, les poussières et les corps mous, qui partagent plus ou moins les propriétés de chacune des deux espèces de corps.

Parmi les fluides, l'*eau*, et tous ceux qui sont perceptibles à la vue, ont été les premiers remarqués. On les a regardés comme incompressibles, et, par conséquent, non élastiques. L'Académie *del Cimento* (c'est-à-dire, de l'expérience), ayant renfermé de l'eau dans une sphère d'or, métal très-peu élastique , soumit ce fluide à une très-forte pression, et le vit suinter à travers les pores du métal, au lieu de rentrer sur lui-même. Malgré cette expérience, on ne peut concevoir que l'eau soit absolument dépourvue de compressibilité et d'élasticité, puisqu'elle transmet les sons.

Sa grande fluidité est prouvée par le *niveau* exact qu'affecte sa surface lorsqu'elle est en repos. Par ce mot on entend la perpendicularité de la surface à la direction de la pesanteur. Le fait est constaté par une immensité d'épreuves journalières, et il résulte de l'extrême mobilité des molécules fluides ; car elles ne peuvent demeurer en équilibre à la surface, qu'autant que celle-ci est perpendiculaire à l'action de la force qui les sollicite, parce qu'alors il n'y a pas de raison pour qu'elles se meuvent dans une direction plutôt que dans toute autre.

Au contraire, la surface des fluides visqueux, et surtout celle des poussières, peuvent rester en repos sur une obliquité plus ou moins grande. Il faut observer cependant, par rapport à l'eau et aux fluides parfaits, que le niveau exact de leur surface n'a lieu que lorsqu'elle est d'une certaine étendue, car on voit sur les bords une courbure qui tient à l'attraction, et dont il sera parlé à l'article Tubes capillaires.

La propriété qui caractérise particulièrement les fluides, et qui est la base de leur théorie mathématique, consiste en ce que *toute pression exercée dans un point quelconque d'une masse fluide se répand également dans tous les sens.* En voici un effet qui expliquera suffisamment l'énoncé ci-dessus. Si, à la paroi d'un vase rempli d'eau, par exemple, on fait deux ouvertures égales en superficie et placées à la même profondeur au-dessous de la surface, afin qu'elles soient chargées de la même quantité de fluide, et qu'on les bouche par des pistons ; qu'on applique ensuite à l'un de ces pistons telle force qu'on voudra, il faudra, pour empêcher le fluide de s'écouler par l'autre ouverture, y appliquer la même pression qu'à la première. Ici les forces égales se détruisent dans toutes les directions, tandis que celles qui agissent sur les solides doivent être directement opposées, et n'exercent aucun effet dans le sens latéral. Si les ouvertures n'étoient pas toutes deux à la même profondeur au-dessous de la surface, celle qui en seroit le plus éloignée supporteroit, outre la pression appliquée à l'autre, l'effort qui résulteroit du poids de la portion correspondante du fluide compris entre leurs niveaux respectifs. Mais, en faisant abstraction de la pesanteur, on peut dire que, quelle que soit la situation des deux ouvertures, dès qu'elles ont une égale superficie, il y faut appliquer une égale pression ; et que, si elles n'ont pas la même étendue, les forces nécessaires pour maintenir les bouchons qu'on y voudroit mettre, doivent être dans le rapport de leurs superficies.

C'est ainsi qu'en ajustant au-dessus du fond supérieur d'un tonneau un tuyau très-étroit, et le remplissant de fluide, on augmente la pression qu'éprouve l'autre fond, du poids d'un volume de fluide ayant pour base ce fond et une hauteur égale à celle du tuyau ajouté. Cet accroissement de pression est le fondement de la machine nommée *presse hydrostatique*, imaginée par Pascal. C'est par la même raison que, si deux plans de même étendue servent de base à deux vases de même hauteur, ils éprouveront la même pression, quoique l'un de ces vases s'élargisse par le haut, et que l'autre se resserre. C'est encore par le même principe que lorsqu'un fluide est en équilibre dans un *siphon* ou tuyau à deux branches, la courbure étant tournée par en-bas, quelles que soient la forme et la capacité de ces branches, la hauteur verticale du fluide au-dessus du point le plus inférieur est la même dans l'une et l'autre branche, pourvu toutefois que l'une des deux ne soit pas un tube capillaire. On voit ainsi comment les eaux qui coulent dans des canaux souterrains tendent à remonter à une hauteur égale à celle d'où elles sont parties; et telle est l'explication des sources jaillissantes et des puits, dont il est parlé à l'article Eau, t. xiv, pag. 30.

Si les fluides contenus dans les branches du siphon étoient de natures différentes, et ne pouvoient pas se mêler, alors leurs hauteurs seroient en raison inverse de leurs densités, afin que le poids de chacune des branches fluides fût le même : c'est ce qui arrive dans le Baromètre (voyez ce mot) entre l'air et le mercure.

Nous ferons observer à ce sujet que si des fluides hétérogènes sont en équilibre les uns au-dessus des autres, les surfaces par lesquelles ils se touchent sont perpendiculaires partout à la direction de la pesanteur; elles sont ce qu'on appelle des *couches de niveau.*

Lorsque le siphon est placé dans une situation inverse de la précédente, c'est-à-dire, ayant sa courbure tournée par en-haut, comme quand on l'emploie à faire passer un fluide d'un vase dans un autre, le fluide s'écoule par la branche la plus longue, c'est-à-dire, dont l'ouverture est libre et placée plus bas que la surface du fluide dans lequel l'autre est plongée. Pour se rendre raison de ce phénomène, il suffit de comparer les pressions qui s'exercent dans chaque branche, lorsque par la succion, ou autrement, on en a retiré l'air. Le fluide introduit dans la branche la plus courte, se comportant comme le mercure dans le baromètre, éprouve au sommet du siphon une pression égale à l'excès du poids de l'air sur celui de la colonne même de fluide, pression qui n'est balancée dans l'autre colonne que par l'excès du poids de l'air sur celui du fluide contenu dans cette dernière colonne. Le poids de l'air pouvant être regardé comme le même dans chaque colonne, lorsque la différence des niveaux est très-petite, il est visible que, si la seconde colonne est plus longue que la première, la pression y sera plus foible que dans celle-ci, et que par conséquent le fluide s'écoulera.

Les corps plongés dans un fluide y perdent une quantité de poids égale à celle du volume de fluide qu'ils déplacent, puisqu'ils éprouvent, de la part du fluide environnant, toutes les pressions qu'il exerçoit sur la masse dont ils occupent le lieu. C'est là ce qui fait surnager les corps plus légers qu'un pareil volume de fluide, et diminue le poids des autres lorsqu'ils sont submergés.

Les fluides en mouvement exercent contre les surfaces rigides en repos, une impulsion, et celles-ci, lorsqu'elles se meuvent dans les autres, éprouvent une résistance dont les lois sont encore bien peu connues. On a trouvé, par expérience, que dans les mouvemens un peu rapides ces pressions sont, toutes choses d'ailleurs égales, proportionnelles au carré de la vitesse relative du fluide et de la surface choquée, et seulement à la simple vitesse quand les mouvemens sont très-lents : ce qui veut dire que l'expression rigoureuse de cette loi est complexe, et que l'une de ses parties prévaut dans les mouvemens lents, et l'autre dans les mouvemens rapides. Il est d'ailleurs évident que cette pression diminue à mesure que les surfaces qui la reçoivent s'y présentent plus obliquement; mais c'est un phénomène très-compliqué, qui n'a pas encore été analysé d'une manière assez détaillée, pour parvenir jusqu'aux effets élémentaires dont se compose l'effet total, lequel, par conséquent, n'a pu être soumis au calcul. (Voyez le Bulletin des Sciences, par la Société philomathique, tom. III, pag. 161.)

On n'est pas plus avancé par rapport à la théorie des mouvemens des fluides. L'un des cas les plus simples, l'écoulement d'un fluide par un orifice percé dans la paroi d'un vase, n'a été traité jusqu'ici qu'à l'aide d'une hypothèse qui rend les résultats du calcul très-inexacts, en sorte qu'il faut toujours recourir à l'expérience. On sent bien d'ailleurs que lorsqu'un fluide s'écoule par un orifice inférieur, il faut avoir égard à la *charge*, c'est-à-dire, à la hauteur de ce fluide au-dessus de l'orifice, et dont la pression contribue à chasser celui qui sort du vase. Quand les fluides sont contenus dans des tuyaux très-étroits, leur écoulement offre des phénomènes dont

il sera question à l'article des *tubes capillaires*. Une des circonstances les plus singulières que présente l'écoulement des
fluides, est la contraction que la *veine* ou le jet fluide éprouve
en sortant d'un vase par un orifice percé dans la paroi de ce
vase, lorsqu'elle est assez mince. Au lieu de remplir la capacité
de l'orifice, ce jet éprouve un étranglement considérable, et
paroit se tordre sur lui-même à plusieurs reprises, effet qui
est dû à la convergence des directions par lesquelles les molécules du fluide contenu dans le vase tendent vers l'orifice, et
semblent ensuite s'entrelacer comme les brins dont se compose
une corde. Il est visible que cette contraction diminue beaucoup l'écoulement des fluides ; mais on n'a encore pu en
apprécier l'effet que par l'expérience.

Les fluides élastiques, et par conséquent compressibles,
ont, outre les propriétés que nous venons d'indiquer sommai-
rement, celle de tendre sans cesse à occuper un plus grand
espace, en vertu de la force intérieure qui constitue leur
élasticité. Il suit de là que, renfermés dans des vases, et abstraction faite de la pesanteur, ils exercent contre les parois de
ces vases une pression qui n'auroit pas lieu de la part de fluides
non élastiques. Cette pression dépend de la nature propre du
fluide, de sa densité et de sa température. On voit aussi qu'un
fluide élastique pesant doit se comprimer lui-même, c'est-à-
dire que les couches inférieures, chargées du poids des couches
supérieures, doivent être plus denses que celles-ci. On a rapporté à l'article Air les diverses expériences par lesquelles l'é-
lasticité de ce fluide a été reconnue ; nous ajouterons seulement
ici qu'entre des limites assez resserrées, l'expérience a montré
que les volumes occupés par la même masse d'air étoient en
raison inverse des poids comprimans. Il suit de là que, lorsqu'on renferme de l'air ou un gaz quelconque dans un vase,
quand le baromètre est élevé, le poids de cet air, ou sa
masse, est plus considérable que celle de l'air qu'on y auroit
fait entrer si le baromètre eût été plus bas, et par conséquent
la pression intérieure moindre, la température étant d'ailleurs la même.

C'est en opérant la dilatation de l'air au moyen du vide
formé dans le corps de pompe de la machine pneumatique,
qu'on parvient à porter à un très-haut degré la raréfaction de

l'air dans le récipient ; mais il est aisé de voir qu'on ne sauroit de cette manière arriver à l'épuisement total de l'air, quand même la machine seroit parfaite.

MM. Dalton et Gay-Lussac ont procédé, par des expériences très-exactes, à la recherche des lois de la dilatation des fluides élastiques par la chaleur. (Voyez l'article Gaz.)

Les changemens de densité que peuvent éprouver les fluides élastiques, suffisent pour les mettre en mouvement ; car leurs molécules se portent toujours de l'endroit où elles sont le plus comprimées, vers ceux où la pression est moindre. C'est ainsi que l'air froid, étant plus dense, s'introduit dans les lieux chauds, où il est raréfié, et que l'air chaud gagne le haut des appartemens, parce qu'il est, à volume égal, plus léger que l'air froid : de là naissent les divers courans qu'on observe dans une chambre, et qui ont leurs analogues dans notre atmosphère.

Je n'ai voulu que rappeler ici les propriétés physiques des fluides citées le plus souvent dans les articles de ce Dictionnaire, établies pour la première fois dans le Traité de l'Equilibre des liqueurs, par Pascal, et formant aujourd'hui la base de l'*hydrostatique*, ou science de l'équilibre des fluides, et de l'*hydrodynamique*, ou science de leur mouvement. Ce n'est que beaucoup plus tard qu'on s'est formé des notions exactes sur la cause même de la fluidité ; elle est indiquée à l'article Corps (t. x, p. 519, art. 3).

Il faut bien observer que tout ce qui précède ne se rapporte qu'aux fluides coercibles et pondérables : quant au *calorique*, aux fluides *électrique* et *magnétique*, il faut chercher à leurs articles respectifs ce que les expériences ont appris sur les lois de leur mouvement et de leur équilibre ; car, s'ils existent, ils paroissent différer trop des autres fluides, pour ne pas avoir leur théorie à part. Au reste, il faut remarquer que toutes les fois qu'on sort de la classe des corps palpables, on acquiert une grande liberté pour expliquer les phénomènes : aussi a-t-on souvent supposé des fluides doués des plus merveilleuses propriétés, sans que leur existence fût constatée autrement que par la commodité qu'on y trouvoit pour ne pas rester court dans l'exposition des faits les plus extraordinaires. (L. C.)

FLUIDES. (*Chim.*) C'est un nom collectif qui comprend les liquides et les gaz : il a été souvent employé comme synonyme de liquides. (Ch.)

FLUIDES AÉRIFORMES ou ÉLASTIQUES (*Chim.*), nom générique qui comprend les gaz et les vapeurs. (Ch.)

FLUIDITÉ. (*Chim.*) C'est l'état d'agrégation dans lequel se trouvent les corps liquides. (Ch.)

FLULUTOIRE. (*Ornith.*) Voy. Fluteur. (Ch. D.)

FLUNDRA (*Ichthyol.*), un des noms suédois du flez, *pleuronectes flesus*. Voyez Plie. (H. C.)

FLUOR. (*Chim.*) Autrefois ce nom a été employé, 1.° comme adjectif, pour désigner l'état liquide de certains corps ; par exemple, on a appelé *alcali volatil fluor* l'alcali volatil dissous dans l'eau ; *acides fluors*, les acides qui sont ordinairement liquides.

2.° Comme substantif, pour désigner plusieurs substances minérales, incombustibles, fusibles, particulièrement le phtorure de calcium.

Dans ces derniers temps, quelques personnes ont donné le nom de fluor au corps simple qui produit, avec l'hydrogène, l'acide fluorique, ou plutôt hydrophtorique ; mais, pour éviter toute erreur dans la nomenclature, nous avons préféré, au nom de fluor, celui de *phtore*, qui n'a pas l'inconvénient d'avoir été appliqué à une autre substance qu'à celle qu'il désigne. (Ch.

FLUOR FARNIEUX (*Min.*), *Fluor farniosus*, Bibl. Bank. On a réuni sous cette dénomination générale, et par opposition avec le *fluor spathosus*, chaux fluatée, les variétés terreuses de la Chaux phosphatée. Voy. ce mot, t. viii, p. 522. (B.)

FLUORIQUE [Acide.] (*Chim.*) C'est l'acide hydrophtorique. (Ch.)

FLUSHER. (*Ornith.*) Les habitans de la province d'Yorck, en Angleterre, nomment ainsi l'écorcheur, *lanius collurio*, Linn. (Ch. D.)

FLUSTRE, *Flustra*. (*Polyp.*) Genre de polypes et de polypiers établi depuis fort long-temps par Pallas, sous le nom d'*eschara*, adopté sous cette dénomination par Bruguières, quoique Linnæus, on ne sait trop pourquoi, l'ait changée en celle de flustre, que MM. de Lamarck, Bosc, Lamouroux ont successi-

vement admise. Les caractères de ce genre peuvent être ainsi
définis : Polypes pourvus autour de la bouche de douze tentacules simples, et dont le corps, fort court, est contenu dans
des cellules peu profondes, à ouverture subterminale, souvent
dentée, se réunissant les unes contre les autres dans un ordre
symétrique, sur un ou deux plans adossés, et dont la réunion
forme un polypier corné, ou presque membraneux, fixé en
forme de croûte ou de lobes frondescens à la surface des corps
sous-marins.

C'est à Spallanzani que nous devons les observations les plus
exactes sur ces animaux, quoique la découverte en soit réellement due à Peyssonell, Jussieu, Lœffling, Ellis. On trouve, en
effet, dans son Voyage dans les Deux-Siciles, pag. 183, tom. 4
de la traduction françoise, quelques faits fort curieux, non pas
seulement sur leur forme, mais encore sur la manière dont ils
croissent; ce qui tendroit à faire croire que ce qu'on nomme le
polype ou la cellule fait réellement partie de l'animal. Celui-ci
ne peut mieux être comparé, pour la forme générale, qu'à
une sorte de petit calice porté sur un assez long pédicule beaucoup plus étroit, adhérent par son extrémité au fond de la
loge qui renferme l'animal. L'espèce de calice qui forme ce
corps a son bord entouré de douze tentacules bien symétriquement disposés et simples, c'est-à-dire, non pinnés. C'est au
milieu que se trouve l'orifice buccal. Il paroît que le canal intestinal se prolonge dans le pédicule; car Spallanzani parle
d'une sorte de vaisseau qui le traverse, et dans lequel on voit
un mouvement continuel, et alternativement montant et descendant, d'un fluide qui le remplit. L'animal peut sortir presque
tout entier de sa cellule, lorsqu'il se trouve dans des circonstances favorables, surtout pour saisir les corps qui doivent
lui servir de nourriture. Quoiqu'il y ait adhérence organique
de l'extrémité postérieure du polype avec la loge qui le contient, il ne paroît cependant pas qu'il y ait réellement com-
munauté de vie entre les individus du polypier, comme cela
a lieu dans les véritables zoophytes; aussi, ce qu'on nomme le
polypier dans les flustres ne semble-t-il n'être qu'un plus ou
moins grand nombre de cellules calcareo-membraneuses,
appliquées ou collées les unes contre les autres, et disposées
suivant un ordre qui paroît constant. Quelquefois les petites

loges ne forment qu'une seule couche qui s'applique en forme de croûte sur les corps sous-marins ; d'autres fois il se forme, pour ainsi dire, une sorte de pli ou de pincement à la surface de cette couche, et il en résulte une expansion plus ou moins élevée, quelquefois lobée, branchue ou divisée, mais toujours aplatie, qui est formée de deux couches de cellules appliquées dos à dos. Ce que les cellules des flustres offrent de remarquable, c'est que leur orifice n'est pas au milieu, mais le plus souvent près d'une extrémité, qu'elle est comme oblique, et quelquefois comme bilabiée. Il paroît également certain que quelques espèces offrent deux ouvertures ; ce qui pourroit faire croire que le canal intestinal de l'animal en a autant, et que, par conséquent, il doit être placé plus haut que les véritables polypes, et peut être rapproché des animaux qu'on a nommés alcyons à double ouverture, c'est-à-dire des ascidies, ce qui est encore au moins fort hasardé. Nous devons encore à Spallanzani l'observation de la multiplication de ces petits animaux : elle est tellement prompte, qu'on peut voir en assez peu de temps une suite nombreuse de générations. C'est seulement sur les bords ou à la circonférence du polypier que se fait l'accroissement. On voit, dit Spallanzani, comme pousser de ce bord de petites vésicules d'abord entièrement closes, et rejetées très-probablement par l'animal voisin : elles s'accroissent peu à peu, se gonflent, prennent l'aspect d'une cellule ; et enfin on voit se former un orifice d'où sort le polype qui existoit préalablement dans la cellule, et dont on pouvoit voir aisément les mouvemens à travers sa paroi presque transparente. Au bout de peu de temps, c'est-à-dire de quelques heures seulement, les polypes développés produisent de nouveaux œufs, et ainsi successivement, en sorte que les générations semblent se hâter de se succéder sous les yeux même de l'observateur. D'après cela, il paroît que dans un polypier de flustre il n'y a d'individus vivans que ceux qui approchent des bords, et que les autres ne sont que réduits à la cellule sans véritable habitant. Il semble réellement que ces petits animaux ne sont que des œufs qui conservent toute leur vie leur enveloppe, soit fermée, soit ouverte.

On trouve des flustres dans toutes les mers et à toutes les profondeurs, encroûtant les corps sous-marins de toute nature, mais surtout les thalassiophytes, ou s'élevant à une hauteur qui excède rarement dix centimètres. Il paroît qu'il en existoit aussi dans les mers qui ont anciennement couvert nos continens, puisqu'on en trouve plusieurs à l'état fossile dans les terrains antérieurs à la craie, et dans celle-ci même.

On ne connoît aucun usage aux flustres. Olafsen et Polvesen disent bien, dans leur Voyage en Islande, que les habitans de cette île se servent d'une espèce d'eschare, pour *chiquer*, en place de tabac ; mais il est fort douteux que ce soit une véritable eschare.

Les espèces de flustres sont au nombre de trente-cinq suivant M. Lamouroux ; M. de Lamarck n'en compte que onze, regardant, à ce qu'il paroît, comme douteuses celles que M. Desmarets et Lesueur ont décrites à l'état fossile.

A. *Espèces relevées et foliacées à deux couches de cellules.*

1. La Flustre foliacée : *Flustra foliacea*, Linn. ; Ellis, Corall., t. 29, fig. a, A, B, c, F. Espèce grande, frondescente ; les expansions divisées à l'extrémité en lobes cunéiformes, arrondis au sommet ; bords des cellules pourvus de quatre ou cinq épines courtes.

Cette espèce, qui se trouve très-communément dans toutes les mers d'Europe, est celle dont on a le mieux observé les animaux.

2. La Flustre tronquée : *Flustra truncata*, Linn. ; Ellis, Corall., t. 28, fig. a, A, B. Plus petite et à divisions des expansions plus étroites et plus tronquées que la précédente, dont elle est du reste fort rapprochée. Elle vient des mêmes mers. Ses cellules sont très-longues.

3. La Flustre pyriforme : *Flustra pyriformis*, Lmx., Polyp. flex., pl. 1, fig. h, a, B. Foliacée ; dichotome ; à sommets tronqués ; cellules pyriformes, très-aiguës inférieurement. Mers de l'Australasie, d'où elle a été rapportée par MM. Peron et Lesueur.

4. La Flustre céranoïde : *Flustra ceranoides*, Lmx. Floridescente ; dichotome ; à sommets bifides et obtus à l'extrémité ; cellules alongées, à orifice presque linéaire, à rebord contourné.

5. La Flustre cartonnière : *Flustra chartacea*, Ellis et Soland., pl. B, n, h. ; *Flustra papyracea*, Gmel. Foliacée ; les digitations

tronquées au sommet en forme de hache; cellules courtes.
Côtes de France et d'Angleterre.

B. *Espèces relevées et foliacées à une seule couche de cellules.*

6. La FLUSTRE BOMBYCINE : *Flustra bombycina*, Gmel., d'après
Ellis et Soland. Frondescente; les expansions obtuses, dichotomes, trichotomes, serrées, formant une sorte de touffe, et
composées d'une seule couche de cellules qui sont mutiques
et à orifice étroit en croissant. Des mers d'Europe et de celles
des Indes orientales et occidentales.

7. La FLUSTRE CARBASSÉE : *Flustra carbasea*, Gmel.; Ellis et
Soland., p. 14, t. 5, fig. 6-7. Très-rapprochée de la précédente
dont elle ne diffère guère que parce que les cellules sont
oblongues-ovales, les orifices très-petits, non en croissant.
Mers du Nord. M. de Lamarck donne à cette espèce le nom
françois de FLUSTRE VOILE.

8. La FLUSTRE A LOBES ÉTROITS : *Flustra angustiloba*, Lmk.; Ellis,
Corall., tab. 38, fig. 7. Petite espèce très-délicate, dichotome,
à découpures très-étroites et linéaires, ne portant que d'un seul
côté des cellules granifères. Des mers d'Europe.

9. La FLUSTRE PIERREUSE : *Flustra folia petrea*, Lmx. Foliacée,
flabelliforme, prolifère, à sommets arrondis; cellules alternes,
couvertes de papilles situées sur deux lignes, et opposées. Sur
les thalassiophytes de l'Australasie.

10. La FLUSTRE FRONDICULEUSE : *Flustra frondiculosa*, Gmel.;
Séba, *Thes.*, 111, tab. 96, fig. 6. Arborescente, à divisions
obtuses, trichotomes, ramassées; cellules les unes au-dessus des
autres, et d'un seul côté. Océan indien.

C. *Espèces arborescentes et spongieuses.*

11. La FLUSTRE HISPIDE : *Flustra hispida*, Pall. Arborescente,
spongieuse ; à divisions rameuses, hérissées et entourées de
poils.

Cette espèce, de la Méditerranée, paroit être fort rare, et
n'être connue que par ce qu'en dit Pallas.

12. La FLUSTRE SPONGIFORME : *Flustra spongiformis*, Lmck.;
Flustra frondosa? Esp., Suppl., 2, tab. 8. Espèce rameuse,
spongieuse, à lobes aplatis, cunéiformes, obtus; cellules oblongues, couvertes d'une croûte poreuse, percées au sommet.

Cette espèce, fort singulière, de quatre à cinq centimètres de haut, se trouve dans la collection de M. de Lamarck, et il en ignore la patrie. Diffère-t-elle beaucoup de la précédente?

D. *Espèces subfrondescentes.*

13. La FLUSTRE VELUE: *Frustra pilosa*, Gmel.; Ellis, Corall., p. 88, tab. 31, fig. a, A, b. Espèce souvent encroûtante, et quelquefois un peu subfrondescente, et subdivisée d'une manière variable; l'ouverture des cellules dentée, et pourvue à son bord inférieur d'une ou plusieurs dents sétacées, ce qui rend cette espèce très-velue et comme tomenteuse.

Très-commune dans les mers d'Europe, où elle recouvre ordinairement les thalassiophytes, mais sans y adhérer réellement.

Moll en décrit trois variétés d'après le nombre des dents de l'ouverture.

14. La FLUSTRE VERTICILLÉE: *Flustra verticillata*, Soland. et Ellis, p. 15, t. 4, fig. a. Adhérente, souvent frondescente; les frondes linéaires subcomprimées; cellules turbinées, ciliées, dentées à leur bord, et disposées par anneaux. Commune dans les mers d'Europe, et voisine de la flustre velue.

15. La FLUSTRE PAPYRACÉE: *Flustra papyracea*, Gmel.; Moll, Esch., fig. VIII, A, B, C. Espèce crustacée frondescente, à divisions cunéiformes multifides, composée d'une seule couche de cellules rhomboïdes oblongues, en forme de masque au sommet. Méditerranée.

16. La FLUSTRE DENTÉE: *Flustra dentata*, Gmel.; Ellis, Corall., p. 89, tab. 29, fig. C, D, D, 1. Encroûtante, quelquefois subfoliacée, lapidescente; à cellules presque ovales, luisantes et multidentées sur leur bord qui est ovale et rarement pilifère.

Mers d'Europe; enveloppant la tige des fucus.

E. *Espèces encroûtantes et enveloppantes.*

17. La FLUSTRE TOMENTEUSE; *Flustra tomentosa*, Gmel.; Mull., *Zool. Dan.*, p. 24, tab. 95, fig. 1-2. Tomenteuse, molle, velue, à cellules à peine visibles, formant des croûtes plus ou moins étendues à la surface des thalassiophytes et des sertulariées. Des mers d'Europe.

18. La FLUSTRE LINÉAIRE: *Flustra lineata*, Gmel.; Esper., Zooph., tab. 6, fig. 1-2. Encroûtante; cellules situées sur des lignes transversales et obliques. Mers d'Europe.

19. La Flustre membraneuse : *Flustra membranacea*, Linn.;
Mull., *Zool. Dan.*, p. 63, tab. 117, fig. 1-2. Encroûtante, et
formant comme une toile mince, composée d'un réseau fin à
mailles ou cellules oblongues, quadrangulaires, à ouverture
presque nue; à la surface des fucus. Mers d'Europe.

Il est extrêmement probable qu'il faut rapporter à cette
espèce la flustre toile-de-mer, *flustra telacea* de M. de Lamarck.

20. La Flustre perlée : *Flustra baccata*, Lmx. Encroûtante; à
cellules alongées, gibbeuses, dont l'ouverture est très-petite.

Elle recouvre quelquefois la surface inférieure tout entière
des *padinas*. De l'Australasie et des Antilles.

21. La Flustre concentrique : *Flustra concentrica*, Lmx.
Encroûtante et formée de cellules disposées en lignes courbes,
concentriques, dont l'ouverture est petite, irrégulière,
arrondie.

Fucus de l'Australasie.

22. La Flustre tubuleuse : *Flustra tubulosa*, Bosc, p. 118,
tab. 30, fig. 2. Encroûtante; cellules simples, ovales-oblongues
et saillantes; ouverture marginée et presque pentagone.

Sur le *fucus natans*.

23. La Flustre dents épaisses: *Flustra crassidentata*, Lmck. Espèce crustacée, lapidescente, glabre; les cellules ovales, dont
le bord épais est muni de deux ou quatre dents courtes,
épaisses et obtuses.

Mer de la Guiane, sur des fucus.

24. La Flustre carrée : *Flustra quadrata*, Desm. et Lesueur.
Encroûtante; cellules formant un carré long, régulier, à bords
unis.

Sur le *fucus pyriferus*, Linn. MM. Desmarets et Lesueur ont
trouvé cette espèce fossile dans les environs de Paris.

25. La Flustre triacanthe: *Flustra triacantha*, Lmx. Encroûtante; cellules rondes-ovales, avec deux épines latérales dans
la partie supérieure, et une à l'inférieure.

Thalassiophytes de l'Australasie.

26. La Flustre a plusieurs dents : *Flustra multidenta*, Lmx.
Encroûtante; cellules larges, presque rondes; ouverture garnie
de plusieurs dents longues et inégales.

Des mêmes mers.

27. La Flustre ériophore : *Flustra eriophora*, Lmx., pl. 1, fig. 5, a, B. Encroûtante; cellules très-petites, alternes, arrondies au sommet, et couvertes de poils inégaux et nombreux.

Des mêmes mers.

28. La Flustre mamillaire : *Flustra mamillaris*, Lmx., pl. 1, fig. 6, a, B. Cellules presque planes, avec deux mamelons obtus aux côtés de l'ouverture ; de couleur brune.

Sur le *zostera australis* de l'Australasie.

29. La Flustre hérissée: *Flustra hirta*, Fab. ; *Flustra hispida*, Gmel. Encroûtante, coriace, plane ; cellules écartées, resserrées et ciliées.

Mers du Groenland.

30. La Flustre a une seule dent : *Flustra unidentata*, Lmx. Encroûtante; cellules cylindriques, longues, larges, disposées par séries transversales ou longitudinales; ouverture aussi grande que la cellule, avec une large dent sur un côté de la base.

De l'Australasie.

31. La Flustre d'Italie : *Flustra italica*, Lmx. ; Spallanz., Voyag., t. 4, p. 183, fig. 9. Encroûtante, membraneuse; cellules ovales, presque comprimées; ouverture très-petite, située au sommet.

Détroit de Messine.

32. La Flustre arénacée : *Flustra arenacea*, Gmel.; Ell., Cor., p. 89, tab. 25, fig. e. Crustacée, friable, jaunâtre; cellules simples, presque en échiquier.

Cette singulière espèce, que l'on trouve dans toutes les mers d'Europe, et qui consiste en un certain nombre de cellules assez mal formées, à la surface d'une couche de sable, est-elle bien réellement une espèce de flustre? C'est ce qui est fort douteux; aussi M. Boys, Trans. Linn., tom. 5, p. 230, tab. 10, pense-t-il que ce n'est autre chose que les nids de quelque animal marin, ou des ovaires.

33. La Flustre déprimée: *Flustra depressa*, Moll, Esch., p. 69, fig. 81, A. B. Crustacée, lapidescente, à cellules ovales, alternes, horizontales, finement pouctuées, planes, divisées également, transversalement; ouverture semi-lunaire, fermée par une petite valve roussâtre.

De la mer Adriatique.

34. La Flustre patellaire; *Flustra patellaria*, Moll, Esch.,

p. 68, fig. xx. Crustacée, lapidescente; à cellules ovales, planes
antérieurement, convexes postérieurement, presque isolées,
ne se touchant en partie que par le bord, horizontales, presque
alternes, à orifice fermé par une petite membrane plus que
semi-circulaire.

De la Méditerranée.

35. La FLUSTRE APLATIE : *Flustra planata*, Moll, Esch., p. 67,
fig. xix. Crustacée, lapidescente ; à cellules ovales, alternes,
planes, éloignées les unes des autres, bordées et fermées par
une petite membrane; une sorte de petit casque lisse au sommet des cellules.

Même mer.

Sur ces deux espèces M. Lamouroux fait l'observation que,
les cellules étant presque pédicellées. on devra en former un
petit genre que l'on pourroit, dit-il, nommer *Mollia*, du nom
de l'auteur qui les a fait connoître. Mais ne pourroit-on pas
encore, avec plus de raison, les regarder comme des œufs de
mollusques? Leur séparation plus ou moins complète, le pédicule qui les porte, ne sembleroient-ils pas le faire croire? En
général, il nous paroit fort probable qu'un assez grand nombre
des espèces établies par M. Lamouroux sur des corps rapportés
des mers de l'Australasie par MM. Peron et Lesueur, ne sont
que des œufs de mollusques : aussi M. de Lamarck, qui a été
cependant sans doute à portée de les observer, n'en dit-il
absolument rien. (DE B.)

FLUSTRE. (*Foss.*) Les flustres à expansions foliacées, non
encroûtantes, étant souvent flexibles. et peu ou point pierreuses, se montrent rarement à l'état fossile. Il n'en est pas de
même de celles qui ont la faculté de s'étendre et de s'attacher
sur les corps, en ne formant des cellules que sur un seul plan.
On les trouve assez communément sur les fossiles dépendant
des différentes couches, et surtout des moins anciennes.
Voici quelques unes des espèces qui ont été remarquées.

FLUSTRE A CELLULES CARRÉES : *Flustra quadrata*, Desm. et Lesueur, Bulletin des Sc., 1814, pl. 2, fig. 10. Polypier incrustant, formant des expansions régulièrement radiées, à cellules parallélogrammiques. Cette flustre a été fixée sur un moule
intérieur de coquille bivalve, dont on ignore la localité, et
qui fait partie de la collection de M. de Drée. La disposition

des cellules, dont on ne voit que le dessous, est tellement remarquable qu'elle suffit pour distinguer cette espèce.

Flustre a réseau ; *Flustra reticulata*, Desm. et Lesueur, *loc. cit.*, fig. 4. Polypier frondescent, un peu épais, portant sur deux plans des cellules ovales-alongées, à cloisons très saillantes, ayant une ouverture transversale. Cette espèce a été trouvée aux environs de Valognes, département de la Manche, avec des baculites et des bélemnites.

Flustre bifurquée ; *Flustra bifurcata*, Desm. et Lesueur, *loc. cit.*, fig. 6. Polypier libre, à expansions dichotomes, bifurquées aux extrémités, et garni de cellules hexagonales sur les deux faces. Il est voisin de la *flustra truncata* d'Ellis. On le trouve à Grignon dans un banc calcaire tendre, appartenant aux couches moyennes de la formation du calcaire à cérites.

Flustre mosaïque ; *Flustra tessellata*, Desm. et Lesueur, *loc. cit.*, fig. 2. Polypier incrustant, à cloisons arrondies antérieurement ; ouverture en avant, petite, presque ronde ; surface plane. On le trouve sur les oursins et sur les bélemnites de la couche de craie de Meudon près de Paris.

Flustre épaisse ; *Flustra crassa*, Desm. et Lesueur, *loc. cit.*, fig. 1. Polypier incrustant, épais, à cellules très-courtes, à ouverture large et en croissant. On le trouve à Grignon.

Flustre crétacée ; *Flustra cretacea*, Desm. et Lesueur, *loc. cit.*, fig. 3. Polypier épais, incrustant, à loges ovales-alongées, sans doute pourvues d'un tympan membraneux dans l'état de vie, mais qui en sont dépourvues à l'état fossile. Cette espèce se trouve sur une coquille fossile du Plaisantin, analogue au *murex tritonis* de nos mers.

Flustre de Gerville ; *Flustra Gervilii*, Def. Polypier incrustant, à cellules rhomboïdales ; ouverture très-petite, portée sur une petite éminence à l'un des bouts de chaque cellule. Il recouvre en grande partie une huître fossile, de Hauteville, département de la Manche, et il est parfaitement conservé.

Flustre ancienne ; *Flustra antiqua*, Def. Polypier incrustant, à cellules oblongues, et fixé sur le moule intérieur d'une coquille bivalve, trouvée dans le Jura. Il est assez remarquable que la coquille qui a servi à former ce moule intérieur a disparu, et que la flustre qui tapissoit son intérieur n'a point été dissoute, en sorte que les cellules présentent leur partie inférieure, et qu'on ne peut connoître leur ouverture ni leur forme supérieure.

Flustre a petite ouverture ; *Flustra microstoma*, Desm. et Lesueur, *loc. cit.* fig. 9. Polypier peu épais, incrustant, à cellules ovales, légèrement bombées, avec une ouverture ronde, très-petite au milieu. Il se montre presque toujours dépourvu de la partie supérieure des cellules, dont il ne reste que les cloisons. On le trouve sur les grandes huîtres fossiles de Sceaux et des environs de Paris, qui appartiennent à la formation marine supérieure à celle des gypses de ces environs.

Les six dernières espèces se trouvent dans ma collection. (D. F.)

FLUSTRÉES, *Flustreæ* (*Polyp.*). Nom d'ordre employé par M. Lamouroux, dans son ouvrage sur les polypiers flexibles, pour désigner les polypiers membrano-calcaires, phytoïdes ou formant des expansions plus ou moins étendues, couvertes de cellules sans communications entre elles, et dont l'ouverture, quelquefois double, est au sommet ou près du sommet : les polypes sont, par conséquent, isolés. Cette section ne comprend, pour M. Lamouroux, que deux genres : les Cellépores et les Flustres. Voyez ces mots. (De B.)

FLUTE (*Ichthyol.*), un des noms vulgaires de la murène hélén. Voyez Murène. (H. C.)

FLUTE DU SOLEIL, (*Ornith.*) Traduction françoise de la dénomination espagnole *flauta del sol*, qui correspond aux termes *curahi-remembi*, par lesquels les Guaranis désignent l'espèce de héron dont M. d'Azara donne la description, sous le n.° 356. dans son Ornithologie du Paraguay. Cet oiseau paroit être le même que le héron à tête bleue, de Molina, Hist. nat. du Chili, p. 214, *ardea cyanocephala*, Lath. (Ch. D.)

FLUTEAU (*Bot.*), *Alisma*, Linn. Genre de plantes monocotylédones, de la famille des alismacées, Juss., et de l'*hexandrie polygynie*, Linn., dont les principaux caractères sont les suivans : Un calice de trois folioles ovales, persistantes ; trois pétales arrondis, planes, et plus grands que le calice ; six étamines, et quelquefois plus ; plusieurs ovaires supérieurs, à style simple et à stigmate obtus ; plusieurs capsules monospermes, indéhiscentes, ramassées en tête.

Les fluteaux sont des herbes aquatiques, à feuilles simples, souvent toutes radicales: à fleurs le plus ordinairement verticillées, formant une ombelle, ou une panicule. On en compte neuf espèces, dont cinq croissent naturellement en France.

Fluteau plantaginé, vulgairement Plantain d'eau, Plantain aquatique; *Alisma plantago*, Linn., *Spec.*, 486; *Plantago aquatica*, Fuchs., *Hist.*. 42. Ses racines sont vivaces, formées de fibres nombreuses: elles donnent naissance à une tige cylindrique, glabre comme toute la plante, simple dans sa partie inférieure, rameuse dans la supérieure, haute de deux à trois pieds, entourée à sa base par un faisceau de feuilles cordiformes, aiguës, longues de quatre à six pouces, larges de trois à quatre, d'un vert gai, et portées sur des pétioles de près d'un pied de longueur, engainans à leur base. Les fleurs sont blanches, ou légèrement purpurines, larges de trois à quatre lignes, portées sur des pédoncules inégaux, grêles, et disposées par verticilles sur les divisions de la partie supérieure de la tige, qui se ramifie deux à trois fois.

Cette plante se trouve communément en Europe, sur les bords des étangs et des ruisseaux, où elle fleurit en juin, juillet et août. Elle a une variété qui se distingue facilement à ses tiges et à ses feuilles moitié plus petites, et à ce que ces dernières sont lancéolées, larges seulement de neuf à douze lignes, sur trois à quatre pouces de longueur.

Le fluteau plantaginé passe pour avoir beaucoup d'âcreté, et pour être capable de faire périr les bestiaux qui le broutent. Il y a deux ans que plusieurs journaux françois ont répété une note extraite des journaux de Saint-Pétersbourg, d'après laquelle on présentoit la racine de cette plante comme un spécifique contre la rage. Selon l'auteur de cette note, depuis vingt-cinq ans qu'on en fait usage dans le gouvernement de Tula, soit pour les hommes, soit pour les animaux, on ne l'a jamais vue manquer de produire d'heureux effets. La manière d'administrer cette racine est fort simple; elle consiste à la donner lorsqu'elle est sèche et réduite en poudre, en en saupoudrant une tartine de pain et de beurre qu'on fait manger aux malades. D'après le même, il ne faut le plus ordinairement que réitérer deux à trois fois la même chose pour guérir l'hydrophobie déjà déclarée. Mais, avant d'ajouter foi à cette propriété du plantain d'eau, qui seroit si précieuse, il faut que des expériences positives, faites avec discernement et impartialité, nous mettent à même de juger de la valeur de ce nouveau remède; car combien d'autres moyens préconisés pendant quelque temps comme ayant de semblables vertus, retombés dans l'oubli dès qu'on les a soumis à des observations exactes et rigoureuses qui ont bientôt démontré leur nullité absolue?

FLUTEAU RENONCULOÏDE : *Alisma ranunculoides*, Linn., *Spec.*, 487; *Flor. Dan.*, t. 122. Les tiges de cette espèce sont redressées ou inclinées, longues de quatre ou six pouces : elles se terminent par quatre à dix fleurs d'un pourpre très-clair, pédonculées, larges d'environ six lignes, disposées en une ombelle simple, ou qui est quelquefois surmontée d'une seconde. Les feuilles sont radicales, étroites, lancéolées, pétiolées, un peu plus courtes que les tiges. Les capsules sont très-nombreuses et ramassées en tête arrondie. Cette plante croit sur les bords des étangs et dans les lieux marécageux, où on la trouve en fleurs pendant une grande partie de l'été.

FLUTEAU RAMPANT; *Alisma repens*, Lamk., Dict. Enc., 2, p. 515. Cette espèce a de si grands rapports avec la précédente, qu'on pourroit croire qu'elle n'en est qu'une variété; cependant elle en diffère, parce qu'elle est vivace et non annuelle, parce qu'elle est moitié plus petite dans toutes ses parties, excepté dans ses fleurs, qui sont au contraire plus grandes, et qui ne sont que deux à trois ensemble. Elle croit dans les lieux où l'eau a séjourné l'hiver, dans le midi de la France et en Barbarie.

FLUTEAU SUBULÉ; *Alisma subulata*, Linn., *Spec.*, 487. Espèce encore peu connue, naturelle à la Virginie, et qui est caractérisée par sa petitesse et par ses feuilles en alêne.

FLUTEAU A FEUILLES DE PARNASSIE; *Alisma parnassifolia*, Linn., *Mant.*, 571. Cette plante a le port du fluteau plantaginé, mais elle s'en distingue parce qu'elle est plus petite, parce que ses feuilles cordiformes, larges d'un pouce au plus, munies de cinq à sept nervures convergentes, sont portées sur des pétioles articulés, et parce que ses capsules ont à leur côté interne un prolongement en forme d'arête. Elle croit en Dauphiné, sur le bord des étangs et dans les marais.

Fluteau a feuilles en cœur; *Alisma cordifolia*, Linn., *Spec.*, 487. La tige de cette espèce s'élève à peu près à la même hauteur, et se ramifie de la même manière que celle du fluteau plantaginé; mais ses feuilles sont en cœur, obtuses à leur sommet, et les fleurs ont douze étamines. Cette plante croît en Amérique.

Fluteau a fleurs jaunes; *Alisma flava*, Linn., *Spec.*, 486. Ses feuilles sont ovales, longues d'environ six pouces, molles, glabres, d'un beau vert, portées sur des pétioles beaucoup plus longs qu'elles, épais, anguleux à leur partie antérieure. Les tiges sont nues, simples, hautes d'environ deux pieds, terminées par plusieurs fleurs jaunes, larges de plus d'un pouce, portées sur des pédoncules épaissis à leur sommet, et disposées en une ombelle simple; leurs étamines sont nombreuses, mais, par exception au caractère du genre, l'ovaire est unique, et il se change en une capsule globuleuse, divisée en dix loges, renfermant des graines réniformes, roussâtres et velues. Cette plante croît à Saint-Domingue le long des ruisseaux.

Fluteau a feuilles sagittées; *Alisma sagittifolia*, Willd., *Spec.*, 2, pag. 277. Ses feuilles sont ovales, prolongées à leur base en deux lobes aigus, ce qui leur donne un peu la forme d'un fer de flèche. La tige, plus courte que les feuilles, porte à son extrémité des fleurs verticillées, accompagnées de bractées lancéolées. Cette plante croit en Guinée.

Fluteau nageant; *Alisma natans*, Linn., *Spec.*, 487. Cette espèce est bien caractérisée par ses feuilles radicales, nombreuses, linéaires, très-longues, graminiformes; par ses tiges filiformes, flottantes dans l'eau, ou, lorsqu'elles touchent la terre, prenant racine à leurs nœuds supérieurs qui sont munis de feuilles alternes, pétiolées, nageantes à la surface de l'eau. Les fleurs sont blanches, larges de six à sept lignes, portées sur des pédoncules grêles, solitaires, ou deux à trois ensemble dans les aisselles des feuilles caulinaires. Ce fluteau croît dans les étangs, où il fleurit en juin et juillet. Il est annuel. (L. D.)

FLUTEUR. (*Ornith.*) Ce nom vulgaire de l'alouette cujelier ou lulu, *alauda arborea* et *nemorosa*, Linn. et Gmel., se donne également au bouvreuil, à un gros-bec, à un merle d'Afrique. On appelle aussi l'alouette cujelier *flutatoire*. (Ch. D.)

FLUTEUSE (*Erpétol.*), nom vulgaire d'une espèce de Raine. Voyez ce mot. (H. C.)

FLUVIALES. (*Bot.*) Quelques auteurs modernes donnent ce nom à la famille de plantes antérieurement désignée sous celui de naïades. (J.)

FLUVIALIS. (*Bot.*) La plante que Vaillant et Micheli nommoient ainsi, est maintenant le *naias* de Linnæus. (J.)

FLUVIATILES [PLANTES]. (*Bot.*) Les plantes aquatiques ne croissent pas indifféremment dans toutes les eaux. Les mers, les lacs, les marécages, les fontaines, les rivières ont leurs plantes particulières. On nomme fluviatiles celles qui croissent dans les eaux courantes (*potamogeton lucens, ranunculus aqualilis*, etc.). (MASS.)

FLUX. (*Phys.*) C'est la marée montante. Voyez MARÉES. (L. C.)

FLUX BLANC. (*Chim.*) C'est un mélange de parties égales de nitrate de potasse et de tartre, que l'on a fait détoner. Dans cette détonation l'oxigène de l'acide nitrique se porte sur le carbone et l'hydrogène de l'acide tartarique, et une portion d'acide carbonique forme un sous-carbonate avec la potasse qui étoit unie aux acides tartarique et nitrique. Il arrive presque toujours que ce sous-carbonate retient un peu de nitrate ou de nitrite. Le flux blanc est employé pour faciliter la fusion de plusieurs mines dans les essais docimastiques. (CH.)

FLUX CRU. (*Chim.*) On donne ce nom à tout mélange de tartre et de nitre, tant qu'on ne l'a pas fait détoner pour en faire un flux. (CH.)

FLUX NOIR ou RÉDUCTIF. (*Chim.*) C'est le résultat de la détonation d'un mélange de 2 parties de tartre et d'une partie de nitrate de potasse. Il ne diffère du flux blanc qu'en ce qu'il contient du charbon. Il agit par son alcali dans les essais docimastiques, en facilitant la fusion, et par son charbon, en prévenant l'oxidation de certains métaux, ou bien en leur enlevant l'oxigène auquel ils pourroient être unis. (CH.)

FLY-CATCHER. (*Ornith.*) Ce mot anglois, qui correspond à gobe-mouches, est appliqué par Edwards et par Castesby, avec diverses épithètes, à des oiseaux de plusieurs genres, tels que ceux qui, dans Buffon, portent les dénominations de *moucherolle de Virginie à huppe verte*, de *gobe-mouches olive*, de *figuier vert et jaune*, de *guit-guit vert et bleu à gorge blanche*, de *todier de l'Amérique méridionale ou tic-tic*. (CH. D.)

FLYDRA (*Ichthyol.*), nom islandois du FLÉTAN. Voyez ce mot. (H. C.)

FLYGANDE FISK (*Ichthyol.*), nom que l'on donne en Suède au dactyloptère pirapèbe. Voyez DACTYLOPTÈRE. (H. C.)

FLYGFISK (*Ichthyol.*), nom que l'on donne en Suède à l'exocet volant, *exocœtus volitans*. Voyez EXOCET. (H. C.)

FLYNDRE (*Ichthyol.*), nom vulgaire d'un pleuroneete, *pleuronectes platessoides*. Voyez PLIE. (H. C.)

FLYVFLȘKEN (*Ichthyol.*), nom par lequel, en Danemarck, on désigne l'exocet volant. Voyez EXOCET. (H. C.)

FNEMP (*Bot.*), un des noms japonois de l'oranger, cités par M. Thunberg. (J.)

FOCA. (*Bot.*) Clusius dit que ce nom est donné chez les Arabes à la fleur de l'*adhar*, qui est le *juncus odoratus* de Pline et d'autres anciens, plus connu maintenant sous le nom de schénante, *andropogon schœnanthus*. (J.)

FOCKE. (*Ornith.*) L'oiseau auquel ce nom et celui de *fooker* sont donnés en Silésie, est, suivant Schwenckfeld, le bihoreau, *ardea nycticorax*, Linn. (CH. D.)

FOCKII - FOCKII. (*Bot.*) La plante de l'Inde citée sous ce nom par Bontius, et rapportée par Rheede à son *nila-barudena*, est, selon M. de Lamarck, le *solanum insanum* de Linnæus. (J.)

FOCOT-GUEBIT. (*Bot.*) Ce nom, qui signifie bois désiré, est cité par Fragosus et C. Bauhin comme un arbre résineux de l'Amérique, ressemblant au peuplier. Sa résine, plus blanche que l'encens, est employée aux mêmes usages par les naturels du pays, qui fabriquent leurs idoles avec son bois. Clusius le nomme *tocot-guebit* ou bois du désir, et répète ce qu'a dit Fragosus. Il y a probablement une erreur d'orthographe dans un des deux noms. (J.)

FŒDENLEIN (*Ornith.*), nom sous lequel est connu, en Allemagne, le cini ou serin vert, *fringilla serinus*, Linn. (CH. D.)

FOENE, *Foenus.* (*Entom.*) M. Fabricius a ainsi nommé un genre d'insectes hyménoptères, de la famille des entomotilles ou insectirodes, voisin des ichneumons, avec lesquels on le avoit confondus avant que M. Latreille les en séparât sous l nom de *gastéruption*, qu'il a abandonné depuis comme ma. sonore, pour adopter celui de *foene*, qui n'est ni grec ni latin.

Nous avons fait figurer une espèce de ce genre, sous le n.° 2 de la planche des entomotilles; comme le dessin en est grossi et très-exact, le lecteur y reconnoîtra facilement les caractères que nous allons indiquer.

Hyménoptéres à antennes longues, en fil, non brisées, dressées et dirigées en avant, à tête comme portée sur un cou, à ventre comprimé en massue, terminé par une longue tarière dans les femelles, à pates postérieures très-grandes.

Les foenes diffèrent ainsi des évanies qui ont aussi les antennes en fil, parce que dans celles-ci la tête est sessile et l'abdomen excessivement court; des ichneumons, ophions et Lanches, qui ont les antennes en soie.

On ne connoît pas encore bien les mœurs des foenes; il paroit qu'ils déposent leurs larves, ou plutôt leurs œufs, dans les trous que se pratiquent les mellites dans l'argile et le vieux bois, et que ces larves s'y développent en parasites, comme celles des ichneumons. On trouve souvent ces insectes sur les fleurs, dans leur état parfait. Fabricius n'en a décrit que trois espèces, dont on trouve deux à Paris; ce sont :

Le Foene lancier, *Foenus jaculator.* C'est l'ichneumon tout noir, à pates postérieures très-longues et grosses, de Geoffroy, tom. 2, pag. 528, n.° 16, et dont nous avons fait figurer la femelle. Le premier article des tarses postérieurs est blanc ; il y a aussi un petit anneau blanc à la base des jambes.

Le Foene affectateur, *Foenus affectator.* Il est figuré par M. Jurine, dans son ouvrage sur les hyménoptères. Geoffroy (ouvrage cité) l'a nommé ichneumon noir, à pates postérieures grosses, et à milieu du ventre fauve. Il est de moitié plus petit que le précédent. (C. D.)

FŒNICULUM. (*Bot.*) Voyez Aneth. (L. D.)

FŒNUM-GRÆCUM. (*Bot.*) Voyez Trigonelle. (L. D.)

FŒTELA (*Ichthyol.*), nom d'une variété de l'*holocentre galerin*, de M. de Lacépède. Forskal et Linnæus en avoient fait une espèce de sciène, sous le nom de *sciœna fœtela*, et l'avoient distinguée de la *sciœna sofat* et de la *sciœna abou mgaterim*, ou *gaterina*, qui ne diffèrent que sous le rapport de l'âge. Voyez Holocentre. (H. C.)

FOETTA (*Mamm.*), nom italien du putois, *viœna putorius*, Linn. (F. C.)

FOHONELO (*Ornith.*), un des noms italiens de la linotte

commune, *fringilla linota*, Linn., qu'on appelle aussi *fanello*. (C**h**. D.)

FOIE D'ANTIMOINE. (*Chim.*) Suivant M. Proust, le *foie d'antimoine* des anciens est un composé de protoxide d'antimoine et de sulfure d'antimoine. Ces deux corps peuvent s'unir en des proportions indéfinies. (C**h**.)

FOIE D'ARSENIC. (*Chim.*) Macquer a donné ce nom à la solution de l'acide arsénieux dans une lessive concentrée de potasse, c'est-à-dire, à une forte solution d'arsenite de potasse : ce qui engagea Macquer à lui donner ce nom, c'est que les anciens nommoient foie de soufre la combinaison du soufre avec la potasse. (C**h**.)

FOIE-DE-BŒUF (*Bot.*), nom vulgaire d'un champignon placé long-temps parmi les bolets de Linnæus, et qui maintenant constitue un genre particulier nommé *Fistulina* par Bulliard, et adopté par Decandolle, Persoon, Link, Fries, etc. Voyez F**istulina**. (L**em**.)

FOIE DES ANIMAUX. (*Chim.*) Tous les travaux chimiques que l'on a entrepris sur le foie se bornent à deux analyses : la première, du foie de raie, faite en 1791 par M. Vauquelin ; la seconde, du foie de bœuf, faite en 1819 par M. Braconnot. Nous allons présenter un extrait de ces analyses.

$$\S. \text{ I.}^{er} \textit{ Foie de bœuf.}$$

123^{gr}, 36, pris dans le milieu du grand lobe du foie, broyés dans un mortier de marbre, se sont réduits en une bouillie demi-liquide qui a été délayée dans l'eau tiéde : le tout, passé dans un tamis de soie très-fin, a laissé dedans 23^{gr}, 36 d'un tissu vasculaire blanchâtre et de membrane du péritoine. Par conséquent il y a eu 100 grammes de parenchyme du foie qui ont passé au travers du tamis, dissous ou délayés dans l'eau.

Ce liquide étoit coloré en rougeàtre par un peu de sang ; il avoit un aspect très-légèrement laiteux : exposé à la chaleur, il s'est coagulé ; le coagulé, égoutté et séché, pesoit 24^{gr}, 55.

A. *Examen du coagulé.*

Ce coagulé étoit principalement formé d'albumine et d'une matière huileuse. M. Braconnot a isolé ces matières, en les traitant par l'huile volatile de térébenthine, qui a dissous l'huile, et a laissé l'albumine.

Albumine. Cette substance avoit l'aspect d'une matière terreuse, d'un blanc un peu fauve ; elle pesoit 20 ^{gr}, 66 ; la combustion apprit qu'elle étoit formée d'albumine pure, 20 ^{gr}, 19,
et de phosphate de chaux ferrugineux, 0 ^{gr}, 47.

Matière huileuse. Cette matière, séparée de l'huile de térébenthine, pesoit 3 ^{gr}, 89 ; elle avoit la consistance de l'huile
d'olive à moitié figée ; elle étoit d'un rouge brun, et elle ne se
combinoit point immédiatement avec les alcalis ; mais, chauffée
quelque temps avec la soude, elle formoit un savon brun
solide. Elle étoit soluble à froid, en toutes proportions, dans
l'alcool à 55 degrés. Elle ne rougissoit pas le tournesol, et
on ne pouvoit y découvrir la présence d'aucun phosphate ;
cependant, en la brûlant, elle laissoit un charbon dont la
combustion fournissoit de l'acide phosphorique ; quand on le
traitoit par l'acide nitrique, il se produisoit de l'acide phosphorique et une matière cireuse. M. Braconnot conclut que
cette matière huileuse est analogue à celle que M. Vauquelin
a découverte dans le cerveau ; cependant je ferai observer
que l'huile du cerveau ne se saponifie point, ou qu'avec la plus
grande difficulté et d'une manière incomplète.

B. *Liquide d'où le coagulé s'étoit produit.*

Il étoit opalin, acide au papier de tournesol ; il a fourni un
extrait qui pesoit 6 ^{gr}, 81 , dont la saveur rappeloit celle de
l'extrait de la chair musculaire, mais il n'en avoit point le
goût piquant et salé. L'extrait de foie contenoit 0 ^{gr}, 64 de
chlorure de potassium, sans mélange de chlorure de sodium,
0 ^{gr}, 10 d'un sel insoluble dans l'alcool formé de potasse et d'un
acide organique ; et enfin, 6 ^{gr}, 07 d'une matière peu azotée
soluble dans l'eau et peu soluble dans l'alcool.

Le foie de bœuf est donc composé :

Tissu vasculaire, 23.56.

	Eau	68,64
	Albumine séchée	20,19
	Huile phosphorée	3,89
Parenchyme,	Matière peu azotée	6,07
100.	Sur sel organique	0,10
	Chlorure de potassium	0,64
	Phosphate de chaux ferru-gineux	0,47
		100,00

§. II. *Foie de raie.*

Il est ordinairement d'un gris légèrement rosé lorsqu'il est frais; sa saveur est huileuse et salée; son odeur est celle qui se répand dans les poissonneries de poissons de mer.

Il se délaye dans l'eau avec facilité quand on le triture avec ce liquide dans un mortier de marbre. Au moyen d'un tamis de soie on sépare la membrane de péritoine qui enveloppoit le foie : le liquide a l'aspect d'une émulsion; en l'abandonnant quelques heures à lui-même, il s'en sépare à la surface une couche d'huile. Quatre onces de foie recouvert de sa membrane, écrasées et chauffées doucement, se sont coagulées en grumeaux, desquels suintoit beaucoup d'une huile légèrement jaune. En pressant ces grumeaux dans un linge, après les avoir séchés avec précaution, M. Vauquelin a obtenu 4 gros 36 grains de grumeaux qui contenoient beaucoup d'huile, et 8 grains de phosphate de chaux; 1 gros 7 grains d'huile : il s'étoit volatilisé 2 onces 3 gros 36 grains d'eau.

§. III.

Fourcroy, ayant examiné un foie humain qui avoit été exposé pendant dix ans à l'air libre, observa qu'il étoit presque entièrement changé en *gras*, c'est-à-dire, en une matière analogue à celle qu'on trouva en 1786, en si grande abondance, dans le cimetière des Innocens.

Fourcroy crut que cette matière étoit de la cétine. Les expériences que j'ai faites ayant prouvé que le gras des cadavres étoit principalement formé d'acide margarique, et que cette substance différoit, sous tous les rapports, de la cétine, il s'ensuit que, si l'analogie établie par Fourcroy existoit réellement entre la matière grasse du foie et celle des cadavres, la première devoit être principalement formée d'acide margarique, et non de cétine. (Cн.)

FOIE DE SOUFRE. (*Chim.*) Les anciens chimistes ont appelé foie de soufre, 1.° le sulfure de potasse, fait en chauffant dans un creuset parties égales de soufre et de sous-carbonate de potasse; 2.° le sulfure hydrogéné de potasse, obtenu en faisant bouillir du soufre dans une lessive de cet alcali. (Cн.)

FOIN. (*Bot.*) C'est l'herbe des prairies lorsqu'elle est fauchée et séchée. Ce mot, lorsqu'il est joint à un autre, désigne plus spécialement quelques plantes particulières. Le *gros foin* ou *foin de Bourgogne* est le sain-foin, ainsi nommé parce qu'il croit naturellement dans la Bourgogne. Dans plusieurs provinces il est aussi nommé *bourgogne*, sans préposition. Lobel et Dalechamps donnent mal à propos ce nom à la luzerne, *medica*. Quelques varecs sont aussi nommées *foin de mer*. Le fenu-grec, *fœnum græcum* de Tournefort, *trigonella* de Linnæus, peut ici être également cité. (J.)

FOINA ou FOUINA (*Mamm.*), nom italien de notre FOUINE. Voyez ce mot. (F. C.)

FOIN DE BOURGOGNE (*Bot.*). Voy. FOIN. (L. D.)

FOIN MARIN (*Zoophyt.*), *Fœnum marinum*. Rumph a désigné ainsi, *Amb.*, VI, p. 208, pl. 80, fig. 5, une espèce d'antipathe, dont les rameaux, extrêmement nombreux, sont sétacés ou très-fins : c'est l'*antipatha fœniculata* de Pallas et de Gmelin. (DE B.)

FOIRANDE, ou FOIROLLE (*Bot.*), noms vulgaires de la mercuriale annuelle, plante purgative. (L. D.)

FOIREUSE (*Ornith.*), dénomination sous laquelle on désigne vulgairement, dans le département de la Somme, le rouge-gorge, *motacilla rubecula*. Linn. (CH. D.)

FOIROLLE. (*Bot.*) Voyez FOIRANDE. (L. D.)

FOLA. (*Ornith.*) L'oiseau auquel ce nom et ceux de *folaga*, *folega*, *follata*, sont donnés en Italie et en Catalogne, est le foulque. *fulica atra*, Linn. (CH. D.)

FOLE. (*Mamm.*) D'anciens voyageurs, dit Sonnini, appellent ainsi un animal de forme humaine, velu, dont les bras sont très-longs, et qui dévore l'espèce humaine en riant. Il s'agit, sans doute, de quelque singe dont on a défiguré l'histoire. (F. C.)

FOLIACÉS [COTYLÉDONS]. (*Bot.*) Les cotylédons des végétaux qui ont peu ou qui n'ont point de périsperme, sont épais et d'un tissu succulent; la substance dont ils sont remplis sert, à défaut du périsperme, à la nourriture de l'embryon dans les premiers temps de la germination. Les cotylédons qui sont accompagnés d'un périsperme, sont au contraire minces et souvent relevés de nervures à la manière des feuilles : on les dit foliacés (belle-de-nuit, tilleul, etc.).

Les stipules qui accompagnent les feuilles, sont tantôt membraneuses, tantôt scarieuses, tantôt spinescentes ; lorsqu'elles ont la couleur et la consistance des feuilles, on les dit foliacées (*lathyrus aphaca, lotus corniculatus*, etc.).

Les involucres, également, sont dits *foliacés*, lorsque les bractées qui les composent sont minces et vertes à la manière de la plupart des feuilles (*carthamus tinctorius*, etc.).

La spathe, tantôt molle et colorée à la manière des pétales (*calla*, etc.), tantôt membraneuse (ail, etc.), tantôt ligneuse (dattier, etc.), est foliacée dans le glaïeul commun et beaucoup d'autres plantes. (Mass.)

FOLIAIRE. (*Bot.*) Naissant sur les feuilles. Le *pinguicula*, l'*amygdalus*, etc., ont des glandes *foliaires*; le *solanum melongena*, le *carduus marianus*, etc., ont des épines foliaires ; le xylophylla, le *ruscus* ont les fleurs foliaires. (Mass.)

FOLIATION ou Feuillaison, *Foliatio*. (*Bot.*) On indique par ce mot le moment où les boutons commencent à bourgeonner et à développer leurs feuilles. Ce moment varie suivant la latitude, et sous la même latitude il varie encore suivant les espèces. La table suivante dressée par Adanson, d'après dix années d'observations sur un certain nombre d'arbres, marque le terme moyen de l'époque de la foliation de ces arbres sous le climat de Paris.

Sureau, chevrefeuille......................	16 février.
Groseillier épineux, lilas, aubépine.......	1 mars.
Groseillier, fusain, troëne, rosier..........	5 mars.
Saule, aune, aubier, coudrier, pommier.....	7 mars.
Tilleul, marronier, charme...............	10 mars.
Poirier, prunier, pêcher..................	20 mars.
Nerprun, bourgène, prunelier...........	1 avril.
Charme, orme, vigne, figuier, noyer, frêne.	20 avril.
Chêne...................................	1 mai.

Non seulement l'époque de la foliation des arbres varie d'espèce à espèce, mais elle varie encore dans la même espèce d'individu à individu. Les cultivateurs savent tirer parti de cette observation pour se procurer des variétés précoces ou tardives.

Toutes choses égales, la foliation dans une espèce donnée a lieu en raison de l'intensité de la chaleur et du temps durant lequel cette chaleur agit. Si la température est très-basse, l'année sera tardive, parce qu'il faudra que la chaleur soit plus long-temps prolongée pour produire un effet marqué ; mais, si la température est très-élevée, par la raison inverse l'année sera hâtive.

En général, la foliation commence par l'extrémité des branches, parce que la séve se porte par la route la plus directe; mais quand l'année est tardive, il arrive quelquefois que les feuilles des boutons latéraux se développent avant les autres, parce que la séve, lente à s'élever, pénètre les parties inférieures avant de gagner la cime. (Mass.)

FOLIIFÈRE [Bouton]. (*Bot.*) On nomme *florifère* le bouton à fleurs ; *foliifère* le bouton qui produit un bourgeon à feuilles; *mixte*, le bouton qui produit des feuilles et des fleurs. (Mass.)

FO-LIM. (*Bot.*) Selon Jacques Breyne, botaniste de Dantzick, qui écrivoit en 1675, les Chinois donnent ce nom, qui signifie *lait de tigre*, à un champignon semblable à une grosse truffe, et d'où sort un champignon stipité avec un chapeau en parasol. On trouve cette plante dans les terrains sablonneux de la Chine, et son nom lui vient sans doute de l'opinion où l'on est qu'il doit sa naissance à du lait de tigresse qui s'est coagulé, ou bien parce que l'on présume que les tigres s'en régalent. Selon Breyne et Kircher, les Chinois emploient ce champignon comme un puissant remède contre différens maux, et particulièrement contre les fièvres ardentes inflammatoires, la petite vérole, etc. On prescrit ce remède, comme la racine de ginseng en poudre, à la dose de trois grains dans un verre d'eau; lorsqu'il agit efficacement, il provoque les sueurs. Mais on peut croire, d'après des expériences faites à Vienne avec ce bolet, qu'on doit beaucoup rabattre de ses vertus. Paulet croit que ce champignon peut être celui qu'il nomme la truffe ou la pierre à champignon, espèce de la famille des *cèpes polypores*, et le *boletus tuberaster*, Pers., *Synops*.. maintenant placée dans le genre Polyporus. Voyez ce mot. (Lem.)

FOLIO. (*Ichthyol.*) Rondelet a décrit sous ce nom une espèce de pleuronecte, qui nous paroît appartenir au sous-genre des flétans, et être le κυΐτερος des anciens Grecs. Le mot *folio* est employé à Rome. Voyez Flétan. (H. C.)

FOLIOLE [Feuille]. (*Bot.*) Feuille formée de feuilles partielles attachées à un pétiole commun. Le trèfle, le haricot, le pois, etc. ont des feuilles foliolées. (Mass.)

FOLIOLÉENNE [Épine]. (*Bot.*) Devant son origine à une foliole métamorphosée. Les feuilles du *chamærops* en offrent un exemple. Il y a des épines qui doivent leur origine à des stipules (*berberis*, etc.), à des pétioles (*mimosa verticillata*, etc.), à des rameaux (*elæagnus angustifolia*, *prunus spinosa*, etc.). (Mass.)

FOLIOLES. (*Bot.*) Feuilles partielles qui, par leur réunion sur un pétiole commun, forment la feuille composée. La feuille du trèfle a trois folioles ; celle de la vigne vierge en a cinq ; celle du marronier en a neuf. Lorsque les folioles sont disposées des deux côtés d'un pétiole commun, la feuille composée est *pennée*, et les folioles prennent le nom de *pinnules*.

On nomme aussi, mais improprement, folioles, les pièces d'un calice polyphylle. On commence à les désigner par le nom de sépales. (Mass.)

FOLLA-MALLEGA (*Bot.*). nom javanois de la pervenche de l'Inde, *vinca rosea*, suivant Burmann. (J.)

FOLLADO. (*Bot.*) Voyez Durillo. (J.)

FOLLATA. (*Ornith.*) Voy. Fola. (Ch.D.)

FOLLE-AAROS. (*Bot.*) A Java, suivant Burmann, on nomme ainsi une espèce de mogori, qui est le *nyctanthes undulata* de Linnæus. (J).

FOLLE-AVOINE (*Bot.*), nom vulgaire d'une espèce d'avoine. (L. D.)

FOLLE-FEMELLE. (*Bot.*) On trouve quelquefois l'orchis bouffon désigné sous ce nom. (L. D.)

FOLLERA. (*Ornith.*) La fauvette des Alpes, *motacilla Alpina*, Gmel., est ainsi nommée à Lanzo en Piémont. (Ch. D.)

FOLLETE. (*Bot.*) Ce nom et celui de bonne-dame sont donnés à l'arroche cultivée, *atriplex hortensis*, plante potagère employée comme la poirée. (J.)

FOLLICULE. (*Bot.*) Péricarpe partiel du fruit composé, auquel M. Mirbel a donné le nom de double follicule. Le follicule est formé par une valve pliée dans sa longueur, et soudée par ses bords ; les graines sont fixées le long de la suture sur un placentaire qui se détache dans la maturité. La pervenche, le laurier-rose, l'apocyn, etc., ont le fruit composé de deux follicules. (Mass.)

FOLLICULIFORME [Capsule]. (*Bot.*) Formée d'une seule valve soudée par les bords comme dans le follicule (*avicenia*, etc.). (Mass.)

FOLLICULINE, *Folliculina*. (*Polyp.*) Genre d'animalcules assez mal connus, établi par M. de Lamarck pour quelques espèces de vorticelles de Muller, qui paroissent être contenues dans une sorte de fourreau transparent. Les caractères que le premier assigne à cette petite coupe, sont : Corps contractile, oblong, renfermé dans un fourreau transparent; bouche terminale ample, munie d'organes ciliés et rotatoires. C'est à Muller seul que nous devons le peu que nous savons sur ces corps organisés, qui sont, suivant M. de Lamarck, aux urcéolaires, ce que les vaginicoles sont aux trichocerques et aux trichodes; ils sont assez rarement fixés sur des corps étrangers, et se trouvent dans les eaux de la mer. M. de Lamarck en caractérise trois espèces :

1.º La Folliculine ampoule ; *Folliculina ampulla*, Mull., *Inf.*, t. 40, fig. 47, et Encycl. méth., pl. 21, fig. 5, 8. La tête bilobée : le fourreau en forme d'ampoule et transparent. Des eaux de la mer.

2.º La Folliculine engagée ; *Folliculina vaginata*, Mull. *Inf.*, 44, fig. 12, 13, et Enc. méth., pl. 23, f. 52. Animalcule court, terminé en arrière par une sorte de queue, tronqué en avant, et contenu dans une gaine subcylindrique, assez longue et hyaline. Eaux de la mer.

3.º La Folliculine adhérente ; *Folliculina folliculata*, Brug. Animalcule oblong, contenu dans une gaine cylindracée, hyaline, adhérente.

Cette espèce a été trouvée attachée à la queue d'un cyclope pygmée. (De B.)

FOL OISEAU. (*Ornith.*) Suivant Salerne, on nomme ainsi, dans les environs d'Orléans, le hobereau, *falco subbuteo*, Linn. (Ch. D.)

FOLUN D'AQUA. (*Ornith.*) On nomme ainsi, sur le lac Majeur, le merle d'eau ou cincle, *sturnus cinclus*, Linn., et *turdus cinclus*, Lath. (Ch. D.)

FON (*Bot.*), nom japonois, signifiant légitime, préposé à

d'autres noms de plantes. Le *fon-maki* est un if, *taxus macro-phylla*, de Thunberg. Le *fon-gomi* est un chalef, *elæagnus macrophylla*, du même. Le *fon-tsta* est le lierre, *hedera helix*. On ne peut déterminer le genre des *fon-utsugi* et *fon-kuroji* cités par Kæmpfer. (J.)

FONDANT. (*Chim.*) Le nom de fondant se donne, en chimie, à toutes les substances qui sont susceptibles d'en faire entrer d'autres en fusion. (Ch.)

FONDANT DE ROTROU. (*Chim.*) C'est l'antimoine diaphorétique, non lavé, qui est employé en médecine pour résoudre les obstructions. (Ch.)

FONDANTE DE BREST. (*Bot.*) C'est le nom d'une variété de poire. (L. D.)

FONDANTE MUSQUÉE. (*Bot.*) C'est une autre variété de poire. (L. D.)

FONET. (*Conchyl.*) C'est une espèce de moule, décrite et figurée sous ce nom par Adanson, Sénégal, p. 212, pl. 15; *mytilus ungulatus*, Linn. (De B.)

FONGE, *Fungus.* (*Bot.*) Nous traiterons ici du genre nommé *Agaricus* par Linnæus et par la presque totalité des botanistes ses successeurs, et non pas du genre *Boletus* de Linnæus, comme on l'a fait dans ce Dictionnaire à l'article Agaric.

L'on pense assez généralement que Théophraste, Dioscoride, Pline, ont désigné par *agarikon* des champignons poreux de consistance ligneuse, et qui croissent sur les mélèzes, les chênes ou autres arbres. Jusqu'à Linnæus, les botanistes ont eu la même opinion, et cependant ils étendirent ce nom à tous les champignons poreux en dessous, et même à des champignons qui n'offroient pas ce caractère. Tournefort lui-même est dans ce cas. Linnæus, trouvant une sorte de confusion et d'inexactitude dans l'application de ce nom, en précisant les caractères de ses genres de champignons, se trouve avoir donné le nom d'agaric à d'autres champignons que ceux présumés être les agarics des anciens, ce qui est sans doute une faute; mais sa méthode descriptive, les espèces présentées avec exactitude, la synonymie établie, avoient de si grands avantages, qu'ils firent bientôt oublier les travaux des prédécesseurs de Linnæus, et il fut suivi par tous les naturalistes. Son genre *Agaricus*, compris dans les *fungus* des anciens botanistes, prévalut, malgré Adanson, qui fit remarquer le premier que *l'agarikon* et le *mison* des anciens n'étoient pas des *agarics* de Linnæus, mais ses *boletus*, autre nom que Linnæus avoit ôté aux morilles pour leur donner celui de *phallus*. A présent que l'on connoit sous le nom d'*agaricus* plus de 65o espèces décrites et figurées, et sous celui de *boletus* plus de 15o espèces; que les travaux des classifications des anciens sont à peu près oubliés, il est très-utile de s'en tenir aux genres de Linnæus. Il est bien plus facile, en effet, de se rappeler que l'*agarikon* de Dioscoride est un bolet de Linnæus, que de se charger la mémoire de mille à douze cents changemens de noms.

Le genre AGARIC, *Agaricus*, Linn., l'un des genres de plantes cryptogames les plus nombreux en espèces, comprend les champignons qui ont un *chapeau garni en dessous de lames ou feuillets rayonnans, rarement anastomosés, et qui portent les séminules (gongyles ou sporules)*. Ce genre de la division des champignons gymnocarpes, c'est-à-dire à fruits nus, est très-voisin des bolets. Quelques espèces rapportées soit à l'un soit à l'autre genre forment le DÆDALEA de Persoon (voyez ce mot), que nous n'avons point conservé, à l'imitation de M. Decandolle. Adanson avoit nommé *volva* un genre dans lequel il rapportoit les *agarics* munis d'un *volva*. M. Persoon l'a conservé, mais en changeant son nom en celui d'*amanita* (voyez Dict., t. 2, p. 1o, et Supp.), créé par Haller pour désigner le genre *Agaricus* tout entier, et qu'Adanson avoit laissé aux seules espèces d'*agarics* qui ont, 1.° le chapeau hémisphérique ou turbiné, doublé en dessous de lames simples et parallèles, et 2.° le pédicule central. Enfin, les espèces munies d'un collier ou anneau, forment le genre *Fungus* d'Adanson. Il ne sera question, dans cet article, que du groupe des *agarics* sans volva, c'est-à-dire du genre *Agaricus* de M. Persoon.

Les *agarics* sont des champignons charnus ou membraneux, ordinairement fragiles, rarement spongieux, coriaces ou tubéreux, communément semblables à un parasol. Il en est d'extrêmement petits et délicats, et d'extrêmement grands, leur chapeau ayant jusqu'à un pied de diamètre; mais cette dimension est rare. Leurs couleurs sont très-variées, luisantes et vives dans le jeune âge. Rien n'est plus variable que la durée de la vie dans ces champignons : certaines espèces ont parcouru en quelques heures toute la période de leur existence ; la vie est plus longue dans les autres espèces, mais généralement annuelle. Les bois ombragés, les arbres, les prés, les endroits humides, les fumiers, les murailles, les caves et souterrains, sont autant de localités où croit et prospère une multitude de ces champignons. En naissant ils ressemblent à une moisissure qui se gonfle bientôt : le chapeau s'élève et prend de l'ampleur. Quelques espèces imitent alors des échaudés ou des œufs. La dilatation du chapeau met à jour les nombreuses lames qui le garnissent en dessous, et qui sont ordinairement de couleur différente. Cette époque est le bel âge du champignon. Les lames finissent par se couvrir d'une poussière très-fine, composée de séminules solitaires ou géminées, qui contiennent les graines. La surface du chapeau est tantôt gluante ou visqueuse, tantôt sèche et pelucheuse. Après l'émission des séminules, les agarics coriaces se dessèchent, et les membraneux se détruisent promptement ou se fondent en une liqueur fétide et nauséabonde. Cette rapide décomposition est due à des substances animales que l'analyse chimique a fait reconnoître dans les champignons ; et à ce propos nous rappellerons qu'elle a trouvé que ces champignons étoient composés d'une substance propre nommée fongine, d'adypocire, de corps graisseux, de sucre ; de matières animales, de gélatine, d'albumine, d'osmazone ; de muriates, phosphates et sulfates de potasse ; de divers acides nouveaux, notamment d'acides fongiques, hydniques et bolétiques ; de bassorine, de chaux, de gomme, de résine et d'eau. Cette multiplicité de principes a lieu, sans doute, d'étonner, dans des végétaux que l'on se plait à regarder comme les plus simples, et dont la vie est quelquefois si courte. La fongine est la partie nourrissante du champignon ; elle est composée de carbone, d'azote, d'hydrogène, d'oxigène et même de soufre, se putréfie comme les matières animales, et paroit moins animalisée que le gluten.

Les agarics croissent solitaires, ou par bouquets, ou bien en société et dans des places circonscrites. Leur apparition subite étonne ; elle a fait croire à quelques naturalistes que le véritable champignon étoit souterrain et rampant, et qu'il donnoit naissance à l'agaric, qu'on pourroit alors regarder comme la partie fructifère de la plante : c'est une erreur;

car il suffit d'arracher des agarics pour se convaincre que les
pieds sont isolés et n'ont aucune relation entre eux. Pourroit-on
l'admettre pour les agarics et pour les bolets qui croissent au
sommet des arbres ? Cette opinion a été principalement sug-
gérée par quelques espèces (agaric échaudé, n° 52) qui vivent
en famille et par cantonnemens circulaires, comme si on ne
pouvoit pas supposer qu'un pied primitif leur avoit donné
naissance en lançant ses graines autour de lui.

Les espèces de ce genre sont extrêmement nombreuses ;
beaucoup d'entre elles servent d'alimens dans quelques contrées : il est impossible de concevoir, à moins que de l'avoir
vu, la prodigieuse consommation que l'on en fait en Italie, à
Turin, Florence, Naples, etc. Dans les marchés de ces villes,
on vend les champignons en tas ou dans des paniers de trois
pieds de hauteur. Malgré l'extrême abondance de ces champignons en Italie, c'est encore un objet de spéculation que de
chercher à les multiplier. Tout le monde connoit les couches
a champignons, et ce qu'on nomme à Florence la pierre à
champignons, *pietra fungaia*, sorte de pierre poreuse de
l'Apennin, sur laquelle on jette une première fois du blanc
de champignon : la pierre, mise dans la cave, se couvre au
bout de quelques jours de beaux champignons, qu'on enlève
en ratissant la pierre, et il en reste assez pour qu'il se repro-
duise de nouveaux champignons au bout de quelque temps.
Les gourmets de champignons ont soin de se munir d'une pierre
aussi précieuse. Il paroit que les anciens en étoient encore
plus friands, car ils ont laissé des recettes assez bizarres pour
faire naître et pour multiplier les bonnes espèces. Ce que nous
disons ici des agarics peut s'appliquer aussi aux bolets, aux
amanites.

Cependant c'est dans ce genre qu'on trouve aussi les végétaux
les plus pernicieux : plusieurs agarics ont acquis un nom célèbre
par leurs redoutables effets. Ces champignons sont d'autant plus
terribles, qu'ils sont difficiles à reconnoître d'espèces voisines
très-innocentes. Il faut généralement se méfier des espèces qui
ont un suc laiteux que la moindre déchirure fait extravaser.
On doit faire remarquer que le principe délétère est très-vo-
latil, puisqu'on peut manger impunément des champignons
vénéneux après les avoir fait griller : il paroît aussi résider dans

un suc soluble, dans l'eau chaude ou dans le vinaigre, puisque presque tous ces agarics ne sont plus ou presque plus nuisibles lorsqu'on les a fait bouillir dans de l'eau ou épuiser dans du vinaigre. Les agarics vénéneux agissent comme poison acro-narcotique, et en général quelques heures après qu'on en a mangé. Les plus meurtriers n'occasionent la mort que vingt-quatre heures après, ou plus tôt, selon la quantité que l'individu en a mangé. Les rétablissemens sont longs. L'autopsie cadavérique ne montre point de lésion de partie. Lorsque des symptômes d'empoisonnement occasionés par ces végétaux se manifestent, les meilleurs remèdes sont d'abord les évacuans et l'émétique, puis les adoucissans.

Les agarics vénéneux sont dévorés par une multitude de larves d'insectes coléoptères et diptères; ils servent aussi de nourriture à quelques animaux : Bulliard cite de asgarics rongés par les lièvres.

Linnæus n'a connu et signalé qu'un très - petit nombre d'espèces d'agarics, bien que l'ouvrage de Micheli eût été publié. Batsch, Schæffer, Bulliard, Sowerby, et plusieurs autres botanistes en ont décrit et figuré un très-grand nombre d'espèces, qui se trouvent portées, dans le *Synopsis fungorum* de Persoon, à quatre cent quarante, sans y comprendre seize espèces d'amanites. Depuis, ce nombre s'est encore considérablement accru par les découvertes de M. Persoon lui-même, de Lamarck, Paulet, Willdenow, Decandolle, Vahl, Hornmann (dans le *Flora Danica*), Fries, Nees, etc. de sorte que l'on en compte actuellement plus de 650 espèces, toutes d'Europe, et desquelles 300 croissent en France. On ne connoit presque pas les espèces qui croissent en Amérique, en Afrique et dans l'Asie, et qui paroissent devoir être très-nombreuses. La classification de ces espèces a donné naissance à des groupes qu'on peut regarder comme autant de sous-genres, fondés sur la nature, la présence ou l'absence de certaines parties. Ces coupes ont été établies par M. Persoon, et nous allons les faire connoitre dans l'ordre adopté par M. Decandolle, en même temps que nous signalerons les espèces les plus remarquables dans chacune. Nous devons faire remarquer que la plupart de ces divisions ont été considérées comme autant de genres par plusieurs botanistes. Voyez les divers noms de ces divisions dans ce Dictionnaire, et l'exposé du travail de Paulet sur ce genre, à la fin de cet article. M. Otto a proposé dernièrement une classification des agarics d'après la forme et la disposition des lames ou feuillets du chapeau ; mais elle ne paroît pas admissible.

Ire Section. PLEUROPE ; *Pleuropus*, Pers.

Stipe nul, latéral ou excentrique.

Obs. Espèces en général coriaces et sessiles. A cette section appartiennent quelques *dædalea*, Pers., et les genres *Striglia*, *Sesia*, *Serda*, *Gelona*, *Petrona* et *Kuema* d'Adanson, et les Agarics labyrinthes et plaqués de Paulet.

1. L'AGARIC DU CHÊNE : *Agaricus quercinus*, Linn. ; Decand., Fl. Fr., n.° 555 ; *Agaricus labyrinthiformis*, Bull., Herb., t. 552 et t. 442, f. 1 : *Dædalea quercina*, Pers. ; *Striglia*, Adans. ; vulgairement le Labyrinthe, l'Etrille. Sessile, roux, subéreux, appliqué contre le bois par toute sa surface supérieure, l'inférieure externe, garnie de pores larges, sinueux, anastomosés. Commun dans toutes les saisons sur les troncs d'arbres et les vieilles solives, il varie beaucoup de grandeur. Cet agaric est employé comme brosse pour décrasser le dessus de la tête. Césalpin dit que les baigneurs, en Italie, l'emploient à cet effet ; d'autres s'en servent comme d'une étrille pour les chevaux. Les gens de la campagne le nomment *peigne de loup*.

2. AGARIC DE L'AUNE : *Agaricus alneus*, Linn. ; Bull., Herb., t. 546 et 681 ; Vaill., Bot., t. 10, f. 7. Presque sessile, un peu coriace ; chapeau hémisphérique, lobé, recouvert d'un duvet blanc-grisâtre ; feuillets rougeâtres, épais, en gouttière. Petit et joli agaric, commun, en hiver, sur les troncs de l'aune et quelques autres arbres. Ce champignon est le type du genre *Schizophyllus* de Fries.

5. AGARIC STYPTIQUE : *Agaricus stypticus*, Bull., Herb.. t. 140 et t. 557, f. 1. Champignon de couleur de cannelle, ou fauve claire, à stipe plein, nu, un peu comprimé, dilaté au sommet et continu avec le chapeau ; celui-ci hémisphérique, un peu coriace, émarginé : feuillets entiers, se séparant du chapeau et se terminant tous à une ligne circulaire commune. Il se trouve, en automne, en hiver et quelquefois au printemps, sur les troncs d'arbres en touffes épaisses. Il a d'abord une saveur douce et

fade, puis âcre, styptique, et cause des sentimens d'astriction au gosier ; donné aux animaux, il les purge, les incommode beaucoup, mais ne les tue pas.

4. AGARIC TRANSPARENT ; *Agaricus translucens*, Dec., Fl. Fr., Suppl., n.° 359. Stipe nul, ou très-court et latéral ; feuillets inégaux et libres ; d'abord pâle, puis lilas, puis roussâtre ; chapeau arrondi, irrégulier, très-mince et transparent, d'un blanc roussâtre. Il croît aux environs de Montpellier, sur les vieux troncs de saule ; les pauvres gens le mangent, confondu avec beaucoup d'autres champignons, sous le nom de *pivoulade de saule*.

5. AGARIC DE L'OLIVIER : *Agaricus olearius*, Decand., Fl. Fr., Suppl., n.° 368 ; vulgairement Champignon de l'olivier, l'Oreille ou l'Œil de l'olivier, Paul. D'un roux doré très-vif, un peu brun en dessous ; stipe central, ou excentrique, ou latéral, plein, filandreux, haut d'un à trois pouces ; feuillets inégaux, décurrens ; chapeau très-variable. Ce champignon croît dans le midi de la France, solitaire ou en touffe, sur l'olivier, le charme, le lilas, le laurier-rose, l'yeuse. Il est vénéneux. Lorsqu'il se gâte, il jette, dit-on, une lumière phosphorique.

IIe Section. RUSSULE ; *Russula*, Pers., Link.

Stipe central ; feuillets égaux entre eux et point terminés sur un bourrelet annulaire.

Obs. Les espèces sont toutes vénéneuses.

6. AGARIC FÉTIDE : *Agaricus fœtens*, Pers., *Syn.*, p. 443 ; *Agaricus piperatus*, Bull.^r, Herb., t. 292. D'un jaune fauve ; stipe nu, plein, très-gros, de plus de deux pouces ; chapeau déprimé, de neuf à dix pouces de diamètre, sinué sur les bords, et marqué, tout du long de son contour, de cannelures articulées, gluant et ayant peu de chair ; feuillets libres, rares, épais, souvent fourchus. Ce champignon se trouve en automne, après les grandes pluies, au milieu des gazons des bois. On le trouve rarement entier, l'intérieur du stipe étant presque toujours rongé par les limaçons qui sont très-friands de ce champignon. Il a une odeur de brûlé assez sensible. Sa saveur est âcre et très-poivrée. Il est vénéneux.

7. AGARIC ROUGE : *Agaricus ruber*, Decand., Fl. Fr., n.° 372 ; *Agaricus sanguineus*, Bull., Herb., t. 42. Stipe blanc, strié

de noir ou de rose, d'abord plein, puis creux, nu, long de deux pouces environ; chapeau d'un rouge sanguin, large de trois pouces et demi; feuillets blancs, continus sur le stipe, divisés en deux ou trois. En été, dans les bois. Il est âcre, caustique et très-vénéneux. La chair du chapeau est souvent rongée par les vers.

III.ᵉ Section. LACTAIRES : *Lactifluus* et *Lactarius*, Pers.; vulgairement Champignons laitiers ou meurtriers.

Stipe central; feuillets très-inégaux; suc laiteux blanc, quelquefois jaune ou rouge.

8. AGARIC ACRE : *Agaricus acris*, Bull., Herb., t. 538 et 200 ; *Agaricus amarus*, Schæff., t. 83; le Laiteux poivré blanc, Paul. Feuillets quelquefois jaunâtres ou roussâtres, très-nombreux, souvent fourchus; stipe long d'un pouce; chapeau à bords sinueux et onduleux, charnu, large de trois pouces et demi. Ce champignon croit dans les forêts; il abonde d'un suc laiteux, douceâtre dans la plante jeune, et fort âcre et très-vénéneux dans les individus adultes. Selon Paulet, on le mange en Russie, en Allemagne et même en France. Dans les Vosges on le nomme Aubuzon et Vache blanche. On corrige son âcreté avec du sel, de l'huile, du beurre et du poivre.

9. AGARIC ZONÉ: *Agaricus zonarius*, Decand., Fl. Fr., n.° 575; *Agaricus lactifluus zonarius*, Bull., Herb., t. 104; Vaill., Bot., t. 12, f. 7. Stipe et feuillets blancs; chapeau velu, large de trois pouces et demi, d'un jaune terne, marqué de zones concentriques plus foncées, sinueuses comme le bord du chapeau. La plante entière abonde d'un suc très-âcre et caustique. Elle croit dans les bois, en été et en automne.

10. AGARIC DÉLICIEUX : *Agaricus deliciosus*, Linn.; Schæff., Fung., t. 11. Stipe jaune, ferme, long de deux pouces et demi; chapeau orbiculaire, large de deux à quatre pouces, jaune dans sa jeunesse, puis fauve ou rouge de brique, uni ou zoné de jaunâtre; feuillets plus pâles, inégaux, recouverts d'une poussière séminale verdâtre. Cette espèce, au rapport de Linnæus, se trouve dans les bois montueux et stériles. M. Persoon ajoute qu'elle croit en automne dans les bois de pins, en famille, dans des espaces circulaires. Il doute que ce soit le véritable agaricus deliciosus de Linnæus. Lorsqu'on blesse cette plante, elle

laisse transsuder une liqueur laiteuse, jaunâtre selon Linnæus, âcre et couleur de safran selon Dillen et Micheli (qui donne ce champignon comme pernicieux), orangée selon M. Persoon; enfin douce et d'un rouge prononcé, d'après MM. de Lamarck et Decandolle. Il est probable que plusieurs espèces sont confondues sous le nom d'*agaricus deliciosus*, et que l'espèce qu'on donne pour un mets délicieux n'y est pas comprise.

11. AGARIC MEURTRIER : *Agaricus necator*, Bull., Herb., t. 529, f. 2 et t. 14; Decand., Fl. Fr., n.° 580: vulgairement le Morton. D'un rouge tirant sur le jaune; stipe cylindrique épais, long de trois pouces et demi; chapeau large de trois pouces environ, couvert de peluchures plus foncées qui disparoissent avec l'âge, marqué de zones concentriques ocracées, à bords repliés et velus; feuillets inégaux, blancs. Dans une variété de ce champignon (l'*agaricus necator*, Pers.), le chapeau est olive-foncé, et les feuillets sont roses. Cette espèce croît dans les bois et dans les champs, dans les lieux gazonneux; elle paroit à la fin de l'été et durant l'automne. Elle est gorgée d'un suc laiteux, âcre et caustique. Une très-petite quantité de ce champignon produit les effets les plus funestes : le remède le plus usité est l'huile, prise en lavemens et en boisson.

IV.ᵉ Section. LES COPRINS; *Coprinus*, Pers., Link; vulgairement les Encriers.

Stipe central, nu ou muni d'un collier; feuillets inégaux, se fondant en une eau noire dans leur vieillesse; chapeau membraneux, généralement conique ou campaniforme.

12. AGARIC DRAPÉ : *Agaricus tomentosus*, Bolt., *Fung.*, t. 156; Bull., Herb., t. 138. Stipe blanchâtre cylindrique, atténué aux deux bouts, nu, fistuleux, un peu cotonneux, long de deux pouces; chapeau d'abord cylindrique, puis conique et acéré, haut d'un pouce sur autant de diamètre, à surface peluchée et cotonneuse, qui, en se détruisant, met à nu les feuillets; ceux-ci très-nombreux, blancs, formés chacun par une double lame. Cette espèce croit dans les jardins, les bois, sur le terreau; elle vit deux ou trois jours, et se résout en une liqueur noire ou brune.

13. AGARIC ENCRIER : *Agaricus atramentarius*, Bull., Herb., t. 164; Vaill., Bot., t. 12, f. 10-11. Stipe blanc, nu, cylin-

drique, lisse, long de six pouces; chapeau mince, d'abord
globuleux, puis en cloche alongée, large de deux pouces et
demi environ, sinueux sur le bord, à surface humide jaunâtre,
striée vers le bord, marquée au sommet de taches rousses;
feuillets inégaux, formés d'une lame repliée sur elle-même,
d'abord blancs, et ensuite couleur de bistre. Il se fond en une
eau noire, avec laquelle Bulliard a fait de l'encre pour le lavis.
Ce champignon paroit en automne dans les lieux humides, et
en touffes composées d'un grand nombre d'individus: on en a
compté jusqu'à quarante sur la même souche.

14. AGARIC ÉPHÉMÈRE : *Agaricus ephemerus*, Decand., Fl. Fr.,
n.° 594 ; *Agaricus ephemerus*, Bull., Herb., t. 542, f. 1, et *Agaricus montanus*, id., t. 128. Stipe grêle, blanchâtre, fistuleux,
long de trois pouces sur une ligne de diamètre; chapeau lisse
ovoïde ou en cloche, puis ouvert et déchiré en cinq ou six
parties rayonnantes, qui finissent par s'enrouler en dessus;
disque roux, bord jaunâtre à stries noirâtres; feuillets libres,
blancs, inégaux, étroits. Ce champignon vit à peine un jour.
On le trouve sur les fumiers; il est d'une consistance molle;
à sa mort il se réduit en une eau noirâtre.

V.ᵉ Section. Les PRATELLES; *Pratella*, Pers.

Stipe central, nu ou muni d'un collier; chapeau charnu;
feuillets noircissant, sans se fondre, dans leur vieillesse.

15. AGARIC AMER : *Agaricus amarus*, Bull., Herb., t. 50 et
t. 562 ; *Agaricus auratus*, Fl. Dan., t. 820. Stipe nu, cylindrique, tortueux, long de deux pouces et demi, jaune, avec
des peluchures noires; chapeau d'abord hémisphérique, jaune,
plus foncé au centre, peu charnu, à surface sèche, large d'un
pouce et demi; feuillets gris-verdâtre, inégaux, distincts;
collier fugace, noirâtre. Ce champignon exhale une odeur
agréable, mais sa saveur est fort amère. Il croit dans les bois,
en touffes, sur les vieux troncs d'arbres.

16. AGARIC AZURÉ : *Agaricus cyaneus*, Bull., Herb., t. 170 et
550, f. 1 ; *Beryllus*, Batsch, *Fung.*, f. 215. Stipe glutineux,
bleuâtre; chapeau d'abord globuleux, puis convexe, azuré,
ensuite jaunissant au sommet, puis totalement, à surface gluti-
neuse; feuillets d'un jaune roux, inégaux, recouverts d'une
membrane dans leur jeunesse. Cette belle espèce n'a pas deux

pouces de hauteur ; elle croît solitaire sur les troncs, dans les bois. On la trouve en automne.

17. AGARIC COMESTIBLE : *Agaricus edulis*, Bull., Herb., t. 514 et 134 ; Dec., Fl. Fr., n.° 418 ; vulgairement Champignons de couche, Boule de neige et Champignons de Bruyère, Paul. ; *Prataiolo* des Italiens. Stipe ferme, plein, charnu, quelquefois tubéreux à la base, long d'un à deux pouces, très-épais ; chapeau blanc ou d'un jaune pâle et terne, ayant jusqu'à trois pouces et demi de diamètre, à chair ferme et cassante ; feuillets d'abord blancs ou rougeâtres, puis bruns ou noirâtres, inégaux, distincts du stipe, recouverts à leur naissance d'une membrane blanche, qui, en se déchirant, laisse des lambeaux aux bords du chapeau et autour du pédicule, en forme de collier. Dans une variété (l'*agaricus campestris*, Linn., Schæff., t. 55, champignon de couche franc, Paul.), le chapeau est écailleux, blanc moucheté de jaune, et les lames sont brunes.

Cette espèce est fort commune partout, en automne, dans les bois, les prés, les champs, les jardins et parcs, les cours où il y a du fumier, etc. On la trouve cependant plus fréquemment dans les endroits découverts ; elle a un goût et une odeur agréables, qui la font rechercher comme aliment, et l'on sait quelle consommation l'on en fait. Cette espèce est cultivée dans toute l'Europe, et plus dans les pays du Nord que dans le Midi ; on la cultive sur des couches ou des meules entièrement faites de fumier de cheval, le seul de tous les fumiers qui paroisse convenir à son développement. Voyez COUCHES A CHAMPIGNONS.

VI.ᵉ Section. Les ROTULES ou ANDROSACES ; *Rotula*, Pers.

Stipe central ; feuillets égaux, terminés sur un bourrelet annulaire qui entoure le stipe.

18. AGARIC EN ROUE : *Agaricus rotula*, Pers., *Syn.*, t. 167 ; Sowerb., *Fung. Brit.*, t. 95 ; *Agaricus androsaceus*, Bull., Herb., t. 64. Champignon blanc, à stipe violet-foncé à la base, grêle, luisant, long d'un pouce ; chapeau ombiliqué, strié, plus ou moins convexe, mince et ondulé, ou crénelé sur le bord, large de quatre à cinq lignes ; quinze à vingt feuillets saillans. Dans une variété le chapeau est couleur d'ocre. Se trouve en été et

en automne sur les feuilles mortes et le bois pourri; il naît en touffe.

VII.ᵉ Section. Les Mycènes; *Mycena*, Pers.

Point de collier; stipe central fistuleux : feuillets ne noircissant point en vieillissant; chapeau non ombiliqué.

19. Agaric a pied noir; *Agaricus nigripes*, Decand. Champignon gris, moucheté de fauve ou de brun; stipe noirâtre à sa base, velouté, long de trois pouces; chapeau sinueux, un peu charnu, large de deux pouces, à surface gluante; feuillets libres, inégaux, jaunâtres. Ce champignon est d'une saveur gommeuse. On le trouve dans les temps froids, en automne et en hiver. Il croit solitaire, ou en touffe de dix à douze pieds.

20. Agaric clou : *Agaricus clavus*, Linn.: Bull., Herb., t. 569, f. 1 et t. 148; Vaill., Bot., t. 11, f. 19-20; vulgairement le Clou. Champignon roussâtre ou fauve, long d'un pouce et demi; stipe grêle, plein; chapeau arrondi, souvent goudronné, presque plane, un peu charnu et translucide; feuillets peu nombreux, blancs, entiers, ou coupés en deux demi-feuillets. On le trouve, au commencement de l'automne, sur les feuilles mortes, les mousses, le bois pourri, la terre, etc. Selon Wulfen, aux environs de Vienne, en Autriche, il paroit en avril, et on le porte alors au marché. Il est fade, et demande à être assaisonné.

21. Agaric alliacé : *Agaricus alliaceus*, Bull., Herb., t. 158 et 524, f. 1; vulgairement l'Aillier des bois. Champignon haut de trois à quatre pouces, roussâtre ou d'un blanc jaunâtre; stipe un peu velu à la base, aminci au sommet; chapeau long d'un pouce et demi, plane, ou convexe, ou bossu dans le centre; feuillets libres, roussâtres, terminés en pointes du côté du stipe. Il croit dans les bois humides, et exhale l'odeur d'ail. On le trouve, en automne, sur les feuilles mortes, le terreau, etc.

VIII.ᵉ Section. Les Omphalies; *Omphalia*, Pers.

Point de collier; stipe central, fistuleux ou plein; chapeau ombiliqué: feuillets presque toujours décurrens, ne noircissant point en vieillissant.

22. Agaric virginal : *Agaricus virgineus*, Jacq., Misc., 2, t. 15, et *Agaricus ericeus*, Bull., Herb., t. 188 et t. 551, f. 1. Cham-

pignon blanc de neige ou légèrement roux, haut d'un pouce ; stipe nu, cylindrique et creux ; chapeau d'un pouce et demi de diamètre, d'abord convexe, puis plane ou convexe, avec les bords rabattus, quelquefois transparens ; feuillets rares, entiers, et entremêlés de demi-feuillets prolongés sur le stipe. Cette espèce vient, pendant tout l'automne, en groupes, dans les bruyères, les prés secs, les collines gazonnées et les friches. On le mange sous le nom de Mousseron. Son goût est agréable.

23. AGARIC TIGRÉ : *Agaricus tigrinus*, Bull., Herb., t. 70. Champignon blanc, avec de petites peluchures brunes, haut d'un pouce au plus : stipe nu, plein, tortueux ; chapeau large d'un pouce et demi à deux pouces ; feuillets inégaux, nombreux, prolongés sur le stipe et y adhérens. On mange aussi ce champignon, agréable au goût et à l'odorat ; il croît solitaire ou par groupe, dans les bois, sur les troncs d'arbres, tandis que le précédent y est fort rare.

24. AGARIC AMÉTHYSTE : *Agaricus amethysteus*, Bull., Herb., t. 198 et 570, f. 1 ; vulgairement l'Améthyste des bois. Champignon d'abord d'un beau violet-améthyste, puis grisâtre dans la vieillesse, haut de deux à trois pouces ; stipe long, plein, filandreux, garni, par le bas, de fibrilles radicales ; chapeau large d'un pouce et demi à deux ; d'abord hémisphérique, puis sinueux, à surface presque veloutée ; feuillets peu nombreux, rarement entiers. Ce joli agaric se trouve, au commencement de l'automne, dans les bois couverts, çà et là, solitaire ou groupé, sur les vieux troncs d'arbres ou sur le terreau qui les entoure.

IXe Section. Les GYMNOPES ; *Gymnopus*, Pers.

Stipe plein ; chapeau charnu ; feuillets ne noircissant pas dans la vieillesse ; collier nul.

Obs. Cette section est la plus nombreuse en espèces, dont beaucoup sont bonnes à manger.

1.re *Division.* Feuillets décurrens sur le stipe.

25. AGARIC VINEUX ; *Agaricus vinosus*, Bull., Herb., t. 54. Champignon haut de deux pouces et demi, d'un roux brun ; stipe presque cylindrique ; chapeau large de deux pouces au plus, d'abord arrondi, puis sinueux, lobé et recouvert d'un duvet très-fin ; feuillets nombreux et roux. Il croît en automne,

dans les bois sablonneux; il a un goût salé et comme vineux ; il n'est point dangereux.

26. AGARIC ODORANT : *Agaricus odorus*, Bull., Herb., t. 176, et t. 556, f. 3 : *Agaricus anisatus*, Pers. Champignon blanc, verdâtre ou bleuâtre, haut de deux pouces ; stipe flexueux ; chapeau large de plus de trois pouces, charnu, lisse; feuillets écartés, blancs. Il croît dans les forêts de chênes, parmi les feuilles mortes ; il exhale une forte odeur de musc; dans une variété, qui croît dans les bois de pins, cette odeur approche de celle de la giroflée ou de l'anis.

27. AGARIC OREILLETTE : *Agaricus Lauricula*, Dub., Fl. d'Orl., p. 158 ; vulgairement Oreillette et Escoubarde. Champignon d'un gris plus ou moins foncé ; stipe court ; chapeau arrondi, un peu roulé en ses bords; feuillets blancs. Il se trouve en automne, sur les pelouses, aux environs d'Orléans. On le mange : il a, dit-on, bon goût.

28. AGARIC MOUSSERON : *Agaricus mousseron*, Bull., Herb., t .142 : *Agaricus albellus*, Schæff., Fung., t. 78 ; Mousseron gris Paul. Champignon d'un blanc jaunâtre, à surface sèche, semblable à de la peau ; stipe nu, le plus souvent renflé à la base, et velu, long d'un à deux pouces ; chapeau large d'un pouce et demi au plus, sphérique ou bien en forme de cloche, très-charnu, replié en dessous ; feuillets très-nombreux, inégaux, aigus aux deux bouts. Le mousseron croit abondamment, au printemps et dans une partie de l'été, dans les bois découverts, les friches, les prés secs, etc. C'est un des meilleurs champignons qui se mangent : on le recueille avec soin pour le conserver. Sa chair est d'une saveur agréable, surtout dans les jeunes individus, et lorsque le champignon est frais. Il sert principalement comme assaisonnement. Lorsqu'on veut le conserver, on l'enfile par le pied, et on le laisse dessécher ainsi. Il s'est refusé jusqu'à présent à la culture.

Obs. A cette division appartiennent l'agaric social, *agaricus socialis*, Dec., Fl. Fr., Suppl., n.º 473, et l'agaric de l'yeuse, *agaricus ilicinus*, Dec., l. c., n.º 475, que l'on mange à Montpellier sous les noms de *pivoulade d'éouse* et de *frigoule*.

2.ᵉ *Division.* Feuillets adhérens au stipe.

29. AGARIC DES DEVINS : *Agaricus hariolorum*, Bull., Herb.,

t. 56 et t. 585, f. 2 : *Agaricus sagarum*, Pers., *Syn.*, 351. Champignon d'un jaune pâle, haut d'un pouce et demi; stipe velu ou lisse : chapeau large d'un pouce et demi, presque plane, lisse, glabre ; feuillets inégaux, nombreux et tortueux. On le trouve durant l'été, en touffes, parmi les feuilles mortes, dans les bois. Selon Bulliard, dans quelques endroits, les habitans superstitieux n'osent pas fouler aux pieds ce champignon. Son goût est agréable.

30. AGARIC PARASITE : *Agaricus parasiticus*, Bull., Herb., t. 574. Champignon blanc, haut d'un à trois pouces ; stipe courbe, poilu à la base; chapeau campanulé, sinueux, large de huit à neuf lignes; feuillets écartés, épais et rougeâtres. Il croît par touffes sur les agarics et les bolets à moitié pourris.

3.ᵉ *Division*. Feuillets non adhérens au stipe.

31. AGARIC RAMPANT; *Agaricus repens*, Bull., Herb., t. 90. Champignon rampant, à souche rougeâtre, poussant de nombreux stipes simples ou rameux, longs de trois pouces et demi; chapeau orbiculaire, puis sinueux, jaunâtre, large de neuf lignes; feuillets nombreux, jaunes, inégaux, plus larges vers le centre. Cette espèce croît sous les feuilles pourries, dans les bois, en automne.

32. AGARIC ÉCHAUDÉ : *Agaricus crustuliniformis*, Bull., Herb., t. 508 et t. 546 ; *Agaricus fastibilis*, Pers., *Syn.*, p. 526. Champignon semblable, par sa forme et par sa couleur, à un échaudé, haut de deux pouces ; stipe nu, glabre, taché de noir; chapeau convexe, bosselé et sinueux, jaunâtre, lisse, gluant dans les temps humides, large d'un à trois pouces ; feuillets roux, inégaux. Ce singulier champignon croît en société dans les bois et les prés, où il forme des ronds très-réguliers, de huit à dix pieds de diamètre, ou bien des bandes serpentantes de deux à trois pieds de largeur sur trois cents de longueur. On le trouve en automne. M. Persoon en décrit six variétés.

33. AGARIC FAUX-MOUSSERON : *Agaricus tortilis*, Dec., Fl. Fr., n.º 525; *Agaricus pseudo-mousseron*, Bull., Herb., t. 144 et t. 528, f. 2; Mousseron godaille ou de Dieppe, Paul.; vulgairement faux Mousseron, Mousseron d'automne, Mousseron pied dur. Il ressemble beaucoup au véritable mousseron ci-dessus, n.º 28. Champignon d'un blanc roux ou fauve, haut d'un pouce et

demi; stipe nu, se tortillant par la dessiccation; chapeau un peu charnu, hémisphérique, puis conique, large d'un pouce et demi; feuillets libres, inégaux, nombreux, plus colorés sur la tranche. Il croit en automne, dans les prés et les bois découverts. On le mange: sa chair est molle et se déchire avec peine, comme celle du mousseron, dont elle a un peu la saveur, quoique moins délicate.

54. AGARIC PALOMET: *Agaricus palometus*, Thor., *Chl. Land.*, 477: vulgairement *Palomette* et *Blavet*, *Crussagen*. Il ressemble au mousseron. Chapeau mince, fragile, irrégulier, arrondi, blanc sur les bords, d'un vert-œillet au centre, changeant en roux; feuillets blancs; stipe renflé à la base. Ce champignon croit en Gascogne; il vient à terre, et est ordinairement solitaire: il se pèle assez facilement; son odeur est des plus agréables et des plus flatteuses, sans être pénétrante. Son goût est exquis; il est généralement servi sur toutes les tables. Selon M. Decandolle, le *verdone* de Micheli, p. 152 (*l'agaricus virens* de Scopoli), qu'on mange en Toscane, ne paroît différer du palomet que par son chapeau d'un vert plus décidé.

X.ᵉ Section. LES CORTINAIRES; *Cortinaria*, Pers.

Stipe central; feuillets ne noircissant pas en vieillissant, recouverts dans leur jeunesse d'une membrane incomplète, qui laisse sur le stipe un collier filamenteux.

55. AGARIC ARANÉEUX: *Agaricus araneosus*, Dec., Fl. Fr., n.º 554; Bull., Herb., t. 96 et t. 260. Champignon polymorphe, violet, couleur de marron, jaunâtre ou noirâtre; bords du chapeau recourbé en dedans, uni au stipe par une membrane lâche, semblable à une toile d'araignée étendue sur les feuillets; feuillets d'abord blancs, puis couleur de cannelle; stipe plein, un peu renflé à la base. M. Decandolle indique huit variétés de cet agaric, toutes figurées dans Bulliard: elles croissent en automne dans les bois.

56. AGARIC A PETIT RÉSEAU: *Agaricus cortinellus*, Dec., Fl. Fr., Suppl., n.º 541. Champignon haut d'un pouce; stipe blanc et creux, poilu à la base; chapeau ovoïde, puis convexe, jaune-paille ou gris: feuillets recouverts, dans la jeunesse, par un voile en réseau et blanc, qui adhère pendant quelque temps au chapeau sous forme de franges; feuillets d'abord blancs, puis

roux, vineux ou lilas. On mange ce champignon à Montpellier, avec beaucoup d'autres, sous le nom de *pivoulade*. Il croît sur le bois des vieux saules, ou à leur pied.

XI.ᵉ Section. Les LEPIOTES; *Lepiota*, Pers.

Stipe central; feuillets ou lames ne noircissant pas en vieillissant, recouverts dans leur jeunesse par une membrane qui se déchire ordinairement, et qui laisse un collier ou an-neau sur le stipe.

37. AGARIC ANNULAIRE : *Agaricus annularius*, Bull., Herb., t. 377, 340, f. 3 et 543 ; *Agaricus polymyces*, Pers.; Tête de Méduse, Paul. Champignon fauve ou de couleur rousse, haut de trois à quatre pouces; stipe charnu, muni d'un collier entier, épanoui en forme de godet, vert cendré; chapeau con-vexe, glabre ou tacheté de petites écailles noirâtres, à bords entiers ou sinueux non étalés; feuillets blancs ou jaunâtres, inégaux, se prolongeant un peu sur le pédicule. Cette espèce croît dans les bois, en automne, et par groupes, sur les vieux troncs d'arbres ou à leur pied.

38. AGARIC NAVET; *Agaricus radicosus*, Bull., Herb., t. 160. Champignon compacte, dur, semblable, dans la jeunesse, à un œuf, haut de deux à trois pouces et plus; racine forte, per-pendiculaire, garnie de longues fibres produisant de nouveaux individus; stipe plus épais à la base, écailleux; chapeau un peu convexe, large de quatre à cinq pouces, blanc jaunâtre, moucheté de roux; feuilles roussâtres. Il a une saveur agréable, et croît dans les bois.

39. AGARIC ÉLEVÉ : *Agaricus procerus*, Pers.; Schæff., *Fung.*, t. 22-23; *Agaricus colubrinus*, Bull., t. 78 et t. 588; Grande Coulemelle, Paul. Champignon haut de douze à quinze pouces; stipe grêle, creux, cylindrique, tubéreux à la base, taché en travers de gris, ou de brun, ou de blanc; chapeau d'abord ovoïde, puis convexe, et finissant par se relever par le bord, large de trois pouces et demi, blanc grisâtre, ou gris panaché de brun ou de roussâtre, à peau se soulevant par lambeaux; feuillets inégaux, blanchâtres, couverts, dans leur jeunesse, d'une membrane qui, en se détachant, forme souvent un col-lier mobile autour du pédicule. Ce champignon élégant est com-mun en France et dans le nord de l'Europe. On le mange par-

tout. Il se dessèche facilement. On le trouve, dans les bois sablonneux et les moissons, à la fin de l'été et en automne. En France on lui donne les noms de *grisette*, *couleuvrée*, *couleuvrette*, *coulemelle*, *grande coulemelle*, *cormelle*, *goimelle*, *parasol*, *butarot*, *poturon*, *coulsé*, *vertet*, etc.

Obs. L'agaric cylindrique et l'agaric atténué de M. Decandolle (Fl. Fr., Suppl., n.ᵒˢ 547 et 548), qu'on mange aux environs de Montpellier, et qu'on nomme encore *pivoulade*, appartiennent à cette onzième section.

Nous terminerons cet article par l'indication des familles établies par Paulet dans le genre *Agaricus*. On trouvera dans ce Dictionnaire, à chacune de ces indications, les noms des espèces que Paulet a observées, et dont il a reconnu les propriétés par des expériences multipliées. Nous avons cru d'autant plus nécessaire d'extraire le travail de ce médecin philanthrope, que presque toutes les espèces qu'il a décrites croissent en France, et qu'il leur donne des noms qui peuvent les faire reconnoître sur-le-champ.

Agaric labyrinthe. Voyez LABYRINTHE.

Bassets creux ou en creusets. Voyez BASSET, quatrième vol. Suppl.

Bassets à crochets. Voyez PAIN-DE-VACHE.

Bonnet perché ou de la liberté. Voyez PERCHÉ EN BONNETS.

Bossilons bulbuleux. Voyez SEMI-BULBULEUX.

Calotins des arbres ou de couleur. Voyez CALOTINS.

——— de terre ou des bois. Voyez TETERONS.

Champignons de couche.

Champignons d'épice.

Champignons d'ivoire.

Cheville en clou. Voyez CHEVILLE.

Cheville en coin. Voyez CHEVILLE.

Clous de charrette ou les gros clous.

Clous (petits) dorés.

Collets en famille.

Collets solitaires.

Coquilles (petites) pétoncles.

Cotonneux tors, ou les perchés pivotans. Voyez COTONNEUX.

Coulemelle ou Couamelles de terre. Voyez COULEMELLE.

Coulemelle des arbres. Voyez COULEMELLE.

Demi-champignons feuilletés des arbres. Voyez Oreilles des arbres.

Demi-champignons feuilletés de terre.
Dentelés.
Encriers farineux.
Encriers à pleurs, ou bouteilles à l'encre.
Encriers secs, ou champignons de couche.
Entonnoirs fermes.
Entonnoirs mous.
Escudardes bistres, ou d'Allemagne en partie.
Eteignoirs d'eau ou hydrophores.
Eteignoirs secs.
Feuillets faucilleurs.
Girandets, ou girolles, ou chanterelles.
Glaireux.
Jambiers.
Jumeaux.
Mamelles de chair.
Mamelons carnés de Vaillant.
Mamelonnés de couleur.
Mamelonnés foncé.
Mamelonnés gris.
Mamelonnés pâle.
Mamelons plateaux.
Mousserons d'eau, ou les petits chapeaux.
——————— godailles des prés ou des friches.
——————— des bois, ou faux mousserons-godailles.
——————— tête-ronde.
Oreilles des buissons, ou grandes girolles.
Peauciers parasols.
Peauciers quenouilles.
Peaux douces.
Pieds-bots.
Pigeonniers.
Plateaux queue torse.
Plateaux tige unie.
Poivrés laiteux.
Poivrés secs ou sans lait.
Retroussés.

Rougeoles juteuses.

Sauvage nivelleur.

Serpentins en famille.

Serpentins solitaires.

Soucoupe peau douce ou de liége.

Soyeux tors.

Tête d'épingle. (Lem.)

FONGES ou Cèpes a tige en fuseau. (*Bot.*) Paulet donne ce nom à une petite famille qu'il forme sur deux espèces de bolet remarquables par leur couleur orangée ou marron, par leur stipe long ou ovale-alongé, et par leur chapeau qui a peu d'étendue. Ces champignons s'appellent fonges dans quelques campagnes : il y en a deux espèces : le *fonge orangé* et le *fonge cave*.

Fonge orangé, Paul., t. 2, p. 383, pl. 178, fig. 1, 2. Champignons hauts de quatre pouces environ ; stipe ovale-alongé, blanc avec des élevures brunes ou noires ; chapeau de trois à quatre pouces d'étendue, de couleur d'or, ou orangée, ou de marron, clair en dessus, blanchâtre, ou gris de lin, ou couleur de chair pâle en dessous. Il est commun dans les bois aux environs de Paris. Les habitans de la campagne le mangent sans inconvéniens.

Fonge cave, Paul., l. c., p. 384, pl. 178, fig. 3. Champignon de même hauteur que le précédent ; stipe fusiforme, blanchâtre, moelleux, puis presque creux ; chapeau en forme de soucoupe, de couleur fauve ou marron en dessus, d'un blanc citronné en dessous ; tubes très-fins. Il se trouve à Vincennes, et n'est point suspect. (Lem.)

FONGIE, *Fongia.* (*Polyp.*) Genre de polypiers établi par M. de Lamarck pour quelques espèces de madrépores simples de Linnæus, qui ne consistent qu'en une seule grande cellule, formant une masse pierreuse, simple, orbiculaire ou oblongue, concave et raboteuse en dessous, convexe en dessus, et offrant au centre un enfoncement oblong d'où partent en rayonnant des lames dentées ou hérissées latéralement : d'où il est aisé de voir que c'est un genre fort voisin des turbinolies et des cyclolites, et surtout de ce dernier genre dont il ne diffère guère que parce que, dans celui-ci, la partie inférieure offre des lignes saillantes et concentriques, au lieu d'être concave et raboteuse. Du reste, on ne connoît en aucune manière l'animal qui produit les fongies. Il est cependant fort probable qu'il est très-rapproché de celui des autres madrépores étoilés, et entre autres des Caryophyllies (voyez ce mot), et qu'il vit à d'assez petites profondeurs dans les mers des pays chauds. M. de Lamarck caractérise huit espèces de fongies à l'état vivant; ce sont :

1.º La Fongie comprimée; *Fongia compressa*, Lmk. Cunéiforme, comprimée sur les côtés, lisse, papilleuse inférieurement; lames inégales, dentelées, échinulées sur les faces, et formant une étoile alongée, étroite, partagée par un sillon. Hauteur, 29 millim. Océan indien.

2.º La Fongie cyclolite; *Fongia cyclolites*, Lmk. Très-petite espèce orbiculaire, subelliptique, légèrement concave et striée en dessous, très-convexe en dessus: les lamelles inégales, crénelées et rudes sur les côtés, formant une étoile élevée, ayant au sommet un sinus oblong. Rapportée des mers australes par MM. Peron et Lesueur.

3.º La Fongie patellaire: *Fongia patellaris*, Lmk; *Madrepora patellaris*, Soland. et Ell., p. 148, t. 28, fig. 1 h. Orbiculaire, mutique, étrécie en rayons, et quelquefois subpédiculée en dessous; les lamelles inégales, hérissées sur les côtés. Mers de l'Inde et Méditerranée.

4.º La Fongie agariciforme: *Fongia agariciformis*, Lmk.; *Madrepora fungites*, Linn.; Soland. et Ell., p. 149, tab. 28, fig. 5, 6. Orbiculaire, scabre en dessous; lamelles inégales, denticulées, la plus grande de la longueur du rayon, formant une étoile convexe. Mer Rouge et de l'Inde.

5.º La Fongie bouclier : *Fongia scutaria*, Lmk.; Rumph, *Amb.*, 6, t. 88, fig. 4. Elliptique, oblongue, un peu aplatie en dessus; lamelles presque entières, inégales, ondulées, la plus grande de la longueur des rayons. Océan indien.

6.º La Fongie limace: *Fongia limacina*, Lmk.; *Madrepora pileus*, Linn.; Soland. et Ell., p. 159, t. 43; vulgairement la Limace de mer. Oblongue, convexe, concave et hérissée en dessous; lamelles inégales, formant une étoile alongée.

Cette espèce commune dans les collections vient de l'océan des Indes orientales.

7.º La Fongie taupe : *Fongia talpa*, Lmk.; Seba, *Thes.*, 3,

t. 111, fig. 6, et t. 112, fig. 51; vulgairement la Taupe de mer.
Assez rapprochée pour la forme de la précédente, mais plus
petite; les lamelles subsériales, très-courtes et scabres. Indes
orientales.

8.° La Fongie bonnet: *Fongia pileus*, Lmk.; *Mitra polonica*,
Rumph. *Amb.*, 6. t. 88, fig. 3; vulgairement le Bonnet de Neptune. Conique, hémisphérique en dessus, concave en dessous;
des lames amoncelées par places, et formant des étoiles
nombreuses, imparfaites et éparses, et par conséquent point
de sillon.

Cette espèce, qui vient de l'océan des Grandes-Indes,
s'éloigne déjà un peu du genre tel qu'il a été défini plus haut,
et fait une sorte de passage aux Pavonies. Voyez ce mot. (De B.)

FONGIE ou Fongite. (*Foss.*) Sous cette dernière dénomination on avoit rangé autrefois non seulement les polypiers
fossiles que M. Lamarck a placés dans le genre Fongie, mais
encore les alcyons, les turbinolies, les caryophyllies, certaines
espèces d'astrées, et même des explanaires. On leur avoit
donné le nom de fongipores, bonnet de Neptune, champignons de mer pétrifiés, *fungites*, *fungoides*, *alcyonium agari-
cum*, *ficoides*, *lycoperdites*, *caryophylloides*, et autres.

Les fongies proprement dites se sont présentées rarement
à l'état fossile, et on n'en connoît qu'un très-petit nombre
d'espèces à cet état.

Fongie croissante; *Fungia semilunata* (Lamk.), Anim. sans
vert., tom. 2, pag. 235. Polypier en forme de croissant, à
côtes comprimées, strié en dessus, à bords arrondis, à étoile
alongée, et à pédicule court. Ce joli polypier est dans la
Collection du Mus. d'Hist. nat. de Paris, et on ignore où il a
été trouvé.

Fongie aplatie; *Fungia complanata*, Def. Polypier hémisphérique, à lames très-fines, à étoile oblongue, et à dessous
concave. Largeur, six lignes. On en voit une figure dans l'ouvrage de Knorr sur les Fossiles, vol. 5, part. 2, tab. E 3,
fig. 6 et 7.

Fongie hétéroclite; *Fungia heteroclita*, Def. Cette espèce ne
diffère de la précédente que parce que les lames, au lieu de
se terminer au bord, se continuent jusqu'au centre inférieur,
qui n'est pas concave.

Ces trois dernières espèces se trouvent dans ma collection. Il paroît qu'elles proviennent des couches anciennes; mais j'ignore où elles ont été trouvées. (D. F.)

FONGIVORES, ou Mycétobies. (*Entom.*) Nous avons ainsi nommé (voyez ce dernier mot) une famille de coléoptères hétéromérés, dont les espèces font leur principale nourriture de champignons. tels que les diapères, bolétophages, tétratomes, etc. (C. D.)

FONGO et FUNGO. (*Bot.*) Synonymes de *champignon* en italien. Parmi les *fungi* ou champignons que Micheli décrit, il faut noter ceux que les Italiens nomment

Fongo appasionato, ou le Passionné. Voyez Bistre blanc.

Borsara d'Imperato. C'est le *clathrus cancellatus*, Linn.

Bozzolo. C'est l'*agaricus ovatus*, Schæff.

Canapone. Voyez Mamelles brunes.

Carbonajo. Voyez Polypore brun.

Chiodo. C'est une espèce d'*agaricus*, voisine de l'*agaricus flavus*, Linn.

Corvo. Voyez Polypore brun.

Di Fungo morto. Voyez Fongoides en pomme, à l'article Fongoides.

Di Ontano. Voyez Polypore de l'aune.

Di Pietra d'Imperato. C'est la pierre à champignon (*boletus tuberaster*, Linn.).

Dormiente. C'est l'*agaricus jacobinus* de Scopoli. Voyez Jacobin.

Furfuraro d'Imperato. C'est l'*agaricus quercinus*, Linn., type du genre *Dædalea*, Pers.

Giallone di ontano. Voyez Tout-jaune.

Greco. Voyez Bistre a crochet.

Jozzolo. Voyez Mousserons blancs (**grands**).

Mazzuolo. Voyez Fungo dormiente.

Mugnajo. Voyez Meunier.

Olivo dorato. Voyez Oreille jaune de l'olivier.

Vedovo. C'est l'*agaricus violaceus*, Linn.

Verdino. C'est l'éteignoir vert doré de Paulet. (Lem.)

FONGOIDE UNI DE VAILLANT, ou Coccigrue en champignon. (*Bot.*) Paulet donne ce nom à l'helvella gélatineuse de la Flore françoise, par MM. de Lamarck et Decandolle, qui est

figurée pl. 15, n.ᵒˢ 7, 8 et 9 du *Botanicon parisiense* de Vaillant.
Selon l'observation de Paulet, ce champignon, donné à poi-
gnées aux animaux, ne les incommode point du tout. Toute la
plante a un goût fade, semblable à celui d'une gelée insipide.
Voyez Coccigrue. (Lem.)

FONGOIDES ou Fungoïdes. (*Bot.*) La plupart des groupes
de champignons que Paulet désigne sous ces noms avec une
épithète particulière, contiennent des espèces de *peziza*. Ces
groupes sont les suivans:

Fungoïdes en coupe, espèce de pezize en forme de coupe sti-
pitée, d'une couleur rouge de feu en dedans et blanchâtre en
dehors; c'est le *fungoides pyxidatum*, Mich., tab. 86, f. 5.

Fungoïdes creux: nom générique sous lequel Paulet classe
presque toutes les espèces de pezizes, et il en porte le nombre
à une soixantaine.

Fungoïdes en disque, comprenant, l'*helvella clavus*, Schæff.,
tab. 279, espèce blanche; l'*helvella sepulchralis*, Batsch, espèce
brune ou noire; et les *peziza sulfurea, hircedo* et *carpini*, Batsch,
espèce jaune.

Fungoïdes uni ou gélatineux de Vaillant. C'est l'*helvella gelatinosa* de Decandolle.

Fungoïdes en forme de lentille. Ce sont de très-petites
espèces de *peziza*, à bords ciliés, comme les fungoïdes, n.ᵒ 22,
tab. 86. fig. 19, et n.ᵒ 26. de Micheli, ou à bords ciliés, comme
les *peziza minima*, Murray. et *flava*, Willd.

Fungoïdes à nervures. C'est l'*agaricus cornucopioides* de
Bulliard.

Fungoïdes en pomme. Paulet en distingue deux avec Micheli.
Le premier est le *fungo di fungo morto* des Italiens, parce qu'il
croît sur les champignons morts: c'est le *fungoidaster*, que Micheli a figuré pl. 82, f. 1 de son *Genera*: le second est le *fungoides*, tab. 86, f. 5 de l'ouvrage de Micheli, qui est marqué
de côtes ou raies, et à stipe long. Ces plantes paroissent être
des espèces d'helvelles.

Fungoïdes tête de maure. Paulet nomme ainsi deux espèces
de champignons figurés par Cimel, et dont les dessins font
partie des vélins de la bibliothèque du Jardin du Roi. Cimel
le nomme *helvella paviæ* et *helvella fusca*.

Fungoïdes en forme de verre à boire ou d'entonnoir. Paulet

y ramène les *peziza infundibulum* et *tenella*, Batsch , et les *fungoides*, n.ºs 2 et 5 de Micheli. (LEM.)

FONGOSITÉS A QUILLES. (*Bot.*) Les champignons que Paulet nomme ainsi sont très-petits et au nombre de trois : l'un est le *lycoperdon vesparium* de Batsch , et le *trichia rubiformis*, Pers.; le second est le *stemonitis ferruginosa*, Batsch , ou *tubulina fragiformis*, Pers.; et le troisième, le *fungoides* de Rai, *Syn.*, 3, tabl. 1, f. 4, qui paroît une espèce voisine. (LEM.)

FONGOSITÉS DURES ou CRUSTACÉES. (*Bot.*) Paulet établit, sous ce nom et sous celui d'*hypoxylon*, un genre qui répond au *sphæria* d'Haller , adopté par les botanistes, mais qui ne fait plus partie de la famille des champignons. Voyez HYPOXYLÉES. (LEM.)

FONKES. (*Mamm.*) Ludolphe , dans son Histoire d'Ethiopie, désigne par ce nom une espèce de quadrumane, qu'il n'est pas possible de reconnoître parmi ceux que nous possédons, d'après la description qu'il en donne; et c'est à tort que les éditeurs de cet ouvrage ont donné comme sujet de cette description la figure d'un ouistiti. Cet animal ne se trouve point en Ethiopie. (F. C.)

FONNA. (*Bot.*) Adanson nomme ainsi le genre qui étoit le *lychnidea* de Dillenius , et qui est maintenant le *phlox* de Linnæus , généralement adopté. (J.)

FO-NO-KI. (*Bot.*) M. Thunberg cite sous ce nom japonois une variété du *magnolia glauca*, désignée aussi par lui et par Kæmpfer sous celui de *mokwurèn*. (J.)

FONOS. (*Bot.*) C'est, suivant Adanson, l'un des anciens noms du *carthamus lanatus*, Linn., cités dans le livre de Théophraste. (H. CASS.)

FONTAINE. (*Phys.*) Voyez SOURCE. (L. C.)

FONTAINE DES OISEAUX. (*Bot.*) On donne ce nom à plusieurs plantes dont les feuilles, connées à leur base, conservent l'eau des pluies comme un petit bassin; la cardère à foulon, ou chardon à bonnetier, est dans ce cas. (L. D.)

FONTANESIA. (*Bot.*) Genre de plantes dicotylédones, à fleurs complètes, polypétalées, régulières, de la famille des jasminées, de la *diandrie monogynie* de Linnæus, qui a des rapports avec les *chionanthus*, et caractérisé par un calice à quatre divisions profondes; deux pétales bifides; deux étamines ; un style. Le fruit est une capsule supérieure, membraneuse, indéhiscente, à deux loges monospermes.

Ce genre a été établi par M. Delabillardière, pour un arbrisseau qu'il a découvert en Syrie, et que l'on cultive au Jardin du Roi depuis 1788. L'amitié l'a consacré à M. Desfontaines : ses nombreux élèves ont applaudi avec reconnoissance à un hommage si bien mérité. Cet arbrisseau est aujourd'hui très-commun dans les jardins de l'Europe. Ses fleurs se montrent au mois de mai : il entre dans les bosquets de printemps, et y forme des buissons assez agréables. Il ne craint pas le froid, et vient avec facilité à toute exposition, dans tous les terrains, pour peu qu'ils soient légers sans être humides. On le multiplie de boutures ou de marcottes, et d'éclats séparés en automne, ou de graines semées au printemps. M. Desfontaines assure, d'après Michaux, que dans l'Orient ses feuilles étoient employées à la teinture.

Fontanesia a feuilles de Filaria : *Fontanesia phillyreoides*, Labill., *Ic.*, *Syr. fasc.*, 1 p. 9, tab. 1; Lamk., *Ill. gen.*, tab. 2. Cet arbrisseau s'élève à la hauteur de huit à dix pieds : il se divise, dès sa base, en rameaux glabres, opposés, un peu cendrés, presque tétragones dans leur jeunesse, grêles, nombreux et flexibles. Les feuilles sont opposées, pétiolées, glabres, ovales, lancéolées, très-entières, longues d'un pouce au plus, aiguës à leur base, mucronées à leur sommet, persistantes dans leur pays natal ; les pétioles courts, géniculés; les fleurs petites, nombreuses, d'un blanc jaunâtre, disposées en petites grappes dans les aisselles des feuilles supérieures ; le calice persistant, à quatre divisions obtuses et profondes ; la corolle plus longue que le calice, composée de deux pétales à deux divisions oblongues, concaves; les étamines un peu plus longues que la corolle, insérées à la base des pétales; les anthères oblongues, à deux sillons; l'ovaire supérieur, ovale ; le style plus court que les étamines ; deux stigmates aigus, courbés en dedans. Le fruit est une capsule comprimée, membraneuse, un peu ovale, obtuse à ses deux extrémités, échancrée, à deux loges ailées, quelquefois trois. Chaque loge renferme une semence oblongue, presque cylindrique. (Poir.)

FONTE DE FER. (*Chim.*) On donne ce nom à la substance fondue que l'on obtient en premier lieu d'une mine de fer réduite dans les hauts fourneaux, au moyen du charbon. Nous allons en décrire les propriétés, et donner en même temps quelques détails théoriques sur la manière dont on l'obtient, et sur l'opération au moyen de laquelle on la convertit en fer malléable.

1.° *Grillage.*

Le grillage qu'on fait subir à plusieurs mines de fer en roche qui contiennent du soufre ou de l'arsenic, a pour objet d'en séparer ces substances. On fait aussi subir la même opération aux mines spathiques, afin de les rendre propres à éprouver, de la part de l'atmosphère à laquelle on les expose ensuite, une action qui en rend la réduction plus facile. En grillant ces mines, on en dégage de l'acide carbonique, de l'eau de cristallisation: l'oxide de fer qui s'y trouve absorbe en même temps l'oxigène, et elles perdent leur compacité. Si elles contiennent à la fois du soufre à l'état de pyrite et de la magnésie, il se produit du sulfate de cette base. Descotils prétend que l'exposition de ces mines à l'atmosphère, après le grillage, a pour objet d'en séparer la magnésie; que celle-ci est entraînée par les eaux pluviales, soit à l'état de sulfate, soit à l'état de carbonate, et qu'en perdant cette base elles perdent leur propriété réfractaire.

2.° *Fondage.*

A. Lorsqu'on traite par la méthode catalane une mine qui ne contient que de l'oxide de fer, celui-ci cède son oxigène au carbone du charbon que l'on a mêlé à la mine; il en résulte de l'acide carbonique, de l'oxide de carbone et du fer métallique.

B. Lorsqu'une mine contient, outre l'oxide de fer, de la silice, de l'alumine et de la chaux, on la traite dans les hauts fourneaux, afin de réduire l'oxide de fer, et de séparer les autres substances à l'état de laitier. Pour que ce but soit atteint, il faut que ces dernières soient dans une proportion telle qu'elles puissent se vitrifier. Conséquemment, si la mine contient trop d'alumine, on y ajoute du sous-carbonate de chaux (castine); si elle est trop calcaire, on y ajoute de l'argile (erbue), c'est-à-dire, de la silice et de l'alumine.

La mine de fer introduite par le gueulard dans un fourneau de 15 mètres de haut, met de 6o à 72 heures pour descendre

dans le creuset. Presque jusqu'au moment où elle arrive vis-à-
vis de la tuyère du fourneau, elle se trouve précisément dans le
même cas que si elle étoit chauffée dans une cornue; car, l'oxigène de l'air qui sort de la tuyère se portant sur le carbone,
l'air se trouve bientôt changé en un mélange d'acide carbonique, d'oxide de carbone et d'azote, qui ne peut exercer aucune action comburente sur le fer: conséquemment, la réduction de l'oxide de fer, et, suivant M. Berzélius, celle d'un peu de
silice, doivent avoir lieu comme dans un appareil clos. Lorsque
la matière arrive devant la tuyère, elle présente un mélange
de laitier et de fer, dont une partie est à l'état de carbure et
d'oxide noir. Ces matières, ne restant qu'un instant exposées au
vent du soufflet, ne peuvent guère éprouver l'action de l'oxigène, d'autant plus qu'il y a toujours un grand excès de charbon; alors elles se déposent dans le creuset; le laitier (1),
plus léger que le fer réduit, le surnage pour la plus grande
partie : cependant le fer en retient toujours une portion.

Quand les mines de fer, outre la silice, l'alumine, la chaux,
contiennent de la magnésie, de l'oxide de manganèse, des acides
phosphorique et chromique, ainsi que cela a lieu le plus souvent dans les mines terreuses, suivant l'observation de M. Vauquelin, on trouve dans la fonte une certaine quantité de ces
matières à l'état de laitier. ainsi que du phosphore, et probablement du manganèse et du chrôme, qui ont été désoxigénés
en même temps que le fer.

C'est la présence de ces matières dans le fer qui lui donne
sa propriété de casser, soit à chaud, soit à froid. La conversion
de la fonte en fer malléable, ou l'*affinage*, a donc pour but d'en
isoler ce métal. Mais, avant de parler de l'affinage, nous
exposerons les observations chimiques auxquelles la fonte a
donné lieu.

On a distingué les fontes en *fontes blanches*, en *fontes noires*,
en *fontes grises*, et en *fontes truitées*.

Fontes blanches.

Les fontes blanches peuvent avoir trois origines : ou elles

____

(1) Formé de silice, d'alumine, de chaux et d'une certaine quantité
d'oxide de fer.

proviennent de mines qui contiennent du soufre, du phosphore, de l'arsenic, du chrome, en un mot, des substances qui donnent de la fusibilité à la mine ; ou elles proviennent de mines de fer carbonaté, ou des fontes grises.

Fontes blanches de la première origine. Elles sont très-dures, très-cassantes, plus fusibles que les autres fontes ; elles contiennent peu de carbone, beaucoup de laitier, beaucoup de phosphure et d'oxide de fer qui a échappé à l'action du charbon. L'existence de cet oxide dans la fonte, et le peu de carbone qui s'y trouve, sont les conséquences de la fusibilité que les corps étrangers donnent à la mine ; car celle-ci, se fondant promptement, ne reste pas assez de temps en contact avec le charbon pour que tout l'oxide de fer perde son oxigène, et pour que le fer réduit se combine à du carbone.

Pour traiter avantageusement les mines qui donnent ces fontes blanches, il faut les mêler à des substances qui en diminuent la fusibilité. La chaux en excès peut être employée avec succès ; elle s'empare de l'acide phosphorique, et en rend la désoxigénation par le charbon très-difficile.

Fonte blanche de la seconde origine. Elle provient des mines de fer spathique. De toutes les fontes, c'est celle qui donne l'*acier naturel* de meilleure qualité. Sa conversion en fer doux est difficile.

Fonte blanche de la troisième origine. Lorsqu'on fait refroidir brusquement la fonte grise, celle-ci prend la couleur, la dureté de la fonte blanche.

Fontes noires.

Elles sont moins dures, moins fusibles, que les fontes blanches ; elles se liment très-bien ; elles sont presque toujours ductiles ; elles contiennent beaucoup plus de carbone que les fontes blanches, moins de laitier, moins d'oxide de fer et moins de phosphore et de chrome. Il est évident que, moins une mine sera fusible, plus de temps l'oxide de fer sera exposé au contact du carbone ; par conséquent, plus il y en aura de réduit, plus les circonstances seront favorables pour que le fer absorbe du carbone, et pour que le laitier se forme et se sépare d'avec la fonte.

Fontes grises.

Elles se rapprochent beaucoup des fontes noires ; elles

en diffèrent en général par une moindre quantité de carbone.
Il y a de la fonte grise *aigre*, il y en a de *douce*.

Fontes traitées.

Elles résultent d'une agrégation de fonte blanche et de
fonte grise ou noire, dont les parties de chacune d'elles sont
assez considérables pour être distinguées à la vue simple. Il est
probable qu'il existe beaucoup de fontes grises qui ne sont
qu'un mélange intime de fonte blanche et de fonte noire.

Passons au moyen qu'on peut employer pour analyser les
fontes, et supposons qu'il s'agisse d'y reconnoître la présence *du fer, du carbone, du phosphore, du chrome, du manganèse, de l'oxigène et du laitier*, formé principalement *de silice,
d'alumine et de chaux*.

Analyse des fontes.

On met dans un ballon 10 grammes de fonte ; on le ferme
avec un bouchon percé de deux trous : dans l'un on adapte un
tube en S, afin de porter dans le ballon l'acide qui doit atta-
quer la fonte ; dans l'autre un tube qui se rend dans un flacon
plein d'eau.

Quand tout est ainsi disposé, on verse dans le ballon une
quantité d'acide sulfurique à 20 d. (1), suffisante pour enlever
à la fonte tout ce qu'elle contient de soluble dans cet acide.
Après que l'acide a agi, on a trois produits : 1.° *une poudre
noire insoluble dans l'acide sulfurique,* 2.° *la dissolution sulfurique.* 3.° *un gaz.*

1.° *Poudre noire.*

Lorsqu'on a séparé la poudre noire de la dissolution sulfurique, qu'on l'a lavée avec soin et séchée, on la traite par
l'alcool. On filtre et on laisse évaporer spontanément la liqueur
filtrée ; il reste une huile claire, légèrement citrine, ayant
une saveur âcre et un peu piquante. C'est à M. Proust que nous
devons la découverte de cette huile. Elle se produit par
l'hydrogène provenant de la décomposition de l'eau, qui rencontre à l'état naissant du carbone très-divisé. Il est probable
que cette combinaison fixe un peu d'eau. Toute cette huile
ne se trouve pas dans le résidu : il y en a une portion qui s'est
déposée dans le tube à gaz. La matière indissoute dans l'alcool

<hr>

est formée de carbone, de phosphure de fer, de chrome, dont une partie au moins paroît à l'état métallique, et de silice, d'alumine de chaux, d'oxide de manganèse, et peut-être d'oxide de chrome. Ces six substances étoient probablement dans la fonte à l'état de laitier.

En faisant détoner ce résidu, avec trois parties de nitrate de potasse, dans un creuset d'argent, on obtient du sous-carbonate, du phosphate, du chromate, du silicate, de l'aluminate de potasse; on ajoute deux parties de potasse à la matière qui a détoné, et on fait chauffer jusqu'à la fusion; puis on fait bouillir le tout dans l'eau, et on filtre.

Résidu. Il est principalement formé d'oxides de fer et de manganèse, de chaux, et peut-être de silice, d'alumine et d'oxide de chrome. On dissout dans l'acide hydrochlorique; on fait évaporer à siccité, et on reprend par l'eau : ce qui n'est pas dissous est la silice qui peut retenir de l'oxide de chrome, ce qu'on reconnoît à la couleur verte qu'elle communique au borax avec lequel on la fond. On précipite la chaux par la quantité d'oxalate d'ammoniaque strictement nécessaire ; on précipite les oxides de fer et de manganèse par la potasse caustique en excès, qui dissout l'alumine. On sépare celle-ci de la potasse au moyen de l'hydrochlorate d'ammoniaque. Enfin on redissout les oxides de fer et de manganèse dans l'acide hydrochlorique, et on précipite le premier par le succinate d'ammoniaque.

Solution. On la neutralise par un excès de nitrate d'ammoniaque; on fait chauffer légèrement : la silice et l'alumine sont précipitées; on filtre. On précipite l'acide phosphorique de la liqueur filtrée par l'eau de chaux ou le nitrate de chaux; on filtre le liquide; on neutralise par l'acide nitrique l'excès de chaux, si l'on a employé cette base pure : en y ajoutant ensuite du nitrate de protoxide de mercure, on obtient un précipité, qui, étant calciné, laisse de l'oxide de chrome.

2.° *Dissolution sulfurique.*

En saturant l'excès d'acide de cette liqueur par le carbonate de potasse, on en précipite du *phosphate de fer* tenant un peu de *chromate.* Le phosphate provient de ce qu'une portion du phosphure de fer de la fonte s'est dissoute en s'oxigénant aux dépens de l'eau; mais cette portion est très-petite comparativement à celle qui reste dans la poudre noire.

La dissolution séparée du phosphate de fer peut contenir, avec le sulfate de fer, du sulfate de manganèse. Pour s'en assurer, il faut en prendre une portion ; la faire bouillir avec de l'acide nitrique, afin de suroxider le fer ; faire disparoître l'excès d'acide ; précipiter celui-ci par le succinate de potasse, et rechercher dans la liqueur la présence du manganèse. Il est nécesaire aussi d'y rechercher la présence de la chaux, de la magnésie et de l'alumine.

5.° *Gaz.*

Il est très-odorant ; il brûle en bleu, et produit alors beaucoup d'eau et un peu d'acides carbonique et phosphorique : il doit son odeur à du phosphore et à un peu d'huile. Si on le fait passer dans de l'eau de chlore, le phosphore est converti en acide phosphorique, l'huile est décomposée, et le gaz, après cette opération, n'a plus d'odeur ; il brûle en blanc rougeâtre, en produisant cependant encore un peu d'acide carbonique. En mesurant le volume du gaz hydrogène, on connoit la quantité d'eau qui a été décomposée, par conséquent la quantité d'oxigène qui s'est fixée au fer, au manganèse et au phosphore qui ont été dissous : en déterminant la proportion de l'acide phosphorique, de l'oxide de fer et de l'oxide de manganèse (la quantité de ce dernier est toujours très-foible), on voit s'ils contiennent plus d'oxigène que l'eau qui a été décomposée. Dans ce cas, l'excès d'oxigène fait connoître la quantité de fer qui étoit dans la fonte à l'état d'oxide.

Pour apprécier la proportion du carbone de la fonte d'une manière rigoureuse, il faut la dissoudre par l'acide sulfureux. Le résidu noir pouvant retenir du soufre, il est bon de le faire bouillir dans l'eau de potasse.

Affinage. Amener à l'état métallique l'oxide de fer qui se trouve dans la fonte, séparer du fer les corps qui en altèrent la ductilité ; tel est, ainsi que nous l'avons déjà dit, l'objet de l'affinage.

Les substances qu'on sépare du fer par l'affinage, sont à l'état de laitier, crasses ou scories, et à celui de sublimé.

La fonte est, comme on sait, chauffée dans un fourneau appelé *ouvrage*, *renardière*, etc., jusqu'à ce qu'elle soit liquéfiée. En la tenant quelque temps fondue, il s'en sépare des scories, qui ne sont que du laitier mêlé de plus ou moins de fer métallique ; en même temps, la plus grande partie du charbon contenu dans la fonte réduit l'oxide de fer : à mesure que le laitier, le charbon et l'oxigène abandonnent le métal, la fonte perd de sa fluidité ; elle se réduit en grumeaux, que l'on réunit en une masse poreuse appelée *loupe* : en battant la loupe sous le martinet, on en expulse presque tout le laitier qui y restoit, et en même temps les parties métalliques se rapprochent et se soudent.

Les scories varient suivant la nature des mines. Dans celles qui contiennent le plus de substances étrangères, comme les mines terreuses de Drambon, examinées par M. Vauquelin, on trouve beaucoup de fer métallique, de l'oxide de manganèse, de la silice, de l'alumine, de la chaux, de l'acide phosphorique, et du chrome à l'état d'oxide ou d'acide. On trouve à peu près les mêmes matières que celles des scories dans le fer plus ou moins oxidé, qui se condense dans les cheminées du fourneau d'affinage. Il est vraisemblable que la plus grande partie de ces matières est plutôt entraînée mécaniquement par le courant d'air, que réduite à l'état gazeux par la force expansive de la chaleur. L'opinion émise dans la plupart des ouvrages qui parlent de l'affinage du fer, qu'*une partie du charbon de la fonte est brûlée par l'air atmosphérique que les soufflets portent sur la surface de la fonte*, ne nous paroit pas suffisamment prouvée ; car, à cette haute température, le fer brûlant très-facilement et le carbone ne se trouvant dans la fonte que dans une foible proportion, n'arrive-t-il pas qu'il doit y avoir plus de fer brûlé que de carbone ; qu'en conséquence l'air ne doit pas contribuer à diminuer la proportion du carbone par rapport au fer ?

Les fers contiennent toujours, ou presque toujours, de petites quantités de carbone, de silice ou de laitier, et quelquefois du phosphure de fer. On peut les analyser comme les fontes.

Nous terminerons cet article en présentant plusieurs résultats d'expériences analytiques de Bergman, sur les fontes, les aciers et le fer.

100 grains (1) des matières suivantes ont été dissous dans l'acide sulfurique d'une densité de 1,129, et ont donné :

____

(1) Poids et mesures de Paris.

Gaz hydrogène.

Pouces cubes (1).   Durée en minutes
                                     de la dissolution.

Fonte noire de Lewfstad... 56,9 45
       grise. 51,6 45
Fer de Lewfstad 66,1 15
Fonte d'Ullefors 54,2 45
Fer 66,1 15
Fonte d'Akerby 50,2 50
Fer d'Akerby........... 65,5 15
Fonte de Formark 52,9 55
Acier de Formark
   recuit ou trempé 63,5 10
Fer de Formark 67,5 15
Fonte d'Hallefors
   bien réduite. 63,5 15
Fonte d'Husaby 63,5 30
Acier aimanté d'Husaby .. 58,2 25
Fer d'Husaby 66,1 6
Acier anglois refondu 59,5 12

Résidu noir obtenu par l'acide sulfurique, d'une densité de 1,129,
de 100 parties des substances suivantes :

Fonte noire de Lewfstad 4
Fonte grise de Lewfstad 5,3
Fer battu provenant de cette fonte 0,3
Fonte d'Ullefors 2,0
Fer battu d'Ullefors 0,1
Fonte d'Akerby 2,6
Fer battu d'Akerby...................... 0,5
Fonte de Formark 3,0
Acier de Formark 0,5
Fer de Formark 0,1
Fonte d'Hallefors bien réduite 5,3
Fonte d'Hallefors mal réduite 4,5
Acier d'Husaby 1,7
Fer forgé d'Husaby...................... 0,6
Acier anglois 0,4

(1) Poids et mesures de Paris.

Ces résidus noirs calcinés, brûlés sous une moufle, ne perdent jamais plus de la moitié de leur poids de charbon. Le résidu fixe est de la silice blanche.

Des parties constituantes de 100 grains de fer dans ses divers états, d'après Bergman.

	EXTRÊME en moins.	EXTRÊME en plus.	TERME moyen.
Matières contenues dans la fonte.			
Silice..........................	1,10	3,40	2,25
Charbon ou plombagine.................	1,10	3,30	2,20
Manganèse.....................,....	0,50	30,00	15,25
Fer............................	97,30	63,30	80,30
TOTAL.........	100	100	100
Pouces cubes d'air inflammable...........	50,2	63,50	56,85
Pesanteur spécifique moyenne............			7,760
Matières contenues dans l'acier.			
Silice..........................	0,3	0,90	0,60
Charbon ou plombagine.................	0,2	0,80	0,50
Manganèse........................	0,5	30,00	15,25
Fer............................	99,0	68,30	83,65
TOTAL.........	100	100	100
Pouces cubes d'air inflammable...........	58,2	63,50	60,85
Pesanteur spécifique moyenne............			7,720
Matières contenues dans le fer.			
Fer ductile.			
Silice..........................	0,05	0,30	0,175
Charbon ou plombagine.................	0,05	0,20	0,125
Manganèse........................	0,50	30,00	15,25
Fer............................	99,40	69,50	84,45
TOTAL.........	100	100	100
Pouces cubes d'air inflammable...........	65,5	67,5	66,5
Pesanteur spécifique moyenne............			7,782

	EXTRÊME en moins.	EXTRÊME en plus.	TERME moyen.
Fer cassant à chaud.			
Silice..			0,8
Charbon ou plombagine............................			0,7
Manganèse...			0,5
Fer..			98,0
TOTAL........................			100
Pouces cubes d'air inflammable..............	63,5		63,5
Pesanteur spécifique moyenne................			7,753
Fer cassant à froid.			
Silice....................................	0,05	0,30	0,175
Charbon ou plombagine.................	0,05	0,30	0,175
Manganèse..............................	0,50	2,00	2,250
Fer.....................................	99,40	97,40	97,400
TOTAL...........	100	100	100
Pouces cubes d'air inflammable.............	66,1	68,8	67,45
Pesanteur spécifique moyenne..............			7,778

M. Vauquelin, ayant examiné plusieurs sortes de fonte et
de fer, y a trouvé du manganèse, mais dans une proportion
très-foible. Il est généralement reconnu aujourd'hui que la
proportion de 80 de manganèse pour 100 de fonte, d'acier
et de fer, donnée dans la table précédente, est beaucoup
trop forte.

Densités de plusieurs sortes de fonte, fer et acier, par Bergman.

Nᵒˢ			
1.		blanche, pauvre........................	6,601
2.	Fonte.....	grise, riche...........................	6,859
3.		noire, supersaturée..................	7,262
4.		d'Husaby.............................	7,742
5.		de M. Quist..........................	7,643
6.	Acier.....	anglois..............................	7,775
7.		de Formark..........................	7,727
8.		d'Osterby...........................	7,784
9.		le même, trempé....................	7,693
10.		de Lewfstad........................	7,754
11.	Fer ductile	de Braas, rendu ductile............	7,751
12.		de Braatfors........................	7,798
13.		d'Osterby..........................	7,827
14.	Fer cassant à chaud de Norrberh............		7,753
15.	Fer cassant à froid	de Braas..............	7,792
16.		d'Husaby............................	7,791

(Cн.)

FONTENELLE, d'Adanson (*Bot.*). Voyez Fontinale. (Lem.)

FONTILAPATHUM. (*Bot.*) C. Bauhin dit que Burser lui avoit envoyé d'Autriche, sous ce nom, le *potamogeton pectinatum*. (J.)

FONTINALE, *Fontinalis*. (*Bot.*) Genre de plantes de la famille des mousses, qui tire son caractère essentiel de la structure de son péristome qui est double : l'extérieur a seize dents droites, un peu élargies ; l'intérieur est membraneux, conique et réticulé.

Les fontinales sont des mousses qui, comme l'exprime leur nom, vivent dans les eaux des fontaines et des ruisseaux. Elles y prennent un grand développement ; et, comme presque toutes les mousses qui croissent dans l'eau, on les trouve rarement avec leur fructification, la nature opérant leur multiplication par les nombreux bourgeons dont elles sont garnies, et qui se développent avec rapidité, au point que l'espèce la plus commune forme, en grande partie, les masses tourbeuses qui se forment de nos jours dans certains marais. Les fontinales ont une tige très-rameuse, qui s'élève à la surface de l'eau, et s'alonge beaucoup lorsque l'eau est courante. Cette tige et ses ramifications sont garnies dans toute leur longueur de feuilles petites, disposées sur deux ou trois rangées, ou même éparses, et presque toujours imbriquées.

Les fontinales sont monoïques et quelquefois dioïques. Les gemmules, qu'Hedwig regarde comme les fleurs mâles, sont axillaires, ainsi que les fleurs femelles ou les urnes. Celles-ci sont presque sessiles et presque entièrement cachées par les folioles de la collerette ou périchœtium, qui l'entourent à la base, en forme de godet. La coiffe qui recouvre l'urne est lisse.

La floraison de ces plantes s'opère à la surface de l'eau ; alors les rameaux élèvent leurs sommités.

Le nombre des espèces n'est pas très-considérable ; Bridel le porte à cinq, et peut-être faudra-t-il y ajouter une sixième espèce, le *fontinalis juliana*, de Savi (ou *skitophyllum fontanum*, Bach. de la Pyl., Journ. Bot. 1814, 2, p. 158, tab. 3, f. 2) ; mousse qu'on n'a pas encore trouvée en fleurs, qui a le port des fontinales, et qui, comme elles, croît et flotte dans les eaux des fontaines et des ruisseaux. M. Grateloup l'a trouvée à

Dax; M. Hectot, à Nantes; M. Duvau, à Rennes, à Laval, à Ponthivy; M. Bachelot, à Angers; et M. Savi, dans les fossés des eaux thermales de Saint-Julien.

Les botanistes ont éliminé de ce genre le *fontinalis minor* de Dillen et de Linnæus, qui, d'après Turner, n'est autre chose que le *trichostomum fontinaloides* d'Hedwig, comme il s'en est assuré par la comparaison des échantillons conservés dans l'Herbier de Linnæus avec ceux de la mousse d'Hedwig. C'est aussi le *fontinalis alpina* de Dickson ou *cicclidotus* de M. Palisot - Beauvois ; mais cette plante, que Bridel place dans son genre *Racomitrum*, et qui constitue le genre *Sekra* d'Adanson, n'est point le *fontinalis minor* de Villars et de la plupart des auteurs, lequel est une véritable espèce de fontinale, déjà décrite par Linnæus sous le nom de *fontinalis squammosa*.

Il y a encore le *fontinalis pennata*, Linn., qui n'appartient pas à ce genre ; cette mousse est le *neckera pennata*, Hedw. C'est aussi au genre *Neckera* qu'on rapporte les *fontinalis crispa* et *disticha* de Swartz. Voyez Harrisona, et *Pilotrichum*. Ce dernier genre, établi par Beauvois, renferme aussi les *fontinalis filicina* et *filiformis*, Sw. Enfin, le *fontinalis albicans*, Gmel. est placé dans le genre *Hedwigia*, par M. Beauvois.

Voici les espèces qui composent le genre Fontinale.

La Fontinale incombustible ; *Fontinalis antipyretica*, Linn., Hedw., Lamk., *Illust.*, tab. 873 ; Sowerb., *English Bot.*, tab. 359 : *Fontinalis*, Dillen., *Musc.*, tom. 55, f. 1 ; *Muscus*, Vaill., *Fl. Par.*, tab. 33, f. 5. Tige très-rameuse, ayant jusqu'à un pied et demi de longueur ; feuilles disposées sur trois rangs, lâchement imbriquées, ovales-lancéolées, pointues, pliées et courbées en forme de triangle caréné, légèrement dentelées sur le bord, se divisant en deux parties dans leur vieillesse seulement : urnes presque sessiles, subcylindriques ; opercule conique, obtus, quelquefois alongé ; péristome externe rouge, à dents élégamment striées et réticulées ; péristome interne rougeâtre, membraneux, conique, réticulé. Cette mousse se trouve presque partout dans l'hémisphère septentrional, depuis la Propontide jusqu'en Laponie ; elle aime les eaux pures et courantes, et flotte à leur surface ; elle est verte ; mais, par la dessiccation, elle noircit. Ses rameaux florifères se redressent hors de l'eau, lors de la floraison, puis ils s'enfoncent de nouveau. Elle croît quelquefois, en immense quantité, dans les marais et sur le bord des rivières ; sur les roues des moulins, même celles en activité, ainsi que nous l'avons vu sur les rouages de la machine de Marly. Cette mousse n'a aucun usage important ; cependant Linnæus rapporte que les Lapons en revêtissent leurs cheminées de bois pour empêcher que le feu n'y prenne. Voilà pourquoi Linnæus lui a donné le nom spécifique d'*antipyretica*. Ce n'est pas toutefois que cette mousse soit incombustible, car elle est aussi combustible que toute autre mousse ; mais, comme elle conserve beaucoup d'humidité, et long-temps, elle peut empêcher la communication du feu.

Le *fontinalis erecta* de Villars n'en est qu'une variété droite, selon Decandolle.

La FONTINALE ÉCAILLEUSE : *Fontinalis squammosa*, Linn., Hedw., *St. Crypt.*, 3, tabl. 12 ; Dill., t. 33, f. 3 ; *Fontinalis minor*, Villars et Auctor., non Linnæus. Tige grêle, rameuse à l'extrémité ; feuilles disposées sur trois rangs, lancéolées en alène ; urnes presque sessiles, axillaires, cylindriques ; opercule conique, obtus, court. Cette espèce se trouve dans les ruisseaux et les torrens des montagnes alpines ou avoisinantes, dans toute l'Europe septentrionale, et même dans l'Amérique boréale, si l'on en croit Schwægrichen. Adanson place cette mousse dans son genre *Harrisona*.

La FONTINALE FALCIFORME ; *Fontinalis falcata*, Hedw., *Musc. frond.*, v, III, p. 57, tab. 24 ; Bridel. Tige un peu rameuse ; feuilles disposées sur trois rangs, mais toutes rejetées du même côté, en manière de faux, carénées, à une seule nervure ; feuilles du périchœtium engaînantes, lancéolées, terminées en pointes alongées ; urnes ovales-oblongues, portées sur des pédicelles saillans. Cette mousse n'a pas encore été trouvée ailleurs qu'en Laponie, en Suède et en Frise, dans les ruisseaux et les rivières, attachée aux pierres.

La FONTINALE CAPILLACÉE ; *Fontinalis capillacœa*, Smith, *Fl. Brit.* Tige rameuse ; feuilles éparses, linéaires, sétacées, carénées et falciformes ; feuilles du périchœtium aiguës, réunies en une pointe piquante ; urnes droites, presque cylindriques, à opercule conique, subulé, très-pointu. Cette mousse est indiquée dans les ruisseaux des montagnes de la

Suède et dans les eaux de la Pensylvanie aux Etats-Unis. Bridel se demande si ce n'est pas une espèce du genre *Anectangium*.

La Fontinale subulée : *Fontinalis subulata*, Pal. Beauv.; Brid. Tige flottante, très-rameuse, à rameaux étalés ; les supérieurs recourbés en dedans : feuilles imbriquées sur deux rangs, étalées, lancéolées-subulées, carénées, à nervures continues ; feuilles du périchœtium formant une espèce de gaîne qui enveloppe l'urne. Cette espèce a été observée par M. Palisot-Beauvois, dans les eaux pures de l'Amérique septentrionale, en Géorgie. (Lem.)

FONTINALIS. (*Bot.*) J. Bauhin est un des premiers botanistes qui aient fait usage de ce nom pour désigner la fontinale incombustible, espèce de mousse décrite au genre Fontinale. Dillen, et après lui, presque tous les botanistes, ont nommé *fontinalis* le genre qui comprend cette mousse, et auquel les botanistes ne rapportent pas tous les mêmes espèces. (Voyez Fontinale.) Anciennement le nom de *fontinalis* a été appliqué à diverses plantes aquatiques. (Lem.)

FONTON. (*Ornith.*) L'oiseau de Guinée qui porte ce nom, et dont il est fait mention dans la Description de l'Afrique par Dapper, p. 258, et dans la relation de la même partie du monde, par de La Croix, t. 2, p. 523, est vraisemblablement le coucou indicateur, *cuculus indicator*, Lev. (Ch. **D.**)

FONTSI, Ontsi. (*Bot.*) Une variété de bananier, distincte par ses fruits gros et longs comme le bras, est ainsi nommée à Madagascar, suivant Flacourt. (J.)

FOO, Moo, Itzingo (*Bot.*), noms japonois d'une ronce, *rubus cæsius*, suivant Kæmpfer et Thunberg. Celui de *foosen* est donné à deux roses, *rosa canina* et *indica*, ainsi qu'à la belle-de-nuit, *nyctago* ; ceux de *foo-ski* et *foo-dsuki* à un coqueret, *physalis angulata* ; celui de *fooki-gusa* à une anserine, *chenopodium scoparium*. (J.)

FOOAHA (*Bot.*), nom arabe de la garance, **suivant Shaw.** M. Delile l'indique sous celui de *fouah*. (J.)

FOORAHA. (*Bot.*) Voyez Fouraha. (J.)

FORA-O. (*Mamm.*), nom du furet en Portugal : de là *forà-o de Scythia* est le nom de la martre-zibeline dans la même contrée. (F. C.)

FORAS-L'BON (*Mamm.*), nom de l'hippopotame, dans la Basse-Egypte, suivant Zerenghi. (F. C.)

FORBESINA (*Bot.*), nom italien donné dans les environs de Bologne, suivant Gesner, cité par C. Bauhin, au *bidens tripartita*: Césalpin le nomme *verbesina*; Dodoens, *hepatorium aquatile* et *pseudo-hepatorium*. (J.)

FORBICINE, *Forbicina* (*Entom.*), nom d'un genre d'insectes aptères à mâchoires, de la famille des séticaudes ou nématoures, à corps aplati, à six pates, à antennes longues en soie, et à ventre ou abdomen distinct du corselet, terminé par des soies alongées.

Ce nom de forbicine se trouve dans Aldrovande, *de Insectis, lib. v*, *cap.* 8. D'après la figure, il convient à l'insecte qui fait l'objet de cet article : aussi Geoffroy, qui a caractérisé le genre, a-t-il adopté le nom d'Aldrovande, qui l'avoit appelé ainsi pour indiquer ses rapports avec le perceoreille, en latin *forficula*. Quoique les forbicines soient aptères, elles ne paroissent cependant pas éloignées, par l'organisation, les mœurs et les habitudes, des insectes de ce dernier genre, ou plutôt des blattes et autres orthoptères.

Fabricius a donné aux forbicines de Geoffroy le nom de *lepisma*. Ce nom indique l'une des particularités de ce genre, dont toutes les espèces sont en effet couvertes de petites écailles brillantes, comme celles des poissons, du mot grec λεπίς, écaille.

Les forbicines sont des insectes qui fuient la lumière, comme les blattes; qui se retirent dans les lieux secs et obscurs, et qui courent, pendant la nuit et dans le danger, avec une grande vivacité. Cette célérité dans la fuite, et les écailles nacrées dont la plupart des espèces sont couvertes, les ont fait désigner sous le nom de petits poissons de terre par les enfans; et, comme on les rencontre souvent dans les armoires où l'on conserve le linge, les vêtemens, les provisions, on leur a aussi donné le nom de lingères.

Comme le remarque Geoffroy, ces insectes ont trois caractères essentiels, dont un seul suffiroit pour les distinguer de tous les autres genres. Le premier de ces caractères consiste dans la forme des pates qui sont larges et aplaties, surtout à leur origine, et qui, de plus, à cet endroit de leur naissance dont elles s'écartent à angle droit, comme dans les lezards, sont recouvertes de grandes et larges plaques minces, semblables à de grandes écailles, comme dans les blattes de cuisines : une partie de la cuisse de l'insecte est cachée sous ces écailles : et lorsqu'il replie les articulations de ses pates, en les ramenant sous le corps, il peut les tenir presque entièrement à couvert. Le second caractère des forbicines consiste dans les deux palpes alongés et très-mobiles, qui garnissent la bouche de ces insectes. Enfin, le troisième et dernier caractère dépend de la conformation de la queue, qui est garnie de trois longs filets, dont l'un, qui est celui du milieu, est droit et dans la même direction que le corps. Les deux latéraux peuvent rester et restent presque constamment dans une direction différente, et forment, avec le corps et le filet du milieu, un angle presque droit. Outre ces trois grands filets, les parties latérales du ventre de la forbicine sont encore garnies d'une rangée de petits appendices soyeux, articulés à leur base ; l'animal s'en sert pour s'appuyer sur le sol et courir plus rapidement.

On ne connoit pas encore le mode de réunion des sexes, et on n'a pas observé les différences qu'ils présentent. Les œufs passent probablement l'hiver ; car on voit au printemps de petits individus qui ne paroissent pas éprouver de véritable métamorphose, mais seulement une mue, comme cela arrive à la blatte des cuisines, qui ne prend jamais d'ailes.

Les espèces de ce genre sont les suivantes :

Forbicine lingère ou du sucre ; *Lepisma saccharina.*

Aptate, alongée, d'un gris argenté. Geoffroy, Insectes des environs de Paris. tom. ii, pl. 20, fig. 5.

L'insecte est demi-cylindrique, d'un gris argenté, bleuâtre ou blanchâtre. Linnæus dit que cet insecte est originaire de l'Amérique ; qu'on le trouve dans les habitations, dans les meubles, et surtout avec le sucre ; qu'il est venu en Europe avec cette denrée, et qu'il s'y est propagé ; qu'en 1770 à peine avoit-il pénétré en Suède. De Villers croit que cet insecte ne fait pas tort aux livres : qu'au contraire il fait sa nourriture principale des cirons, qui se développent dans la matière amylacée cuite, et qu'on nomme des psoques ou des poux du bois.

Forbicine rubannée; *Lepisma vittata.*

Grisâtre, à points noirs, très-irréguliers, et à cinq lignes longitudinales blanches.

Cette espèce est devenue très-commune à Paris : on la trouve le soir sur les murs élevés, exposés au midi ou au levant; elle se retire de jour dans les fentes des murailles et dans les boiseries qui garnissent et forment les croisées : elle atteint quatre fois la longueur de la vulgaire.

Forbicine rayée; *Forbicina lineata.*

Brune, avec deux lignes blanches longitudinales, blanche en dessous.

De Villers l'a observée en Suisse.

M. Latreille a désigné, sous le nom de Machile (voyez ce mot), des espèces de forbicines, entre autres la polypode, celle que Geoffroy a nommée la sauteuse, parce qu'elle a le corps cylindrique, et qu'elle saute, à l'aide d'une sorte de fourche qui se replie sous le ventre, à peu près comme dans les podures. Nous en avions fait le genre Lépisme, dans le tableau analytique de la famille des séticaudes, de la Zoologie analytique. Pour éviter la confusion, nous adopterons le nom de *machile.* (C. D.)

FORELLE, Fohre (*Ichthyol.*), deux des noms allemands de la truite. (H. C.)

FORELKRA (*Ichthyol.*), un des noms norwégiens de la truite. (H. C.)

FORESTIÈRE, *Forestiera.* (*Bot.*) Genre de plantes dicotylédones, à fleurs incomplètes, dioïques, de la famille des jasminées, de la *dioécie diandrie* de Linnæus, qui présente pour caractère essentiel : Des fleurs dioïques : dans les fleurs mâles, un calice à quatre folioles lancéolées; point de corolle; deux ou trois étamines : dans les fleurs femelles, un calice à quatre folioles, deux opposées plus grandes; un ovaire supérieur, pédicellé, contenant deux ovules; un style; un stigmate en tête, à deux lobes : le fruit est une baie drupacée, ordinairement monosperme.

Ce genre a été établi par Michaux, sous le nom d'*adelia;* Willdenow y a substitué celui de *borya* : mais ces deux noms ayant été déja employés, le premier par Linnæus, le second par M. de Labillardière (voyez Adelie et Vincerole; Borya),

Tom. **v**, Suppl.), j'ai été forcé d'en adopter un autre, que j'ai consacré à la mémoire de mon estimable ami Forestier, dont j'ai à regretter la perte presque récente. Il exerçoit la médecine à Saint-Quentin; il aimoit beaucoup la botanique, et s'est toujours fait un plaisir d'en inspirer le goût et d'en faciliter l'étude à ceux qui s'y livroient : c'est de lui que j'en ai reçu les premières leçons, et je lui dois les momens bien agréables employés à l'étude de cette aimable science. Ce genre comprend des arbrisseaux à feuilles opposées, dont les fleurs sont fort petites, axillaires, agglomérées.

FORESTIÈRE ACUMINÉE : *Forestiera acuminata*, Poir., Encycl. Sup. et *Ill. Gen. Sup. Icon.; Adelia acuminata*, Mich., Amér., 2, tab. 48; *Borya acuminata*, Willd., *Spec.* Arbrisseau glabre sur toutes ses parties, dont les tiges se divisent en rameaux étalés, parsemés de points blancs, garnis de feuilles opposées, pétiolées, ovales-lancéolées, à peine denticulées, longues de deux ou trois pouces : souvent de l'aisselle des feuilles sortent, sous la forme d'une longue épine, de petits rameaux nus ou feuillés. Les fleurs sont dioïques; les fleurs mâles sessiles; les femelles longuement pédonculées, droites, réunies par fascicules dans l'aisselle des feuilles. Il leur succède une baie, ou plutôt un drupe alongé, un peu arqué, terminé en forme de bec, renfermant une semence oblongue, rétrécie à ses deux extrémités. L'embryon est renfermé dans une substance épaisse, charnue, un peu cornée. Cette plante croît sur les bords des rivières, à la Caroline, et dans la Géorgie.

FORESTIÈRE A FEUILLES DE TROÈNE: *Forestiera ligustrina*, Poir., Encycl. Sup.; *Adelia ligustrina*, Mich., l. c.; *Borya*, Willd., *Spec.* Arbuste d'un aspect élégant, qui ressemble au troëne par ses feuilles et son port. Ses rameaux sont glabres, garnis de feuilles glabres, opposées, pétiolées, un peu membraneuses, oblongues-lancéolées, très-entières, aiguës au sommet, rétrécies à leur base; les pétioles très-courts. Les fleurs sont axillaires, fasciculées, accompagnées à leur base de quelques petites écailles en forme de bractées. Les fruits sont courts et ovales. Cet arbuste croît parmi les broussailles, au pays des Illinois et à Tennassée.

FORESTIÈRE POREUSE : *Forestiera porulosa*, Poir., Encycl. Sup.; *Adelia porulosa*, Mich., l. c.; *Borya*., Willd., *Spec.* Arbrisseau garni de feuilles sessiles, coriaces, opposées, oblongues-lancéolées ou un peu ovales, glabres à leurs deux faces, obtuses au sommet, rétrécies vers leur base, vertes en dessus, presque couleur de rouille en dessous, un peu roulées à leurs bords, parsemées de pores transparens. Cette plante croît dans la Floride, sur les bords de la mer.

Forestière a feuilles de cassine : *Forestiera cassinoides*, Poir., Encycl. Sup.; *Adelia foliis ovatis*, etc., Brown, *Jam.*, 561, tab. 56, fig. 5; Lamk., *Ill. gen.*, tab. 831, fig. 1. Cette plante croit aux Antilles. Elle a le port d'un *cassine*; ses rameaux sont glabres et cendrés; ses feuilles opposées, pétiolées, coriaces, en ovale alongé, entières, obtuses, roulées à leurs bords, glabres à leurs deux faces, veinées et réticulées en dessous. Les fleurs sont petites, dioïques, réunies dans l'aisselle des feuilles en petits paquets pédonculés. (Poir.)

FORESTIERS. (*Ornith.*) Ce terme qui, dans la traduction donnée par Sonnini de la seconde partie des Voyages de M. d'Azara dans l'Amérique méridionale, correspond aux *monteses* de l'auteur espagnol, tom. 1, p. 429 de son Ornithologie du Paraguay, ne sauroit caractériser avec précision aucune famille particulière; et M. d'Azara ne l'a employé qu'à défaut d'une dénomination plus convenable, pour désigner des oiseaux qui habitent constamment les bois épais et fourrés, sans même se poser sur les branches sèches. Il leur a trouvé des rapports avec les becs-en-poinçon; mais leur bec est plus pyramidal, comprimé sur les côtés et un peu courbé, par où ils diffèrent surtout des derniers, qui l'ont tout-à-fait droit. Les narines sont placées dans un enfoncement, et la langue, dont la forme n'est indiquée que pour la première espèce, est un peu grosse et étroite. L'auteur espagnol fait aussi l'énumération d'autres particularités par lui observées, et qui, quoique d'une importance secondaire, lui paroissent propres à mieux établir la séparation entre les becs-en-poinçon et les forestiers. Ceux-ci ont le corps plus gros, ainsi que la tête, dont le sommet, comme le dos, est moins garni de plumes; les douze pennes caudales sont plus foibles, plus longues, et ont l'extrémité un peu pointue; l'aile, également pointue, est plus courte et moins forte; la plus longue de ses dix-huit pennes est la quatrième; la jambe, le tarse et

les doigts sont un peu plus longs; les mouvemens n'ont pas
autant de vivacité, et l'instinct paroît être doué de moins de
finesse. Ces oiseaux sédentaires ne se rassemblent que par
paires, et même peut-être point pendant l'année entière.

Ces caractères rapprochent les forestiers des *fringilles ;* mais,
celles-ci ayant le bec droit, tandis qu'il est courbé chez les
autres, cette circonstance est suffisante pour les en séparer.
M. Vieillot leur a aussi trouvé de grands rapports avec ses
némosies ; mais ces derniers oiseaux ont, à l'extrémité de la
mandibule supérieure, une petite échancrure dont M. d'Azara
ne parle point, et il seroit nécessaire d'avoir des détails plus
étendus pour former des forestiers un genre distinct. On se
bornera donc provisoirement à indiquer ici les cinq espèces
que M. d'Azara a décrites sous ce mot.

Le Forestier a tête dorée, Az., n.° 113, est long de cinq
pouces et demi; sa queue est étagée; il a la tête d'un beau
jaune, qui jette des reflets d'or jusqu'aux yeux; la gorge,
les côtés du corps et les plumes anales, sont d'un blanc doré;
le reste des parties inférieures est blanc, et les parties supérieures sont brunes. Le bec, d'un brun clair en dessus, est
d'un bleu de ciel en dessous; l'iris est brun, et les tarses sont
plombés. Le naturaliste espagnol regarde comme la femelle
un individu dont les ailes avoient moins d'envergure, dont la
tête étoit d'un roux doré avec quelques taches plus vives, et
dont les autres parties étoient d'un brun jaunâtre, plus clair
en dessous. Ces oiseaux sautillent presque sans cesse à la
moitié des arbres touffus.

Le Forestier a tête écarlate, Az., n.° 114, qui est très-rare
au Paraguay, et qui, suivant Sonnini, seroit le même que
l'oiseau figuré dans la Zoologie danoise, pl. 54, n.° 284, sous
le nom de mésange grise, couronnée d'écarlate, *parus griseus,*
Gmel. et Lath., n'a que cinq pouces deux lignes de longueur:
son bec, noirâtre en dessus et d'un bleu terreux en dessous,
est, ainsi que les yeux, entouré de noir; le reste de la tête est
d'un rouge écarlate. Les couvertures supérieures des ailes sont
noires, et les couvertures inférieures blanches. Leurs pennes
sont noirâtres, et le plumage est, sur les autres parties du
corps, d'un bleu d'ardoise plus clair en dessous.

Le Forestier vert a tête rousse, Az., n.° 115, est long de

six pouces. La penne extérieure de la queue, de chaque côté, est de deux lignes et demie plus courte que les intermédiaires; le bec, brun en dessus et blanchâtre en dessous, est presque droit. Le sommet de la tête est roux; les côtés sont cendrés, et le derrière du cou est verdâtre, ainsi que le dos; le devant du cou, les couvertures des ailes et le bord des pennes sont jaunes; la poitrine et le ventre sont d'un blanc roussâtre, et les plumes anales offrent une teinte mélangée de jaune, de vert et de blanc.

Le Forestier rouge et noiratre, Az., n.° 116, dont le ramage est agréable, a cinq pouces et demi de longueur, et la penne extérieure de la queue, de chaque côté, est plus courte que les autres de quatre lignes. Le dessus de la tête, ses côtés et le haut du cou, sont d'un noir bleuâtre; il y a au-dessus des yeux un trait blanchâtre; un autre, de la même couleur, part du coin de la bouche, et un troisième, au-dessous, est d'une teinte noirâtre; le bas du cou et la moitié du dos sont d'un roux brun, et l'autre moitié est rougeâtre, ainsi que le croupion; les couvertures des ailes sont plombées, et les pennes alaires et caudales sont noirâtres, avec une bordure rousse; l'extérieure de ces dernières pennes est terminée par une tache blanche. La gorge et le devant du cou sont d'un brun clair; le ventre est blanchâtre, et les plumes anales sont d'un noirâtre brillant.

Le Forestier doré et noiratre, Az., n.° 117, est de la même taille que le précédent. Le bec, noirâtre en dessus et blanchâtre en dessous, est jaune à sa base, et la même couleur s'étend sur les côtés de la tête et les parties inférieures; une portion de l'aile est de couleur d'or. L'oiseau a le dessus du corps d'un vert sombre, raison pour laquelle, sans doute, M. Vieillot a substitué, à l'épithète de noirâtre, celle de verdâtre, qui paroît en effet lui mieux convenir. M. d'Azara fait mention d'un autre individu, moins long de trois lignes et demie, dont le bec n'étoit pas comprimé, et dont les couleurs présentoient quelque différence.

Trois chipius de l'auteur espagnol ont été réunis par M. Vieillot aux forestiers, quoiqu'ils ne pénètrent point dans les bois, dont ceux-ci ne quittent jamais les parties les plus épaisses. Ce sont les chipius noir et rougeâtre, brun et roux,

noir et blanc, n.ᵒˢ 142 , 143 et 144 des Oiseaux du Paraguay ,
qui sont décrits sous le mot Chipiu , pag. 591 du tom. viiiᵉ de
ce Dictionnaire. (Ch. D.)

FORET (*Conchyl.*), nom marchand d'une espèce de coquille
du genre Vis, le *murex strigillatus* de Linnæus. (De B.)

FORFICULE, ou Perce-oreille, *Forficula.* (*Entomol.*) Linnæus a désigné ainsi un genre d'insectes orthoptères, déjà
décrits par Mouffet sous ce nom latin et sous celui d'*auricularia*, et qui paroît correspondre aux *orsodacnes* (ορσοδαχυη ,
prêts à mordre) d'Aristote.

Ce genre est réellement tout-à-fait anomal ; aussi en avons-
nous formé une famille distincte parmi les orthoptères, sous
ce même nom françois de perce-oreilles, ou labidoures, des
mots grecs λαϐὶς ιδὸς, tenaille, et de ουρα, queue. Il nous
paroît que le nom de perce-oreilles tient à la conformation
de l'extrémité du ventre, qui ressemble à une sorte de te-
nailles ou de petites pinces courbées dont se servoient
autrefois les orfèvres pour percer le lobe inférieur de l'oreille
et y introduire l'anneau des boucles d'oreilles. On nommoit ,
en vieux françois, les forficules, *aureilliez-perceaureilles*, *oreil-
lières*, *auriculaires*, et ce nom leur est resté ; mais il a donné
lieu à beaucoup de préjugés. On a supposé que l'insecte, qui
fuit la lumière, et qui cherche les cavités étroites, s'intro-
duisoit pendant le sommeil dans le conduit auditif; qu'il y
perçoit le tympan, et qu'il pénétroit même jusqu'au cerveau ;
et le peuple en est encore persuadé. Linnæus a dit de cet
insecte : *Aures dormientium interdum intrans , spiritu frumenti
pellenda.* De sorte qu'une proscription générale est étendue
sur cette race d'insectes, soit en raison des torts réels qu'elle
fait dans nos jardins, soit à cause de ceux dont on l'accuse
bien faussement.

Les perce-oreilles ont, pour la forme générale, quelques
rapports avec les staphylins : comme eux, ils sont alongés ,
avec la tête, le corselet et l'abdomen à peu près de même
largeur. Sous l'état parfait leurs élytres sont courtes, peu
épaisses et flexibles ; mais elles sont voûtées, et elles recouvrent des ailes membraneuses presque aussi longues que
l'abdomen, qui se plient et se plissent admirablement, et qui
s'étendent rapidement, comme par un mouvement de ressort,

lorsque l'insecte fait agir les muscles, dont les tendons sont logés dans une coulisse pratiquée au-dessous des nervures principales qui soutiennent une membrane d'une ténuité telle que la lumière s'irise en la traversant. Ces ailes suffisent cependant pour transporter l'insecte dans les airs. Les nervures, au nombre de dix-huit, dont neuf plus courtes, représentent les touches des éventails; mais elles peuvent se couder, sans perdre de la solidité dont elles ont besoin pour s'appuyer sur l'air, et elles donnent ainsi à l'insecte la faculté de voler ou plutôt d'être transporté par l'air à de grandes distances. La manière dont ces ailes membraneuses sont pliées en travers, mais en présentant trois articulations, les rapproche des coléoptères, qui n'ont qu'un coude, et les éloigne des orthoptères, qui, comme ce nom l'indique, n'ont pas les ailes coudées : cependant ce sont de véritables orthoptères, par les métamorphoses qui sont incomplètes et qui ont leurs nymphes motiles, ainsi que les larves qui, en apparence, sont semblables à l'insecte parfait, sauf les élytres.

La tête des forficules est, en général, aplatie un peu en cœur ; mais la partie qui est en arrière, n'est pas échancrée ; on n'y voit pas de stemmates : les antennes sont en fil, composées de treize articles, dont le premier est le plus long, et le second le plus court ; elles sont insérées latéralement au-dessous des yeux, qui sont arrondis et à surface chagrinée. La bouche est composée d'une lèvre supérieure, arrondie, appliquée sur des mandibules saillantes, pointues et comme fourchues à leur extrémité libre. Les mâchoires sont garnies en dehors d'une galète, comme dans tous les orthoptères, avec un palpe de cinq articles alongés ; la lèvre inférieure est divisée en deux, et ses palpes n'ont que trois articulations. Le corselet est un peu plus étroit que la tête et la poitrine ; il est tronqué en avant, arrondi sur les côtés et derrière ; il ne supporte pas d'écusson, et il semble s'appliquer sur les élytres, comme dans les lampyres. Les pates sont courtes, aplaties, à hanches arrondies : elles sont terminées par trois articles, dont le premier est beaucoup plus long que le second, qui offre deux petits lobes en dessous ; le troisième supporte deux crochets.

L'abdomen se termine constamment par deux crochets ou

branches dans les deux sexes ; ces crochets forment une pince qui offre, dans la plupart des espèces, des différences chez le mâle, où elles sont plus développées, autrement courbées, et quelquefois conformées d'une manière toute particulière.

On trouve les forficules, sous leurs trois états, dans les jardins et les potagers, où elles font de très-grands ravages, en rongeant pendant la nuit les jeunes pousses, les fleurs et les fruits des végétaux. Elles attaquent principalement les fruits à noyaux et à pulpe molle et sucrée : elles sont la peste des fleuristes, dont elles détruisent toutes les jouissances ; les œillets en sont particulièrement attaqués. On n'a trouvé d'autres moyens jusqu'ici pour se débarrasser de ces fâcheux insectes, que de leur procurer des retraites obscures et sèches, dans lesquelles l'animal se retire pendant les heures du jour pour s'abriter de la lumière et de la pluie. On se sert pour cela de coquilles d'escargot et de sabot des pieds de mouton et de cochon, dont on garnit l'extrémité libre des tuteurs, ou de baguettes que l'on place au milieu des touffes de plantes que les forficules attaquent. Ces insectes s'y retirent, et chaque matin on enlève ces retraites, on les jette promptement dans l'eau, et tous les animaux qu'elles recèlent ne tardent pas à périr submergés. C'est le meilleur moyen que connoissent encore les jardiniers.

Mais, si les perce-oreilles sont nuisibles aux amateurs de jardins, en cherchant à subvenir à leur existence, elles fournissent aux naturalistes des particularités de mœurs fort intéressantes.

Degéer a observé leur reproduction. Il a vu que, dans la réunion des sexes, qui dure des journées entières, les deux individus se trouvoient opposés et sur une même ligne, les pinces placées respectivement sur leur abdomen, celle de la femelle entre celle du mâle. La femelle pond ses œufs dans les lieux humides et obscurs, par tas, au-dessus desquels on la voit constamment se tenir comme une poule sur ses œufs ; et si on les dérange, ou s'ils se trouvent dispersés, la mère les recueille, en les soulevant et les transportant délicatement avec les mandibules. Les petits qui en proviennent, vers le mois de mai, sont d'abord blancs, mous, presque transparens. Les antennes sont beaucoup plus courtes, proportionnément; elles n'ont même alors que sept à huit articles. Elles changent souvent de peau : aussi trouve-t-on, autour et dans la retraite où elles vivent en famille, un grand nombre de dépouilles blanches transparentes; la mère ne quitte les larves que quand elles peuvent subvenir complètement à leurs besoins.

Le genre des forficules est peu nombreux en espèces; les principales sont les suivantes :

Forficule géante, *Forficula gigantea*. Elle a près d'un pouce de longueur. On a compté vingt-neuf articles à ses antennes. Sa couleur est d'un jaune pâle; les pinces sont presque droites, denticulées, noires à l'extrémité, et portant une dent obtuse vers leur milieu interne. On la trouve dans le midi de l'Europe, en Italie.

Forficule oreillère, *Forficula auricularia*. C'est l'espèce la plus commune, figurée par Degéer, tom. iii, pl. 25, f.° 16. Elle n'a guère que six lignes de long : elle est brun-jaunâtre, avec les pates pâles, les pinces arquées, simples et sans dentelures, excepté à la base. C'est celle dont le développement a été suivi avec le plus de soin.

Forficule biponctuée, *Forficula bipunctata*. Chaque élytre porte deux taches plus pâles.

Forficula perallèle, *Forficula parallela*. Nous avons fait figurer cette espèce dans l'Atlas, dans la planche des orthoptères, avec les anomides : les élytres sont mal enluminées; elles ne sont pas vertes, mais d'un jaune pâle.

Forficule naine, *Forficula minor*. C'est une très-petite espèce qui n'atteint guère que trois lignes. Elle est brune, plus foncée en avant; le dessous et les pates sont pâles; les pinces sont droites, ou non arquées. Elle vole le soir, surtout sur les bords des routes. Elle vient souvent se brûler l'été, en se jetant la nuit autour des lumières de nos appartemens. (C.D.)

FORGAA, Frœskohl (*Bot.*), noms égyptiens du *jussiœa diffusa* de Forskal, qui est, selon Vahl, le *jussiœa erecta* de Linnæus. (J.)

FORGERON. (*Ichthyol.*) On a donné ce nom à deux poissons de genres différens. Voyez Dorée et Ephippus. (H. C.)

FORGERON. (*Ornith.*) Turpin dit, dans son Histoire de Siam, t. 1, p. 338, que les habitans de ce royaume donnent ce nom à un oiseau qui se fait entendre la nuit, et dont le cri a du rapport avec le bruit du fer battu sur l'enclume par un forgeron. (Ch. D.)

FORGESIA (*Bot.*) Voyez Desforge et Defforgia. (Poir.)

FORKEERT (*Ornith.*), un des noms danois de l'avocette, *recurvirostra avocetta*, Linn. (Ch. D.)

FORMEON. (*Bot.*) Adanson nomme ainsi l'*andryala* de Linnæus, genre de la famille des chicoracées. (J.)

FORMIATES (*Chim.*), combinaisons de l'acide formique avec les bases salifiables. Voyez Formique [Acide]. (Ch.)

FORMICA. (*Entom.*) C'est le nom latin du genre des fourmis. (C. D.)

FORMICA ICHNEUMON. (*Entom.*) Il paroît que l'insecte décrit sous le nom de fourmi rouge, à la Louisiane et à Cayenne, et que Valmont de Bomare, d'après le docteur Mauduyt, avoit cru se rapporter aux termites ou poux des bois, est une espèce de mutille. (C. D.)

FORMICAIRES (*Entom.*), l'un des noms sous lesquels nous avons désigné la famille des hyménoptères, à ventre non sessile, à antennes en fil et brisées, qui comprend les fourmis, les doryles et les mutilles. Voyez Myrmèges. (C. D.)

FORMICA-LEO. (*Entom.*) C'est le nom latin du fourmi-lion (voyez Myrméléon), dont la larve dresse des embûches aux fourmis, dont elle se nourrit. (C. D.)

FORMICA-VULPES, *seu* Vermileo, *Ver-Lion.* (*Entom.*) On a donné ce nom à la larve d'une espèce de rhagion, insecte diptère. Elle creuse un entonnoir dans le sable, comme celle du fourmi-lion. (C. D.)

FORMICULA. (*Ornith.*) Les Napolitains nomment ainsi le torcol, *yunx torquilla*, Linn. (Ch. D.)

FORMIGUÉ. (*Ornith.*) Le guêpier que, suivant Barrère, *Ornithologiæ Specimen*, p. 47, les Catalans nomment ainsi, est son *merops cinereus*, correspondant au *merops congener* de Jonston et de Linnæus, et au guêpier à tête jaune de Brisson. (Ch. D.)

FORMIQUE [Acide]. (*Chim.*) Acide qui existe dans la fourmi rouge.

Composition, d'après l'analyse de M. Berzelius :

    Oxigène................ 64,76
    Carbone................ 52,40
    Hydrogène.............. 2,8.

Préparation. On fait infuser les fourmis rouges dans trois fois leur poids d'eau ; on distille l'infusion dans un alambic d'argent ou dans une cornue de verre, et on arrête l'opération dès qu'il se manifeste une odeur empyreumatique. Le produit est de l'acide formique étendu dans beaucoup d'eau : on le neutralise par l'eau de baryte ; on fait évaporer presque à siccité. On verse le résidu dans une petite cornue de verre , tubulée à l'émeri, où il y a assez d'acide phosphorique étendu pour dissoudre toute la baryte ; on adapte un récipient à la cornue, et on distille ensuite, à une douce chaleur : le produit est de l'acide formique.

Gehlen l'a préparé en neutralisant le produit de l'infusion des fourmis par le sous-carbonate de cuivre ; faisant cristalliser le formiate de cuivre ; en distillant 400 grammes de cristaux de ce sel avec environ 260 grammes d'acide sulfurique concentré, il a obtenu 212 grammes d'acide formique pur.

Propriétés. Il est à l'état liquide ; on n'a pu le faire cristalliser, même en l'exposant à un froid artificiel : en cela il diffère de l'acide acétique.

A 20 deg. sa densité est de 1,1168 ; celle de l'acide acétique le plus concentré est de 1,08. Il a une saveur aigre.

Lorsqu'on le distille avec de l'alcool, il se produit un éther qui a l'odeur des fleurs de pêcher.

Suersen a vu que des poids égaux d'acide formique et d'acide acétique , ramenés tous deux à la densité de 1,0525 , neutralisoient des quantités de

	Acid. form.	Acid. acét.
Sous-carbonate de potasse	336,8	465,1
chaux	166,0	231
magnésie	150,0	213

Gehlen a observé que les formiates de soude et de cuivre étoient absolument différens des acétates des mêmes bases ; le formiate de cuivre cristallise en prismes à six pans, d'un vert bleuâtre. La densité de ces cristaux est de 1,815 ; ce qui diffère beaucoup de 1,914, qui est celle des cristaux d'acétate de cuivre. Le formiate de cuivre est plus soluble dans l'eau , et moins soluble dans l'alcool, que l'acétate.

Suivant M. Berzelius, le formiate de plomb contient, pour 100 d'acide, 298,1 de base.

Nous avons puisé dans Thomson ce que nous venons de dire
de l'acide formique, et nous extrayons du même auteur ce qu'il
dit des travaux auxquels cet acide a donné lieu. En 1671, Ray
publia des observations et des expériences de Nalse et Fisher
sur la liqueur acide des fourmis. En 1749, Margraff publia
un procédé pour extraire l'acide de la fourmi rouge. Les con-
clusions de Margraff furent confirmées en 1782, par Avridson
et OEhrn. Hershstat, en 1784, dit avoir trouvé dans les fourmis
de l'acide malique avec l'acide formique. En 1793, Richter
publia de nouvelles expériences, et donna un procédé pour
obtenir cet acide concentré. M. Deyeux fit observer que l'a-
cide formique avoit de l'analogie avec l'acide acétique. En
1802, MM. Fourcroy et Vauquelin prétendirent que l'acide
formique étoit un mélange d'acide acétique et d'acide malique.
Suersen, en 1805, Gehlen, en 1812, réfutèrent l'expérience
des deux chimistes françois, par de nouvelles expériences
qui ne laissent aucun doute sur la nature différente des acides
formique et acétique. (Ch.)

FORNEUM. (*Bot.*) Adanson appelle ainsi le genre nommé
Eriophorus par Vaillant, et *Andryala* par Linnæus et tous les
botanistes modernes. (H. Cass.)

FORNICION, *Fornicium*. (*Bot.*) [*Cinarocéphales*, Juss.; *Syngénésie polygamie égale*, Linn.] Ce nouveau genre de plantes,
que nous avons établi dans la famille des synanthérées, appartient à notre tribu naturelle des carduinées.

La calathide est incouronnée, équaliflore, multiflore, obrin-
gentiflore, androgyniflore : le péricline, inférieur aux fleurs
et ovoïde, est formé de squames nombreuses, régulièrement
imbriquées, appliquées, oblongues, coriaces, surmontées d'un
appendice inappliqué, scarieux, roux, uninervé, très-entier,
cilié, à partie inférieure ovale-lancéolée, concave et infléchie,
à partie supérieure subulée, plane et réfléchie. Le clinanthe
est large, épais, charnu, planiuscule, garni de fimbrilles nombreuses, longues, inégales, libres, filiformes-laminées : les
ovaires sont oblongs, un peu comprimés, glabres et lisses ;
leur aigrette est longue, composée de squamellules nombreuses,
inégales, plurisériées, libres, filiformes, un peu laminées, hérissées de barbes capillaires, médiocrement inégales, longues,
et irrégulièrement disposées. Les corolles sont peu obringentes,
mais très-arquées en dehors ; les étamines ont le filet garni, au

lieu de poils, de très-petites papilles ; l'appendice apicilaire de l'anthère est oblong, obtus au sommet ; les appendices basilaires courts ; le style a ses branches libres en leur partie supérieure.

Fornicion rhaponticoïde; *Fornicium rhaponticoides*, H. Cass., Bull. Soc. philom. Juin 1819. C'est une plante herbacée, dont la tige très-simple, haute de deux pieds, dressée, épaisse, cylindrique, striée, pubescente, est garnie de feuilles inférieurement, et presque nue supérieurement. Les feuilles sont d'une substance ferme, munies de grosses nervures en dessous, et pulvérulentes sur les deux faces : les radicales ou primordiales sont longuement pétiolées, elliptiques-aiguës, crénelées ; les caulinaires sont alternes, et presque toutes sessiles, semi-amplexicaules, à base un peu décurrente sur la tige ; les inférieures longues de cinq pouces, comme pétiolées, à limbe ovale-lancéolé, pinnatifide inférieurement ; les intermédiaires sessiles, oblongues, aiguës au sommet, un peu étrécies en leur partie moyenne, presque cordiformes à la base, qui est denticulée ; les supérieures d'autant plus courtes qu'elles sont situées plus haut, sessiles, ovales-lancéolées-acuminées, un peu denticulées inférieurement. Il n'y a qu'une seule calathide, qui est très-grosse, située sur le sommet dilaté de la tige, et composée de fleurs à corolle purpurine.

Nous avons observé cette belle plante au Jardin du Roi, où elle est cultivée depuis long-temps sous le faux nom de *centaurea rhapontica*, et où elle fleurit au mois de mai. Elle constitue un genre immédiatement voisin du *Rhaponticum* et surtout du *Leuzea*, mais bien distinct du premier par le péricline et par l'aigrette, et suffisamment distinct du second par le péricline. (H. Cass.)

FORRESTIA. (*Bot.*) Le genre publié sous ce nom par Schweack, paroît congénère du *ceanothus*, dont il ne diffère que par un style divisé plus profondément en trois. (J.)

FORREYCH (*Bot.*), un des noms égyptiens de l'*heliotropium lineatum* de Vahl, que M. Delile a trouvé en abondance autour des Pyramides. On le nomme aussi *raghleh* et *netech*, ou, suivant Forskal, *roghlæ* et *nœtœfi*. (J.)

FORSKALE, Juss. ; Forskalea, Linn. (*Bot.*) Genre de plantes dicotylédones, à fleurs incomplètes, monoïques, de

la famille des urticées, de la *monoécie monandrie* de Linnæus,
offrant pour caractère essentiel : Un involucre lanugineux, à
cinq ou six folioles, renfermant plusieurs fleurs entourées de
laine, environ sept à dix fleurs mâles à la circonférence,
trois à cinq femelles dans le centre. Dans les fleurs mâles,
un calice tubulé, en forme d'écaille, le limbe entier ou denté,
garni d'un tissu laineux qui en joint les bords ; point de corolle ; une étamine insérée au fond du calice ; le filament et
l'anthère élastiques : dans les fleurs femelles, une laine car-
dée, qui tient lieu de calice et environne le pistil ; un ovaire
supérieur, surmonté d'un style simple et d'un stigmate lanugineux comprimé. Le fruit consiste en une semence ovale,
laineuse ; l'embryon droit, dépourvu de périsperme.

Ce genre comprend des herbes à feuilles simples, rudes, un
peu piquantes et alternes, à fleurs fort petites et axillaires,
remarquables par la quantité de poils roides qui rendent
toutes leurs parties rudes, hispides, très-accrochantes.

Forskale a larges feuilles : *Forskalea tenacissima*, Linn.;
Lamk., *Ill. gen.*, tab. 388, fig. 1 ; Jacq., *Hort.*, tab. 48 ; Pluk.,
Almag., tab. 275, fig. 6 ; *Caidbeia adhærens*, Forsk., *Ægypt.*, 88.
Cette plante croît en larges touffes, hautes d'un à deux pieds.
Ses tiges sont rougeâtres, diffuses, hispides, très-rameuses ;
les feuilles nombreuses, alternes, pétiolées, presque ovales,
dentées en scie à leur partie supérieure, hispides en dessus,
un peu cotonneuses et blanchâtres en dessous. Les fleurs sont
axillaires, réunies en paquets sessiles, lanugineux. Cette plante
croît dans l'Arabie, la Numidie. Le *forskalea candida* du cap
de Bonne-Espérance ne paroît différer de la précédente que
par sa tige un peu ligneuse à sa partie inférieure. Ses feuilles
sont ovales-lancéolées, bordées de quatre à six dents : les fleurs
semblables à celles de la première espèce, mais plus petites ;
les divisions du calice ovales, obtuses.

Forskale a feuilles étroites : *Forskalea angustifolia*, Linn.;
Murrai, *Comm. Gœtt.*, 1784, *Icon.* ; Lamk., *Ill. gen.*, tab. 388,
fig. 2. Plante herbacée, à tige droite, rougeâtre, un peu
grêle, haute d'un pied et plus, chargée de poils blancs très-
courts. Les feuilles sont étroites, lancéolées, distantes, vertes
et un peu rudes tant en dessus qu'en dessous, hispides et ciliées en leurs bords et sur les pétioles, bordées de chaque côté

de quatre à cinq dents ; les paquets de fleurs axillaires , très-laineux. Cette plante croit dans l'Afrique. (Poir.)

FORSTERA. (*Bot.*) Trois genres ont reçu ce nom qui rappelle la mémoire des deux Forster, botanistes, compagnons du célèbre Cook dans son second voyage , et surtout du fils, auteur de l'ouvrage sur les genres et espèces recueillis dans le cours de cette navigation. Linnæus fils donna le premier à un des genres de cette collection, le nom de *forstera*, qui a dû lui rester. Scopoli voulut le substituer à celui de *breynia*, donné par Forster lui-même à un autre de ses genres ; et Gærtner, par inadvertance, l'a gravé sur la planche, où il a représenté un fruit qu'il nomme *athecia* dans le texte. (J.)

FORSTÈRE, *Forstera*. (*Bot.*) Genre de plantes dicotylédones , à fleurs complètes , monopétalées , régulières , dont la famille naturelle n'est pas encore déterminée, appartenant à la *gynandrie diandrie* de Linnæus, offrant pour caractère essentiel : Un calice double , l'extérieur infère , à trois folioles latérales ; l'intérieur supère , d'une seule pièce , à six divisions ; une corolle monopétale , supère , campanulée, tubulée ; le tube de la longueur du calice , le limbe à six découpures égales ; deux écailles pétaliformes, attachées sur le style au-dessous du stigmate ; deux étamines ; les filamens très-courts , insérés sur le style ; les anthères opposées. placées sous le stigmate ; un ovaire infère ; le style cylindrique, terminé par deux stigmates un peu barbus. Le fruit est une capsule ovale, à une loge , contenant des semences nombreuses , fort petites, attachées à un réceptacle central.

Forstère a feuilles d'orpin : *Forstera sedifolia*, Forst., *Act. Ups.*, vol. 3 , pag. 184, tab. 9 ; Linn. fils, *Suppl.* , 407. Petite plante à tige herbacée , couchée à sa partie inférieure , puis ascendante, un peu rameuse , haute de quatre à cinq pouces, garnie de feuilles nombreuses, petites, presque imbriquées, surtout les supérieures, ovales, sessiles, un peu aiguës, lisses , charnues , entières , un peu réfléchies à leur sommet ; les inférieures moins rapprochées. Les fleurs terminales , solitaires ; les pédoncules rougeâtres , alongés, filiformes, uniflores, rarement biflores ; le calice double ; la corolle blanche ou couleur de chair. rouge en dedans , longue d'environ neuf lignes ; le tube de la longueur du calice ; le limbe partagé en

six découpures oblongues, égales, obtuses, ouvertes à leur
sommet. Cette plante croît dans la Nouvelle-Zélande, sur le
sommet des hautes montagnes.

FORSTÈRE A FEUILLES DE MOUSSE : *Forstera muscifolia*, Willd.,
Spec.; *Phyllachne uliginosa*, Forst., *Gen.*, tab. 58; Lamk., *Ill.
gen.*, tab. 741 : Swartz, *in* Schrad. *Diar. Bot.*, 1799, pag. 275,
tab. 1. Cette petite plante, d'un aspect fort agréable, croît
en touffes gazonneuses, et présente le port d'une mousse,
particulièrement du polytric commun. Ses racines sont courtes,
fibreuses : elles produisent un grand nombre de tiges prolifères,
très-serrées, un peu rameuses, couvertes de feuilles nombreuses, imbriquées, sessiles, subulées, cartilagineuses et un
peu crénelées à leurs bords. Les fleurs sont fort petites, sessiles, terminales, monoïques ; leur calice composé de trois
folioles droites, subulées; la corolle monopétale; le tube
élargi à son orifice, étalé en un limbe à cinq ou six divisions presque lancéolées, obtuses, de la longueur du
tube. Dans les fleurs femelles, l'ovaire inférieur, turbiné,
surmonté d'un style de la longueur de l'étamine, muni d'un
stigmate tétragone, à quatre tubercules : il lui succède une
capsule uniloculaire, polysperme ; les semences très-petites.
Cette plante croît à la Terre de Feu. (POIR.)

FORSTU-SVALE (*Ornith.*), nom danois de l'hirondelle de
cheminée, *hirundo rustica*, Linn. (CH. D.)

FORSYTHIA. (*Bot.*) Genre de plantes dicotylédones, à
fleurs complètes, monopétalées, de la famille des jasminées,
de la *diandrie monogynie* de Linnæus, offrant pour caractère
essentiel : Un calice à quatre découpures ; une corolle campanulée, à quatre divisions profondes; le tube presque nul;
deux étamines ; un ovaire supérieur; un style; un stigmate en
tête, à deux lobes : fruit inconnu.

Ce genre avoit d'abord été rapporté aux lilas (*syringa*,
Linn.) par Thunberg : la forme de sa corolle paroissoit devoir l'exclure de ce genre, quoique le fruit n'ait point été
observé. Cette réforme a été établie par Vahl. Waltherius,
dans sa Flore de la Caroline, avoit présenté sous le même
nom, et comme genre nouveau, une plante qui appartient
évidemment au *decumaria* de Linnæus.

FORSYTHIA DU JAPON : *Forsythia perpensa*, Vahl, *Enum.*, 1,

pag. 309 ; *Syringa suspensa*, Thunb., *Fl. Jap.*, 19, tab. 3 ; *Ren-
gio*, Kæmpf., *Amœn exot.*, pag. 907. Petit arbuste rameux,
courbé à son sommet, hérissé de petits tubercules épars. Ses
rameaux sont distans, opposés, divergens, glabres, tétragones,
garnis de feuilles pétiolées, ovales, dentées, les unes simples,
les autres composées de trois folioles sortant plusieurs ensemble du même bourgeon. Les fleurs sont jaunes, pédonculées, disposées en grappes très-làches, simples et pendantes.
Leur calice est petit, à quatre découpures; la corolle campanulée, presque sans tube; son limbe partagé au-delà de la
moitié en quatre découpures ovales, obtuses; deux étamines
plus courtes que la corolle ; un ovaire supérieur, glabre,
ovale; le style de la longueur du calice, surmonté d'un stigmate en tête et à deux lobes. Les fleurs s'épanouissent avant le
développement des feuilles. Cette plante croit au Japon. (Poir.)

FORTALITIA. (*Foss.*) Klein a donné ce nom aux pointes
d'oursins fossiles, droites et cylindriques, qui présentent une
petite cavité à leur base. (D. F.)

FORTERESSE (*Conchyl.*), nom vulgaire de la *patella gra-
nalina*, Linn. (De B.)

FORTKAIL. (*Ichthyol.*) En Écosse, on donne ce nom aux
saumons de quatre ans. (H. C.)

FORZANA. (*Ornith.*) On donne, à Venise, ce nom et celui
de *porzana* au ràle d'eau, *rallus aquaticus*, Linn. La marouette
ou petit ràle d'eau, à laquelle cette dénomination sembleroit
plus applicable, puisque c'est le *rallus porzana* des auteurs,
est le *porzana minore* des Italiens, qui paroissent au surplus
confondre, sous la dénomination générale de *porzana*, les
ràles et les poules d'eau. (Ch. D.)

FOSEI, Fudsina (*Bot.*), noms japonois du pissenlit, *taraxa-
cum officinale.* (J.)

FOSO (*Bot.*), nom japonois, suivant M. Thunberg, de son
erigeron japonicum. (J.)

FOSSA ou Fossane (*Mamm.*), nom donné à Madagascar à
une espèce du genre Genette, *viverra fossa*, Gmel. Voyez
Genette. (F. C.)

FOSSAR (*Conchyl.*), dénomination donnée par Adanson à
une espèce de natice ; c'est l'*helix ambigua* de Gmelin. (De B.)

FOSSEFALD. (*Ornith.*) L'oiseau que, suivant Pontoppidan,

t. 2, p. 75, on appelle ainsi en Norwége, est la lavandière, *motacilla alba*, Linn.; et Muller, *Zoologiæ danicæ Prodromus*, n.° 256, dit que dans le même pays *fosse - kold* est un des noms du cincle, *sturnus cinclus*, Linn., et *turdus cinclus*, Lath. (Ch. **D.**)

FOSSELINIA. (*Bot.*) Allioni nomme ainsi le *jonthlaspi* de Tournefort et Adanson, *clypeola jonthlaspi* de Linnæus, différant du *clypeola maritima* par ses fleurs jaunes et par ses deux courtes étamines, appendiculées à leur base. Mais, si Arduini et M. de Lamarck ont raison de rétablir, avec Tournefort, les *clypeola maritima* et *tomentosa* dans le genre *Alyssum*, le nom d'Allioni pourroit être adopté pour le jonthlaspi. (J.)

FOSSET. (*Mamm.*) Flacourt rapporte ce nom madécasse, comme étant celui d'un marsouin. (F. C.)

FOSSETTE (*Avicept.*), piège destiné à prendre les merles et les grives, et qui consiste à pratiquer une petite fosse, large de cinq pouces et longue de huit, dont le fond se garnit de baies ou de vers de terre attachés ensemble, et que l'on recouvre d'une tuile soulevée par un petit bâton, de manière que l'oiseau ne puisse parvenir à l'appât sans la faire tomber sur le trou, dans lequel il se trouve enfermé. (Ch. **D.**)

FOSSILE (*Ichthyol.*), nom d'un poisson du genre Miscurne. Voyez ce mot. (H. C.)

FOSSILES. (*Foss.*) Quoiqu'on ait quelquefois désigné sous ce nom toutes les substances qui se trouvent dans le sein de la terre, il ne sera question dans cet article que des corps qui ont appartenu à des êtres qui ont vécu à différentes époques tellement éloignées, que nous n'avons aucunes données pour en connoître l'ancienneté; mais tout porte à croire qu'elles sont antérieures à l'existence du genre humain.

L'on voit, par l'inspection des différentes couches qui renferment des fossiles, qu'elles se présentent en général dans un ordre constant, et que la mer dont toute la terre paroît avoir été couverte, après avoir séjourné dans les lieux où elle a eu la faculté, pendant un temps, de rassembler certaines substances, et d'entretenir la vie de certains genres et de certaines espèces d'animaux, a été remplacée par une autre mer, qui a rassemblé d'autres substances et nourri d'autres animaux.

L'on pourroit croire que les terrains primitifs, où l'on ne rencontre aucuns corps organisés , ont été formés tous ensemble ; mais l'étude des fossiles a démontré clairement que dans la formation du terrain qui les recouvre, il y a eu des époques différentes, pendant chacune desquelles il a existé des animaux différens de ceux qui existoient à d'autres époques , et presque de tous ceux qui existent aujourd'hui, ou du moins de tous ceux qui sont connus.

Les causes qui ont produit les montagnes, ont pu déranger l'ordre établi dans les couches des pays qui en sont voisins ; mais dans les pays unis on voit qu'elles se sont formées par un long séjour de la mer, et sans bouleversement , comme se forment aujourd'hui les dépôts qui tapissent le fond des mers.

On trouve quelquefois des végétaux, ou d'autres corps fossiles, à trois ou quatre mille pieds de profondeur, et même au-dessous de la mer, comme dans les houillères de White-Haven, dans lesquelles Franklin est descendu. On rencontre dans toutes les parties du monde des produits de la mer à l'état fossile ; on en trouve à de très-grandes hauteurs sur des montagnes qui en sont très-éloignées. Ils sont si nombreux dans certains endroits, qu'ils constituent à eux seuls la masse du sol dans de très-grandes étendues. L'ignorance avoit soutenu autrefois que ces restes de corps organisés étoient de simples jeux de la nature, conçus dans le sein de la terre par ses *forces créatrices;* mais l'examen approfondi de leurs formes, de leur composition, a démontré qu'il n'y a aucune différence de contexture entre ces corps et ceux que la mer nourrit aujourd'hui.

Les genres des corps marins que l'on trouve dans les plus anciennes couches, ne paroissent pas être aussi nombreux que dans les couches plus nouvelles ; et l'on a remarqué que les corps organisés fossiles de toute espèce diffèrent d'autant plus de ceux qui existent vivans aujourd'hui, que les couches où on les trouve sont plus anciennes. Celles-ci, auxquelles on a donné le nom de *terrains de transition*, reposent sur le granite ou sur les autres substances primitives dans lesquelles on ne rencontre jamais de corps organisés. Elles présentent les grandes orthocératites, les crustacés si singuliers auxquels on a donné les noms de tribolites, de calyménes, d'ogygies ; les encrinites, les espèces si multipliées de cornes d'ammon, de térébratules ; les bélemnites, les trigonies, quelques espèces d'oursins, les gryphites et d'autres genres dont un grand nombre ne se retrouve plus dans les couches moins anciennes. Les térébratules se trouvent dans les couches anciennes, dans les craies qui sont au-dessus, dans le calcaire coquillier qui les recouvre, et à l'état vivant; mais j'ai cru remarquer que le nombre des espèces et même des individus de ce genre, diminuoit en raison inverse de l'ancienneté du temps où elles vivoient.

Les couches à cornes d'ammon ne se présentent pas dans les environs de Paris ; si elles s'y trouvent, elles sont couvertes par un banc de craie si puissant qu'on n'a pu aller au-delà. En s'éloignant du département de la Seine, on ne commence à apercevoir ces anciennes couches que dans ceux de l'Eure, d'Eure-et-Loir, de la Seine-Inférieure, des Ardennes, de la Meuse, de la Haute-Marne et de l'Yonne.

L'étude des corps marins fossiles n'étant suivie attentivement que depuis peu de temps, et cette étude présentant des difficultés beaucoup plus grandes que celle de ces mêmes corps à l'état frais, on est loin d'avoir découvert une aussi grande quantité des premiers que des autres; mais je soupçonne que le nombre des espèces anciennes qui ont pu se conserver dans la terre, pourra égaler celui d'espèces à peu près analogues qui vivent aujourd'hui. Il pourra peut-être le surpasser, attendu que ces dernières n'appartiennent qu'à l'époque où nous nous trouvons, tandis que les fossiles dépendent de plusieurs époques qui ont fourni des êtres différens.

Il est rare que l'on rencontre à l'état fossile des espèces qui aient des analogues parfaitement semblables, à l'état vivant, et, comme il a été dit dans cet ouvrage, à l'article Coquilles fossiles, on ne connoît presque d'exception à cet égard que pour les fossiles que l'on rencontre dans les collines basses de l'Apennin, dont on retrouve un assez grand nombre à l'état vivant dans la Méditerranée qui en est voisine; mais il est très-remarquable que dans cette mer il existe un grand nombre de mollusques et de polypiers, dont quelques uns, comme le corail, sont très-communs, et qu'on ne retrouve point à l'état fossile ; comme aussi on trouve dans l'Apennin des espèces fossiles qu'on ne rencontre point à l'état vivant. On ne doit cependant pas être étonné de rencontrer si rarement des analogues parfaitement semblables, quand on voit fort souvent que dans les mêmes couches ou dans la mer, les mêmes espèces ne sont pas parfaitement semblables lorsqu'elles ont vécu dans des contrées différentes.

Les dépouilles des mollusques et des zoophytes sont incomparablement plus multipliées que les autres fossiles ; les couches où on les trouve sont quelquefois changées en pierre calcaire. On les rencontre dans le falun, dans les marnes, dans les glaises et dans les grès. Des coquilles à peu près semblables à celles de nos marais et de nos ruisseaux se trouvent dans les couches les plus nouvelles.

Entre les couches qui sont composées de corps marins fossiles, on en rencontre qui contiennent des productions terrestres animales ou végétales, et qui prouvent le séjour et le retour, à plusieurs époques, des eaux de la mer et des eaux douces, et même, entre ces époques, l'absence, pendant un temps, des unes et des autres, puisque certaines espèces d'animaux terrestres, dont on retrouve les débris, paroissent y avoir vécu.

La présence, dans les glaces du Nord, des cadavres d'éléphans et de rhinocéros avec leur chair et leur poil, prouveroit que la retraite des eaux, à l'époque de leur destruction, auroit été prompte. Elle suppose aussi un changement subit dans la température de ces contrées ; car ces cadavres se sont trouvés déposés dans des lieux où ils ne pourroient être introduits aujourd'hui, puisqu'ils sont glacés, et qu'il fallut plusieurs années pour approcher de l'éléphant qui fut découvert en 1799, par un Tungus, dans un morceau de glace.

Si les eaux se fussent retirées lentement, toute la surface de la terre que la mer a abandonnée auroit été rivage ; tout porteroit la trace des eaux, comme aujourd'hui sur les bords de la mer ; on trouveroit d'anciennes falaises partout où il y a des élévations ; les coquilles fossiles abandonnées seroient frustes, comme celles que l'on trouve sur les rivages : et on ne remarque rien de tout cela. On trouve beaucoup de coquilles fossiles qui sont brisées, mais non usées ; leurs angles ne sont point émoussés ; et je ne trouve d'exception à cet égard, pour celles de la France , de l'Italie, de l'Angleterre et de l'Amérique septentrionale, que j'ai eu occasion d'examiner , que les faluns de la Touraine , qui ressemblent en tout au sable coquillier des rivages de la mer. Les coquilles qu'on y trouve sont presque toutes brisées; leurs angles sont émoussés , et les univalves ont souvent, dans leur ouverture, des pierres ou d'autres coquilles qu'on en retire difficilement, comme il arrive seulement à celles que l'on ramasse sur les bords de la mer. On y trouve même des hélices terrestres d'une espèce inconnue dans le pays, qui sont remplies de débris de polypiers et de coquilles marines. Il y a tout lieu de croire que le terrain de la Touraine où l'on trouve le falun, étoit exposé à être battu par les vagues de la mer qui couvroit les lieux de la France où l'on trouve la couche du calcaire coquillier grossier , avec lequel le falun de la Touraine a les plus grands rapports.

On rencontre des poissons fossiles dans les couches marines anciennes, ainsi que dans les nouvelles. Il en est de même des crustacés qui les accompagnent souvent. Il y a lieu de croire qu'une révolution prompte , comme celle occasionée par un volcan , aura saisi ceux qu'on trouve en grande abondance dans certaines localités On rencontre souvent des débris de poissons osseux ; mais on ne retrouve , du squelette des poissons cartilagineux, que des vertèbres et des dents de squales. Le calcaire coquillier grossier, ainsi que les couches plus nouvelles, contiennent une grande quantité de débris de pinces de crustacés, et des os de l'oreille de différentes espèces de poissons.

Les débris d'animaux terrestres que l'on trouve à l'état fossile, mais rarement pétrifiés, consistent en ossemens, en bois appartenant à des espèces du genre du cerf, et en dents ; mais on ne trouve point de cornes de sabots, de becs, ni d'ongles.

Les quadrupèdes ovipares , tels que les crocodiles de Honfleur et d'Angleterre , les monitors de Thuringe, se sont trouvés dans de très-anciennes couches. Les sauriens et les tortues de Maestricht se sont rencontrés dans la formation crayeuse qui est plus nouvelle ; on trouve des os de lamentins et de phoques dans un calcaire coquillier grossier, qui paroît être analogue à celui qui recouvre la craie dans les environs de Paris; mais, d'après les observations de M. Cuvier, auquel on doit tant de belles découvertes sur les ossemens fossiles, jusque-là on ne rencontre aucuns os de mammifères terrestres. C'est à partir de cette époque, et dans des temps moins anciens, que, dans les terrains qui sont déposés au-dessus de cette formation, on en a trouvé. Ce savant a observé qu'il y a une succession très-remarquable entre les espèces. Les débris des genres inconnus aujourd'hui, d'anoplotheriums, de palæotheriums trouvés dans le terrain de formation d'eau douce, se présentent les premiers au-dessus du calcaire coquillier. On trouve aussi avec eux quelques espèces perdues de genres connus, des quadrupèdes ovipares et des poissons. Les lits où on les trouve sont recouverts par des lits remplis de productions marines fossiles.

Les éléphans, les rhinocéros, les hippopotames et les mastodontes fossiles ne se trouvent point avec ces genres plus anciens. On ne les trouve jamais que dans les terrains de transport, tantôt avec des productions marines, tantôt avec des coquilles d'eau douce, mais jamais dans des bancs pierreux réguliers. Les espèces de ces animaux, comme tout ce qui se trouve avec elles, sont inconnues aujourd'hui, ou au moins douteuses, et ce n'est que dans les derniers dépôts d'alluvion que l'on rencontre les ossemens d'espèces qui paroissent semblables à celles qui existent aujourd'hui.

Parmi les choses étonnantes que présente l'étude des fossiles, on doit ranger les brèches osseuses, qui, quoique éloignées de plusieurs centaines de lieues les unes des autres, présentent des particularités analogues entre elles. Des rochers épars, formés de la même pierre, sont fendus en différens sens; leurs fissures sont remplies d'une concrétion calcaire d'un rouge de rouille à cassure terreuse, fort dure, renfermant des os mêlés avec des coquilles de limaçons terrestres. Ces os, qui ne sont pas pétrifiés, ont été presque tous brisés avant d'être incrustés. On trouve des brèches osseuses dans le rocher de Gibraltar, à Cette, à Nice, à Antibes, en Corse, en Dalmatie et dans l'île de Cérigo; des dépôts à peu près semblables se trouvent à Concud, près de Terruel en Aragon, dans le Vicentin et dans le Véronnois.

Dans le rocher de Gibraltar on trouve les os d'un ruminant, que M. Cuvier a cru devoir appartenir au genre des anti-lopes, et des dents d'une espèce du genre des lièvres.

On trouve dans le dépôt de Cette des ossemens de lapins de la taille et de la forme de ceux d'aujourd'hui ; d'autres, du même genre, d'un tiers plus petits ; de rongeurs semblables au campagnol ; d'oiseaux de la taille de la bergeronnette, et de couleuvres.

Dans les brèches osseuses de Nice et d'Antibes, on trouve des os de chevaux ou de ruminans, et des dents de ces der-niers, d'espèces de la taille du cerf.

Les brèches de Corse renferment des débris de lagomys, qui ne vit que dans la Sibérie et d'ossemens d'un rongeur qui ressemble parfaitement au rat d'eau, excepté qu'il est plus petit.

On trouve dans celles de Dalmatie des os de ruminans de la taille du daim.

Dans l'île de Cérigo on trouve des os parmi lesquels Spal-lanzani avoit cru reconnoître des os humains, mêlés avec des os de quadrupèdes dont il n'a pu reconnoître le genre ; mais, d'après ce qu'en dit lui-même ce savant, rien n'est moins prouvé que l'existence d'ossemens humains dans ce dépôt.

Dans celui de Concud, on a trouvé des os d'ânes et de bœufs semblables à ceux d'aujourd'hui, et de moutons de très-petite taille.

Dans le Vicentin et dans le Véronnois, on a trouvé des bois et des ossemens de cerfs, de bœufs et d'éléphans. Une défense de ces derniers devoit avoir au moins douze pieds de longueur.

Les carrières à plâtre des environs de Paris présentent des squelettes des genres inconnus à l'état vivant d'anoplothe-riums, de palœotheriums, des ossemens d'un animal voisin des sarigues, de quatre espèces de carnassiers et d'oiseaux, des débris de tortues et de poissons.

Les terrains meubles présentent des ossemens, des dents et des défenses d'éléphans mêlés avec des os de chevaux dans presque tous les pays, de mastodontes dans l'Amérique, dans la petite Tartarie, en Sibérie, en France, en Italie ; de rhi-nocéros en France, en Angleterre, en Italie, en Allemagne et en Sibérie ; d'hippopotames, près de Montpellier et en

Italie ; d'une petite espèce de cerf à bois grêle, près d'E-
tampes ; d'un animal ressemblant au tapir, dans le midi de
la France ; d'une espèce d'élan, dont le bois a plus de neuf
pieds d'envergure, en Irlande, en Angleterre ; de bœufs
musqués qui vivent aux Indes, dans la Sibérie ; de daims
d'une espèce inconnue, en Scanie ; d'hyènes, près d'Eichstadt ;
de baleines dans le Plaisantin, et du très-grand animal du
genre des paresseux, auquel on a donné le nom de *megathe-
rium*, et dont l'espèce n'est point connue à l'état vivant, près
de Buenos-Ayres.

Dans les tourbières du département de la Somme, on a
trouvé des débris d'aurochs, de bœufs qui surpassent beaucoup en grandeur celle de nos bœufs domestiques, de castors,
de cerfs, dont les espèces sont inconnues ; de chevaux, de
chevreuils et de sangliers.

Les cavernes d'Allemagne et de Hongrie présentent un
phénomène bien étonnant par les débris d'animaux fossiles
qu'on y trouve, et par la ressemblance qu'elles ont entre
elles. La plus anciennement célèbre est celle de Bauman,
près de la ville de Brunswick. Nous en donnerons la description, d'après l'ouvrage de M. Cuvier sur les Ossemens
fossiles, tome 4, quatrième partie, premier Mémoire, pag. 2.

« L'entrée regarde le nord, mais la direction totale est
« d'orient en occident. Elle est fort étroite, quoique percée
« sous une voûte naturelle assez ample. On n'y pénètre qu'en
« rampant. La première grotte est la plus grande : de là,
« dans la seconde, il faut descendre dans un nouveau cou-
« loir, d'abord en rampant, et ensuite avec une échelle. La
« différence de niveau est de trente pieds. La seconde grotte
« est la plus riche en stalactites de toutes les formes. Le pas-
« sage à la troisième grotte est d'abord le plus pénible de
« tous ; il faut y grimper avec les pieds et les mains ; mais il
« s'élargit ensuite, et les stalactites de ses parois sont celles
« où l'imagination des curieux a prétendu voir les figures les
« plus caractérisées. Il a deux dilatations latérales, dont la
« carte des *Acta Erud.* fait la troisième et la quatrième grotte.
« A son extrémité on trouve encore à remonter pour arriver
« à l'entrée de la troisième grotte qui forme une espèce de
« portail. Behreus dit, dans son *Hercynia curiosa*, qu'on n'y

« pénètre point, parce qu'il faudroit descendre plus de
« soixante pieds ; mais la carte ci-dessus, et la description
« de Van der Hardt, qui l'accompagne, décrivent cette troi-
« sième grotte sous le nom de cinquième, et placent encore
« au-delà un couloir terminé par deux petits antres. Enfin,
« Silberschlag, dans sa Géogénie, ajoute que l'un d'eux con-
« duit dans un dernier couloir qui, descendant beaucoup,
« mène sous les autres grottes, et se termine par un endroit
« rempli d'eau. Il y a encore beaucoup d'ossemens dans cette
« partie reculée et peu visitée. »

On trouve d'autres cavernes, à peu près semblables, dans
la chaine du Hartz. On en trouve en Hongrie, sur les pentes
méridionales des monts Krapach ; mais la plus célèbre de
toutes est celle de Gaylenreuth, sur la rive gauche de la
Visent. Elle est composée de six grottes, qui forment une
étendue de plus de deux cents pieds. Ces cavernes sont jonchées d'ossemens, grands et petits, qui sont les mêmes dans
toutes sur une étendue de plus de deux cents lieues. Les trois
quarts de ces ossemens, et davantage, appartiennent à des
ours grands comme nos chevaux, dont l'espèce ne se trouve
plus à l'état vivant. La moitié, ou les deux tiers du quart
restant, vient d'une espèce d'hyène de la taille de nos ours.
Un plus petit nombre appartient à une espèce du genre du
tigre ou du lion, et à une autre du genre du loup ou du chien.
Quelques uns viennent de petits carnassiers, comme le renard, le putois, ou d'espèces très-voisines. M. Cuvier pense
que ces os proviennent de débris d'animaux qui habitoient
ces demeures, et qui y mouroient paisiblement, et que l'établissement de ces animaux dans ces cavernes est bien postérieur à l'époque où ont été formées les couches pierreuses
étendues, et peut-être même à celle de la formation des terrains d'alluvion. « Quel étoit donc le temps, dit ce savant, où
des éléphans et des hyènes du Cap, de la taille de nos ours,
vivoient ensemble dans notre climat, et étoient ombragés de
forêts de palmiers, ou se réfugioient dans des grottes avec
des ours grands comme nos chevaux ? »

On a encore trouvé dans une caverne, du côté de Green-
Briar, dans l'ouest de la Virginie, les débris fossiles d'un
animal du genre des paresseux, auquel on a donné le nom

de megalonix, et dont l'espèce n'est pas connue à l'état vivant.

On trouve à l'état fossile des débris d'oiseaux, dont les genres sont difficiles à déterminer : il en a été traité à l'article Oiseaux fossiles.

Les reptiles fossiles présentent des genres bien caractérisés, tels que les tortues, les crocodiles ou sauriens, les monitors, les salamandres, les protées, les grenouilles, et un lézard à ailes de chauve-souris, auquel on a donné le nom de ptéro-dactyle, desquels il a été fait des articles particuliers.

Les insectes se présentent à l'état fossile dans des pierres calcaires feuilletées et dans l'ambre jaune ou succin, où ils se sont conservés sans aucune altération. Ces insectes sont étrangers au climat de la Prusse, où l'on trouve le plus souvent cette sorte de résine fossile.

On trouve des débris de végétaux fossiles dans les couches anciennes, ainsi que dans les nouvelles; mais il semble qu'ils sont plus communs dans ces dernières, et même à la surface de la terre. Ils consistent en troncs ligneux, qui sont presque toujours changés en silex, en noyaux, en semences et en empreintes de feuilles disposées entre les feuillets de pierres fissiles. Celles que l'on trouve dans les mines de houille appartiennent, le plus souvent, à des plantes de la famille des fougères, à celles des bambous, des casuarinas, et d'autres étrangères au climat où on les trouve. Ces mines, qui se trouvent placées entre les schistes granitiques ou porphyriques, sont très-anciennes, et ne renferment pas de coquilles marines. Il n'en est pas de même des mines qui se trouvent dans le calcaire; il paroît qu'elles ne sont pas aussi anciennes; et, au lieu d'y rencontrer des empreintes de fougères, on voit dans quelques unes, comme dans celles des environs de Saint-Paulet, département du Gard, du succin et des coquilles du genre Ampullaire, qui paroissent appartenir aux dépôts marins. On a rencontré des bois de palmiers fossiles aux environs de Paris, auprès de Soissons et dans beaucoup d'autres endroits de la France. On a découvert, auprès de Canstadt, dans le duché de Wirtemberg, une forêt entière de palmiers couchés, de deux pieds de diamètre.

Dans le pays de Cologne, depuis Bruhl, Liblar, Kierdorf, Bruggen, Balkausen, jusqu'à Watterberg, on trouve, sur plusieurs lieues d'étendue, des dépôts immenses de bois presque entièrement changés en terreau, et recouverts d'une couche de cailloux roulés de dix à vingt pieds de hauteur. Ce dépôt, dont l'épaisseur excède cinquante pieds, sans le moindre mélange de matières étrangères, contient aussi des troncs d'arbres et des noix qui ont beaucoup de rapport avec celles du palmier *areca*, qui croît dans l'Inde. Dans les déserts de l'Afrique, on trouve, au milieu des sables quarzeux les plus arides, et sur un sol frappé à présent de stérilité, des quantités considérables de troncs d'arbres changés en silex. On a aussi trouvé ensevelis dans la tourbe, sur une montagne du département de l'Isère, des bois fossiles à huit cent cinquante mètres au-dessus de la ligne la plus élevée où des arbres puissent croître aujourd'hui.

Comme on a pu le voir, on trouve à l'état fossile des quadrupèdes de différens genres, des cétacés, des oiseaux, des reptiles, des poissons, des insectes, des mollusques et des végétaux ; mais jusqu'à présent on n'a rencontré aucuns débris de corps humains, ni aucuns ouvrages des hommes dans les couches ou dans les terrains où l'on a trouvé ces différens corps organisés fossiles. Plusieurs auteurs ont parlé de débris de l'espèce humaine, ainsi que de leurs ouvrages trouvés à l'état fossile : mais les faits sur lesquels ils avoient fondé leur assertion, examinés avec soin, ont prouvé qu'ils s'étoient trompés. On remarque cependant que les os humains se conservent dans les champs de bataille, aussi bien que ceux des chevaux.

Tout porte à croire que l'espèce humaine n'existoit pas à l'époque où vivoient les êtres dont on trouve les débris fossiles ; car il n'y a aucune raison pour que ses restes ne se retrouvassent pas aujourd'hui comme ceux des autres animaux. Si l'homme existoit à ces époques, il pouvoit habiter quelque petite contrée d'où il a repeuplé la terre, après les événemens qui ont fait disparoître les eaux des lieux qu'il habite aujourd'hui : dans ce cas, on n'a point encore découvert cette contrée.

Nous terminerons cet article par le tableau de gissement

des différens corps fossiles que l'on trouve dans les terrains des environs de Paris.

La craie, qui est la plus ancienne couche visible de ces environs, présente des corps marins en petite quantité, parmi lesquels on remarque une seule espèce de bélemnite, qui diffère de celles que l'on trouve dans les couches à cornes d'ammon ; quelques espèces de térébratules ; de petites espèces de coquilles cloisonnées ; des débris fort communs d'une grande coquille bivalve, à laquelle on a donné en Angleterre le nom d'*inoceramus*, et que mal à propos on avoit regardée comme une pinnite ; des cranies ; des ananchistes ; des polypiers ; des vertèbres, et des dents de squales, et quelques autres corps qu'on ne retrouve pas dans les couches qui sont au dessus. On trouve ces fossiles à Meudon, à Bougival, à Neauphle, à Mantes, et dans d'autres endroits. Il est très-remarquable qu'on ne trouve point dans cette craie de coquilles univalves, à spire simple, comme des fuseaux et des cérites, qui sont si nombreux dans les couches supérieures.

Au-dessus de la craie on trouve d'abord un banc d'argile, un autre de sable sans coquilles, ensuite le calcaire coquillier grossier, dans lequel on rencontre plus de mille espèces de coquilles ou autres corps marins de toutes les grandeurs, depuis celle du cérite géant, qui a quelquefois dix-huit à vingt pouces de longueur, jusqu'à celle de certaines espèces de miliolites, dont nous avons fait entrer quatre-vingt-quatorze coquilles dans une mesure d'une ligne cube. Ce calcaire se présente dans toutes les carrières des environs de Paris, et forme les pierres dont cette ville est bâtie. On le trouve à Grignon, à Courtagnon, à Mantes, à Château-Thierry, à Epernay, Montmirail, et dans beaucoup d'autres endroits, sur une grande étendue. Dans quelques localités, comme à Grignon, les corps marins, ainsi que les débris des mêmes corps dont ils sont environnés, n'adhèrent presque point ensemble, et dans quelques endroits, comme à Hauteville (département de la Manche) et en Touraine, l'on se sert de ce sable marin fossile pour fertiliser les terres.

Cette couche de corps marins est surmontée par la formation gypseuse, qui a quelquefois jusqu'à vingt mètres d'épaisseur. Ce dépôt, dans lequel se trouvent des couches de marne, renferme des lymnées et autres coquilles univalves d'eau douce, des troncs de palmiers changés en silex, et d'un volume considérable : des ossemens de quatorze espèces de quadrupèdes, dont quelques genres n'existent plus à l'état vivant ; des débris d'oiseaux, de tortues et de poissons. On trouve cette formation à Montmartre, à Mesnil-Montant, à Antony, à Triel, et dans d'autres lieux.

Au-dessus de ce terrain d'eau douce, on trouve d'abord un banc de cythérées, et d'autres coquilles ; ensuite deux bancs d'huîtres, dont le plus inférieur est composé de grandes huîtres très-épaisses, différentes de celles que nous connoissons à l'état vivant. Ce banc couvre les environs de Paris, dans une assez grande étendue, et nous l'avons suivi jusqu'à Pontchartrain, à huit lieues à l'ouest de Paris. Dans quelques endroits on trouve, au-dessus de ces huîtres, des grès ou des sables quarzeux, qui contiennent, à leur partie supérieure seulement, des coquilles marines à peu près semblables à celles du calcaire coquillier, mais en moindre quantité ; des palais et des queues de raies, et des débris de poissons. Souvent ces sables sont sans coquilles, soit qu'ils n'en aient jamais contenu, ou qu'elles y aient disparu sans y laisser de trace, à cause de la mobilité du sable, comme dans certains grès, où elles n'ont laissé que leur moule. On trouve de ces sables et grès coquilliers à Romainville, à Montmartre, à Nanteuil-le-Haudouin.

Ces huîtres et ces sables coquilliers sont recouverts par un terrain de formation d'eau douce, qui contient des coquilles terrestres, des coquilles fluviatiles univalves, presque tout-à-fait semblables à celles que nous trouvons dans nos marais ; des bois pétrifiés, des graines et des tiges de plantes. Ces terrains se présentent dans la plaine de Trappes, près de Versailles ; dans celle de Gonesse, dans toute la Beauce, dans la forêt de Montmorency, et sur le sommet des collines dans beaucoup d'autres endroits aux environs de Paris.

Enfin, au-dessus de ce terrain on trouve une formation qui paroît encore appartenir à l'eau douce, à laquelle MM. Brongniart et Cuvier ont donné, dans leur bel ouvrage sur la géographie minéralogique des environs de Paris, le nom de limon d'atterrissement, et dans laquelle on a trouvé des troncs d'arbres, des ossemens d'élans, d'éléphans, et d'autres grands quadrupèdes, mêlés avec des cailloux roulés : ces cailloux sont des morceaux de granite de différentes sortes, des poudingues pesant quelquefois plusieurs milliers, des silex et des coquilles des craies changées en cette substance, des bois fossiles, des coquilles usées par le frottement dépendant des couches du calcaire coquillier, et étrangères aux couches voisines du lieu où on les trouve ; des pierres calcaires coquillières, des nummilites et des grès. On aperçoit ce terrain dans le bois de Boulogne, dans la plaine de Nanterre, dans la forêt de Saint-Germain, dans la plaine de Montrouge, et à Sevran.

Quelles réflexions ne fait pas naître l'examen de ces différentes couches, et des corps qu'elles contiennent, dont une partie des genres n'existe plus à l'état vivant, et dont l'autre est étrangère au climat que nous habitons !

« En reprenant ces couches, depuis la craie, disent MM. Brongniart et Cuvier, on se représente d'abord une mer qui dépose sur son fond une masse immense de craie et des mollusques d'espèces particulières. Cette précipitation de craie et des coquilles qui l'accompagnent cesse tout à coup ; des couches d'une tout autre nature lui succèdent, et il ne se dépose d'abord que de l'argile et du sable : mais bientôt une autre mer, ou la même, produisant de nouveaux habitans, nourrit une prodigieuse quantité de mollusques testacés, tous différens de ceux de la craie ; elle forme sur son fond des bancs puissans, composés, en grande partie, des enveloppes testacées de ces mollusques. Peu à peu cette production de coquilles diminue et cesse aussi tout-à-fait ; la mer se retire, et le sol se couvre d'eau douce ; il se forme des couches alternatives de gypse et de marne, qui enveloppent et les débris des animaux que nourrissoient ces lacs, et les ossemens de ceux qui vivoient sur leurs bords.

« La mer revient ; elle nourrit d'abord quelques espèces de coquilles bivalves et de coquilles turbinées : ces coquilles disparoissent, et sont remplacées par des huîtres. Il se passe ensuite un intervalle de temps, pendant lequel il se dépose une grande masse de sable. On doit croire, ou qu'il ne vivoit encore aucuns corps organisés dans cette mer, ou que leurs dépouilles ont été complètement détruites ; car on n'en voit aucuns débris dans ce sable. Mais les productions variées de la seconde mer inférieure reparoissent, et on retrouve, au sommet de Montmartre, à Romainville et à Nanteuil-le-Haudouin, et dans d'autres endroits, les mêmes coquilles qu'on a trouvées dans les couches moyennes du calcaire grossier.

« Enfin, la mer se retire entièrement pour la seconde fois; des lacs ou des mares d'eau douce la remplacent, et couvrent des débris de leurs habitans presque tous les sommets des coteaux, et les surfaces même de quelques unes des plaines qui les séparent. » (1)

Tout, jusque-là, paroît avoir été déposé dans des eaux tranquilles; mais nous ajouterons qu'après tous ces dépôts alternatifs de la mer et de l'eau douce, il y a eu une inondation ou une débâcle qui a couvert de cailloux roulés tout le terrain depuis Montrouge jusqu'aux hauteurs de Sanois et de certaines parties de la forêt de Saint-Germain; cette débâcle à laquelle on doit peut-être la formation du limon d'atterrissement des environs de Paris, a enlevé des débris à toutes les formations, et a transporté jusque dans la plaine de Grenelle des morceaux de granite rouge, qui paroissent appartenir à la Bourgogne.

C'est aux fossiles seuls qu'est due la naissance de la théorie de la terre; sans eux l'on n'auroit peut-être jamais songé qu'il y ait eu, dans la formation du globe, des époques successives et une série d'opérations différentes. Eux seuls, en effet, donnent la certitude que le globe n'a pas toujours eu la même enveloppe, par la certitude où l'on est qu'ils ont dû vivre à la surface avant d'être ainsi ensevelis dans la profondeur. Ce n'est que par analogie que l'on a étendu aux terrains primitifs la conclusion que les fossiles fournissent directement pour les terrains secondaires; et s'il n'y avoit que des terrains sans fossiles, personne ne pourroit soutenir que ces terrains n'ont pas été formés tous ensemble.

C'est encore par les fossiles, toute légère qu'est restée leur

---

(1) Discours préliminaire de l'ouvrage de MM. Brongniart et Cuvier, déjà cité

connoissance, que nous avons reconnu le peu que nous savons sur la nature des révolutions du globe. Ils nous ont appris que les couches, au moins celles qui les récèlent, ont été déposées paisiblement dans un liquide ; que leurs variations ont correspondu à celles du liquide ; que leur mise à nu a été occasionée par le transport de ce liquide ; que cette mise à nu a eu lieu plus d'une fois : rien de tout cela ne seroit certain sans les fossiles. (D.)

FOSSOYEUR, Scarabée. (*Entom.*) C'est le nom d'un nécrophore, qu'on nomme aussi l'enterreur, *necrophorus vespillo.* (C. D.)

FOSTUK. (*Bot.*) Suivant Forskal, le lentisque, *pistacia lentiscus*, est ainsi nommé dans l'Egypte, où l'on apporte ses fruits cueillis aux environs d'Alep. M. Delile indique la même origine pour la *pistacia vera*, qu'il nomme *festoq.* (J.)

FOTEI-SO. (*Bot.*) Le *cypripedium japonicum* de Thunberg, est ainsi nommé au Japon. (J.)

FOTERNE (*Bot.*), nom ancien de l'aristoloche, aux environs de Narbonne, cité par Dalechamps. (J.)

FOTERSBÉ. (*Bot.*) Voyez Fotert. (J.)

FOTERT ou Foutra. (*Bot.*) A Madagascar, un *butonica* est nommé grand fotert, et un *stravadium* petit fotert ou foutra, suivant des indications trouvées dans un herbier de M. Poivre. C'est un des deux qui est cité par Rochon sous le nom de *fotersbé*, et l'autre sous celui de *voua-foutra*, qui est peut-être le même que le *mafoutra* ou *vouafoutra* cité par Flacourt. (J.)

FOTETENIS. (*Ornith.*) Kæmpfer se borne à dire que cet oiseau nocturne du Japon est d'un goût exquis, et qu'on ne le sert qu'aux tables des grands et dans des occasions extraordinaires. (Ch. D.)

FOTGE (*Ornith.*), nom catalan de la foulque, *fulica atra*, Linn. (Ch. D.)

FOTHERGILLA. (*Bot.*) Genre de plantes dicotylédones, à fleurs incomplètes, de la famille des amentacées, de la *polyandrie digynie* de Linnæus, caractérisé par des fleurs disposées en chatons ; un calice d'une seule pièce, à cinq ou six petites dents inégales ; point de corolle ; les étamines nombreuses et saillantes ; un ovaire supère, bifide, chargé de deux styles longs, en massue. Le fruit est une capsule à deux lobes, à deux loges monospermes, s'ouvrant à leur sommet en quatre valves ; les semences osseuses.

FothergillA a feuilles d'aune : *Fothergilla alnifolia*, Linn. fils., *Suppl.*, 267 ; Jacq., *Icon. rar.*, tab. 100 ; Lamk., *Ill. gen.*, tab. 480 ; *Bot. magaz.*, tab. 1341, et *Var.*, tab. 1342 ; *Fothergilla gardeni*, Linn., *Syst. veg.*, 418 ; *Fothergilla latifolia*, Buch'oz, *Icon.*, tab. 17 ; Miller, *Op. nov.*, tab. 1. Arbrisseau d'un port assez agréable, touffu, rameux, haut d'environ deux ou trois pieds, dont le feuillage ressemble assez bien à celui de l'aune. Les rameaux sont alternes, glabres, cylindriques ; les feuilles pétiolées, ovales, cunéiformes, la plupart émoussées, quelquefois lancéolées, dentées vers leur sommet, vertes en dessus, blanchâtres en dessous, un peu cotonneuses dans leur jeunesse, longues d'environ deux pouces et demi ; les pétioles courts, tomenteux, ferrugineux ; les stipules opposées.

Les fleurs se montrent au commencement du printemps, avant le développement des feuilles : elles sont blanches, disposées en petites grappes, verticales, au sommet des rameaux, longues d'un pouce et plus ; chaque fleur située dans l'aisselle d'une écaille concave, tomenteuse et ferrugineuse. Le calice est presque tronqué, très-court, velu, persistant ; les étamines environ au nombre de quinze ; les filamens beaucoup plus longs que le calice, rangés comme en éventail, portant de petites anthères jaunâtres ; l'ovaire court, ovale, velu ; les styles de la longueur des étamines : les capsules velues, à deux lobes coniques, à deux loges ; une semence osseuse dans chaque loge. Cette plante croit à la Caroline : on la cultive au Jardin du Roi. Elle aime l'ombre et le frais. On la multiplie de marcottes et de graines dans le terreau de bruyère.

Le *Forthergilla mirabilis*, mentionné par Aublet, dans ses Plantes de la Guiane, appartient au Mélastomes. Voyez ce genre. (Poir.)

FOTO, Jebi, Budo (*Bot.*), noms japonois de la vigne ordinaire. Le lierre est nommé *fotogi-tsia*. L'*uvularia hirta* de Thunberg est le *jamma-fotogis*. (J.)

FOU. (*Ornith.*) On a déjà exposé sous le mot Cormoran, que Linnæus avoit compris dans son genre *Pelecanus*, non seulement les pélicans proprement dits, mais encore les cormorans, les frégates, les fous, et l'on a mis en opposition les

signes auxquels on peut les distinguer les uns des autres. Ceux
qui caractérisent particuliérement les fous, sont : un bec
fendu jusque derrière les yeux, un peu plus long que la
tête, droit, épais à sa base, arrondi en dessus, comprimé
vers la pointe, qui est foiblement courbée; les deux bords
des mandibules finement incisés, et dont les dents sont dirigées
en arrière ; les narines linéaires, oblitérées et se prolongeant
de chaque côté du bec en un sillon qui semble diviser la mandibule supérieure en trois parties; la langue ovale et très-
couverte ; le tour des yeux nu ainsi que la gorge, qui est peu
extensible; les pieds courts et soutenant le corps presque en
équilibre ; les quatre doigts engagés dans la même membrane,
et celui du milieu pectiné intérieurement; les deux premières
rémiges les plus longues, et la queue conique et composée de
douze pennes.

Ces oiseaux sont appelés en anglois *booby*, d'où l'on a fait
boubie, en portugais *bobos*, dans l'ile de Ferroë *sula*, et en
françois *fous* ; mais les qualités morales de ces êtres indo-
lens étant tout-à-fait opposées à la pétulance et à l'extrava-
gance, attributs ordinaires de la folie, ils auroient été plus
convenablement désignés par un terme exprimant la stupi-
dité, l'imbécillité. On est bien éloigné toutefois de proposer
un changement de nomenclature; et même, quoiqu'ils aient
reçu assez récemment, en latin, les noms de *dysporus*, Illig.,
et *morus*, Vieill., on croit devoir préférer, avec Brisson, la
dénomination plus ancienne de *sula*. Au reste, si les oiseaux
dont il s'agit paroissent avoir les organes très-peu développés,
s'ils montrent une inertie presque incroyable à la vue des
dangers les plus imminens, et si cette sorte d'abandon de
soi-même a fait douter qu'ils fussent doués de l'instinct
de la conservation, n'y a-t-il pas d'autres considérations
propres à expliquer, jusqu'à un certain point, comment ils
se laissent tuer à coups de bâton sur les îles et les côtes où
ils ont rarement l'occasion de se trouver en présence de
l'homme, qu'ils ne soupçonnent pas être leur plus dangereux
ennemi, et comment ils se laissent prendre sur les vergues
des bâtimens qu'ils rencontrent en mer ? Fait-on assez d'attention, dans le premier cas, à la difficulté qu'ils ont pour
s'élever, d'après la longueur de leurs ailes et la brièveté de

leurs jambes, et dans le second, à l'ignorance assez naturelle du péril qu'ils courent sur ces vaisseaux, dont la rencontre n'est que passagère? Quant à la facilité avec laquelle
on leur reproche de rendre gorge à la frégate, dont ils
semblent destinés à être les pourvoyeurs, il y a d'autres oiseaux, dans la famille même des rapaces, qui se trouvent
également obligés de céder le fruit de leur pêche à de plus
fortes espèces ; et, lorsque la frégate, témoin de la capture
qu'ils viennent de faire des poissons nageant à la surface de
l'eau, fond sur eux d'un vol bien plus rapide, et les attaque
à coups redoublés de ses puissantes ailes et de son bec vigoureux, leurs cris témoignent assez la peine qu'ils ressentent
de se voir contraints d'abandonner la proie dont celle-ci a
l'adresse de s'emparer dans sa chute. Plusieurs marins parlent
d'ailleurs de la longue résistance qui souvent précède l'issue
inévitable d'un combat aussi inégal; et si les choses se passoient de la manière dont les raconte Catesby, qui a été à
portée de voir plusieurs de ces combats pendant un long séjour
a la Caroline, la défense opposée par le fou seroit encore bien
plus remarquable. L'auteur anglois prétend qu'au moment où
la frégate se précipite sur lui, il plonge sous l'eau, où elle
ne peut le suivre; que celle-ci, le retrouvant à sa sortie, renouvelle ses attaques jusqu'à ce qu'il perde haleine. Mais
une circonstance qui sembleroit infirmer ce récit, est que
les fous, qui nagent rarement, n'ont pas l'habitude ni peut-
être la faculté de se submerger.

On a rencontré de ces oiseaux sur toutes les mers et dans
toutes les parties du globe. Ils volent le cou tendu, la queue
étalée et les ailes presque immobiles. Leurs cris participent
de ceux de l'oie et du corbeau. Lorsqu'ils aperçoivent des
poissons à la surface de l'eau, ils se précipitent dessus pour
les saisir. Ils s'éloignent beaucoup moins des terres que les
frégates, et l'on pense généralement qu'ils se retirent sur les
ilots déserts et les rochers couverts d'un peu de terre, pour
y passer la nuit ; cependant, d'après les circonstances rapportées par divers navigateurs, on ne peut tirer de leur présence des inductions bien positives sur le voisinage des côtes.
M. Vieillot, ayant observé, dans ses voyages en Amérique,
que les fous étoient au lever du soleil, à peu près dans les

mêmes parages qu'à la chute du jour, et ne pouvant se figurer qu'ils eussent couché à terre, et en fussent revenus dans l'intervalle d'un crépuscule à l'autre, pense qu'ils se reposent sur la mer pendant les nuits, durant lesquelles il les entendoit souvent crier.

Dans plusieurs contrées ces oiseaux se perchent sur les arbres, et, suivant Dampier, *Nouveau Voyage autour du Monde*, Rouen, 1715, t. 1, p. 66, c'est aussi sur eux qu'ils nichent dans l'île d'Aves; mais leur ponte se fait le plus souvent dans des îles solitaires, sur les rochers et sur les falaises qui bordent la mer : elle ne consiste qu'en un ou deux œufs également pointus des deux bouts, à surface rude et blanche. Quoiqu'ils préfèrent, pour y nicher, les îles situées entre les tropiques, on en voit aux Hébrides, en Ecosse, en Norwège, et jusqu'au Kamtschatka ; mais ils n'y restent que l'été; et quand l'hiver approche, ils retournent au sud avec leurs petits. Ceux-ci restent long-temps couverts d'un duvet fort doux, et, en général, très-blanc.

M. Temminck dit que la peau du cou n'est point adhérente aux muscles, mais qu'elle tient seulement au corps par un tissu cellulaire très-lâche, c'est-à-dire d'un tissu composé de quelques fibres placées à des distances inégales, et qu'elle est susceptible de beaucoup d'extension. Il ajoute que, dans les deux sexes, la trachée cartilagineuse a son tube vers la glotte, et se dilate en forme d'entonnoir comme dans le cormoran; mais que le larynx est garni, de chaque côté, d'une membrane tympaniforme.

Plusieurs auteurs reconnoissent, dans le genre Fou, diverses espèces, qu'ils nomment fou proprement dit, ou fou commun, *pelecanus sula*, Gmel. et Lath.; fou de Bassan, *pelecanus bassanus*, id., pl. enl. de Buffon, n.° 278; fou blanc, *pelecanus piscator*, id.; petit fou, *pelecanus parvus*, id., pl. enl., 973. Buffon et Brisson font aussi une espèce particulière du grand fou, que Latham regarde comme une simple variété du fou de Bassan. D'un autre côté, l'on a reconnu que le fou tacheté n'étoit qu'une variété d'âge du même, malgré la circonstance, remarquée par Mauduyt, qu'il est représenté dans la planche enluminée de Buffon, n.° 386, comme ayant la queue bien plus courte que les autres; ce qui provient, selon M. Temminck, de ce que l'individu, sur lequel la figure a été faite, étoit en mue, et que les rémiges n'avoient pas leur longueur ordinaire. On a aussi vérifié que le petit fou brun, pl. enl., 974, *pelecanus fiber*, Gmel. et Lath., étoit un jeune de l'espèce du cormoran nigaud. Enfin, l'on trouve, pl. 18 du Voyage autour du Monde du capitaine Krusenstern, la figure d'un individu portant la dénomination de Fou du Brésil, et ayant le dessus du corps brun, des reflets bleus sur le dos, les parties inférieures blanches, le bec et les pieds bleuâtres; mais il paroît n'être qu'une variété d'âge du petit fou, ou fou de Cayenne, dont le corps a un pied et demi de longueur, et dont le plumage est noirâtre, à l'exception des parties infé·rieures qui sont blanches.

Il résulte de ces circonstances que la seule espèce de fou qui soit bien déterminée est le fou de Bassan, ainsi nommé parce qu'on a trouvé les individus sur lesquels la description en a été faite dans l'île de Bass ou Bassan, au golfe d'Edimbourg, où il passe la belle saison, et niche dans les trous des rochers, pour en repartir à l'automne. C'est cette espèce que Meyer nomme *sula alba*, fou blanc, et qui est décrite par M. Temminck, dans son Manuel d'Ornithologie, pag. 593 et suiv., avec des détails propres à faire remarquer les variations du plumage depuis la sortie de l'œuf.

Au bout de quelques jours, ces oiseaux sont couverts d'un duvet blanc et lustré. Pendant la première année le dessus du corps est d'un brun noirâtre, sans taches; les parties infé·rieures sont d'un brun varié de cendré; le bec, les parties nues et l'iris sont bruns, et la queue est arrondie. A la seconde mue, ou à l'âge d'un an, la tête, le cou et la poitrine sont d'un brun cendré, avec de petites taches blanches très-rap-prochées et en forme de fer de lance; les plumes du dos, du croupion et des ailes sont du même brun, et portent des taches blanches plus distantes; les parties inférieures sont d'un blanc varié de brun cendré; les rémiges sont brunes, ainsi que la queue, qui est conique, et dont les baguettes sont blanches; le bec est d'un cendré brun, et l'iris jaunâtre; les tarses et le dessus des doigts sont d'un brun verdâtre; les membranes d'un brun cendré, et les ongles bruns. A l'âge de deux ans, et pendant l'époque de la mue, on trouve des individus dont le plumage est blanc sur plusieurs parties, tandis que d'autres sont brunes et tachetées de blanc. Ce sont vraisemblablement des fous de l'âge d'un et de deux ans, qui ont été décrits comme espèces sous les noms latins de *sula major*, Briss., et *pelecanus maculatus*, Gmel., et sous les noms françois de grand fou et fou tacheté, Buff., pl. enl., 372 et 386.

Les individus des deux sexes, à l'âge de trois ans, sont longs de deux pieds sept à huit pouces; ils ont la queue en cône alongé; le sommet de la tête et l'occiput sont d'un jaune d'ocre clair, et le reste du plumage est d'un beau blanc, à l'exception des rémiges et de l'aile bâtarde, qui sont noires. Le bec, d'un bleu cendré à sa base, est blanc à la pointe; la peau nue qui entoure les yeux est d'un bleu clair, et celle qui s'étend du bec jusqu'au milieu de la gorge, est d'un bleu noirâtre; l'iris est jaune; les tarses et les doigts sont d'un vert clair; les membranes sont noirâtres et les ongles blancs. La femelle est d'une taille moins forte que celle du mâle.

Tel est le fou de Bassan; et, quoique dans la synonymie, qui paroît avoir été établie par M. Temminck d'après l'examen d'un grand nombre d'individus de tout âge, cet ornithologiste ne parle point précisément du fou commun, les auteurs comparant sa taille, et celle du fou de Bassan et du grand fou, à la taille de l'oie, on est d'autant plus fondé à le regarder comme n'étant pas d'une espèce différente, qu'on les trouve tous dans les mêmes régions de l'ancien et du nouveau monde. A l'égard du petit fou de Cayenne, les auteurs le décrivent comme n'ayant qu'environ un pied et demi de longueur; et s'ils donnent au fou blanc, *pelecanus piscator*, Gmel. et Lath., une aussi forte taille qu'aux autres, ils le présentent comme ayant la peau nue dont les yeux sont entourés, et le bec, ainsi que les pieds, rouges; mais les mêmes parties sont jaunâtres dans le fou tacheté, et ces nuances ne paroissent pas suffire pour écarter les motifs qui, d'ailleurs, font naturellement pencher vers l'identité. Le genre Fou a donc besoin d'un examen plus particulier pour en déterminer les espèces avec quelque certitude. (CH. D.)

FOUAH. (*Bot.*) Voyez FOOAHA. (J.)

FOUARRE (*Bot.*), nom ancien donné à la paille quand on en a séparé le blé. On lit dans les Essais sur Paris, de Saint-

Foix, qu'anciennement les élèves en médecine ou autres qui fréquentoient les écoles voisines de la place Maubert, se rassembloient en partie dans une rue qui porte le nom de rue du Fouarre, parce que l'on y apportoit des fouarres ou bottes de paille pour asseoir les étudians. Il paroît que le nom de feurre, donné à la paille dans quelques lieux, a la même origine, ainsi que les termes de *far* et *farrago*, qui sont aussi des parties de plantes céréales. (J.)

FOUCAULT. (*Ornith.*) Ce nom, qui s'écrit aussi *foucaud*, est donné par les chasseurs à la petite bécassine, qu'on appelle encore sourde, *scolopax gallinula*, Linn. (Ch. D.)

FOUCHE, Foutchi (*Bot.*), noms indiens du figuier. (J.)

FOUCQUE. (*Ornith.*) Ancienne orthographe du mot *foulque*, désignant l'oiseau autrement appelé morelle, *fulica atra*, Linn., qu'on nomme aussi vulgairement *foulcre*. (Ch. D.)

FOUDI. (*Ornith.*) Ce nom désigne, 1.° un oiseau de Madagascar, qui est le *loxia madagascariensis*, Linn.; 2.° le gros-bec orix, *loxia orix*, Linn. On nomme aussi *foudi-jala* un rossignol de Madagascar, *sylvia madagascariensis*, Lath. (Ch. D.)

FOUDONNE. (*Bot.*) La plante qui nous a été envoyée du Sénégal sous ce nom, et dont les Maures se servent pour rougir leurs ongles, est le henné ou alkanna, *lawsonia inermis*. (J.)

FOUDRE (*Conchyl.*), nom marchand du *voluta verspertilio*, Linn., ainsi nommé à cause des lignes rouges flexueuses dont il est orné.

Foudre alongée,
Foudre a tubercules en bec de perroquet,   } variétés de la
Foudre fasciée,   } même espèce
Foudre rouge,   } de volute.

Voyez Fulgur. (De B.)

FOUÈNE. (*Bot.*) Voyez Faine. (J.)

FOUET DE L'AILE. (*Ornith.*) On nomme ainsi la troisième partie, ou la plus extérieure, de l'aile des oiseaux. (Ch. D.)

FOUET EPINEUX. (*Bot.*) Espèce d'hydnum trouvée par Paulet dans la forêt de Senard. Elle forme de petits bouquets composés de plusieurs individus à tige blanche, mince, alongée : le reste du champignon est de couleur de noisette pâle avec des papilles blanches. Le *fouet épineux* fait partie de la famille des chevrettes ou chevrots nés, de Paulet. Il n'est poin malfaisant, et rien n'annonce en lui de mauvaise qualité. (Lem.)

FOUETTE-QUEUE. (*Erpétol.*) M. Cuvier a donné ce nom aux stellions bâtards, de Daudin. Voyez Stellion. (H. C.)

FOUETTEUX. (*Ornith*) L'oiseau auquel on donne ce nom vulgaire et celui de *fouette merle*, est l'émerillon, *falco œsalon*, Linn., parce qu'il chasse ou fouette les merles. (Ch. D.)

FOUGÈRE MUSQUÉE (*Bot.*), nom vulgaire du cerfeuil musqué. (L. D.)

FOUGÈRES. (*Foss.*) On trouve dans les mines de houille des empreintes d'une très-grande quantité d'espèces de ce genre. Voyez au mot Végétaux fossiles. (D. F.)

FOUGÈRES. (*Bot.*) Cette famille de plantes, très-naturelle, avoit été examinée assez superficiellement par les auteurs anciens, et même par plusieurs modernes. Cependant tous les ont laissées réunies dans leurs diverses méthodes de distribution des végétaux. Tournefort en forme la première section de sa seizième classe, composée de dix genres, et y renferme la série nombreuse des fougères des Antilles, publiées par Plumier dans un ouvrage spécial. La première section de la cryptogamie de Linnæus est aussi consacrée aux fougères, dont il décrit environ deux cents espèces reportées dans douze genres différens de ceux de Tournefort; il leur en adjoint quatre autres formant maintenant d'autres familles. Nous avions adopté en 1789 la distribution de Linnæus, et fait à peu près les mêmes additions dans des sections distinctes, devenues plus récemment des familles détachées, mais toujours voisines. M. Smith, en Angleterre, a reconnu le premier, en 17..., que les caractères génériques adoptés jusqu'alors étoient insuffisans, et qu'on devoit y ajouter la considération de l'anneau élastique unissant les valves des capsules dans beaucoup d'espèces, ainsi que de la structure et de la déhiscence de la membrane qui, dans un grand nombre, recouvre les organes reproducteurs; et il a publié plusieurs genres fondés sur ces parties. Swartz, auteur suédois dont la mort récente nous laisse des regrets, a travaillé sur le même plan, et publié en 1806 une monographie des vraies fougères, distribuée en trente-huit genres, contenant environ sept cents espèces caractérisées, sans compter un grand nombre d'autres seulement rappelées à la suite. Willdenow, que la science a aussi perdu trop tôt, et qui avoit entrepris une grande édition des *Species* de Linnæus, a donné en 1810 le premier volume de la cryptogamie, contenant les seules fougères, avec l'*equisetum* qui ne doit plus leur rester associé. Il a adopté les genres de Swartz, auxquels il en ajoute quatre nouveaux, en élevant le nombre des espèces à plus de mille. Ce nombre a été augmenté plus récemment par MM. Schkuhr, R. Brown, Humboldt et Kunth, Mirbel, Bory Saint-Vincent, Desvaux, etc., qui ont ajouté à cette série dix nouveaux genres. C'est avec ces additions de caractères et de genres que nous devons aujourd'hui présenter la famille des fougères, dégagée des genres accessoires, en exposant d'abord son caractère général.

Comme sa fructification est peu connue, on l'avoit primitivement placée parmi les acotylédones; mais de nouvelles observations sur les corps regardés comme graines, et sur leur développement dans la germination, les feront peut-être transporter parmi les monocotylédones.

Les organes de la fructification, nommés *sporanges* par Hedwig, capsules par le plus grand nombre, sont des follicules très-petits, ordinairement uniloculaires (rarement multiloculaires), s'ouvrant très-souvent dans une direction transversale en deux valves unies le plus souvent par un anneau élastique (*annulus* de M. de Beauvois, *gyrus* de Swartz, *symplokium* de Hedwig), lequel manque dans plusieurs genres. Ces capsules remplies chacune de graines menues, nommées *spores*, sont ordinairement adhérentes à la surface inférieure de quelques parties du feuillage, quelquefois distinctes, plus souvent rassemblées en paquets ou sores, *sori*, de forme arrondie, ou plus ou moins alongée, ou quelquefois semblables à de simples lignes. Ces sores sont nus dans quelques genres; dans un plus grand nombre ils sont cachés sous une membrane (*indusium* de la plupart, *involucrum* de Swartz, *tegumentum* de Cavanilles, *perisporangium* de Hedwig), laquelle, pour mettre les capsules à découvert, s'ouvre de différentes manières qui aident à désigner des genres. Elle se fend tantôt au côté extérieur, dirigé vers les bords du feuillage, ou au côté intérieur opposé; tantôt dans tout son contour, restant adhérente par le milieu; quelque-

fois elle se divise dans sa longueur en deux valves ; quelquefois, ouverte au sommet, elle prend la forme d'un petit vase
contenant les capsules. La structure intérieure des spores ou
graines n'est pas déterminée. On a seulement observé que,
mises en terre, elles s'étendent en divers sens, se prolongent
en quelques appendices, et deviennent de nouveaux individus semblables à ceux dont elles ont été tirées. On ne connoît point les organes mâles, ce qui peut laisser quelques
doutes sur leur existence, et par suite sur la nature des organes reproducteurs de cette famille.

Les fougères sont herbacées, ou quelquefois ligneuses, et
même arborescentes dans les pays chauds. Les tiges simples
ou rameuses se rapprochent de celles des monocotylédones
par leur structure intérieure. Le feuillage est simple, ou diversement partagé en lobes et en folioles palmées, ou plus
souvent pennées. Ce feuillage, avant son développement, est
roulé en spirale intérieure de la pointe à la base : les capsules, isolées ou réunies en sorcs, sont placées ordinairement
sur la surface inférieure des feuilles ; plus rarement elles sont
portées sur une tige distincte. Pour la distribution des genres
nous avons adopté les divisions tracées par Swartz, et fondées
sur la présence ou l'absence, soit de l'anneau élastique des
capsules, soit des membranes qui les recouvrent.

Les genres qui ont cet anneau très-marqué, peuvent être
répartis dans deux sous-divisions. La première, caractérisée
par les sorcs nus, renferme les genres *Polybotria* de M. Kunth,
Acrostichum, *Meniscium Hemionitis*, *Gymnogramma* de M. Desvaux, *Grammitis*, *Ceterach*, *Notholæna* de M. R. Brown, *Cy-
clophorus* de M. Desvaux, *Pyrrhosia* de M. Mirbel, *Tænitis*,
Polypodium.

Dans l'autre sous-division, plus nombreuse, dont les sores
sont cachés sous une membrane, *indusium*, doivent être rap-
portés les genres, *Pleopeltis* de M. Kunth, *Aspidium*, *Asplenium*,
Cænopteris, *Scolopendrium*, *Diplazium*, *Lonchitis*, *Pieris*, *Vittaria*,
Monogramma de M. Desvaux, *Onoclea*, *Lomaria*, *Blechnum*,
Woodwardia, *Doodia* de M. Brown, *Lindsea*, *Adiantum*, *Chei-
lanthes*, *Davallia*, *Didymochlæna* de M. Desvaux, *Dicksonia*,
Cyathea, *Woodsia* de M. Brown, *Trichomanes*, *Hymenophyllum*.

A une seconde section, dans laquelle les capsules, privées

d'anneaux élastiques remplacés par de simples stries, s'ouvrent seulement par une fente demi-circulaire, on rattache les genres, *Schizea*, *Lygodium*, *Mohria*, *Anemia*, *Osmunda*, *Todea*, *Mertensia* et *Gleichenia* peut-être congénères, *Angiopteris*.

La troisième section, qui contient les genres *Marattia*, *Danœa*, *Botrychium*, *Ophioglossum*, est absolument dépourvue d'anneau élastique, ou de ce qui peut en tenir lieu.

A cette famille, maintenant circonscrite, nous avions ajouté en 1789, dans trois sections distinctes, des genres déjà rapprochés en partie par Linnæus, différens cependant des fougères par plusieurs caractères importans, mais ayant avec elles plus d'affinité qu'avec d'autres séries : tel est l'*equisetum*, qui forme seul maintenant la famille des équisétacées, mentionnée précédemment : tels sont l'*isoetes*, le *salvinia*, le *marsilea* ou *lemma*, et le *pilularia* dont on a fait la famille des rhizospermes ou salviniées, qui sera décrite sous un de ces noms.

Une de ces sections, caractérisée par des fleurs diclines, des anthères portées sur des écailles réunies en cône, et des ovaires visibles, contenoit les genres *Cycas* et *Zamia*, rapprochés des fougères, parce que leurs jeunes feuilles sont de même roulées en spirale, et que leurs anthères sont conformées comme les capsules des fougères, prises auparavant pour des anthères. Postérieurement MM. Persoon et R. Brown ont fait avec raison de cette section la famille des cycadées, dont on a oublié de faire mention dans ce Dictionnaire, lorsqu'il a été question du *cycas*, qui avoit été indiqué comme appartenant à la famille des palmiers, parce qu'il en a le port. Nous réparons aujourd'hui cette omission, en présentant ici le caractère général des cycadées, formé de la réunion de ceux qui sont communs aux deux genres, avec l'addition de ceux qui ont été observés sur l'embryon par MM. R. Brown et Mirbel.

Les Cycadées ont des fleurs mâles et des femelles, portées sur des pieds différens, disposées les unes et les autres en cônes ou chatons composés d'écailles qui supportent et recouvrent les organes sexuels. Les écailles des cônes mâles sont couvertes d'anthères plus ou moins nombreuses, uniloculaires, s'ouvrant en deux valves d'un côté. Les écailles des cônes femelles , diversement conformées , supportent des ovaires distincts, munis chacun d'un style et d'un stigmate très-courts. Ils deviennent des brous minces et secs, recouvrant une noix monosperme assez grosse. La graine contient un périsperme charnu et volumineux, au centre duquel est l'embryon. Celui-ci est renversé à radicule montante, divisé inférieurement en deux lobes un peu inégaux, qui restent unis supérieurement près de la radicule dans le tiers de leur longueur; on aperçoit la plumule descendante entre ces deux lobes entr'ouverts. La tige est ligneuse, cylindrique, conformée intérieurement comme celle des monocotylédones, et particulièrement des palmiers. Elle est simple, terminée supérieurement par une touffe de feuilles pennées, au milieu desquelles s'élèvent les cônes de fleurs. Ces feuilles, avant leur développement, sont roulées en spirale de la pointe à la base, comme dans les fougères.

Cette famille, qui ne renferme que le *zamia* et le *cycas*, a le port des palmiers, dont elle se rapproche aussi par la structure intérieure de ses tiges, et par ses graines périspermées; mais elle en diffère par ses fleurs et par son embryon que plusieurs auteurs regardent comme dicotylédone ; et M. Richard, se fondant sur cette organisation, sur la disposition et conformation des fleurs, ainsi que sur d'autres caractères, place les cycadées près des conifères. Cependant, si l'on rappelle la structure des tiges, et si l'on observe avec M. R. Brown que les deux lobes de l'embryon ne sont pas séparés jusqu'à la base, on sera peut être disposé à n'admettre ici qu'un cotylédon singulièrement conformé, ou un *vitellus* semblable à celui du *nelumbo* sur la nature duquel les botanistes ont été partagés, mais qui paroît définitivement appartenir aux monocotylédones. (J.)

FOUGÈRE, *Filix*. (*Bot.*) En France on désigne par ce nom le *pteris aquilina*, la plus grande des espèces de fougères d'Europe. On lui donne aussi les noms de *fougère impériale* et de *fougère femelle*. Elle partage ce dernier avec une autre espèce, le *polypodium filix fœmina*, Linn. (Voyez Atyrium.) La fougère mâle est une espèce différente de cette dernière ; c'est le *polypodium filix fœmina*, Linn. (Voy. Polystichum.)

L'on nomme : Fougère aquatique, Fougère fleurie, Fougère-

FOU

DE MARAIS, FOUGÈRE ROYALE, l'*osmunda regalis*, Linn., la plu
belle des fougères d'Europe ;

FOUGÈRES GRIMPANTES et FOUGÈRES RAMEUSES, diverses espèces
volubles de fougères, placées par Linnæus dans son genre
Osmunda, et rapportées actuellement au genre *Hydroglossum*.
L'espèce la plus remarquable est l'*hydroglossum scandens*, Willd..

FOUGÈRES EN ARBRE : les fougères dont le stipe s'élève à la
manière de celui des palmiers, et forme un petit arbre :
Plumier et Rumphius en donnent de belles figures ; l'espèce
la plus remarquable est le *polypodium arboreum*, Linn. ;

FOUGÈRE CORNUE, l'*acrostichum septentrionale*, Linn., petite
fougère d'Europe, dont la fructification forme de petites
languettes pointues. Voyez FILIX et FILICULA. (LEM.)

FOUGERIE, *Fougeria*. (*Bot.*) [*Corymbifères*, Juss.—*Syngénésie polygamie nécessaire*, Linn.] Ce genre de plantes, établi
par Mœnch dans la famille des synanthérées, appartient à
notre tribu naturelle des hélianthées, et à la section des hé-
lianthées-rudbeckiées, dans laquelle nous le plaçons auprès du
baltimora, dont il diffère très-peu. Voici ses caractères, que
nous décrivons d'après Mœnch, car nous n'avons point vu la
plante qui constitue ce genre.

La calathide est très-courtement radiée : composée d'un
disque quinquéflore, régulariflore, masculiflore, et d'une
couronne unisériée, quinquéflore, liguliflore, féminiflore. Le
péricline est formé de sept squames bisériées, égales, ovales,
lancéolées, foliacées, les extérieures au nombre de deux, les
intérieures au nombre de cinq ; le clinanthe est plane et garni
de squamelles égales aux fleurs, linéaires, dentées, colorées.
Les ovaires sont subtriquètres, obcordiformes, nus ; leur
aigrette est coroniforme, et figure un rebord. Les corolles de
la couronne ont la languette ovale, large, bi-tridentée.

FOUGERIE TÉTRAGONE ; *Fougeria tetragona*, Mœnch, Suppl. C'est
une plante herbacée, annuelle, dont la tige est dressée, rameuse, sillonnée, scabre, tétragone, à angles obtus ; les feuilles
sont opposées, pétiolées, ovales, larges, aiguës, dentées en
scie, poilues, scabres, trinervées en dessous ; les calathides
sont portées sur des pédoncules simples, nus, cylindriques,
scabres, rassemblés au nombre de trois dans l'aisselle des
feuilles, et dont l'intermédiaire est beaucoup plus long que

les deux autres; le péricline est garni de poils; les corolles sont jaunes.

Mœnch n'indique point la patrie de cette plante, qu'il a dédiée à la mémoire de Fougeroux, botaniste françois, auteur du genre *Gaillarda*, ou *Galardia*. (H. Cass.)

FOUGEROLE, *Filicula*. (*Bot*.) On donne ce nom aux petites espèces de fougères, et particulièrement au *polypodium fragile*, Linn. Voyez Aspidium. (Lem.)

FOUILLE-MERDE. (*Entom.*) C'est le nom vulgaire des bousiers, des scarabées, des hannetons. (C. D.)

FOUILLET (*Ornith.*), nom vulgaire du pouillot ou chantre, *motacilla trochilus*, Linn. (Ch. D.)

FOUINE (*Mamm.*), nom françois d'une espèce de martes, *mustella foina*, Linn. Voyez Marte. (F. C.)

FOUISSEURS, ou Oryctères. (*Entom.*) Nous avons désigné sous ces deux noms, mais particulièrement sous le dernier, une famille d'insectes hyménoptères, comprenant les sphèges entre autres, et réunissant des espèces qui, outre l'habitude qu'elles ont de creuser le sable pour y déposer leurs œufs, ou pour y enterrer des larves, se trouvent rapprochées entre elles, et séparées de tous les autres genres par d'autres caractères. Voyez Oryctères. (C. D.)

FOUL, Ful (*Bot.*), nom arabe et égyptien de la fève de marais, cité par Forskal et M. Delile. (J.)

FOULCRE. (*Ornith.*) Voyez Foucque. (Ch. D.)

FOULE-CRAPAUD. (*Ornith.*) Traduction faite par Salerne du mot *calcabotto*, qui désigne en Italie l'engoulevent, *caprimulgus europœus*, Linn. (Ch. D.)

FOULEHAIO (*Ornith.*), nom que porte, à Tongotabo, une des îles des Amis, le grimpereau caronculé, *certhia carunculata*, Lath., ou *creadion musicus*, Vieil. (Ch. D.)

FOULI-LACRA. (*Bot.*) Ce nom portugais, qui signifie fleur de scorpion, a été donné dans le Japon, suivant Kæmpfer, à un angrec, *epidendrum flos aeris* de Linnæus, à cause de sa forme, qui a, dit-il, quelque rapport avec un scorpion. Plus récemment Swartz, dans sa réforme des orchidées, en a fait un nouveau genre sous le nom d'*aerides*, en lui réunissant plusieurs autres espèces. C'est la même plante qui est nommée *katong-ging* à Java. (J.)

FOULIMÈNE. (*Ornith.*) Flacourt, qui parle de cet oiseau, pag. 165 de son Histoire de l'île de Madagascar, où il le nomme aussi oiseau de feu, se borne à dire que son plumage est d'un rouge écarlate; qu'il a vainement tenté d'en élever en hiver, et que les individus de la même espèce se battent continuellement les uns les autres. (Ch. D.)

FOULING (*Bot.*) C'est une racine très-employée dans la Chine comme sudorifique, et propre à purifier le sang. Il est dit dans le Recueil des Voyages, que la plante qui la fournit croît particulièrement dans la province de Su-Chuen. (J.)

FOULON. (*Entom.*) On nomme ainsi une très-grosse espèce de hanneton ou de mélolonthe, qui se trouve dans les sables des dunes. (C. D.)

FOULON. (*Ornith.*) Camus traduit, par ce mot, le nom d'un oiseau dont Aristote parle au chap. 6 du 9.e livre de son Histoire des Animaux, et qu'il dit avoir une bonne voix, une belle couleur, et être industrieux. (Ch. D.)

FOULQUE. (*Ornith.*) Les poules d'eau ou gallinules, les poules sultanes ou talèves, et les foulques ou morelles, ont toutes les pieds très-longs, et une plaque lisse et colorée qui s'étend, plus ou moins, en forme de bouclier, sur le front. Linnæus les a réunies dans son genre *Fulica*; mais, tandis que la membrane, dont les doigts sont bordés, est à peine sensible chez les talèves, *porphyrio*, plus apparente et unie chez les poules d'eau, *gallinula*, elle est festonnée chez les foulques, qui, comme les phalaropes, sont pinnatipèdes. Les foulques ont, d'ailleurs, des caractères particuliers, qui consistent dans un bec épais à la base, plus court que la tête, comprimé latéralement, dont la mandibule supérieure offre un sillon large et concave, et s'incline à son extrémité sur l'inférieure, qui est un peu renflée vers la pointe. Les narines, placées dans le sillon et vers le milieu du bec, qu'elles traversent de part en part, sont longitudinales, oblongues, et couvertes d'une membrane; la langue est comprimée et entière; les pieds, assez longs, sont nus au-dessus du genou; les trois doigts antérieurs sont garnis d'une membrane partagée en deux lobes sur le doigt interne, en trois sur celui du milieu, et en quatre moins profondément découpés sur l'externe; le pouce, qui pose sur la terre, n'a de membrane qu'à la partie intérieure;

les ongles sont courts et aigus; les ailes sont concaves et arrondies, et les deuxième et troisième rémiges sont les plus longues;
la queue est composée de douze ou de quatorze pennes, qui,
depuis les deux du milieu, diminuent de longueur.

Quoique ces oiseaux n'aient pas les pieds entièrement palmés, ils nagent et plongent avec une facilité extrême; ils préfèrent les eaux douces et stagnantes aux rivières, et ils ne
quittent celles-là que pour passer d'un étang à l'autre : ils se
plaisent même si peu à terre, qu'ils font souvent la traversée
au vol, dont l'action se soutient par la force des muscles, qui
supplée au désavantage de leurs très-courtes ailes. Comme ils
ont la vue foible, ce n'est que le soir qu'ils entreprennent ces
petits voyages. Pendant le jour on ne parvient qu'avec peine
à leur faire abandonner les roseaux dans lesquels ils s'enfoncent, et où ils construisent leur nid. Des insectes aquatiques, de petits poissons, des sangsues, sont la base de leur
nourriture; mais ils recueillent aussi les graines et les sommités
des joncs.

Les foulques se trouvent dans toute l'Europe, depuis l'Italie
jusqu'au Groenland; en Asie, en Amérique; et, malgré les
légères différences que présentent les individus observés, surtout dans nos climats, elles ne forment pas des espèces bien
distinctes.

La FOULQUE ou MORELLE, *Fulica atra*, Linn., pl. enlum. de
Buffon, n.° 197, est, à peu près, de la grosseur d'une poule.
Sa longueur, depuis le bout du bec jusqu'à celui de la queue,
est d'environ quatorze pouces et de dix-huit jusqu'à celui des
ongles. La plaque du front, ordinairement blanche, est rouge
dans la saison des amours; le bec est d'un blanc rayé, l'iris
d'un rouge cramoisi; le bas de la jambe, dégarni de plumes,
est entouré d'un cercle qui est rendu sensible dans la figure
qu'en a donnée J. Graves, tom. Ier de son Ornithologie britannique; les tarses, les doigts et leurs membranes, sont d'un
cendré verdâtre. La tête et le cou sont noirs; les parties supérieures d'un noir d'ardoise, à l'exception des pennes moyennes
de l'aile, dont la bordure est blanche, et les inférieures d'un
cendré bleuâtre. Les vieux mâles ont le plumage d'un noir
plus profond, la plaque frontale plus large, ainsi que les
membranes digitales, et le bec plus long : on les a long-temps

regardés comme une espèce particulière, qui a été désignée en françois par le nom de macroule, et en latin par l'épithète d'*aterrima*, Linn. et Lath.

Sparrman a figuré, pl. 13, du *Museum carlsonianum*, une jeune foulque avant la mue, époque à laquelle la plaque frontale, peu apparente, est, ainsi que le bec et les pieds, d'un cendré bleuâtre, et où les parties inférieures sont d'un gris nuancé de blanc. Le naturaliste suédois ayant présenté ce jeune âge comme une espèce distincte, sous le nom de *fulica æthiops*, Gmelin l'a adoptée sans un assez mûr examen. Il en est de même d'une variété accidentelle que Sparrman a aussi fait figurer, pl. 12 du même ouvrage, sous le nom de *fulica leucoryx*, quoique ce ne soit qu'une variété accidentelle, aux ailes entièrement blanches, et dont on n'a trouvé qu'un seul individu. Latham cite encore, mais comme simples variétés, deux individus, *fulica alba* et *fulica fusca*, dont le premier avoit le corps blanc, et des taches éparses sur la tête et les ailes, et dont le second avoit des taches brunes, de forme ovale, sur la gorge ; des taches blanches sur la tête, les plumes anales de la même couleur, et le reste du corps brun.

On trouve plus de foulques dans les marais, sur les lacs et les golfes de France, de Hollande et d'Angleterre, que dans ceux d'Allemagne et de Suisse. Cetti, dans ses *Uccelli di Sardegna*, pag. 283, dit que ces oiseaux sont si nombreux sur les étangs de cette île, qu'on ne sème pas de blé dans leur voisinage, où, sortant de l'eau pendant la nuit, ils couperoient tout ce qui seroit à leur portée ; mais qu'on remplace ce végétal par du lin auquel ils ne touchent pas. Elles n'abandonnent guère les contrées qui les ont vues naître, mais elles fréquentent en été les étangs moins vastes, et les quittent à l'automne pour se réunir en grandes troupes sur ceux qui ont plus d'étendue, et sont moins sujets à geler. Quand les frimas et le manque d'eau les en chassent, elles se répandent même dans les plaines où la température est plus douce. Elles s'apparient au mois de février, et choisissent, pour y former leur nid, des endroits couverts de roseaux secs, sur lesquels elles en entassent d'autres ; lorsque la touffe est élevée au-dessus de l'eau, elles en garnissent l'intérieur de petites herbes sèches, et il résulte du tout une assez forte masse qu'on aperçoit de loin. Les femelles pondent, suivant les uns, dix-huit à vingt œufs, et selon d'autres seulement six ou sept; ce qui pourroit, jusqu'à un certain point, se concilier en supposant que ceux-ci n'ont vu que de secondes couvées, moins considérables que les premières. Cependant M. Temminck assure que le nombre n'excède jamais douze à quatorze. Les œufs, qui sont représentés dans les *Ova avium* de Klein, pl. 12, n.° 3, ont la forme d'une poire, et sont presque aussi gros que ceux de la poule domestique; leur couleur est un blanc sale et teint de brun, avec des taches de rouille : on les vend dans les marchés en Hollande, où ils sont aussi estimés que ceux de canards. L'incubation dure vingt-deux à vingt-trois jours; et dès que les petits sont éclos, ils sautent hors du nid pour n'y plus rentrer. La mère les conduit à l'eau, où ils nagent et plongent très-bien; la nuit ils couchent autour d'elle sous les joncs. Ces petits sont couverts d'un duvet noir enfumé, et paroissent très-laids; on ne voit alors sur leur front que l'indice de la plaque blanche qui doit l'orner. Les busards, qui mangent souvent les œufs des foulques, et enlèvent quelquefois la mère, font aussi une chasse cruelle aux petits, et détruisent des couvées entières. Il y a alors une seconde ponte, et les vieilles foulques, que plusieurs pertes de la même nature ont instruites, choisissent, pour y établir leur nid, des endroits où il est mieux caché par les glaïeuls; elles tâchent de retenir leurs petits dans les grandes herbes, et c'est ainsi qu'elles parviennent à préserver l'espèce d'une dépopulation générale.

La foulque a, dans l'état de liberté, deux cris différens, dont l'un est traînant, et l'autre coupé. Buffon pense que c'est le premier qu'a voulu désigner Aratus, en parlant du présage qu'on en tiroit, et que Pline a entendu parler du second lorsqu'au livre 8, chap. 35 de son Histoire naturelle, il a dit qu'il annonçoit la tempête; mais, en captivité, cet oiseau est absolument muet.

La chair des foulques est noire, et a un goût de marais fort désagréable. Cependant on leur fait la chasse en hiver, lorsqu'elles se sont rassemblées sur les grands étangs; et pour cet effet des personnes réunies dans plusieurs nacelles, les poussent du centre vers les joncs qui bordent une des rives, et les forcent à se lever et à passer sur leur tête pour se rendre à une autre

Cette traversée ne peut s'exécuter sans que les morelles ne soient exposées à une décharge de fusils, et, la même manœuvre se renouvelant à l'autre extrémité, il s'en fait une grande destruction. C'est ainsi qu'on en tue plusieurs centaines dans les étangs de Tiaucourt et de l'Indre. Malgré le bruit des armes et la mort de leurs compagnons, ces oiseaux ne se déterminent à quitter des lieux aussi funestes que la nuit suivante. On prend aussi les foulques au tramail et à la pince d'Elvaski, dont il est parlé au mot FILETS.

M. d'Azara a trouvé au Paraguay deux oiseaux qu'il a décrits, sont les n.os 447 et 448, comme étant des espèces distinctes de foulques, et que Sonnini a rapportés à la morelle et à la macroule d'Europe, c'est-à-dire aux individus de divers âges, qu'on a long-temps considérés comme formant, sinon des espèces, au moins des races particulières. Le premier de ces oiseaux, *fulica leucoptera*, Vieill., avoit environ treize pouces de longueur; la queue étoit composée de douze pennes pointues; le tarse étoit très-comprimé, et la plaque frontale presque à demi circulaire; les couvertures inférieures de la queue, l'extrémité des pennes de l'aile les plus rapprochées du corps étoient blanches; les pennes de l'aile en dessous, et les grandes couvertures inférieures argentées; les parties nues de la jambe d'un vert jaunâtre, l'iris d'un rouge de sang. Le second, *fulica armillata*, Vieill., avoit environ quinze pouces et demi de longueur; sa queue, non terminée en pointe, étoit composée de quatorze pennes; le tarse n'étoit pas très-comprimé, et la base du bec n'étoit pas circulaire à son insertion dans la tête; les pennes des ailes les plus rapprochées du corps n'avoient pas de blanc à leur extrémité, et la jambe avoit des jarretières d'un orangé vif.

M. Descourtilz a aussi vu à Saint-Domingue des foulques qu'il a décrites, tom. 2 de ses Voyages, pag. 262, comme ayant le dessous de la queue d'un blanc éblouissant, l'œil d'un rouge vif, le bec marqué, presque à l'extrémité de chaque mandibule, deux taches brunes, tandis que la pointe étoit d'un bleu turquoise, et le bas de la jambe ceint d'une zone membraneuse rouge-vermillon.

Il paroît résulter de ces différentes descriptions, comme de celles des foulques d'Europe, que ces oiseaux, qui se ressemblent en général, éprouvent dans la couleur et la taille, à leurs âges divers et suivant les saisons, des différences qu'on a reconnu, pour nos morelles et nos macroules, ne pas constituer des espèces distinctes, et qui vraisemblablement n'en forment pas de plus réelles en Amérique. On se bornera, sur ce point, à faire observer que la blancheur des pennes alaires qui a motivé la dénomination de la foulque leucoptère, ne lui est point particulière, puisque la même couleur existe sur une plus ou moins grande partie des ailes chez les morelles et les macroules.

Plus anciennement les auteurs avoient aussi placé au rang des espèces du genre Foulque, appartenant à l'Amérique,

1.° Le *fulica mexicana*, Br., Lath. et Gmel., correspondant à l'*yoalcoachillin* de Fernandez, *Hist. Nov. Hisp.*, *p.*30, *cap.* 74, dont la membrane frontale est décrite comme fort épaisse et d'un beau rouge: la tête, la gorge, le cou, la poitrine, le ventre, le haut des jambes, les couvertures du dessous de la queue, et les côtés comme étant de couleur pourpre, et les parties supérieures variées de bleu et de fauve, à l'exception des pennes alaires et caudales, annoncées comme étant d'un vert pâle. Cet oiseau, à peu près de la taille de la macroule, est rangé par M. Vieillot parmi ses porphyrions.

2.° Le *fulica americana*, ou foulque cendrée, que Latham a décrit d'après un individu de la collection de sir Lever, dont tout le plumage étoit cendré, à l'exception de la gorge et du milieu du ventre, lesquels étoient blanchâtres, et qui avoit le bec d'un vert pâle et les pieds bleuâtres.

Outre ces espèces, fort douteuses, l'auteur anglois qu'on vient de citer en a décrit, sous le nom de foulque de Madagascar, *fulica cristata*, une autre qui sembleroit mériter une attention particulière, et qui se trouve aussi à la Chine, où elle porte le nom de *tzing kye*. Cet oiseau, figuré dans le *Synopsis* de Latham, tom. 3, part. 1, pl. 90, et dans les planches enluminées de Buffon, n.° 797, a le plumage d'un bleu noirâtre et la plaque du front charnue, relevée et détachée en deux lambeaux formant une crête rouge. Buffon met en question si cette foulque, plus grande que la macroule, ne seroit pas au fond la même que celle d'Europe, agrandie et développée par l'influence d'un climat plus actif et plus chaud.

On a enfin donné improprement le nom de foulque à des oiseaux étrangers à ce genre. C'est ainsi que la foulque à aigrette, à cornes ou à oreilles d'Edwards, est le grèbe cornu, *colymbus cornutus*, Gmel. ; que la foulque noire et blanche du même auteur est le petit grèbe. *colymbus minor*, et que la foulque à bec varié de Catesby est le grèbe à bec cercié, *colymbus podiceps*, Gmel. (CH. D.)

FOUMA. (*Bot.*) Dans l'herbier de Vaillant on trouve sous ce nom un solanum des Antilles, qui paroît être le *solanum triste* de Jacquin. (J.)

FOUMART ou FUMMAR. (*Mamm.*) C'est, dit-on, dans quelques endroits de l'Angleterre. le nom de notre belette, *mustella vulgaris*, Linn. Voyez MARTES. (F. C.)

FOUNINGO. (*Ornith.*) On trouve à Madagascar des pigeons ramiers, connus dans cette île sous ce nom, avec l'addition de *ména-rabou* pour l'un d'eux, et de *maïtsou* pour l'autre. Ce sont les 36.ᵉ et 37.ᵉ espèces de Brisson, qui les a figurés, tom. I, pl. 14 de son Ornithologie, avec les dénominations de pigeon ramier bleu et pigeon ramier vert de Madagascar. Ils sont aussi représentés dans les planches enluminées de Buffon, n.ᵒˢ II et III, et cet auteur n'ayant trouvé entre eux d'autre différence que celle de la couleur, et peut-être de l'âge. Linnæus les a a compris l'un et l'autre sous la dénomination commune de *columba madagascariensis;* mais M. Temminck les a placés dans deux sections distinctes. Le founingo-ména-rabou, ou simplement founingo, a tous les caractères propres aux colombes, et il se fait remarquer par la peau nue dans laquelle ses yeux sont placés; c'est le *columba madagascariensis* de Latham, ou ramier founingo de Levaillant, pl. 266. Le founingo-maïtsou, *columba australis*, Lath., ou columbar maïtsou de Temminck, a le bec en pince solide et racornie, les doigts larges et réunis à leur origine, et la plante des pieds épatée comme dans les calaos; de sorte que le seul caractère par lequel ces espèces se ressemblent est d'avoir chacune le tarse couvert de plumes jusqu'à l'origine des doigts. (CH. D.)

FOUQUE (*Ornith.*), orthographe du mot *foulque*, dans certains ouvrages. (CH. D.)

FOUQUET. (*Ornith.*) Ce nom, suivant le vicomte de Querhoent. est donné, dans l'isle-de-France, à deux oiseaux de la grosseur d'un petit canard, qui ont le bec recourbé et les pieds palmés, et dont un est tout noir, et l'autre a le ventre et le dessous des ailes blancs. Ces oiseaux, qui ne sortent que la nuit des rochers par eux habités pour aller pêcher à la mer, paroissent être de la même espèce que ceux dont on a parlé au mot DIABLE, tom. 13, pag. 129 de ce Dictionnaire. Celui que Sonnerat a figuré, pl. 85 de son Voyage à la Nouvelle-Guinée, sous le nom de petit fouquet des Philippines, est une hirondelle de mer, *sterna philippina*, Lath.; et la même dénomination, qui n'est peut-être pas spécifique, est appliquée par les marins au goéland brun, ou poule du port Egmont des Anglois. (CH. D.)

FOURAHA. (*Bot.*) Arbre de Madagascar et de quelques autres lieux de l'Inde, duquel découle un baume vert très-estimé pour les plaies et contusions, connu sous le nom de baume vert ou baume de Marie. Cet arbre est le *calophyllum calaba*. Flacourt le nomme *fooraha*. (J.)

FOURANG-DRA. (*Bot.*) Liane de Madagascar, citée par Rochon, qui dit qu'elle a les feuilles de persil et le fruit à trois angles. C'est peut-être une espèce de *serjania* dans la famille des sapindées. (J.)

FOURBISSON. (*Ornith.*) Ce nom, qui s'écrit aussi *four-buisson*, est vulgairement donné au troglodyte d'Europe, *motacilla troglodytes*, Linn., à cause de son habitude de se fourrer dans les buissons. (CH. D.)

FOURCHU (*Ornith.*), dénomination par laquelle on désigne le canard à longue queue ou pilet, *anas acuta*, Linn. (CH. D.)

FOURCROY. (*Ichthyol.*) M. de Lacépède a dédié au célèbre chimiste de ce nom une espèce de poisson qu'il a rangée parmi les perches sous l'appellation de *perca Fourcroi*. (H. C.)

FOURDINIER. (*Bot.*) Dans la Picardie et le Boulonois, on donne ce nom au prunier épineux. (L. D.)

FOURDRAINES. (*Bot.*) On donne ce nom, en Picardie, aux prunelles, ou fruits du prunier épineux. (L. D.)

FOURMEIROU. (*Ornith.*) Ce terme, qui est cité, ainsi que celui de *fourneirou*, aux articles de l'Histoire des Oiseaux où Buffon parle du rossignol de muraille et du traquet, est écrit dans le premier avec un *u* terminal, et avec une *n* dans le second. Mais, comme c'est, d'après M. Guys, une dénomination provençale, il y a lieu de penser que la première terminaison est la véritable. D'un autre côté, on ajoute au mot *fourneirou* ceux de *cheminée*, qui contribuent à jeter du doute sur l'oiseau désigné. En effet, si les fourmis peuvent être considérées comme faisant partie de la nourriture des deux espèces, également insectivores, il n'en est pas de même de l'habitude de se poser au-dessus des tuyaux de cheminée, qui ne peut appartenir au traquet, lequel n'approche pas des maisons. (Ch. **D.**)

FOURMI, *Formica* (*Entom.*), nom d'un genre d'insectes hyménoptères, de la famille des myrmèges.

Ce nom de fourmi, qu'on écrivoit autrefois *formi* ou *fourmis*, vient évidemment du mot latin *formica*, qu'on trouve dans Plaute, Térence, Cicéron, Sénèque, etc. Aristote désignoit ces insectes sous le nom de μύρμηξ. Linnæus les avoit rapprochés sous ce nom de fourmi; mais, dans ces derniers temps, MM. Latreille, Jurine, Fabricius les ont distribués dans plusieurs autres genres, ainsi que nous l'indiquerons par la suite de cet article et au mot Myrmèges, auquel nous renvoyons le lecteur.

Le genre Fourmi, tel que nous l'étudions ici, comprend tous les hyménoptères *à abdomen pédiculé arrondi, dont le premier anneau est noueux ou écailleux; à antennes à peu près filiformes, à premier article très-long, comme brisées; à lèvre inférieure courte.* Tous ces caractères éloignent ces insectes des autres familles des hyménoptères, dont les uns ont le ventre sessile, les autres la lèvre inférieure plus longue que les mandibules, quelques uns l'abdomen concave en dessous, et enfin de ceux qui n'ont pas les antennes brisées. Les seuls ptérodiples, comme les guêpes, se rapprocheroient des fourmis; mais celles-ci, quand elles ont des ailes, ne les ont jamais comme doublées sur leur longueur, ainsi que les premiers, mais étalées.

Les fourmis composent un genre dont les espèces sont fort difficiles à réunir, car la plupart présentent trois modifications de forme, de grosseur, et quelquefois de couleur, déterminées par le sexe, beaucoup plus différentes entre elles que ne le sont les abeilles à miel. En effet, il y a parmi les

fourmis des femelles, des neutres et des mâles. Ces derniers
sont en général plus petits; ils vivent pendant moins de temps.
Les femelles sont plus grosses et en assez grand nombre; elles
ont des ailes, au moins pendant une certaine époque de
leur vie, tandis que les neutres sont constamment dépourvus
d'ailes : particularité qui rapproche les fourmis des termites,
et qui les éloigne des abeilles et des guêpes, parmi lesquelles
il se trouve aussi des neutres.

Tout le monde connoît les fourmis, ces insectes qui vivent
en familles, en sociétés nombreuses, que l'on nomme *fourmilières*; qui tantôt se creusent des trous souterrains dans un sol
ferme et solide, au bas des murs exposés au midi, au pied des
arbres ou dans les souches que les bûcherons laissent dans nos
taillis; et qui tantôt réunissent en commun une masse énorme
de brins de bois, de feuilles desséchées ou de matières recueillies sur les végétaux, pour se construire une sorte de ville, où
sont pratiqués des routes, des rues, des sentiers qui mènent
à des places. Ici, les unes se réunissent et déposent la nourriture; là, les œufs pondus par les femelles sont gardés à vue et
protégés, jusqu'au moment où ils produisent des larves sans
pates, que les neutres se chargent de nourrir et de surveiller
jusqu'à leur complet développement. Mais n'anticipons pas
sur les faits que l'histoire des fourmis va nous faire exposer.
Nous emprunterons à l'ouvrage (1) de M. Pierre Huber, de
Genève, fils de l'observateur célèbre qui a si bien fait connoitre les abeilles, les faits principaux que nous allons indiquer. Nous analyserons également le travail publié en 1802
par M. Latreille, sous le titre d'Histoire naturelle des Fourmis,
et l'excellent article qu'il a composé, en 1817, pour le dou-
zième volume du nouveau Dictionnaire d'Histoire naturelle.
Il nous étoit impossible de puiser à de meilleures sources.

Les fourmis, ainsi qu'on le verra au mot Myrmèges, ont
beaucoup de ressemblance avec les *mutilles* et les *doryles*, et
même avec les *tiphies*, qui ont aussi les antennes en fil, et non
brisées. Mais, dans les doryles, le ventre est presque sessile,
et dans les mutilles, le pétiole de l'abdomen est court, sans
nœud ni écailles. C'est en effet le pédicule alongé du ventre,

---

(1) Recherches sur les Fourmis indigènes. Genève, 1812; in-8.º

tantôt offrant des renflemens, tantôt une sorte d'écaille concave ou dressée, qui caractérise les fourmis.

Les fourmis des trois sortes, neutres ou ouvrières, femelles fécondes, et mâles, présentent quelques variétés de formes dans les diverses parties du corps, comme nous allons l'indiquer en considérant sucessivement leur conformation.

Dans les femelles, la tête est à peu près de la même largeur que le corselet; dans les mâles elle est plus étroite sensible-ment, et surtout beaucoup plus arrondie presque dans tous les sens, tandis que généralement, dans les neutres, la tête, surtout en arrière, est plus large que le corselet, plus alongée en avant, pour supporter les longues mandibules, ce qui lui donne une forme ovale ou triangulaire. Les antennes des ouvrières, ou des femelles infécondes, sont semblables à celles de véri-tables mères, composées presque constamment de douze arti-culations, dont la première est à elle seule de la moitié de la longueur totale de l'antenne; les articles qui viennent ensuite sont à peu près d'égales grosseur et longueur. Chez les mâles, il y a un article de plus aux antennes, qui sont en outre beau-coup plus longues relativement à la tête. Ces antennes sont constamment insérées entre les yeux, vers le milieu du front.

Comme dans la plupart des insectes, dont les mâles sont différens des femelles, les yeux des mâles sont plus gros et plus saillans. Les stemmates sont apparens dans les sexes féconds; ils sont disposés en triangle ∴ sur le sommet de la tête : mais, chez la plupart des neutres, on ne peut pas les distinguer ; ce qui devient un moyen à peu près assuré de discerner les fe-melles, qui sont souvent dépourvues d'ailes, d'avec les indivi-dus neutres.

Les parties dont la bouche se compose dans les fourmis, offrent les dispositions suivantes : Dans les mulets ou ouvrières, les mandibules sont solides, presque aussi longues que la tête, pointues à l'extrémité, et un peu dentelées du côté intérieur. Chez les femelles, ces parties sont de même forme, mais moins développées; dans les mâles, les mandibules, beaucoup plus courtes, n'offrent plus de dentelures intérieures. Les mâchoires sont petites, et offrent à leur extrémité libre une languette mince, élargie, dont la forme varie. Les palpes ou barbillons que ces mâchoires supportent, sont composés de six articles en fil ou en soie. La lèvre inférieure représente une sorte de langue, reçue dans une coulisse cornée, qui se termine par une sorte de cuiller arrondie. Elle supporte latéralement des palpes courts en fil, de quatre articles chacun. Toute la bouche est recouverte par une grande lèvre supérieure, presque carrée, qui s'appuie sur les mandibules.

Le corselet est, en général, comprimé dans les trois sortes d'individus; plus étroit en arrière et comme tronqué dans les neutres, offrant de chaque côté deux stigmates ou ouvertures de trachées, propres à la respiration, et vers la partie dorsale et postérieure, dans un très-grand nombre d'espèces, des épines ou pointes cornées, qui servent probablement de moyens de défense. Les mâles et les femelles ont le corselet petit en proportion.

Les ailes des fourmis ne s'observent que dans les individus féconds; les supérieures sont souvent plus longues que l'abdomen. D'après la figure qu'en a donnée M. Jurine, on voit qu'elles ont une cellule radiale alongée, étroite; deux grandes cellules cubitales, dont la seconde atteint l'extrémité libre de l'aile: le plus souvent il n'y a pas de cellules récurrentes. Les ailes adhèrent très-peu au corselet; elles s'en détachent au moindre effort, et souvent les femelles les perdent après la fécondation, lorsqu'elles ne sont plus utiles à l'insecte, qui n'en a besoin qu'à l'époque de l'accouplement qui paroît s'opérer dans les airs.

Le ventre ou l'abdomen des mâles est composé de sept anneaux, c'est-à-dire d'un article de plus que dans les deux autres sortes d'individus. Le premier article forme la base où le pédicule s'applique sur le corselet; il a le plus souvent la forme d'une écaille ovale ou arrondie, quelquefois carrée, dont les dimensions sont plus grandes chez les femelles. Il paroît que les individus neutres et les femelles sécrètent une liqueur acide qui sort par l'extrémité de l'abdomen, et dont l'odeur est extrêmement pénétrante; c'est cette liqueur qu'on avoit d'abord regardée comme un acide animal particulier, mais que l'on considère aujourd'hui comme analogue à celui que les chimistes nomment acétique. C'est aussi à l'extrémité du ventre qu'on peut apercevoir, en y exerçant une légère pression, les organes propres à la reproduction.

Les pates des fourmis sont alongées à peu près de même étendue que le corps; les cuisses et les jambes sont comprimées. Les tarses, composés chacun de cinq articles, se terminent par deux ongles, entre lesquels on remarque une sorte de disque velouté, qui adhère fortement aux corps les plus lisses.

Les fourmis proviennent de petits œufs blancs, tantôt cylindriques, petits et opaques, tantôt transparens, plus gros, et arqués sur leur longueur. On distingue, sous la peau coriace qui les enveloppe, une matière liquide, plus ou moins blanchâtre, dont la disposition varie. Il paroît que la matière blanche est le germe ou même la peau de la petite larve. Les femelles pondent ces œufs comme au hasard, en changeant de place dans l'intérieur des galeries souterraines : les neutres les recueillent avec beaucoup de soin; elles les saisissent délicatement avec leurs mandibules, les tournent et retournent comme en les léchant, et les disposent comme par tas dans certains espaces préparés d'avance. La chaleur fait éclore ces œufs, soit que la larve ait pris plus de volume ou de force pour briser sa coque; soit que l'enveloppe elle-même, s'étant desséchée, se fende dans un sens pour ainsi dire déterminé d'avance. M. Huber a fait la remarque que les œufs nouvellement pondus sont plus blancs ou moins transparens, et même d'un moindre volume; il pense que ces œufs prennent de l'accroissement, qu'ils changent de forme, parce que les neutres les abreuvent d'une humeur nécessaire. Il a constaté, par des expériences réitérées, que la plupart de ces œufs périssent et se dessèchent quand on les enlève de la fourmilière, ou quand on les soustrait aux soins que semblent en prendre constamment les individus de la race des neutres.

Dans notre climat, l'espèce d'incubation dont les œufs ont besoin, est d'une quinzaine de jours environ. Les petits vers ou les larves qui en proviennent, sont alongées; leur corps est translucide. A peine donnent-elles quelques signes de mouvement et de vie, que des neutres s'empressent de leur prodiguer les soins les plus assidus, soit pour les protéger de toute espèce de contact, soit pour les maintenir dans un isolement et une propreté très-soignée. Si la chaleur extérieure, et surtout si la lumière du soleil pénètre sur la fourmilière, les gardes ou sentinelles extérieures viennent en donner la nou-

velle aux fourmis neutres, auxquelles l'éducation des larves
est confiée; elles les entraînent, et les obligent à transporter
ces larves dans les galeries supérieures , qui reçoivent une
influence plus active de la température élevée de l'atmosphère.

Ces larves sont apodes , comme la plupart de celles des hyménoptères , les uropristes exceptés. On distingue à l'extrémité antérieure de leur corps une sorte de tête écailleuse, où
l'on voit deux petits crochets qui correspondent probablement
aux mandibules, et des rudimens à peine ébauchés des mâchoires et des palpes, au centre desquels est un mamelon
contractile , souvent ouvert, qui est la bouche par laquelle
l'animal absorbe la matière alimentaire que les neutres lui
apportent, et à l'approche de laquelle ce mamelon semble se
dresser et se diriger vers la bouche de l'individu, qui vient la
dégorger : de manière que cet aliment paroît avoir subi une
sorte de digestion stomacale préparatoire dans l'individu
neutre, qui auroit ainsi en quelque sorte la faculté de ruminer.

La plupart des larves des fourmis, lorsqu'elles ont acquis
à peu près l'accroissement déterminé par la nature pour chaque
espèce, et lorsqu'elles doivent et qu'elles sentent qu'elles vont
se transformer en nymphes, se filent une sorte de cocon très-
léger, d'une soie dont les fils, excessivement déliés, se collent
cependant les uns aux autres, de manière à constituer une
sorte de tissu tellement lisse et serré, qu'il ressemble tout-à-
fait à une membrane ou à une couche très-mince d'un vernis
ou d'une gomme formant une coque alongée, pâle, jaunâtre
ou grisâtre, selon les espèces. On distingue, à travers cette sorte
de peau ou de coque, la métamorphose que subit la larve. D'a-
bord elle se vide du résidu de ses alimens, et cette matière , desséchée et noirâtre occupe, ordinairement l'extrémité de la coque
opposée à celle où l'on voit, par la suite, la tête de l'animal.
La peau de la larve quitte l'animal, qui présente alors absolument à nu toutes les parties de la fourmi future, mais dans
un état de mollesse et de transparence extrême ; il semble
que l'animal soit encore tout liquide ou même gélatineux.
Cependant tous les membres, toutes les articulations, tous les
organes sont distincts, quoique renfermés dans une sorte de
gaîne d'une tenuité telle que la lumière se décompose ou s'irise

en les traversant. Peu à peu, et vers l'époque de l'éclosion de
l'insecte parfait, les parties deviennent de plus en plus colo
rées, suivant que l'animal doit l'être lui-même davantage.

Il paroit, d'après les observations réitérées de M. Huber.
que le plus souvent les fourmis neutres hâtent l'époque naturelle de la sortie des individus de la coque qui les renfermoit.
Elles déchirent la coque extérieure, enlèvent délicatement
les débris de la gaîne translucide qui enveloppe leurs membres,
en alongent les parties, et surtout étendent avec soin la membrane qui doit former l'aile par son desséchement ; et aussitôt
que l'animal est assez consolidé pour se soutenir sur les pates,
on s'empresse de lui apporter une nourriture qui paroît destinée à le corroborer.

Les fourmis neutres, les mâles et les femelles éclosent à peu
près en même temps. Toutes restent pendant quelques jours
dans l'intérieur de l'habitation, soignées, surveillées, proté-
gées, instruites et nourries par les anciens neutres, qui les
suivent et semblent les diriger dans tous leurs mouvemens.
L'émigration n'a lieu que pour les mâles et les femelles. L'é-
poque en est déterminée et fixée, pour chaque espèce, à quelques jours de distance dans les diverses saisons, mais surtout
en été et en automne ; car il faut que l'atmosphère soit élevée
en température à seize degrés à peu près du thermomètre de
Réaumur, pour que les essaims se forment. C'est ordinairement vers la chute du jour, dans les belles soirées, que s'opère
cette émigration. Nous allons emprunter à M. Huber les
détails qu'il a donnés sur ce grand événement, qu'il a
observé dans la race de l'espèce de fourmi dite des gazons
(*cespitum*).

« Les mâles des fourmis sortent par centaines de leurs souterrains, et promènent leurs ailes argentées et transparentes.
Les femelles, en plus petit nombre, traînent au milieu d'eux
leur large ventre bronzé, et déploient aussi leurs ailes, dont
l'éclat changeant et irisé ajoute encore à l'effet agréable que
produit le mouvement d'une si grande masse d'individus. Un
nombreux cortège d'ouvrières les accompagne sur soutes les
plantes qu'ils parcourent ; déjà le désordre et l'agitation règnent
sur la fourmilière. L'effervescence augmente à chaque instant:
les individus ailés montent et grimpent avec vivacité le long

des brins d'herbes, et les ouvrières les y suivent, courent d'un
mâle à un autre, les touchent de leurs antennes, et semblent
leur offrir encore de la nourriture. Les mâles quittent enfin
le toit de la famille ; ils s'élèvent dans les airs, comme par une
impulsion générale, et les femelles ne tardent pas à les suivre.
La troupe ailée a disparu, et les ouvrières retournent encore
sur les traces de ces êtres favorisés, qu'elles ont soignés avec
tant de persévérance, et qu'elles ne reverront jamais.

« Parvenues dans les airs, les fourmis ailées se réunissent et
s'accouplent. Les femelles semblent rester immobiles et planer,
tandis que les mâles, plus légers, viennent se placer sur leur
dos ; et bientôt ces insectes réunis tombent, soutenus par leurs
ailes, comme sur un parachute : la terre, les plantes en sont
jonchées. L'accouplement dure une ou plusieurs heures. Les
femelles restent le plus souvent immobiles, et lorsqu'elles
cheminent, elles se séparent des mâles. Toutes les femelles et
quelques mâles vont à quelque distance se réunir en un essaim,
comme une peuplade naissante.

« Au reste, toutes les races de fourmis ne se séparent pas
ainsi. Il en est qui restent fécondées dans les airs, où elles forment des sortes de nuées et de tourbillons que les vents entraînent à des hauteurs considérables dans l'athmosphère, d'où
elles se précipitent ensuite sur la terre, souvent à de très-
grandes distances des lieux qui les ont vues naître.

« Lorsque les fourmis femelles sont fécondées, il semble que
leurs ailes sont devenues pour elles des organes tout-à-fait
inutiles ; elles ne cherchent qu'à s'en débarrasser. On les voit
en effet les saisir avec les mandibules, les tirailler avec les
pates, et surtout, au moindre danger, il semble qu'elles
s'empressent de les arracher, pour s'échapper plus facilement
par la fuite.

« Il y a des races de fourmis qui ne sont pas fécondées dans
l'air. Les sexes se rapprochent dans la demeure commune ou
dans les environs, et les neutres semblent s'opposer à leur
émigration. Le grand but de la nature étant rempli, les ouvrières saisissent les ailes des femelles fécondées, les leur arrachent, et les forcent de rentrer dans les galeries souterraines,
où elles les gardent à vue, les nourrissent et les soignent. Bientôt
ces mères, dont l'abdomen a pris beaucoup d'étendue par le

développement des œufs, sentent le besoin de les déposer; et les neutres, comme nous l'avons dit plus haut, reçoivent chacun d'eux, se les transmettent, et les amoncèlent dans des espaces où leur éclosion ne tarde pas à s'opérer. C'est surtout dans la race des fourmis fuligineuses que ces particularités ont été observées. »

Les fourmis, comme nous l'avons déjà annoncé, se réunissent et vivent en sociétés nombreuses. Nous emprunterons à leur célèbre historien, M. Huber, les détails qui vont suivre.

On trouve dans les fourmilières des réunions d'individus des trois sortes de la même espèce : c'est le cas le plus ordinaire ; mais il en est d'autres qui sont composées en outre d'un très-grand nombre d'individus ouvriers , d'une ou de deux races ou espèces tout-à-fait distinctes. C'est sous ce rapport que M. Huber a considéré les fourmilières.

La grande fourmi des bois , qui paroît être la fourmi rousse ou fauve de Linnæus, est celle dont notre auteur a étudié les mœurs avec le plus de soin. Il en distingue deux variétés : l'une, dont la partie supérieure du corselet est noire ou de même couleur que le ventre, que l'on rencontre le long des haies et dans les prairies; l'autre, dont le corselet est roux en dessous, qui se plaît plus particulièrement dans les taillis, et dont les larves et les nymphes, que l'on appelle assez improprement des œufs de fourmis, sont principalement recueillies par les gens de la campagne pour servir à la nourriture des dindonneaux, des faisans et des perdrix qu'on élève en domesticité. Cette race de fourmi rassemble, comme nous l'avons dit, des tas considérables de débris, de végétaux, et d'autres corps organisés bien secs. Le tout est disposé de manière à composer une sorte de voûte ou de dôme, dont la forme varie suivant que l'édifice est adossé ou non contre une souche, une pierre, ou tout autre corps solide.

Quand on examine avec attention cette sorte de construction, on voit que son architecture est disposée suivant toutes les règles qu'exigeoit l'hygiène la mieux raisonnée. En effet, toutes les eaux pluviales seront déversées et recueillies de manière à préserver l'habitation de toute humidité ; les avenues ne seront abordables que pour la population, et interdites à tous ses ennemis ; les habitations intérieures seront disposées de manière à recueillir et à conserver une température élevée et à peu près constante.

Ordinairement ces fourmis, après avoir choisi le lieu convenable à l'établissement de leurs peuplades, où elles ont probablement découvert une cavité plus ou moins spacieuse, semblent s'entendre entre elles pour travailler en commun à cette construction. Les unes travaillent en mineuses, transportent isolément, ou en se réunissant par groupes de trois ou quatre individus, les parcelles de terre ou d'autres fragmens du sol qu'elles se creusent ; elles les disposent de manière à consolider les matériaux venus du dehors, soit en les gâchant avec une sorte de bave qu'elles rejettent par la bouche, soit en les entassant dans les espaces libres que laissent entre eux les fragmens de broussailles que d'autres individus ont été recueillir dans les lieux circonvoisins. Si, pendant cette époque, il survient des pluies, qui semblent avoir été prévues, la peuplade profite de cette circonstance pour travailler avec plus d'ardeur aux travaux intérieurs et profonds. La terre est pétrie avec le liquide ; elle devient une sorte de pisé ou de mortier, qui va être transporté dans les parties basses de l'édifice, et celui-ci se trouve bientôt divisé en galeries et voûtes souterraines, destinées à conduire dans des chambres spacieuses, dans des salles communes, où la famille dépose et conserve les alimens, les provisions et l'espoir d'une génération nouvelle. Plus ou moins rapprochés de la surface, des espaces vides, où viennent aboutir des galeries horizontales, sont destinés à recevoir les œufs, les larves ou les nymphes, suivant que sous ces divers états la famille encore au berceau a besoin, pour son développement ultérieur, d'une température plus ou moins élevée.

Des orifices extérieurs servent, pour ainsi dire, de portes à des villes, et mènent de la surface de l'édifice à ses divisions profondes. Leur forme apparente est celle d'un cône irrégulier ou d'un entonnoir, dont la base est plus ou moins large ; il n'y en a souvent qu'une seule principale, située au centre ou sur le sommet du monticule, avec un grand nombre de passages plus étroits, ou de poternes, qui ne livrent d'issue qu'à deux ou trois individus à la fois. Souvent même, vers le déclin dn jour, toutes ces portes sont barricadées, de manière à ne laisser pénétrer que des êtres pour ainsi dire du même calibre, et dont des sentinelles mises en vedettes à l'entrée de ces orifices semblent venir explorer les desseins. Dès les premiers rayons du jour les entrées sont débarrassées de toutes ces entraves, à moins que l'état du ciel ne s'oppose à la sortie des travailleuses, qui paroissent alors occupées aux constructions intérieures.

D'autres espéces de fourmis, que M. Huber appelle *maçonnes*, se construisent, uniquement avec de la terre, des habitations plus ou moins solides.

C'est ainsi que l'espèce que M. Latreille appelle brune (*formica fusca*), bâtit, sans aucun mélange de matériaux, une demeure composée d'un grand nombre d'étages superposés, chacun de quatre à cinq lignes d'élévation, dont les cloisons horizontales, qui servent par conséquent de planchers et de plafonds, sont formés d'une sorte de mortier qui, lorsqu'il est desséché, présente une pâte d'un grain fin homogène, dont l'épaisseur atteint au plus une ligne. M. Huber a suivi le travail de ces insectes, qui ne s'opère guère que lorsque la terre a été humectée, soit par la pluie, soit par la rosée du matin, et il nous a fourni les détails suivans.

L'insecte creuse la terre, où il travaille en ratissant et mordant le terrain avec ses mandibules; il en détache ainsi quelques parcelles pulvérulentes, qu'il mouille d'une sorte de bave pour en former une petite pelotte, qu'il saisit et qu'il transporte vers le point où le travail commun exige qu'il soit appliqué, pour former une cloison soit horizontale, soit verticale. Les pates, les antennes et les palpes sont continuellement en action pendant ce travail. Les premières pétrissent, étendent et affermissent le mortier dans tous les vides, et sur une surface que les autres organes semblent palper, pour en affermir la surface et en diriger l'épaisseur. Ce sont des cloisons, des piliers, des colonnes, des arcs-boutans, des murs de refend, des voûtes qui se forment et se solidifient à vue d'œil. Un étage complet a été construit sous les yeux de notre observateur, dans un espace de sept à huit heures.

Une autre espèce de fourmi maçonne, la *noire cendrée*, emploie des matériaux plus grossiers dans ses constructions.

Il paroît, d'après les recherches curieuses de notre observateur, que chaque fourmi de cette race agit indépendamment de ses compagnes. Chacune travaille isolément; mais à peine un plan a-t-il un commencement d'exécution sur la moindre esquisse, que d'autres individus viennent aider le premier dans son travail. L'eau fournit le ciment dont elles ont besoin; la chaleur de l'air et du soleil vient donner la solidité à la matière de leurs édifices : elles n'ont d'autres ciseaux que leurs mandibules, d'autres compas que leurs antennes, d'autres truelles que leurs pates de devant, dont elles se servent d'une manière admirable pour mélanger, pétrir et consolider leur terre mouillée. Elles savent toutes ébaucher, construire, polir et retrancher leur ouvrage selon l'occasion. Des brins d'herbes, de chevelu de racines, qu'elles rencontrent dans leurs nids, sont employés habilement pour lier entre elles et consolider les loges et les autres parties de leur modeste édifice.

Les fourmis *menuisières* ou sculpteuses, comme celles que l'on nomme *fuligineuse*, *éthiopienne*, *hercule*, établissent leur république dans le tronc même de vieux arbres, des chênes vermoulus, des châtaigniers, des saules. Elles y travaillent de manière à y construire des chambres disposées par étages horizontaux, et séparées entre elles, soit sur les côtés par des espèces de murs verticaux, soit en dessus et en dessous par des plafonds et des planchers, dont l'épaisseur est à peu près celle d'une carte à jouer. Quelquefois ces cloisons sont percées à jour, et représentent une sorte de colonnade; mais toutes ces cloisons sont imprégnées d'une bave noirâtre, qui leur donne beaucoup de solidité. Les couches du bois, qui sont plus ou moins régulièrement concentriques, donnent à l'ensemble de ce travail une très-grande régularité, quand on en examine séparément quelques débris. Voici comme M. Hubert décrit cette sorte d'habitation.

Des galeries horizontales, cachées en grande partie par leurs parois, suivent la forme circulaire des couches ligneuses. Ces galeries parallèles, séparées par des cloisons très-minces, n'ont de communication que par quelques trous ovales pratiqués de distance en distance. Telle est l'ébauche de ces ouvrages si délicats et si légers. Ailleurs ces avenues ouvertes latéralement conservent encore entre elles des fragmens de

paroi qui n'ont pas encore été abattus, et l'on remarque que
les fourmis ont aussi ménagé çà et là des cloisons transversales,
dans l'intérieur même des galeries, pour y former des cases
par leur rencontre avec d'autres. Quand le travail est plus
avancé, on voit toujours des trous ronds, encadrés par deux
piliers pris dans la même paroi. Avec le temps ces trous deviennent carrés, et les piliers, d'abord arqués à leur extrémité, se changent en colonnes droites par le ciseau de nos
sculpteuses : c'est le second degré de l'art. Peut-être une partie
de l'édifice doit-elle rester dans cet état.

Mais voici des fragmens tout autrement ouvragés, dans
lesquels ces mêmes parois, percées de toute part, maintenant
soutiennent les étages, et laissent cependant une communication parfaitement libre dans toute leur étendue. On conçoit
aisément que des galeries parallèles, creusées sur le même plan,
et dont on abat les parois en ne laissant, de distance en distance, que ce qu'il faut pour soutenir leurs plafonds, doivent
former ensemble un seul étage ; mais, comme chacune a été
percée séparément, leur parquet ne peut pas être très-plan,
très-bien nivelé. Au contraire, il est creusé fort inégalement,
avantage d'ailleurs précieux pour nos fourmis, puisque les
sillons les rendent plus propres à retenir les larves qu'elles y
déposent.

Quand le travail est creusé dans de grosses racines, il est
moins régulier, mais d'une construction plus légère et plus
délicate ; les cloisons prennent alors la ténuité d'une feuille
de papier, et forment des cases de huit à dix pouces d'étendue carrée, subdivisées elles-mêmes en d'autres petites cases
intérieures. Il paroît que ces fourmis recueillent les fragmens
du bois qu'elles ont divisé, qu'elles les collent avec une bave
visqueuse, qui se consolide en se séchant, et qu'elles s'en
servent ainsi pour calfeutrer les cases et pour boucher les
ouvertures inutiles ou nuisibles.

Les fourmis, à quelques races qu'elles appartiennent,
offrent encore des détails de mœurs et d'habitudes extrêmement curieux à connoître, et dont nous allons indiquer
quelques uns.

D'abord elles paroissent avoir une sorte de langage muet
ou de geste pour exprimer leurs besoins mutuels, et pour en

transmettre la connoissance à ceux des individus de la famille qui peuvent y avoir quelque intérêt. C'est ainsi que, quand on attaque des fourmis à l'entrée de leur habitation, quelques unes d'entre elles se portent en dedans de la fourmilière, semblent y sonner l'alarme, pendant que celles qui ont été d'abord attaquées cherchent à se défendre vaillammeut, comme pour donner le temps aux habitans de la ville assiégée de faire leurs arrangemens intérieurs, de transporter plus profondément, et dans les caves de sûreté, les œufs et les larves qui avoient été déposés dans les parties supérieures de l'édifice pour y recevoir l'influence vivifiante de la chaleur atmosphérique. L'alarme devient bientôt générale ; les fourmis quittent leur retraite, vont et viennent, et semblent courir tumultueusement. Elles laissent échapper un acide très-fort, dont l'odeur, plus ou moins musquée ou aromatique, affecte vivement l'odorat, comme le vinaigre distillé.

Si ces insultes, ces ravages se répètent plusieurs fois, les fourmis quittent leur habitation pour aller l'établir ailleurs. C'est une sorte d'émigration générale, qui cependant est primitivement déterminée par la volonté de quelques unes. Dans ses Recherches sur les Mœurs des Fourmis, M. Huber s'explique ainsi, en parlant des migrations des fourmis fauves.

Les fourmis sont quelquefois exposées à changer de domicile. Une habitation trop ombragée, trop humide, exposée aux insultes des passans ou voisine d'une fourmilière ennemie, cesse-t-elle de leur convenir, elles vont ailleurs porter les fondemens d'une nouvelle patrie. C'est ce que j'ai cru, dit-il, devoir appeler du nom de migration, celui de colonie n'offrant pas une idée aussi juste dans ce cas, puisqu'il ne s'agit pas ici d'une portion de la métropole, mais de la nation entière qui se transporte dans une nouvelle cité.

M. Huber, ayant un jour dérangé l'habitation d'une peuplade de fourmis fauves, s'aperçut qu'elles changeoient de domicile. Il vit à dix pas de leur nid une nouvelle fourmilière qui communiquoit avec l'ancienne par un sentier battu dans l'herbe, et le long duquel les fourmis passoient et repassoient en grand nombre. Il remarqua que toutes celles qui alloient du côté du nouvel établissement étoient chargées de leurs compagnes, tandis que celles qui se dirigeoient dans le sens

contraire, revenoient une à une ; celles-ci alloient sans doute
dans l'ancien nid chercher des habitans pour le nouveau.

Il falloit voir, dit-il, arriver les recruteuses sur la fourmilière natale, pour juger avec quelle ardeur elles s'occupoient
de leur colonie : elles s'approchoient à la hâte de plusieurs individus, les flattoient tour à tour de leurs antennes, les tiroient
avec leurs mandibules, et sembloient en vérité leur proposer
le voyage. Si l'invitée acceptoit le voyage, la porteuse se retour-
noit pour enlever celle qu'elle avoit gagnée ; celle-ci se suspen-
doit et se rouloit autour de son corselet : tout cela se passoit
ordinairement de la manière la plus amicale. Quelquefois
cependant celles qui vouloient établir la désertion saisissoient
les autres fourmis par surprise, et les entraînoient de force
hors de la fourmilière, sans leur laisser le temps de résister.

Ce n'est que quand la nouvelle habitation est préparée,
quand les cases, les voûtes, les avenues y sont pratiquées, que
les nymphes et les larves y sont apportées, puis les mâles et les
femelles. Dès lors l'ancienne habitation est pour toujours abandonnée.

Quand la nouvelle fourmilière est fort éloignée de l'ancienne, M. Huber a vu des relais établis sur la route : ce sont
des cavités percées dans la terre, et composées de plusieurs
cases assez spacieuses, où les larves, les femelles et les mâles
sont déposés momentanément.

L'un des faits les plus curieux de l'histoire des fourmis, c'est
l'art avec lequel ces insectes tirent des pucerons leur principale nourriture. Réaumur avoit déjà fait connoître quelques
uns de ces détails, et c'est d'après lui que Linnæus avoit dit
des pucerons : Ce sont les vaches des fourmis (*hæ formicarum
vaccæ*). Mais M. Huber, dans le chapitre qu'il a intitulé *Liaisons
des Fourmis avec les Pucerons* , nous en a plus appris que tous
les naturalistes qui avoient jusqu'alors observé ces insectes.
Nous allons en extraire les idées principales.

On sait que les pucerons se fixent sur les plantes pour les
sucer, en insinuant dans leur tissu l'extrémité de leur trompe.
On sait aussi que la plupart des espèces, différentes pour chaque
genre de plante, portent en arrière deux sortes de cornes,
qui sont des sortes de conduits par lesquels l'animal laisse
suinter une humeur plus ou moins sucrée et transparente, qui

souvent est lancée à une distance assez considérable, et qui,
en se desséchant sur les feuilles, y forme une espèce de vernis
que l'on nomme la miellée, et qu'on a cru long-temps être
sécrétée par la plante elle-même. (Voyez PUCERON.) M. Bois-
sier de Sauvages avoit déjà observé que les fourmis attendoient
le moment où les pucerons faisoient sortir de leur ventre cette
manne précieuse, et qu'elles savoient la saisir aussitôt. M. Huber a découvert que c'étoit là leur moindre talent, et qu'elles
savoient encore se faire servir à volonté ; et il a ainsi fait connoître leur secret.

Une branche de chardon étoit couverte de fourmis brunes
et de pucerons. M. Huber observa quelque temps ces derniers,
pour saisir, s'il étoit possible, l'instant où ils faisoient sortir
de leur corps cette matière; mais il remarqua qu'elle ne sor-
toit que très-rarement d'elle-même, et que les pucerons,
éloignés des fourmis, la lançoient au loin. Comment se faisoit-il
donc que les fourmis, errantes sur les rameaux, eussent presque
toutes des ventres remarquables par leur volume, et remplis
évidemment d'une liqueur? Une seule fourmi, observée avec
soin, lui expliqua ce mystère. Il la suivit dans sa marche : elle
passoit, sans s'arrêter, sur quelques pucerons, que cet attouche-
ment ne dérangeoit pas. Bientôt la fourmi s'arrêta auprès d'un
des plus petits pucerons; elle sembloit le flatter avec ses antennes, en touchant alternativement de l'une et de l'autre
l'extrémité de son ventre, avec un mouvemement très-vif.
Notre observateur vit avec surprise la liqueur paroître hors
du corps du puceron, et la fourmi saisir aussitôt la gouttelette,
qu'elle faisoit passer dans sa bouche. Un autre puceron, ca-
ressé de la même manière, fit sortir le fluide nourricier en
plus grande dose, parce qu'il étoit plus gros. La fourmi passa
ensuite à un troisième, et même à un cinquième. Rassasiée,
sans doute, la fourmi redescendit sur la tige du chardon, pour
rejoindre sa demeure.

M. Huber a vu mille et mille fois, et nous avons répété nous-
même cette observation. Il est constant que les fourmis savent
obtenir à volonté des pucerons cette liqueur, que l'animal sait
aussi recueillir quand elle a été lancée sous forme de miellée.

La fourmi brune est une des plus habiles à se procurer sa
subsistance par ce moyen; mais toutes les espèces ont ce talent,

et M. Huber termine ce chapitre en disant : Je ne connois pas de fourmis qui n'aient l'art d'obtenir des pucerons le soutien de leur vie ; on diroit qu'ils ont été créés pour elles.

Les cochenilles femelles ou les gallinsectes fournissent aussi des sucs nourriciers aux fourmis. M. Huber les a observées sur les pêchers, la vigne, l'oranger et le mûrier. Mais ce qu'il y a de plus étonnant dans cette particularité de l'histoire des fourmis, ce sont les faits suivans, qui en sont pour ainsi dire la conséquence, et que M. Huber a décrits comme le résultat d'une *industrie presque humaine.*

Il y a des fourmis qui ne sortent presque jamais de leurs demeures ; on ne les voit aller ni sur les arbres, ni sur les fruits : elles ne se livrent même pas à la chasse d'autres insectes. Cependant elles sont extrêmement multipliées dans nos prés et dans nos vergers. Elles n'ont pas deux lignes de long ; leur corps est d'un jaune pâle, un peu transparent, et comme légèrement velu. Ce sont les fourmis *jaunes*, qui auroient mieux mérité le nom de souterraines.

M. Huber, désirant savoir comment ces fourmis, qui ne quittent guère leur demeure, pouvoient se sustenter, prit le parti de remuer la terre où il savoit qu'étoit leur nid : il fut fort étonné d'en tirer des pucerons, et, en examinant avec plus de soin, il reconnut que les racines des graminées qui poussoient au-dessus de la fourmilière, étoient couvertes de pucerons de différentes espèces. Il y en avoit d'étiolés, de blanchâtres ou couleur de chair, de verts, de violets, de rayés de noir et de vert.

Cette découverte expliquoit fort bien pourquoi les fourmis de cette espèce ne s'éloignoient pas de leur demeure, puisqu'elles y trouvoient tous les besoins de la vie. En effet, ces fourmis étoient fort soigneuses de leurs pucerons : elles les prenoient souvent à la bouche pour les emporter au fond du nid ; elles les suivoient avec sollicitude.

M. Huber a vu les fourmis de deux habitations voisines se disputer leurs pucerons. Quand celles d'un nid pouvoient entrer dans l'autre, elles les déroboient aux premiers possesseurs, et souvent ceux-ci se les disputoient et s'en emparoient à leur tour : car les fourmis connoissent tout le prix de ces petits animaux : c'est leur trésor, leur seule possession. Une fourmilière est plus ou moins riche, suivant qu'elle a plus ou moins de pucerons : c'est leur bétail, ce sont leurs vaches et leurs chèvres. On n'eût pas deviné, ajoute-t-il, que les fourmis vécussent comme les peuples pasteurs.

Il paroît que ce sont les fourmis elles-mêmes qui transportent ainsi les pucerons, pour les nourrir dans cet état de domesticité, comme dans des étables. M. Huber a observé que ces mœurs sont communes à quatre ou cinq races de fourmis; mais les jaunes sont beaucoup plus prévoyantes : elles ont constamment des pucerons dans leur nid; elles ne les mangent pas; elles paroissent au contraire les réunir, afin de jouir plus commodément de la liqueur qu'ils en obtiennent.

Les fourmis ont un si grand intérêt à la conservation de leurs pucerons, que les œufs même de ces insectes deviennent l'objet de leurs sollicitudes. Un jour du mois de novembre, M. Huber, curieux de savoir si les fourmis jaunes commençoient à s'enfoncer dans leurs souterrains, démolissoit avec précaution leur domicile case par case. Il n'étoit pas bien avant dans son exécution, lorsqu'il découvrit une loge contenant un amas de petits œufs, la plupart de couleur noire foncée. Ils étoient environnés de plusieurs fourmis qui paroissoient en prendre soin, et qui cherchèrent aussitôt à les emporter. Les fourmis n'abandonnèrent pas cette loge, dont notre observateur s'étoit emparé pour les examiner à loisir. Pendant le transport, ces fourmis disposèrent les œufs autrement, comme pour les soustraire aux recherches. Ces œufs étoient évidemment des œufs de pucerons : M. Huber a eu souvent occasion d'en voir sortir l'insecte sous l'état parfait.

En suivant toujours pour guide, dans cette histoire des fourmis, le patient et habile observateur dont nous avons déjà emprunté tant de faits curieux, il nous reste à faire connoître les populations des fourmis dans lesquelles on trouve réunies des espèces différentes, qui semblent ainsi composer des sociétés mixtes, c'est-à-dire, où l'on observe en même temps des individus neutres qui appartiennent évidemment à des races différentes. Ces fourmis, ouvrières différentes, ont été enlevées de vive force, dans leur premier âge, à la république où elles étoient nées. Elles sont devenues esclaves; elles sont uniquement chargées des travaux, des soins domestiques, de l'éducation des larves, tant de la famille de leurs ravisseurs que de celles de leur propre race, qui, comme elles, seront enlevées à leur famille par les individus auxquels elles sont maintenant subordonnées. Ce sont ces espèces ravisseuses que M. Huber a fait connoître, dans son Histoire des Fourmis indigènes, sous le nom de *guerrières*, d'*amazones* ou de *légionnaires*.

On reconnoît ces fourmis amazones à leurs longues mandibules arquées, étroites, sans dentelures, très-peu propres à l'arrangement et au transport des matériaux qui composent leur habitation. Ces instrumens sont devenus des armes et non des outils, comme chez les individus travailleurs. Aussi ces fourmis ne respirent-elles que les combats. M. Huber a décrit avec soin plusieurs de ces assauts dont il a été le témoin.

Lorsque, dans un beau jour serein, la chaleur de l'atmosphère commence à diminuer, et régulièrement à la même heure et pendant plusieurs jours consécutifs, qui sont probablement marqués par l'instinct, les fourmis amazones quittent leurs habitations ; elles s'avancent en colonnes serrées, et se dirigent, comme un corps d'armée, vers la fourmilière dans laquelle elles veulent s'introduire, et dont elles ont probablement reconnu d'avance les distributions intérieures et la disposition. Malgré la vive opposition et la résistance opiniàtre des habitans, les guerrières y pénètrent, et leur seul but est de s'emparer des larves et des nymphes qui doivent produire des ouvrières, pour les transporter, dans le plus grand ordre, vers leur habitation. C'est une véritable traite de nègres, ou plutôt de négrillons, que font là les fourmis amazones. Aussi M. Huber, en décrivant ce manége, fait-il remarquer que ces insectes n'ont qu'un seul objet dans leurs excursions, celui d'enlever des fourmis ouvrières encore pour ainsi dire au maillot, et de s'en faire des ilotes qui travaillent pour eux, qui élèvent leurs petits, et qui leur fournissent des vivres. C'est pour cela qu'ils ne s'emparent jamais que des larves ou des nymphes, individus neutres, c'est-à-dire, des travailleuses ; les males et les femelles ne leur seroient bons à rien.

Ces détails, que nous venons d'extraire des recherches de M. Huber, sont relatifs aux fourmis roussàtres, qui mettent ainsi en esclavage les neutres de l'espèce qu'on a nommée noire cendrée (*fusca Linnœi*); mais une autre race, celle des fourmis sanguines, offre un autre exemple de sociétés mixtes, dans lesquelles on trouve encore des esclaves faits sur l'espèce des noires cendrées, d'autres dans les familles des fourmis mineuses. Il faut lire, dans l'ouvrage même, les détails intéressans que M. Huber a donnés dans son chap. xi.

On est loin de connoître aussi bien l'histoire des fourmis étrangères que celles de notre Europe; cependant il en est plusieurs dont les formes bizarres, la grosseur de la tête, l'alongement et les courbures variées des mandibules, les épines plus ou moins aiguës du corselet, la disposition des pates et des ailes, doivent être la conséquence de mœurs et d'habitudes très-variées. Il est en Amérique et en Asie des fourmis qui occasionnent les plus grands dégâts, en particulier dans les sucreries et dans les campagnes où l'on cultive les cannes.

Nous allons donner la description de quelques espèces de fourmis, principalement de celles de France. Mais ces descriptions seront longues, car elles exigent des détails pour faire connoître les trois individus qui composent chaque race.

Fourmi ronge-bois, perce-bois ou Hercule; *formica Herculanea*, Linn.

Ouvrière ou *neutre*. Noire; à corselet, base de l'abdomen, cuisses d'un rouge de sang.

Femelle. Noire; à côté du corselet, écaille, base de l'abdomen, d'un rouge bai; ailes supérieures totalement enfumées.

Mâle. Très-noir; écaille épaisse, échancrée; tarses et genoux ferrugineux.

On trouve cette espèce dans les troncs d'arbres. C'est la plus grande du pays, elle atteint quelquefois près d'un demi-pouce de longueur. On ne la trouve guère que dans les bois, jamais dans les champs.

Fourmi ethiopienne; *formica œthiops*, Latreille.

Ouvrière. Alongée, très-noire, luisante; abdomen velu; mandibules et jambes d'un brun noirâtre.

Femelle. Très-noire, luisante; écaille presque en cœur; ailes blanches, les supérieures avec un poil sur le bord; abdomen cave, ové, poileux.

Mâle. Très-noir; abdomen pubescent; écaille tronquée, échancrée; ailes comme dans la femelle.

FOU

Fourmi enfumée ou fuligineuse; *fomica fuliginosa.*

Ouvrière. Courte, très-noire, luisante; antennes depuis l'angle, genoux et tarses d'un brun noir; tête grosse, échancrée en arrière; écaille petite, abdomen globuleux: longueur une ligne et demie.

Femelle. Très-noire, courte: mandibules, antennes et pates roussâtres: ailes et écaille comme dans le mâle.

Mâle. Couleur de l'ouvrière: écaille entière presque ovée, ailes antérieures obscures à leur base.

Cette espéce se trouve sur les arbres; elle construit dans le bois des labyrinthes admirables.

Fourmi jaune; *formica lutea.*

Ouvrière. D'un jaune rougeâtre; yeux noirs; écaille petite, presque carrée et entière; le corps un peu pubescent.

Femelle. Testacée, obscure, luisante; antennes et pates pâles; écaille échancrée, carrée, velue: abdomen à anneaux jaunâtres, plus luisans sur les bords; ailes inférieures un peu obscures à la base.

Mâle. Noirâtre, luisant; antennes et pates pâles; écaille légèrement échancrée; abdomen paroissant foiblement duveté: ailes transparentes.

La fourmi jaune construit des murailles de terre; elle élève des pucerons en domesticité. Elle est très-commune dans les Alpes, où son habitation sert de boussole aux montagnards, parce que la direction de la fourmilière est constamment dirigée de l'est à l'ouest, et que son sommet et la pente la plus rapide sont tournés au levant d'hiver, tandis qu'elles vont en talus du côté opposé.

Fourmi fauve; *formica rufa,* Linn.

Ouvrière. Noirâtre, avec une grande partie de la tête, le corselet et l'écaille fauves.

Femelle. Semblable à l'ouvrière par la tête; corselet ovalaire, d'un fauve vif, avec le dos noir; écaille grande, ovée; abdomen court, d'un noir un peu bronzé, avec le devant fauve; ailes enfumées; pates noirâtres, à cuisses rouges.

Mâle. Plus étroit, noir, à tête petite; écaille épaisse, presque carrée; abdomen et pates roussâtres; ailes obscures, à nervures jaunes.

C'est l'espéce la plus commune dans nos bois, où elle ramasse des tas considérables de débris de bois, de feuilles, de tiges de graminées, en une sorte de dôme de deux ou trois pieds d'élévation. Elle fournit beaucoup d'acide.

Les autres espèces sont la fourmi mineuse (*cunicularia*), des gazons (*cespitum*), roussâtre (*fusca*), sanguine (*sanguinea*).

Voyez Myrmèces, et surtout consultez l'ouvrage de M. Huber, déjà indiqué, et dont voici le titre exact : Recherches sur les Mœurs des Fourmis indigènes. Paris et Genève, 1812; un vol. in-8° de 328 pag., avec 2 pl. (C. D.)

FOURMI BLANCHE. (*Entom.*) C'est le nom vulgaire des termites. (C. D.)

FOURMILIER. (*Ornith.*) On a exposé, dans le Supplément du tome v.ᵉ de ce Dictionnaire, les motifs qui ont empêché d'adopter d'une manière absolue, avec un grand naturaliste, la réunion en un seul genre des brèves de l'ancien continent et des fourmiliers d'Amérique; et l'on a décrit, sous le mot *brève*, les espéces des grandes Indes, dont les habitudes ne sont pas encore connues, en réservant la dénomination de *fourmiliers* pour les autres, dont on sait que les fourmis sont la principale et presque la seule nourriture. Ces divers oiseaux se reconnoissent tous à leurs jambes hautes et à leur queue courte; mais le bec n'offre pas des formes aussi constantes : toujours cependant il est plus haut que large à la base. La mandibule supérieure est échancrée et arquée vers le bout, qui déborde la mandibule inférieure, laquelle est entaillée et retroussée à la pointe : mais, chez les uns, le bec est plus fort; chez d'autres plus droit, et chez plusieurs il est grêle et aiguisé; tantôt aussi il est garni à sa base de petites soies qu'on ne trouve pas dans plusieurs espèces. Les narines, ovales, ont leur partie postérieure close par une membrane ou par des poils, et la partie antérieure découverte. La langue est courte, et en général terminée par de petits filets cartilagineux et charnus. Les jambes, presque toujours emplumées jusqu'au tarse, sont quelquefois nues au-dessus du genou. L'intermédiaire des doigts antérieurs est joint à l'externe, presque jusqu'au milieu, et seulement par la base au doigt interne, qui est plus court que le pouce, dont l'ongle est plus alongé et plus crochu que celui des autres. La première rémige est la plus courte.

et les quatrième et cinquième sont les plus longues. Les femelles sont, chez ces oiseaux, plus fortes que les mâles.

Les fourmiliérs, rangés parmi les *turdus* de Linnæus et de Latham, ont reçu, à cause de leur principale nourriture, les noms de *myrmecophaga* par M. de Lacépède, de *myiothera* par Illiger, et de *myrmothera* par M. Vieillot. La seconde de ces dénominations a été adoptée pour les fourmiliers et les brèves réunis, en supprimant la troisième lettre du mot, par M. Cuvier, qui d'ailleurs a établi parmi les fourmiliers plusieurs sections, en plaçant le roi des fourmiliers et le grand béfroi dans la première, qu'il caractérise par un bec fort et arqué ; le petit béfroi, le palikour et le colma, non séparé spécifiquement du tétéma, dans la deuxième, dont les espèces, à bec plus droit mais encore assez fort, se rapprochent de certaines piegrièches ; le bambla et l'arada dans la troisième, laquelle comprend les espèces qui ont le bec grêle et aiguisé, et ressemblent à notre troglodyte par leur queue striée. Le même naturaliste pense, en outre, qu'on doit renvoyer aux merles plusieurs espèces que Buffon a accolées aux fourmiliers, d'après quelques rapports de couleurs, et nommément le carillonneur, *turdus tintinnabulatus*, Gmel. ; le merle à cravate, *turdus cinnamomeus*, id. ; et le *tanypus*, décrit par M. Oppel, dans les Mémoires de l'Académie de Bavière pour 1811 et 1812, pl. 8, ce dernier oiseau ne différant des merles que par les jambes, un peu plus hautes.

Illiger, en avouant que son genre *Myiothera* ne repose pas encore sur des bases bien fixes, déclare qu'outre les fourmiliers de Buffon, il y comprend aussi presque toutes les piegrièches étrangères dont les foibles mandibules ne sont point armées de dents saillantes ; et M. Vieillot, qui a formé, sous le nom de *grallarie*, un genre séparé pour le roi des fourmiliers, a placé les fourmiliers tacheté et à oreilles blanches parmi ses *conopophages*, et les fourmiliers rossignols, c'est-à-dire le coraya et l'alapi, ainsi que le fourmilier huppé, avec les *bataras*.

Les ailes des fourmiliers étant peu propres au vol, on ne les voit jamais prendre leur essor dans les airs ; mais ils n'en sont pas moins agiles, et sans cesse ils courent ou sautent légèrement sur des branches peu élevées. Ils vivent en troupes dans les bois épais, loin des lieux habités, et on les y rencontre presque toujours sur les grandes fourmilières, si communes dans l'intérieur de la Guiane, où elles ont plus de vingt pieds de diamètre. Comme on remarque souvent des différences entre les individus, qui, par beaucoup de rapports, annoncent toutefois être de la même espèce, Mauduyt pense qu'on peut en attribuer la cause à des mélanges résultant de l'union plus intime des individus habitués à vivre ainsi dans une société perpétuelle. Quoique la voix ne soit pas semblable dans les espèces différentes, elle est, en général, forte et singulière. Leurs nids, construits avec des herbes sèches, et assez grossièrement entrelacés, sont hémisphériques, et ont de deux à quatre pouces de diamètre. Les femelles déposent trois ou quatre œufs, presque ronds, dans ces nids, attachés ou suspendus, par les deux côtés, sur des arbrisseaux, à deux ou trois pieds de terre.

Si le climat chaud et humide de l'Amérique méridionale devoit la peupler de myriades d'insectes propres à y détruire toutes les productions végétales, on peut remarquer aussi que la nature a pris des moyens pour en diminuer le nombre, en plaçant à côté d'eux les fourmiliers et les mammifères du même nom, qui ne vivent tous que de cette sorte d'alimens. On se doute bien que leur chair en retient une odeur et un goût huileux fort désagréables ; cependant celle du roi des fourmiliers et du grand béfroi peut se manger.

Les colons de la Guiane donnent aux fourmiliers le nom de *petites perdrix*, et les naturels celui de *palikours*.

La plus grande espèce est le ROI DES FOURMILIERS, *turdus rex*, Gmel., dont, comme on l'a déjà observé, M. Vieillot a fait un genre, et qui, en la laissant parmi les fourmiliers, seroit le *myothera grallaria*, est représentée dans la planche enluminée de Buffon, n.° 702. L'oiseau, long de sept à huit pouces, est plus haut monté que les autres ; son bec, fort, a quatorze lignes de longueur et cinq d'épaisseur à sa base ; la mandibule supérieure est convexe et échancrée, et il y a une zone assez étroite, dégarnie de plumes, au bas des jambes. Ses ailes, dans l'état de repos, aboutissent à l'extrémité de la queue. Sa taille est celle d'une caille, et son plumage est assez agréablement bigarré. Les parties supérieures ont, sur un fond d'un roux brun, des nuances noirâtres et d'un brun clair ; la gorge et le devant du cou sont d'un brun sombre ; deux bandes blanches descendent des coins du bec sur les côtés du cou, et la poitrine présente une plaque de la même couleur ; les plumes abdominales et anales sont d'un roux blanchâtre ; le bec et les pieds sont bruns : mais les dimensions et les couleurs sont sujettes à varier chez les divers individus.

Le nom de *roi* a été donné à cet oiseau de Cayenne, parce qu'il semble dominer, à raison de sa taille, les autres fourmiliers. Du reste, si sa nourriture est la même, et si, par conséquent, on le rencontre dans les mêmes lieux, toujours isolé et rarement par paires, il est loin d'avoir les habitudes sociales des autres, et il est beaucoup moins vif qu'eux. Son nid, construit dans des buissons, ne renferme que deux ou trois œufs : c'est le plus rare de tous les fourmiliers.

Le Fourmilier grand Béfroi : *Myothera tinniens*, D. ; pl. enl. de Buffon, 706, fig. 1 ; *Turdus tinniens*, Gmel. et Lath., a six pouces et demi de grandeur moyenne, et sa queue, qui n'a que seize lignes, dépasse les ailes de six. La mandibule supérieure, un peu échancrée et crochue, n'est pas plus longue que l'inférieure. Tout le dessus du corps est d'un brun pâle, et le dessous blanc ; cependant les plumes de la poitrine sont bordées de gris. Les tarses et les doigts sont de couleur plombée, et le bec, noir en dessus, est blanchâtre en dessous.

Chez les jeunes individus, les côtés de la tête sont rayés longitudinalement de noirâtre et de gris ; les ailes sont tachetées de roux ; la gorge est d'un blanc pur, la poitrine mouchetée de noir, les flancs sont roux ; le devant du cou, le ventre et l'anus, sont bruns, avec des lignes rousses, étroites.

Cet oiseau fait entendre, le matin et le soir, pendant environ une heure, dans les déserts montueux et boisés de la Guiane, une voix très-forte qui retentit au loin comme les sons précipités d'une cloche d'alarme.

Le Fourmilier petit Béfroi : *Myothera lineata*, D. ; *Turdus lineatus*, Gmel. et Lath., représenté dans les pl. enl. de Buffon, n.° 823, fig. 1, a cinq pouces et demi de longueur, et la queue dépasse les ailes de dix lignes. Le dessus de son corps est d'une couleur olivâtre, moins foncée sur le croupion ; les pennes alaires et caudales sont brunes, la gorge est blanche, la poitrine et le ventre sont tachetés de brun roussâtre sur un fond gris. Le nom donné à cet oiseau, d'après des rapports de conformation avec le grand béfroi, pourroit induire en erreur, vu qu'on ignore si sa voix a le même son que celle du premier.

Le FOURMILIER PALIKOUR, ou, *proprement dit*, de Buffon, pl. enl., n.° 700, fig. 1; *Myothera formicivora*, **D.**, est le *turdus formicivorus* de Gmelin et de Latham; et c'est pour ne pas introduire d'innovations dans la nomenclature que l'on conserve ici des épithètes qui ne présentent aucun caractère distinctif, puisque le mot palikour a une acception générale en Guiane, et que les fourmis ne sont pas un aliment particulier à l'espèce. Cet oiseau a environ six pouces de longueur. Les plumes qui couvrent la tête et le dessus du corps sont d'un gris brun avec une bordure roussâtre, à l'exception du milieu du dos, où se trouve une tache noire, oblongue; le pli de l'aile est blanc; les moyennes couvertures sont brunes et entourées de roussâtre; les grandes sont noires, et leur bordure, d'un jaune roussâtre, forme sur l'aile une bande transversale de cette couleur; la queue, roussâtre, est terminée de noirâtre; la gorge, le devant du cou et le haut de la poitrine sont couverts d'une plaque noire, entourée d'une bordure blanche, tachetée de noir, laquelle remonte des deux côtés du cou en s'élargissant, et ceint les joues. Le bec et les pieds sont noirâtres, et les yeux, rougeâtres, sont entourés d'une peau d'un bleu céleste. La gorge est rousse chez les jeunes.

Quoique, en général, les habitudes de cette espèce soient les mêmes que celles des autres fourmiliers, Sonnini, qui a trouvé ceux-ci dans les forêts humides de la Guiane, a observé qu'ils ne volent pas plus que les autres en plein air, mais qu'ils grimpent sur les arbrisseaux à la manière des pics, et en étendant les pennes caudales. Le fredonnement qu'ils font entendre est coupé par un petit cri aigu et bref. Leur nid, mieux tissu que ceux de leurs congénères, est revêtu à l'extérieur d'une couche de mousse, et la femelle y pond des œufs bruns et parsemés de taches plus foncées, qui sont de la grosseur de ceux du moineau.

Buffon regarde comme de simples variétés de cette espèce le merle à cravate, pl. enl., 560, fig. 2; le merle roux de

Cayenne, pl. 644, f. 1, et le petit merle brun, à gorge
rousse, de Cayenne, pl. enl., 644, f. 2 ; mais on a déjà vu que
M. Cuvier n'est pas de cet avis.

Le FOURMILIER COLMA; *Myothera colma*, D.; *Turdus colma*,
Gmel. et Lath., pl. enl., 703, f. 1, dont le nom est formé, par
contraction, de *collum maculatum*, à cause des taches de gris-
brun qu'on voit sur la gorge blanche de plusieurs individus,
a six à sept pouces de longueur. Le dessus du corps est brun,
et cette couleur est mélangée en dessous d'un gris cendré ; il
y a, de plus, une tache blanche entre le bec et l'œil, et derrière le cou une espèce de demi-collier roux. Le *téléma*,
pl. enl., 821, qui, comme le précédent, se trouve à Cayenne,
a tant de rapports avec lui, que Buffon, Latham et Gmelin
n'en font qu'une variété. Le premier pense même qu'ils
n'offrent qu'une différence de sexe, et que le dernier, qui n'a
pas la gorge tachetée, et dont le plumage est, en général,
plus foncé, est le mâle de l'autre.

On range au nombre des espèces de fourmiliers, dans le
nouveau Dictionnaire d'Histoire naturelle, 1.° un individu *à
calotte brune*, qui a les joues et les côtés du cou roux, le manteau, les ailes et la queue d'un bleu d'ardoise foncé; la gorge
noire; le dessous du corps d'un noir bleuâtre, et mélangé de
blanc sur le ventre, dont le bas est totalement de cette couleur; 2.° un autre *à tête noire*, dont le plumage est, en général, d'un gris bleuâtre, et dont la tête, la gorge et le cou
sont noirs, ainsi que les petites couvertures des ailes, qui
sont terminées par un croissant blanc. Mais l'auteur lui-même
avoue que ces oiseaux, qui se trouvent dans les mêmes lieux
que le tétéma, sont de sa taille, et ne paroissent présenter que
de simples variétés d'âge.

Le FOURMILIER CARILLONNEUR; *Turdus tintinnabulatus*, Gmel.,
et *turdus campanella*, Lath., pl. enl., 700, fig. 2, que M. Cuvier
regarde comme un merle, n'a que quatre pouces et demi de
longueur; son plumage est d'un gris brun sur le dos, d'un brun
roux sur le croupion et le ventre; les petites couvertures des
ailes sont brunes et terminées de blanc ; les pennes alaires et
caudales sont brunes et bordées extérieurement de roussâtre ;
le dessus de la tête, la gorge, le cou et la poitrine, sont variés
de taches noires, oblongues, sur un fond blanc; il y a, aux

deux côtés de la tête, un trait noir qui passe au-dessus des yeux.

Quoique les carillonneurs se nourrissent de fourmis, et habitent, comme les autres fourmiliers, les forêts de l'intérieur de la Guiane, où ces insectes sont le plus abondans, ils ne se mêlent pas avec eux, et vivent en petites compagnies de quatre ou six. Leur voix, bien plus foible que celle du grand béfroi, quoiqu'elle soit très-forte pour leur taille, ne s'entend distinctement qu'à cinquante pas; mais elle forme, pendant des heures entières, un petit carillon semblable à celui de trois cloches d'un ton différent : on ne s'est pas encore assuré si chacun d'eux rend successivement les trois tons.

Le FOURMILIER BAMBLA ; *Myothera bambla*, D.; *Turdus bambla*, Gmel., pl. enl., n.° 703, fig. 2, a environ quatre pouces de longueur. Buffon a tiré son nom, par syncope, d'une bande blanche qui lui traverse l'aile, dont les petites couvertures sont, comme les autres parties supérieures, d'un brun roussâtre, et les grandes, ainsi que les pennes, noires; le dessous du corps et la queue sont d'un gris blanchâtre.

Le FOURMILIER ARADA ; *Turdus cantans*, Gmel., représenté, dans les planches enluminées de Buffon, n.° 106, f. 2, sous la dénomination de musicien de Cayenne, est de la même taille que le précédent : il a le dessus de la tête et du cou d'un brun foncé avec des nuances rousses ; le dos et les couvertures des ailes sont d'un brun sans mélange ; les pennes alaires sont rayées transversalement de roux brun et de noirâtre, comme la queue, qui les dépasse de sept lignes; la gorge, le devant du cou et le haut de la poitrine sont roux ; les côtés du cou sont noirs et tachetés de blanc.

M. Vieillot a rangé cet oiseau parmi les troglodytes ; et il s'en rapproche en effet, en même temps qu'il n'a pas les habitudes des fourmiliers. Toujours solitaire, il se perche sur les arbres, et ne descend à terre que pour y prendre les fourmis et autres insectes dont il se nourrit. D'un autre côté, au lieu des sons sans modulation que les fourmiliers font entendre, il a le ramage le plus brillant, et prélude, par les sept notes de l'octave, à des airs modulés sur des tons différens, plus graves que ceux du rossignol, mais plus flûtés et plus tendres.

Son chant tient néanmoins du genre de voix des fourmiliers, par un coup de sifflet ressemblant à celui d'un homme qui en appelle un autre, et dont la parfaite imitation a contribué à égarer des voyageurs, par l'habitude qu'a l'oiseau de s'éloigner peu à peu en le répétant de temps en temps.

Les fourmiliers tacheté et à oreilles blanches, *pipra nævia* et *turdus auritus*, Lath., pl. enl. 823, fig. 2, et 822, f. 1, dont M. Vieillot a formé le genre *Conopophage*, et que M. Cuvier a placés avec ses moucherolles, se trouvent à la Guiane, et se distinguent spécifiquement : le premier, par une taille de quatre pouces; le dessus du corps et les ailes bruns, ainsi que la queue; deux bandes blanches sur les ailes, et les pennes caudales terminées par une bordure de la même couleur; la gorge noire, la poitrine blanche, et les plumes abdominales et anales orangées : le second, par une taille de quatre pouces neuf lignes, une queue longue de quinze lignes : le dessus de la tête brun, les côtés et la gorge noirs ; le dessus du corps mélangé d'olive et de roussâtre, et le dessous de roux et de gris; et surtout par les plumes blanches qui, de l'angle postérieur de l'œil, descendent jusqu'au bas de la tête.

Les Fourmiliers huppé, coraya et alapi; *Turdus cirrhatus*, *coraya* et *alapi*, Gmel. et Latham, que M. Vieillot a rangés parmi les Bataras, ont déjà été décrits sous ce mot, page 36 du Supplément au tome iv.ᵉ de ce Dictionnaire. Ce dernier auteur fait, de plus, mention des sept autres fourmiliers, qu'il considère comme espèces; savoir : 1.° le fourmilier ardoisé, *myrmothera cærulescens*, qui est long de quatre pouces et demi, et dont tout le plumage est d'un gris d'ardoise, à l'exception des ailes et de la queue, qui sont noires et tachetées de blanc ; 2.° le fourmilier à flancs blancs, *myrmothera axillaris*, Vieill., qui n'a que trois pouces et demi de longueur, dont le plumage, d'un gris bleuâtre sur le corps, est noir sur le devant du cou, la poitrine, les grandes pennes des ailes et les pennes latérales de la queue, lesquelles sont terminées par une petite tache blanche, et dont les flancs portent des plumes d'un beau blanc, qui sont longues, effilées et très-touffues ; 3.° le fourmilier longipède, *myrmothera longipes*, Vieill., dont la taille est celle de l'alouette, mais plus deliée, dont les pieds sont très-longs et la queue fort courte ; qui a le dessus de la tête, le cou, le dos et les ailes d'un gris roussâtre ; le front, les sourcils, la gorge, le ventre et l'anus blancs ; la poitrine, la queue, le bec et les tarses noirs ; 4.° le fourmilier roux, *myrmothera rufa*, Vieill., de trois pouces et demi de longueur, lequel a les plumes du *capistrum* noir, et le reste du corps d'un roux plus foncé en dessus et plus clair en dessous ; 5.° le fourmilier noir et blanc, *myrmothera melanoleucos*, Vieill., de trois pouces et demi de longueur, dont les parties supérieures sont noires et frangées de blanc, et les inférieures blanches, avec des taches longitudinales noires ; 6.° le fourmilier à sourcils blancs, *myrmothera leucophrys*, Vieill., un peu plus petit que le bambla, dont la gorge, les côtés du cou, le milieu du ventre et les ailes sont noirs, ainsi que la queue, blanche à son extrémité ; les côtés du ventre et les sourcils blancs, et le reste des parties supérieures d'un gris terne ; 7.° enfin, le fourmilier à tête noire, *myrmothera atricapilla*, Vieill., de la même taille que le précédent, et ayant le bec, la tête, la gorge et les petites couvertures des ailes noirs, et le surplus d'un gris bleuâtre.

Tous ces oiseaux, que l'on se borne à indiquer dans le Nouveau Dictionnaire d'Histoire naturelle, comme se trouvant à la Guiane, et sans donner à leur égard aucun autre renseignement, appartiennent à une famille dans laquelle le plumage des individus est sujet à beaucoup de variations, et l'on est très-éloigné de les présenter ici comme autant d'espèces différentes. (Ch. D.)

FOURMILIER (*Mamm.*) ; *Myrmecophaga*, Linn. Ce nom a été donné à des animaux d'une organisation très-singulière, qui se nourrissent principalement de fourmis, et dont on a formé un genre particulier, dans le groupe assez peu naturel qui constitue l'ordre des Edentés. (Voyez ce mot.)

Ces animaux sont tous d'Amérique ; et, jusqu'à présent, ils sont assez imparfaitement connus pour que les naturalistes ne soient pas d'accord sur le nombre d'espèces qu'on doit admettre ; et ceux que l'on a eu occasion de bien observer et de bien décrire, diffèrent assez entre eux par leur organisation et par leur genre de vie, pour qu'on soit autorisé à en former deux groupes distincts, deux sous-genres peut-être. En effet, les uns ont une queue prenante, qu'ils emploient comme un cinquième organe du mouvement : tandis que les autres, au contraire, ont une queue lâche, qui ne peut leur être d'aucune utilité pour se mouvoir ; et ils diffèrent tous les uns des autres par le nombre des doigts.

Quoi qu'il en soit, les fourmiliers sont des animaux d'une taille moyenne, dont les formes sont épaisses, les allures très-lentes, et les facultés de l'intelligence très-bornées ; et leur museau extrêmement alongé, leur bouche, qui ne consiste que dans une ouverture de quelques lignes, leurs petits yeux donnent à leur physionomie un air si particulier, qu'on les distingue d'abord de tous les autres mammifères.

Ils sont tous couverts de poils épais, et ils sont privés de dents ; aussi leur mâchoire est dépourvue de la faculté de se mouvoir. Ils se nourrissent par le moyen de leur langue étroite, gluante et très-alongée, qu'ils dirigent sur les insectes dont ils veulent se saisir, et au moyen de laquelle ils les ramènent dans leur bouche. Leurs doigts, surtout ceux de devant, sont armés d'ongles très-forts et propres à déchirer ; mais ils ne les emploient pas pour marcher : habituellement ils sont reployés et appuyés sur une large callosité du poignet. Ces animaux marchent en posant à terre le côté externe du pied. Leurs sens et leurs organes de la génération sont peu connus. Ce sont des animaux qui ont essentiellement besoin d'être examinés de nouveau, autant pour bien établir leurs rapports entre eux, que ceux qu'ils ont avec les autres édentés.

Le plus grand et le plus remarquable des fourmiliers est le Tamanoir, *Myrmecophaga jubata*, Linn.; Buffon, t. X, pl. 29 ; et Suppl., t. III, p. 55. C'est un animal grand comme un fort chien, et dont la tête fait le tiers de la longueur de son corps. Il a quatre pieds du bout du museau à l'origine de la queue, qui en a trois ; son museau est presque cylindrique, et sa bouche, d'un coin à l'autre, n'a que quatorze lignes ; ses narines ont la figure d'un C ; sa langue est douce, pointue, flexible, plus large qu'épaisse, et l'animal peut la faire sortir de près d'un pied et demi ; ses oreilles sont petites et arrondies, et son œil est petit et sans cils aux paupières. Il a quatre doigts aux pieds de devant ; l'interne est petit, et n'a qu'un ongle assez foible : mais les trois autres sont très-forts et armés d'ongles plus forts encore à proportion. Les doigts de derrière sont au nombre de cinq, et n'ont rien de remarquable ; ils ont les proportions qui s'observent ordinairement, et ce sont les trois moyens qui sont les plus grands. La queue est extraordinairement épaisse à sa base, et aplatie sur les côtés ; l'animal la porte horizontalement. De chaque côté de la poitrine il a une mamelle. La vulve de la femelle n'a rien de particulier ; et M. d'Azara parle d'un jeune mâle qui n'avoit point de scrotum.

Cet animal est couvert d'un poil grossier, plat à son extrémité, et sec comme celui du cerf commun, très-court sur toute la tête, et devenant de plus en plus long, des parties antérieures aux parties postérieures ; le long du dos, il forme une espèce de crinière, et à la queue un grand panache. Sa couleur générale est d'un gris brun, plus foncé sur la tête qu'aux autres parties, et une bande noire bordée de blanc, qui naît sur sa poitrine, se dirige en arrière, et se termine aux lombes. Les pieds de devant sont blanchâtres, et ceux de derrière presque noirs. Chaque poil a des anneaux blancs, noirs et jaunes-sale.

La principale nourriture du fourmilier, comme nous l'avons dit, sont les fourmis ; mais tous les insectes lui conviennent : et l'on assure qu'on peut le nourrir en esclavage, avec de la mie de pain, de petits morceaux de viande ou de la farine délayée dans de l'eau, et que c'est ainsi qu'on est parvenu à en amener en Europe.

Cet animal vit toujours seul, et ne se réunit à sa femelle qu'au temps des amours. Tous ses moyens de défense paroissent être dans la force de ses ongles et dans les muscles vigoureux de ses jambes de devant. Lorsqu'il est attaqué, il s'assied sur son train de derrière, et embrasse son ennemi, qu'il serre jusqu'à ce que l'un ou l'autre périsse. Lorsqu'un homme le rencontre, il peut le chasser devant lui comme une bête de somme, sans que cet animal montre de colère ; mais, dès qu'on le presse, son humeur se manifeste par les violens mouvemens de sa queue. Enfin, on peut l'assommer à coups de bâton en toute sécurité, et sans qu'il puisse, par aucun moyen, se soustraire à la mort.

Il paroît que la femelle ne fait habituellement qu'un seul

petit, qui s'attache à sa mère, et se fait ainsi porter partout avec elle.

D'Azara nous apprend que les Guaranis nomment cet animal *gnouroumi* et *yoqoui*, qu'il habite les lieux humides, et ne monte jamais sur les arbres.

Le Tamandua : *Myrmecophaga tetradactyla et tridactyla*, Linn.; Schreber, pl. 66. Cette espèce se distingue d'abord de la précédente par sa queue prenante et entièrement nue à son extrémité, et par sa taille, qui est de moitié plus petite : il a deux pieds du nez à la queue, et celle-ci a seize pouces. Du reste, il a toute la physionomie et les proportions du tamanoir ; et la description que nous avons donnée des organes de celui-ci, convient entièrement au tamandua. Il est revêtu de poils courts, laineux et luisans, généralement d'un gris jaunâtre, avec une bande plus foncée sur l'épaule. On voit de chaque côté du museau une ligne brune qui entoure les yeux. Mais il paroît que, dans cette espèce, les couleurs varient, soit par l'âge, soit par le sexe : on en trouve de fauves à bande noire ; de fauves à ventre, croupe et bande noirs, et de presque entièrement noirs. Il pourroit cependant arriver que ces différences fussent spécifiques, et c'est ce qu'a pensé M. Geoffroy-Saint-Hilaire, qui a décrit ces variétés sous des noms d'espèces. L'une est son Fourmilier noir ; l'autre son Fourmilier a deux bandes, etc.

Le tamandua se trouve au Brésil, et vit, comme le tamanoir, de fourmis et d'autres insectes, et peut-être aussi de miel. Il se tient sur les arbres, et se suspend aux branches par sa queue ; on le voit s'y balancer, et ses petits s'attachent aussi par leur queue à leur mère. Le nom qu'il a reçu des naturalistes, est celui qu'il porte en Amérique; et d'Azara nous apprend qu'au Paraguay on le nomme *caaiguaré* ou *caguaré*, qui signifie habitant des bois et des lieux infects.

Le Fourmillier a deux doigts : *Myrmecophaga didactyla*, Linn.; Buffon, t. X, pl. 30. Cette espèce est très-petite ; sa taille ne surpasse guère celle du rat, et elle a la queue de la longueur du corps. Sa physionomie diffère beaucoup de celle des espèces précédentes. Ce fourmilier a le museau bien moins alongé, proportionnément à sa taille ; mais il a la queue prenante comme le tamandua, et nue, mais en dessous seulement : ses pieds de devant ont deux doigts armés d'ongles forts et crochus, surtout l'interne ; les pieds de derrière ont quatre doigts à peu près égaux et de moyenne grosseur, ainsi que leurs ongles. Il est revêtu d'un poil court et laineux, généralement fauve blond, et une ligne roussâtre s'étend le long du dos chez la plupart des individus ; car quelques uns en sont privés. Cette espèce se distingue encore des deux autres par un caractère anatomique assez important ; ce sont deux petits cœcums, dont le tamanoir et le tamandua sont dépourvus.

Ce petit fourmilier se trouve à la Guiane. Il vit sur les arbres, auxquels il se suspend au moyen de sa queue. On dit que la femelle ne met au monde qu'un seul petit, qu'elle dépose dans le creux des arbres, sur un nid de feuilles. Son nom, à la Guiane, est *ouatiriouaou*.

Fourmillier petit. L'espèce que nous venons de décrire a quelquefois été désignée par ce nom.

Fourmilier a longues oreilles. Brisson a nommé ainsi le tamandua, d'après une figure de cet animal donnée par Seba.

Fourmilier strié, Buffon, t. III, pl. 56. C'est un nom donné par erreur à un coati défiguré par l'empaillage et par la mauvaise foi, et que Buffon avoit pris pour un fourmilier.

Nous pensons que l'animal représenté dans le Voyage de Krusenstern, sous le nom de

Fourmilier a queue variée, n'est aussi qu'un coati.

Fourmilier épineux. C'est l'échidné. Voyez Monotrèmes. (F.C.)

FOURMILIÈRE. (*Entom.*) On nomme ainsi les habitations des fourmis. (C. D.)

FOURMILION, *Myrmeleon*. (*Entom.*) La plupart des auteurs avoient employé ce nom françois pour désigner un genre d'insectes névroptères dont les larves creusent dans le sable des fosses coniques, au fond desquelles elles restent cachées pour y saisir les insectes, et en particulier les fourmis, dont elles sucent les humeurs. Linnæus ayant donné à ces insectes le nom grec de *myrmeleon*, on l'a adopté comme pouvant être employé dans toutes les langues. Voyez Myrmeleon. (C. D.)

FOURMILIONS, *Myrmeleonides*. (*Entom.*) M. Latreille désigne sous ce nom un groupe, ou, comme il le nomme, une tribu d'insectes névroptères, correspondant aux genres *Ascalaphe* et *Myrméléon* que nous avons rangés parmi les tectipennes ou stégoptères. Ce sont des névroptères à bouche découverte , dont les parties sont très-distinctes, qui ont cinq articles à tous les tarses et les antennes renflées. Voyez STÉGOPTÈRES et MYRMÉLÉON. (C. D.)

FOURMILLET. (*Ornith.*) Suivant Salerne, pag. 108 de son Ornithologie, on nomme ainsi , en Provence, le torcol, *yunx torquilla*, Linn. (CH. D.)

FOURMILLON. (*Ornith.*) On trouve dans Salerne, p. 119, le mot *afourmilliou*, indiqué comme un des noms vulgaires du grimpereau d'Europe, *certhia familiaris*, Linn. Ce mot, écrit *fourmillou* dans les notes de Buffon sur la nomenclature du grimpereau, tom. v, in-4.°, pag. 482, et dans la table générale *fourmillon*, a reçu, chez d'autres auteurs, la dernière orthographe , et il est devenu doublement fautif , puisque les termes *fourmillou* ou *fourmillon* n'existent pas plus l'un que l'autre , et qu'il n'est question que du mot *afourmilliou*, qui se trouve, mais mal à propos, avec une *n* terminale, au t. Ier, p. 274, de ce Dictionnaire. (CH. D.)

FOURNEAUX. (*Chim.*) Ce sont des vaisseaux dans lesquels on opère la combustion d'une matière ligneuse ou charbonneuse, afin de se procurer la température, plus ou moins élevée , qui est nécessaire, soit pour liquéfier ou vaporiser un corps, soit pour réduire un composé à ses élémens, soit enfin pour mettre des corps dans une circonstance favorable à leur action mutuelle.

Les fourneaux sont presque toujours en terre cuite, ou en briques, plus rarement en fonte ou en tôle. On en distingue de plusieurs sortes, suivant les usages auxquels ils sont destinés. Nous ne parlerons, dans cet article, que des principaux qui se trouvent dans les laboratoires de chimie ; nous n'en parlerons que très-succinctement, parce qu'une description détaillée exigeroit des figures que la nature de cet ouvrage ne comporte point.

Fourneau simple. Il est essentiellement composé de deux capacités, qui sont séparées par une grille horizontale en terre ou en fer. La capacité supérieure, dans laquelle on met le combustible, est le *foyer;* la capacité inférieure, dans laquelle tombent les cendres résultantes de la combustion, est le *cendrier :* l'air y pénètre par une large ouverture ou par plusieurs trous.

Les fourneaux simples, qu'on a nommés *évaporatoires,* sont , en

général, cylindriques, ou presque cylindriques. A partir de la
base jusqu'à la grille, et de là jusqu'en haut, ils vont en s'élargissant. Les plus grands, qui sont destinés à recevoir des
alambics, des bains de sable ou des bains-marie, ont toujours
deux ouvertures qu'on ferme à volonté avec des *portes*. Ces
ouvertures sont pratiquées l'une au-dessus de l'autre ; la partie
inférieure de l'une est de niveau avec le plan du cendrier, et
la partie inférieure de la seconde est de niveau avec le plan du
foyer. C'est par celle du foyer qu'on introduit le combustible ;
c'est par celle du cendrier qu'on enlève les cendres. La première est toujours fermée, une fois que le fourneau est chargé :
la seconde est libre pour donner passage à l'air nécessaire à la
combustion ; mais, si l'on veut ralentir la combustion, on la
diminue plus ou moins, en plaçant sa porte devant elle, et plus
ou moins près de l'ouverture. Les fourneaux simples, qui reçoivent des alambics, sont en général en briques ; ils ont une
cheminée dans leur foyer : on les chauffe presque toujours avec
du bois. Les fourneaux à bains de sable ou à bain-marie, portent
quatre échancrures ou rainures dans la partie supérieure du
foyer, afin que le produit de la combustion puisse s'échapper
du foyer lorsque les bains se trouvent dessus. Ces fourneaux
sont en terre, d'une seule pièce ; pour les remuer plus facilement, ils portent, aux deux tiers environ de leur hauteur,
deux appendices ou anses : on les chauffe avec du charbon.
Ils servent principalement à faire des évaporations.

Les petits fourneaux simples n'ont point d'ouverture à leur
foyer ; ordinairement on place dessus une grille ou un triangle
en fer, sur lequel on met des fioles ou des capsules. On introduit le charbon au travers de la grille.

Il y a des fourneaux simples quadrangulaires, tels que ceux
des cuisines, qui sont pratiqués dans une maçonnerie en
briques ; il y en a qui ont la forme d'un parallélipipède alongé.
Ceux-ci sont très-bons lorsqu'on veut faire réagir des corps
dans des tubes de verre, à une température qui ne passe point
le rouge obscur. Pour atteindre à ce but, il faut fermer toutes
les ouvertures de la grille et celles qui sont pratiquées dans les
parois du foyer.

Les fourneaux simples peuvent encore être employés pour
les fusions, les décompositions, les combinaisons qui n'exigent

pas une température plus élevée que le rouge-cerise. On met
alors ces corps dans des creusets d'or, d'argent, de platine, ou
de terre, que l'on place sur un petit cylindre de terre, appelé
fromage, au milieu des charbons.

Fourneau de réverbère ou à réverbère. Ce fourneau est composé,
1.° d'un cendrier, 2.° d'un foyer, 3.° d'un laboratoire, 4.° d'un
dôme, 5.° d'une cheminée.

Le cendrier et le foyer, disposés comme dans le fourneau
simple, avec cette différence que l'ouverture du cendrier est
beaucoup plus grande, sont cylindriques ; le laboratoire est un
cylindre ouvert aux deux bouts, d'un diamètre égal à celui
du foyer sur lequel il se place. Le dôme, cylindrique dans sa
partie inférieure, qui se met sur le laboratoire, est terminé
en voûte dans sa partie supérieure : cette voûte est ouverte,
afin de donner passage à l'air qui a servi à la combustion ; elle
porte un cylindre de quelques pouces, sur lequel on place
un ou plusieurs tuyaux en terre ou en tôle, qui font l'office
d'une cheminée. Le laboratoire a une échancrure demi-circulaire dans la partie supérieure, laquelle correspond à une
échancrure demi-circulaire pratiquée à la partie inférieure
du dôme. Cette ouverture est destinée à laisser passer le col
de la cornue que l'on veut chauffer dans ce fourneau. La cornue est soutenue par deux barres de fer mobiles, horizontales,
dont les extrémités sont reçues dans des échancrures ménagées
dans la paroi du foyer. Quelquefois la cornue, au lieu de
s'appuyer immédiatement sur les barres de fer, est reçue dans
une petite capsule de fer ou de terre qui est remplie de sable.

On chauffe, dans le fourneau de réverbère, des cornues de
verre ou de grès, qu'on recouvre ordinairement d'une chemise
d'argile, afin qu'elles ne soient pas exposées à l'action immédiate du feu.

Le dôme du fourneau est destiné à réfléchir le calorique
rayonnant sur la partie supérieure de la cornue, afin d'empêcher que le produit qui s'en volatilise ne s'y condense et
n'obstrue le col de la cornue, si ce produit est susceptible de
se condenser en solide, ou ne retombe dans la cornue, si ce
produit est liquide. C'est de la propriété qu'a le dôme de réfléchir le calorique rayonnant qu'est dérivé le nom de fourneau
de réverbère ou à réverbère.

Fourneau de coupelle, ou *fourneau d'essai*. C'est un véritable fourneau de réverbère; mais la matière que l'on veut y exposer à l'action de la chaleur, doit recevoir en même temps l'action comburente de l'oxigène atmosphérique. Le laboratoire a une ouverture demi-circulaire ou demi-elliptique, par laquelle on introduit dans le fourneau une espèce de petit four appelé moufle. (Voyez Essais, tom. xv, pag. 355.)

Fourneau de fusion. Ce fourneau, ainsi nommé de l'usage qu'on en fait pour chauffer les corps que l'on veut fondre, est composé d'un cendrier, d'un foyer, d'un dôme et d'une cheminée. Pour en augmenter l'effet, on ne laisse au cendrier qu'une ouverture suffisante pour recevoir le bout du tuyau d'un soufflet de forge.

Fourneau de fusion de Lavoisier. Il paroît être préférable à tous ceux de son espèce, lorsqu'on veut exposer les corps aux températures les plus élevées des fourneaux. Il a la forme d'un sphéroïde elliptique, dont les deux extrémités sont coupées par un plan qui passeroit par chacun des foyers perpendiculaires au grand axe. Ce sphéroïde comprend essentiellement le foyer et le dôme. Le creuset se place dans le foyer, au milieu des charbons; il a deux ouvertures demi-circulaires, placées l'une au-dessus de l'autre. Le foyer est entièrement ouvert en dessous; cette ouverture est garnie d'une grille à claire-voie et en fer méplat, dont les barreaux posent sur le côté le plus étroit, afin qu'ils présentent moins de résistance à l'air qui pénètre dans le foyer. Ce fourneau est soutenu sur un trépied. Sa cheminée a dix-huit pieds de hauteur; elle est en terre, et son diamètre intérieur est presque de moitié de celui du fourneau.

Nous ne saurions trop recommander aux personnes qui voudroient prendre une idée de ce qu'on a écrit de mieux sur les principes que l'on doit suivre dans la construction des fourneaux de chimie, et particulièrement dans celle du fourneau de fusion, ce que Lavoisier en a dit dans ses Elémens de Chimie.

Fourneau de forge, ou *forge*. Ce fourneau est un cylindre creux, dont les parois sont en briques très-réfractaires, sur lesquelles on a étendu une couche d'argile également très-réfractaire. Il se compose d'un foyer et d'un cendrier. L'élévation de température y est au moins aussi grande que dans le fourneau de fusion de Lavoisier. Les corps que l'on soumet à l'expérience se mettent dans des creusets de terre réfractaire, qui sont fixés avec de l'argile sur un fromage qui est lui-même fixé, par le même moyen, sur la grille qui sépare les deux parties du fourneau. On porte l'air dans le fourneau au moyen d'un vaste soufflet à deux vents, auquel est adapté un long tuyau dont l'ouverture se trouve dans la partie inférieure du cendrier. La grille est percée de trous, disposés symétriquement, afin que l'air se répande également dans toutes les parties du foyer.

Le tuyau porte un registre qui sert à modérer la rapidité du courant d'air qu'on dirige dans le fourneau.

Quand on commence une opération à la forge, on place quelques charbons ardens autour du creuset; on remplit le foyer de charbon noir, et on laisse le charbon s'allumer. Si on souffle alors, ce n'est que pour empêcher l'extinction. Quand tout le charbon est allumé, on commence à souffler, et l'on a soin de ménager le vent du soufflet, en tenant le registre en partie fermé : ce n'est qu'à la fin de l'opération qu'on l'ouvre tout-à-fait.

Les anciens employoient plusieurs fourneaux dont nous ne parlerons pas, parce qu'ils ont disparu des laboratoires: tels sont *le fourneau d'athanor* ou *des paresseux*, *le fourneau de digestion*, *le fourneau polycreste*, etc. (CH.)

FOURNEIROU. (*Ornith.*) Voyez FOURMEIROU. (CH. D.)

FOURNIÉ. (*Ichthyol.*) A Nice, d'après M. Risso, on donne ce nom au crénilabre melops, qu'il range parmi les lutjans. Voyez CRÉNILABRE. (H. C.)

FOURNIER. (*Ornith.*) L'oiseau de Buenos-Ayres, ainsi nommé primitivement par Commerson, qui en faisoit un merle, *turdus*, a paru à Gueneau de Montbeillard former un passage entre la famille des promérops et celle des guêpiers. L'opinion de ce dernier naturaliste étoit fondée sur ce que la queue du fournier est plus courte, que ses doigts sont plus longs que ceux des promérops, et que son doigt extérieur n'est pas, comme chez les guêpiers, soudé avec celui du milieu dans presque toute sa longueur. Néanmoins Gmelin et Latham ont rangé l'oiseau dont il s'agit avec les guêpiers, me-

rops; et M. d'Azara, qui l'a trouvé dans les mêmes contrées que Commerson, a avoué qu'il ignoroit à quelle famille on devoit l'associer. M. Cuvier en a fait une section de ses sucriers, *nectarinia*, Illig., en y ajoutant un guit-guit, un promérops et plusieurs héoro-taires. Enfin M. Vieillot a, d'après les caractères assignés par M. d'Azara, formé un genre particulier du fournier, sous le nom latin *furnarius*, et il s'est borné à y joindre, comme espèces, deux annumbis de l'auteur espagnol.

Ce genre a pour caractères un bec aussi épais que large, entier, de longueur médiocre, arqué, pointu et comprimé latéralement : des narines longitudinales, une langue médiocre, étroite, usée à la pointe; des ailes foibles, à penne bâtarde courte, et, en général, les deuxième, troisième et quatrième rémiges les plus longues; quatre doigts, dont trois devant et un derrière.

Le genre Fournier fait partie des épopsides de M. Vieillot, tous insectivores, et cette famille, qui comprend les *promérops*, les *huppes* et les *polochions*, est bien distincte de celle des *anthomyses*, dont la langue est extensible et fibreuse, et dont le miel est la principale nourriture. Cette dernière renferme les guit-guits, les foui-mangas, les colibris et les héoro-taires. La différence dans la nourriture, qui en entraîne de considérables dans les mœurs et les habitudes, semble devoir rendre très-circonspect pour admettre parmi les fourniers des oiseaux qui ne présenteroient que certains rapports extérieurs avec eux ; et, comme on ne connoît guère que les dépouilles de ceux qui sont relatés dans une simple note de M. Cuvier, sous le mot *Fournier*, tom. 1er, p. 410 de son Règne Animal, ce ne sera qu'avec réserve qu'on les indiquera à la suite des trois espèces décrites par M. d'Azara, dans son Ornithologie du Paraguay, les seules dont le genre de M. Vieillot est composé.

Le FOURNIER *proprement dit*, Azara, n.º 221, pl. 739 de Buffon, est le *turdus fulvus* de Commerson, le *merops rufus*, Gmel. et Lath., et le *furnarius rufus*, Vieill. De la taille d'une rousserole; sa queue est, suivant Commerson, d'un peu moins de trois pouces, et elle dépasse les ailes d'environ un pouce; ses douze pennes, plus fortes que celles des ailes, sont étagées et coupées carrément. Les dimensions indiquées par

M. d'Azara sont un peu moindres. Quant au plumage, les côtés et le dessus de la tête, la partie supérieure du cou, le dos et les ailes sont d'un roux plus foncé au vertex et à la partie extérieure de l'aile, qui est traversée par une bande de roux foible; la couleur de la queue est celle du tabac d'Espagne, et les parties inférieures sont blanches.

Ces oiseaux, qui portent à la rivière de la Plata le nom de *hornero*, et au Tucuman celui de *casero* (ménagère), sont appelés, au Paraguay, *alonzo garcia*. Ils ne sont ni voyageurs ni farouches; ils approchent des habitations, et ne pénètrent point dans les grands bois. Constamment éloignés des endroits élevés, ils se tiennent ordinairement dans les buissons. On les rencontre toujours par paires, et jamais en familles, ni en troupes. La foiblesse de leurs ailes ne leur permet pas de beaucoup prolonger leur vol. Les deux sexes font entendre pendant toute l'année une voix qui consiste dans la répétition de la syllabe *chi*, prononcée d'abord par intervalles, et ensuite assez vivement pour ne plus former qu'un fredon qui s'entend à un demi-mille. Lorsque l'oiseau chante, il avance le corps, alonge le cou, et bat des ailes.

Le nid des fourniers est hémisphérique; il est construit avec de la terre, et a la forme d'un four à cuire du pain. Ces oiseaux le placent dans un endroit apparent, sur une grosse branche dégarnie de feuilles, sur des croix ou des poteaux de plusieurs pieds de hauteur, sur les palissades des cours, sur les fenêtres des maisons, et quelquefois même dans leur intérieur. Le mâle et la femelle y travaillent de concert; ils apportent et arrangent alternativement des boulettes d'argile, grosses comme de petites noix, et souvent deux jours suffisent pour achever l'ouvrage. Le nid a six pouces et demi de diamètre et un pouce d'épaisseur; l'ouverture, du double plus haute que large, est pratiquée sur le côté, et l'intérieur est divisé en deux parties par une cloison qui commence dès l'entrée, et se termine circulairement à la partie intérieure, en laissant une ouverture pour pénétrer dans une sorte de chambre où sont déposés, sur une couche d'herbe, quatre œufs un peu pointus à un bout, piquetés de roux sur un fond blanc. et dont les diamètres sont de dix et neuf lignes.

M. d'Azara ajoute à ces détails que les hirondelles brunes.

les chopis (espéce de troupiale), les perruches et d'autres
oiseaux, se servent, pour y faire leur nichée, des vieux nids
de fourniers, que les pluies ne détruisent qu'au bout d'un
certain temps; mais que ceux-ci, qui ne se donnent pas la
peine de faire chaque année de nouveaux nids, chassent les
usurpateurs lorsqu'ils ont besoin des anciens.

Le Fournier annumbi, *Furnarius annumbi*, Vieill., ou simplement *Annumbi* de M. d'Azara, n.° 222, n'excède que de
quelques lignes la longueur du fournier proprement dit : il
a les dix pennes caudales étagées; le front est d'un rouge qui
s'affoiblit en avançant sur la tête, et n'est plus à la nuque que
d'un brun clair; cette dernière couleur est celle du cou, des
plumes uropygiales, de quelques unes des pennes alaires et
de leurs petites couvertures, ainsi que des deux pennes du
milieu de la queue; les plumes dorsales ont des taches noirâtres; les grandes couvertures des ailes et plusieurs de leurs
pennes sont un peu lavées de rouge, et les pennes des côtés
de la queue sont noirâtres, avec une bordure brune et une
tache blanche à leur extrémité; les côtés de la tête, presque
blancs, ont un trait brun derrière l'œil; une ligne variée de
blanc et de noir, qui part des coins de la bouche, entoure la
gorge, dont le centre est blanc; le reste des parties inférieures
est varié de blanchâtre et de brun; les ailes sont argentées
en dessous, avec une nuance de rouge; l'iris est roussâtre,
le bec d'un brun rougeâtre, et le tarse d'un olive peu foncé.

Cet oiseau, que M. d'Azara soupçonne mal à propos être le
même que le guira-guainumbi de Marcgrave, rapporté généralement au momot, n'est pas rare. Il a le vol court, bas
et horizontal, et les insectes forment sa principale nourriture ; mais l'auteur espagnol pense qu'il mange aussi de petites graines. Il fréquente les plaines découvertes, ainsi que
les halliers épais, et niche dans les endroits les moins cachés,
comme le précédent, en donnant la préférence à un opuntia,
ou à quelque autre arbre isolé dans la campagne et dépouillé
de ses feuilles; souvent l'on voit appuyés l'un contre l'autre,
sur le même arbre, deux et jusqu'à six de ces nids, qui sont
travaillés avec des rameaux épineux, surmontés d'une assez
grande couverture, et qui ont deux pieds de hauteur et un pied
et demi de largeur. La femelle, dont le plumage est le même

que celui du mâle, et qui l'accompagne toujours, pond au fond du nid, sur une couche de feuilles et de bourre, quatre œufs blancs, plus pointus à l'un des bouts, et qui ont onze et huit lignes de diamètre.

Le Fournier rouge, *Furnarius ruber*, Vieill., ou *Annumbi rouge* de M. d'Azara, n.° 220, est long de huit pouces. Il a les donze pennes caudales étagées, et les dix-neuf pennes alaires foibles et concaves. Les plumes de la tête et du haut du cou sont rudes, parce que leurs tiges dépassent les barbes, et le cou paroît fort gros à cause de ses plumes nombreuses et peu couchées. Le dessus de la tête et la queue sont d'une belle couleur de carmin, ainsi que les ailes, dont les pennes ont la pointe noirâtre. Les côtés de la tête et du cou, le dessus du cou et du corps, et les plumes anales sont d'un brun rouge : les parties inférieures sont blanchâtres ; le bec, un peu courbé dans toute sa longueur, est noirâtre en dessus, blanchâtre en dessous ; l'iris est d'un beau jaune, et les tarses sont d'un bleu argenté.

M. d'Azara observe que ces oiseaux se rapprochent des bataras par leur genre de vie dans les halliers épais, par la forme de leurs ailes et de leur queue, par le vol court, par l'habitude d'être seuls ou par paires ; mais il résulte de l'exposition des caractères génériques, et des autres circonstances par lui rapportées, que l'analogie est encore plus grande avec les fourniers, auxquels M. Vieillot a été fondé à les réunir. Leur nid volumineux est construit de la même manière et des mêmes matériaux : il est placé le long des chemins, à peu de hauteur, sur de petites branches épineuses, flexibles, et, vu son poids, il est toujours balancé par les vents : la femelle y pond quatre œufs blancs, de la forme et de la grosseur de ceux des fourniers proprement dits. On remarque dans son contour plusieurs trous ou entrées qui renferment des débris de végétaux, en apparence destinés à servir de lit pour les œufs et les petits ; mais ceux-ci sont dans un endroit plus caché, ce qui a fait penser à quelques uns que les autres ouvertures étoient pratiquées afin de soustraire la progéniture aux recherches des curieux, tandis que plus vraisemblablement ces oiseaux ne fabriquent des nids aussi spacieux que pour faciliter aux petits les moyens de sautiller, et de faire les exercices auxquels ils aiment à se livrer dès qu'ils ont leurs premières plumes. Ces petits sont de la même couleur que les père et mère.

Les espèces que M. Cuvier trouve susceptibles d'être réunies au même genre, sont :

1.° Le *promérops olivâtre* de M. Vieillot, pl. 5 de l'Histoire naturelle des huppes et des promérops, tom. 1.er des Oiseaux dorés, et actuellement son polochion olivâtre, *merops olivaceus*, Sh., qui offre en effet de très-grands rapports avec le fournier. Cet oiseau est long de sept pouces, et a la presque totalité du plumage olivâtre; il a été apporté des îles de la mer Pacifique.

2.° L'*héoro-taire neghobarra* de M. Vieillot, pl. 64 de ses Grimpereaux, lequel est le *certhia sannio* de Gmelin et de Latham, et a la queue fourchue. Le plumage de cet oiseau, très-nombreux aux environs du canal de la Reine-Charlotte, dans la Nouvelle-Zélande, est d'un vert-olive, qui prend une nuance jaune sur les parties inférieures. Il a un chant très-varié.

3.° L'*héoro-taire vert-olive*, pl. 67 et 68 de M. Vieillot, *certhia virens*, Gmel., qu'on trouve aux îles Sandwich.

4.° L'*héoro-taire à collier blanc*, pl. 56 de M. Vieillot, qui habite aussi les terres australes.

5.° Le *sucrier* de Buffon, ou guit-guit sucrier de M. Vieillot, pl. 51; *certhia flaveola*, Linn.

6.° Enfin le *grimpereau varié*, pl. 74 de M. Vieillot, ou figuier varié de Buffon, *motacilla varia*, Linn. (Ch. D.)

FOURRAGE DE DISETTE. (*Bot.*) C'est la spargoutte des champs. (L. D.)

FOURREAU. (*Ornith.*) L'oiseau auquel on donne, dans la Sologne (Loir-et-Cher), ce nom et celui de gueule-de-four, est la mésange à longue queue, *parus caudatus*, Linn. (Ch. D.)

FOURREAU DE PISTOLET. (*Conchyl.*) On trouve quelquefois ce nom employé pour désigner quelque espèce de jambonneau ou de pinne-marine. (De B.)

FOURRE-BUISSON. (*Ornith.*) C'est le troglodyte, *motacilla troglodytes*. Voy. Fourbisson. (Ch. D.)

FOUTCHI (*Bot.*), nom donné à quelques figuiers dans l'île de Madagascar, selon Poivre. (J.)

FOUTEAU. Voyez FAYARD. (J.)

FOUTERLO (*Bot.*), nom de l'aristoloche ordinaire, *aristolochia clematis*, dans quelques lieux de la Provence, suivant Garidel. M. Gouan dit que dans le Languedoc les diverses espèces de ce genre sont nommées *faouterna*. (J.)

FOUTIVENTO. (*Ornith.*) Un des noms que, suivant Belon, de la Nature des Oiseaux, pag. 126, on donne en Italie à la cresserelle, *falco tinnunculus*, Linn. (CH. D.)

FOUTON (*Ornith.*), nom vulgaire qui, suivant Belon, pag. 217, est donné, sur les rives de l'Océan, à la petite bécassine ou sourde, *scolopax gallinula*. Linn. (CH. D.)

FOUTRA. (*Bot.*) Voyez FOTERT. (J.)

FOVEOLARIA. (*Bot.*) Dans la Flore du Pérou on trouve sous ce nom un genre qui est le même que le *strigilia* de Cavanilles, genre de la famille des méliacées, qui a cependant beaucoup d'affinité avec le *styrax*, surtout avec le *styrax glabrum* de Vahl, ce qui peut faire présumer que le *styrax*, mieux examiné, pourroit être ramené dans la même famille. (J.)

FOVÉOLIE, *Foveolia*. (*Arachnod.*) Genre de la famille des méduses, établi par MM. Perron et Lesueur, et fort voisin des équorées des mêmes auteurs, dont en effet il ne diffère que parce que l'ombrelle est pourvue de petites fossettes à son pourtour; du reste l'estomac est simple, avec une seule ouverture ou bouche, et il n'y a ni pédoncules, ni bras, mais seulement des tentacules; les mœurs, les habitudes et l'organisation sont tout-à-fait celles des MÉDUSES. (Voyez ce mot.)

Les espèces de cette division sont au nombre de cinq:

1.º La FOVÉOLIE PILÉAIRE : *Foveolia pilearis*, Per., Les.; *Medusa pilearis*, Linn. Ombrelle orbiculaire surmontée d'une espèce de bonnet: huit cavités à la circonférence du rebord; estomac cilié à son pourtour. Haute mer.

2.º La FOVÉOLIE BUNOGASTRE : *Foveolia bunogaster*, Per., Les. Hyaline; ombrelle bossue à sa partie centrale et supérieure; une grosse tubérosité saillante au fond de l'estomac; neuf fossettes autour de l'ombrelle; neuf tentacules : 2 et 3 centim. Côtes de Nice.

3.º La FOVÉOLIE MOLLICINE : *Foveolia mollicina*, Per., Les.; *Medusa mollicina*, Forsk., *Faun. Arab.*, p. 109; *Icon. anim.*, t. 33, fig. C. Ombrelle orbiculaire sans renflement au sommet;

seize bandelettes au pourtour de l'estomae; douze petites fossettes ovales; dix tentacules très-courts; couleur hyaline : 4 centim. Méditerranée.

4.° La Fovéolie diadème; *Foveolia diadema*, Per. et Les. Espèce, de 5 centim., dont l'ombrelle bleu hyaline, subcampaniforme, est pourvue d'un estomac simple, très-pointu, avec six petites fossettes et seize tentacules, formant une espèce de diadème à sa base. Océan atlantique austral.

5°. La Fovéolie linéolée; *Foveolia lineolata*, Per. et Les. Ombrelle hyaline, cérulescente, subhémisphérique, déprimée au sommet, resserrée sur le milieu de son pourtour; dix-sept fossettes ; dix-sept tentacules et autant de lignes subombrellaires intérieures : 3, 4 centim. Nice. (De B.)

FOX (*Mamm.*), nom anglois du renard commun, *canis vulpes*, Linn. Voyez Chien. (F. C.)

FOYER. (*Chim.*) C'est en général un lieu plus ou moins circonscrit, où l'on a produit une température plus ou moins élevée. Ainsi, le foyer d'un fourneau est la cavité dans laquelle s'opère la combustion; le foyer d'une lentille, le foyer d'un miroir sont les points où se réunissent les rayons du soleil réfracté par la première ou réfléchi par le second. (Ch.)

FRACASTORA. (*Bot.*) Adanson désigne sous ce nom le *stachys palæstina*, qu'il distingue par son calice plus longuement tubulé et à dix angles, sa corolle à lèvre supérieure entière, ses fleurs plus rares dans chaque rameau, et accompagnées de deux soies à leur base. (J.)

FRÆKAHL. (*Bot.*) Voyez Forgaa. (J.)

FRAGA. (*Bot.*) Voyez Comaroides. (J.)

FRAGA et Fragum. (*Bot.*) Les Latins donnoient ces noms à la fraise. La Peyrouse (Histoire abrégée des Plantes des Pyrénées, pag. 287) a adopté le premier de ces noms pour un genre particulier qu'il a formé avec le *fragaria sterilis*, Linn., que la plupart des botanistes placent maintenant dans le genre Potentille. (L. D.)

FRAGARIA (*Bot.*), nom latin du fraisier. (L. D.)

FRAGILARIA. (*Bot.*) Genre de plantes cryptogames, de la famille des algues, voisin des diatoma, et établi par Lyngbye dans son *Tentamen hydrophytologiæ danicæ*, pour placer quelques espèces de *conferves*, dont les filamens articulés, plans, simples, très-fragiles, offrent des articulations qui, en se détachant, ne se tiennent point par un angle, comme dans les diatoma.

M. Lyngbye place dans ce genre les huit espèces suivantes, qu'il a observées sur les côtes du Danemarck ou de Norwège, attachées aux plantes marines et aux rochers.

FRAGILARIA FASCIÉ; *Fragilaria fasciata*, Lyngb., *Tent. hydrop.*, p. 182, pl. 62. Transparent; articulations d'un même diamètre, marquées dans le milieu d'une bande rougeâtre, se détachant alternativement après la fécondation. Cette espèce se trouve en hiver sur les ceramium, dans le golfe d'Othinie.

FRAGILARIA LATRUNCULAIRE; *Fragilaria latruncularia*, Lyngb., l. c. Transparent; articulations deux fois plus longues que larges, marquées dans le milieu d'un point carré, se détachant après la fécondation. Cette plante se trouve en hiver, comme la précédente, dans le même golfe.

FRAGILARIA UNIPONCTUÉ; *Fragilaria unipunctata*, Lyngb., l. c., p. 183 pl. 62. Filamens convexes, cristallins, très-fragiles; articulations aussi longues que larges, marquées d'un point rouge. Cette espèce se trouve en été sur les plantes marines, dans le golfe d'Oxefiord en Norwège. Lorsqu'elle est desséchée, elle ressemble à une croûte blanche cristalline.

FRAGILARIA STRIATULÉ : *Fragilaria striatula*, Lyngb., l. c., fig. 63 ; *Conferva striatula*, Dillw., *English Bot.*, tab. 1928? Filamens bruns ou jaunâtres; articulations très-courtes, striées en travers, se détachant çà et là. Cette espèce se trouve en été sur les côtes de Féroë, adhérente aux rochers et aux plantes marines, sur lesquelles elle forme des touffes d'une à six lignes de diamètre.

FRAGILARIA RAYÉ : *Fragilaria lineata*, Lyngb., l. c., pag. 184, tab. 63 ; *Conferva lineata*, Dillw.; *Conf. moniliformis*, Mull.; *Conf. inflexa*, Roth. Filamens très-fins; articulations presque deux fois plus longues que larges; marqué d'une ou deux raies transverses. Cette espèce forme au printemps des touffes jaunâtres, épaisses, et de deux à trois pouces d'étendue, sur les rivages et dans les fossés et étangs remplis d'eau de mer.

FRAGILARIA NUMMULOÏDE : *Fragilaria nummuloides*, Lyngb., l. c., tab. 63 ; *Conferva nummuloides*, Dillw., *Intr. Sup.*, tab. B. Filamens très-fins; articulations presque aussi longues que

larges, contenant des globules hexagones ou elliptiques rapprochés en forme de chapelet. Cette espèce croît en hiver et
au printemps dans les fossés et les mares près de la mer.

Fragilaria pectiné : *Fragilaria pectinalis*, Lyngb., pag. 184,
tabl. 63 : *Conferva pectinalis*, Mull. ; *Conferva bronchialis*, Roth ;
Diatoma pectinalis, Agardh. Filamens roides, grêles, très-fragiles, atténués à l'extrémité ; articulations trois fois plus larges
que longues, brillantes dans le milieu, se détachant çà et là.
On rencontre cette espèce sur les plantes aquatiques et sur les
roues des moulins ; elle paroît au printemps et à l'automne.
Elle forme des touffes d'un vert jaunâtre, qui deviennent grisâtres par la dessiccation ; ses filamens ont six lignes environ
de longueur.

Fragilaria d'hiver ; *Fragilaria hyemalis*, Lyngb., l. c.,
pag. 185, tab. 63. Filamens mucilagineux, très-fragiles ; articulations un peu moins longues que larges, de couleur d'or,
se détachant çà et là. Cette plante est la même que le *conferva
hyemalis* de Roth ; elle croît dans les ruisseaux des montagnes
alpines, en touffes longues de 3 à 4 pouces, attachées aux
pierres. Lyngbye l'a observée en été dans les îles Féroë, etc.
(Lem.)

FRAGMOSA (*Bot.*), un des anciens noms de la conyze,
cités dans le livre de Dioscoride. (H. Cass.)

FRAGO. (*Bot.*) Suivant Garidel, les Provençaux nomment
ainsi la quinte-feuille ordinaire, *potentilla reptans*. (J.)

FRAGOLINO. (*Ichthyol.*) Voyez Francolino. (H. C.)

FRAGON (*Bot.*), *Ruscus*, Linn. Genre de plantes monocotylédones, de la famille des asparaginées, Juss., et de la
dioécie monadelphie, Linn., dont les fleurs sont hermaphrodites dans quelques espèces, et dioïques dans plusieurs autres.
Leur calice est composé de six folioles, ordinairement ouvertes en étoiles. Les filamens des étamines sont réunis en un
tube ou godet, nu dans les fleurs femelles, et portant trois à
six anthères en son bord dans celles qui sont mâles ou hermaphrodites. L'ovaire est supérieur, renfermé dans le tube,
et surmonté par trois stigmates. Le fruit est une capsule bacciforme, globuleuse, à trois loges, contenant chacune une
ou deux graines, et souvent uniloculaire par l'avortement
des deux autres loges.

Les fragons sont des arbustes à feuilles simples et alternes, munies à leur base de stipules membraneuses, et dont les fleurs naissent sur les feuilles mêmes, ou disposées en grappes terminales. On en connoit aujourd'hui sept espèces :

Fragon piquant; vulgairement Houx frelon, Housson, Petit-Houx, Buis piquant, Myrte épineux : *Ruscus aculeatus*, Linn., *Spec.*, 1474 ; Bull., Herb., t. 245. Sa racine est horizontale, vivace, blanchâtre, munie de plusieurs grosses fibres qui s'enfoncent perpendiculairement : elle produit une ou plusieurs tiges cylindriques, glabres, hautes d'un pied à un pied et demi, nues dans leur partie inférieure, divisées, dans la supérieure, en rameaux garnis de feuilles nombreuses, sessiles, ovales-lancéolées, d'un vert luisant, aiguës et piquantes à leur sommet. Ses fleurs sont dioïques, très-petites, d'un blanc verdâtre, mélangées de violet pâle, portées sur un court pédoncule qui naît sur la partie inférieure des feuilles. Les fruits, d'un rouge éclatant, ont la forme et la grosseur d'une petite cerise. Cette plante, dont les tiges durent deux ans, fleurit en mai : elle croit en France et dans une grande partie de l'Europe, dans les bois à l'ombre.

Les fleurs du fragon piquant sont très-petites et très-peu remarquables ; mais ses fruits, d'un rouge vif, et qui restent sur les tiges pendant tout l'automne et l'hiver, font un joli effet par le contraste qu'ils forment avec le vert foncé des feuilles : cela rend cette plante propre à être employée pour la décoration de certaines parties des jardins paysagers, où on peut la placer sous les grands arbres. Comme ses graines sont un an à lever, et qu'on trouve trop long ce moyen de propagation, on préfère en général la multiplier en divisant en éclats les racines des vieux pieds.

La racine du fragon piquant est un peu âcre et amère ; on s'en sert fréquemment en médecine comme diurétique, et on la compte au nombre des cinq racines dites apéritives majeures. On l'emploie en décoction, à la dose d'une demi-once à une once pour une pinte d'eau. Ses jeunes pousses peuvent se manger cuites comme celles des asperges, et on en fait usage ainsi dans plusieurs cantons.

Il y a quelques années, lorsque les denrées coloniales s'étoient élevées à un très-haut prix, on a essayé de substituer ses graines au café, en les faisant torréfier comme celui-ci ; et des personnes qui en ont fait usage, nous ont assuré que, de toutes les différentes substances indigènes avec lesquelles on avoit voulu remplacer la fève arabique, les graines du petit-houx étoient réellement celles qui s'en rapprochoient le plus.

Fragon hyppophylle ; vulgairement Laurier alexandrin : *Ruscus hyppophyllum*, Linn., *Spec.*, 1474 ; *Ruscus latifolius, fructu in medio foliorum extra pendente;* Dill., *Elth.*, 233, t. 251, f. 323. Ses tiges sont simples, anguleuses, hautes d'un pied et demi, garnies de feuilles ovales-lancéolées, pointues, d'un vert gai, un peu pétiolées, la plupart alternes. Ses fleurs sont dioïques, pédicellées, d'un vert blanchâtre, violettes dans leur centre, disposées deux à cinq ensemble sur un petit tubercule écailleux, et au milieu de la surface inférieure des feuilles. Cette espèce croit naturellement sur les collines en Italie. Quelques auteurs ont cru que c'étoit le laurier dont on couronnoit, dans l'antiquité, les vainqueurs et les poëtes.

Fragon hypoglosse : *Ruscus hypoglossum*, Linn., *Spec.*, 1474 ; *Laurus alexandrina*, Clus., *Hist.*, 278. Cette espèce ressemble beaucoup à la précédente ; mais elle en diffère par ses feuilles plus alongées, moins larges, et surtout parce qu'elles portent, vers le milieu de leur surface supérieure, une languette dans l'aisselle de laquelle naissent les fleurs. Cette plante croit naturellement dans les lieux ombragés des montagnes, en Italie, en Hongrie, etc.

Fragon androgyn : *Ruscus androgynus*, Linn., *Spec.*, 1474 ; *Ruscus latifolius e foliorum sinu florifer et baccifer*, Dill., *Elth.*, 352, t. 235, f. 322. Ses tiges sont sarmenteuses, hautes de cinq à six pieds, divisées en rameaux garnis de deux rangs de feuilles alternes, ovales, pointues, luisantes, d'un vert gai, portées sur un pétiole très-court et un peu contourné. Les fleurs sont androgynes ou monoïques, blanchâtres ou jaunâtres, pédicellées et disposées six à douze ensemble dans les crénelures latérales des feuilles. Cet arbrisseau est originaire des îles Canaries, et il est cultivé dans les jardins de botanique. On le rentre dans l'orangerie pendant l'hiver.

Fragon a grappes : *Ruscus racemosus*, Linn., *Spec.*, 1474 ; *Laurus alexandrina angustifolia ramosa, fructu ad extremum racemoso*, Moris., Hist. 3, p. 541, sect. 13, t. 5, f. 4. Ses tiges sont grêles, flexibles. très-rameuses, hautes de trois à quatre pieds, garnies de feuilles alternes, lancéolées, luisantes, presque sessiles. Ses fleurs sont petites, globuleuses, hermaphrodites, verdâtres ou blanchâtres, et disposées au sommet des rameaux en grappes peu garnies. Cette espèce croît naturellement dans les îles de l'Archipel.

Les deux autres espèces de fragon sont encore peu connues : elles ont été trouvées au cap de Bonne-Espérance par Thunberg, qui les a désignées sous les noms de *ruscus reticulatus* et de *ruscus volubilis*. (L. D.)

FRAGOSA. (*Bot.*) Genre de plantes dicotylédones, à fleurs complètes, polypétalées, de la famille des ombellifères, de la *pentandrie digynie* de Linnæus, très-voisin des *azorella*, auquel il conviendroit peut-être de le réunir. Il offre pour caractère essentiel un involucre à cinq ou huit folioles ; un calice à cinq dents aiguës, persistantes ; cinq pétales inégaux, réfléchis ; deux styles. Le fruit est composé de deux semences ovales, planes, comprimées, marquées de trois stries.

Ce genre comprend les espèces suivantes découvertes au Pérou, sur les hautes montagnes des Andes.

Fragosa a corymbes ; *Fragosa corymbosa*, Ruiz et Pav., *Flor. Per.*, 3, pag. 27, tab. 250. Cette espèce a le port d'un *lycopodium*. Ses racines sont fusiformes ; ses tiges hautes de deux pouces, dichotomes ; les rameaux réunis en forme de corymbe ; les feuilles imbriquées, trifides, cunéiformes, pileuses à leurs deux faces : les terminales ouvertes en étoile, renfermant dans leur centre des fleurs sessiles, en ombelle, au nombre de deux ou quatre ; la corolle d'un blanc jaunâtre.

Fragosa épineux : *Fragosa spinosa*, *Fl. Per.*, l. c. Ses tiges sont couchées, nombreuses, réunies en touffes gazonneuses, rameuses, cylindriques, garnies de feuilles sessiles, cunéiformes, à trois, quelquefois à cinq ou sept pointes en forme d'épines. Les fleurs sont disposées en une ombelle simple, presque sessile : l'involucre composé de huit folioles subulées et ciliées. Quelques fleurs stériles se trouvent parmi les fleurs fertiles, de la longueur de l'involucre. Cette plante croit au Chili, aux lieux arides et parmi les buissons.

Fragosa découpé ; *Fragosa multifida*, *Fl. Per.*, l. c., tab. 249, fig. a. Ses racines perpendiculaires et profondes produisent une tige courte, rampante, presque dichotome ; les rameaux cylindriques , produisant de petites racines capillaires. Les feuilles sont longues de trois lignes, nombreuses, ovales, cunéiformes , profondément incisées , parsemées en dessus de longs poils blancs , glabres en dessous ; les pétioles comprimés et ciliés ; l'ombelle simple, peu garnie ; les folioles de l'involucre subulées ; les pédicelles très-courts, un peu comprimés ; les corolles blanches ; les semences ovales, d'un jaune obscur.

FRAGOSA A FEUILLES CRÉNELÉES ; *Fragosa crenata, Fl. Per.*, l. c., tab. 249, fig. c. Cette espèce a des tiges courtes, pileuses, divisées en rameaux étalés, munis de petites racines fibreuses ; les feuilles sont nombreuses, pétiolées, presque rondes, cunéiformes, pileuses à leurs deux faces, ciliées, à crénelures aiguës ; les pétioles au moins de la longueur des feuilles, élargis à leur base. Un pédoncule unique supporte une ombelle simple , composée d'environ quatorze fleurs pédicellées ; l'involucre à huit découpures linéaires-lancéolées ; les corolles blanches ; les semences purpurines.

FRAGOSA A RACINES RAMEUSES ; *Fragosa cladorhiza , Fl. Per.*, l. c. , tab. 250, fig. b. Ses tiges sont très-courtes , rameuses, munies de racines épaisses , très-ramifiées ; les feuilles imbriquées, pétiolées, cunéiformes, crénelées, obtuses, un peu mucronées, longues de six lignes, luisantes en dessus ; les pétioles, comprimés , ailés à leur base, très-pileux ; l'ombelle simple, terminale, presque sessile ; l'involucre composé de plusieurs folioles lancéolées, pileuses, ciliées ; toutes les fleurs fertiles ; le fruit orbiculaire, un peu comprimé.

FRAGOSA A FEUILLES EN REIN ; *Fragosa reniformis , Fl. Per.*, l. c. tab. 249, f. b. Ses racines sont épaisses, fusiformes, un peu rameuses ; les feuilles remarquables par leur grandeur et leur forme : elles sont toutes radicales , longuement pétiolées, réniformes, presque orbiculaires, crénelées à leur contour, pileuses, ciliées, longues d'environ un pouce et demi ; il n'y a point de tige. Du milieu des feuilles s'élève un pédoncule court, terminé par une ombelle simple, à fleurs blanches, toutes fertiles ; l'involucre composé de plusieurs folioles linéaires, presque aussi longues que l'ombelle ; les semences brunes, ovales, comprimées, striées. (POIR.)

FRAGOUSTA, Frambouesa (*Bot.*), noms vulgaires du framboisier, dans le Languedoc, selon M. Gouan. (J.)

FRAGUE (*Bot.*), ancien nom françois de la fraise. (L. D.)

FRAGUM. (*Bot.*) Voyez Fraga. (L. D.)

FRAI ou Fray. (*Bot.*) On donne vulgairement ce nom au frêne dans quelques cantons. (L. D.)

FRAI DES GRENOUILLES, DES CRAPAUDS. (*Erpétol.*) On appelle ainsi les œufs de ces reptiles batraciens. Voyez Batraciens, Crapaud, Grenouille. (H. C.)

FRAI DES POISSONS. (*Ichthyol.*) On appelle ainsi les œufs des poissons. Voyez Poisson. (H. C.)

FRAIÈRE. (*Bot.*) La fraise portoit anciennement ce nom. (L. D.)

FRAILECITOS. (*Ornith.*) Les Espagnols de Saint-Domingue, voyant le pluvier à collier, *charadrius hiaticula*, Linn., habillé de noir et de blanc, comme leurs moines, lui ont donné cette dénomination. (Ch. D.)

FRAILILLOS. (*Bot.*) Ce nom espagnol, qui signifie *fraterculus*, petit-frère, a été donné à l'*arum arisarum*, probablement, selon Dalechamps, parce que la spathe qui entoure ses fleurs présente la forme d'un petit capuchon de moine. (J.)

FRAISE. (*Bot.*) C'est le fruit du fraisier. (L. D.)

FRAISE (*Conchyl.*), nom marchand de deux espèces de cardium, le *cardium fragarium* et le *cardium unedo*, à cause des petits tubercules rouges dont elles sont ornées. (De B.)

FRAISE (*Ornith.*), nom donné à une caille de la Chine, *tetrao sinensis*, Linn., et *perdix sinensis*, Lath., à cause d'une fraise blanche qu'elle a sous la gorge. Cet oiseau est figuré dans les planches enluminées de Buffon, sous le nom de *caille des Philippines*. (Ch. D.)

FRAISE ANTIQUE. (*Entom.*) C'est le nom que Geoffroy a donné à une petite espèce de punaise qui vit en société sur les feuilles de poirier. C'est l'acanthie du poirier, décrite pag. 104, n.º 12, dans le premier volume de ce Dictionnaire. (C. D.)

FRAISÉE (*Bot.*), nom vulgaire du *diotis* de M. Desfontaines. (H. Cass.)

FRAISÉES. (*Bot.*) Dans un mémoire de Guettard, faisant partie du Recueil de l'Académie des Sciences, année 1749, on trouve, p. 417, ce nom françois donné au *gnaphalium* de Linnæus. (J.)

FRAISERAT. (*Bot.*) On donne ce nom, dans le midi de la France, au *fragaria sterilis* de Linnæus, rapporté maintenant au genre Potentille. (L. D.)

FRAISETTE. (*Conchyl.*) Dénomination assez rarement employée pour désigner le *turbo delphinus* de Linn.; type du genre DAUPHINULE. Voyez ce mot. (DE B.)

FRAISIER (*Bot.*), *Fragaria*, Linn. Genre de plantes dicotylédones, de la famille des rosacées, Juss., et de la *polyandrie polygynie*, Linn., dont les principaux caractères sont les suivans : Calice monophylle, persistant, à dix découpures alternativement plus grandes et plus petites; cinq pétales ovales ou arrondis, ouverts, insérés sur le calice; vingt étamines ou plus, ayant leurs filamens plus courts que les pétales, et attachés comme eux sur le calice; ovaires très-nombreux, rassemblés en tête sur un réceptacle convexe, et munis chacun d'un style latéral, à stigmate tronqué; graines portées sur le réceptacle qui devient succulent, bacciforme, coloré, et qui tombe à la maturité des fruits.

Les fraisiers sont des plantes herbacées, vivaces, à tige très-basse, dont les feuilles sont presque toutes radicales, composées le plus souvent de trois folioles, portées sur un pétiole assez long et muni de deux stipules adnées de chaque côté de sa base, et dont les fleurs sont disposées en bouquet terminal, sur des pédoncules souvent divisés.

Les botanistes ne sont pas d'accord sur le nombre des espèces contenues dans ce genre. Linnæus en avoit établi trois; Willdenow en porta depuis le nombre à huit; mais M. de Lamarck et la plupart des auteurs françois, d'après M. Duchesne qui a fait une étude particulière des fraisiers, les ont en général réduits à deux espèces seulement, en rapportant, il est vrai, le *fragaria sterilis* de Linnæus aux potentilles, et en subdivisant leurs deux espèces en de nombreuses variétés. Ne trouvant pas de meilleur guide que le travail de M. Duchesne, nous allons en donner ici l'abrégé, d'après l'Encyclopédie méthodique et le Dictionnaire d'Agriculture.

FRAISIER COMMUN : *Fragaria vesca*, Linn., *Spec.*, 708; *Fragaria*, Blackw., *Herb.*, t. 77. Sa racine est une petite souche demiligneuse, d'un brun rougeâtre, divisée inférieurement en plusieurs fibres menues et nombreuses ; elle produit une touffe de feuilles longuement pétiolées, composées de trois folioles ovales, fortement dentées, d'un vert gai en dessus, soyeuses et blanchâtres en dessous. Le collet de la racine donne naissance à plusieurs jets grêles, fort longs, rampans, prenant racine et poussant des feuilles de distance en distance, ce qui par la suite forme autant de nouveaux pieds qui multiplient la plante. Du milieu des feuilles naissent une, deux ou trois tiges simples, grêles, soyeuses, hautes de quatre à six pouces, portant, à leur sommet, quatre à six fleurs ou plus, blanches, pédonculées et disposées en une sorte de corymbe. Après la floraison, le réceptacle prend de l'accroissement, acquiert une consistance pulpeuse et succulente, et devient une sorte de fruit ordinairement d'un rouge vermeil, connu sous le nom de fraise. Cette plante croît naturellement dans les bois taillis et les buissons ; elle fleurit en avril et mai ; ses fruits sont mûrs en juin et juillet.

La substance de la fraise est une pulpe très-odorante, légère, poreuse, fondante, et cependant peu aqueuse. L'influence du sol et du climat se fait très-peu sentir sur cette espèce, qui se trouve la même dans toute l'Europe, et est encore, au jugement des sens, intrinséquement la même, malgré les différences que l'observateur s'étonne de trouver entre quelques unes de ses races. L'inconstance est au contraire un des caractères des fraisiers de la seconde espèce.

Les variétés reconnues par M. Duchesne dans le fraisier commun, sont les suivantes :

FRAISIER DES ALPES, ou de tous les mois, ou de toute saison. La vivacité de la végétation est en quelque sorte la seule chose qui distingue ce fraisier de celui de nos bois ; il est en fleur et en fruit dans les Alpes pendant toute la belle saison. Apporté du Mont-Cenis en France, en 1764, il y a produit quelques sous-variétés, tant pour la couleur blanche ou rouge pâle du fruit, que pour sa forme. Cultivé dans les jardins, il donne des fleurs même en hiver, et ne cesse de porter des fruits que pendant les gelées. Les jeunes pieds produits par les courans fleurissent souvent avant d'avoir pris racine, et ils peuvent servir à multiplier la plante ; mais ce fraisier a toujours bien plus de vigueur lorsqu'on l'élève de graines. En le semant sur couches et sous châssis à la fin de janvier, il produit abondamment dès l'automne, et recommence au printemps suivant jusqu'à la fin de l'été.

M. Villemorin, dans le Suplément au Bon Jardinier pour l'année actuelle (1820), vient de faire connoître une nouvelle variété provenant du fraisier des Alpes, et obtenue de semences. Cette nouvelle variété, à laquelle il donne le nom de fraisier des Alpes, sans filets, forme des touffes arrondies, comme la variété anciennement connue sous le nom de fraisier-buisson, recherchée jusqu'ici par cette seule qualité, qui la rendoit propre aux bordures, quoiqu'elle fût d'ailleurs médiocre en fruits, et peu productive. La nouvelle variété sera plus précieuse, puisqu'au mérite du fraisier buisson elle joint toutes les qualités de la fraise des Alpes.

Fraisier des bois. Cette race croît naturellement dans toute l'Europe, et surtout dans les régions septentrionales ; elle se plaît particulièrement dans les bois taillis. Le parfum de la fraise des bois égale celui de la fraise des Alpes, et surpasse celui de toutes les autres variétés ; mais on lui reproche de n'avoir pas assez d'eau, surtout lorsqu'elle est sauvage. Cultivée, elle devient plus grosse, quelquefois anguleuse, et alors creuse et un peu moins parfumée. Ce fraisier, élevé de graines, ne fleurit que la seconde année, ainsi que la plupart des autres fraisiers. Il a une variété à fruit blanc, qui a un peu moins de parfum.

Fraisier d'Angleterre, ou Fraisier à châssis. Cette variété réussit mieux que les autres sous les châssis, parce qu'elle est plus basse. Son fruit est bien arrondi, très-parfumé et d'une couleur foncée. Sa sous-variété blanche est la plus estimée ; son fruit, qui a une nuance ambrée, est en outre très-luisant et d'un goût fin.

Fraisier fressant, ou Fraisier de Montreuil. Cette variété est l'opposé de la précédente. Plus haute, plus forte que le fraisier des bois, son feuillage est plus blond, et ses fruits sont plus pâles, alongés ; les plus gros aplatis, anguleux et comme cornus. Il s'en trouve aussi à fruit blanc, et on en distingue encore une autre sous-variété qui produit moins, mais dont la fraise est haute en couleur, très-anguleuse, et se nomme la

grosse noire. On lui donne par erreur, à Paris, le nom de caperon, et on l'estime peu, parce qu'elle est creuse et fade.
Le fraisier fressant est presque le seul dont les fruits se trouvent
dans les marchés de Paris. On en fait des pépinières en plein
champ dans plusieurs villages voisins de Montlhéri, et dans les
bonnes terres de Montreuil, Bagnolet, Romainville, et autres
lieux voisins.

Fraisier buisson, Fraisier sans coulans. Celui-ci forme des
touffes très-fortes, sans produire des coulans ou rejets rampans, à la manière de toutes les autres variétés. Il paroît être
originaire du Maine ; son fruit est alongé, médiocrement
gros, assez bon, mais rarement abondant. On en a obtenu
une sous-variété à fruits blancs.

Fraisier a feuilles simples, ou Fraisier de Versailles ; *Fragaria monophylla*. Linn., *Syst.*, 13, p. 349. La race de ce fraisier
s'est formée à Versailles, en 1761, par un premier individu
né dans un semis de fraisier des bois, et elle s'est depuis propa-
gée constamment par ses filets ; elle s'est même reproduite par
ses graines, mais en donnant aussi naissance à quelques individus remontés à l'espèce primitive. Au reste, ce fraisier est
foible dans toutes ses parties, et ne produit communément
que des feuilles simples. Il est plus propre qu'un autre à former une tige, en supprimant ses feuilles inférieures avant
le temps où elles périroient. Cette culture lui donne même
de la vigueur, et lui fait produire beaucoup de fruits, mais
qui sont alongés, quelquefois anguleux et toujours petits. On
en a obtenu une sous-variété à fraises blanches.

Fraisier double. Ses fleurs ont vingt-cinq à trente pétales
disposés sur cinq à six rangs, et seulement cinq à six étamines.
Il arrive à quelques fleurs de produire, entre les divisions
du calice, d'autres fleurs sessiles ou pédiculées, incomplètes,
mais qui nouent cependant, et forment par leur réunion des
fruits monstrueux en couronne ou en trochet. Les Bauhin
n'ont point connu le fraisier à fleurs doubles ; Simon Paulli
l'a annoncé en 1640, comme nouveau, à Copenhague.

Fraisier de Plymouth, ou Fraisier-arbrisseau à fleur verte et
fruit épineux. Cette variété monstrueuse, trouvée à Plymouth
par Tradescant, vers 1620, a été cultivée pendant soixante à
quatre-vingts ans dans les jardins de botanique de l'Europe,

où l'on a fini par la négliger et la perdre. Ses feuilles étoient velues, ses tiges fortes, et elles ne portoient que des fleurs sans pétales, dont les dents du calice, devenues foliacées, formoient toute la fleur, à laquelle succédoit un fruit difforme, acerbe, ayant à peine le goût de fraise.

Plusieurs des variétés du fraisier commun se multiplient d'une manière assez constante par leurs graines, pour qu'on puisse employer ce moyen de propagation, qui produit toujours des individus d'une végétation plus vigoureuse. Le fraisier des Alpes est celui dont les cultivateurs et les jardiniers font le plus habituellement des semis; mais le fraisier fressant est constamment propagé par ses courans dans les pépinières. Tous peuvent se diviser en ailletons comme le fraisier-buisson, qu'on ne peut multiplier d'une manière assurée que par ce moyen. Pour se procurer le fraisier des bois, on se contente le plus souvent d'en faire arracher du jeune plant, au printemps ou à l'automne, dans les endroits où il croît naturellement, et dans les cantons qui passent pour produire les fraises les plus parfumées.

On cultive les fraisiers en planches ou en bordures, et sous châssis. La culture en planches est principalement celle des cultivateurs en grand, qui destinent leurs fruits à être vendus dans les marchés des villes, et surtout dans ceux de la capitale. On donne de préférence aux planches des fraisiers l'exposition du levant, et on les met à l'abri du midi par un mur ou par des paillassons.

Dans les petits jardins, on plante le plus souvent les fraisiers en bordures; celles-ci exigent beaucoup de soins, parce que, sans cela, les coulans, qui sortent de chaque pied, couvriroient en peu de temps toutes les plates-bandes voisines. Il faut donc supprimer soigneusement tous ces rejets rampans plusieurs fois dans le courant de chaque été, et en multipliant les binages et les arrosemens, ces bordures donneront de bonnes récoltes.

C'est le fraisier d'Angleterre qu'on cultive pour avoir des fruits pendant l'hiver, et des primeurs. Il se plante en pot plus tôt ou plus tard, suivant l'époque à laquelle on veut le placer sur couche. Les pieds qu'on y destine pour l'hiver, se plantent au printemps, deux à trois ensemble dans le même pot, et les vases dans lesquels on les a placés, s'enterrent à l'ombre et au nord jusqu'au moment où l'on veut les chauffer. On a soin en outre de ne leur donner que peu d'eau, et de supprimer toutes les fleurs qui voudroient paroître. A l'automne on les dépote : on retranche une portion de leurs vieilles racines, et on renouvelle en partie leur terre; après quoi on les place sous châssis et sur une couche tempérée. Pour avoir des primeurs on ne plante ces fraisiers en pot qu'à l'automne, et on les tient dans une orangerie, ou enterrés en pleine terre, mais en ayant soin de les couvrir pendant les gelées, jusqu'à ce que ce soit le temps de les placer sur couche et sous châssis.

Une saveur exquise, un parfum agréable rendent la fraise un des meilleurs fruits de nos climats. C'est peut-être en cueillant les fraises une à une sur leur tige, et en les mangeant de même, qu'on goûte le mieux la finesse de leur parfum ; celles surtout qu'on trouve sauvages au milieu des bois, quoique plus petites que celles des jardins, l'emportent, pour beaucoup de personnes, sur ces dernières, par l'excellence de leur goût et de leur odeur. Dans les villes et chez les gens aisés, les fraises se servent au dessert, et on les mange saupoudrées de sucre et arrosées d'un peu de vin. Ainsi assaisonnées, elles sont plus faciles à digérer ; car, naturellement froides, elles donnent quelquefois des coliques aux personnes qui en mangent en trop grande quantité.

Le suc exprimé des fraises, auquel on ajoute de l'eau et du sucre, fait une boisson agréable et très-rafraîchissante, propre à apaiser la soif, et qu'on peut employer avec avantage dans les maladies inflammatoires. Les limonadiers, les distillateurs, les confiseurs préparent avec les fraises, ou avec leur suc, des glaces, des liqueurs, des pastilles, etc. Ce suc acquiert, par la fermentation, une saveur vineuse; mais il ne se conserve pas et passe facilement à l'état d'acide, et l'on peut en faire alors une sorte de vinaigre. Dans le premier état on en obtient de l'alcool par la distillation.

Les fraises sont peu employées comme médicament, quoiqu'on puisse, comme nous l'avons dit plus haut, faire avec leur suc une tisane très-rafraîchissante, et quoiqu'on leur ait attribué plusieurs autres propriétés. Ainsi le célèbre Linnæus assure être parvenu, par l'usage des fraises, à se guérir d'une goutte qui lui avoit fait éprouver de violentes douleurs pendant plusieurs années; et Gesner, ainsi que Boerhaave, n'a pas craint d'avancer qu'elles peuvent être employées avec avantage contre les calculs de la vessie.

Les feuilles et surtout les racines de fraisier sont plus souvent employées en médecine que les fruits; elles sont diurétiques et apéritives.

Les chèvres et les moutons mangent assez volontiers les feuilles du fraisier; mais les vaches s'en accommodent difficilement, et les chevaux n'en veulent point du tout.

Fraisier caperonier; *Fragaria polymorpha*, Duch. Cette seconde espèce diffère du fraisier commun, par ses étamines plus longues, par ses ovaires plus gros et plus rares; par son fruit adhérent au calice, dont la peau est moins colorée que les graines, et dont la pulpe, plus solide, plus juteuse, ne se dessèche pas complétement. M. Duchesne divise toutes ses variétés en quatre races principales, sous les noms de *majaufes*, *breslinges*, *caperoniers* et *quoimios*.

Les majaufes semblent faire la nuance entre les fraisiers proprement dits et les breslinges. La couleur des feuilles, leur substance, la petitesse des fruits, leur pulpe tendre et fondante, et leur couleur d'un rouge foncé les rapprochent des fraisiers : mais ils tiennent des breslinges par leurs rameaux grêles et alongés; par la multiplicité et par la disposition des coulans; par l'alongement des pointes du calice, qui s'ouvrent moins et se resserrent sur le fruit; par l'eau abondante dont est remplie la pulpe.

On connoît deux variétés dans les majaufes : nous n'en donnerons ici que les noms, ainsi que des autres variétés du caperonier, parce que leur description nous entraîneroit trop loin; ces variétés des majaufes sont : 1°. le majaufe de Champagne, ou la fraise vineuse de Châlons; 2°. le majaufe de Provence, ou le fraisier de Bargemont, ou la fraise à étoile.

La culture des majaufes ne diffère pas de celle des fraises.

Les breslinges, qui forment la seconde division dans la deuxième espèce, ont le feuillage d'un vert foncé, ferme; les courans très-abondans; les fleurs sujettes à couler; les fruits

d'une couleur obscure ; les graines rares, très-grosses ; la pulpe
ferme, mais juteuse et bien parfumée.

On distingue sept variétés dans les breslinges ; savoir : 1.° le
breslinge borgne, ou le fraisier coucou, ou le fraisier aveugle
des Anglois ; 2.° le breslinge de Versailles, ou la fraise mi-
gnonne ; 3.° le breslinge noir ou d'Allemagne, ou fraisier à
cinq feuilles ; 4.° le breslinge de Bourgogne, ou la fraise-mar-
teau ; 5.° le breslinge de Longchamp, ou fraisier du bois de
Boulogne ; 6.° le breslinge d'Ecosse, ou fraisier vert d'Angleterre ; 7.° le breslinge de Suède, ou fraise-brugnon.

Les trois premières variétés ne méritent point d'être cultivées ; les trois autres peuvent l'être, mais il faut une sur-
veillance continuelle pour la destruction de leurs courans.
Le breslinge de Suède ne se trouve plus dans les jardins.

Les caperoniers proprement dits, qui forment la troisième
division, font des touffes très-fortes, dont les tiges sont plus
longues que les feuilles ; leurs fleurs sont ordinairement
dioïques, à calices courts, évasés, se recourbant sur les pé-
dicules ; leurs fruits sont très-gros, à pulpe peu ferme.

Les variétés de cette division sont les suivantes : 1.° le
caperonier commun, le caperon, le fraisier haut - bois des
Anglois ; 2.° le caperonier-abricot, le caperonier abricoté,
la fraise abricotée ; 3.° le caperonier-framboise, la fraise-
framboise ; 4.° le caperonier parfait.

La dernière variété est la plus commode à cultiver, parce
qu'elle est hermaphrodite comme les autres fraisiers ; mais le
caperonier-framboise, quoique son fruit soit moins gros que
celui du caperonier parfait, est plus ordinairement préféré,
parce qu'il est plus fondant et plus parfumé. Le boursoufle-
ment de la pulpe entre les graines le rend difficile à transporter sans le flétrir. Il se passe du mâle de sa propre variété,
quand on le place dans le voisinage du caperonier parfait.
Les pieds des caperoniers doivent être espacés beaucoup plus
que ceux des autres fraisiers, et ils ont besoin qu'on sou-
tienne leurs fruits.

La quatrième division du fraisier-caperonier comprend six
variétés désignées par M. Duchesne, sous le nom général de
quoimios, et chacune en particulier sous les noms suivans :
1.° le quoimio de Virginie ; la fraise écarl le de Virginie ou

de Canada, le caperon ; 2.º le frutiller, la fraise du Chili ;
3.º le quoimio de Harlem, la fraise-ananas ; 4.º le quoimio-
cerise, la fraise de Caroline, la fraise-ananas de Paris, la
fraise-bigarreau ; 5.º le quoimio de Cantorbéry, la fraise-
quoimio ; 6.º le quoimio de Bath, la fraise de Bath, l'écarlate
double, l'écarlate de Bath.

Les quoimios en général ont pour caractère commun de
grandes dimensions dans presque toutes leurs parties ; des
feuilles non plissées, de substance ferme, et d'une couleur
verte bleuàtre ; des fleurs à six divisions, ou souvent plus ;
un calice grand, peu évasé, se refermant sur le fruit, dont
la pulpe est légère et juteuse. Ces plantes sont originaires
de l'Amérique.

Tous les quoimios ont besoin d'être espacés comme les caperoniers, excepté cependant le frutiller, qui est moins grand,
quoique ses fruits soient plus gros. (L. D.)

FRAISIER EN ARBRE (*Bot.*), nom vulgaire de l'arbousier unédo. (L. D.)

FRAISIER DE L'INDE. (*Bot.*) Voyez Duchesnea fraisier,
vol. 13, p. 545. (L. D.)

FRAISIER DE MONTAGNE. (*Bot.*) Les Provençaux donnent
ce nom à l'arbousier unédo. (L. D.)

FRAISIER STÉRILE. (*Bot.*) Voyez Potentille fraisier.
(L. D.)

FRAISSE ou Fraysse. (*Bot.*) En Languedoc on donne ce
nom au frêne, et on appelle *fraissine* un terrain planté en
frênes. (L. D.)

FRAISSINETO. (*Bot.*) La pimprenelle porte ce nom en
Languedoc. (L. D.)

FRAMBOISE. (*Bot.*) C'est le fruit du framboisier. (L. D.)

FRAMBOISIER (*Bot.*), nom vulgaire d'une espèce de
ronce, *rubus idæus*, Linn. Voyez Ronce. (L. D.)

FRAMBOUELA. (*Bot.*) Voyez Fragousta. (J.)

FRANCA. (*Bot.*) Le genre que Micheli avoit établi sous ce
nom, en mémoire du botaniste Francus de Frankenau, a été
ensuite nommé *frankenia* par Linnæus. (J.)

FRANCBASIN (*Bot.*), nom vulgaire d'une espèce de basilic,
ocimum. (J.)

FRANCELLO (*Ornith.*), nom donné par les Espagnols,

suivant Gesner et Aldrovande, au mâle de l'épervier commun, *falco nisus*, Linn. (Ch. D.)

FRANC-RÉAL. (*Bot.*) C'est une variété de poire. (L. D.)

FRANCHE-BARBOTTE (*Ichthyol.*), nom vulgaire d'un
poisson de nos ruisseaux, lequel est décrit à l'article Cobite,
genre auquel il appartient. (H. C.)

FRANCHIPANE. (*Chim.*) Ce n'est, à proprement parler,
que l'extrait de lait obtenu en faisant évaporer ce liquide au
bain-marie. (Ch.)

FRANCHIPANE (*Bot.*), nom d'une variété de poire.
(L. D.)

FRANCHIPANIER, *Plumeria.* (*Bot.*) Genre de plantes dicotylédones, à fleurs complètes, monopétalées, régulières, de
la famille des apocynées, de la *pentandrie monogynie* de
Linnæus, offrant pour caractère essentiel : Un calice très-petit,
à cinq divisions peu profondes ; une corolle infundibuliforme ;
le tube grêle, alongé ; l'orifice nu ; le limbe ample, contourné,
a cinq divisions obliques, étalées ; cinq étamines ; les anthères
conniventes ; un ovaire supérieur, bifide, entouré à sa base
d'un anneau charnu : le style bifide. Le fruit est composé de
deux longs follicules, un peu ventrus, étalés horizontalement,
uniloculaires, s'ouvrant d'un seul côté, contenant des semences nombreuses, comprimées, membraneuses à un de
leurs côtés, imbriquées sur un placenta libre.

Ce genre, très-rapproché des *cameraria* et des *nerium*,
comprend des arbres et arbrisseaux laiteux, remarquables
par leurs belles et grandes fleurs réunies en corymbes terminaux, la plupart exhalant une odeur très-agréable ; les
feuilles sont grandes, alternes, entières, éparses, ou ramassées au sommet des rameaux. Quelques espèces sont cultivées, comme plantes d'agrément, dans les jardins de botanique. Elles exigent la serre-chaude, et se multiplient assez
facilement de boutures, vers la fin du printemps, dans des
pots mis sur couche et sous châssis : Elles veulent une terre légère, plutôt sèche qu'humide ; des arrosemens peu fréquens :
elles donnent des fleurs au bout de cinq à six ans, lorsqu'on les
tient constamment dans la tannée. La liqueur laiteuse qui
sort des plaies lorsqu'on les coupe, est très-corrosive. On
distingue les espèces suivantes :

Franchipanier rouge : *Plumeria rubra*, Linn.; Lamk., *Ill. gen.*, tab. 173, fig. 1; Jacq., *Amer.*, 35, et *Icon. pict.*, 23; Catesb., *Car.*, 2, tab. 92; Ehret, *Pict.*, tab. 10; Trew; Ehret, tab. 41. Arbre de quinze à vingt pieds, dont le bois est amer et jaunâtre; la cime ample, médiocrement rameuse; les rameaux tortueux, couverts de cicatrices; les feuilles éparses, rapprochées en touffes ou en rosettes, pétiolées, ovales-oblongues, planes, glabres, très-entières, longues de huit à neuf pouces sur trois de large; les pétioles longs de deux. Les fleurs sont grandes, fort belles, rouges ou couleur de chair, et répandent une odeur très-agréable; l'entrée de leur tube est couleur de safran, pileuse en dedans : les fruits composés de deux follicules longs d'un demi-pied, presque de l'épaisseur d'un pouce dans leur partie moyenne, et parsemés de tubercules qui rendent leur superficie raboteuse. Cet arbre croît dans l'Amérique méridionale : on le cultive aux Antilles, dans les jardins, à cause de la beauté de ses fleurs; il y fleurit pendant presque toute l'année. Il est également cultivé au Jardin du Roi, ainsi que le suivant.

Franchipanier blanc : *Plumeria alba*, Linn.; Jacq., |*Amer.*, tab. 174, fig. 12, et *Icon. pict.*, tab. 38; Burm., *Amer.*, tab. 231; Commel., *Hort.*, 2, tab. 24. |Arbre d'environ quarante pieds, dont le bois est blanc, moelleux; l'écorce cendrée et laiteuse; les rameaux nus, terminés par une touffe de feuilles ovales-lancéolées, médiocrement acuminées, très-étroites à leur base, longues de douze à quinze pouces, larges de quatre, glabres et vertes en dessus, nerveuses et blanchâtres en dessous, pubescentes sur leurs nervures. Les fleurs sont terminales, disposées en épis paniculés; le tube de la corolle long de neuf à dix lignes, ventru à sa base, jaune et pileux en dedans à son orifice; les filamens très-courts et pileux; les follicules longs de six pouces, d'un demi-pouce d'épaisseur, coriaces, noirâtres, lisses à leur superficie. Cet arbre croît aux lieux pierreux et maritimes de la Martinique. D'après le P. Nicolson, son suc laiteux est blanc, très-abondant, tache et brûle tout ce qu'il touche. On l'emploie pour la guérison des verrues, des dartres, des malingres ulcérés, et même pour celle des *pians*. Sa racine, prise en tisane, passe pour apéritive.

Franchipanier a panicules : *Plumeria obtusa*, Linn.; Lamk., *Ill. gen.*, tab. 173, fig. 2; Burm., *Amer.*, tab. 232; Catesb., *Carol.*, 2, tab. 93. Arbre d'une médiocre grandeur, dont les feuilles sont pétiolées, éparses et rapprochées au sommet des rameaux, lancéolées, obtuses, un peu acuminées; les pédoncules terminaux, divisés en un panicule corymbiforme; leurs ramifications tuberculeuses. Cette plante croît dans l'Amérique méridionale. Le *flos convolutus* de Rumph, *Amb.*, 4, tab. 38, qu'on avoit d'abord rapporté à cette plante, ne doit pas y être réuni. C'est le *plumeria acuminata*, Ait., *Hort. Kew.*, *ed. nov.*, 1, pag. 70; *plumeria obtusa*, Lour., non Linn. Ses feuilles sont aiguës; ses fleurs réunies en un corymbe presque ombellé. Cette espèce croît dans les Indes orientales.

Franchipanier a feuilles molles : *Plumeria mollis*, Kunth, *in* Humb. et Bonpl. *Nov. Gen.*, 3, pag. 230. On pourroit peut-être considérer cette espèce comme une variété du *plumeria alba*. Ses tiges sont rampantes ou couchées, rarement redressées; ses feuilles planes, pétiolées, en ovale renversé, aiguës, entières, cunéiformes à leur base, veinées, réticulées, vertes et glabres en dessus, plus pâles en dessous, et couvertes d'un duvet mou, longues de six pouces et plus, larges de trois. La corolle est blanche, assez semblable à celle du *plumeria alba*. Cette plante croît dans l'île de Panumana.

M. de Lamarck cite, dans l'Encyclopédie, deux autres espèces de franchipanier: 1.° le *plumeria retusa*, rapporté par M. Sonnerat, de l'île de Madagascar. Ses feuilles sont opposées, ovales-cunéiformes, nerveuses, obtuses, presque sessiles; les fleurs disposées en corymbes rameux. Cette plante paroît être la même que le *bois-de-lait* de l'Ile-de-France, l'*antafara* de Poivre; 2.° *plumeria longifolia*, arbre découvert par Commerson, à l'île de Madagascar, très-voisin du précédent, dont il diffère par ses feuilles oblongues, étroites, aiguës, presque longues d'un pied, sans nervures apparentes; les fleurs sont disposées en un corymbe paniculé, terminal. On remarque, sous chaque ramification du corymbe, deux petites écailles opposées, concaves.

Les auteurs de la Flore du Pérou ont mentionné plusieurs autres espèces; mais comme la plupart sont cultivées dans les jardins du pays, il est à présumer que quelques unes ne sont que des variétés, n'offrant d'ailleurs de différence essentielle que dans la couleur de leurs fleurs. On doit néanmoins distinguer le *plumeria purpurea*, *Fl. Per.*, 2, tab. 137, dont les fleurs sont purpurines, très-odorantes, bordées à leur orifice d'un liséré un peu jaunâtre, d'ailleurs plus petites que celles des autres espèces. Les feuilles sont oblongues, ovales, un peu roulées à leurs bords. Dans le *plumeria incarnata*, *Fl. Per.*, 2, tab. 138, les fleurs sont de couleur incarnate, jaunâtres dans leur disque, disposées en une cime presque ombellée; les feuilles sont aiguës, plutôt ovales que longues. Le *plumeria carinata*, *Fl. Per.*, l. c., a des feuilles oblongues, ovales, acuminées, relevées en carène dans leur milieu, planes et souvent rougeâtres à leurs bords. La corolle est jaune en dedans vers son centre, blanche en dehors, rougeâtre à ses bords. Outre ces espèces on cultive encore au Pérou le *plumeria tricolor*, *Fl. Per.*, 2, tab. 139, très-belle espèce dont la corolle est rouge à son tube, d'un blanc lavé de rose à son limbe. Les feuilles sont oblongues, aiguës, veinées, planes à leurs bords. (Poir.)

FRANCISCAIN (*Conchyl.*), nom vulgaire françois du *conus franciscanus*, Linn. (De B.)

FRANCK (*Ornith.*), un des noms allemands du grand-duc, *strix bubo*, Linn. (Ch. D.)

FRANCKLINITE. (*Min.*) M. Berthier a donné ce nom à un minéral composé d'oxide de fer, d'oxide de manganèse et d'oxide de zinc, qui a été trouvé près du lieu nommé Francklin, dans les Etats-Unis d'Amérique. On reviendra sur ce minéral à l'article Zinc. Voyez ce mot. (B.)

FRANCOA. (*Bot.*) Genre de plantes dicotylédones, à fleurs complètes, polypétalées, régulières, de l'*octandrie tétragynie* de Linnæus, dont le caractère essentiel est d'avoir : Un calice persistant, à quatre divisions profondes; quatre pétales; huit étamines; un ovaire libre, à quatre sillons; point de style; quatre stigmates courts; autant de capsules conniventes à leur base, relevées en carène; des semences nombreuses, attachées aux sutures des carènes.

Francoa appendiculé : *Francoa appendiculata*, Cav., *Icon. rar.*, 6, pag. 77, tab. 596. Cette plante a des racines dures, ligneuses, perpendiculaires, de la grosseur du petit doigt, rameuses et flexueuses : elles produisent plusieurs feuilles étalées sur la terre, molles, tomenteuses, ovales en cœur, lobées, longues d'environ quatre pouces sur trois de large ; les lobes obtus, denticulés ; les petioles charnus, presque ailés, munis de chaque côté de deux ou trois petites folioles opposées, ovales, sessiles, denticulées. De leur centre s'élève une tige, ou plutôt une hampe nue, longue d'un pied, rougeâtre, velue, terminée par une ou deux grappes de fleurs pédicellées ; les pédicelles courts, velus, accompagnés d'une bractée subulée. Le calice est velu ; ses découpures lancéolées, aiguës ; la corolle d'un rouge clair ; les pétales trois fois plus longs que le calice, ovales, aigus, rétrécis en onglet ; les filamens rougeâtres, plus courts que la corolle, insérés sur le réceptacle ; les anthères droites, à deux loges ovales ; à la base des filamens, et entre chacun d'eux, on distingue un corpuscule court et ovale. L'ovaire est libre, ovale : les stigmates sessiles, courts, planes, ovales, étalés. Le fruit est tétragone, à quatre sillons profonds, couronné par les stigmates, composé de quatre capsules conniventes, comprimées, naviculaires, à une seule loge, s'ouvrant en deux valves au sommet et sur leur carène, contenant des semences nombreuses, fort petites, brunes, ridées, attachées le long de la suture des carènes. Cette plante croît dans l'île de Saint-Charles, au Chili.

Il paroît que la plante nommée par le P. Feuillée, *llaupanke amplissimo sonchifolio*, Observ. phys., 2, pag. 742, tab. 31, doit appartenir à ce genre, comme espèce distinguée de la précédente par ses feuilles sessiles, plus amples, les unes radicales, d'autres caulinaires, pubescentes, un peu blanchâtres, longues d'environ un pied, lobées, semées et denticulées à leur contour. *Ses tiges sont feuillées, hautes de trois pieds, terminées par un épi de fleurs d'un rouge cramoisi, les unes à quatre, d'autres à six pétales, autant d'étamines et de divisions au calice. Cette plante croît dans les montagnes du Chili. Willdenow l'a réunie au genre *Panke* de Molina. (Poir.)

FRANÇOISE. (*Entom.*) Geoffroy a nommé ainsi une espèce de demoiselle à quatre taches sur les ailes, *libellula quadrimaculata*. (C. D.)

FRANCOLIN. (*Ornith.*) Linnæus a réuni, sous la dénomination de *tetrao*, un grand nombre de gallinacés que des
caractères particuliers permettoient de diviser en plusieurs
genres ; et Latham , d'après Brisson, en a séparé les perdrix,
perdix. M. Temminck a encore subdivisé les perdrix de Latham en trois genres, savoir : 1.° les cailles, *coturnix*, dont
les pieds sont tétradactyles, et qui n'ont pas d'éperons ; 2.° les
cryptonix, également tétradactyles, mais qui n'ont pas d'ongle
au doigt postérieur ; 3.° les tridactyles de M. de Lacépède, qui
manquent de pouce, et auxquels M. Temminck donne, d'a-
près Reinwardt, le nom d'*hemipodius*. A l'égard des francolins , quoique leur bec soit plus long que celui des perdrix
proprement dites, et que les éperons, qui n'existent que chez
les mâles , soient plus forts, ces différences relatives n'ont
point paru suffisantes pour les séparer génériquement des perdrix. La forme recourbée de la mandibule supérieure, qui ,
taillée en pioche, facilite aux francolins les moyens de dé-
terrer les plantes bulbeuses , leur principal aliment, se retrouve d'ailleurs chez les perdrix africaines, qui n'en sont
pas moins de véritables perdrix ; et l'absence des éperons chez
les francolins femelles est une circonstance qui se rencontre
également chez les femelles des perdrix. Malgré des différences frappantes dans les mœurs et les habitudes des perdrix proprement dites , qui vivent dans les champs, sans
jamais se percher, et dans celles des francolins qui se plaisent
dans les lieux humides , et passent sur les arbres les nuits
entières et une partie du jour, on ne peut donc les isoler
jusqu'à ce que l'on ait trouvé des signes extérieurs plus
frappans et plus exclusifs, qui sont indispensables d'après
les principes sur lesquels nos méthodes sont établies. Ces
oiseaux formeront ainsi une des sections du genre Perdrix.

La dénomination de francolin a été donnée à des oiseaux
étrangers à ce genre. Le francolin à poitrine rouge, d'Edwards, est la barge fédoa, *scolopax fedoa*, Linn. Son francolin blanc de la baie d'Hudson, est la barge blanche, que
Linnæus et Latham, ne considérant que la forme de son bec
un peu recourbé en haut, ont regardée comme une avocette,
et nommée *recurvirostra alba*, quoiqu'elle n'ait point les
pieds palmés. Des voyageurs ont encore donné le nom de

francolin du Spitzberg à un oiseau de la grosseur d'une alouette , qui se nourrit de vers gris et de chevrettes , et qui est vraisemblablement un chevalier ou une alouette de mer. C'est le même qu'on appelle aussi *coureur de rivage* dans l'Histoire générale des Voyages, tom. 15 in-4°, p. 226. (Ch. D.)

FRANCOLINO. (*Ichthyol.*) A Rome, on appelle ainsi le pagel, *sparus erythrinus*, Linn. Voyez Pagre. (H. C.)

FRANC-OSIER. (*Bot.*) Espèce de Saule. Voyez ce mot. (J.)

FRANCOULO. (*Ornith.*) Voy. Grandoule. (Ch. D.)

FRANCOURLIS. (*Ornith.*) L'oiseau qui est ainsi nommé dans Rabelais , est le courlis d'Europe, ou grand courlis , *scolopax arcuata*, Linn. (Ch. D.)

FRANC-PICARD. (*Bot.*) Dans le nord de la France, on donne ce nom à une variété du peuplier blanc. (L. D.)

FRANGÉ. (*Ichthyol.*) On a donné cette épithète, comme nom spécifique, à un poisson, qui est le *cyprinus fimbriatus* de Bloch, pl. CCCCIX, et que M. Cuvier fait rentrer dans son sous-genre Labron. Voyez ce mot. (H. C.)

FRANGE BIGARRÉE , POURPRÉE. (*Entom.*) Ce sont les noms que Geoffroy a donnés à deux espèces de son genre Phalène ; l'une est la *fimbriata*, et l'autre la *tesselata*. (C. D.)

FRANGÉE. (*Ichthyol.*) M. de Lacépède a donné le nom de *frangée*, *raja fimbriata*, à une raie dont le dessin a été trouvé dans les papiers de M. de Montéclair, officier supérieur de la marine françoise. Ce dessin avoit été fait sur un individu pris dans les mers d'Amérique , en 1782 , et qui étoit long d'environ dix-sept pieds depuis le bout du museau jusqu'à l'extrémité de la queue , et large d'à peu près dix-huit pieds, de la pointe d'une nageoire pectorale à l'autre. Cette raie gigantesque a deux appendices particuliers sur le devant de la tête, ce qui doit la faire rentrer dans le genre Céphaloptère : sa queue est très-déliée, et excède le tiers de la longueur totale ; l'extrémité latérale de chaque nageoire pectorale se termine en une pointe mobile à la volonté de l'animal. La partie supérieure du poisson est d'un brun noirâtre. Bartram paroit en avoir parlé sous le nom de *grande raie noire*, et dit que c'est un vrai fléau pour les pêcheurs de la côte de Géorgie. Voyez Céphaloptère. (H. C.)

FRANGOEL. (*Ornith.*) On donne, en Piémont, ce nom et ceux de *frangoui* et *fringuel* au pinson ordinaire, *fringilla cœlebs*, Linn. (Ch. D.)

FRANGUELLO. (*Ornith.*) Ce nom, qui s'écrit aussi *frenguello*, est donné en Italie au pinson ordinaire, *fringilla cœlebs*, Linn.; et les dénominations de *fringuel del re* et *fringuel montano* désignent particulièrement, dans le même pays, le gros-bec, *loxia coccothraustes*, Linn. Le terme de *fringuel*, avec l'addition d'*invernengk*, est aussi employé, dans les Alpes, comme dénomination du bouvreuil, *loxia pyrrhula*, Linn. (Ch. D.)

FRANGULA (*Bot.*), **nom** latin de la bourgène ou aulne noir, que Tournefort distinguoit du nerprun, mais qui lui a été réuni par Linnæus sous celui de *rhamnus frangula*. On trouve encore dans Dalechamps un camerisier (*lonicera alpigena*), cité sous les noms d'*idœa ficus* et *frangula*. Ce dernier nom a aussi été donné au *cassine maurocenia*, par Dillen. (J.)

FRANKÉNIE ou Franquenne (*Bot.*); *Frankenia*, Linn. Genre de plantes dicotylédones de l'*hexandrie monogynie*, Linn., et que M. de Jussieu regarde comme ayant de l'affinité avec la famille des caryophyllées. Ses principaux caractères sont d'avoir un calice monophylle, presque cylindrique, persistant, à cin'q divisions; une corolle de cinq pétales ovales-arrondis, à onglets canaliculés; cinq ou six étamines, plus courtes que les pétales; un ovaire supérieur, surmonté d'un style à deux ou trois stigmates; une capsule ovale, à trois valves, à une seule loge, contenant plusieurs graines très-menues.

Les frankénies sont de petites plantes herbacées et ligneuses, à tiges diffuses, à feuilles opposées, et à fleurs axillaires ou terminales. Elles ne présentent aucun intérêt, ce qui fait que sur neuf espèces connues nous n'indiquerons que les trois suivantes, qui croissent naturellement sur les bords de la mer, dans les parties méridionales de la France et de l'Europe. Des six autres, deux ont été trouvées au cap de Bonne-Espérance, deux en Barbarie, une dans l'Amérique méridionale, et la dernière dans la Nouvelle-Hollande.

Frankénie lisse : *Frankenia lœvis*, Linn., *Spec.*, 473; *Franca maritima*, *supina*, *saxatilis*, *glauca*, *ericoides*, *sempervirens*, etc.,

Mich., *Gen.*, 23, t. 22, fig. 1. Sa tige est menue, longue de quatre à six pouces, ordinairement couchée, très-rameuse, garnie de feuilles petites, nombreuses, linéaires, vertes, un peu ciliées à leur base. Ses fleurs sont axillaires et presque sessiles, ordinairement d'un rouge violet, quelquefois blanches. Cette espèce est vivace ainsi que la suivante.

Frankénie hérissée : *Frankenia hirsuta*, Linn., *Spec.*, 473; *Franca maritima, supina, multiflora, candida*, etc., Mich., *Gen.*, 23, t. 22, fig. 2. Ses tiges rameuses et diffuses, comme dans l'espèce précédente, sont chargées de poils courts; la base de ses feuilles, et surtout les calices, sont hérissés de poils blancs; ses fleurs sont violettes, réunies deux à quatre ensemble au sommet des rameaux.

Frankénie pulvérulente: *Frankenia pulverulenta*, Linn., *Spec.*, 474; *Authyllis valentina*, Clus., *Hist.*, CLXXXVI. Ses tiges sont longues de trois à six pouces, étalées, très-rameuses, garnies de feuilles petites, ovales, pétiolées, d'un vert blanchâtre, et comme chargées de poussière en dessous : ses fleurs sont sessiles, axillaires, petites et d'un pourpre clair. Cette plante est annuelle. (L. D.)

FRANKLANDIE, *Franklandia*. (*Bot.*) Genre de plantes dicotylédones, à fleurs incomplètes, de la famille des protéacées, de la *tétandrie monogynie* de Linnæus, offrant pour caractère essentiel : Point de calice ; une corolle hypocratériforme ; le limbe divisé en quatre découpures profondes, planes, caduques ; quatre étamines non saillantes; des écailles réunies en gaine autour du pistil ; une noix pédicellée, fusiforme, dilatée et aigrettée à son sommet.

Franklandie a feuilles de varec: *Franklandia fucifolia*, Rob. Brown, *Nov. Holl.*, 1, p. 370; et Rem., *of Terr. Austr.*, p. 72, tab. 6. Arbrisseau de la Nouvelle-Hollande, glabre sur toutes ses parties, parsemé de glandes en forme de pustules et d'un jaune orangé. Ses rameaux sont garnis de feuilles alternes, glabres, entières, dichotomes, filiformes, semblables à celles de certaines espèces de *fucus*. La fructification est disposée en épis simples, axillaires, point ramifiés, chargés de fleurs alternes, d'un jaune-sale, munies d'une bractée. La corolle est plane, tubulée, hypocratériforme à son limbe, à quatre divisions profondes : elle renferme quatre étamines plus courtes que la corolle; le pollen des anthères est sphérique ; le pistil entouré d'écailles réunies en gaîne : il lui succède une noix fusiforme, pédicellée, élargie et surmontée d'une aigrette à son sommet. Les cotylédons sont très-courts. (Poir.)

FRANKLINIA. (*Bot.*) Genre établi par Marschall pour un arbrisseau de l'Amérique, que L'héritier a réuni au genre *Gordonia.* Voyez Gordon. (Poir.)

FRANQUENNE. (*Bot.*) Voyez Frankénie. (L. D.)

FRANQUISE. (*Ichthyol.*) Suivant M. Noël, on donne, à Caen, ce nom à une variété de la Plie. Voyez ce mot. (H. C.)

FRANSÉRIE, *Franseria.* (*Bot.*) [*Corymbifères,* Juss.? *Monoécie pentandrie,* Linn.] Ce genre de plantes, établi par Cavanilles, dans la famille des synanthérées, appartient à notre tribu naturelle des ambrosiées, dans laquelle nous le plaçons entre l'*ambrosia* et le *xanthium.* Voici les caractères que nous avons observés, au Jardin du Roi, sur le *franseria artemisioides.*

Les calathides sont unisexuelles. La calathide mâle est orbiculaire, subglobuleuse, incouronnée, équaliflore, multiflore, régulariflore, masculiflore. Le péricline, égal aux fleurs, orbiculaire, subhémisphérique, plécolépide, est formé de plusieurs squames unisériées, égales, entre-greffées, libres au sommet, oblongues, foliacées. Le clinanthe est convexe, et garni de squamelles longues, très-étroites, linéaires ou filiformes-laminées, membraneuses. Les faux-ovaires sont presque entièrement avortés et inaigrettés. Les corolles sont verdâtres et à cinq divisions. Les étamines ont les anthères libres, et les filets ordinairement plus ou moins entre-greffés. Le style est simple, tronqué au sommet, qui est bordé de collecteurs filiformes très-longs. La calathide femelle est incouronnée, uniflore, apétaliflore, féminiflore. Le péricline supérieur à l'ovaire, mais inférieur au style, est plécolépide, formé de plusieurs squames paucisériées, inégales, imbriquées et entregreffées, à l'exception de leur partie supérieure, qui est libre, corniforme, spinescente, crochue au sommet. Le clinanthe est ponctiforme, inappendiculé. L'ovaire est ovoïde-oblong, glabre, lisse, inaigretté. La corolle est nulle. Le style, articulé par sa base sur le sommet de l'ovaire, est formé d'une tige très-courte et de deux ou trois branches très-longues. Les calathides femelles sont réunies en capitules : chaque capitule est composé ordinairement de deux, quelquefois de trois calathides, lesquelles sont confondues en un seul corps, au moyen de leurs périclines qui sont entre-greffés depuis la base jusqu'au sommet ; la partie des périclines par laquelle ils sont entre-greffés est tellement oblitérée qu'elle se trouve réduite à une lame mince, qui même s'évanouit tout-à-fait avant d'atteindre le sommet. Chaque individu porte des calathides mâles et des capitules de calathides femelles. Les calathides mâles sont disposées en épis terminaux, simples et nus ; elles sont pédonculées, et ne sont accompagnées d'aucune bractée. Les capitules de calathides femelles sont situés au bas de l'épi des calathides mâles ; ils sont sessiles, accompagnés de bractées, et rapprochés en un ou plusieurs groupes irréguliers.

Fransérie fausse-armoise : *Franseria artemisioides*, Willd., Pers. ; *Ambrosia arborescens*, Lamk., Enc. ; *Xanthium fruticosum*, Linn. fils. C'est un arbuste du Pérou, haut de cinq à six pieds, à tige cylindrique, sillonnée, pubescente ; les feuilles sont alternes, un peu pubescentes en dessus, blanchâtres et tomenteuses en dessous ; leur pétiole est long de deux pouces ; le limbe, long de sept pouces et large de cinq, est bipinnatifide, à pinnules lancéolées, acuminées, dentées ; les calathides mâles sont disposées en épis terminaux ; leurs corolles sont verdâtres ; les capitules femelles sont en groupes au bas de l'épi mâle, et chaque groupe est situé dans l'aisselle d'une bractée linéaire-aiguë.

Fransérie fausse-ambrosie : *Franseria ambrosioides*, Cav., *Icon.*; Willd. ; Pers. Sa tige, haute de quatre pieds et plus, est cylindrique, scabre, peu rameuse ; ses feuilles sont alternes, oblongues, acuminées, inégalement dentées en scie, scabres, un peu glutineuses ; leur pétiole est long d'un pouce, cylindrique, et porte deux pinnules ovales ; le limbe des feuilles inférieures est sinué et presque pinnatifide ; celui des feuilles supérieures est indivis ; les calathides mâles sont disposées en un épi terminal long d'un demi-pied ; leurs corolles sont d'un jaune blanchâtre ; les capitules femelles sont disposés en épis plus courts, situés plus bas, et axillaires : chaque capitule est composé de quatre calathides confondues en un seul corps au moyen de leurs périclines entre-greffés d'un bout à l'autre. Cet arbuste, qui habite le Mexique, ne nous est connu que par la description et la figure de Cavanilles.

Le genre *Franseria*, exactement intermédiaire entre l'*ambrosia* et le *xanthium*, participe de l'un et de l'autre, et se distingue de chacun d'eux par plusieurs caractères. Dans l'*ambrosia*, les calathides mâles ont le clinanthe dépourvu de squamelles; les calathides femelles ont le péricline formé de squames à sommet non crochu ni spinescent, et ces calathides sont parfaitement libres, distinctes, non entre-greffées. Dans le *xanthium*, les calathides mâles ont le clinanthe cylindracé et garni de squamelles beaucoup plus manifestes que dans le *franseria*; leur péricline est formé de squames entièrement libres; les capitules de calathides femelles sont constamment composés de deux calathides; leurs périclines entre-greffés sont libres au sommet, et la partie de ces périclines sur laquelle la greffe s'opère, ne s'évanouit pas supérieurement, mais subsiste d'un bout à l'autre.

Les caractères génériques que nous avons exposés, d'après nos observations sur le *franseria artemisioides*, semblent au premier coup d'œil n'avoir pas la moindre analogie avec les caractères donnés par l'auteur du genre, qui les avoit observés sur le *franseria ambrosioides*. Cependant la seule différence réelle consiste en ce que, dans l'espèce observée par nous, chaque capitule femelle n'est composé ordinairement que de deux ou quelquefois trois calathides entre-greffées, tandis que, dans l'espèce observée par Cavanilles, chaque capitule est, suivant lui, constamment composé de quatre calathides entre-greffées. Toutes les autres différences entre les deux descriptions ne sont qu'apparentes, et résultent de ce que nos idées sur la structure des ambrosiées sont loin de s'accorder avec celles de Cavanilles. Nous ne pouvons pas nous dissimuler que notre système sur les ambrosiées doit paroître aussi paradoxal que notre système sur l'*echinops*. Cependant nous persistons avec quelque confiance dans notre manière de voir, même après avoir lu dans le quatrième volume (encore inédit) des *Nova Genera et Species Plantarum*, les descriptions des *xanthium* et *ambrosia*, où M. Kunth a présenté un système absolument opposé au nôtre, et que nous avons fait connoître dans une Analyse critique et raisonnée , insérée au Journal de Physique , juillet 1819.

Adanson avoit très-judicieusement formé, dans la famille des synanthérées, une section des ambrosies, composée des deux genres *Ambrosia* et *Xanthium*. M. de Jussieu, en les admettant parmi ses corymbifères, mais dans une section distincte, et sous le titre de corymbifères anomales, a énoncé l'opinion que ces plantes étoient peut-être des urticées voisines du chanvre. Cette conjecture a été trop légèrement regardée comme une chose prouvée par MM. Ventenat, Desfontaines, Decandolle, Lamarck. M. Richard, au contraire, a fort bien jugé que les *ambrosia* et *xanthium* n'étoient point des urticées ; mais il a cru que ces deux genres devoient former, près des synanthérées, une famille distincte. Dans nos Mémoires sur les organes floraux des synanthérées, nous avons pleinement démontré que les *ambrosia*, *franseria*, *xanthium*, étoient de véritables synanthérées, et nous avons pensé, comme Adanson, que ces genres constituoient, dans la famille dont il s'agit, une tribu naturelle, que nous avons nommée ambrosiées, et que nous avons placée entre les hélianthées et les anthémidées. Cette tribu n'est point adoptée par M. Kunth, qui range les *xanthium* et *ambrosia* parmi les hélianthées. (Voyez notre article Ambrosiacées , tom. II , Supplém. , pag. 9.) (H. Cass.)

FRAOUCO (*Ornith.*), **nom** provençal de la poule d'eau , suivant le nouveau Dictionnaire d'Histoire naturelle. (Ch. D.)

FRAOUME. (*Bot.*) L'arroche portulacoïde porte vulgairement ce nom en Provence. (L. D.)

FRASÈRE, *Frasera*. (*Bot.*) Genre de plantes dicotylédones, à fleurs complètes, monopétalées , qui se rapproche de la famille des gentianées, appartenant à la *tétrandie monogynie* de Linnæus, offrant pour caractère essentiel : Un calice à quatre divisions profondes ; une corolle monopétale, à quatre divisions , munies dans leur milieu d'une glande barbue ; quatre étamines ; un ovaire supérieur ; un style. Le fruit consiste en une capsule uniloculaire , polysperme, s'ouvrant en deux valves à son bord.

M. de Jussieu fait observer que ce genre de Walther, auteur de la Flore de la Caroline, pourroit être réuni au *swertia*, dont il ne diffère que par le retranchement d'une cinquième partie dans la fructification, par une glande velue élevée au dedans de chaque lobe de la corolle, et par des graines membraneuses dans leur contour.

FRASÈRE DE WALTHER : *Frasera Waltheri*, Mich., *Amer.*, 1, pag. 97 ; Gærtn., *F.*, tab. 224. Plante herbacée, très-haute, à tige droite, garnie de feuilles opposées ou verticillées, ovales, oblongues. Les divisions du calice sont profondes, lancéolées, aiguës ; la corolle beaucoup plus grande que le calice ; ses divisions étalées, ovales, un peu acuminées ; une glande orbiculaire et barbue, placée vers le milieu de chacune des divisions de la corolle ; les étamines plus courtes que la corolle, alternes avec chacune de ses divisions ; les anthères ovales, oblongues, à demi bifides à leur partie inférieure ; l'ovaire ovale, oblong, comprimé ; le style terminé par deux stigmates divergens, épais, glanduleux ; la capsule assez grande, ovale, très-comprimée, un peu cartilagineuse, légèrement échancrée à son bord, mucronée par la base du style, à une seule loge, à deux valves, contenant huit à douze semences planes, elliptiques, comprimées. Cette plante croît aux lieux marécageux dans la Caroline. (POIR.)

FRASIUN (*Bot.*), nom égyptien d'un marrube, qui est le *marrubium plicatum* de Forskal. Le même, écrit *frasyoun*, est donné au *marrubium alysson*, suivant M. Delille. (J.)

FRASSINELLA. (*Bot.*) C'est ainsi que le sceau de Salomon, *polygonatum*, est nommé dans la Toscane, suivant Césalpin. (J.)

FRATERCULA. (*Ornith.*) Ce nom, donné par Gesner au macareux, *alca arctica*, Linn., a été employé comme terme générique par Brisson, tom. 6, p. 81 de son Ornithologie. (CH. D.)

FRATINO. (*Ornith.*) On nomme ainsi à Bologne la mésange bleue, *parus cœruleus*, Linn. (CH. D.)

FRAUDIUS AVIS. (*Ornith.*) Albert-le-Grand désigne par cette dénomination la sittelle ou torchepot, *sitta europea*, Linn. (CH. D.)

FRAUENTAUBLING et SCHAFTAUBLING (*Bot.*), noms que l'on donne en Autriche et en Bavière à l'agaric verdoyant, *agaricus virescens*, Schaff. (LEM.)

FRAXINELLA. (*Bot.*) Cordus, Dalechamps, Clusius, et après eux Tournefort, nommoient ainsi la fraxinelle. Tragus, Brunsfels, Gesner, C. Bauhin lui donnoient le nom de *dictamnus*, qui a été adopté par Linnæus. Voyez DICTAME. (J.)

FRAXINUS (*Bot.*), nom latin du genre Frêne. (L. D.)

FRAYE (*Ornith.*), nom vulgaire de la grive draine, *turdus viscivorus*, Linn. (CH. D.)

FRAYEUSE (*Ornith.*), un des noms vulgaires du rougegorge, *motacilla rubecula*, Linn., qu'on appelle aussi *frilleuse* et *foireuse*. (CH. D.)

FRAYLETES. (*Ornith.*) Don Ulloa dit, dans ses Mémoires philosophiques sur l'Amérique, tom. 1, p. 195 de la traduction de M. Lefebre de Villebrune, qu'on trouve à la Louisiane, dans les contrées humides, des oiseaux assez ressemblans aux vanneaux, qui portent ce nom et celui de *gritadores*, ou *crieurs*, lesquels s'envolent en jetant des cris aigus qui avertissent les autres de l'approche des chasseurs. Cette remarque n'est pas suffisante pour mettre à portée d'en reconnoître l'espèce. (CH. D.)

FRAYONNE. (*Ornith.*) Voyez FREUX. (CH. D.)

FRÉDÉRIC (*Ichthyol.*), nom spécifique d'un characin de Bloch et de M. de Lacépède, *characinus Friderici*, lequel appartient au sous-genre des CURIMATES. Voyez ce mot. (H. C.)

FREDOCHE. (*Bot.*) Voyez BOIS D'ORTIE. (J.)

FRÉGATE. (*Ornith.*) Cet oiseau fait partie de la famille des stéganopodes d'Illiger, ou syndactyles de M. Vieillot, dont les quatre doigts sont réunis dans la même membrane, et qui comprend les pélicans, les cormorans, les fous, les pailles-en-queue et les anhingas. Les frégates sont plus rapprochées des cormorans qui ont les tarses totalement emplumés, que des autres dont les jambes sont en partie nues ; et le caractère qui les distingue plus spécialement des premiers, est la courbure égale des deux mandibules, très-crochues l'une et l'autre chez les frégates, tandis que l'inférieure est tronquée chez les cormorans. Brisson avoit joint la frégate aux fous, *sula*, en donnant toutefois à celle-ci le nom de *fregata*. Illiger a réuni, sous la dénomination générique d'*halieus*, les frégates et les cormorans, qu'il n'a distingués que par la forme de la queue, arrondie dans ceux-ci et fourchue dans les autres. M. Cuvier a aussi rangé les frégates à la suite des cormorans, en observant d'ailleurs que les pieds courts des premières ont les membranes profondément échancrées, et que leurs ailes ont une excessive envergure. Les autres caractères des frégates sont d'avoir le bec plus long que la tête, robuste, suturé, et dont le croc semble former une pièce détachée; les narines peu apparentes et placées dans une rainure; les orbites nues, la bouche très-ample, la langue courte et lancéolée, la gorge expansible, les quatre doigts dirigés en avant, les ongles aigus, et les deux premières rémiges les plus longues.

Les frégates ont le vol extrêmement rapide, et si puissant qu'il leur permet de se porter au large à plus de quatre cents lieues de toute terre, de braver les tempêtes en s'élançant au-dessus des orages, et de rester dans les airs, où elles se soutiennent sans mouvemens sensibles, la nuit comme le jour, jusqu'à ce qu'elles rencontrent des pointes de rochers, ou des îlots boisés, sur lesquels seuls il leur est possible de se reposer, puisque la longueur de leurs ailes ne leur permettroit pas de reprendre leur essor, si elles se laissoient abattre sur les flots ou même sur la terre. Leur vue doit aussi être très-perçante, pour leur faire remarquer, lors même qu'elles se trouvent à des distances telles qu'elles échappent à nos yeux, les endroits où passent des colonnes d'exocets ou poissons volans. C'est néanmoins de distances aussi grandes qu'elles fondent quelquefois avec la rapidité d'un trait, et que, parvenues près de la surface de la mer, elles ont la force de s'arrêter et de changer la direction de leurs mouvemens de manière à raser l'eau pour enlever ces poissons, soit avec le bec, soit avec les serres, ou même avec les deux à la fois. Au lieu de se précipiter la tête la première, comme les oiseaux qui ont la faculté de plonger, la frégate tient les pates et le cou dans une situation horizontale; elle frappe la colonne supérieure de l'air avec ses ailes, puis, les relevant et les fixant l'une contre l'autre au-dessus du dos, elle se lance sur sa proie avec tant d'adresse et de vélocité, que rarement celle-ci lui échappe, et les exocets qui ont voulu se soustraire à la poursuite des thons, des bonites et des dorades, trouvent ainsi la mort dans l'élément où ils croyoient l'éviter.

Ce n'est qu'entre les tropiques, ou un peu au-delà, qu'on rencontre les frégates dans les mers des deux Mondes, où ces oiseaux joignent au produit de leurs propres captures celui des pêches faites par les fous, qu'ils contraignent, en les frappant de l'aile ou les pinçant de leur bec, à dégorger le poisson dont ils se saisissent dans sa chute. Les frégates que les navigateurs ont surnommées *guerrières*, ont une telle confiance dans la force de leurs armes, qu'elle les rend téméraires au point de braver l'homme même. Le vicomte de Querhoënt rapporte, en effet, que l'une d'elles s'est assez approchée de lui au moment où il tenoit un poisson à la main, qu'il l'a terrassée d'un coup de canne, et que d'autres voloient à quelques pieds d'une chaudière où l'on en faisoit cuire, quoiqu'une partie de l'équipage fût à l'entour. Ces oiseaux si hardis se laissent néanmoins assommer comme les fous, lorsqu'on les surprend dans un lieu où ils n'ont pas la faculté d'étendre leurs ailes, et cette circonstance est propre à appuyer les observations faites dans ce Dictionnaire, en parlant de ces derniers.

Les frégates placent leur nid sur les arbres, dans les lieux solitaires et voisins de la mer. Leur ponte consiste en un ou deux œufs d'un blanc teint de couleur de chair, avec de petits points d'un rouge cramoisi.

Les insulaires de la mer du Sud se font des bonnets avec les plumes assez longues que les frégates portent sur le cou. La graisse de ces oiseaux passoit aussi dans les Antilles, au rapport de Dutertre, pour un médicament utile dans la goutte sciatique et dans les affections rhumatismales. Les flibustiers faisoient même une branche de commerce de cette graisse, extraite par l'ébullition dans des chaudières, et qu'on appeloit *huile de frégate*.

On ne connoît proprement qu'une espèce de frégate, le *pelecanus aquilus*, Linn. et Lath., ou *tachypetes aquila*, Vieill., pl. enl. de Buffon, n.° 961, dont le corps n'est pas plus gros que celui d'une poule, mais qui a huit, dix et même jusqu'à quatorze pieds d'envergure, suivant M. Poivre. Son cou est d'une longueur médiocre, sa tête est petite, et son bec, de couleur noire, ainsi que les pieds et leurs membranes, est long de six à sept pouces. Tout le plumage du mâle est de la

même couleur ; et lorsqu'il est vieux, deux membranes charnues, d'un rouge vif, lui pendent sous la gorge. La femelle
diffère du mâle en ce qu'elle a le ventre blanc ; les petits,
dans leur premier âge, sont couverts d'un duvet gris blanc ;
leurs pieds sont de la même couleur, et leur bec est presque
blanc, mais il devient ensuite rouge et noir, ou bleuâtre
dans son milieu, et il en est de même de la couleur des doigts.
On trouve des individus qui ont la tête et le ventre blancs,
et le dessus du corps d'un brun foncé.

Latham a décrit, sous le nom de *pelecanus minor*, une frégate moins grosse que la précédente, et qui a été figurée par
Edwards, *Glanures*, pl. 309 ; elle n'avoit que deux pieds dix
pouces de longueur, et cinq pieds sept pouces et demi d'envergure. Les parties supérieures étoient d'un brun ferrugineux, et les inférieures blanches. Les narines étoient plus
apparentes, et placées plus près de la tête. M. Cuvier pense
qu'on a trop légèrement considéré cet oiseau comme une espèce particulière, et qu'il en est de même des *pelecanus leu-
cocephalus* et *palmerstoni* de Gmelin et de Latham. (Cʜ. D.)

FREGGIA. (*Ichthyol.*) Dans quelques unes de nos provinces
méridionales, on donne ce nom au ruban de mer, *cepola
tænia*. Voyez Cépole. (H. C.)

FREGILUS (*Ornith.*), nom latin donné par M. Cuvier aux
craves, formant, dans son Règne animal, une division des
huppes. (Cʜ. D.)

FREINO (*Bot.*), nom portugais du frêne, selon Grisley.
(J.)

FRELON (*Bot.*), un des noms vulgaires du fragon piquant.
(L. D.)

FRELON, *Fucus*. (*Entom.*) Ce nom a été donné par le
vulgaire à deux insectes hyménoptères de genres très-différens.

Il paroît qu'anciennement on appeloit *frelons*, en latin *fuci*,
les abeilles mâles qui ne font pas de miel. Voici le passage
de Pline, livre XI, chapitre xi : « *Fuci sunt sine aculeo, velut
imperfectæ apes, novissimæque à fessis et jam emeritis inchoatæ,
serotinus fœtus, et quasi servitia verarum apum : quamobrem im-
perant iis, primosque in opera expellunt, tardantes sine clementia
puniunt.* » Et Virgile, dans ses Bucoliques, livre IV, vers 242 ;

en parlant des animaux qui font tort aux ruches, cite les
lézards, les blattes, les frelons et les crabrons.

> .... Nam sæpè favos ignotus adedit
> Stellio, lucifugis congesta cubilia blattis;
> Immunisque sedens aliena ad pabula fucus,
> Aut asper crabro imparibus se immiscuit armis.

Ce qui a donné lieu à l'idée que les mâles des abeilles, qui
en effet diffèrent beaucoup des femelles et des neutres, étoient
des espèces absolument parasites, c'est l'observation que l'on a
faite de la guerre à mort que livrent à certaines époques les
abeilles neutres aux mâles, que l'on appelle aussi les *frelons*.
(Voyez tom. I, pag. 59 et 60.) Mouffet décrit très-bien cette
particularité. *Hi autem neque mel colligunt, neque œdes erigunt,
neque quicquam laboris mutui cum apibus suscipiunt : qua de causa
custodes habent, qui diuturno tempore defessas noctu observant et
a furibus tutas faciunt et securas; qui si furem viderent ingressum,
aggrediuntur et verberant, et pro foribus exanimem aut semiani-
mum relinquunt.*

C'est donc à tort que Geoffroy a donné le nom de frelon
ou de freslon, en latin *crabro*, aux hyménoptères uropristes
du genre *Cimbece* d'Olivier ou Tenthrède de Linnæus.

On a aussi donné le nom de frelon aux guêpes; Geoffroy a
traduit ainsi le nom spécifique de la *vespa crabro* de Linnæus,
guêpe frelon.

Enfin les espèces du genre Crabron ont encore reçu le nom
de frelon. C'est en effet ainsi que Mouffet dit qu'on traduisoit
en France le nom latin de crabro, *freslons*, *froilons* ou *fou-
lons;* et les figures qu'il en donne paroissent être celles de
grosses guêpes ou de scolies.

Ainsi, tantôt le nom de frelon est pris comme celui du
mâle des abeilles à miel, en latin *fucus;* tantôt comme le mot
françois correspondant au nom latin *crabro*. Pour éviter la
confusion, nous avons décrit ce dernier genre sous le nom de
Crabron. Voyez ce mot, et ceux d'Abeille a miel, de Guêpe.
(C. D.)

FRELOT. (*Ornith.*) On donne, dans la Sologne, faisant
partie du département de Loir et Cher, ce nom et celui de
frelotte, au pouillot ou chantre, *motacilla* trochilus, Linn.
(Ch. D.)

FREMIUM. (*Bot.*) Clusius nous apprend que Gaza nommoit ainsi l'anémone, qui étoit le *phenion* de Pline. (J.)

FRENCH-PIE. (*Ornith.*) Cette dénomination angloise de la pie-grièche grise, *lanius excubitor*, suivant Montagu, a été appliquée, par Brisson et Buffon, au pic varié, *picus medius*, Linn. (Ch. D.)

FRÊNE (*Bot.*), *Fraxinus*, Linn. Genre de plantes dicotylédones, de la famille des jasminées de Jussieu, et de la *polygamie dioécie* de Linnæus, dont les fleurs sont polygames; les unes hermaphrodites sur certains individus, les autres seulement femelles, par l'avortement des étamines, et placées sur des pieds différens. Les principaux caractères de ce genre sont les suivans : Calice le plus souvent nul, ou fort petit, et à quatre divisions; corolle ordinairement nulle, plus rarement composée de quatre pétales; deux étamines à filamens opposés, terminés par des anthères droites; un ovaire supérieur, ovale-oblong, surmonté d'un style droit, terminé par un stigmate bifide; une capsule plane, ovale-oblongue, surmontée d'une aile membraneuse, et à une loge monosperme, indéhiscente.

Les frênes sont, en général, de grands arbres dont les feuilles sont opposées, presque toujours ailées avec impaire, et dont les fleurs sont disposées en panicules terminaux ou latéraux. Ils habitent les climats tempérés du nord de l'ancien et du nouveau continent. Willdenow, dans le quatrième volume de son *Species Plantarum*, ne fait mention que de quinze espèces de frênes, si on n'y comprend pas le *fraxinus ornus*, dont plusieurs botanistes font maintenant un genre particulier sous le nom d'*ornus*; d'autres auteurs, au contraire, les ont beaucoup plus multipliées. M. Bosc, par exemple, en compte au-delà de trente; mais, comme dans la plupart de ces nouvelles espèces les fleurs et les fruits n'ont point encore été observés, nous ne croyons pas que la forme des feuilles, qu'on sait être assez variable, puisse suffire pour bien caractériser ces plantes; et, d'après cela, nous ne parlerons ici que de celles qui sont les plus connues.

FRÊNE ÉLEVÉ : *Fraxinus excelsior*, Linn., *Spec.*, 1509; Lamk., *Illust.*, t. 858, f. 1. Arbre de futaie, dont la tige droite s'élève à une grande hauteur, en se terminant par une tête

lâche, médiocre, dont les rameaux sont lisses, d'un vert
cendré. Ses feuilles sont ailées avec impaire, composées de
onze à treize folioles ovales, pointues, dentées, légèrement
pédicellées, glabres et d'un vert foncé. Les fleurs, qui paroissent
en avril, n'ont ni calice ni corolle, et elles viennent en grappes
lâches et opposées, sur les rameaux de l'année précédente. Les
fruits sont des capsules ovales-oblongues, comprimées, terminées par une aile membraneuse, linéaire-lancéolée. Cet
arbre croît spontanément dans les forêts des pays tempérés
de l'Europe. Une longue culture lui a fait produire plusieurs
variétés, parmi lesquelles on distingue les suivantes :

Frêne argenté. Ses feuilles sont d'un gris cendré, comme
argenté.

Frêne graveleux. L'écorce de ses rameaux est rude et raboteuse ; celle des plus jeunes est lisse et striée de blanc.

Frêne a bois jaspé. Son écorce, surtout celle des jeunes
branches, est rayée de jaune.

Frêne doré. Son écorce est d'un jaune assez foncé.

Frêne horizontal. Ses branches, au lieu de se redresser
plus ou moins verticalement, s'étendent horizontalement.

Frêne parasol ou pleureur. Ses branches se recourbent vers
la terre, et sont pendantes.

Frêne a feuilles déchirées. Les folioles de ses feuilles sont
profondément et irrégulièrement dentées, comme si elles
avoient été déchirées en leurs bords.

Frêne a feuilles panachées de blanc.

On a encore, depuis quelque temps, le frêne horizontal et
le frêne parasol à bois doré. Toutes ces variétés se greffent sur
le frêne commun, et on les plante comme arbres d'ornement
dans les parcs et les grands jardins paysagers.

Le bois de frêne est estimé pour beaucoup d'usages ; il est
blanc, veiné longitudinalement, assez dur, fort uni, liant
et très-élastique tant qu'il conserve un peu de sève. On l'emploie de préférence pour les grandes pièces de charronnage,
qui ont besoin d'avoir du ressort et de la courbure, comme
brancards, limons et timons de voitures de différentes sortes.
Les tourneurs s'en servent pour faire des échelles, des chaises,
des queues de billard, des manches d'outils. On en fabrique
des cercles pour cuves, tonneaux ou autres vaisseaux de cette

espéce. Le bois des frênes venus dans les terrains montagneux ou pierreux, de même que celui de ceux qui ont été souvent émondés, est sujet à être chargé de gros nœuds, qui, en dérangeant l'ordre des fibres, occasionnent une plus grande dureté et des nuances différentes dans la couleur et les veines du bois. Les ébénistes et les tabletiers recherchent ces sortes d'arbres, pour en faire différens meubles, comme bois de lit, commodes, secrétaires, fûts de fauteuils, boîtes, coffrets, etc.; depuis quelques années même, ces ouvriers sont parvenus à fabriquer, avec ce bois indigène, des ouvrages qui peuvent rivaliser avec les plus beaux bois exotiques.

Quoique le frêne devienne assez gros pour qu'on puisse s'en servir pour la charpente, ce n'est cependant que fort rarement qu'on l'emploie à cet usage, parce qu'il est sujet à la vermoulure quand il a perdu toute sa séve. Son aubier est assez épais. Nouvellement coupé, il brûle mieux que la plupart des autres bois qui seroient dans le même cas; il donne beaucoup de chaleur, et fournit de bon charbon.

Les divers avantages qu'on retire du frêne le font cultiver dans beaucoup d'endroits, soit en avenue, soit dans les haies. Le terrain qui lui convient le mieux est une terre légère et limoneuse, mêlée de sable et traversée par des eaux courantes. C'est dans cette situation qu'il acquiert rapidement toute l'élévation qu'il est susceptible de prendre. Il peut d'ailleurs croître dans la plupart des expositions, depuis le fond des vallées jusqu'au sommet des montagnes, pourvu qu'il y ait de l'humidité. Les terres trop argileuses, et celles qui sont crayeuses, ne lui conviennent pas. Quoique ses racines pivotent naturellement, cependant elles ont la faculté de s'étendre au loin à la superficie du sol, et l'arbre peut se contenter d'un terrain peu profond. On le voit quelquefois réussir dans les terres caillouteuses et graveleuses, même dans les fentes des rochers.

Le frêne pousse assez souvent des rejetons de ses racines; il reprend aussi facilement de marcottes : mais on néglige ces moyens de multiplication; on préfère employer la voie des semis, qui fournissent toujours des arbres plus vigoureux. On sème les graines de frêne en automne ou à la fin de l'hiver, dans un terrain bien labouré, et un peu ombragé autant qu'il est possible. Le jeune plant peut être relevé à un an, pour être mis en pépinière; mais il vaut mieux ne faire cette opération qu'au bout de la deuxième année. Les soins nécessaires à ces semis sont de les débarrasser des mauvaises herbes par deux à trois sarclages dans le courant de chaque été, s'ils ont été faits à la volée, ou par autant de binages s'ils ont été faits en rayons. Lorsque le plant a deux ans, comme nous venons de le dire, on arrache les jeunes frênes pour les replanter en pépinière, à deux ou trois pieds de distance les uns des autres, et on les y laisse en continuant de leur donner les soins convenables, jusqu'à ce qu'ils aient acquis assez de force pour être plantés à demeure, en avenue ou autrement, ce qui n'arrive guère avant la sixième année, ou lorsqu'ils ont par le bas environ cinq à six pouces de tour. On ne doit jamais couper la tête des frênes en les plantant; car, une fois que ces arbres ont perdu leur bourgeon terminal, il est rare qu'ils puissent se redresser complétement, et leur végétation en est toujours retardée.

Le dégouttement du frêne passe pour endommager tous les végétaux qui en sont atteints, ce qui a fait dire que son ombre étoit dangereuse. Il n'en est pas de même à son égard ; il ne craint d'être surmonté par aucune autre espèce d'arbres; leur égout ne lui cause aucun préjudice : aussi le frêne réussit-il à l'ombre et dans les lieux resserrés, et l'on peut s'en servir à la place des autres arbres qui refusent d'y venir.

Le frêne, sous beaucoup de rapports, mériteroit d'être employé comme arbre d'ornement dans les jardins paysagers : il s'élève bien droit sur sa tige : sa tête est régulière; son feuillage léger, qui est d'un vert brun et luisant, contraste agréablement avec la verdure des autres arbres : mais il est sujet à un si grand inconvénient, qu'on est obligé de l'écarter de tous les lieux d'agrément, ou de ne l'y placer que rarement. Les cantharides, qui se nourrissent particulièrement de ses feuilles, le dépouillent presque tous les ans de sa verdure vers le milieu de juin, et ces insectes exhalent en même temps une odeur très-désagréable, et à laquelle il pourroit même devenir dangereux de rester exposé pendant quelque temps. Les frênes repoussent, à la vérité, de nouvelles feuilles qui subsistent jusqu'aux gelées : mais il est désagréable de voir des arbres dépouillés comme en hiver, dans la plus belle saison de l'année, lorsque toutes les autres productions de la terre sont dans leur plus grande beauté.

D'après les expériences de MM. Coste et Willemet, les feuilles du frêne commun sont purgatives, à la dose de trois à six gros, en décoction.

Avant qu'on eût découvert le quinquina, on employoit assez fréquemment en médecine l'écorce du frêne comme fébrifuge; mais elle a été bientôt abandonnée, une fois qu'on eut reconnu combien l'écorce du Pérou lui étoit supérieure. Quelques médecins ont inutilement tenté, il y a quelques années, de rappeler la première dans la pratique.

En Angleterre, les gens du peuple sont dans l'usage de faire confire, dans le vinaigre et le sel, les fruits du frêne avant leur maturité, pour les employer comme assaisonnement dans la cuisine.

Les bestiaux et les chevaux broutent les feuilles du frêne avec assez d'avidité, et plusieurs agronomes conseillent d'en récolter pendant l'été et d'en faire sécher à l'ombre, pour les faire servir à la nourriture de ces animaux pendant l'hiver, et surtout à celle des bœufs et des moutons. Miller dit que cette espèce de fourrage donne un mauvais goût au lait et au beurre; mais Rozier et M. Bosc, qui ont vécu dans des cantons où on l'emploie, assurent ne s'être pas aperçus de ce mauvais goût.

Frêne a feuilles simples; *Fraxinus simplicifolia*, Willd., *Spec.*, 4, p. 1098. Cet arbre a le même bois, les mêmes bourgeons, que le frêne commun, et ses fleurs sont également dépourvues de calice et de corolle: ce qui l'a fait considérer par plusieurs auteurs comme n'en étant qu'une simple variété: mais d'autres ont pensé qu'il doit être regardé comme une espèce distincte, parce qu'il se reproduit constamment le même par ses graines. Ce qui le caractérise, c'est la forme particulière de ses feuilles. Ordinairement celles-ci sont simples, ovales ou ovales-lancéolées, pétiolées, longues de quatre à cinq pouces, et larges de deux à trois, profondément dentées en scie; quelquefois cependant, sur certains individus, le même pétiole porte trois et même jusqu'à cinq folioles: dans ce cas, la foliole terminale est toujours beaucoup plus grande que les autres. Cet arbre est cultivé dans les jardins; l'on ignore de quel pays il est originaire.

Frêne a feuilles de lentisque : *Fraxinus lentiscifolia*, Willd.,
Spec., 4 , p. 1101 ; *Fraxinus parvifolia*, Lamk., Dict. encycl., 2 ,
pag. 546. Cette espèce s'élève beaucoup moins que le frêne
commun; ses rameaux sont courts, rapprochés, comprimés à
leur partie supérieure et d'un pourpre brun, garnis de feuilles
composées de onze ou de treize folioles ovales, dentées en
scie, sessiles ou presque sessiles, rétrécies à leurs deux extrémités, glabres des deux côtés. Ses fleurs se développent avant
les feuilles ; elles sont très-petites, d'un pourpre foncé ou
noirâtre, dépourvues de calice et de corolle, et disposées en
grappes latérales. Les capsules sont étroites, terminées par
une aile très-obtuse et légèrement échancrée. Cet arbre est
originaire d'Alep en Syrie, et cultivé depuis assez long-temps
en France, en Angleterre et en Allemagne. Son feuillage,
plus léger que celui du frêne commun, fait qu'il produit un
effet plus agréable.

Frêne a feuilles rondes ; *Fraxinus rotundifolia* , Lamk. ,
Dict. encycl., 2 , p. 546. Ses feuilles sont composées de neuf
ou de onze folioles ovoïdes ou ovales-arrondies, pétiolées,
dentelées, inégales à leur base, d'un vert foncé, presque
noirâtres en dessus, d'une couleur beaucoup plus claire en
dessous. Cet arbre croît naturellement en Italie, d'où il a
été apporté à Duhamel, sous le nom de frêne de Palerme.
Aujourd'hui il est cultivé au Jardin du Roi et dans plusieurs
autres jardins.

C'est principalement cette espèce qui fournit la manne, substance dont on fait beaucoup d'usage en médecine. En Sicile et
en Calabre, pendant les mois de juin ou de juillet, il découle
du tronc et des branches de ce frêne, soit naturellement, soit
par des incisions qu'on y pratique, un suc clair qui s'épaissit,
à l'air et par l'impression de la chaleur, en grumeaux blanchâtres et roussâtres; c'est la manne qu'on ramasse en la détachant avec des couteaux de bois, et qu'on expose au soleil
pour achever de la sécher. Un brouillard humide, ou une
petite pluie, survenus pendant la nuit ou le matin, suffisent
pour faire perdre la récolte ce jour-là. On distingue , dans les
pharmacies, trois espèces de manne, d'après le degré de pureté et la couleur plus ou moins foncée de cette substance,
lesquelles dépendent des procédés qu'on a employés et du plus

ou moins de soin qu'on a mis pour en faire la récolte. La première, nommée manne en larmes, est blanche, figée en forme de stalactites ; c'est la plus belle, mais la plus foible quant à son action : la seconde est d'un blanc jaunâtre ou un peu roussâtre ; on la nomme manne en sorte, et c'est celle dont l'usage est le plus multiplié : la troisième, dont la couleur est d'un roux brunâtre, et qui est souvent chargée d'ordures, est la moins estimée ; on l'appelle manne grasse, et on ne s'en sert guère que pour les lavemens. La manne a une saveur fade, douceâtre et nauséeuse ; c'est un doux purgatif qui convient principalement aux enfans, aux femmes enceintes et aux vieillards ; on la donne selon l'âge et le tempérament, depuis une demi-once jusqu'à trois onces.

Frêne a feuilles de sureau, ou Frêne noir : *Fraxinus sambucifolia*, Lamk., Dict. encycl., 2, p. 549 ; Mich., Arb. Amér., vol. 3, p. 122, t. 12. Dans son pays natal et dans les bons terrains, ce frêne s'élève à soixante ou soixante-dix pieds de haut, sur environ deux pieds de diamètre ; mais il ne paroît pas, jusqu'à présent, avoir atteint en France plus de trente-six à quarante pieds. Ses bourgeons sont d'un bleu très-foncé, et ses jeunes pousses d'un beau vert. Ses feuilles sont longues de dix à quinze pouces, composées de sept ou neuf folioles sessiles, ovales ou ovales-lancéolées, dentées, glabres, ridées et d'un vert foncé en dessus, plus pâles en dessous, où leurs principales nervures sont couvertes d'un duvet roux : ces feuilles ont une odeur de sureau lorsqu'on les froisse entre les doigts. Ses fleurs n'ont ni calice ni corolle ; elles sont disposées en grappes presque paniculées et latérales. Les capsules sont aplaties, à peu près aussi larges à leur base qu'à leur sommet. Cet arbre croît dans le nord de l'Amérique septentrionale, depuis la Pensylvanie jusqu'en Canada, principalement dans les lieux humides.

Le bois du frêne noir est de couleur brune, et il a le grain assez fin. Il a beaucoup de ténacité, et est très-élastique ; mais il dure moins long-temps que le frêne blanc, dont nous parlerons plus bas, lorsqu'il est exposé aux alternatives de la sécheresse et de l'humidité : ce qui fait que, dans les pays où il croît naturellement, ses usages sont assez limités. Il est plus sujet qu'aucune autre espèce de ce genre à se charger de nodosités ou de loupes, qui sont quelquefois très-grosses, et qui, dans leur coupe, présentent, par le tortillement de leurs fibres ligneuses, des accidens fort singuliers. Divisées en lames très-minces et bien polies, ces parties du bois de frêne noir pourroient être employées à faire de beaux meubles.

Frêne pubescent ou Frêne rouge : *Fraxinus pubescens*, Lamk., Dict. encycl., 2, p. 548 ; *Fraxinus tomentosa*, Mich., Arb. Amér., 3, p. 112, t. 9. Dans les marais et les terrains submergés de la Pensylvanie, du Maryland et de la Virginie, où cette espèce croit spontanément, elle s'élève à cinquante ou soixante pieds de hauteur. Ses rameaux sont couverts, surtout dans leur jeunesse, d'un duvet cotonneux, cendré et doux au toucher. Ses feuilles sont composées de sept ou neuf folioles pédicellées, ovales-lancéolées, pubescentes en dessus, blanchâtres et légèrement cotonneuses en dessous, plus ou moins dentées en leurs bords. Ses fleurs sont petites, dépourvues de corolle, mais munies d'un calice et disposées latéralement en grappes rameuses, paniculées, opposées, pubescentes, accompagnées de bractées oblongues, roussâtres, membraneuses et velues. Les capsules sont cylindriques dans leur tiers inférieur, surmontées d'une aile obtuse et souvent échancrée. Cet arbre est cultivé au Jardin du Roi et dans plusieurs jardins particuliers.

L'écorce du tronc de ce frêne est d'une couleur très-rembrunie, et le cœur du bois a une teinte rougeâtre. Ce bois est très-estimé dans les parties des Etats-Unis d'Amérique où il croit ; il est employé pour beaucoup d'ouvrages, et les usages multipliés qu'on en a fait sont à peu près les mêmes que ceux auxquels on fait servir l'espèce suivante.

Frêne d'Amérique, ou Frêne blanc : *Fraxinus americana*, Willd., *Spec.*, 4, p. 1102 ; Mich., Arb. Amér., 3, p. 106, t. 8. Cette espèce est très-commune dans les parties septentrionales de l'Amérique, depuis la Pensylvanie jusqu'en Canada ; elle croît principalement sur les bords des rivières et des marais, ou même sur le penchant des coteaux qui les avoisinent, et elle y acquiert quelquefois quatre-vingts pieds d'élévation sur un diamètre de trois pieds. Sa tige est parfaitement droite, et ses rameaux sont glabres, d'un gris cendré tirant un peu sur le bleu clair. Ses feuilles sont très-grandes, composées de cinq ou de sept folioles pédicellées, ovales-oblongues ou lancéolées, peu ou point du tout dentées, légèrement pubescentes dans leur jeunesse, glabres dans l'âge adulte, blanchâtres et presque glauques en dessous. Les fleurs, qui forment des panicules courts, touffus et latéraux, n'ont point de corolle, mais elles sont pourvues d'un petit calice à quatre folioles courtes. Les fruits sont cylindriques dans leur partie inférieure, et élargis ensuite en une languette souvent échancrée à son extrémité.

Dans les parties des Etats-Unis d'Amérique où le frêne blanc se trouve fréquemment, son bois est employé à une multitude d'usages, comme le frêne commun l'est en Europe. De même que celui-ci, il réunit la force, la souplesse et l'élasticité. On en fait les brancards et les jantes des roues de cabriolets et de carrosses ; on en fabrique des rames, des barriques, des chaises, des manches pour différens outils, de ces espèces de vases nommés sébilles, des cercles et différentes choses de boissellerie, des poulies, etc. Dans les gros arbres, le cœur, ou le vrai bois, est rougeâtre ; l'aubier est très-blanc.

Le frêne blanc, cultivé depuis assez long-temps en France, en Angleterre et en Allemagne, y réussit très-bien, surtout dans les lieux humides. On a remarqué qu'il étoit moins sujet que les autres espèces du même genre à être attaqué par les cantharides ; ce qui est un avantage pour le placer dans les parcs et les grands jardins.

Frêne de Caroline ; *Fraxinus caroliniana*, Willd., *Spec.*, 4, p. 1103. Ses rameaux sont glabres, d'une couleur cendrée, garnis de feuilles composées de sept folioles lancéolées, acuminées, bordées de dents nombreuses et très-aiguës, glabres des deux côtés, luisantes en dessus. Les fleurs, disposées en un panicule latéral et lâche, ont un calice campanulé à quatre divisions courtes et aiguës. Cet arbre croît naturellement dans la Caroline. On le cultive au Jardin du Roi. Ses fleurs paroissent en mai, en même temps que les feuilles. Il craint le froid plus que la plupart des autres espèces, et les fortes gelées l'endommagent quelquefois.

Frêne a feuilles de noyer ; *Fraxinus juglandifolia*, Willd., *Spec.*, 4, p. 1104 ; Duham., Arb., nouv. édit., vol. 4, p. 63 ; t. 16. Cet arbre est d'une hauteur médiocre ; ses rameaux sont

glabres, d'une couleur cendrée, garnis de feuilles composées
de cinq ou de sept folioles ovales-lancéolées, pédicellées,
vertes et glabres en dessus, blanchâtres et un peu glauques en
dessous, légèrement pubescentes, principalement sur leurs
nervures. Ses fleurs, disposées en panicule latéral et pendant, sont munies d'un calice à quatre dents, et ordinairement dépourvues de corolle. La capsule est surmontée d'une
aile cunéiforme, obtuse à son sommet. Cette espèce est originaire de l'Amérique septentrionale. On la cultive au Jardin
du Roi, et chez quelques particuliers.

FRÊNE VERT ; *Fraxinus viridis*, Mich., Arb. Amér., 3, p. 115,
t. 10. Cet arbre n'a guère plus de vingt à vingt-cinq pieds ; on
le reconnoît facilement à la belle couleur verte et luisante de
ses jeunes pousses et de ses feuilles, dont la teinte diffère
très-peu dans les deux surfaces. Ces feuilles sont composées de
sept à onze folioles pétiolées, ovales-acuminées, très-sensible-
ment dentées. Les capsules sont arrondies dans leur tiers inférieur, aplaties dans le reste de leur étendue, légèrement
échancrées à leur extrémité. Ce frêne croît naturellement dans
plusieurs parties de la Pensylvanie, du Maryland et de la Virginie. Il y a trente et quelques années qu'il est cultivé en
France, de graines envoyées par Michaux père. Il supporte
bien les froids de nos hivers dans le climat de Paris. La teinte
particulière de son feuillage forme un contraste agréable avec
les autres arbres près desquels il est planté.

FRÊNE QUADRANGULAIRE, ou Frêne bleu : *Fraxinus quadrangu-
lata*, Mich., *Flor. Bor. Amer.*, 2, p. 256 ; Mich., Arb. Amér., 3,
p. 118, t. 11. Dans son pays natal, les contrées des Etats-
Unis situées à l'ouest des monts Alléghanis, cet arbre s'élève
souvent à soixante et soixante-dix pieds. Il est très-facile à
distinguer des autres espèces par ses branches et ses rameaux
quadrangulaires, à angles légèrement ailés. Ses feuilles sont
composées de cinq ou de sept folioles pedicellées, ovales ou
ovales-lancéolées, sensiblement dentelées, d'un vert sombre
en dessus, plus pâles et pubescentes en dessous. Les capsules sont aplaties dans toute leur longueur, et un peu plus
étroites vers leur base.

On doit la connoissance de cette espèce à Michaux père.
Les individus qu'on cultive au Jardin du Roi proviennent des

graines qu'il y a envoyées, et qui, ayant très-bien réussi, ont permis de répandre cet arbre tant en France que chez les différens amateurs et cultivateurs de l'Europe.

Le bois du frêne bleu réunit la solidité et la force à l'élasticité ; dans les parties des Etats-Unis où il est répandu , il sert à peu près aux mêmes usages que le frêne blanc dans les pays où celui-ci est commun.

FRÊNE **a** fruit large : *Fraxinus platicarpa*, Mich. , *Flor. Bor. Amer.* , 2, p. 256 ; Willd., *Spec.*, 4, p. 1103. ; Mich., Arb. Amér., 3 , p. 128 , t. 13. La plus grande élévation à laquelle cet arbre puisse atteindre, paroît être celle de trente pieds. Ses jeunes pousses et ses feuilles, dans leur premier âge , sont blanchâtres et couvertes en dessous d'un duvet assez épais, mais qui disparoît entièrement à mesure qu'on avance vers l'été. Ces feuilles sont rarement composées de plus de cinq folioles pédicellées, ovales , dentées en scie , rétrécies à leurs deux extrémités. Ses fleurs sont très-petites, disposées en grappes courtes, presque simples. Les fruits sont ovales, comprimés, obtus , beaucoup plus larges que dans aucune autre espèce. Ce frêne croît naturellement sur les bords marécageux des rivières dans les deux Carolines. Il est cultivé au Jardin du Roi et chez quelques particuliers.

FRÊNE vert-noir ; *Fraxinus atrovirens* ; Desf. , *Hort. Par.* Cet arbre, qui ne paroît devoir s'élever qu'à une hauteur médiocre , est remarquable par la couleur d'un vert sombre de ses feuilles. Celles-ci sont composées de onze folioles pédicellées , ovales-obtuses , glabres, d'un vert très-foncé en dessus , plus pâles en dessous, légèrement pubescentes, surtout en leurs nervures, irrégulièrement crépues et dentées en leurs bords. Cette espèce est cultivée au Jardin du Roi, et elle passe pour être originaire de l'Amérique septentrionale.

FRÊNE nain ; *Fraxinus nana*, Desf., *Hort. Par.* Cette espèce n'est qu'un arbrisseau, dont la tige est divisée en rameaux nombreux , glabres, d'un bleu noirâtre , garnis de feuilles composées de neuf à onze petites folioles, ovales, aiguës, presque sessiles, glabres, à peine dentées en leurs bords. Elle est cultivée au Jardin du Roi, sans que l'on connoisse son lieu natal.

Tous les frênes exotiques se cultivent de la même manière

que le frêne commun. On multiplie par les semences toutes les espèces qui en produisent; mais celles qui en donnent en France ne sont encore qu'en petit nombre. Toutes celles dont on ne peut se procurer des graines, de même que les variétés que les semences ne reproduiroient pas, se multiplient en les greffant sur le frêne commun , soit en fente , soit en écusson. (L. D.)

FRENEAU. (*Ornith.*) C'est, en vieux françois, le nom de l'orfraie, *falco ossifragus*, Linn. (Cʜ. D.)

FRESACO (*Ornith.*), nom donné, dans l'ancienne province de Guyenne, à la chouette effraie ou fresaie, *strix flammea*, Linn. (Cʜ. D.)

FRESAIE. (*Ornith.*) Ce nom, suivant Ménage, dans son Dictionnaire étymologique de la langue françoise, vient du latin *præsaga*, et il a été donné à la chouette effraie, *strix flammea*, Linn., parce que cet oiseau est regardé comme de mauvais augure. D'autres le tirent de ce que les plumes de son cou présentent la forme d'une fraise. Salerne dit que l'engoulevent, *caprimulgus europeus*, Linn., est aussi appelé *fresaie* à Loudun et dans l'ancienne province de Saintonge. (Cʜ. D.)

FRESH WATER HERRING. (*Ichthyol.*) En Ecosse, ces mots, qui signifient *hareng d'eau douce*, servent à désigner le corégone clupéoïde du lac Lochlomond. Voyez Corégone. (H. C.)

FRESNE ÉPINEUX. (*Bot.*) C'est le clavalier, *zanthoxyum clava Herculis*, qui est ainsi nommé. (J.)

FRESNO. (*Bot.*) Dans les Andes du Pérou, ce nom est donné au *tecoma azalæfolia* de la Flore équinoxiale de MM. de Humboldt et Kunth. (J.)

FRESRAN. (*Bot.*) Voyez Caracher. (J.)

FRET, Fʀᴇɪᴛ, Fʀᴇᴛᴛᴇʟ, Fʀɪᴛɪ, Fʀᴇᴛᴛᴄʜᴇɴ (*Mamm.*), noms du furet, dans les langues germaniques. (F. C.)

FRETADOUS. (*Bot.*) Voyez Coussoudos. (J.)

FRETILLET. (*Bot.*) Ce nom est donné, dans les campagnes de la Bourgogne, au pouliot. (J.)

FRETILLET (*Ornith.*), nom donné par les Champenois au pouillot ou chantre, *motacilla trochilus*, Linn. (Cʜ. D.)

FRETIN. (*Ichthyol.*) Les pêcheurs donnent ce nom à tout poisson trop petit pour être mangé autrement qu'en friture, ou pour être employé à autre chose qu'à servir d'appât pour la pêche des poissons voraces. Il diffère de l'*alvin*, qui n'est composé que de poissons propres aux étangs. Voyez Poisson. (H. C.)

FRETT BAR, *Frett bor* (*Mamm.*), nom que quelques auteurs allemands donnent au coati, et qui signifie proprement *furet-ours*. (F. C.)

FREUX. (*Ornith.*) Cette espèce de corbeau, qu'on nomme aussi *frayonne*, est le *corvus frugilegus*, Linn. (Ch. D.)

FREYERA. (*Bot.*) Scopoli donne ce nom au *mayepea* d'Aublet, genre que Vahl a supprimé et réuni au *chionanthus* de la famille des jasminées, mais à tort, puisqu'il a quatre pétales et surtout quatre étamines, non alternes avec les pétales, mais placées au-devant de chacun; d'où il résulte que ce genre doit être conservé, et rester dans la famille des rhamnées. Il faut ne pas confondre avec le *mayepea* le genre *Ceranthus* de Schreber, qui doit être réuni au chionanthe. (J.)

FRÉZIÈRE, *Fresiera*. (*Bot.*) Genre de plantes dicotylédones, à fleurs complètes, polypétalées, de la famille des ternstromiées, de la *polyandrie monogynie* de Linnæus, offrant pour caractère essentiel : Un calice à cinq folioles; cinq pétales; environ trente étamines insérées sur un disque au fond du calice; un ovaire supérieur; un style à trois ou cinq divisions; une baie à trois ou cinq loges polyspermes.

Ce genre avoit d'abord été établi par Swartz sous le nom d'*eroteum*; il y a substitué, depuis, celui de *freziera*, plus généralement adopté. Il comprend des arbres de diverse grandeur, de l'Amérique méridionale, à feuilles alternes, coriaces; les fleurs sont axillaires, quelquefois solitaires et sessiles. On remarque les espèces suivantes.

Frézière faux-thé : *Freziera theoides*, Swartz, *Fl. Ind. occid.*, 2, pag. 972 ; *Eroteum*, *Prodr.*, 85. Arbre des hautes montagnes de la Jamaïque, qui s'élève à la hauteur de vingt à quarante pieds. Ses rameaux sont glabres, cylindriques, garnis de feuilles alternes, pétiolées, glabres, ovales-lancéolées, luisantes en dessus, à dentelures obtuses. Les fleurs sont blanchâtres, solitaires, axillaires, pendantes, pédonculées; les divisions du calice profondes, ovales, membraneuses; deux plus petites; les pétales ovales, arrondis, un peu ondulés à

leurs bords, ciliés, étant vus à la loupe ; l'ovaire pubescent ;
le fruit est une baie arrondie, à trois loges, de couleur ferrugineuse, et de la grosseur d'un pois.

FRÉZIÈRE A FEUILLES ONDULÉES : *Freziera undulata*, Swartz,
Flor. Ind. occid., 2, pag. 974 : *Eroteum*, Swarth, *Prodr.*, 85 ;
Vahl, *Symb.*, 2, pag. 61. Arbre élégant qui croît sur les hautes
montagnes de l'Amérique méridionale, et s'élève jusqu'à la
hauteur de cinquante pieds. Ses rameaux sont bruns, parsemés de points blancs ; ses feuilles pétiolées, elliptiques, lancéolées, acuminées, dentées et ondulées à leurs bords, longues
de quatre pouces, glabres à leurs deux faces. Les fleurs sont
réunies en petites ombelles axillaires ; les divisions du calice
arrondies, légèrement ciliées, accompagnées de deux petites
bractées ovales, concaves ; les pétales blancs, oblongs ; les
fruits presque ronds, un peu coniques, glabres, à trois
loges, de la grosseur d'un pois ; les semences anguleuses et
ponctuées.

FRÉZIÈRE RÉTICULÉE : *Freziera reticulata*, Humb. et Bonpl.,
Pl. Æquin., 1, pag. 22, tab. 5 ; Poir., *Ill. Gen.*, *Suppl.*, cent.
10. Arbre de dix-huit pieds, dont les rameaux sont couverts
d'un duvet tomenteux, parsemés de petits tubercules ovales,
presque charnus ; les feuilles pétiolées, coriaces, ovales-lancéolées, tomenteuses en dessous ; les veines réticulées ; les
fleurs blanches, axillaires, au nombre de trois ou cinq ; les
pédoncules uniflores, tomenteux, munis d'une petite écaille
à leur base ; le calice tomenteux, pourvu de deux bractées
orbiculaires. Le fruit est une baie longue d'un demi-pouce,
à quatre loges polyspermes. Cet arbre croît au Pérou dans la
grande chaîne des Andes.

FRÉZIÈRE BLANCHATRE ; *Freziera canescens*, Pl. *Æquin.*, p. 25,
tab. 6. Cet arbre, haut de dix-huit pieds, a le tronc lisse, le
bois flexible, peu poreux, susceptible de prendre un beau
poli, employé avec avantage par les layetiers. Ses rameaux
sont glabres, étalés, pubescens vers leur sommet dans leur
jeunesse : les feuilles coriaces, lancéolées, luisantes en dessus.
légèrement dentées, revêtues en dessous d'un duvet d'un blanc
sale : les pétioles très-courts ; les feuilles presque solitaires,
axillaires ; le calice tomenteux ; ses découpures concaves,
orbiculaires ; la corolle blanche ; les pétales ovales, parsemés

25.

de poils en dehors; les baies très-grosses, ovales, à trois loges polyspermes. Cet arbre croit dans les Andes, au Pérou.

Frézière a feuilles d'or; *Freziera chrysophylla, Pl. Æquin.*, p. 27, tab. 7. Arbre de quinze à dix-huit pieds, chargé de rameaux distans, couverts, dans leur jeunesse, de poils d'un jaune d'or; les feuilles sont à peine pétiolées, étalées, elliptiques, entières, très-aiguës, glabres et d'un vert foncé en dessus, tomenteuses et d'une belle couleur d'or en dessous, longues de quatre pouces. Les fleurs sont axillaires, pédicellées, réunies deux ou trois, accompagnées de deux petites bractées ovales, tomenteuses; les divisions du calice orbiculaires; cinq pétales lancéolés; une baie petite, ovale, soyeuse, acuminée, à quatre loges; les semences très-petites, en rein, d'un jaune-cannelle. Cette espéce croit dans les environs de la ville de Popayan, au Pérou.

Frézière soyeuse; *Freziera sericea, Pl. Æquin.*, p. 29, tab. 8. Arbre de trente pieds de haut, dont les rameaux sont glabres, à angles peu saillans, garnis de feuilles étalées, lancéolées, aiguës, légèrement dentées, glabres en dessus, couvertes en dessous de poils blancs et soyeux. Les fleurs sont axillaires, réunies deux ou trois, munies de deux petites bractées; le calice glabre; les découpures orbiculaires; la corolle blanche; les pétales ovales, obtus; le fruit ovale, de la grosseur d'un pois, glabre, à trois loges; les semences brunes, ovales, luisantes. Cet arbre croit au Pérou.

Frézière nerveuse; *Freziera nervosa, Pl. Æquin.*, p. 31, tab. 9. Le tronc de cet arbre s'élève à plus de trente pieds; il s'emploie au Pérou pour la construction des maisons : on le trouve sur les hautes montagnes de la province de Pasto, dans les Andes. Ses rameaux sont droits, tortueux, et presque glabres dans leur jeunesse; les feuilles alternes, lancéolées, aiguës, étalées, membraneuses, quelquefois un peu pileuses en dessous. Les fleurs sont axillaires, fasciculées; les pédoncules tomenteux, munis de deux petites bractées ovales; la corolle blanche; les pétales ovales, obtus; l'ovaire glabre; le style trifide; les stigmates aigus. (Poir.)

FREZILLON (*Bot.*), nom vulgaire du troëne dans quelques cantons (L. D.)

FREZOS (*Bot.*), nom vulgaire des fèves en Languedoc. (L. D.)

FRIAND. (*Entom.*) Goëdaert a nommé ainsi une espèce de bombyce voisine de la méticuleuse. (C. D.)

FRICATOR [qui frotte], (*Mamm.*), surnom donné par Linnæus au chien doguin. (F. C.)

FRICHLING (*Mamm.*), nom que l'on donne au marcassin en Allemagne. (F. C.)

FRICON. (*Bot.*) Le fragon piquant porte ce nom en Bourgogne. (L. D.)

FRIDATUTAH. (*Ornith.*) L'oiseau auquel on donne, au Bengale, ce nom qui s'écrit aussi *fridytutah*, et qu'Albin a décrit et figuré, tom. 3, pag. 7, et pl. 14, est le *psittaca bengalensis* de Brisson, tom. 4, p. 348, et la petite perruche à tête couleur de rose et à longs brins, de Buffon, var. B du *psittacus erythrocephalus* de Gmelin et de Latham. C'est du même oiseau qu'il est question dans le Dictionnaire des Animaux de la Chesnaye-des-Bois, sous le nom de *fridatulari*. (Cʜ. D.)

FRIEZLAND. (*Ornith.*) Suivant Marsden, tom. 1, pag. 188 de son Histoire de Sumatra, traduction françoise, l'oiseau qu'on appelle ainsi dans cette île est la poule nègre. (Cʜ. D.)

FRIGANE ou Pʜʀʏɢᴀɴᴇ, *Phryganea*. (*Entomol.*) Genre d'insectes névroptères, de la famille des agnathes, près des éphémères, dont ils se rapprochent par les mœurs et la disposition des parties de la bouche. En effet, comme le nom de la famille l'indique, les mâchoires et les mandibules sont à peine développées, l'insecte ne prenant pas ou presque pas de nourriture sous l'état parfait. Ces deux genres diffèrent l'un de l'autre par la disposition des ailes, qui sont disposées en toit sur l'abdomen dans les friganes, et étalées ou redressées dans les éphémères : et par les antennes, qui sont plus courtes que la tête dans ces dernières, tandis qu'elles sont longues, en soie, et souvent plus étendues que le corps, dans les friganes.

Ce nom, emprunté du grec par Linnæus, φρυγάνιον, signifie un petit fagot ; il indique une particularité des larves d'où proviennent plusieurs espèces de ce genre, qui collent au fourreau, qu'elles se filent au milieu des eaux, des brins de jonc et d'autres fragmens de plantes aquatiques, dont l'ensemble représente ainsi une petite bourrée : φρυγανίζομαι, var-

gulta arida colligo, je ramasse de petits bois secs. Aussi quelques auteurs, comme Réaumur, ont-ils nommé ces larves des teignes aquatiques. Ce célèbre observateur a consacré plusieurs planches de son bel ouvrage à représenter ces fourreaux des friganes. (Mémoires pour servir à l'Histoire des Insectes, tom. III, pag. 204, pl. 12, 13 et 14.) Nous avons fait figurer nous-même l'un de ces fourreaux. Voyez planches de l'Atlas, Névroptères agnathes, n.°3, et un autre, sous le n.°2, recouvert de particules de sable agglutinées. D'après cette étymologie, c'est donc à tort que Geoffroy, qui a traduit le mot *phryganea* de Linnæus, l'a écrit en françois *frigane*, et non *phrygane*. Nous avons même été indécis si nous ne renverrions pas le mot à son rang alphabétique, et nous écrirons indifféremment ce nom des deux manières, comme nous l'avons déjà fait dans plusieurs mots de renvois : Charée, Caset.

Les phryganes, sous l'état parfait, ressemblent de prime abord à de petites *noctuelles* ou à des *pyrales*, ce qui a fait nommer ces insectes *mouches papilionacées*. Leur corps est alongé, étroit et velu ; leur tête est petite, à yeux saillans ; leur front, quoique poilu, laisse cependant apercevoir chez quelques espèces deux stemmates ou petits yeux lisses ; les antennes en soie sont très-longues, portées en avant dans le repos le plus ordinairement, et très-mobiles ; la bouche ne porte pas de trompe, mais des palpes alongés, que l'insecte meut avec activité. Les mandibules et les mâchoires sont membraneuses, à peine distinctes. Leur corselet est formé de trois parties : la première, qui ne paroît presque pas en dessus, supporte la paire des pates antérieures ; la seconde pièce reçoit à la fois la paire de pates intermédiaires et les ailes supérieures ; enfin c'est sur la troisième pièce du corselet que les ailes inférieures et la paire de pates postérieures sont articulées. Ces pates sont grêles, alongées, surtout les dernières. Toutes ont les jambes épineuses ou garnies d'éperons, et leurs tarses sont composés chacun de cinq articles. Les ailes supérieures sont triangulaires, à grosses nervures longitudinales, le plus souvent poilues, velues ou écailleuses, quelquefois colorées ou tachetées.

On observe les phryganes dans les lieux humides, aux environs des rivières ou des étangs, où leurs larves se développent.

Elles ne volent guère que le soir; pendant le jour, elles restent fixées et immobiles comme les noctuelles : elles présentent cette particularité que, quand elles se sont ainsi tapies, elles portent directement en avant leurs longues antennes, dans l'axe du corps et parallèles ; au moindre mouvement, à la moindre crainte qu'on leur inspire, ces antennes s'écartent l'une de l'autre, s'agitent vivement, et semblent vibrer. Alors l'insecte se meut avec rapidité, et bientôt il s'envole. Comme tous les insectes nocturnes, les friganes sont attirées par la lumière : aussi, dans les soirées d'été, viennent-elles, comme les éphémères et les phalènes, se jeter sur les bougies allumées, et nous avons vu plusieurs fois les glaces des reverbères des ponts placés sur la Seine, couvertes entièrement de ces insectes.

Nous avons déjà dit que les friganes provenoient des larves aquatiques, qui vivent dans des fourreaux; c'est ce qui a fait sans doute que Charleton, dans ses *Exercitationes physico-medicœ*, a cru devoir rapporter à ces larves ce qu'a dit Aristote des insectes qu'il nomme ξυλοφθό'ρον, *xylophtoron*, qu'il regarde comme les *phryganions* de Belon, que les pêcheurs appellent vulgairement les charrées ou casets. C'est principalement sous cette forme de larves, en effet, que ces insectes offrent beaucoup d'intérêt aux naturalistes.

Ces larves ou ces chenilles aquatiques sont alongées, ordinairement de couleur blanche, parce qu'elles sont étiolées par la privation de la lumière, leur corps étant constamment renfermé dans un fourreau. Elles n'ont que six pates articulées, placées près de la tête, et qui servent au mouvement ; mais leur corps se termine en arrière par deux crochets écailleux, forts et courbés en manière de crampons, dont l'insecte se sert pour se fixer solidement dans l'intérieur de son fourreau, quand on fait quelques efforts pour l'en tirer.

La tête de ces larves est écailleuse comme celle des chenilles; leur bouche est munie de deux mandibules tranchantes, dont l'insecte se sert pour couper les particules des végétaux qui servent à sa nourriture, et pour disposer convenablement les matériaux qui doivent être façonnés, afin d'entrer dans la construction de leur domicile transportable. On y voit en outre les filières dont la larve fait sortir les filamens déliés qui doivent former le tissu de soie intérieur qui sert de base à leur fourreau.

Les trois premiers anneaux qui viennent après la tête, supportent chacun une paire de pates qui vont successivement en augmentant de longueur, la première paire étant la plus courte. Ces pates sont bien articulées; on y distingue une sorte de cuisse, une jambe et un tarse. Quand l'insecte change de place, ces trois premiers anneaux sortent du fourreau.

Neuf autres anneaux forment le reste du corps, qui est toujours blanchâtre. On voit sur le premier de ceux-là, en dessus ou du côté du dos, trois tubercules charnus, plus ou moins saillans, dont l'insecte paroît se servir pour s'appuyer dans l'intérieur de son fourreau et pour y cheminer, comme les larves des cicindèles dans les tuyaux qu'elles se creusent pour s'y tenir en embuscade. Les anneaux qui viennent ensuite sont chacun, à l'exception du dernier, garnis en dessus d'un grand nombre de filamens blanchâtres, disposés par faisceaux doubles, susceptibles de se dresser. Ces filamens paroissent être de véritables branchies. On voit en effet que l'insecte, renfermé dans son fourreau, y fait entrer de l'eau, qui en sort brusquement quelque temps après. Réaumur, qui les avoit observés, dit qu'il seroit tenté de croire qu'ils ont quelque analogie avec les branchies de poissons. Ils ont en effet le plus grand rapport avec les panaches des larves d'éphémères, si bien observées par Swammerdam. C'est à tort que Vallisnieri a cru ces filamens propres à faire adhérer la larve à son fourreau.

Réaumur, qui a décrit parfaitement ces larves, a reconnu que, lorqu'on les retire brusquement de leur fourreau, comme le font les pêcheurs à la ligne, lorsqu'ils veulent s'en servir pour amorcer leurs hameçons, ces larves, placées de nouveau près de leur fourreau, y rentrent d'elles-mêmes, la tête la première, quoique ce fourreau soit fermé par l'extrémité opposée : heureusement qu'il est en général assez large pour que l'insecte puisse se retourner dedans.

Mais, dit cet auteur, si ces larves rentrent volontiers dans leurs fourreaux, ce n'est pas qu'elles soient paresseuses à s'en faire de neufs, mais il leur est plus commode de se servir de

celui qui est tout fait, que de commencer à travailler sur
nouveaux frais. Cependant, voulant les voir à l'ouvrage, il en
a mis plusieurs dans cette nécessité, et il décrit avec beaucoup
d'intérêt les procédés qu'il leur a vu mettre en usage en cette
occasion, soit pour se faire, comme il le dit, des habits neufs,
soit pour alonger les leurs, y ajouter des pièces, les alléger
ou les lester, suivant les cas, comme nous le dirons.

Ces tuyaux varient beaucoup pour la forme et la disposition extérieure; il paroit que chaque espèce offre des particularités dans l'art avec lequel elle construit sa demeure, et
que la nature des eaux dans lesquelles la larve est appelée à
se développer, exige des précautions et des arrangemens
différens.

Ces fourreaux, qui sont en général un peu coniques, en
dedans au moins, sont ouverts par le bout qui donne issue
à la tête et aux pates; ils sont fermés par l'autre. Les uns,
et ce sont ceux des larves qui habitent des eaux courantes,
sont couverts en dehors de graines, de petites pierres et de
particules de coquilles, que l'insecte agglutine et colle exactement au dehors: souvent, et c'est encore une observation
de Réaumur qu'il est facile de vérifier, on en trouve qui sont
entièrement recouverts de planorbes, de bulimes, de petites
tellines, quelquefois d'une même espèce, et dans chacune de
ces coquilles se trouvent les mollusques vivans; et ces coquilles
y sont si bien attachées, qu'il n'est pas possible au véritable
propriétaire de se séparer de l'enveloppe dont il fait partie.
Aussi l'auteur auquel nous empruntons ces détails fait-il cette
réflexion, en parlant des fourreaux ainsi construits : « Ces
« sortes d'habits sont fort jolis, mais ils sont de plus très-sin-
« guliers. Un sauvage qui, au lieu d'être couvert de fourrures,
« le seroit de rats musqués, de taupes et d'autres animaux
« vivans, auroit un habillement bien extraordinaire : tel est
« en quelque sorte celui de nos larves. »

Parmi les larves, celles qui se développent dans les étangs,
dans les mares et dans toutes les eaux stagnantes, garnissent
leurs fourreaux de parcelles de roseaux, de brins d'herbes
ajustés avec un art admirable. Le cylindre de soie intérieur
est inscrit dans un pentagone, un hexagone, un heptagone
ou tout autre polygone, de manière que chacun des brins se

prolongeant, se croise de part et d'autre avec un des brins qui touchent le même tuyau. Il résulte de là des fourreaux extrêmement hérissés, qui ont jusqu'à douze fois le diamètre du cylindre extérieur. C'est à ces sortes de fourreaux que conviendroit plus particulièrement le nom de *phryganion*, puisqu'il ressemble véritablement à une petite bourrée.

D'autres découpent en spirale des lames de feuilles de potamogétons, de nymphæa ou d'autres plantes aquatiques; quelques unes ajustent les folioles des lemnas, des callitriches, qui restent long-temps vivantes, quoique submergées, et déguisent ainsi la présence des insectes aux poissons, qui en sont fort avides.

Nous en avons fait nous-même travailler plusieurs dans des circonstances obligées, où nous ne leur livrions que des sables colorés, du verre, du cobalt, du mica, du grès à grains réguliers cubiques, et il résultoit de leur travail une sorte de mosaïque dont nous avons conservé quelques échantillons.

Au reste, ce n'est pas la seule industrie de nos larves; elles en manifestent une autre, non moins admirable, par la précaution et l'espèce de prévoyance qu'elles emploient avant de se changer en nymphes, ou dans cet état de chrysalide qui ne leur permettroit plus de se défendre contre les animaux même les plus foibles, qui voudroient en faire leur pâture. Sous cet état de sommeil apparent la nymphe respire encore, et pour permettre à l'eau un libre accès par les deux extrémités du fourreau qui la renferme, elle avoit besoin d'y construire une sorte de grillage ou de diaphragme qui, semblable à un tamis grossier, permettroit à l'eau de pénétrer par l'une des extrémités pour sortir par l'autre. Réaumur compare cette cloison à une porte grillée qui, cependant, est assez mobile pour devenir concave d'un côté quand l'animal semble y attirer l'eau pour inspirer, et pour paroître convexe à l'extrémité opposée, lorsque l'eau la traverse dans l'expiration. La plupart de ces larves ont aussi prévu qu'il valoit mieux, pendant cet état de sommeil, que leur fourreau fût assujetti pour ne pas être entraîné par le liquide; c'est ce qui fait qu'elles le fixent à quelque corps solide avant de l'obturer à ses extrémités.

Les nymphes des friganes ressemblent à peu près à celles

des hémérobes et des fourmilions; cependant ce mode de séjour dans l'eau sous cet état a nécessité des particularités fort curieuses à connoître.

D'abord, et quoiqu'on puisse distinguer au dehors, surtout à une époque un peu éloignée de la transformation en nymphe, tous les rudimens des membres nouveaux que doit prendre l'insecte en passant de l'état de larve ou de chenille à celui d'une frigane ailée, avec de longues antennes en soie, de très-longues pates et une tête, et surtout avec une bouche tout-à-fait différentes de celle qui se remarquoit dans la larve, il y a sur le dos de ces filamens blancs, de ces panaches qui sont de véritables branchies, les ailes, encore en moignon, sont placées sur le ventre; l'extrémité de l'abdomen se termine par deux crochets dont la nymphe peut encore se servir pour se cramponner dans son fourreau quand on veut l'en extraire de force : mais on n'aperçoit pas du côté de la tête ce qui pourra servir à l'animal pour percer le grillage qu'il s'est filé, avant sa métamorphose, à celle des extrémités de son tuyau par laquelle il doit sortir, puisqu'il correspond à la tête. Vallisnieri et Réaumur ont appris qu'il en étoit de ces larves comme des petits poulets renfermés dans la coquille, qui portent sur la pointe de leur bec une matière solide, à l'aide de laquelle ils incisent la coque en dedans pour faire sauter la voûte qui les a protégés avant et pendant l'incubation. De même aussi ils ont sur le sommet de leur tête une aigrette, une sorte de huppe formée par une touffe de poils roides, qui recouvrent deux crochets dont les pointes réunies forment une sorte de bec qui ne sert à l'animal que pour cette circonstance où il percera son grillage. En effet, ces nymphes sont mobiles vers l'époque où elles sont appelées à devenir insectes parfaits. Nous en avons observé plusieurs fois, et nous allons même donner des détails que nous n'avons pas trouvés indiqués dans les auteurs : le hasard seul nous les a appris; mais nous avons reproduit volontairement les mêmes circonstances, qui nous ont fait assister à un spectacle des plus merveilleux.

Comme nous l'indiquions tout à l'heure, nous avons élevé des larves de friganes d'espèces diverses, et nous les avions obligées de construire devant nous leurs fourreaux avec des matériaux donnés. Le bocal qui les renfermoit contenoit depuis plus de quinze jours toutes ces nymphes dans l'immobilité la plus grande, lorsqu'un matin, à notre grande surprise, nous aperçûmes dans l'eau un grand nombre d'insectes qui y nageoient par bonds et avec vélocité; nous ne tardâmes pas à reconnoître que c'étoient des nymphes de friganes. Après les avoir examinées avec quelque soin, nous prîmes, à l'aide d'une large barbe de plume, une de ces nymphes agiles, et nous l'examinions depuis quelques minutes, lorsque tout à coup et sous nos yeux, il survint à l'animal, qui étoit en repos, et qui paroissoit souffrir, une sorte de gonflement emphysémateux; il se boursoufla comme une vessie remplie d'air; sa peau desséchée se creva du côté du dos; il se forma là une déchirure alongée par laquelle nous vîmes bientôt saillir le corselet de l'insecte; les ailes se dégagèrent, s'alongèrent, s'étendirent; l'abdomen sortit de son fourreau, les antennes se déroulèrent comme par un ressort; bientôt les pates elles-mêmes se dégaînèrent d'un étui très-mince, et l'insecte s'éloigna de quelques pas.

Nous avions été témoin de cette sorte d'accouchement, qui s'opéra en moins d'une minute. Nous répétâmes l'expérience sur un autre individu, pêché de la même manière à l'aide de la barbe de plume, et la métamorphose réussit aussi bien. Pendant deux ou trois jours nous eûmes cette année-là le même spectacle produit à volonté, et nous nous sommes assuré, l'année suivante, que ces larves pouvoient ainsi rester jusqu'à huit jours dans l'eau sans y périr; que la circonstance qui s'opposoit à leur métamorphose étoit l'impossibilité dans laquelle nous avions placé ces larves de s'accrocher sur quelque corps solide pour changer d'élément. C'est un fait très-curieux, et que nous sommes bien aise d'avoir occasion de consigner ici.

Les entomologistes qui ne s'occupent que de la classification des insectes, sont forcés d'éloigner beaucoup dans leurs systèmes les friganes sous l'état parfait, des espèces de névroptères à bouche garnie de mâchoires, telles que les perles et les semblides. Cependant la forme de ces larves et leurs habitudes sont à peu près semblables, surtout dans les espèces du premier genre.

Nous avons décrit les caractères des friganes; mais les voici d'une manière plus abrégée : névroptères buccellés, ou agnathes, ou à bouche très-petite, distincte seulement par les palpes; à antennes plus longues que la tête; à ailes en toit, plus longues que l'abdomen, qui ne se termine pas par des soies. Ces caractères suffisent pour distinguer les friganes de tous les autres névroptères.

Les espèces principales de ce genre sont les suivantes :

FRIGANE STRIÉE, *Phryganea striata.*

C'est la frigane couleur fauve figurée par Geoffroy, tom. II, pl. xiii, fig. v ; et par Réaumur, tom. III, pl. xiij, fig. 8, 9 et 11.

Elle a le port d'une phalène noctuelle alongée; sa couleur est fauve, avec les yeux bruns; les ailes sont d'un gris jaunâtre, avec des veines saillantes d'un roux brun et une tache blanche à l'extrémité ; ses pates sont longues et épineuses. On la trouve sur les bords de l'eau, mais elle ne vole que le soir; dans le jour elle se tapit sur les murailles ou contre les arbres.

FRIGANE GRISE, *Phryganea grisea.*

Degéer l'a figurée, tome II, pl. 13, fig. 18 à 21. Elle est grise, avec les ailes supérieures nébuleuses, et une tache marginale noire.

FRIGANE GRANDE, *Phryganea grandis.*

Ses ailes sont cendrées, avec deux lignes longitudinales noires et un point blanc.

FRIGANE RHOMBE, *Phryganea rhombica.*

C'est la frigane panachée de Geoffroy. Réaumur en a donné une figure, tom. III, pl. 14, sous le n.° 5. Ses ailes sont d'un jaune brun, avec une large tache blanche rhomboïde.

FRIGANE DEUX-TACHES, *Phryganea bimaculata.*

Degéer en donne la figure tom. II, pl. xv, n.° 1, 10. Ailes brunes, avec deux taches lunulées jaunes au-devant l'une de l'autre.

FRIGANE NOIRE, *Phryganea nigra.*

C'est la frigane mouche-en-deuil de Geoffroy. Elle est toute noire, et ses antennes sont deux fois plus longues que son corps.

On connoît près de cent espéces de ce genre; Devillers en a décrit soixante-six, en y comprenant les perles.

Fraigane fausse. Degéer nomme ainsi les perles de Geoffroy. (C. D.)

FRIGANITES. (*Entom.*) M. Latreille a désigné sous ce nom la tribu des insectes névroptères qui comprend les phryganes. Il les a aussi nommés *plicipennes*, parce que leurs ailes inférieures, plus larges que les supérieures, sont plissées en long. (C. D.)

FRIGOULE. (*Bot.*) Le thym commun porte ce nom en Languedoc. (L. D.)

FRILLEUSE (*Ornith.*), un des noms vulgaires du rougegorge, *motacilla rubecula*, Linn. (Ch. D.)

FRINGEGO. (*Bot.*) On lit dans la nouvelle Encyclopédie, que le *pisonia aculeata* est ainsi nommé dans plusieurs lieux de l'Amérique. (J.)

FRINGILLÆ ADFINIS. (*Ornith.*) L'oiseau désigné par cette dénomination dans le *Genera avium* de Mœbring, n.° 101, est le cotinga ouette, *ampelis carnifex*, Linn. (Ch. D.)

FRINGILLAGO. (*Ornith.*) La mésange charbonnière, *parus major*, Linn., est désignée par ce terme dans Belon et dans Gesner. (Ch. D.)

FRINGILLE. (*Ornith.*) L'oiseau originairement appelé *fringilla* étoit le pinson; mais Linnæus a donné à ce nom une acception bien plus générale, et, l'appliquant à tous les oiseaux qui ont un bec conique, droit, acuminé, et qui se nourrissent presque exclusivement de grains, outre les pinsons, il a compris dans cette grande famille les moineaux, les linottes, les chardonnerets, les serins, les tarins, les bengalis, etc. Les mêmes oiseaux étoient distribués par Brisson dans ses 32.ᵉ et 33.ᵉ genres, ayant, pour caractères communs, le bec en cône raccourci; les mandibules droites et entières; quatre doigts dénués de membranes, dont trois devant et un derrière, tous séparés environ jusqu'à leur origine, et les jambes couvertes de plumes jusqu'au talon. Les deux genres se distinguoient l'un de l'autre en ce que, dans le 32.ᵉ, celui du chardonneret, *carduelis*, la pointe du bec étoit grêle et alongée, et que, dans le 33.ᵉ, celui du moineau, *passer*, la pointe du cône étoit grosse et courte : ce genre se trouvoit, d'ailleurs, séparé du 34.ᵉ, les gros-becs, *coccothraustes*, en ce que la base du bec des premiers étoit beaucoup moins large que la tête, tandis que chez ceux-ci la base étoit presque aussi large que la tête elle-même. Le 32.e genre de Brisson comprenoit, avec les chardonnerets, les tarins, sous le nom particulier de *ligurinus*, et dans le 53.e Brisson avoit réuni aux moineaux, *passer* : 1.° les cardinaux, *cardinalis* ; 2.° les veuves, *vidua* ; 3.° les linottes, *linaria* ; 4.° les pinsons, *fringilla* ; 5.° les serins, *serinus* ; 6.° les verdiers, *chloris* ; 7.° les bengalis, *bengalus* ; 8.° les sénégalis, *senegalus* ; 9.° les maïas, *maia* ; 10.° les grenadins, *granatinus*.

Plusieurs auteurs ont essayé ensuite d'introduire d'autres coupures dans le genre trop nombreux des fringilles, dont M. Meyer a ainsi déterminé les caractères généraux : Bec conique, droit, pointu, moins épais, mais plus alongé que chez les gros-becs ou loxies ; mandibules égales, sans échancrure ; narines un peu ovales, couvertes ; langue charnue, arrondie, à pointe cornée et un peu fendue ; corps moins ramassé et plus étendu que chez les gros-becs. Le même auteur a sous-divisé ce genre, qui est son 19.e, en quatre sections, caractérisées, la première, par un bec arrondi dans les divers sens, droit, épais, à pointe un peu émoussée ; elle comprend les pinsons communs, de montagne, de neige, le moineau : la deuxième, par un bec également arrondi, mais moins alongé, et dont la pointe est courte ; elle renferme les linottes : la troisième, par un bec plus grêle, un peu comprimé sur les côtés, à pointe longue et aiguisée, dans laquelle se trouvent le chardonneret, le tarin, le serin : et la quatrième, par un bec droit, un peu semblable à celui du bruant, à pointe aiguisée, dont les mandibules ont les bords rentrans, et dont le doigt postérieur est plus long et a l'ongle pareil à celui de l'alouette. L'auteur cite, comme espèces appartenant à cette section, les *fringilla calcar*[...] Pall., et *fringilla lapponica*, Gmel.

Illiger, ne trouvant pas de caractères assez tranchés dans les sous-divisions des fringilles, n'a pas cru devoir les adopter, et non seulement il n'a pas séparé les moineaux, les pinsons, les verdiers, etc., mais il leur a réuni les gros-becs et les bouvreuils.

M. Temminck, après avoir comparé plusieurs espèces exotiques de bouvreuils, de gros-becs, de moineaux, de pinsons et de tarins, avoue aussi qu'il n'a trouvé de différences assez constantes qu'entre les bouvreuils et les tarins; mais que les gros-becs, les moineaux et les pinsons ne lui en ont point offert qui fussent stables et faciles à saisir. Il s'est, en conséquence, borné à séparer les oiseaux compris dans son genre Gros-bec, qui correspond aux *fringilla* d'Illiger, en cinq divisions, sous les dénominations ci-dessus indiquées, et à leur donner des bases plus ou moins fixes, qui consistent, pour la première (bouvreuils), en des mandibules convexes, dont la supérieure est courbée à la pointe, et en des narines le plus souvent cachées par les plumes du front; pour la seconde (gros-becs et verdiers), en un bec conique, droit et presque aussi large, ou même plus large que la tête à son origine, avec une arête plate qui s'avance en angle sur le front; pour la troisième (moineaux et linottes), en un bec moins large que la tête, ayant la mandibule supérieure foiblement courbée, et l'arête qui s'avance sur le front, plus ou moins exhaussée: pour la quatrième (pinsons), en un bec conico-cylindrique, dont les mandibules sont droites et terminées en pointes aiguës; et pour la cinquième (tarins, chardonnerets, sizerins), en un bec droit, conique, alongé et comprimé, dont les mandibules ont les pointes très-aiguës, et dont les narines sont le plus souvent cachées par les plumes du front.

M. Vieillot a divisé ses fringilles en sept sections, et il a assigné à chacune d'elles les caractères suivans:

1.re Pointe du bec comprimée latéralement, plus ou moins alongée, grêle et très-aiguë : ce sont les *chardonnerets*, les *tarins*, etc.

2.e Bec à pointe courte et peu aiguë, paroissant, lorsqu'on le regarde en dessus, dilaté et un peu aplati près du capistrum. Les *bengalis* et les *sénégalis*.

3.e Bec un peu ovale, à pointe courte et un peu obtuse. Les *serins*.

4.e Bec à pointe un peu épaisse, légèrement inclinée et obtuse. Les *moineaux*.

5.e Bec parfaitement conique, à pointe un peu comprimée et un peu aiguë. Les *linottes*.

6.e Bec plus fort que celui des linottes, plus ou moins alongé, à pointe sans compression et un peu aiguë. Les *veuves* et les *pinsons*.

7.ᵉ Bec presque aussi épais que la tête, et simplement pointu.
Les *verdiers*, etc.

Quoique M. Vieillot ait écarté de ces sections les bouvreuils,
les gros-becs et les chipius de M. d'Azara, il s'en faut de beaucoup qu'il ait trouvé des données suffisantes pour y distribuer
tous les oiseaux de la nombreuse famille des fringilles, dont la
plupart portent, dans les divers ouvrages sur l'ornithologie, les
noms de moineaux, de pinsons, de linottes, de tarins, de serins, de bengalis, etc. Presque tous ces oiseaux ont été décrits
avec trop peu d'exactitude pour mettre à portée de reconnoître chez eux l'existence ou l'absence des caractères particuliers de chaque section, et l'auteur s'est contenté de les
placer, sans ordre méthodique, à la suite de la septième.

M. Cuvier, en conservant la dénomination générale de
fringilla à sa famille des moineaux, a assigné pour caractères
communs aux oiseaux qui la composent, un bec conique plus
ou moins gros à sa base, et dont la commissure n'est pas anguleuse : il l'a ensuite subdivisée en tisserins, moineaux proprement dits, pinsons, linottes et chardonnerets, veuves,
gros-becs, bouvreuils ; et ces sous-genres sont caractérisés
ainsi qu'il suit :

Les tisserins, *ploceus*, Cuv., ont le bec assez grand pour les
avoir fait en partie classer parmi les cassiques ; mais sa commissure droite les en distingue, et d'ailleurs la mandibule
supérieure est légèrement bombée.

Les moineaux proprement dits, *pyrgita*, Cuv., ont le bec un
peu plus court, conique, et légèrement bombé vers la pointe.

Les pinsons, auxquels le nom générique *fringilla* est consacré dans son acception restreinte, ont le bec un peu moins
arqué que les moineaux, et un peu plus fort et plus long que
les linottes.

Les chardonnerets et les linottes, réunis sous le nom de
carduelis, Briss., ont le bec exactement conique, sans être
bombé en aucun point : mais il est plus court et plus obtus
chez les espèces que Bechstein a désignées plus particulièrement sous la dénomination de *linaria*. M. Cuvier réunit encore
à ce sous-genre les serins et les tarins.

Les veuves, *vidua*, Briss., qui ont le bec des linottes, quelquefois un peu plus renflé à sa base, ne s'y distinguent d'ail-

leurs que par l'alongement excessif de plusieurs des plumes de la queue dans les mâles; et cette circonstance, qui ne peut être considérée comme un caractère générique, a donné lieu à M. Vieillot d'observer, contre l'opinion de divers naturalistes, que les longues plumes dont il s'agit ne font partie des couvertures de la queue que chez la veuve à épaulettes, et sont, chez les autres, les pennes caudales intermédiaires.

Les gros-becs, *coccothraustes*, Briss., ont aussi un bec exactement conique, qui, après un passage graduel et sans intervalle assignable, ne diffère proprement de celui des linottes que par son extrême grosseur. M. Cuvier distingue des gros-becs, sous la dénomination de *pitylus*, quatre espèces étrangères; savoir : les *loxia grossa*, *canadensis*, *erythromelas*, et *portoricensis*, dont le bec, aussi gros, est un peu comprimé, arqué en dessus, et a quelquefois un angle saillant au milieu du bord de la mâchoire supérieure.

Enfin, les bouvreuils, *pyrrhula*, Briss., ont le bec arrondi, renflé et bombé en tout sens.

On conçoit aisément qu'après tant de variations et d'incertitudes dans les tentatives essayées pour régulariser les coupures du grand genre *Fringilla*, ce n'est pas le lieu d'en proposer de nouvelles dans un ouvrage plutôt destiné à faire connoître l'état actuel de la science qu'à y introduire des idées systématiques, qui exigeroient un traité *ex professo*; et le parti le plus convenable que l'on croie devoir adopter, dans cette circonstance, à l'égard des fringilles, c'est de faire des articles séparés de la plupart des divisions de M. Cuvier, en renvoyant pour les bouvreuils au mot Gros-bec, au lieu de *loxie*, et pour les chardonnerets au mot Linotte. (Ch. D.)

FRINGUEL. (*Ornith.*) Ce terme, avec l'addition de *montano*, *vernengo* ou *vernino*, désigne, en italien, le bouvreuil ordinaire, *loxia pyrrhula*, Linn. (Ch. D.)

FRINGUELLO (*Ornith.*), nom italien du pinson commun, *fringilla cœlebs*, Linn. (Ch. D.)

FRINSONE. (*Ornith.*) Voyez Frisone. (Ch. D.)

FRIPIER, *Phorus*. (*Conchyl.*) M. Denys de Montfort a cru devoir établir sous ce nom un petit genre particulier avec la fripière ou le *trochus conchyliophorus* de M. de Roissy. Ses caractères sont peu saillans, comparativement avec les toupies,

et consistent essentiellement en ce que la coquille est plus
écrasée ou déprimée, la spire carénée fortement à sa base, et
assez peu ombiliquée, si ce n'est dans le jeune âge, et surtout
parce qu'elle offre dans toute sa partie supérieure des traces
de l'agglutination des corps étrangers qu'elle s'attache on ne
sait trop comment; l'ouverture est aussi fort transverse. La
singulière coquille qui sert de type à ce genre, et que
M. Denys de Montfort nomme le *fripier agglutinant*, *trochus
agglutinans*, est plus connue sous les noms marchands de
fripière, de *maçonne*, etc., à cause de la grande quantité de
petites pierres, de coquilles ou de morceaux de coquille
dont elle se recouvre, en les fixant à son têt d'une manière,
à ce qu'il paroit, assez solide. Elle est figurée dans de Born,
Mus. Vind., tab. 12, fig. 21, 22, et vient des mers d'Amérique. La couleur de son têt est blanche, flambée de stries
brunes. Jamais, dit-on, elle n'offre la nacre qu'on trouve
dans toutes les espèces de cette petite famille. L'ombilic est
très-ouvert dans le jeune âge. C'est dans la partie supérieure
et médiane de chaque tour de spire que sont attachés les corps
étrangers dont elle se recouvre, et qui sont, jusqu'à un certain
point, proportionnés à la largeur de la partie du tour. Quand
on les enlève, ce que l'on fait, à ce qu'il paroit, avec peine, on
voit une empreinte ordinairement assez peu profonde, par où
le corps étranger adhéroit. Il paroit que la nature de ces corps
étrangers varie suivant les localités où se trouve l'animal, et
ne détermine pas des espèces différentes. Ainsi, il y en a qui
ne prennent que de petits gallets plus ou moins arrondis;
d'autres, des morceaux de coraux; d'autres, de petites coquilles entières, univalves ou bivalves; et d'autres enfin, des
morceaux de coquille seulement. Dans les individus que j'ai
vus, il m'a semblé que c'étoit toujours la même espèce de
corps : mais je ne voudrois pas trop généraliser cette observation. Je répète qu'on ignore au juste comment se fait cette
agglutination; mais il est probable qu'elle n'a lieu que lorsque
la substance de la coquille contient encore une grande quantité de matière animale, et peut-être celle-ci est-elle plus
visqueuse que dans les autres animaux de ce groupe. Voyez
TOCHE. (DE B.)

FRIPIÈRE (*Conchyl.*), nom donné par les marchands d'objets d'histoire naturelle à quelques coquilles du genre Toupie, qui ont la faculté d'agglutiner autour de leur spire des corps étrangers, comme de petites pierres, des fragmens de madrépores, des coquilles bivalves ou univalves. C'est le *trochus conchyliophorus*. M. Denys de Montfort en a fait son genre FRIPIER. Voyez ce mot. (DE B.)

FRIQUET. (*Ornith.*) Espèce de moineau, *fringilla montana*, Linn. (CH. D.)

FRISCH. (*Entom.*) Linnæus a donné ce nom d'un entomologiste de Berlin à deux espèces d'insectes : la *mélolonthe* de Frisch, qui est une espèce de petit hanneton à élytres pâles et à tête et corselet noirs ; et la teigne, ou plutôt l'*alucite*, que nous avons indiquée tom. I, pag. 538, sous le n.° 9. (C. D.)

FRISEUR D'EAU. (*Ornith.*) On trouve, dans les Voyages de Dampier, édit. de Rouen, 1713, tom. IV, p. 85, au nombre des oiseaux qu'il a vus aux Terres australes, cette dénomination, qui paroît s'appliquer à une espèce de pétrels, improprement appelés *pintados*, et qui, volant en troupes, semblent en quelque sorte balayer l'eau. (CH. D.)

FRISONE. (*Ornith.*) L'oiseau qui, suivant Olina, *Uccellaria*, p. 57, porte en Italie ce nom et celui de *frosone*, est le grosbec, *loxia coccothraustes*, Linn. On l'appelle, dans le Piémont, *frisoun* ; et le nom de *frinsone* est rapporté par Buffon au verdier, *loxia chloris*, Linn. (CH. D.)

FRITAN ou FRITON. (*Ichthyol.*) Rondelet dit que de son temps on nommoit ainsi à Lyon un petit poisson de rivière, dont la chair est d'une fort bonne saveur ; mais il donne très-peu de détails à son sujet. (H. C.)

FRITILLAIRE (*Bot.*), *Fritillaria*, Linn. Genre de plantes monocotylédones, de la famille des liliacées, Juss., et de l'*hexandrie monogynie*, Linn., qui a pour caractères : Une corolle campanulée, dépourvue de calice, et formée de six pétales ovales-oblongs, creusés à leur base interne d'une fossette nectérifère ; six étamines à filamens ordinairement plus courts que le style, et portant des anthères oblongues ; un ovaire supérieur, oblong, trigone, surmonté d'un style trifide, et terminé par trois stigmates obtus ; une capsule à trois ou six angles, à trois valves, à trois loges contenant chacune des graines aplaties, disposées sur deux rangs.

Le nom de ce genre vient de la comparaison qui a été faite de la forme de ses fleurs avec celles d'un cornet à jouer aux dés, en latin *fritillus*.

Les fritillaires sont des plantes herbacées, à feuilles simples, alternes, quelquefois paroissant opposées ou même verticillées, et à fleurs terminales, pendantes, d'un joli aspect. On en connoît une douzaine d'espèces, qui sont, les unes indigènes de l'Europe, les autres originaires de la Perse, du Levant, ou des montagnes du Caucase.

FRITILLAIRE IMPÉRIALE : vulgairement Couronne impériale; *Fritillaria imperialis*, Linn., *Spec.*, 435; *Tusai, sive Lilium persicum*, Clus., *Hist.*, 127, 128. Sa racine est une bulbe arrondie, quelquefois de la grosseur du poing, laquelle donne naissance à une tige droite, simple, haute de deux pieds ou environ, garnie, dans sa partie inférieure et moyenne, de feuilles linéaires-lancéolées, nombreuses, d'un beau vert, éparses, mais rapprochées par cinq à six les unes des autres, de manière à paroître former plusieurs verticilles. Ses fleurs sont grandes, le plus souvent d'un rouge safrané, quelquefois jaunes, ou de diverses nuances entre ces deux couleurs, pendantes, pédonculées, disposées en couronne, au nombre de quatre à dix, au-dessous d'une touffe de feuilles qui termine la tige. Cette plante est originaire de la Perse, selon les uns, et de la Thrace, selon d'autres ; elle a été transportée de Constantinople à Vienne en Autriche, où Clusius paroît l'avoir cultivée le premier, vers 1570. Depuis cette époque, la beauté de ses fleurs l'a fait multiplier et répandre dans tous les jardins de l'Europe, où elle a donné par les semis beaucoup de variétés. Elle fleurit de bonne heure, à la fin de mars ou au commencement d'avril ; elle fait alors pendant quinze jours un magnifique effet dans les parterres : mais c'est dommage qu'elle exhale une odeur vireuse et fétide qui ne permet pas de la placer ailleurs qu'au milieu d'un jardin ; et encore ne faut-il pas qu'elle y soit trop multipliée, car elle infecte l'air d'une manière désagréable, et peut-être dangereuse. Ses bulbes, qui ont une odeur analogue à celle des fleurs, ont beaucoup d'âcreté, et sont très-malfaisantes. Dans les expériences que M. le docteur Orfila a faites avec elles sur des chiens, il a donné la mort à ces animaux en leur en faisant avaler.

La couronne impériale est depuis long-temps acclimatée dans nos jardins, où elle croît en pleine terre, sans exiger de soins particuliers. Il est bon de la laisser en place plusieurs années de suite, parce qu'elle n'aime pas à être remuée. Lorsqu'on la relève pour séparer ses caïeux, il faut que ce soit seulement tous les trois à quatre ans, au mois de juillet, lorsque sa tige est entièrement desséchée, et il faut la replanter le plus tôt possible, parce que, lorsqu'on la tient long-temps hors de terre, elle est sujette à ne pas fleurir au printemps suivant ; ses bulbes peuvent cependant rester trois à quatre mois hors de terre sans que cela leur fasse d'autre tort.

FRITILLAIRE DE PERSE : *Fritillaria persica*, Linn., *Spec.*, 436 ; *Lilium susianum*, Clus., *Hist.*, 130. Sa racine est une bulbe arrondie, presque solide ; elle produit une tige droite, haute d'un pied et demi à deux pieds, garnie de feuilles linéaires-lancéolées, d'un vert glauque, obliques, nombreuses, et rapprochées les unes des autres. Cette tige est terminée par une longue grappe de fleurs assez petites, et d'un violet obscur. Cette espèce passe pour être originaire de la Perse ; et c'est de Suze, selon Clusius, qu'elle fut d'abord transportée à Constantinople, et par la suite envoyée de cette ville à Vienne, où ce botaniste commença à la cultiver en même temps que la couronne impériale. Depuis ce temps, elle s'est répandue, comme celle-ci, dans les divers jardins de l'Europe ; mais, comme ses fleurs sont sans éclat, elle y est beaucoup moins commune. Elle fleurit en avril, et se cultive d'ailleurs comme la précédente.

FRITILLAIRE DES PYRÉNÉES ; *Fritillaria pyrenaica*, Linn., *Spec.*, 436. Sa bulbe est petite, un peu comprimée ; elle produit une tige simple, haute de six à dix pouces, garnie de quelques feuilles linéaires, dont les inférieures sont opposées ; cette tige est terminée par deux à quatre fleurs pendantes, mêlées de violet, de verdâtre et de brun. Cette plante croît naturellement dans les Pyrénées, dans les Alpes et en Russie. On la cultive dans quelques jardins ; elle exige les mêmes soins que la suivante.

FRITILLAIRE MÉLÉAGRE, ou Fritillaire damier : *Fritillaria meleagris*, Linn., *Spec.*, 436 ; *Herb. de l'Amat.*, vol. 1, pl., 63. Ses feuilles sont toutes alternes, et ses tiges ne portent le plus

souvent qu'une fleur, quelquefois deux, dont les pétales, dans
la plante sauvage, sont d'un violet brun, panachées de petites
taches blanchâtres, distribuées par petits carreaux en forme
d'échiquier ou de damier. Cette espèce n'est pas rare dans les
pâturages humides de la France et de l'Europe. Ses jolies fleurs
l'ont fait depuis long-temps transporter dans les jardins, où
les fleuristes en ont obtenu plusieurs variétés. Elle fleurit à la
fin de mars ou au commencement d'avril. Il faut la planter
dans un terrain gras et frais, et ne pas la remuer souvent.
Quand on la déplante à la fin de juin ou dans le courant
de juillet, on ne doit pas tarder à la remettre en terre, parce
que ses bulbes se dessèchent quand elles restent trop long-
temps exposées à l'air.

Fritillaire involucrée; *Fritillaria involucrata*, All., *Auct.
ad Fl. Ped.*, 54. Cette espèce diffère de la précédente en ce que
ses trois feuilles supérieures sont rapprochées de manière à
former une sorte d'involucre autour de la fleur, qui est d'un
vert brunâtre. Elle croit dans les montagnes du Piémont.

Fritillaire verticillée; *Fritillaria verticillata*, Willd., *Spec.*,
2, p. 91. Ses feuilles sont linéaires-lancéolées, sessiles, disposées quatre à cinq ensemble par verticilles. Ses fleurs ressemblent à celles de la fritillaire méléagre, et terminent la
tige au nombre de deux à six. Cette plante croit en Sibérie et
sur le mont Caucase.

Fritillaire fluette; *Fritillaria tenella*, Marsch., *Flor. Caucas.*,
1, p. 269. Sa tige est grêle, chargée d'environ six feuilles
linéaires, dont les deux supérieures sont opposées, et elle est
terminée par une seule fleur panachée, moitié plus petite que
celle de la fritillaire méléagre. Cette espèce a été trouvée sur
le Caucase par M. Marschall.

Fritillaire a feuilles larges; *Fritillaria latifolia*, Marsch.,
Flor. Caucas., 1, p. 269. Sa tige, haute d'un pied au plus, est
nue dans sa moitié inférieure, ensuite chargée de cinq à six
feuilles rapprochées, dont les inférieures sont lancéolées, et
les supérieures linéaires-lancéolées, opposées; cette tige est
terminée par une fleur assez grande et panachée. Cette plante
croit sur les hautes montagnes du Caucase.

Fritillaire jaune; *Fritillaria lutea*, Marsch., *Flor. Caucas.*,
1, p. 269. Celle-ci a le port et presque la grandeur de la pré-

cédente ; mais ses feuilles sont plus étroites, les supérieures moins longues, toutes alternes, et plus courtes que la fleur, qui est terminale, solitaire, de couleur jaune. Elle croît dans les mêmes lieux.

Fᴀɪᴛɪʟʟᴀɪʀᴇ ᴀ ꜰᴇᴜɪʟʟᴇꜱ ᴅᴇ ᴛᴜʟɪᴘᴇ; *Fritillaria tulipifolia*, Marsch., *Flor. Caucas.*, 1, p. 270. Toute cette plante est glauque; ses feuilles sont lancéolées, alternes, écartées ; sa tige est nue dans sa partie supérieure, et terminée par une seule fleur d'un pourpre tirant sur le jaune, sans aucune panachure. Elle croît sur le Caucase.

Fᴀɪᴛɪʟʟᴀɪʀᴇ ɴᴇʀᴠᴇᴜꜱᴇ; *Fritillaria nervosa*, Willd., *Enum.*, 2, p. 364. Sa tige, haute d'un pied et demi, est garnie de feuilles linéaires, alternes, d'un vert foncé, chargées d'une forte nervure, et elle est terminée par une seule fleur d'un pourpre très-foncé.

Fᴀɪᴛɪʟʟᴀɪʀᴇ ᴀ ꜰᴇᴜɪʟʟᴇꜱ ᴅᴇ ᴘʟᴀɴᴛᴀɪɴ ; *Fritillaria plantaginifolia*, Lamk., Dict. enc., 2, p. 550. Dans cette espèce, les feuilles radicales sont pétiolées, ovales, ou ovales-arrondies, à nervures parallèles et convergentes ; celles de la tige sont lancéolées, alternes, sessiles ou semi-amplexicaules ; la tige est simple, haute d'environ un pied, et terminée par une seule fleur. Cette plante a été trouvée dans le Levant par Tournefort. (L. D.)

FRITTE. (*Chim.*) Mélange des matières employées à faire le verre ou le cristal, qui a été exposé à une température insuffisante pour opérer la vitrification, mais suffisante pour opérer un commencement d'action chimique entre les corps du mélange. L'opération de *fritter*, ou le *frittage*, étoit plus fréquemment pratiquée autrefois qu'aujourd'hui. Elle avoit pour objet de brûler les corps organiques qui pouvoient se trouver dans le mélange, et de produire un commencement de combinaison. (Cʜ.)

FRIZOLES. (*Bot.*) Dans quelques cantons de l'Espagne, au rapport de C. Bauhin, on nomme ainsi quelques espèces de haricot, *phaseolus*. Césalpin dit qu'ils sont nommés *phasilus* dans la Toscane. (J.)

FRŒLICHIA. (*Bot.*) Wulf nommoit ainsi un genre de plantes cypéracées, qui est l'*eylna* de Schrader, le *kobresia* de Willdenow. La majorité des botanistes ne s'est pas encore déterminée sur le choix de l'un de ces deux derniers noms. Celui de Willdenow est écrit *cobresia* par Persoon. On trouve dans les ouvrages de Moench un autre *frœlichia* de la famille des amarantacées, qui est le *gomphrena interrupta*, remarquable par son calice tubulé, et non à cinq divisions profondes, comme dans les autres *gomphrena*. Un troisième *frœlichia* établi par Vahl, adopté par Willdenow et par Persoon, et décrit ci-après, appartient à la famille des rubiacées, et vient à la suite de l'*ixora*. (J.)

FRŒLICHIA. (*Bot.*) Genre de plantes dicotylédones, à fleurs complètes, monopétalées, régulières, de la famille des rubiacées, de la *tétrandrie monogynie* de Linnæus, offrant pour caractère essentiel : Un calice supérieur à quatre dents ; une corolle tubulée ; quatre étamines ; un style surmonté de deux stigmates ; une baie sèche, monosperme ; les semences arillées.

Ce genre avoit été d'abord établi par Vahl sous le nom de *billardiera*, qui a été appliqué par M. Smith à un autre genre. (Voy. BILLARDIERA.) Willdenow y a substitué celui de *frœlichia*, employé par Wulf, et pour une des divisions du genre *Carex*, qui porte aujourd'hui le nom de *cobresia*. Il ne comprend qu'une seule espèce.

FRŒLICHIA PANICULÉE : *Frœlichia paniculata*, Willd., *Spec.*, 1, pag. 607 ; *Billardiera paniculata*, Vahl, *Egl.*, 1, p. 13, tab. 10. Arbrisseau peu élevé, dont les rameaux sont glabres, tétragones, comprimés à leur sommet, revêtus d'une écorce cendrée. Les feuilles sont opposées, pétiolées, glabres, elliptiques, alongées, veinées, longuement acuminées, longues de cinq à six pouces ; les pétioles longs d'un pouce, munis de deux stipules très-courtes, caduques, arrondies, acuminées. Les fleurs sont disposées en un panicule terminal ; les pédoncules solitaires, quelquefois ternés, longs de trois à quatre pouces, de couleur purpurine ; les ramifications opposées, trichotomes, chargées de trois à cinq fleurs médiocrement pédicellées. Le calice est persistant ; la corolle épaisse, longue de six lignes ; son limbe partagé en quatre découpures linéaires-lancéolées, étalées, un peu recourbées ; l'ovaire inférieur ; le style surmonté de deux stigmates un peu épais. Le fruit consiste en une baie presque sèche, dure, subéreuse, un peu comprimée, longue d'un demi-pouce, renfermant une semence arillée. Cet arbrisseau a été découvert dans l'île de la Trinité. (Poir.)

FROGLO. (*Bot.*) On lit dans le Recueil des Voyages, que c'est l'arbre de ce nom, commun dans la région de Sierra-Leona, en Afrique, qui donne le fruit nommé *cola*, mentionné dans le dixième volume de ce Dictionnaire. M. de Beauvois nous a appris qu'il appartenoit au genre *Sterculia*. Voyez Cola. (J.)

FROID. (*Chim.*) C'est le terme corrélatif de chaud. Toute température qui est inférieure à une autre, est le froid par rapport à celle-ci. (Ch.)

FROID ARTIFICIEL. (*Chim.*) Lorsqu'un solide se liquéfie, ou qu'un liquide se réduit en vapeur, on observe en général qu'une quantité notable de chaleur se fixe dans le corps qui change d'état, sans en élever la température. C'est ce que Black a démontré le premier. Lorsqu'on met en contact un solide avec un liquide, ou deux solides ensemble, il peut arriver, dans le cas où les corps ont une *grande action mutuelle*, qu'il y ait liquéfaction, et même production d'un fluide élastique, avec un dégagement notable de chaleur. Mais, si l'on mêle avec un liquide, deux solides ou un solide qui, n'étant pas doués de cette grande énergie, ont cependant assez d'action mutuelle pour produire rapidement un composé liquide, alors le phénomène observé par Black dans la liquéfaction a lieu, et il est possible, en mêlant des corps qui sont dans le cas dont nous parlons, de donner lieu à un abaissement de température qui n'est limité qu'au degré où le composé liquide est susceptible de se congeler. De pareils mélanges ont été appelés *frigorifiques*. D'un autre côté, si un liquide s'évapore rapidement, il y aura un abaissement de température dans les corps qui seront en contact avec lui, et dans la masse même du liquide qui ne sera point évaporé. C'est l'abaissement de température produit par des *mélanges frigorifiques*, ou par l'évaporation d'un *liquide*, qu'on a appelé *froid artificiel*. On peut encore regarder comme tel l'abaissement de température produit par l'expansion d'un gaz qui, coercé dans un espace, vient à éprouver plus ou moins subitement une grande augmentation de volume.

A. *Froid produit par des mélanges frigorifiques.*

Nous allons présenter trois tables de mélanges frigorifiques qui se trouvent dans l'ouvrage de Thomson, et qui sont particulièrement formées d'après les expériences de Walker et de Lowitz.

TABLE Ire

Mélanges frigorifiques sans glace.

Mélanges.	Parties.	Abaissement du thermomètre, échelle centigrade.	Degrés du froid produit.
Hydrochlorate d'ammoniaque.	5		
Nitrate de potasse............	5	de $+ 10^o$ à $- 12^o$....	22
Eau......................	16		
Hydrochlorate d'ammoniaque.	5		
Nitrate de potasse...........	5		
Sulfate de soude.............	8	de $+ 10^o$ à $- 16^o$....	26
Eau......................	16		
Nitrate d'ammoniaque........	1	de $+ 10^o$ à $- 16^o$....	26
Eau......................	1		
Nitrate d'ammoniaque........	1		
Carbonate de soude..........	1	de $+ 10^o$ à $- 22^o$....	32
Eau......................	1		
Sulfate de soude.............	3	de $+ 10^o$ à $- 19^o$....	29
Acide nitrique étendu........	2		
Sulfate de soude.............	6		
Hydrochlorate d'ammoniaque.	4	de $+ 10^o$ à $- 23^o$....	33
Nitrate de potasse...........	2		
Acide nitrique étendu........	4		
Sulfate de soude.............	6		
Nitrate d'ammoniaque........	5	de $+ 10^o$ à $- 26^o$....	36
Acide nitrique étendu........	4		
Phosphate de soude..........	9	de $+ 10^o$ à $- 24^o$....	34
Acide nitrique étendu........	4		
Phosphate de soude..........	9		
Nitrate d'ammoniaque........	6	de $+ 10^o$ à $- 29^o$....	39
Acide nitrique étendu........	4		
Sulfate de soude.............	8	de $+ 10^o$ à $- 18^o$....	28
Acide hydrochlorique.........	5		
Sulfate de soude.............	5	de $+ 10^o$ à $- 16^o$....	26
Acide sulfurique étendu.....	4		

N. B. Si les substances étoient mêlées ensemble à une température plus élevée que celle exprimée dans cette table, l'effet seroit proportionnellement plus grand. Si, par exemple, le plus puissant de ces mélanges avoit lieu à $+ 30^o$ centig., le thermomètre s'abaisseroit à -17° cent.

TABLE II.

Mélanges frigorifiques avec glace.

Mélanges.	Parties.		Abaissement du thermomètre, échelle centigrade.	Degrés du froid produit.
Neige ou glace pilée	2		à — 20°	»
Chlorure de sodium	1			
Neige ou glace pilée	5		à — 24°	»
Chlorure de sodium	2	à partir de toute température.		
Hydrochlorate d'ammoniaque.	1			
Neige ou glace pilée	24		à —28 °	»
Chlorure de sodium	10			
Hydrochlorate d'ammoniaque.	5			
Nitrate de potasse	5			
Neige ou glace pilée	12		à — 31°	»
Chlorure de sodium	5			
Nitrate d'ammoniaque	5			
Neige	3		de o à — 30°	30
Acide sulfurique étendu	2			
Neige	8		de o à — 33°	33
Acide hydrochlorique étendu.	5			
Neige	7		de o à — 34°	34
Acide nitrique étendu	4			
Neige	4		de o à — 40°	40
Hydrochlorate de chaux	5			
Neige	2		de o à — 45°	45
Hydrochlorate de chaux	3			
Neige	3		de o à — 46°	46
Potasse	4			

TABLE III.

Combinaisons de mélanges frigorifiques.

Mélanges.	Parties.		Abaissement du thermomètre, échelle centigrade.	Degrés du froid produit.
Phosphate de soude	5		de — 32° à — 36°	4
Nitrate d'ammoniaque	3			
Acide nitrique étendu	4			
Phosphate de soude	3		de — 36° à — 46°	10
Nitrate d'ammoniaque	2			
Acides mélangés étendus	4			
Neige	3		de — 32° à — 43°	11
Acide nitrique étendu	2			
Neige	8		de — 23° à — 50°	27
Acide nitrique étendu.... 3	6			
Acide sulfurique étendu.. 3				

Neige	1	de — 7° à — 51°..... 44	
Acide sulfurique étendu	1		
Neige	3	de — 7° à — 44°.... 37	
Hydrochlorate de chaux	3		
Neige	3	de — 12° à — 48°.... 36	
Hydrochlorate de chaux	4		
Neige	2	de — 9° à — 55°.... 46	
Hydrochlorate de chaux	3		
Neige	1	de — 32° à — 54°.... 23	
Hydrochlorate de chaux	2		
Neige	1	de — 40° à — 58°.... 18	
Hydrochlorate de chaux	3		
Neige	8	de — 55° à — 64°.... 13	
Acide sulfurique étendu	10		

B. *Froid produit par l'évaporation d'un liquide.*

Plus l'évaporation est rapide, plus le corps qui s'évapore absorbe de chaleur dans un même temps, et plus la température à laquelle la vapeur s'est formée est basse; plus le froid produit est grand.

Comme la rapidité avec laquelle un liquide s'évapore dépend de sa tension, toutes choses égales d'ailleurs, l'on devra choisir, pour se procurer du froid par évaporation, les liquides qui auront le plus de tension à la température ordinaire; l'on devra faire l'évaporation dans l'espace le plus étendu possible, parce que la quantité de vapeur formée est en raison de l'espace pour un même liquide pris à la même température; et plus cet espace approchera du vide, plus l'évaporation sera rapide, parce qu'on sait que des particules gazeuses s'opposent mécaniquement à l'émission de la vapeur.

Faisons l'application de ces vues à la production du froid par l'évaporation d'un liquide.

On placera sous le récipient d'une bonne machine pneumatique une capsule contenant une trentaine de grammes d'eau; on placera au-dessus d'elle une autre capsule très-évasée, contenant 5oo ^{gr} d'acide sulfurique d'une densité de 1, 85 : on fera le vide. L'eau contenue dans la première capsule entrera en ébullition, et, quelques minutes après, elle se congèlera.

Il est évident que le froid résulte de ce que dans un court espace de temps il y a beaucoup de vapeur d'eau formée, et que la rapidité avec laquelle l'évaporation d'une assez grande quantité de liquide s'est faite dans un espace très-limité, dépend, 1.° du vide ; 2.° de l'action de l'acide sulfurique qui, absorbant continuellement la vapeur d'eau qui le touche, occasionne une émission continuelle de vapeur. Les causes qui tendent à affoiblir cette évaporation, sont, 1.° le refroidissement de la portion d'eau non évaporée ; 2.° la combinaison de l'acide sulfurique avec l'eau.

On peut, au lieu d'acide sulfurique, faire usage d'un corps solide, poreux, bien sec, qui ait une grande disposition à absorber la vapeur d'eau, tels sont le trapp porphyrique en décomposition, pulvérisé et bien sec ; la terre des jardins, tamisée et séchée au four.

Si on fait congeler successivement plusieurs couches d'eau sur la boule d'un thermomètre, et si on le place ensuite dans le vide desséché par l'acide sulfurique, on observera que le mercure descendra jusqu'à 40 degrés, à cause de l'évaporation de la glace.

En exposant à l'action simple du vide un thermomètre à mercure d'une petite masse, et dont la boule aura été couverte de sulfure de carbone dont la tension à 46 degrés égale celle de l'eau à 100 degrés, le froid sera assez grand pour congeler le mercure.

C. Froid produit par la dilatation des gaz.

M. Gay-Lussac est le premier physicien qui, à notre connoissance, ait porté son attention sur le froid qu'on peut produire en réduisant subitement à la simple pression de l'atmosphère un gaz doué d'une grande capacité pour le calorique, dont le volume auroit été préalablement comprimé par vingt-cinq, cinquante, cent atmosphères.

M. Gay-Lussac a imaginé de démontrer dans ses cours la production du froid par la dilatation des gaz, au moyen d'une expérience qui est imitée de celle qu'on fait dans les mines de Schemnitz. M. Gay-Lussac introduit dans un vase en cuivre de trois litres environ de capacité, une quantité d'air dont le ressort est celui qu'il auroit s'il étoit soumis à la pression de deux ou trois atmosphères ; il laisse ensuite échapper l'air par un tube très-court, armé d'un robinet ; il expose au courant du gaz à ½ centimètre de l'orifice du tube, une boule de verre très-mince : au bout de quatre à cinq secondes, il y a un mamelon de glace dans l'endroit qui a été frappé par le courant d'air. Rien de plus facile à expliquer que la formation de la glace : l'air qui sort du vase de cuivre est saturé de vapeur d'eau ; dès qu'il est hors de ce vase, il se dilate : en se dilatant, il se refroidit assez pour que la vapeur d'eau qu'il contient se congèle.

M. Gay-Lussac pense que le froid produit par la dilatation des gaz est tout-à-fait illimité. (Ch.)

FROLE (*Bot.*), nom vulgaire du chèvre-feuille des Alpes dans quelques cantons. (L. D.)

FROMAGE. (*Chim.*) Cylindre court, en argile cuite, qui sert de support aux creusets que l'on met dans des fourneaux. (Ch.)

FROMAGE PUR ou Caseum. (*Chim.*) Principe immédiat du lait, qui fait la base des *fromages*.

Il est composé, suivant MM. Gay-Lussac et Thénard :

Oxigène . . . . 11,409.
Azote . . . . 21,581.
Carbone . . . . 59,781.
Hydrogène . . . . . 7,429.

Extraction. Le procédé que l'on suit généralement pour se procurer du fromage, consiste à exposer du lait dans un lieu dont la température est d'environ 15 degrés ; à enlever la crème qui se sépare à sa surface ; ensuite à abandonner le lait écrémé à lui-même, jusqu'à ce que le fromage soit coagulé ; enfin à laver le caillé avec de l'eau distilée. Nous ne pensons point que ce procédé donne le *fromage pur* : il est probable que le fromage retient de l'acide lactique, et même de la matière butireuse.

Quelques auteurs ont indiqué le procédé suivant pour se procurer le fromage à l'état de pureté :

On met dans du lait écrémé, non caillé, un peu d'un acide minéral, ou d'un acide végétal ; on fait chauffer : le fromage se coagule. On en obtient moins avec un acide minéral que dans le cas où l'on a employé un acide végétal, parce que, suivant Schéele, le fromage est soluble dans les acides minéraux étendus, tandis qu'il ne l'est pas ou presque pas dans les acides végétaux.

Propriétés. Il est opaque et blanc quand il contient de l'eau interposée ; il est demi-transparent et d'un jaune léger, quand il a été séché à l'air. Il est plus dense que l'eau. Il n'a ni odeur ni saveur bien sensibles.

Le fromage coagulé par un acide minéral, a une acidité sensible aux réactifs colorés. Il est insoluble dans l'alcool. Il ne cède presque rien à l'eau bouillante ; ce qui prouve qu'il est dans un état différent de celui où il étoit dans le lait.

Schéele a observé qu'une partie de fromage récemment précipitée et non sèche, mise avec huit parties d'eau acidulée par un acide minéral, est dissoute à la température où le liquide mixte entre en ébullition : cette dissolution est précipitée par les acides minéraux concentrés, par la potasse et l'eau de chaux ; mais un excès de ces alcalis redissout le précipité.

Les acides végétaux ne dissolvent pas ou presque pas le fromage, ainsi que nous l'avons dit.

Les eaux de potasse, de soude, d'ammoniaque et de chaux même, suivant Schèele, dissolvent le fromage. Ces dissolutions sont précipitées quand on neutralise l'alcali par un acide. La précipitation est accompagnée d'un dégagement d'odeur sulfureuse très-marquée.

Les substances astringentes précipitent le fromage du lait, en s'y combinant : plusieurs sels, la gomme, le sucre, le précipitent également ; mais il paroît que c'est en s'emparant de l'eau de dissolution.

Le fromage distillé se fond, pétille, se boursoufle, noircit, et donne lieu à un dégagement d'acide carbonique, d'hydrogène carburé, d'oxide de carbone ; à de l'azote ; à de l'hydrocyanate, à de l'hydrosulfate et à du sous-carbonate d'ammoniaque ; à de l'eau ; à des huiles jaunes et brunes ; à de l'acide acétique qui s'unit à de l'ammoniaque ; à un charbon très-difficile à incinérer, qui contient une quantité notable de phosphate de chaux.

Nous parlerons, à l'article LAIT, de l'espèce de fermentation qu'éprouve le caillé du lait.

Siége. Le fromage n'a jusqu'ici été trouvé que dans le lait ; et une fois il a été indiqué par Cabal dans l'urine d'un malade.

Usage. Il est un des principes les plus nourrissans du lait. (CH.)

FROMAGEON (*Bot.*), nom vulgaire de la mauve sauvage.
(L. D.)

FROMAGER, *Bombax.* (*Bot.*) Genre de plantes dicotylédones, à fleurs complètes, monopétalées, régulières, de la
famille des malvacées, de la *monadelphie polyandrie* de Linnæus, offrant pour caractère essentiel : Un calice campanulé,
à cinq lobes; une corolle polypétale, quelquefois monopétale, à cinq divisions très-profondes; étamines en nombre
indéfini (cinq et plus); les filamens réunis en anneau à leur
base; un ovaire supérieur; un style; le stigmate en tête, à
cinq lobes très-courts. Le fruit consiste en une capsule assez
grande, à cinq loges, à cinq valves presque ligneuses; les
semences nombreuses, enveloppées d'un duvet lanugineux,
attachées à un placenta central.

Le caractère le plus saillant de ce genre consiste dans un
calice simple, dans le fruit à cinq loges, et surtout dans les
semences enveloppées d'un duvet plus ou moins long. On en
a retranché le *bombax pyramidale*, Cavan., qui est muni d'un
double calice (voyez Ochroma); le *bombax grandiflorum*,
Cavan., dont les filamens sont rameux. Le fruit a une seule
loge, que Willdenow, sous le nom de *carolinea*, a réuni au
genre Pachira d'Aublet. (Voyez ce mot.)

Les fromagers sont remarquables par la grandeur et la
beauté de leurs fleurs, par la grosseur de leurs fruits. Ils
renferment des arbres dont le tronc est revêtu d'une écorce
lisse ou épineuse, quelquefois subéreuse ; les feuilles sont
alternes, digitées ou lobées; les fleurs la plupart axillaires,
fasciculées, ou en grappes terminales. On ne cultive dans les
jardins de botanique, à Paris au Jardin du Roi, qu'une seule
espèce de fromager, *bombax ceiba;* ce n'est, dans nos serres
chaudes, qu'un chétif arbrisseau, que l'on multiplie de boutures faites dans des pots sur couche et sous châssis, ou de
graines venues de leur pays natal.

Les principales espèces de ce genre sont :

FROMAGER PENTANDRE : *Bombax pentandrum*, Linn., *Spec.*; Cavan., *Diss.*, 5, pag. 293, tab. 151 ; Lamk., *Ill. gen.*, tab. 587;
Jacq., *Amer.*, tab. 176, fig. 70 : *Eriophoros javana*, Rumph,
Amb., 1, tab. 80; *Pania paniala*, Rhéed., *Malab.*, 3, tab. 49,
50, 51 ? Arbre de trente à quatre-vingts pieds, dont le bois

est léger, très-cassant ; les branches pendantes ; l'écorce verdàtre, facile à séparer, souvent parsemée de gros tubercules
coniques, épineux. Les feuilles sont digitées, composées de
sept à neuf folioles lancéolées, entières ou dentées en scie,
aiguës, d'un vert gai en dessus, cendrées en dessous ; les pétioles très-longs ; les fleurs axillaires, fasciculées ; la corolle
blanche ; ses divisions longues d'un pouce, veloutées en dehors, d'un rose tendre, et concaves en dedans ; cinq filamens soutenant chacun deux ou trois anthères arquées et en-
tortillées entre elles. Le fruit est long d'un demi-pied, présentant la forme d'un concombre très-rétréci vers sa base ; les
semences de la grosseur d'un pois, ovales-aiguës, enveloppées d'une grande quantité de duvet semblable à du coton.
D'après Jacquin, on voit des épines énormes dans la partie
supérieure des vieux troncs.

Cet arbre croît dans les deux Indes, et particulièrement
à l'île de Java, où il est très-commun. Rumph rapporte que
les habitans de cette île forment, avec le duvet cotonneux qui
enveloppe les semences, des coussins et autres meubles,
presque aussi mous que ceux faits avec des plumes ; que ce
duvet s'entasse bien moins que le coton, quand il a été bien
battu, mais qu'il est trop court pour être filé. Le même auteur ajoute que beaucoup de personnes en recherchent les
semences, et les mangent crues, ou un peu torréfiées ; qu'elles
fournissent un assez bon aliment d'une saveur agréable, mais
dont l'excès occasionne la dyssenterie ; que les femmes emploient les jeunes feuilles de cet arbre pour donner plus de
souplesse à leurs cheveux, qu'elles nourrissent et font pousser
en plus grande abondance. Le bois sert à faire des pieux, des
palissades pour séparer les habitations, et même des haies
bientôt formées par la rapide végétation de cet arbre.

FROMAGER à fleurs laineuses ; *Bombax erianthos*, Cavan.,
Diss., 5, pag. 294, tab. 152, fig. 1. Cette espèce, très-rapprochée par ses feuilles de la précédente, en diffère essentiellement par les organes sexuels. Son tronc est très-épineux ; ses feuilles très-glabres, à sept digitations, terminées
par un filet particulier. Le calice est court, très-large ; la
corolle blanche, longue de trois pouces, couverte en dehors
d'une laine courte, épaisse ; les découpures profondes, con-

caves, arrondies à leur extrémité ; le tube des filamens, long d'un pouce, en forme de bouteille, divisé ensuite en cinq filamens, soutenant chacun une anthère longue, linéaire, à deux sillons, accolée dans toute sa longueur à la partie supérieure des filamens. Cet arbre croît au Brésil.

FROMAGER à sept feuilles : *Bombax heptaphyllum*, Linn. ; Cavan., *Diss.*, 5, pag. 296 ; Pluken., *Almag.*, tab. 188, fig. 4 ; *Moulelavou*, Rhéed., *Malab.*, 3, tab. 52. Cet arbre croît également dans les deux Indes : il s'élève à la hauteur de cinquante pieds, ayant quelquefois jusqu'à six pieds de diamètre à sa base. Son bois est mou, fragile et léger ; son écorce épaisse, cendrée, munie d'épines caduques ; les feuilles digitées, ordinairement composées de sept folioles ; les fleurs sont grandes, nombreuses, très-belles, odorantes, à cinq divisions épaisses, très-profondes, alongées, tomenteuses en dehors ; le tube des étamines très-court, partagé en cinq corps qui donnent naissance à un nombre prodigieux de filamens rougeâtres, plus courts que la corolle, soutenant des anthères mobiles et réniformes. Le fruit est alongé, de la forme d'un concombre.

Je soupçonne que c'est de cet arbre, et non du suivant, que parle Adanson : il porte au Sénégal le nom de *benten*, et aussi celui de *ceïba*. Il croît depuis le Sénégal jusqu'au Congo : on fait avec son tronc des pyrogues de huit à douze pieds de large, sur cinquante à soixante pieds de long, capables de porter deux cents hommes, et du port ordinaire de vingt-cinq tonneaux ou cinquante mille pesant.

FROMAGER ceïba : *Bombax ceiba*, Linn., *Spec.* ; Cav., *Diss.*, 5, pag. 296, tab. 152, fig. 2 : *Bombax quinatum*, Jacq., *Amer.*, 192, tab. 176, fig. 71 ; vulgairement Ceïba. Le tronc de cet arbre est très-épineux ; ses feuilles sont digitées, composées de cinq folioles entières, ou légèrement denticulées, lancéolées, un peu aiguës. Le calice est fort petit, campanulé, terminé par cinq petites dents ; la corolle monopétale ; le tube des étamines deux fois plus grand que le calice, en entonnoir, partagé en cinq lanières très-longues, concaves, obtuses ; les filamens très-nombreux ; les anthères oblongues, mobiles ; l'ovaire à cinq angles. Le fruit est une grande capsule oblongue, rétrécie à sa base, plus grosse et concave à

son extrémité, à cinq valves ligneuses, à cinq loges ; les semences arrondies, couvertes de duvet. Cet arbre croît dans
l'Amérique méridionale, aux environs de Carthagène.

FROMAGER A FRUITS RONDS : *Bombax globosum*, Aubl., *Guian.*,
pag. 701, tab. 281 ; Cav., *Diss.*, 5, pag. 297, tab. 155, et *Diss.*, 6,
pag. 353. Arbre d'environ trente pieds, d'à peu près un pied
et demi de diamètre, dont le bois est blanc, peu compacte ;
l'écorce lisse, cendrée ; les feuilles palmées, composées de
cinq folioles d'inégale grandeur, lisses, vertes, ovales-obtuses, légèrement échancrées à leur sommet, la plus grande
longue de trois pouces, large d'un pouce et demi, ainsi que
le pétiole ; deux stipules longues, aiguës et caduques ; les
fleurs axillaires, terminales. Le fruit consiste en une capsule
roussâtre, sphérique, de la grosseur d'une petite pomme,
à cinq ou six loges, s'ouvrant par autant de valves coriaces,
épaisses, remplies d'un duvet fin, serré, cotonneux, qui enveloppe des semences brunes, ovoïdes. Cet arbre croît à la
Guiane. Il est commun dans les environs de Loyola.

FROMAGER COTONNIER : *Bombax gossypium*, Linn., *Spec.* ;
Cavan., *Diss.*, 5, pag. 297, tab. 156 ; Sonner., *Itin.*, 2,
pag. 255, tab. 133 ; vulgairement Bois-fléau ? Cet arbre a beaucoup de rapports avec les cotonniers par la forme de ses
feuilles. Il est grand ; son bois est léger, facile à casser ; son
écorce verte, presque lisse ; les feuilles alternes, longuement
pétiolées, divisées jusqu'à leur moitié en cinq lobes cunéiformes et pointus, vertes en dessus, cotonneuses et cunéiformes en dessous, souvent repliées sur leur pétiole. Les
fleurs sont belles, grandes, disposées en panicules simples
sur des pédoncules cotonneux. Leur calice se divise en cinq
folioles inégales, ovales-oblongues, obtuses à leur sommet,
pubescentes extérieurement ; la corolle de couleur jaune,
une fois plus grande que le calice ; ses divisions profondes,
très-ouvertes : les filamens très-nombreux, médiocrement
réunis par leur base, en anneau, autour de l'ovaire ; une fois
plus courts que la corolle ; terminés par des anthères
oblongues, courbées en cornes. Le fruit est une capsule ovale,
obtuse, à cinq loges polyspermes, à cinq valves ; les semences petites, réniformes, portant sur leur dos un duvet
blanc. Cet arbre croît sur la côte du Coromandel ; d'après

Sonnerat, ses semences donnent, lorsqu'on les écrase avant
la maturité, une belle couleur jaune, comme la gomme-
gutte. On soupçonne que cet arbre pourroit bien être le
même que celui qui, dans l'Amérique méridionale, porte le
nom de Bois-fléau. (Voyez ce mot.)

Willdenow ajoute à ce genre le *bombax vitifolium*, *Enum.*,
2, pag. 720, arbre du Brésil, distingué par ses feuilles glabres,
à cinq lobes, acuminées, dentées en scie, assez semblables à
celles de la vigne; les fleurs renferment des étamines nombreuses. On trouve encore une autre espèce mentionnée par
M. de Beauvois (Flore d'Oware et de Benin, vol. 2, pag. 42,
tab. 85, fig. 1), sous le nom de *bombax buonopozense*, grand
et bel arbre des environs de Buonopozo en Afrique, dont
les feuilles n'ont point été observées. Il produit des fleurs
nombreuses, d'un très-beau rouge; leur calice est en coupe,
petit, zoné à son bord, velu en dedans; les étamines d'abord
réunies à leur base, puis divisées en cinq paquets; le style
terminé par cinq stigmates courts. (Poir.)

FROMENT (*Bot.*), *Triticum*, Linn. Genre de plantes monocotylédones, de la famille des graminées, Juss., et de la
triandrie dygynie, Linn., dont les principaux caractères sont
les suivans : Epillets solitaires sur chaque dent de l'axe; un
calice de deux glumes presque égales, contenant plusieurs
fleurettes; une corolle de deux balles lancéolées, mutiques
ou aristées à leur sommet: trois étamines; un ovaire supérieur, surmonté de deux styles plumeux; une graine ovale,
convexe d'un côté, marquée d'un sillon de l'autre.

Les fromens sont des plantes herbacées, annuelles ou vivaces, à tiges ordinairement fistuleuses, noueuses d'espace en
espace, garnies à chaque articulation d'une feuille alterne,
linéaire, engaînante par sa base, et dont les fleurs sont disposées en un épi composé d'épillets sessiles, ou presque sessiles, sur un axe denté alternativement dans sa longueur. On
connoît aujourd'hui une trentaine d'espèces de fromens,
parmi lesquelles on compte quelques plantes qui sont du plus
grand intérêt à cause de leurs propriétés alimentaires; nous
parlerons particulièrement de celles-ci, et nous passerons
ensuite rapidement sur les autres.

§. I.er *Fromens annuels.*

FROMENT CULTIVÉ : vulgairement le Froment, le Blé ou Bled ; *Triticum sativum*, Lamk., Dict. enc., 2, p. 534 ; *Triticum hybernum*, *Triticum æstivum* et *Triticum turgidum*, Linn., *Spec.*, 126. A l'exemple de M. de Lamarck, nous réunissons ici trois espèces de Linnæus, qui ne sont bien évidemment que des variétés l'une de l'autre, et qui toutes peuvent être comprises dans la description suivante. Tiges hautes de trois à quatre pieds, garnies de quatre à cinq feuilles, et terminées par un épi long de trois à quatre pouces ou plus, épais, composé de quinze à vingt-quatre épillets sessiles, ventrus, imbriqués, glabres ou velus, selon les variétés, mutiques ou garnis de barbes ; leur calice renferme communément quatre fleurs fertiles, et une cinquième qui ne se développe qu'imparfaitement, et qui avorte. Le fruit qui succède à chaque fleur fertile est une graine ovale, plus grosse que dans la plupart des autres graminées, convexe d'un côté, et creusée de l'autre d'un sillon longitudinal. Cette graine est remplie d'une substance blanche, friable, farineuse, formée en grande partie de fécule et d'une proportion de gluten, telle qu'elle peut facilement être convertie en pain, et faire l'aliment le plus ordinaire des hommes dans une grande partie du monde, et principalement en Europe. Sous ce rapport, le blé est dans cette partie du globe l'objet d'un très-grand commerce et d'une consommation prodigieuse ; et, d'après ces considérations, cette plante mérite que nous présentions son histoire concernant les divers points sous lesquels sa culture, ses propriétés ou ses usages peuvent offrir quelque intérêt.

Le froment, par ses qualités précieuses, mérite sans contredit d'être regardé comme la première de ces plantes céréales qui, dans tout le monde civilisé, font la principale nourriture des hommes.

C'est à la culture des céréales que beaucoup d'écrivains anciens et modernes ont attribué la civilisation ; et, en effet, les hommes n'ont pu se livrer aux travaux de l'agriculture, qui exigent des soins continuels, qu'en se formant en sociétés régulières, qu'en partageant les terres, et en en assurant la propriété à ceux qui les mettoient en valeur.

Les Égyptiens mirent au rang des dieux Osiris qui leur avoit enseigné l'agriculture. Les Grecs attribuoient l'invention de l'art de cultiver la terre à Triptolème, et particulièrement à Cérès. Avant que cette déesse eût appris aux hommes à labourer les champs pour y semer le blé, ils se nourrissoient de glands ; c'est à quoi Virgile fait allusion dans les vers suivans :

> . . . . Alma Ceres, vestro si munere tellus
> Chaoniam pingui glandem mutavit arista.
>
> Georg. I, v. 7.

Et un peu plus loin, vers 147 :

> Prima Ceres ferro mortales vertere terram
> Instituit, cum jam glandes atque arbuta sacræ
> Deficerent silvæ, et victum Dodona negaret.

On doit croire que ce fut l'augmentation de la population, et surtout la disette des fruits des bois, très-sujets à manquer par suite de l'inclémence ou de l'irrégularité des saisons (comme le dit Virgile dans les vers que nous venons de citer), qui forcèrent les hommes à chercher dans les plantes céréales une nourriture plus assurée que celle, si précaire, qu'ils avoient jusque-là trouvée naturellement dans les glands et autres fruits des forêts.

Dans toutes les contrées de la terre, l'agriculture a produit les mêmes résultats ; et les peuples les plus anciennement policés, sont ceux qui se sont livrés les premiers à la culture des champs. En Orient, c'est dans la Babylonie, où, selon Hérodote et Diodore de Sicile, le blé croissoit naturellement, qu'il paroît qu'on doit placer le berceau de la civilisation, et c'est à l'agriculture que les Chinois doivent leur existence comme peuple depuis quatre mille ans.

Aujourd'hui un petit nombre d'hommes se nourrissent uniquement des fruits des arbres, comparativement à la quantité innombrable de ceux qui cultivent les céréales pour en retirer leur principale nourriture. Ce n'est guère que dans les climats extraordinairement favorisés de la nature, dans lesquels règnent un printemps et un été continuels qui font produire aux arbres des fruits en abondance et sans interruption, que quelques peuples sauvages ou à demi sauvages ont continué à se nourrir des fruits ou des substances tirées immédiatement des arbres. Ainsi le cocotier, dans certaines parties des Indes, suffit aux besoins peu nombreux des hommes de ces contrées ; les naturels des îles de la mer du Sud se nourrissent presque uniquement des fruits du jaquier découpé, vulgairement arbre à pain (*artocarpus incisa*, Lamk.) ; les habitans des Moluques et îles voisines, outre l'arbre à pain, se nourrissent aussi de sagou (*sagus farinifera*) ; quelques peuplades d'Afrique vivent toujours des fruits du *zizyplus lotus*, comme les anciens lotophages, dont parle Homère. Si d'ailleurs les dattes et les figues font encore une grande partie de la nourriture des Persans, des Egyptiens et des habitans de la Morée, de l'Archipel grec et de la Barbarie, c'est seulement dans les classes pauvres, et le blé est cultivé dans tous ces pays pour servir d'aliment principal ; et si dans certaines parties des côtes septentrionales de l'Afrique, et dans quelques provinces méridionales de l'Espagne et du Portugal, on mange encore les glands doux de quelques espèces de chênes, et principalement du *quercus ballota*, Desf., cette nourriture, de même que celle des châtaignes dans certaines parties montagneuses de la France, comme dans les Cévennes, le Limousin, et en Italie dans les Apennins, est uniquement celle des habitans des campagnes, ou des gens du peuple et des pauvres dans les villes ; car, dans tous ces pays, les classes aisées font usage du pain.

Les graines céréales ont donc remplacé, dans la plus grande partie du monde, l'usage des fruits des arbres. Ces masses gigantesques qui élèvent dans les airs leurs têtes superbes, et qui, pendant des siècles, bravent les rigueurs des hivers et le soleil brûlant des étés, ont cédé à d'humbles plantes que la même année voit naître et périr. Aujourd'hui le blé couvre de ses moissons dorées la plus grande partie de l'Europe, dans les contrées tempérées de l'Asie ; on le trouve en Orient comme en Occident ; car le froment est cultivé indistinctement dans toutes les provinces de la Chine (plus seulement dans celles du Nord, ou en général dans celles qui sont montagneuses), de même que dans la Natolie, la Syrie, la Perse, etc. Les côtes septentrionales de l'Afrique produisent toujours

du blé comme du temps des Romains, mais en moindre
quantité, à cause de la barbarie qui afflige aujourd'hui ces
beaux pays; et il a été transporté à l'autre extrémité de cette
partie du monde, au cap de Bonne-Espérance, où il a très-
bien réussi. Enfin, porté dans les Etats-Unis d'Amérique, il a
prospéré dans cet autre hémisphère, et à mesure que la civilisation et la population s'accroîtront dans cette vaste portion
du monde, la culture du blé s'étendra probablement aussi.

Après le blé, les principales céréales les plus cultivées pour
la nourriture des hommes, sont le riz, que toutes les nations
indiennes de l'Asie préfèrent au pain ; le maïs, que nous
devons à l'Amérique méridionale, et qui est cultivé assez
abondamment dans les pays du midi de l'Europe; plusieurs
millets, appartenant aux genres *Holcus* et *Panicum*, qui font
la nourriture presque unique de tous les peuples noirs de
l'Afrique; le seigle et l'orge, enfin, qui remplacent le froment
dans les parties de l'Europe où, soit à cause de la rigueur
du froid, soit à cause de la qualité inférieure des terres, le
blé ne peut réussir.

L'utilité dont est le froment pour la nourriture de l'homme,
l'ayant fait cultiver, depuis un temps immémorial, dans des
contrées, des climats et des terrains d'une nature fort différente, cette graminée a produit beaucoup de variétés, que
probablement nous ne connoissons pas encore toutes, mais
seulement celles qui se trouvent en France et dans quelques
uns des pays voisins. M. Tessier, membre de l'Académie des
Sciences, s'étant occupé, d'une manière particulière, de
l'étude des variétés du froment, c'est dans le travail de ce
savant agronome que nous puiserons les connoissances nécessaires pour donner une liste exacte et raisonnée des différentes variétés connues du froment.

* *Epis glabres ; balles dépourvues de barbes.*

FROMENT COMMUN A ÉPIS BLANCS. Tige creuse ; balles blanches,
peu serrées ; grains jaunes moyens. Ce froment est celui qu'on
sème dans les parties les mieux cultivées de la France, où la
terre n'est pas compacte, et où elle a peu de fond.

FROMENT COMMUN A ÉPIS DORÉS. Tige creuse ; balles rousses et
peu serrées ; grains jaunes moyens. Ce froment ne paroît être

qu'une sous-variété du précédent; ses grains sont plus gros et d'un jaune plus roux. Il est cultivé dans les mêmes cantons, et principalement dans la Picardie. Dans les pays où le temps de la moisson est souvent pluvieux, on donne la préférence à ce blé, parce qu'il germe plus difficilement, et qu'il est moins sujet à s'altérer quand les tiges sont en javelles ou étendues sur les champs.

FROMENT A GRAINS DE RIZ. Tige creuse; balles blanches, peu serrées; grains petits et blancs. Ce blé ne diffère de la première variété que parce que sa paille et ses balles sont un peu plus blanches, et ses grains blancs, courts, presque ronds. On le cultive dans le nord et dans le midi de la France.

FROMENT TOUZELLE. Il diffère du précédent par ses grains longs et un peu transparens. On le cultive dans les départemens du Midi.

FROMENT TRÉMOIS SANS BARBES. Son épi est roux, et ressemble beaucoup à celui de la seconde variété; mais il est un peu moins grand et moins gros, par suite de ce qu'on ne le sème qu'au printemps.

FROMENT D'ALSACE. Tige creuse; épi roux, court et carré; grains petits. On cultive ce blé en Alsace, et on ne le sème ordinairement qu'au printemps; cependant M. Tessier l'a semé en automne pendant plusieurs années.

FROMENT DE PHALSBOURG. Tige creuse, grêle; épi roux; grains de grosseur moyenne. On cultive ce blé à Phalsbourg, mêlé avec le précédent, et on l'y sème au printemps. M. Tessier l'a semé, pendant deux ans, en automne, et avec succès.

**** *Epis glabres et garnis de barbes.***

FROMENT ROUX A BARBES CADUQUES. Tige presque pleine; épi roux, perdant ses barbes vers l'époque de la moisson; balles quelquefois glauques; grains assez gros. Cultivé particulièrement dans la vallée d'Anjou, il ne vient que dans les terres qui ont beaucoup de fond. Il a une sous-variété blanche.

FROMENT A GROS ÉPIS, ou Blé de Providence. Tige pleine; épi blanc, long, carré; barbes blanches; gros grains, de couleur ordinaire. Ce blé, qui se cultive dans différens pays, est d'un grand produit; il perd en partie ses barbes au temps de la maturité. Il convient dans les terres qui ont du fond.

Froment a barbes divergentes. Tige creuse; épi roux, large, à barbes rousses ou blanches, et divergentes ; balles peu serrées ; grains moyens. On le trouve quelquefois à épi velu. Il est cultivé dans presque toutes les parties de la France. On le séme en automne, et quelquefois au printemps.

Froment a barbes serrées. Epi rouge ; balles et barbes rouges, rapprochées et serrées ; gros grains ternes. Cultivé dans le département de Vaucluse.

Froment a grains ronds. Tige demi-creuse; épi blanc, serré; barbes noires ; grains blancs, bombés. Ce blé est cultivé dans les environs d'Avignon; il perd un peu ses barbes à l'époque de sa maturité.

Froment d'Italie. Tige grêle, pleine; épi blanc, étroit ; barbes noires; grains ternes. On le cultive dans les environs d'Avignon.

Froment de Sicile. Tige grêle; creuse ; épi petit, blanc ; balles un peu luisantes, à barbes noires.

*** *Epis velus, dépourvus de barbes.*

Froment grisatre. Tige creuse ; épi velouté et grisâtre ; grains moyens, dorés, velus à l'un de leurs bouts. Cultivé en Normandie, dans le pays d'Auge.

**** *Epis velus et garnis de barbes.*

Froment gris de souris. Tige pleine, épi étroit, velu et gris-bleuâtre; grains gros, bombés; barbes noires, grises ou cendrées, tombant quelquefois à l'époque de la maturité. Il est cultivé en Anjou, et ne vient bien que dans les terres qui ont beaucoup de fond.

Froment renflé, Gros blé ou Pétianelle roux. Tige pleine; épi roux, court, presque carré ; barbes rousses ; gros grains ternes, bombés, demi-cornés, médiocrement farineux. Il perd ses barbes, en totalité ou en partie, à l'époque de sa maturité. On le cultive en Gascogne.

Blé d'abondance, Pétianelle blanc. Diffère du précédent par la couleur blanche ou blanchâtre de son épi ou de ses barbes. Sa tige est pleine ; son épi gros, comme renflé; ses balles sont entassées, ou presque amoncelées irrégulièrement ; ses grains sont un peu cornés. Cultivé dans les environs d'Avignon.

FROMENT DE BARBARIE. Tiges élevées, pleines ; épis épais, assez longs, grisâtres ; balles renflées, à barbes fort longues ; grains assez gros, oblongs, un peu pointus aux extrémités, dorés, durs, à substance presque entièrement cornée, très-peu farineuse. Ce blé a été rapporté de Barbarie par M. Desfontaines, et il se trouve mentionné dans son *Flora Atlantica*, sous le nom de *Triticum durum*.

Tous les cultivateurs sont dans l'usage de faire la distinction des fromens d'automne et des fromens de mars, selon qu'ils sont destinés à être semés dans l'une ou l'autre de ces saisons ; mais M. Tessier, que nous avons déjà cité, et qui a fait à ce sujet, comme sur les autres parties de la culture de la précieuse céréale qui nous occupe, des expériences très-exactes ; M. Tessier, disons-nous, pense que cette distinction est chimérique, et que les blés d'automne peuvent facilement passer à l'état de blés de mars, et, par opposition, ces derniers à celui de blés d'automne, en semant par degrés les premiers plus tard et les seconds plus tôt, de manière à les accoutumer à ce changement de saison.

C'est aussi un préjugé, parmi la plupart des cultivateurs, de croire qu'il faut de temps en temps changer ses blés, et même tous les ans, et que, si l'on n'a pas cette attention, le froment récolté et semé un certain nombre de fois dans les terres d'un même canton s'altère et dégénère. M. Tessier a encore fait à ce sujet des expériences suivies pendant dix années de suite, depuis 1779 jusqu'à 1789, lesquelles prouvent que le blé de semence ne dégénère pas semé pendant dix années de suite, et il cite de plus un cultivateur des environs de Fécamp, en Normandie, qui, pendant trente années, a semé constamment le blé qu'il récoltoit, sans qu'il soit survenu la moindre dégénération dans ses fromens.

De ses expériences et des faits qui sont à sa connoissance, M. Tessier croit pouvoir conclure que la dégénération du froment, considérée physiquement, ne peut avoir lieu, surtout en aussi peu d'années qu'on se l'imagine ; et que, si ce grain éprouve quelquefois des altérations, il y a lieu de croire qu'elles ne sont point dues à la nature du froment même, mais à des causes différentes, telles que la négligence à le purifier des mauvaises graines, le peu de soin qu'on en a

pendant la végétation, la récolte faite par des temps contraires, les accidens et maladies auxquels il est exposé en
tout temps.

On peut donc assurer que le blé, en quelque sol qu'il soit,
conserve sa faculté germinative, s'il n'est pas altéré d'ailleurs
par la fermentation, les insectes, ou autrement, et qu'on peut
le semer dans le même canton où il a crû; et ce n'est que
dans certaines circonstances particulières qu'il peut être
avantageux, et même nécessaire d'acheter de la semence plutôt que de la prendre dans sa propre récolte. Ainsi, lorsqu'une grêle, ou une grande sécheresse, ou des pluies ont
tout altéré ou détruit dans un pays, il faut bien qu'on se
pourvoie de semence dans un autre. Lorsque les terres d'un
pays sont trop maigres, et que les grains qu'elles produisent
s'en ressentent: lorsque les récoltes, soit par négligence ou
toute autre cause, sont infestées de mauvaises herbes, il est
encore avantageux d'aller ailleurs chercher des grains mieux
nourris et plus purs.

On préfère ordinairement semer le froment de la dernière
récolte; mais des expériences positives prouvent qu'il conserve
sa faculté germinative pendant huit à dix ans. Le germe de
ce grain résiste d'ailleurs au plus grand froid, et une chaleur
de plus de soixante degrés (thermomètre de Réaumur) ne
l'empêche pas de se développer.

Les terres destinées à être ensemencées en froment doivent,
avant qu'on leur confie la semence, être convenablement
préparées par plusieurs labours, et amendées par des engrais.

Les fumiers des basses-cours sont l'engrais qu'on emploie
le plus communément pour améliorer les terres, et ils produisent toujours un très-bon effet, lorsqu'on ne les met que
dans celles qui en exigent; car toutes sortes de fumiers ne
conviennent pas à toutes les terres. Le fumier des bergeries,
la fiente de pigeon font mieux dans les terrains humides, froids
et argileux que dans tout autre sol. Les fumiers de vaches
et de chevaux conviennent aux terres chaudes et à celles où
il se trouve des cailloux, ou de la marne ou du sable. Les
autres engrais, capables de remplacer avec avantage les fumiers des basses-cours, sont les marnes de différentes espèces,
les diverses terres neuves, les gazons des chemins et des friches;

mais le meilleur de tous les engrais est le parcage. On corrige un terrain calcaire avec des marnes argileuses, et une terre argileuse avec des marnes calcaires.

La quantité des labours peut varier selon la nature des terres : celles qui sont légères n'exigent pas autant de façons que celles qui sont fortes ; mais en général, en supposant qu'un champ dût rester en jachère avant de l'ensemencer en froment, il faut lui donner au moins quatre labours avant d'y répandre les semences.

La bêche, le hoyau, la fourche et la charrue sont les instrumens ordinairement employés pour le labourage ; mais le dernier étant le plus expéditif, est le seul qui soit employé dans les exploitations en grand : les autres ne sont en usage que dans les localités qui ne permettent pas l'emploi de la charrue, ou chez les petits cultivateurs qui n'ont que des terres de peu d'étendue.

Le premier labour, dans le cas qui vient d'être dit, doit se faire aussitôt ou au moins peu de temps après la moisson ; le second, avant lequel il faut avoir soin de faire charrier et répandre les fumiers, afin qu'ils puissent être enterrés par ce travail, doit être fait vers la fin de l'automne, s'il est possible, ou au plus tard, au commencement de l'hiver. Le troisième labour se donne au printemps, et le quatrième en septembre ou octobre, au moment de l'ensemencement.

Aussitôt que le dernier labour est terminé, on fait les semailles, qu'on enterre à la herse, après avoir auparavant préparé le froment par ce que l'on appelle le chaulage. Cette préparation préliminaire consiste à verser sur la semence mise en tas une dissolution de chaux dans de l'eau simple, ou dans laquelle on a délayé auparavant des crottes de mouton, des fientes de pigeon et de poule ou autres, ou dans laquelle on a encore fait infuser des plantes àcres. Aussitôt après avoir versé cette préparation sur le tas de blé destiné à être ensemencé, on le remue tout de suite avec des pelles, de manière à ce que tous les grains soient empreints de la liqueur. Le froment, ainsi chaulé, est semé dès le lendemain ; mais, si l'on différoit plus long-temps, et qu'il y eût quelque humidité, il faudroit avoir le soin de le remuer tous les jours. Cette préparation a l'avantage de préserver le blé de la carie, de la rouille, et dans les années sèches elle le garantit des mulots et des insectes.

Plusieurs agronomes modernes, pour que le froment soit plus exactement chaulé, prescrivent de faire le chaulage de la manière suivante. On fait d'abord éteindre de la chaux vive dans une quantité proportionnée d'eau, et on l'étend ensuite dans un plus grand volume, et dans la proportion de trente livres d'eau pour un setier de blé. Quand on a préparé suffisante quantité d'eau de chaux, on verse son grain par portions dans un cuvier rempli de cette eau, de manière à ce qu'elle baigne bien tout le grain, qu'on remue pendant quelques instans ; après quoi on le laisse infuser durant un quart d'heure, et pendant ce temps on enlève les grains qui surnagent. On retire ensuite son blé pour le mettre à égoutter dans des corbeilles, et lorsqu'il l'est suffisamment, on l'étend sur l'aire de la grange pour qu'il sèche. Dans cet état il est bon à semer le lendemain ; mais on peut différer de le faire pendant quelques jours ; dans ce cas il faut seulement avoir la précaution de le remuer, afin qu'il ne s'échauffe pas.

Selon les climats, les localités, et selon les variétés, le froment se sème en France à différentes époques. Celui dit d'automne se sème avant l'hiver ; mais il y a des pays où les semailles commencent au mois d'août, tandis que dans d'autres elles ne se font qu'en décembre. Dans le plus grand nombre elles ont lieu en septembre, octobre et novembre ; mais en règle générale, les semailles précoces donnent toujours de plus riches moissons, parce que les blés semés de bonne heure poussent un plus grand nombre de racines, et par suite des tiges plus vigoureuses et plus nombreuses.

Quant aux fromens dits de mars, les premiers se sèment en février, et les derniers en avril ; on en cultive même depuis quelques années en Belgique une variété qu'on y désigne sous le nom de blé de mai, parce qu'on peut tarder jusqu'en mai à la mettre en terre. Ce froment, qui a été apporté du Bengale et d'Egypte, où il est cultivé, et où il donne deux récoltes par an sur le même terrain, peut, dans le nôtre, être récolté environ cent jours après son ensemencement. L'introduction des blés de mars en France ne remonte qu'à 1709 ; avant cette époque, ils n'étoient connus et cultivés que dans les contrées du Midi, et surtout en Espagne. Louis XIV en fit venir pour les semer après ce cruel hiver qui avoit été si fatal aux fromens d'automne.

Il n'est pas possible de déterminer d'une manière fixe la quantité de semence nécessaire pour un espace donné. Les terres maigres et légères en exigent davantage que les bons fonds, parce que, dans les premières, chaque pied poussant moins de tiges et moins de feuilles, ces terres se trouveroient trop découvertes si on n'y répandoit pas plus de semences; et, les tiges n'y étant pas assez serrées, le hâle pourroit agir sur elles et les dessécher, ainsi que les racines, avant l'époque de la maturité.

Les semailles faites en automne et au printemps demandent aussi des proportions différentes. Ainsi il faut moins de semence pour les premières qui tallent beaucoup, que pour les secondes qui produisent toujours moins de tiges sur le même pied. Mais, en général, les agronomes instruits regardent comme une chose constante, que la plus grande partie des cultivateurs n'économisent pas les semences autant qu'ils pourroient le faire. Par exemple, d'après les expériences rapportées par M. Tessier à ce sujet, il s'ensuit qu'en ensemençant un arpent de cent perches à vingt-deux pieds avec cent quatre-vingts livres de froment, au lieu de deux cent vingt-cinq qu'on est dans l'usage d'employer, on peut récolter quatre cent quarante-une livres de froment de plus, et, d'après son expérience propre, ce savant agronome a encore obtenu des résultats plus satisfaisans; car, en ensemençant un arpent avec cent livres seulement, au lieu de deux cent vingt-cinq livres, il s'est assuré qu'on pouvoit récolter quatre cent quatre-vingt-quinze livres de plus dans une terre même médiocre.

Il y a trois manières d'ensemencer le blé : la première à la volée, la seconde au semoir, et la troisième au plantoir. Les deux dernières étant en général très-peu usitées, nous nous abstiendrons d'entrer dans des détails à leur sujet; nous renverrons aux ouvrages qui traitent plus particulièrement de l'agriculture, et nous mentionnerons seulement ici les résultats qu'on a obtenus dans les expériences qui ont été faites sur la troisième méthode, celle par le plantoir.

C'est M. le duc de La Rochefoucauld-Liancourt qui a

fait connoître en France cette méthode usitée dans plusieurs cantons de l'Angleterre, et par laquelle on économise une grande quantité de semence, sans que le produit soit moins considérable; car, d'après les expériences de M. de Liancourt, celui des terres ainsi ensemencées a été dans le rapport de quatre-vingts à cent, et jusqu'à cent trente pour un. M. Tessier, qu'il faut toujours citer dès qu'il est question d'expériences qui peuvent tourner au profit de l'agriculture, a vérifié avec le plus grand soin celles de M. de Liancourt, et il a tiré de ses propres observations les conséquences suivantes.

1.° Quand on emploie la méthode de l'ensemencement au plantoir, il suffit de mettre deux grains dans chaque trou, en espaçant les trous à quatre pouces les uns des autres.

2.° Cette pratique convient au particulier possesseur de quelques champs seulement, qui, en se chargeant lui-même, avec sa famille, de les ensemencer, se rend indépendant du laboureur.

3.° Il y faut renoncer pour les terres fortes et pour les terres légères, à moins que par des amendemens convenables à leur nature, on ne les ait disposées à cette sorte de culture.

4.° L'ensemencement au plantoir a de l'avantage sur celui à la volée, lorsque le blé est cher, et dans les pays où les bras sont nombreux et les salaires à bon marché.

Quant à l'ensemencement à la volée, qui jusqu'à présent a été et est encore presque le seul exclusivement en usage dans les campagnes, il se fait ordinairement, dans chaque exploitation, par le principal charretier de la ferme ou de la métairie, et assez souvent le fermier ou le métayer remplit lui-même cette fonction. Le semeur a besoin tout à la fois d'intelligence et de force. Il faut qu'il calcule la distance où sa main peut lancer le blé; qu'il n'en prenne à chaque poignée que ce qui est nécessaire, et qu'il règle ses pas de manière à ce que tout le champ ait partout une quantité de semence aussi également espacée que possible. Le semeur doit être fort, parce qu'il faut qu'il porte une certaine quantité de blé dans une espèce de long tablier en toile, qui est passé entre ses bras, et dont il retient l'extrémité en l'entortillant autour de son bras gauche, et parce qu'il lui faut pendant trois semaines à un mois, tous les jours, du matin jusqu'au soir, excepté les heures des repas, parcourir ainsi les guérets, chargé d'un poids considérable qu'il appuie sur son ventre ou sur son côté et sur un de ses bras, tandis qu'il est obligé d'imprimer sans cesse à l'autre un violent mouvement d'extension, à chaque poignée de semence qu'il répand.

Le plus communément le blé se recouvre avec la herse, et cette opération se fait aussitôt que la semence est répandue. Souvent même, lorsque la pièce à semer a une certaine étendue, on herse les parties du champ ensemencées pendant que le semeur continue son travail sur le reste. On n'emploie ordinairement que des femmes ou des jeunes garçons pour conduire les chevaux qui traînent les herses. Dans quelques cantons on recouvre le blé semé à la charrue : alors le semeur doit précéder le laboureur dans les champs, et ce dernier n'enfonce pas le fer à une si grande profondeur que dans les labours précédens, afin que la semence ne soit pas trop enterrée.

Si la terre est humectée avant, ou s'il vient à pleuvoir après l'ensemencement, le froment ne tarde pas à lever, à moins qu'il ne survienne de la gelée ou de la neige, ainsi que cela arriva dans l'hiver de 1788 à 1789; les gelées ayant commencé vers le 15 de novembre et ayant duré pendant près de deux mois, ce ne fut qu'à la fin de janvier que les fromens semés dans les premiers jours de novembre commencèrent à sortir de terre.

Les blés résistent à la rigueur des plus grands froids, lorsque ces froids sont secs, et surtout lorsque la terre est couverte de neige. Ce ne fut point l'excès du froid qui fit périr les blés en 1709, mais parce que celui qui prit à cette époque désastreuse, survint tout de suite après un dégel.

Lorsque les blés sont trop forts en hiver, et que l'on craint qu'ils ne s'épuisent en pure perte, et que par suite ils ne donnent des tiges trop grêles, on y met des vaches ou des brebis qui, en broutant ce luxe superflu de la végétation, lui donnent une nouvelle vigueur. Cela se pratiquoit en Italie du temps de Virgile :

.... Ne gravidis procumbat culmus aristis,
Luxuriem segetum tenera depascit in herba.

GEORG. lib. I, v. 111

Dans quelques pays on fait au printemps passer de gros rouleaux sur les blés, afin de briser les mottes et d'affaisser la terre soulevée par l'effet des pluies et des gelées. Le tassement que cela opère rechausse utilement les racines. L'emploi du rouleau convient principalement dans les terres légères; mais il ne faut pas s'en servir lorsque les terres sont trop humides, ni dans celles qui sont fortes.

Au printemps la végétation se ranime, les fromens vont bientôt élever leurs tiges, d'où l'on verra, en mai et juin, sortir les épis : mais, avant qu'ils en soient là, les mauvaises herbes les infestent souvent, et les étoufferoient bientôt si le cultivateur n'avoit le soin de les faire arracher : c'est l'opération du sarclage. Lorsqu'il y a beaucoup d'herbes rampantes et difficiles à arracher, on se sert de herses de fer qu'on fait trainer sur le champ. Mais le plus souvent on sarcle à la main, et dans beaucoup de cantons les femmes qui se livrent à ce travail, le font sans qu'on leur donne de salaire; elles se contentent de l'herbe qu'elles arrachent pour nourrir leurs vaches. En Normandie, on se sert, pour nettoyer les blés, d'une longue tenaille de bois avec laquelle on saisit les plantes à longues racines, qu'on tire facilement hors de terre sans les casser, quand on prend un temps favorable, où la terre soit assez molle, comme après les pluies.

Tous les bestiaux aiment beaucoup le froment en vert; il faut avoir le soin de les en écarter, ce qui n'est pas difficile : mais il n'est pas aussi facile de le préserver des bêtes fauves, qui, comme les cerfs, les daims, les chevreuils, les sangliers, en sont très-avides. Autrefois, dans le voisinage des grandes forêts, les dégâts faits par ces animaux étoient énormes, et les cultivateurs dont les terres se trouvoient trop près de ces bois, préféroient souvent les laisser en friche, à les ensemencer pour voir dévorer les fruits de leurs travaux sans pouvoir les préserver par aucun moyen. Les lièvres et les lapins aiment aussi beaucoup le blé; et lorsque ces petits quadrupèdes sont trop multipliés sur une terre, ils font beaucoup de tort aux cultivateurs. Les autres animaux nuisibles au froment sont les corbeaux, les corneilles, les pigeons, les moineaux, les mulots, les campagnols, les sauterelles, les vers blancs, les hannetons, etc.

Le froment est sujet à plusieurs altérations qui nuisent à sa qualité et à son produit ; les principales sont la carie, le charbon, la rouille, l'ergot. La carie, que l'on nomme encore, selon les pays, cloque, noir, pourriture, est une plante parasite, une espèce de champignon (*uredo caries*, Decand.), placée entre les balles. Cette altération est celle qui nuit le plus au produit et à la qualité du blé. La poussière produite par la carie, quand on bat le blé, s'attache à celui qui est sain, le salit, et en cet état on lui donne le nom de *blé moucheté*. Cette poussière incommode les batteurs ; elle provoque la toux, picote les yeux, et est malfaisante. Le pain fait avec la farine de blé moucheté a une teinte violette, une sorte d'âcreté, et il peut être nuisible à la santé. Le meilleur moyen de préserver les fromens de la carie est un bon chaulage. Le charbon se distingue de la carie, parce qu'il n'est point, comme celle-ci, renfermé dans les balles ; c'est une poussière charbonneuse qui paroît formée par la destruction des balles elles-mêmes et du grain. Cette poussière fine, sèche et légère, que le vent emporte, en ne laissant que le squelette de l'épi, est, comme la carie, un champignon, nommé par M. Decandolle, *uredo carbo*. Le charbon est moins nuisible que la carie, parce qu'il se dissipe avant la moisson. La rouille, qui attaque le blé et plusieurs autres graminées, est, comme la carie et le charbon, une plante cryptogame (*uredo rubigo vera*, Decand.) qui naît sous l'épiderme des feuilles et des chaumes du blé, et qui, lorsqu'elle est abondante, épuise et empêche de croître les pieds qu'elle attaque, au point de diminuer la récolte d'une manière marquée. Plusieurs botanistes ont regardé l'ergot comme une autre cryptogame, que M. Decandolle range dans le genre *Sclerotium* ; mais d'autres croient que c'est une sorte d'altération ou maladie du grain, et non une végétation. L'ergot est d'ailleurs beaucoup plus commun sur le seigle que sur le froment, et il est surtout abondant dans les étés humides. (Voyez ERGOT, vol. 15, p. 165.)

Si une sécheresse trop prolongée n'a pas arrêté les progrès du froment, et n'a pas empêché la formation des grains dans l'épi ; si des pluies trop abondantes pendant la floraison n'ont pas dissipé la poussière fécondante qui doit vivifier les germes et les convertir en grains ; si des orages ou des vents violens n'ont pas renversé les blés, ne les ont pas couchés sur une terre humide où les mauvaises herbes les étouffent, et où les grains se corrompent et germent ; si, enfin, des grêles désastreuses n'ont pas détruit la totalité ou partie des récoltes ; après neuf à dix mois de peines, de soins assidus, d'inquiétudes de toute espèce, le cultivateur va se voir enfin récompensé de tous ses travaux : le moment de faire la moisson est arrivé.

Lorsque le blé est à sa parfaite maturité, ce qui varie beaucoup pour l'époque, selon les localités (car, dans les parties les plus méridionales de la France, on commence à moissonner dans les premiers jours de juin, tandis que dans le Nord ce n'est que vers le milieu de juillet, ou même en août), c'est à la couleur des pailles et des épis, et à la consistance du grain, que l'on reconnoît que le froment est mûr, et qu'il faut y mettre les ouvriers.

Ce travail se commence maintenant sans aucune cérémomonie ; chez les anciens, des fêtes et des danses précédoient le commencement de la moisson. Les laboureurs, au temps de Virgile, alloient, en chantant des hymnes et en dansant, promener trois fois autour de leurs champs la victime qu'ils immoloient ensuite à Cérès. Tous portoient à cette fête des couronnes de chêne, en mémoire du gland qui avoit nourri les hommes avant qu'ils connussent l'usage du blé.

> Terque novas circum felix eat hostia fruges,
> Omnis quam chorus et socii comitentur ovantes;
> Et Cererem clamore vocent in tecta : neque ante
> Falcem maturis quisquam supponat aristis,
> Quam Cereri, torta redimitus tempora quercu,
> Det motus incompositos, et carmina dicat.
>
> GEORG. lib. I, v. 345.

Le célèbre Delille cite sur ce passage un commentateur anglois (Holsworth), qui dit avoir vu des paysans florentins célébrer au mois de juillet, par des danses et des chants, et la tête couronnée de feuilles de chêne, une fête qui n'est probablement qu'une continuation de celle dont parle Virgile.

Mais, quelles que fussent les fêtes des anciens en l'honneur de l'agriculture, aucune ne peut être comparée à celle qui se pratique tous les ans à la Chine depuis un temps immémorial

Cette fête est celle dans laquelle l'empereur de ce vaste empire, environné des princes de son sang, des grands de sa cour, des laboureurs les plus recommandables, et de toute la pompe d'un grand souverain, ouvre et laboure lui-même la terre, et sème les cinq espèces de grains regardés comme les plus nécessaires à l'homme, savoir, le froment, le riz, les fèves et deux sortes de millet. Cette cérémonie du labourage paroît avoir été établie non seulement comme institution politique, pour encourager l'agriculture, mais, ce qui la rend encore plus imposante, c'est qu'elle est consacrée par la religion : car l'empereur s'y prépare par trois jours de jeûne, et il la commence par un sacrifice solennel. Cette fête est célébrée tous les ans à Pékin au retour du printemps, et elle est solennisée le même jour, dans tout le reste de l'empire, par les vice-rois et les gouverneurs des provinces, qui, accompagnés des principaux mandarins de leurs départemens, pratiquent, dans un champ consacré à cet usage, les mêmes cérémonies que l'empereur.

Dans cette même contrée, la profession de laboureur est plus honorable que celle de marchand ; et, parmi plusieurs préceptes que tout mandarin ou gouverneur, soit de ville ou de province, est obligé d'enseigner deux fois par mois au peuple rassemblé autour de lui, on distingue celui-ci : que la profession des laboureurs jouisse de l'estime publique, on ne manquera jamais de grains pour se nourrir.

Nous pourrions encore, au sujet des honneurs rendus à l'agriculture, parler de ces consuls, de ces dictateurs tirés de la charrue pour être mis à la tête de la république romaine ; mais cela nous entraîneroit trop loin : revenons à la manière dont on pratique maintenant la moisson.

C'est à la faucille que le blé se coupe le plus ordinairement ; cependant quelques agronomes conseillent d'employer de préférence la faux armée de pleyons : ils assurent que cet instrument est beaucoup plus expéditif ; qu'il couche, arrange et étend mieux les tiges sur le sol ; qu'il égrène moins l'épi ; qu'il coupe les pailles plus près de la terre.

Lorsqu'il survient des pluies abondantes et multipliées au moment de la récolte, surtout lorsque les blés sont déjà coupés sans être ramassés, cela peut leur causer de grands dommages en leur communiquant une humidité surabondante , et en les faisant quelquefois germer. Les cultivateurs doivent alors multiplier les soins et les précautions pour sécher leurs grains le mieux possible avant de les serrer ; car autrement, ils risqueroient d'en perdre une partie, ou même la totalité, en peu de temps.

Le blé germé ne se conserve qu'avec beaucoup de difficulté, à cause de la disposition qu'il a à s'échauffer et à fermenter. Abandonné à lui-même, il prend bientôt une couleur terne, une odeur désagréable, et une saveur piquante qu'il communique à la farine et au pain. Il peut même se gâter à un tel point, et devenir si mauvais, que les bestiaux n'en veulent point. Pour prévenir la plus grande détérioration ou même la perte totale du blé germé, il faut le battre sur-le-champ s'il est possible, et sécher le grain battu en l'exposant à la chaleur au-dessus du four, ou dans le four même, après que le pain en est retiré, ou dans une étuve chauffée exprès, en le remuant souvent.

Mais, comme heureusement le temps est le plus souvent favorable, quand le froment est coupé, on le laisse sur le champ un ou deux jours, ou même plus, suivant son degré de maturité, et suivant qu'il est plus ou moins mêlé d'herbes, afin que celles-ci perdent leur humidité ; ensuite on le lie en gerbes avec des liens faits de paille de seigle ou de blé même, battue à l'avance. On réunit ensuite un certain nombre de gerbes en tas, jusqu'à ce qu'on vienne les charger sur des voitures pour les emporter à la maison, où, lorsqu'elles sont arrivées, on les entasse dans des granges ; et si celles-ci sont insuffisantes dans les années d'abondance, on en construit des moies ou meules, dans lesquelles, quand elles sont bien faites, le froment peut se conserver un an ou deux sans être battu. On donne à ces meules une forme pyramidale ; on a soin d'élever leur base au-dessus du sol par le moyen de pierres ou de fagots, et on les recouvre d'une sorte de toit en paille longue, pour que la pluie puisse couler dessus sans pénétrer dans l'intérieur.

Dans le midi de l'Europe, et en France dans nos provinces méridionales, comme en Gascogne, en Languedoc, en Provence, en Dauphiné, etc., on ne conserve point le blé dans

les granges, ni en meules. Dans tous ces pays, aussitôt
après la moisson, les gerbes sont transportées dans l'aire
située près de l'habitation, mais à découvert ; elles y sont
disposées en rond et par couches. Un homme se place dans
le centre, tenant d'une main un fouet, de l'autre une longe,
avec laquelle il dirige les bœufs, chevaux ou mulets, qu'il
fait marcher ou trotter autour de lui. D'autres ouvriers
sont occupés à retourner la paille, et à la repousser sous
les pieds des animaux jusqu'à ce qu'elle soit brisée, et que
le grain se soit séparé de l'épi. Alors, avec des fourches et
des râteaux de bois, on secoue la paille, et on la retire pour
en faire tomber le blé, afin que celui-ci reste seul sur l'aire,
où l'on achève de le nettoyer en le vannant ; ou encore, lorsqu'il fait assez de vent, on en profite pour jeter le blé en
l'air par pelletées, et il retombe sur les parties du sol qu'on a
eu soin de balayer auparavant, tandis que le vent transporte
à quelque distance les brins de paille, les balles et la poussière qui y étoient mêlés.

Dans la plus grande partie de la France, le battage ne
s'exécute qu'au fléau, en étalant sur l'aire pratiquée au milieu
de la grange une certaine quantité de gerbes, et l'on ne bat
le plus ordinairement qu'au fur et à mesure des besoins, excepté lorsqu'il faut vider la grange, afin de la disposer pour
une nouvelle récolte.

Après que les gerbes sont battues, il reste à nettoyer le grain
des menues pailles, des balles, de la poussière et des graines
de mauvaises herbes qui peuvent y être mêlées ; cette dernière opération se fait au moyen du van et du crible. Les
cribles, tels que ceux qui sont actuellement en usage, et
qu'on fait agir au moyen d'une manivelle, peuvent nettoyer
environ six cents livres de grain par heure.

Lorsque le blé est battu, vanné et criblé, il est propre à
être réduit en farine, ou il s'agit de le conserver pour ne l'employer qu'au besoin. Les anciens conservoient le blé dans de
grands vases de terre cuite, ou dans des souterrains, espèces
de greniers inaccessibles à l'impression de l'air. Les agronomes modernes ont proposé divers moyens afin de pouvoir
garder le blé pendant long-temps. Une chose essentielle pour
que le froment puisse se conserver plus ou moins long-temps,

c'est qu'il soit bien sec et bien net. A cet effet, tous les quinze jours pendant les six premiers mois, après l'avoir bien passé au crible, on le remue avec des pelles de bois, et ensuite tous les mois seulement. Au bout de deux ans il n'est plus sujet à s'échauffer, et il peut se garder parfaitement sain pendant une longue suite d'années, par un moyen fort simple. On le met en tas aussi gros que possible; on le recouvre d'une couche de chaux vive de trois pouces d'épaisseur; ensuite on humecte avec des arrosoirs la surface de la chaux, qui ne tarde pas à se prendre, avec les grains de la superficie qui germent, en une croûte très-dure, impénétrable à l'air et pour les animaux et les insectes. On a l'exemple d'une grande provision de blé ainsi parfaitement conservée dans un magasin de la citadelle de Sedan, où elle étoit restée pendant cent dix ans. On en fit du pain qui fut trouvé bon.

En Russie on fait, pour garder le blé, des greniers souterrains, espèces de puits profonds, larges dans le fond et étroits à l'embouchure, ayant la forme d'un pain de sucre. Les parois sont enduites de plâtre, et on en ferme exactement l'ouverture avec des pierres de taille. On a soin de n'y renfermer que du blé parfaitement sec. Les Arabes conservent les blés dans de pareils souterrains, auxquels ils donnent le nom de *mattamore*.

Mais, de tous les moyens de conserver le froment, le moins coûteux et le plus simple consiste, d'après Parmentier, à le mettre en sacs isolés, après qu'il est parfaitement sec. Communément, dans les campagnes, les laboureurs le tiennent dans de grands greniers, et ils ont le soin de le remuer souvent. Il est rare d'ailleurs qu'ils en gardent fort long-temps: c'est beaucoup quand on trouve chez des cultivateurs le blé de deux récoltes l'une sur l'autre.

Les blés, dans les greniers ou magasins, doivent être surveillés pour n'être pas la proie des rats, souris, ou autres rongeurs, et surtout pour être préservés des charançons. Ces petits insectes dévorent, pendant qu'ils sont à l'état de larve, toute la substance farineuse des grains, et ils n'en laisent exactement que l'enveloppe. Quand ils sont très-multipliés, ils peuvent faire un dommage immense. On a imaginé beaucoup de moyens pour les détruire; mais presque tous ces moyens ont eu si peu de succès qu'on peut les regarder comme inutiles. Le plus simple et le meilleur paroit être le suivant. Lorsqu'on voit, au retour du printemps, que les monceaux de blé qui ont passé l'hiver dans les greniers, sont infestés de charançons, on fait à part, dans un coin de ces greniers, un petit tas de blé auquel on ne touche plus, tandis qu'au contraire on remue fréquemment à la pelle tous les autres tas. Les charançons, qui aiment la tranquillité, cherchent à se réfugier dans le tas de blé qu'on laisse sans le remuer. Pendant qu'ils prennent la fuite, on les ramasse avec un balai, et on écrase tout ce qu'on peut avec les pieds; et lorsqu'au bout de quelques jours il ne sort plus de charançons des tas de blé remués, on fait périr, avec de l'eau bouillante répandue sur celui auquel on n'a point touché, tous les insectes qui s'y sont réfugiés.

La fécondité du froment est quelquefois étonnante, et même presque incroyable. Pline (*lib.* 18, *cap.* 10) rapporte que le receveur des revenus de l'empereur Auguste lui envoya de Byzacium en Afrique, terroir renommé pour la fertilité de ses blés, un pied de froment d'où sortoient quatre cents tiges, et que Néron reçut aussi de la même contrée trois cent soixante tiges de cette plante, provenues également d'un seul grain. En France, quelle que soit la fertilité de certains cantons, les faits analogues sont assez éloignés de ce que rapporte Pline: ainsi, en 1817, un grain de froment semé dans un jardin aux environs de Brest donna naissance à un groupe de cent cinquante-cinq épis; et, d'après le témoignage des auteurs d'agriculture, le plus qu'on eût vu auparavant sortir d'une seule touffe de froment, avoit été cent dix-sept tiges, et un grain de blé de miracle, venu dans un jardin, avoit donné quatre-vingt-douze épis et treize mille huit cents grains. M. Tessier dit aussi avoir trouvé lui-même, dans la Beauce, soixante épis sur un seul pied de froment, et soixante-trois sur l'autre.

On se feroit d'ailleurs une bien fausse idée des produits du blé, si l'on jugeoit de la récolte d'un champ entier par ces exemples d'abondance extraordinaire; il s'en faut de beaucoup que ce qu'un laboureur recueille ordinairement, en approche même. Les épis de blé les plus gros et les mieux nourris produisent communément cinquante à soixante grains ; les plus maigres n'en donnent que dix, un peu plus, ou un peu moins. Il faut aussi observer que tous les grains qu'on sème ne lèvent pas : les uns, parce qu'ils sont trop enfoncés ou recouverts de mottes ou de pierres ; les autres, parce qu'ils sont mangés par les animaux. Quant aux grains qui lèvent, il y en a qui sont étouffés par les mauvaises herbes ; d'autres qui ne prennent pas assez d'accroissement pour porter des épis, les plus forts et les plus vigoureux attirant toute la séve à eux. En général les terres les plus fertiles ne rapportent que trente quintaux de blé par arpent ; et si l'on en retranche deux pour la semence, on voit que le produit est de quinze pour un. Mais ces sortes de terres sont très-rares en France ; à peine peut-on en compter de cette nature un centième. Les bonnes terres ordinaires rendent dix pour un, et les moins fertiles quatre à cinq.

La différente nature des terrains produit des blés de qualités différentes. Les meilleurs fromens sont ceux qui sont venus dans une bonne terre substantielle, quoiqu'un peu sèche et pierreuse : ils ont le grain d'une grosseur moyenne, mais dur, ferme, d'une belle couleur. Ces blés se conservent bien ; ils sont très-propres au commerce d'exportation ; ils produisent comparativement une plus grande quantité de farine, à la mesure et au poids, et ils font de très-bon pain. Les blés qui ont crû dans des terres fortes et argileuses, de plaines ou de coteaux, ne sont que de seconde qualité ; ils sont moins fermes, plus légers, et d'un jaune pâle. Ceux venus dans les bas-fonds, dans les lieux humides ou les terres grasses qui retiennent l'eau, paroissent les plus gros et les mieux nourris ; mais ils ne sont pas secs dans le cœur : ils ont moins de corps, et ne valent jamais ceux des plaines et des coteaux.

Le grain de froment, réduit en farine dans des moulins propres à cet usage, donne le meilleur pain, celui qui est le plus usité dans les villes, et qui est une des substances les plus propres à l'alimentation des hommes. Ce pain doit ses bonnes qualités aux proportions de fécule (voyez Fécules) et de gluten (voyez Gluten), qui entrent comme parties constituantes dans la farine de froment, proportions qui varient, pour le gluten, selon la nature et les variétés de cette espèce, depuis un huitième jusqu'à près d'un tiers. Les autres céréales, dont la farine est toute de la fécule ou de la fécule presque pure, sont toutes incapables de former du pain à elles seules, ou elles n'en font que de très-mauvais. Ainsi, les pains de riz, de millet, de maïs, ne valent rien; ce ne sont que des masses friables, des espèces de gâteaux ou de galettes. Le seigle et l'orge sont, après le froment et l'épeautre, les céréales les plus propres à faire du pain; et encore, comme ils contiennent beaucoup moins de gluten, leurs farines ne sont pas susceptibles de fermenter et de lever de même, et ne donnent qu'un pain lourd, compacte et difficile à digérer pour les personnes accoutumées à celui de froment. Il n'y a encore que ce dernier grain avec la farine duquel on puisse faire de bon biscuit, susceptible de se bien conserver dans les voyages sur mer.

Ce n'est qu'avec le temps que l'art de faire le pain s'est perfectionné au point où nous le voyons maintenant. Les premiers Romains ignoroient les procédés de sa fabrication; et, pendant plus de cinq cents ans, ils ne vécurent, au lieu de pain, que d'une sorte de bouillie ou de galettes sans levain. Les soldats romains portoient dans un petit sac de la farine qu'ils délayoient dans de l'eau pour se nourrir. Il paroît qu'on faisoit alors griller le blé avant de le moudre:

> Nunc torrete igni fruges, nunc frangite saxo.
>
> Virg. Georg. I, v. 267.

Cette torréfaction qu'on faisoit subir au grain, lui donnoit un goût qui corrigeoit sa saveur naturellement insipide. Ce ne fut, selon Pline (*lib.* 18, *cap.* 2), que l'an 580 de la fondation de la ville, qu'il y eut des boulangers à Rome, et qu'on y connut les procédés pour faire de bon pain.

La manière de fabriquer du pain en mêlant du levain à la pâte, afin de lui faire subir une certaine fermentation, a été connue beaucoup plus anciennement dans l'Orient, et le Egyptiens savoient déjà faire du pain, en y employant le levain, du temps de Moïse, puisque ce législateur des Hébreux dit que, lorsque les Israélites quittèrent l'Egypte, ils furent forcés de partir si promptement qu'ils n'eurent pas le temps de mettre le levain dans la pâte (*Exod.*, *cap.* xii, *v.* 39). De l'Egypte l'art de faire le pain passa chez les Grecs, et de

ceux-ci chez les Romains, après leur victoire sur Persée,
roi de Macédoine. (Pline, l. c.)

On ne doit pas, en général, employer des blés trop nouvellement récoltés pour faire du pain, sans avoir la précaution de les exposer au soleil ou sur un four, ou dans une étuve,
pour en opérer la dessiccation parfaite; car, quelque secs qu'ils
paroissent à l'époque de la récolte, ils contiennent encore
une eau de végétation qui rend dangereux d'en faire usage
trop promptement. On a attribué à cette cause les maladies
qui se déclarèrent dans l'armée prussienne qui entra dans la
Champagne en septembre 1792, et qui lui firent perdre un
grand nombre de soldats.

La farine de froment est la base des pâtisseries de toute
espèce; avec aucune autre on n'en sauroit faire d'aussi excellentes et d'aussi délicates. Elle sert à faire les vermicelles,
les macaronis, les semoules. C'est avec elle qu'on prépare la
bouillie pour les enfans. A ce sujet le chimiste Rouelle a fait
observer qu'il faudroit, pour rendre cette nourriture plus
saine, employer à sa préparation le malt de froment, tel
qu'il entre dans la composition de la bière, c'est-à-dire le grain
germé, parce qu'il a subi une fermentation équivalente à celle
qu'éprouve la pâte dont on fait le pain. On peut y suppléer,
en faisant rôtir la farine au four.

Le froment que l'on a fait germer d'une certaine manière,
a reçu le nom de malt, ainsi qu'il vient d'être dit, et il est
employé, mais beaucoup plus rarement que l'orge, à cause
de son prix plus élevé, pour la fabrication de la bière. Lorsque
la fermentation qu'on lui fait subir dans cet état est portée
jusqu'à un certain degré, il est susceptible de fournir de l'eau-
de-vie par la distillation; mais la même raison qui fait qu'on
lui préfère l'orge pour la fabrication de la bière, fait aussi que
ce n'est guère que de cette dernière qu'on retire l'eau-de-vie
connue sous le nom d'eau-de-vie de grain.

La farine de froment, préparée avec de l'eau, et cuite en
une espèce de bouillie, peut servir extérieurement comme
cataplasme émollient; mais on n'en fait que peu ou point
d'usage, et seulement au défaut d'autres moyens. Le son, ou
l'écorce du froment, séparée de la farine par le bluteau, sert
quelquefois en décoction pour préparer des lavemens adou

cissans et laxatifs. Ce même son est plus souvent employé pour engraisser les volailles et pour nourrir les animaux de basse-cour. Le son sert encore pour emballer les belles faïences, les porcelaines, les émaux, etc. Les amidoniers savent en retirer l'amidon pour en faire l'empois et la poudre à poudrer les cheveux; cette dernière, presque tombée en désuétude aujourd'hui, mais qui faisoit autrefois la parure essentielle de la tête, si l'on peut appeler parure ce ridicule usage, qui obligeoit l'adolescent à couvrir ses cheveux d'une substance qui l'assimiloit à la couleur de la vieillesse.

La colle blanche ordinaire, dont les usages sont si variés dans différens arts et métiers, est faite avec la farine de froment. La mie de pain sert aux dessinateurs pour effacer de dessus le papier les coups de crayon mal donnés.

Tous les bestiaux, comme nous l'avons déjà dit, sont friands des tiges et des feuilles du froment. Dans certains cantons où les fourrages sont rares et chers, on en cultive exprès pour le couper en vert, et le donner à ces animaux. Cette nourriture convient bien aux chevaux qu'on a trop fatigués; elle les refait promptement. Les vaches et les brebis auxquelles on en donne, ont plus de lait. Ce n'est pas qu'à l'état de verdure que les tiges du froment sont mangées par ces animaux. La paille sèche est aussi employée pour la nourriture des chevaux et autres bestiaux; on leur en fait de la litière, et cette litière, imprégnée de leur urine, et mêlée à leurs excrémens, forme la masse des fumiers qui servent à engraisser les champs sur lesquels croîtront de nouvelles moissons.

La paille de froment, ainsi que celle de seigle, a encore divers usages. On en couvre les toits rustiques; on s'en sert pour faire les siéges des chaises; souvent elle est le seul lit du pauvre. On en fait ou recouvre certains menus ouvrages, comme paniers, corbeilles, boîtes, étuis, etc., dont on varie la couleur, parce que la paille prend facilement toutes les teintes qu'on veut lui donner. On en fait encore des chapeaux légers, très-utiles dans l'été, et surtout dans les pays chauds, pour préserver des rayons d'un soleil trop ardent. Dans le midi de l'Europe, et dans certaines parties de la France, toutes les femmes de la campagne, et même beaucoup d'hommes, portent de ces chapeaux. Nous avons vu plusieurs fois, dans les campagnes du Midi, les bergères tresser elles-mêmes les pailles qui devoient servir à ombrager leur front. Elles emploient, presque sans préparation, les chaumes des blés ou des seigles qui les nourrissent, et les ouvrages sortis de leurs mains sont, comme on peut croire, très-grossiers. Mais cette coiffure des simples villageoises étant aussi nécessaire aux dames, l'art, à force de soins, a trouvé moyen de travailler cette paille qui nous paroît si grossière et si vile, de manière à la rendre assez fine et assez unie pour qu'on soit parvenu à en faire une parure recherchée, un objet de luxe envié par les belles les plus élégantes.

C'est en Italie que se fabriquent les beaux chapeaux de paille. Dans les cantons où l'on se livre à ce genre d'industrie, on ne se contente pas de choisir les plus belles pailles du blé que l'on cultive ordinairement pour en avoir le grain. On fait mieux ; on cultive tout exprès une variété particulière de cette plante. On choisit un terrain pierreux où le blé lève avec difficulté, et non pas un terrain gras et fertile. On préfère un site montagneux, et qui ne soit ombragé par aucun arbre. On divise le champ en petits sillons, qu'on couvre de fumier de pigeon, de brebis ou de vers à soie. Lorsque l'hiver amène un peu de neige, la récolte en est meilleure. En juin, lorsque l'épi commence à fleurir, mais avant que la floraison soit complète, il faut couper toutes les tiges rez terre. On les place ensuite en longues files pour les faire sécher au soleil, puis on les expose à la rosée pour les attendrir. Si on prévoit de la pluie, il faut les rentrer avec soin ; et, quand on les expose de nouveau au soleil, on évite de les placer sur un terrain en végétation.

Ces préparations s'appliquent à la fabrication des chapeaux communs, tels que ceux de Bologne ; mais à Signa, petit village près de Florence, où se fabriquent les plus beaux, on prend bien d'autres soins. On cueille les tiges une à une, afin de pouvoir les choisir. Après la première dessiccation, on les serre dans un grenier, où le jour n'entre d'aucune part ; on y range les pailles sur des planches, comme des livres dans une bibliothèque ; on place, au milieu de la pièce, un réchaud avec des charbons ardens, sur lesquels on brûle une grande quan-

tité de soufre; on fait sécher de nouveau les tuyaux au soleil;
enfin, on les réunit en petites liasses, et on les coupe aux
deux extrémités, de manière qu'ils soient tous exactement
de la même longueur.

La matière ainsi préparée, le travail commence; on ne le
confie qu'à des femmes, dont la main est plus douce et plus
délicate. Les unes font les tresses; les autres les cousent. Il faut
des talens différens pour ces différentes opérations. L'ouvrière
qui a entrepris un tissu d'une certaine finesse, ne doit être
distraite par aucun plaisir, aucune passion : si elle est occu-
pée d'un sentiment trop vif de joie ou d'inquiétude, sa main
n'obéit plus comme auparavant; le tissu devient inégal, in-
correct, et l'ouvrage perd la plus grande partie de sa valeur.
Plusieurs mois d'une laborieuse assiduité sont nécessaires
pour achever ce travail élégant. Il y a quelques années que,
surpassant encore tout ce qu'on avoit fait jusque-là de plus
beau à Signa, on est parvenu à y exécuter une sorte de chef-
d'œuvre en ce genre : c'étoit un chapeau qui avoit quarante-
neuf tours, dix de plus que les plus beaux, qui en ont trente-
neuf. Ce chapeau merveilleux est fin comme une batiste, et
moelleux comme une étoffe de soie.

Une plante aussi précieuse que le froment, qui fait la principale nourriture d'une grande partie des hommes civilisés,
méritoit que nous la présentassions sous tous les rapports
d'intérêt dont elle est susceptible, et encore avons-nous été
forcés d'abréger beaucoup ce que nous avions à en dire, la
nature de ce Dictionnaire ne nous permettant pas d'entrer
dans tous les détails. Revenons maintenant aux autres espèces
du même genre.

Froment a épi rambux, vulgairement Blé de miracle ou de
Smyrne; *Triticum compositum*, Linn. fils, *Suppl.*, 113. Le
caractère d'après lequel les auteurs distinguent cette espèce
de la première, quoique très-faciles à saisir, ne nous paroissent cependant pas d'une grande valeur, et nous ne croyons
pas que cette plante soit autre chose qu'une variété remarquable du froment commun, parce que, soit dans ses glumes,
soit dans ses balles, soit dans ses grains, elle ne présente
réellement aucune différence qui la sépare de ce dernier.
Quoi qu'il en soit, ses tiges s'élèvent à la hauteur de quatre à

cinq pieds, et sont terminées par de gros et grands épis, dont la partie inférieure est chargée de quatre à sept épis courts, sessiles, serrés à la base de l'épi principal. Leurs épillets sont ordinairement triflores, et les balles sont velues, munies de longues barbes. Ce froment passe pour être originaire de l'Egypte : on le cultive dans quelques cantons, principalement en Picardie et en Dauphiné; mais jusqu'à présent il ne paroît être répandu abondamment nulle part, et on le sème plutôt par curiosité qu'autrement. Pline (*lib.* 18, *cap.* 10) paroît désigner le blé de miracle par ces mots : *Fertilissima tritici genera, ramosum, aut quod centigranum vocant.* Cette espéce offre des variétés et des sous-variétés qui différent les unes des autres par la couleur, plus ou moins rousse, et quelquefois blanchâtre, des épis. Il y en a aussi une dont l'épi est glabre : les grains sont gros, bombés, presque ronds, d'un blanc jaunâtre; ils font de très-bon pain.

Froment de Pologne : *Triticum polonicum,* Linn., *Spec.*, 127 ; *Triticum majus, longiore grano,* etc., Moris., Hist., 3, p. 175, Suppl., 8, t. 1, f. 8. Ce froment est une espèce très-distincte; ses tiges s'élèvent à quatre ou cinq pieds; elles sont terminées par un épi de 4 à 7 pouces de longueur, formé de 15 à 20 épillets ou plus, imbriqués, longs de 13 à 18 lignes, et d'une couleur glauque : les glumes de leur calice sont étroites-lancéolées, striées, glabres dans une variété, pubescentes dans l'autre, renfermant ordinairement deux fleurs fertiles et une autre qui avorte. Dans les premières, la balle extérieure se termine par une longue barbe. Les grains sont alongés presque comme des grains d'avoine. Le lieu natal de cette plante n'est pas connu d'une manière positive; le nom spécifique qu'elle porte, paroîtroit faire croire qu'elle nous est venue de la Pologne. On ne la cultive guère que dans les jardins de botanique.

Froment-épeautre, vulgairement Grande Epeautre : *Triticum spelta,* Linn., *Spec.*, 127 ; *Zea dicoccos vel major,* Moris., Hist., 3, p. 204, Suppl., 8, t. 6, f. 1. Ses tiges, hautes de deux à trois pieds, portent à leur sommet un épi un peu comprimé, long de trois pouces ou environ, glabre, glauque, composé d'épillets distiques, dont les glumes, coriaces, tronquées à leur sommet avec une petite pointe, renferment deux

29

fleurs fertiles, ordinairement munies de barbes, et en outre une ou deux fleurs mutiques et stériles. Les graines sont petites, et elles adhèrent aux balles de manière qu'il est assez difficile de les en séparer. Cette plante croît naturellement en Perse, ainsi que Michaux père et Olivier l'ont découvert l'un et l'autre. Avant le voyage du premier dans cette contrée, les botanistes ignoroient quel étoit son pays natal. Cultivée depuis long-temps en Europe, elle a produit plusieurs variétés. M. Tessier distingue les suivantes :

a. Epeautre barbue, à épi blanc, barbes blanches, balles écartées, grains longs ;

b. Epeautre barbue, à épi rouge, barbes rouges, balles écartées, grains longs ;

c. Epeautre sans barbes, à épi blanc, balles écartées, grains longs ;

d. Epeautre sans barbes, à épi rouge, balles écartées, grains longs ;

e. Epeautre barbue, à épi étroit, blanc et plat; balles et barbes rapprochées, grains longs.

On cultivoit autrefois l'épeautre beaucoup plus que maintenant, et le nombre des champs ensemencés de cette graminée diminue tous les jours. On n'en voit pas aujourd'hui en France le quart de ce qu'il y en avoit il y a trente ans; presque partout où l'on a pu lui substituer le froment on l'a fait, parce qu'on a trouvé la culture de ce dernier plus avantageuse. Dans quelques parties de l'Allemagne, et surtout en Souabe, on estime encore beaucoup l'épeautre, parce qu'elle ne gèle jamais. On en recueille aussi dans quelques cantons de l'Italie, en Suisse, et dans les pays montagneux en France, comme les Cévennes, le Limousin, les Vosges, le Dauphiné.

L'épeautre vient dans les plus mauvaises terres, et principalement sur les montagnes froides : elle craint l'eau ; mais elle peut rester, sans inconvénient, pendant quatre mois sous la neige. Comme elle est beaucoup de temps à mûrir, on la sème tout de suite après la moisson, et avec son enveloppe, ce qui fait qu'il en faut le double de ce qui seroit nécessaire si elle étoit égrugée. Sa culture est d'ailleurs la même que celle du froment.

Le grain de l'épeautre se conserve bien dans ses balles,

sans craindre les charançons et autres ennemis du froment ;
mais il a besoin d'en être débarrassé pour être réduit en farine,
et c'est une opération préparatoire qu'on lui fait subir dans
des moulins construits exprès, et dont les meules sont écartées
de manière à froisser seulement l'enveloppe sans endommager
le grain.

La farine d'épeautre, moins abondante que celle de froment, est composée des mêmes élémens ; mais, comme les proportions n'en sont pas tout-à-fait les mêmes, il faut, pour en
faire un pain qui ne soit pas lourd et fade, apporter quelques
soins particuliers dans sa fabrication, employer de l'eau plus
chaude, une plus grande quantité de levain, et surtout un
peu de sel. Si, avec ces soins, la farine a été bien débarrassée
de tout le son, le pain d'épeautre est blanc, léger, savoureux, et se conserve frais pendant quelques jours. Si, dans
les pays de montagnes, on trouve chez les paysans de ce pain
qui soit noir, grossier et difficile à digérer, c'est parce que
ceux-ci y ont laissé tout le son, et ont négligé les autres soins
nécessaires à la confection d'un pain de bonne qualité. La
bouillie faite avec la farine d'épeautre est excellente, selon
M. Bosc. On peut, avec le grain, faire de très-bon gruau, et
préparer une bière également fort bonne.

La paille d'épeautre est plus tendre que celle de froment,
et les bestiaux la mangent plus volontiers ; en Allemagne, on
la leur donne comme fourrage. Les balles, mêlées avec un peu
d'avoine, sont une bonne nourriture pour les chevaux.

Froment locular, vulgairement Petite Epeautre : *Triticum
monococcum*, Linn., *Spec.*, 127 ; *Zea briza dicta, seu monococ-
cos germanica*, Moris., Hist., 3, Suppl., 8, t. 6, f. 2. Cette
espèce diffère de la précédente, parce qu'elle est plus petite ;
parce que ses épis sont plus grêles, plus courts, plus comprimés, et parce que chaque épillet ne contient que deux ou
trois fleurs, dont une seule est fertile et munie de barbes. On
en connoit deux variétés : dans l'une l'épi est blanc et lisse,
dans l'autre l'épi est roux et pubescent. Le froment locular est
cultivé dans quelques cantons montagneux du midi de la
France, dans la Suisse, la Sicile, etc. Comme l'épeautre, il
réussit dans les pays montueux, et peut venir dans les terrains
maigres et presque arides : sa culture est la même. Ses grains,

qui sont petits, un peu rougeàtres, servent aussi à faire de la bière ou du gruau; et, pour les convertir en farine et en pain, il faut les mêmes précautions et les mêmes soins que pour l'épeautre.

FROMENT LOLIACÉ : *Triticum loliaceum*, Smith, *Fl. Brit.*, 1, p. 139; *Triticum rottbolla*, Decand., Fl. Fr., n.° 1669. Tiges longues de deux à quatre pouces, étalées, simples, ou plus rarement un peu rameuses, glabres; terminées, dans leur moitié supérieure, par un épi composé de six à douze épillets oblongs, alternes, disposés d'un seul côté, et renfermant chacun six à dix, et même jusqu'à douze fleurs mutiques. Cette petite plante est commune dans les terrains sablonneux, sur les bords de l'Océan et de laM éditerranée.

FROMENT DÉLICAT : *Triticum tenellum*, Linn., *Spec.*, 127; *Triticum poa*, Decand., Fl. Fr., n.° 1668. Tiges hautes de trois à huit pouces, et jusqu'à un pied, droites, grêles, d'un vert tendre, et quelquefois teintes de violet ainsi que toute la plante, garnies de deux à trois feuilles très-étroites; épi terminal, formé de cinq à huit, et jusqu'à quinze épillets alternes, composés de quatre à six fleurs oblongues, obtuses. Cette plante croît dans les champs, en France, en Italie, etc.

FROMENT MENU; *Triticum tenuiculum*, Lois., Not., 27. Cette espèce a beaucoup d'affinité avec la précédente; elle en a tout le port : ses épillets sont seulement moins nombreux, et ses balles sont aristées. Elle croît dans les champs, en Bretagne, en Anjou, dans le pays de Gènes, etc.

FROMENT FAUX-NARD; *Triticum nardus*, Decand., Fl. Fr., n.° 1671. Petite espèce comme les trois précédentes, dont les tiges viennent en touffe, et sont terminées par des épis unilatéraux, composés de dix à vingt épillets, dont les balles sont aristées, glabres dans une variété, pubescentes dans l'autre. Elle est commune dans les champs secs et arides.

FROMENT UNILATÉRAL; *Triticum uniterale*, Linn., *Mant.*, 35. Ce petit froment diffère du précédent par ses tiges étalées, presque entièrement couchées, et par ses balles qui sont dépourvues de barbes. Il croît dans les champs du midi de la France.

§. II. *Fromens vivaces.*

FROMENT JONCIFORME : *Triticum junceum*, Linn., *Spec.*, 128;

Triticum farctum, Viv., *Flat. Ital.*, fragm. 1, p. 28, t. 26, f. 1. Ses racines sont rampantes; elles donnent naissance à plusieurs tiges roides, hautes d'un à deux pieds, garnies dans leur partie inférieure de plusieurs feuilles étroites, glauques comme toute la plante, et roulées en leurs bords; les tiges sont terminées par un épi long de quatre à dix pouces, composé d'épillets écartés, alternes, portés sur un axe lisse, comprimés, contenant chacun trois à six fleurs à balles striées, mutiques et un peu tronquées. Cette plante croit dans les sables des bords de la Méditerranée.

Froment roide : *Triticum rigidum*, Schrad., *Fl. Germ.*, 1, p. 392 ; *Triticum elongatum*, Host., *Gram.*, 2, p. 18, t. 18. Cette espèce diffère de la précédente par ses épillets plus nombreux, quelquefois presque imbriqués, portés sur un axe denté, composés de six à dix fleurs, dont les glumes sont marquées de sept nervures. Elle croit sur les bords de la mer en Languedoc, en Provence; elle a aussi été trouvée en Allemagne, en Suisse.

Froment des haies : *Triticum sepium*, Lamk., Dict. enc., 2, p. 563 ; *Elymus caninus*, Linn., *Spec.*, 124. Ses racines sont fibreuses; elles produisent des tiges droites, feuillées, hautes de deux à trois pieds ou plus, et terminées par un épi un peu incliné, composé d'épillets rapprochés, contenant chacun quatre à cinq fleurs, dont les balles et les glumes sont aristées. Cette plante est commune dans les bois, dans les buissons et dans les haies.

Froment rampant : *Triticum repens*, Linn., *Spec.*, 128 ; Host., *Gram.*, 2, p. 17, t. 21. Ses racines sont grêles, articulées, rampantes; elles produisent çà et là des tiges droites, feuillées, hautes de deux à trois pieds, terminées par un épi long de trois à six pouces, formé d'épillets assez rapprochés, contenant chacun quatre à huit fleurs, dont les glumes et les balles sont aiguës, et quelquefois munies de barbes. Cette espèce est commune dans les lieux cultivés et sur le bord des champs.

Les racines de froment rampant, vulgairement connues sous le nom de chiendent, ont une saveur douceâtre et un peu sucrée. Elles sont diurétiques, apéritives et rafraîchissantes : sous ces divers rapports, on en fait un usage fréquent en médecine, et elles entrent dans la plupart des tisanes communes. On les prescrit en décoction, à la dose d'une demi-once à une once pour deux livres d'eau. Cette décoction, édulcorée avec un peu de sucre ou de miel, est une boisson assez agréable, qui convient dans beaucoup de maladies où la médecine doit être peu active.

Les racines de chiendent, bien nettoyées, séchées et réduites en poudre, sont susceptibles de donner de l'amidon; et, dans les temps de disette, on pourroit en mêler une certaine quantité à la farine pour en faire du pain. Elles peuvent aussi servir à la nourriture des bestiaux pendant l'hiver. Comme elles se multiplient avec la plus grande facilité, et qu'elles infestent souvent les cultures, parce que la plus petite portion, laissée en terre, suffit pour en reproduire promptement un grand nombre de pieds, la meilleure manière de s'en débarrasser est de les arracher avec soin, de les laisser sécher sur le terrain, et d'en faire ensuite des tas auxquels on met le feu : les cendres qu'on en obtient par ce moyen, servent à féconder les champs.

Le nom de chiendent donné à ce froment lui vient de ce que les chiens, lorsqu'ils se sentent malades, en avalent les feuilles pour se faire vomir. (L. D.)

FROMENT BARBU (*Bot.*), nom vulgaire d'une espèce d'orge, *hordeum zeocrithon*. (L. D.)

FROMENT DES INDES (*Bot.*), un des noms vulgaires du maïs. (L. D.)

FROMENT DE VACHE. (*Bot.*) Le mélampyre des champs porte vulgairement ce nom. (L. D.)

FROMENTAIRE ou FRUMENTAIRE, *Lapis frumentarius*. (Foss.) Scheuchzer et d'autres anciens oryctographes ont donné ces noms à des pierres composées presque en totalité de nummulites. Ces pierres, étant brisées ou sciées, laissent voir ces fossiles, souvent placés du même sens et coupés de champ, qui présentent dans ce cas la forme de grains de blé, ou d'orge, ou de semences de melon, d'anis, de fenouil ou de cumin, suivant la grandeur de l'espèce de nummulite qui compose la pierre. On voit une figure d'une de ces pierres, où sont assez bien représentés des grains d'orge, dans les Mémoires de Fortis pour servir à l'Histoire naturelle d'Italie, vol. 2, pl. IV, fig. 1 ; elle a été trouvée en Suisse. On en a trouvé de pareilles sur le mont Zopica, dans le Véronnais. (D. F.)

FROMENTAL, ou FROMENTEL (*Bot.*), nom vulgaire de l'avoine élevée, qui fournit dans les prairies un des meilleurs fourrages. (L. D.)

FROMENTEAUX. (*Bot.*) Ce sont, suivant Olivier de Serres, les fruits de la ronce des buissons, nommés aussi mûres sauvages. (J.)

FROMENTONE. (*Bot.*) Césalpin dit que dans la Toscane on nomme ainsi le sarrasin grimpant, *polygonum convolvulus*, ainsi que le sarrasin ordinaire, *polygonum fagopyrum*. (J.)

FRONDICULINE, *Frondiculina*. (*Zooph.*) Dénomination générique sous laquelle M. de Lamarck (Extr. du C. de Zoolog., pag. 25) comprenoit les mêmes espèces de polypiers que M. Lamouroux avoit nommées ADEONE (voyez ce mot), dénomination que le premier a depuis adoptée dans la deuxième édition de ses Animaux sans vertèbres, quoiqu'il place ce genre différemment, c'est-à-dire, près des eschares, et non parmi les isidées, comme M. Lamouroux. (DE B.)

FRONDIPORE. (*Polyp.*) On trouve quelquefois ce nom employé pour indiquer quelques espèces de millépores de Pallas, élargies en forme de feuilles, et dont les pores sont très-visibles. Ce sont des rétépores pour les zoologistes modernes. (DE B.)

FRONDIPORE. (*Foss.*) C'est un des noms que l'on a donné autrefois aux madrépores fossiles. (D. F.)

FRONT. (*Entom.*) On nomme ainsi dans les insectes la partie antérieure et supérieure de la tête, comprise entre la bouche, les antennes, les yeux et l'occiput. Cette partie présente d'assez bons caractères ; elle supporte les yeux lisses ou stemmates dans les hyménoptères et les orthoptères. Sa partie la plus avancée, qui supporte la lèvre supérieure dans les insectes mâcheurs, prend quelquefois le nom de chaperon, comme dans les hannetons. Quelques espèces d'insectes ont cette partie prolongée, comme les *fulgores* ; d'autres y offrent une ou plusieurs cornes, comme plusieurs scarabées, bousiers, trox. (C. D.)

FRONTIROSTRES ou RHINOSTOMES. (*Entomol.*) C'est le nom sous lequel nous avons désigné, dans la Zoologie analytique, une famille d'insectes hémiptères ou à ailes supérieures croisées, à demi coriaces ; à antennes longues, en fil ou en masse, et non en soie, comme dans les zoadelges. Cette famille des frontirostres comprend les punaises des plantes, comme les *pentatomes*, *corées*, *lygées*, etc. Voyez l'article RHINOSTOMÉS. (C. D.)

FROSCHWELS (*Ichthyol.*), nom allemand du macroptéronote grenouiller, *macropteronotus batrachus.* Voyez MACROPTÉRONOTE. (H. C.)

FROUER (*Chasse*), action par laquelle on contrefait, à l'aide d'une feuille de lierre, le cri des geais, des merles et d'autres oiseaux, pour les attirer dans des piéges. (CH. D.)

FROUFROU. (*Ornith.*) On a désigné par ce nom, les oiseaux-mouches, à cause du bruit qui accompagne le mouvement rapide de leurs ailes. (CH. D.)

FROUMENTÉE (*Bot.*), nom ancien donné à la semoule, suivant Dalechamps. (J.)

FRUCTIFICATION. (*Bot.*) Le mot *fructification* peut se prendre dans plusieurs sens : tantôt il indique les diverses parties dont l'ensemble compose le fruit ; tantôt l'ensemble des fruits eux-mêmes sur un végétal quelconque ; tantôt les changemens successifs qui font passer l'ovaire à l'état de fruit parfait.

Développement des ovules et des ovaires. Le fœtus des animaux vivipares est renfermé dans deux sacs membraneux, le chorion et l'amnios : l'amnios est recouvert par le chorion, et il contient une liqueur où nage le fœtus. Malpighi, trop pressé de marquer les rapports des organes des animaux et des plantes, crut reconnoître dans le tegmen (enveloppe immédiate de l'amande), dans la lorique (enveloppe séminale qui recouvre le tegmen), et dans le périsperme (substance qui accompagne l'embryon, et sert à le nourrir lors de la germination), des parties analogues au chorion, à l'amnios et à sa liqueur ; mais la ressemblance n'est rien moins qu'évidente. Négligeons donc ces analogies, et cherchons la lumière dans l'examen des faits.

Avant que la fleur s'épanouisse, quand le pistil commence à se développer, l'ovaire est rempli d'un tissu cellulaire très-délicat, qui semble être, dans tous ses points, d'une nature

parfaitement homogène, et dout les cellules transparentes
sont infiltrées par une liqueur limpide. A cette époque les
ovules ne paroissent pas encore. Peu après ils se dessinent dans
le tissu cellulaire. Ordinairement ce tissu se dessèche et se
détruit, et les ovules s'isolent les uns des autres. Ils tiennent
tous au placentaire, tantôt immédiatement, tantôt par l'intermédiaire du cordon ombilical ou funicule, et ils reçoivent,
au point du hile, l'extrémité des vaisseaux conducteurs et
nourriciers. On trouve souvent alors beaucoup plus d'ovules
dans l'ovaire qu'on ne trouvera de graines dans le fruit,
parce qu'il arrive fréquemment que quelques uns d'entre eux,
s'emparant de toute la nourriture, en privent les autres et les
font avorter (frêne, chêne, maronnier d'Inde, etc.). La substance des ovules est formée d'un tissu cellulaire continu : la
partie superficielle de ce tissu est opaque, ferme et serrée; la
partie intérieure est foible, humide et diaphane. Avant, et
même quelque temps après la fécondation, les jeunes graines
n'offrent rien de nouveau, si ce n'est que leur volume augmente. Quand la fleur est passée, c'est-à-dire quand les étamines et les stigmates sont flétris, il survient des changemens
plus notables. Des linéamens vasculaires, premier indice non
équivoque de l'existence de l'embryon, se développent dans le
tissu de chaque ovule. Les cellules qui avoisinent les linéamens vasculaires se remplissent d'une substance opaque, blanchâtre ou verdâtre. Cette substance, aussi bien que les vaisseaux, gagne de proche en proche, tantôt de la circonférence
au centre, tantôt du centre à la circonférence. Le tissu qu'elle
pénètre et qu'elle colore est, en quelque façon, un canevas
organisé sur lequel la nature travaille à l'ébauche du végétal.
La croissance de l'embryon est comparable à celle des os des
animaux. Les os sont d'abord cartilagineux: des centres d'ossifi-
cation y paroissent; ils envoient des rayons dans tous les sens,
et donnent peu à peu, aux différentes parties du squelette,
cette solidité et cette opacité qui caractérisent les os parfaits.

Si tout le tissu de l'ovule entre dans la structure de l'embryon, l'embryon, à lui seul, constitue toute la graine, et,
par conséquent, il n'y a point de périsperme, point de tegmen, point de lorique ; la paroi de l'ovaire devient l'enveloppe séminale immédiate (*avicenia*, etc.).

Cette paroi devient encore l'enveloppe immédiate, lors même que l'embryon n'envahit pas la totalité du tissu de l'ovule, si la portion de ce tissu qui reste en dehors, pénétrée par des sucs prompts à se concréter, se change tout entière en périsperme (conifères, belle-de-nuit, etc.).

Mais il arrive souvent que le tissu extérieur de l'ovule forme une ou plusieurs tuniques séminales, bien distinctes de la paroi de l'ovaire, ce qui n'empêche pas qu'une portion du tissu de l'ovule ne se métamorphose en périsperme, et alors la graine est aussi composée qu'elle puisse l'être (ricin, etc.).

Deux exemples particuliers feront mieux concevoir encore les circonstances les plus remarquables du développement de la graine :

Dans l'intérieur de l'ovule de l'acanthe, on ne distingue d'abord qu'un tissu humide et délicat, dont il a été parlé plus haut ; ensuite on voit paroître un petit corps blanchâtre au centre de ce tissu. Ce corps est l'embryon, qui commence à se développer. Les cotylédons se montrent sous la forme de deux lames arrondies, appliquées l'une contre l'autre, et la radicule qui leur sert de point d'union, sous celle d'un mamelon charnu. De ce mamelon partent des linéamens vasculaires qui pénètrent les cotylédons, et s'étendent, en divergeant, jusqu'à leur bord : ce sont les *vaisseaux mammaires*. En y faisant attention, on reconnoît que le tissu de l'embryon est continu avec le tissu diaphane qui l'environne. Cependant les vaisseaux mammaires se développent, et les cotylédons grandissent dans tous les sens, jusqu'à ce qu'il ne reste plus qu'une légère couche de tissu cellulaire à leur superficie. Alors l'embryon est arrivé au terme de sa croissance, et il se détache du tissu superficiel, qui devient une enveloppe séminale immédiate, c'est-à-dire un tegmen. Ainsi, dans l'acanthe, tout le tissu cellulaire de l'ovule entre comme partie constituante du tegmen et de l'embryon ; d'où il suit que l'acanthe ne peut avoir de périsperme.

Les choses se passent d'une tout autre manière dans la belle-de-nuit : un ovule remplit entièrement la cavité de l'ovaire ; l'embryon forme la partie la plus extérieure de cet ovule ; les cotylédons, larges, minces, rejetés à la circonférence, laissent subsister au centre une masse épaisse de tissu cellulaire; les cellules de ce tissu se remplissent d'une liqueur émulsive qui se change insensiblement en une substance amilacée, sèche et pulvérulente. Ici donc tout le tissu de l'ovule constitue la base organique de l'embryon et du périsperme; la graine est dénuée de tuniques propres, et la paroi de l'ovaire devient son seul tégument.

On n'eût peut-être pas avancé tant d'idées systématiques sur la nature et l'importance du périsperme et des tuniques séminales, si l'on eût bien étudié cette suite de phénomènes.

Effet de la fécondation sur l'ovaire. La fécondation est aussi indispensable au développement de l'ovaire qu'à celui des ovules. L'ovaire d'une fleur dont le stigmate n'a point reçu la poussière fécondante, se flétrit sans prendre d'accroissement. Au contraire, si la fécondation s'est opérée, l'ovaire s'accroît, ses pariétaux produisent de nombreuses ramifications, et il acquiert des dimensions et une forme souvent très-différentes de celles qu'il avoit d'abord.

Le cultivateur peut marier des variétés, ou même des espèces voisines, en répandant le pollen des unes sur les fleurs des autres. Parmi les nouvelles variétés qui naitront de ces croisemens, il s'en trouve dont les fruits sont préférables à ceux qu'on possédoit déjà. Par ce procédé, M. Knight a obtenu, il y a quelques années, une très-grosse variété de pois.

Les croisemens s'opèrent d'eux-mêmes entre les différentes variétés qui s'opèrent sur le même terrain; il suffit donc, pour qu'ils aient lieu, que le cultivateur sème ensemble les graines de plusieurs variétés. Les pollens, emportés par les mouvemens de l'air, se mêlent et fécondent indifféremment les pistils dont ils touchent les stigmates. M. Knight nous apprend que, dans les années 1795 et 1796, où la récolte du blé ne donna, dans toute l'Angleterre, que des graines sans farine, les variétés obtenues par les croisemens échappèrent toutes à ce fléau, quoiqu'elles eussent été semées à des expositions et dans des terrains très-différens.

Ces observations ne sont pas moins importantes pour les progrès de l'agriculture que pour ceux de la physiologie végétale. Mais est-il vrai, comme le prétendent plusieurs cultivateurs, que les fécondations adultérines modifient immédiatement l'organe fécondé, de sorte que son développement n'est pas tel qu'il eût été si les choses se fussent passées selon la règle ordinaire de la nature? Faut-il admettre que les melons qui croissent au voisinage des courges doivent, à l'influence du pollen de ces dernières, leur saveur peu agréable; et que les oranges chiffonnées, digitées, bigarrées, que celles qui contiennent une seconde orange sous une première écorce, etc., offrent cette structure bizarre, parce que les stigmates des pistils dont elles proviennent, ont reçu un pollen étranger? Je n'ose décider cette question. Si l'on considère ce qui se passe dans les animaux, et qu'on veuille raisonner par analogie, on penchera sans doute pour la négative; car il est bien certain que les accouplemens, hors de la loi commune, ne changent rien à la structure de l'organe femelle : mais, comme la nature procède souvent par des voies très-différentes dans l'un et l'autre règne, et que les plus graves erreurs en physiologie végétale sont nées de l'abus qu'on a fait de l'analogie, je pense que, pour porter un jugement définitif sur cette matière délicate, de nouvelles lumières, fruits de l'expérience et de l'observation, sont indispensables.

Effets de la culture sur l'ovaire. La culture a une grande influence sur le développement des ovaires. Comparez les fruits des sauvageons à ceux des arbres des mêmes espèces qui croissent dans nos vergers : les premiers sont peu nombreux, très-petits, sans parfum et d'un goût acerbe ; les autres sont nombreux, gros, parfumés, savoureux. La saveur et le parfum sont dus au hasard, et non à la culture : seulement le jardinier propage les variétés que la nature lui offre ; mais la multiplication des fruits et leur beauté sont la juste récompense de son travail et de son industrie.

La taille des branches, opérée avant que la sève se porte sur les boutons à fruits, assure de plus belles récoltes. L'enlèvement d'un anneau d'écorce, ou les ligatures au-dessous des fruits déjà formés, peuvent quelquefois hâter la maturité et accroître le volume des fruits. Dans le cas de la taille, la sève, qui se seroit dissipée par les feuilles, se dirige vers les boutons ; dans le cas des ligatures ou des décortications annulaires, les sucs élaborés qui descendent par l'écorce, rencontrant un obstacle, s'amassent au-dessus, et fournissent aux fruits plus de sucs nutritifs.

Fonctions de l'ovaire. Les fonctions de l'ovaire ne se bornent pas à garantir les jeunes graines de l'action immédiate des agens extérieurs qui pourroient leur nuire. L'ovaire est une espèce de corps glanduleux ; il prépare, dans son tissu, les sucs nutritifs nécessaires au développement des ovules. L'illustre Hales a fait voir que les fruits ont une transpiration marquée, quoique moins abondante que celle des feuilles. La chimie moderne prouve que les fruits verts respirent à la manière des autres parties vertes, et que, par conséquent, ils décomposent le gaz acide carbonique, et retiennent le carbone. Duhamel rapporte qu'ayant cueilli des noix à l'époque où l'amande n'est encore qu'un tissu transparent et mucilagineux, et les ayant abandonnées à elles-mêmes, l'amande se forma presque aussi bien que si les noix eussent mûri sur l'arbre. Quand les fruits étoient tenus dans un lieu sec, l'amande étoit plus petite qu'elle n'a coutume de l'être ; mais elle acquéroit sa grosseur ordinaire dans un lieu humide, tel qu'une cave.

Les fruits succulens cèdent quelquefois leur humidité aux parties voisines. Ce phénomène paroit surtout dans les pays chauds, où il arrive souvent que les fruits de la saison précédente sont encore suspendus aux branches quand l'arbre pousse de nouveaux jets. Ces fruits sont comme des réservoirs que la nature auroit disposés sur le végétal pour lui procurer au besoin un aliment déjà tout préparé. Les botanistes qui ont habité le midi de l'Europe, savent qu'au mois de juin, en même temps que les bourgeons et les fleurs de l'oranger se développent, les oranges restées sur l'arbre perdent leurs sucs, mais qu'elles en reçoivent de nouveaux au mois de juillet, époque où la végétation devient moins active. [Mirbel, Elémens, etc.] (Mass.)

FRUGILEGA (*Ornith.*), nom latin du freux dans plusieurs ouvrages. (Ch. D.)

FRUGIVORES. (*Ornith.*) Ce terme est employé, dans divers ouvrages systématiques, pour désigner des animaux dont les fruits sont la principale nourriture. C'est, par exemple, dans la Méthode de M. Vieillot, une famille d'oiseaux composée des genres *Touraco* et *Musophage.* (Ch. D.)

FRUIT, *Fructus.* (*Bot.*) Le pistil fécondé, en parvenant à son dernier degré de développement, constitue le fruit. Il est composé de deux parties distinctes, la graine, et le péricarpe, qui est l'ovaire accru et modifié par l'âge.

« Nous pouvons dire en théorie qu'une fleur quelconque n'a jamais plus d'un ovaire, et que les petites boîtes distinctes, fixées sur un même réceptacle, qui se montrent dans une foule d'espèces, ne sont que des portions d'un réceptacle unique. L'anatomie comparée des ovaires et des fruits, dans une même famille, et l'analogie vraiment admirable qui existe presque toujours entre les fruits formés de plusieurs boîtes séparées et ceux qui sont tout d'une pièce, donnent le plus grand poids à cette assertion. Mais, dans la pratique, nous admettons autant de péricarpes que de boîtes distinctes, dès l'instant que l'organe femelle paroît à la lumière ; à moins que, par l'effet des développemens ultérieurs, les différentes boîtes, en s'entre-greffant, ne forment plus qu'une masse, comme on le voit dans la framboise.

« Les points d'attache des styles et des stigmates, soit que ces parties subsistent ou se détruisent, marquent les sommets organiques des fruits. Quand un fruit n'a qu'un sommet organique, il est *monocéphale* (pêche, cerise, etc.) ; quand il en a plusieurs, il est *polycéphale* (*sida abutilon, etc.*).

« Nous devons distinguer dans les péricarpes les différens appendices extérieurs, tels que les ailes, la couronne, l'aigrette, etc., et de plus les valves, les cloisons, le placentaire, les funicules ou cordons ombilicaux, etc.

« Les *Ailes* sont des crêtes minces, des lames membraneuses, qui se développent à la superficie des péricarpes. Le péricarpe du frêne se prolonge, à son sommet, en une aile étroite qui a la forme d'une langue d'oiseau ; celui de l'orme s'étend latéralement en deux ailes minces et arrondies.

« La *Couronne* appartient aux fruits qui proviennent d'ovaires soudés au calice. Elle est formée par les bords desséchés de cet organe. La pomme, la poire, la grenade, etc., sont des fruits couronnés.

« L'*Aigrette* a la même origine que la couronne, c'est-à-dire que ce n'est autre chose que le limbe du calice ; mais ce limbe est formé de filets grêles, alongés, nombreux, qui ressemblent à un faisceau de poils. Beaucoup de synanthérées, telles que le pissenlit, le chardon, etc., ont des aigrettes.

« Les *Valves* sont les panneaux dont la réunion compose la plupart des péricarpes. On reconnoît qu'un péricarpe a de véritables valves quand il offre à sa superficie des sutures, lignes rentrantes ou saillantes, plus ou moins marquées, distribuées avec symétrie, qui indiquent la soudure de plusieurs panneaux distincts. Presque toujours les valves de ces péricarpes se séparent nettement à l'époque de la maturité, Ce phénomène est connu sous le nom de *déhiscence*.

« Pour ne pas s'engager dans des discussions délicates, on est convenu que tout fruit seroit censé n'avoir pas plus de valves que de panneaux libres après la déhiscence; mais néanmoins le nombre et la disposition des sutures prouvent que chaque panneau est composé très-souvent de deux valves soudées, qui ne se séparent jamais.

« Les *Cloisons* sont des diaphragmes qui partagent la cavité intérieure du péricarpe en plusieurs loges. Si l'on considère la forme du péricarpe, la distribution des rameaux vasculaires qui le parcourent, l'agencement des valves qui le ferment, la continuité ou l'interruption de la surface de ces valves, leur union ou leur séparation au moment de la déhiscence, on reconnoitra que les cloisons n'ont pas toujours la même origine. Beaucoup sont produites par les valves dont les bords rentrent dans la cavité du péricarpe (*rhododendrum*, ombellifères, etc.) ; d'autres par un simple élargissement du placentaire (plantain, crucifères, etc.); d'autres, enfin, par de simples lames de tissu cellulaire (casse, etc.).

« Lorsque les cloisons sont formées par des valves rentrantes, chaque loge est circonscrite par une ou par deux valves. Dans le premier cas, la valve est pliée dans sa longueur, et ses deux bords vont gagner l'axe du fruit (ombellifères, etc.). Dans le second cas, les deux valves de la loge, placées vis-à-vis l'une de l'autre, et soudées antérieurement par l'un de leurs bords, enfoncent leur autre bord jusqu'à l'axe (digitale, euphorbe, *hura crepitans*, etc.).

« Quand ce dernier mode d'organisation a lieu, ce qui arrive fréquemment, les valves des loges contiguës sont presque toujours soudées par leur partie rentrante, en sorte que chaque cloison est composée de deux lames accolées l'une à l'autre (lis, *kœlreuteria*, etc.).

« A l'époque de la maturité, les loges des péricarpes à valves rentrantes se séparent souvent les unes des autres, et forment autant de *Coques*, lesquelles s'ouvrent ou restent closes.

« Le *Placentaire* est la partie de la paroi interne du péricarpe où sont fixées les graines. Les vaisseaux conducteurs et nourriciers constituent essentiellement le placentaire. Ils se distribuent en filets, que j'ai désignés sous le nom de *nervules*. Les nervules sont quelquefois réunies par une masse de tissu cellulaire ; d'autres fois elles sont séparées, et forment plusieurs branches distinctes, appliquées contre la paroi du péricarpe ou contre les cloisons ; d'autres fois encore, elles traversent sa cavité en cordons grêles, fixés seulement par leurs extrémités.

« Le *Funicule* ou cordon ombilical est une portion de la susbtance même du placentaire, qui se prolonge en un filet plus ou moins long et délié, à l'extrémité duquel la graine est attachée.

« Quand les fruits du *magnolia grandiflora* et *tripetala* se sont ouverts par l'effet de la maturité, leurs graines, d'un rouge de corail, pendent au dehors, attachées à l'extrémité d'un funicule qui a plus de deux centimètres de longueur ; mais, dans une multitude de plantes, ce cordon est très-court (haricot, genêt, ricin, etc.) ; ou même souvent il n'existe pas, et alors les graines sont fixées immédiatement sur le placentaire (primulacées, pavot, etc.).

« La situation de la graine dans le péricarpe est toujours un excellent caractère de famille. Il n'y a pas d'ombellifère dont la graine ne soit renversée, point de synanthérée dont la graine ne soit dressée, point de liliacée dont les graines ne soient attachées à l'axe central du péricarpe, point d'orchidée dont les graines ne soient attachées le long de la ligne médiane des valves.

« Il existe peu de péricarpes dont la substance soit semblable à elle-même dans toute son épaisseur. On y distingue fréquemment deux parties, l'une extérieure, l'autre intérieure, de nature très-différente. La première, qui forme l'écorce du fruit, est la pannexterne ; l'autre, qui circonscrit la cavité péricarpienne est la panninterne.

« Quelquefois la pannexterne est ligneuse ou coriace, tandis que la panninterne est charnue et pulpeuse (melon coloquinte, cacao, etc.); d'autres fois, c'est la pannexterne qui est succulente et molle, tandis que la panninterne est sèche et solide (pêche, prune, cerise, etc.). Quand cette dernière fait corps avec l'autre, et ne s'en détache point, même après la maturité, on y fait peu d'attention; mais, quand elle s'en sépare facilement, et qu'elle continue à recouvrir les graines jusqu'à l'évolution de la plantule, ce qui ne peut avoir lieu que si elle est d'une substance ligneuse, crustacée ou coriace, elle fournit des caractères qu'il importe d'indiquer dans l'histoire naturelle des espèces.

« On donne à cette boîte solide, sorte d'enveloppe auxiliaire de beaucoup de graines, le nom de *noyau* ou de *nucule*.

« La différence entre le noyau et la nucule consiste uniquement en ce que le premier est toujours solitaire dans le fruit, et qu'au contraire l'autre n'y est jamais seule.

« Les nucules sont plus ou moins obliques; elles sont disposées comme des rayons autour de l'axe du fruit; elles n'ont d'ordinaire qu'une loge (nèfle, etc.).

« Le noyau est souvent conformé comme une nucule (abricot, cerise, pêche, etc.); mais souvent aussi il offre une structure régulière et des loges rayonnantes, de façon qu'il semble être produit par le rapprochement et la soudure de plusieurs nucules (azédarac, etc.).

« Dans quelques fruits suturés, et notamment dans le *swietenia mahogoni*, la panninterne, avant la déhiscence, s'isole de la pannexterne, et se partage en plusieurs valves élastiques qui, pressant la pannexterne comme autant de ressorts, contribuent à en désunir les panneaux.

« Une élasticité semblable dans les deux valves qui composent la paroi interne de chaque coque du *hura crepitans*, occasionne la rupture soudaine et violente de ce fruit à l'époque de sa maturité.

« Les péricarpes distincts, provenant d'une seule fleur, et fixés sur un même réceptacle, sont irréguliers; mais il est aisé de voir que, s'ils étoient unis les uns aux autres par la partie correspondante à l'axe du fruit, ils formeroient un seul péricarpe irrégulier. Ces péricarpes prennent les noms de *camares*, de *follicules* et d'*érèmes*, selon leur organisation.

« La *Camare* est une boîte péricarpienne souvent comprimée

sur les côtés, et dont le profil a plus ou moins la forme d'un D romain, ou de deux *SS* italiques réunies, ou encore d'un arc tendu. Elle est composée de deux valves jointes par deux sutures marginales. C'est dans l'épaisseur de l'une des sutures que se prolongent les vaisseaux conducteurs et nourriciers, c'est-à-dire ceux qui servent à la fécondation et ceux qui portent les sucs nutritifs aux ovules ; par conséquent c'est là qu'est située la nervule du placentaire, et que sont attachées les graines. Cette suture est tournée constamment vers l'axe idéal du fruit ; en sorte que, dans la supposition où les différentes camares provenant de la même fleur viendroient à se rapprocher et à se souder, la boite régulière qu'elles composeroient seroit divisée en plusieurs loges par des cloisons rayonnantes, et porteroit les graines le long de son axe central, lequel seroit formé par la réunion des nervules. Cette combinaison si facile à concevoir, la nature la réalise dans tous les péricarpes à valves rentrantes ; car leurs loges, leurs coques, leurs nucules, sont évidemment des camares groupées.

« Il est rare que la camare s'ouvre lorsqu'elle ne contient qu'une graine (renoncule, clématite , etc.), et plus rare qu'elle reste close quand elle en contient plusieurs (pied d'alouette, aconit, pivoine, etc.). Si elle s'ouvre par la suture postérieure, c'est-à-dire par la suture tournée vers l'axe idéal du fruit, le placentaire se fend dans sa longueur, et se partage entre les deux bords désunis, emportant les graines d'un et d'autre côté (pivoine, aconit, pied d'alouette, etc.). Toute camare libre est distincte et surmontée d'un style.

« Le *Follicule* est une espèce de camare formée par une seule valve pliée dans sa longueur, et soudée par ses bords. Souvent le placentaire du follicule, au lieu de faire corps avec la valve, est simplement adhérent le long de la suture, et s'en détache quand celle-ci vient à se rompre (beaucoup d'apocynées).

« L'*Erème* est encore, si l'on veut, une sorte de camare formée par une seule valve ; mais il n'a ni valves ni sutures apparentes ; et comme il provient d'un ovaire qui ne portoit point de style , il est clair qu'il n'en offre aucune trace (labiées, olacinées).

« Certains fruits ont un seul péricarpe qui ne diffère point à une camare (*actea*, légumineuses, etc.), d'un follicule (*avi-cennia*, etc.), ou d'un érème. Quelques botanistes ont pensé que cette boîte péricarpienne n'étoit solitaire que par suite de l'avortement d'une ou de plusieurs boîtes correspondantes. Ils s'appuient sur cette supposition, qu'il est dans l'ordre des choses que la puissance végétative s'exerce en rayonnant et avec une force égale dans toutes les directions, d'où il doit résulter, à leur sens, le développement de parties similaires et symétriques. Mais comment pouvons-nous prendre une idée juste de l'ordre des choses, si ce n'est par l'examen des choses elles-mêmes? Et quand nous voyons que plusieurs êtres orga-nisés sont construits constamment sur un plan qui manque de symétrie, de quel droit dirions-nous que la structure de ces êtres doit être symétrique?

« Le péricarpe est masqué quelquefois par des organes essentiels ou accessoires de la fleur, qui subsistent après la maturité, et semblent faire partie du fruit lui-même. Ces faux péricarpes, produits par les périanthes simples dans le *blitum*, etc.; par les calices, dans les rosiers, etc. ; par les cupules, dans l'*ephedra*, l'if, etc., ont fait naitre souvent des idées peu exactes sur la structure des fruits de ces végétaux.

« La méthode la plus savante et la plus naturelle pour classer les fruits, seroit de les distribuer et de les nommer, en con-sidérant d'abord la structure vasculaire des péricarpes et des graines, et en n'employant que comme caractères secondaires la succulence et la sécheresse du tissu, et la *déhiscence* ou l'*indéhiscence* des péricarpes, c'est-à-dire la propriété qu'ils ont de s'ouvrir ou de rester clos. L'élève reconnoitroit alors, avec une singulière satisfaction, que les fruits dans une même famille sont le plus souvent dessinés sur le même modèle, qui peut bien éprouver des modifications extérieures, mais qui conserve sans altération ses caractères essentiels de structure interne. Malheureusement l'état actuel de la science ne per-met guère encore de distribuer les fruits d'après de telles considérations ; et peut-être quand on aura plus approfondi cette matière, trouvera-t-on qu'une classification fondée sur des caractères si importans, mais si délicats, très-bonne sans doute pour éclairer l'anatomie et la physiologie végétales, ne

sauroit être employée avec succès dans la botanique descriptive. » (Mirbel, Elémens, etc.)

M. Mirbel a décrit et figuré dans ses Elémens de Botanique,
d'après une classification artificielle, vingt-un genres de fruits.
Voici l'exposé abrégé de cette classification.

I. *Fruits découverts.* Aucun organe étranger ne les couvre
et n'en altère la forme.

Les Carcérulaires. *Fruits simples qui restent clos.*

La Cypsèle (*Cypsela*, Mirb. ; *Achœna*, Neck.; *Acenium*,
Rich.). Fruit carcérulaire, adhérent, contenant une graine
sans perisperme, dressée, dont la radicule regarde le hile.
Le sommet du fruit est ordinairement terminé par une aigrette (chardon, etc.), par des paillettes (centaurée, etc.),
par des soies (bardane, etc.), qui paroissent n'être que le
limbe avorté du calice. La cypsèle est le fruit de la grande
famille des composées ou synanthérées. Linnæus désignoit ce
fruit par le nom de *graine nue.*

Le Cérion (*Cerio*, Mirb. : *Caryopsis*, Rich.). Fruit carcérulaire, contenant une graine périspermée dont l'embryon est
rejeté sur le côté. Le péricarpe est mince et collé pour l'ordinaire sur le tegmen, qui lui-même adhère à un grand périsperme farineux. Ce fruit est celui des céréales et de toutes
les autres graminées.

La Carcérule (*Carcerula*, Mirb.). Fruit carcérulaire, très-
variable, mais différent des deux précédens. On a des exemples
de carcérule dans les plantes suivantes : *Punica granatum ; ana-
cardium occidentale; polygonum ; rumex; rheum ; halesia ; fraxinus ; ulmus; casuarina ; paliurus ; combretum ; trapa; salsola
tragus ; circœa ; ternstromia*, etc.

Les Capsulaires. *Fruits simples qui s'ouvrent à la maturité.*

Le Légume (*Legumen*). Fruit capsulaire, irrégulier, bivalve,
portant les graines sur un placentaire latéral, attaché à l'une
des deux sutures. Le légume ne diffère point de la camare
par ses caractères essentiels. Ce fruit appartient et a donné
son nom à la grande famille des légumineuses (pois, haricot,
vesce, *robinia pseudo-acacia*, etc.).

La Silique (*Siliqua*). Fruit capsulaire, régulier, bivalve,
portant les graines des deux côtés d'un placentaire dilaté en
une cloison longitudinale. La silique caractérise la famille des

crucifères. Quand la silique est courte, et qu'elle a une largeur notable, eu égard à sa longueur, on la nomme silicule. On a des exemples de silique dans le chou, la giroflée, l'*erysimum*. On a des exemples de silicule dans le thlaspi, le draba, le pastel, etc.

La Pyxide (*Pyxis*, Mirb.; *Pyxidium*, Ehrh.; *Capsula circumcissa*, Linn.). Fruit capsulaire, bivalve, s'ouvrant en travers comme une boite à savonnette. La valve fixe prend le nom d'amphore : la valve mobile, celui d'opercule. On a des exemples de ce fruit dans les plantes suivantes : *Anagallis; centunculus; gomphrena; plantago; hyosciamus; lecythis*, etc.

La Capsule (*Capsula*). Fruit capsulaire, très-variable, différent de la pyxide, de la silique et du légume. On a des exemples de capsule dans les plantes suivantes : Lis, tulipe, fritillaire, iris, chélidoine, marronier, liseron, véronique, fusain, buis, violette, pavot, campanule, *rhododendrum*, etc. Dans quelques capsules, dans le *rhododendrum*, par exemple, les loges formées par les valves rentrantes se partagent, à la maturité, en plusieurs boîtes, qui ne diffèrent des coques des diérésilles qu'en ce qu'elles ne se séparent pas complétement après la déhiscence.

Les Diérésiliens. *Fruits simples qui se divisent en plusieurs coques à la maturité.*

Le Crémocarpe (*Cremocarpium*, Mirb.; *Polachena*, Rich.). Fruit diérésilien, adhérent au calice, et divisible en deux coques indéhiscentes, contenant chacune une graine renversée, périspermée, adhérente à la paroi interne de la coque. Le crémocarpe est peut-être de tous les fruits celui dont le type est le moins altérable ; il ne se montre que dans la famille des ombellifères (carotte, cerfeuil, angélique, panais, persil, etc.).

Le Regmate (*Regma*, Mirb.; *Elaterium*, Rich.). Fruit diérésilien, se dépouillant ordinairement de sa pannexterne (partie extérieure) à la maturité, et se divisant en plusieurs coques à deux valves, qui s'ouvrent par un mouvement élastique. Ce fruit caractérise la plupart des rubiacées, et il se rencontre aussi dans plusieurs espèces appartenant à d'autres familles (*euphorbia; ricinus; mercurialis; phylica; dictamnus; hura crepitans*).

La Diérésille (*Dieresilis*, Mirb.). Fruit diérésilien, très-variable, ne pouvant être confondu avec le crémocarpe et le regmate. On a des exemples de ce fruit dans les plantes suivantes : *Galium ; acer ; tropæolum ; geranium ; althæa ; tribulus*, etc.

Les ETAIRIONNAIRES. *Fruits composés, provenant d'ovaires portant le style.*

La Double Follicule (*Bifolliculus*, Mirb.). Fruit composé de deux follicules, boîtes péricarpiennes, formées chacune d'une valve pliée dans sa longueur, et soudée par ses bords. Ce fruit n'a été observé que dans la famille des apocynées (*apocynum ; asclepias ; nerium ; vinca*, etc.).

L'Etairion (*Etærio*, Mirb.). Fruit composé de plusieurs *camares*, boîtes péricarpiennes bivalves organisées comme le légume. On a des exemples de ce fruit dans les plantes suivantes : Renoncule ; anémone ; aconit ; pied d'alouette ; clématite ; *magnolia ;* tulipier ; *sedum ; geum ; spiræa ; rubus ; anona ; rosa*, etc. L'étairion du rosier est induvié, c'est-à-dire renfermé dans le calice persistant ; ceux du *rubus*, de l'*anona*, ont les camares succulentes et entre-greffées.

Les CÉNOBIONNAIRES. *Fruits composés provenant d'ovaires qui ne portent point le style.*

Le Cénobion (*Cænobium*, Mirb.). Fruit composé de plusieurs *érèmes*, boîtes péricarpiennes sans valves ni sutures, provenant d'ovaires qui ne portent pas le style. Dans ces fruits, le style, au lieu de reposer sur le péricarpe, s'implante au centre du réceptacle. On a des exemples de cénobion dans les plantes suivantes : *Salvia, scutellaria*, et autres labiées ; bourrache, *cerinthe, symphitum*, et quelques autres borraginées ; *gomphia*, etc.

Les DRUPACÉS. *Fruits simples, succulens, renfermant un noyau.*

Le Drupe (*Drupa*). Le péricarpe des drupes est composé d'une panniinterne ligneuse ou osseuse, connue sous le nom de noyau, et d'une pannexterne quelquefois sèche et filandreuse, mais plus souvent charnue et pulpeuse. Les drupes succulens dont le volume ne dépasse pas la grosseur d'un pois (*rivinia, daphne mesereum*), sont des drupéoles. Les drupes très-petits dont la pannexterne forme autour du noyau un sac membraneux (*atriplex*, etc.), sont des utricules. On a des exemples de drupe dans les végétaux suivans : Prunier ; cerisier ; amandier ; pécher ; noyer ; dattier ; cocotier ; jujubier ; cornouiller ; olivier, etc.

Les Bacciens. *Fruits simples, succulens, contenant plusieurs graines séparées, ou des nucules.*

Le Pyridion (*Pyridium*, Mirb. ; *Pommum*, Linn.). Fruit baccien. couronné par le limbe du calice avec lequel l'ovaire étoit soudé, et contenant plusieurs graines dans des loges disposées en verticille autour de l'axe central. La paroi des loges est tantôt élastique et mince (poirier ; pommier) ; tantôt épaisse et ligneuse (néflier, etc.). Dans ce dernier cas, chaque loge forme une *nucule*. Le pyridion prend vulgairement le nom de poire dans le poirier, de pomme dans le pommier, de coin dans le cognassier, de nèfle dans le néflier, d'azérolle dans l'azérollier, de corme dans le cormier. On n'a observé de pyridion que dans les rosacées.

Le Pépon (*Pepo*, Gœrtn.). Fruit baccien, à pannexterne solide et élastique, à panninterne pulpeuse ; divisé en plusieurs loges par un placentaire rayonnant qui porte les graines vers la circonférence. Le centre du fruit se détruit souvent à la maturité, et alors il n'offre plus qu'une seule loge. Les vraies cucurbitacées produisent des pépons (courge ; potiron ; melon, etc.).

La Baie (*Bacca*). Fruit baccien, très-variable, contenant plusieurs noyaux ou graines distinctes, et différant du pyridion et du pépon. On a des exemples de baie dans les végétaux suivans : Vigne ; groseillier ; *berberis* ; sureau ; *solanum* ; *vaccinium* ; *arbutus* ; asperge ; troëne ; *musa*.

II. *Fruits couverts.* Des enveloppes étrangères les couvrent ou en altèrent la forme.

Le Calybion (*Calybio*, Mirb.). Fruit formé d'un ou plusieurs carcérules contenues dans une cupule. Les carcérules des calybions prennent le nom particulier de *glands*. On a des exemples de calybions dans le chêne, le coudrier, le châtaignier, le hêtre, l'if, etc.

Le Strobile (*Strobilus*). Formé par le rapprochement et la réunion en une seule masse de bractées ou de pédoncules considérablement accrus, entre lesquels sont cachées de simples carcérules (bouleau, etc.), ou des calybions (pin, etc.).

Le pin, le sapin, le cèdre, le mélèze, le cyprès, le genévrier, le thuya, le bouleau, etc., ont pour fruit un *strobile*.

La Sycone (*Syconus*, Mirb.). Composé de carcérules ou de drupéoles placés sur un clinanthe qui tapisse toute la paroi interne d'un involucre. Cet involucre, d'une seule pièce et de consistance variable, a la forme d'un plateau dans le *dorstenia*, d'une coupe ou d'une urne dans l'*ambora*, d'une poire dans la figue cultivée, etc.

Le Sorose (*Sorosus*, Mirb.; *Syncarpa*, Rich.). Composé de plusieurs petits fruits réunis en un seul corps par l'intermédiaire des enveloppes florales succulentes et entre-greffées. Le murier, l'ananas, l'*artocarpus*, etc., en offrent des exemples.

Voyez pour les fruits des plantes cryptogames au mot Cryptogames (Mass.)

FRUIT A PAIN. (*Bot.*) On nomme ainsi le *rima artocarpus*, très-cultivé dans l'île d'Otahiti et autres îles voisines, parce que dans ces lieux son fruit y tient lieu de pain, dont sa pulpe a un peu le goût. (J.)

FRUITS. (*Foss.*) Les fruits fossiles auxquels on a donné le nom de *Carpolites*, ne sont pas très-rares; mais on a souvent regardé comme tels des corps qui n'avoient que les formes de certains fruits, ou de ces derniers qui n'étoient qu'incrustés, comme les raisins et autres fruits mous que l'on fait séjourner dans des eaux qui ont la faculté de déposer dessus des molécules terreuses qui en prennent les formes.

Les anciens oryctographes, qui, en général, n'observoient pas avec autant d'attention que l'on fait aujourd'hui, ont annoncé que l'on a trouvé à l'état fossile des pois, des raisins, des lentilles, des siliques, des grains de millet, des fèves, des noisettes, des glands, des châtaignes, des noix-de-galle; des fruits de pins, de sapins, d'if, d'orme, d'ahovaï; des muscades, des olives, des poires, des figues, des oranges et autres.

Les fruits ligneux paroissant seuls propres à se conserver avec leurs formes et à passer à l'état fossile, on est fondé à croire jusqu'à présent qu'on a pris pour des pois les pisolites; pour des fèves ou des haricots, des dents de poisson qui en ont la forme; pour des lentilles, des nummulites ou des lenticulites; pour des grains de millet, des oolites ou des miliolites; pour des olives, certaines pointes d'oursins; et pour des poires, des figues et des oranges, certains alcyons fossiles qui ont la forme de ces fruits.

Scheuchzer, Mylius et Luid ont décrit et figuré des épis de seigle et d'orge à l'état fossile; mais on a bien des raisons de douter que ces corps aient appartenu réellement à la famille des céréales. Celui que l'on voit figuré dans l'ouvrage de Scheuchzer. *Herb. Diluv.*, tab. 1, fig. 1, et que cet auteur présente comme étant un épi de blé qui a été trouvé sur le mont Blattenberg, pourroit être une tête d'encrinite, d'après les articulations dont il paroit formé dans toutes ses parties, même dans ses barbes.

Certaines empreintes que l'on trouve à Ilmenau, paroissent être des épis; mais on ne reconnoit pas à quel genre de plantes ils ont pu appartenir.

On trouve dans les Mémoires de Guettard, vol. 4, pl. 16, fig. 2 et 3. la figure d'un corps organisé passé à l'état d'agate, qui est des plus curieux et de la plus belle conservation. Il est de forme hémisphérique et de la grosseur d'une pomme moyenne. Sa surface extérieure est couverte d'un compartiment régulier d'hexagones contigus les uns aux autres, et diminuant de grandeur à mesure qu'ils approchent du sommet. La coupe transversale présente treize loges ou cellules disposées circulairement autour d'un œil formé de plusieurs zones concentriques auxquelles elles aboutissent. La place qui reste depuis l'extrémité des cellules jusqu'à la circonférence, est coupée par une autre suite de cellules plus petites, disposées toutes d'une manière trop symétrique pour qu'il soit permis de douter que ce beau morceau n'ait été un fruit. Ce corps a été présenté dans le catalogue de Davila comme un ananas fossile; et quoique Guettard l'ait regardé comme une production marine de la classe des coraux, il lui a donné le nom d'*anatite.*

Ce fossile ne peut provenir de l'espèce d'ananas à couronne que nous connoissons, qui n'a pas extérieurement des hexagones, mais des écailles circulaires qui se terminent en pointe, et dont le dessous ne fait pas voir d'hexagones. Il y auroit beaucoup plus de rapports entre l'intérieur du fossile et celui de l'ananas, qui a également treize loges oblongues; mais la nature de ce fruit pulpeux ne permet pas de croire qu'il ait pu

se conserver et se pétrifier. Il provient très-probablement
d'un cône d'arbre vert, ou d'une espèce d'ananas différente
de celles que l'on connoît. On ignore où ce fossile a été
trouvé. Il est aujourd'hui, dit M. de Blainvile, dans la collection de M. le baron Roger.

On voit, dans la planche déjà citée du quatrième volume
des Mémoires de Guettard, la figure d'un corps fossile qui a
été trouvé dans les montagnes du Piémont, et qui ressemble
à un cône alongé d'un arbre vert, dont les écailles paroissent
être bien conservées.

Je possède un morceau très-singulier qui a été trouvé dans
la couche du calcaire marin coquillier à Arcueil, près de
Paris. Dans une pierre qui contient des miliolites et des moules
intérieurs de petites corbules, et autres coquilles dont le têt
a disparu, se trouve un vide de six pouces et demi de longueur sur six lignes de diamètre, autour duquel on voit environ cent vingt enfoncemens, tels qu'auroient pu en laisser
les écailles d'un cône de l'espèce de pin à laquelle on a donné
le nom de pin du lord Weymouth. A celui des bouts de ce vide,
que l'on peut supposer avoir été la base du cône, on voit qu'il
a dû se trouver un petit enfoncement, parce qu'une petite
portion de la gangue s'est moulée en relief en cet endroit.

Le vide ne se dirige pas en ligne droite : au tiers environ
de sa base, il est courbé, et il décrit un angle de quarante-
cinq degrés environ. Le corps qui l'a formé a disparu ; mais la
gangue qui avoit pénétré entre toutes les pièces de ce corps,
et qui s'étoit cristallisée avant la disparition de ce dernier, s'est
parfaitement conservée dans toutes ses parties, qui en représentent exactement les formes extérieures. Quelques savans
botanistes auxquels j'ai fait voir ce morceau, ont cru qu'il
avoit été rempli par un cône de quelque arbre vert, mais dont
ils n'ont reconnu ni l'espèce ni le genre.

La couche coquillière où ce moule extérieur a été trouvé,
renfermant quelquefois des morceaux de bois dégradés, et
dont il n'est resté que les parties passées à l'état siliceux,
a pu renfermer également le cône d'un arbre vert qui, n'é-
tant point passé à cet état. aura disparu après la cristallisation ou la pétrification de la matière qui l'entouroit.

On a trouvé près Lons-le-Saunier, à la profondeur de cent

cinquante pieds, dans une mine de sel abandonnée depuis plus de cent cinquante ans, des noix qui ont cela de remarquable, qu'il n'y a que l'amande qui soit pétrifiée, la coque s'étant conservée dans sa consistance naturelle. Ces amandes, dont je possède plusieurs morceaux, ne paroissent pas devoir être regardées comme de véritables fossiles.

On a annoncé qu'on a trouvé dans les mines de houille d'Angleterre des noisettes et des glands qui tenoient encore à leurs rameaux; et que, dans celles de Rute en Suisse, ainsi qu'aux environs de Vienne et dans le Piémont, on avoit trouvé des cônes de pin à l'état fossile.

Scheuchzer annonce que dans les tourbières près de Zurich, il a été trouvé des cônes qui ressembloient à ceux du sapin. Scheuchzer, *Herb. Diluv.*, pag. 97, n.° 403.

Dans la mine de tourbe dite de terre-d'ombre, des environs de Bruhl et de Liblar, près de Cologne, on trouve des noix d'une sorte de palmier qui paroît se rapprocher de l'arec.

Cette mine, dans laquelle on rencontre des troncs d'arbres qui ont quelquefois plus de deux pieds de diamètre sur huit et dix pieds de longueur, a plusieurs lieues d'étendue sur une épaisseur de plus de cinquante pieds, et est recouverte d'une couche de cailloux roulés qui a depuis dix jusqu'à vingt pieds de hauteur. On voit des figures de ces fruits dans les Annales du Muséum d'Histoire naturelle, tom. 1, pl. 29.

On a trouvé dans les houillères du Forez deux sortes de fruits fossiles : l'un a la forme et la grosseur d'un grain de café, mais il est quelquefois entouré d'une aile membraneuse : l'autre, dont le diamètre est d'un pouce environ, est orbiculaire, aplati, avec une élévation dans le milieu. On ne sait à quels genres de plantes rapporter ces fruits, dont on voit des figures dans l'Histoire naturelle des Minéraux, par Patrin, tom. 5, pag. 256.

On rencontre encore dans ces mines des corps orbiculaires, un peu aplatis, qui ont près de deux pouces de diamètre. Ils sont recouverts d'empreintes de feuilles; mais on n'y reconnoît aucune organisation.

On trouve sur les hauteurs, dans les silex opaques de Villiers, près de Pontchartrain, de Longjumeau, de Palaiseau, de Villejus, département de Seine et Oise, et de la Chapelle-Milon, près de Chevreuse, des corps cylindriques cannelés, de trois à quatre lignes de longueur et de la grosseur d'un grain de blé, que l'on doit regarder comme des graines fossiles. A l'un des bouts on voit une sorte de stigmate, qui indique l'endroit par où elles ont dû adhérer à la plante qui les a produites. Souvent l'enveloppe reste attachée à la pierre, quand on veut enlever la graine, et l'on obtient seulement un plus petit corps lisse passé à l'état siliceux, qui porte une carène longitudinale d'un côté, et qui paroît être l'amande de cette graine, dont on voit la figure dans les Annales du Mus., tom. 15, pl. 25, fig. 17. Elles sont accompagnées d'empreintes de feuilles étroites et longues, de lymnées, de planorbes, de *pupa*, de potamides, et de débris de bois fossiles dans lesquels elles ne pénètrent jamais.

Fortis et Fabricius avoient pensé que ces corps étoient des larves ou des insectes fossiles; mais leur forme ne permet pas de croire qu'ils puissent avoir été autre chose que des graines. M. Bosc croit qu'on pourroit les rapporter à celles de la plante aquatique qui porte le nom de cornifle, *ceratophyllum*.

Avec ces graines on rencontre à Villiers et à Lonjumeau des corps siliceux, qui ressemblent beaucoup à des noyaux de merises, ou à ceux de l'arbre de Sainte-Lucie. On peut croire que ces noyaux proviennent des arbres dont on trouve des débris fossiles aux mêmes endroits. Ils sont beaucoup plus rares que les graines ci-dessus. On en voit une figure dans la planche des Annales ci-dessus citée, fig. 16.

On trouve à Chanau, près de Bois-le-Roy, dans les environs de Nemours, des corps en forme de dattes, avec des cannelures sinueuses sur la partie qui pourroit être regardée comme la réunion de deux cotylédons, si ces corps étoient des semences analogues aux noix. On les trouve, avec de petits lymnées, dans un calcaire d'eau douce gris, criblé d'une multitude de petites cavités. On en voit une figure dans la même planche, fig. 18.

Les gyrogonites, que l'on avoit d'abord rangées parmi les mollusques, paroissent devoir être considérées comme des fruits, et entrer dans cet article. Ce singulier fossile est d'autant plus remarquable, qu'il offre des détails assez nombreux et des formes élégantes. M. Lamarck l'avoit d'abord décrit dans son Système des Animaux sans vertèbres (1801) comme un des genres incomplètement connus, et les caractères qu'il en a donnés à cette époque prouvent qu'il n'en connoissoit que le noyau intérieur. Depuis, il l'a décrit avec plus de détail, d'après des échantillons plus entiers qui provenoient de la plaine de Trappes, que j'ai mis sous ses yeux. (Annales du Mus. d'His. nat., tom. 5, pag. 555. et tom. 9, pag. 240, pl. 17, fig. 7.) Il dit que la coquille est formée de pièces linéaires, courbes, un peu canaliculées sur les côtés, jointes ensemble par ces mêmes côtés, et dont les deux extrémités vont aboutir aux deux pôles.

Ce fossile est de la grosseur d'une tête d'épingle de moyenne force : sa forme est sphéroïdale, et présente deux pôles auxquels viennent aboutir cinq côtes bombées, tournant de droite à gauche, se touchant immédiatement par leurs côtés, et formant environ un tour et demi de révolution.

L'un de ces pôles est fermé tout-à-fait par la réunion des côtes, et se prolonge quelquefois en forme de bec, comme on le remarque dans un échantillon qui se trouve dans la collection de M. Gillet-Laumont : l'autre paroit porter une pièce qui pourroit s'enlever; car quelques uns sont ouverts à l'un des pôles, et ne paroissent pas avoir été brisés. Cette pièce se trouveroit soudée sur chaque côte, à l'endroit où il se trouve un étranglement transversal, près de son extrémité, et seroit composée des cinq petits tubercules qu'on y remarque. Tous ceux de ces fossiles que j'ai vus ouverts ou brisés, ne m'ont montré qu'une seule loge sphérique; mais M. Desmarest a pu remarquer que l'intervalle, ou plutôt l'épaisseur, comprise entre la surface extérieure et les parois de cette cavité interne, présente cinq loges vides formant l'intérieur des cinq côtes, et se contournant comme elles. (Journal des Mines, n.° 191, novembre 1812, vol. 32, pl. 8, fig. 1. Nouveau Bulletin des Sciences, tom. 2, n.° 44. pl. 2, fig. 3. a. b. c.)

Ceux de ces corps qui se trouvent dans la marne ou glaise de la plaine de Trappes, peuvent se briser aisément, et, avec quelque précaution, on parvient quelquefois à détacher chacune des côtes séparément.

Il arrive souvent que, dans les pierres siliceuses où l'on trouve beaucoup de gyrogonites, leur substance a disparu, et on ne rencontre que le moule intérieur qui remplissoit la cavité, et l'empreinte extérieure qui tient à la pierre.

Tous ceux qui avoient écrit sur les gyrogonites, avoient cru que ce corps organisé avoit appartenu à un animal; mais MM. Desmarest et Leman ont cru être assurés qu'il appartenoit au règne végétal, et ils ont trouvé une très-grande analogie entre lui et le fruit du *chara vulgaris* ou *charagne*, que l'on trouve dans les eaux dont le cours est peu rapide. En effet, il est très-difficile de ne pas voir une très-grande ressemblance de forme et de grosseur entre la gyrogonite et le fruit de cette plante, dont on voit une figure dans la planche du Journal des Mines déjà citée, fig. 3, et dans les Illustrations de Lamk., pl. 762, fig. 1, e. La charagne croît dans les eaux où se trouvent avec elle des lymnées et des planorbes, et on ne rencontre les gyrogonites que dans des terrains d'eau douce, accompagnées de pareilles coquilles.

Quand tous les rapprochemens de ce fossile avec le fruit de la charagne manqueroient, on pourroit bien difficilement le ranger parmi les coquilles, attendu qu'on n'en connoît aucune qui ait quelque analogie avec lui, surtout par la réunion des cinq côtes ou bandelettes qui le composent, et qui peuvent se séparer.

On trouve abondamment les gyrogonites dans les terrains de formation d'eau douce, aux environs de Paris, à Montmorency, Saint-Leu-Taverny, Moulignon, Saint-Prix, Belair au-dessus d'Andilly et Daumont. On les rencontre également à Sanois, à Meudon, à Cormeille, à Triel, à Dammartin, à Lonjumeau, à Palaiseau, à Mennecy, au-dessus d'Essone, à Lagny, à Meaux, à Villers-Cotterets, dans la plaine de Trappes au-dessus de Versailles, en Franche-Comté, aux environs du Mans, dans un silex noir du Cantal, etc. Elles sont toujours accompagnées de lymnées, de planorbes, de débris de plantes et de petits corps cylindriques articulés et creux, difficiles à définir.

Les localités ci-dessus paroissent dépendre de la plus nouvelle formation d'eau douce; mais celles qu'on a trouvées à Sevran, près de Bondy, paroissent dépendre de la première formation d'eau douce, au-dessus de laquelle il se trouve un terrain de formation marine.

Je possède certains corps fossiles, remarquables par leur forme et par leur grosseur, dont j'ignore la véritable place pour leur description: n'étant pas assuré s'ils appartiennent au règne végétal ou au règne animal, il en est fait un article au mot PÉTRIFICATION. (D. F.)

FRUSO. (*Ornith.*) Ce nom, et celui de *frusone*, sont donnés, suivant Aldrovande, Jonston et Willughby, au gros-bec de Virginie, ou cardinal huppé, *loxia cardinalis*, Linn. (CH. D.)

FRUTILLA DE MONTE (*Bot.*), nom espagnol du *fragosa reniformis* de la Flore du Pérou, plante herbacée très-basse, qui croît auprès de Tarma. Ce genre d'ombellifère a beaucoup de rapport avec l'*azorella*, dont il diffère seulement par son ombelle, dont toutes les fleurs sont fertiles, et par son involucre à cinq feuilles. (J.)

FRUTILLIER (*Bot.*), nom que l'on donne au fraisier du Chili, qui produit la plus grosse fraise, d'un goût fort agréable, différent cependant de celui de notre fraise des bois. Il étoit déjà connu de C. Bauhin, qui le nomme *frutilla*. Le frutillier est dioïque, et l'on n'a apporté de son pays natal que des individus femelles, ce qui fait qu'en France il ne se multiplie que par les filets ou tiges traçantes. On le fait féconder par le fraisier capron mâle; alors sa fraise parvient à maturité; mais les graines qu'elle produit ont donné naissance à une autre race de fraisiers. (J.)

FSITSIKUSA (*Bot.*), nom japonois du laitron, *sonchus*, suivant M. Thunberg. (J.)

FTOTSBA (*Bot.*), un des noms japonois, suivant M. Thunberg, de son *acrostichum lingua*. (J.)

FUA (*Bot.*), nom arabe de la garence, suivant Forskal. (J.)

FUCACÉES. (*Bot.*) Deuxième section de notre famille des algues, qui comprend les deux ordres des fucacées et des floridées de la méthode adoptée par Lamouroux. Les fucacées forment le premier ordre des thalassiophytes non articulés, de Lamouroux; mais cet ordre ne comprend que les genres *Fucus*, *Laminaria*, *Osmundaria*, *Desmarestia*, *Furcellaria* et *Chorda*. Les autres genres que nous avons cités à l'article ALGUES, rentrent dans l'ordre des floridées. Mais les plantes de ces deux ordres forment le genre *Fucus* de Linnæus, Lamarck, Poiret, etc.

Agardh, dans son *Synopsis algarum Scandinaviæ*, adopte les deux ordres établis par Lamouroux, et les nomme *fucoïdées* (*fucoideæ*), et *floridées*. Les genres de *fucoïdées* qu'il admet sont ceux-ci : *Fucus, Osmundaria, Lichina* (*pygmeæ*, Stackh.), *Sporochnus, Fuscellaria, Chordaria* et *Laminaria*. Ces genres sont les mêmes que ceux reconnus par Lamouroux, excepté que le *sporochnus* n'est pas exactement le même que le *desmarestia*, comme nous le démontrerons à l'article Sporochnus.

Lyngbye, dans son *Tentamen hydrophytographiæ danicæ* (1820), a introduit dans les *fucacées* les nouveaux genres *Odontalia* et *Himanthalia* (*Lorea*, Stackh.). Quelques autres botanistes ont encore désigné par les noms de *fucacées, fucées, fucoïdées*, des réunions particulières, ou même la réunion en un seul groupe de toutes ces plantes marines, mais qui rentrent dans les classifications précédentes, ou dans celle que nous avons exposée à l'article Algues. En considérant comme vraies *fucacées* ou *fucoïdées* les seules espèces que Lamouroux et Agardh réunissent sous ces dénominations, on pourra les caractériser de la manière suivante : Algues à racines entières, étendues ou fibreuses ; à tiges dures, cornées, se ramifiant en frondes cartilagineuses ou coriaces, planes ou aplaties, rarement filiformes, ou privées de frondes proprement dites ; garnies le plus souvent de vésicules aérifères ; noircissant par leur exposition à l'air, en perdant ainsi leurs couleurs naturellement olivâtres ou brunâtres ; à tissus fibreux ; à fibres longitudinales entrelacées.

Les espèces de fucacées varient beaucoup dans leur manière d'être. Les unes forment de grandes membranes ou lames ; d'autres sont très-rameuses et flottantes, ou s'élèvent en forme d'arbrisseau ; mais, dans ce dernier cas, leur organisation n'est pas ligneuse, seulement le tissu de leur tige est extrêmement serré et solide. M. Decandolle a remarqué qu'en plongeant à demi dans de l'eau un *fucus* desséché, la partie de la plante plongée dans l'eau reprend seule son état naturel, tandis que l'autre demeure sèche. Cette expérience semble démontrer que l'organisation des fucacées est très-différente de celle des plantes terrestres, dont il suffit de mouiller le pied pour les conserver avec leur fraîcheur. La fructification des fucacées varie dans sa position. Elle consiste en des tubercules capsuliformes qui contiennent des corpuscules ou séminules. Ces tubercules sont percés d'un trou qui aboutit à la surface de la plante ; ils sont tantôt épars, tantôt agglomérés ou accumulés à l'extrémité des branches, où ils forment de gros renflemens, à surface raboteuse, poreuse, et qui sont mucilagineux à l'intérieur. On peut voir, aux articles Algues et Fucus, les autres différences et les autres caractères de l'ordre des fucacées. (Lem.)

FUCÉES. (Bot.) Voyez Fucacées. (Lem.)

FUCHS (Mamm.), nom allemand du renard commun. (F. C.)

FUCHS-AFF (Mamm.), nom allemand, qui signifie singe-renard, et qu'on donne quelquefois aux sarigues. (F. C.)

FUCHSEL-MÆNNCHEN. (Mamm.) On a donné ce nom allemand au maki mococo. (F. C.)

FUCHS-GANS (Ornith.), nom allemand du tadorne, *anas tadorna*, Linn. (Ch. D.).

FUCHSIE, *Fuchsia.* (Bot.) Genre de plantes dicotylédones, à fleurs complètes, polypétalées, régulières, de la famille des onagraires, de l'octandrie monogynie de Linnæus, offrant pour caractère essentiel : Un calice coloré, infundibuliforme ; son limbe a quatre découpures caduques ; quatre pétales insérés à l'orifice du calice, ainsi que les huit étamines ; un ovaire inférieur ; un style ; un stigmate en tête. Le fruit est une baie polysperme, à quatre loges.

Ce genre, remarquable par ses fleurs élégantes, a été établi et découvert par Plumier dans l'Amérique méridionale. Il le dédia à Léonard Fuchs, célèbre botaniste allemand du seizième siècle. On n'en connoissoit d'abord que deux ou trois espèces ; les auteurs de la Flore du Pérou en ont ajouté beaucoup d'autres, découvertes tant au Chili qu'au Pérou. Ce sont, la plupart, des arbrisseaux élégans, presque tous à fleurs d'un beau rouge écarlate, à feuilles simples, opposées ou verticillées, rarement alternes ; les fleurs sont axillaires ou disposées en grappes terminales. On en cultive, comme fleurs d'ornement, une ou deux espèces dans les jardins, particulièrement la suivante.

Fuchsie a fleurs écarlates : *Fuchsia coccinea*, Will'd.. *Sp c.*; et in Uster. *Annal.*, 3 Stück., pag. 37, tabl. 6 ; Duham., *Arb.*

ed. nov., 1, tab. 13; *Fuchsia magellanica*, Lamk., Encycl., et
Ill. gen., tab. 282, fig. 2; Andr., *Bot. Repos.*, tab. 102; *Bot.
Magaz.*, tab. 97 : *Dorvallia eucharis*, Commers.; *Fuchsia macro-
stema, Fl. Per.*, 3, tab. 324, fig. B. Très-joli arbrisseau, originaire
de l'Amérique méridionale, introduit en Europe en 1788, aujourd'hui très-commun dans tous les jardins. Il exige une terre
fraîche et légère, et l'orangerie pendant l'hiver : autrement,
le froid fait périr les branches ; mais les racines et la tige se
conservent, étant abritées convenablement. On le multiplie
de drageons et de marcottes avec des arrosemens assez fréquens
en été. Ses fleurs se succèdent pendant toute la belle saison,
depuis le printemps jusqu'en automne.

Ses racines tracent beaucoup ; ses tiges s'élèvent de deux à
quatre pieds : elles sont chargées de rameaux nombreux et
diffus, et de feuilles opposées et ternées, rarement alternes,
médiocrement pétiolées, ovales-lancéolées, aiguës, d'une grandeur médiocre, solitaires, axillaires ; les pédoncules uniflores ;
le tube du calice un peu globuleux à sa base, puis cylindrique ; les découpures du limbe lancéolées, ouvertes ; les pétales
trois fois plus petits que les découpures du calice ; l'ovaire
oblong ; le stigmate globuleux et tuberculé ; le fruit partagé
en quatre loges polyspermes. La *fuchsia multiflora*, Linn., de
l'Amérique méridionale, se distingue facilement des espèces
précédentes par ses pédoncules chargés de plusieurs fleurs.

Fuchsie a feuilles de lycium : *Fuchsia lycioides*, Willd.,
Enum., 1, pag. 412 ; Andr., *Rep.*, tab. 120 ; *Bot. Magaz*, tab.
1024. Arbre des Antilles; espèce que l'on cultive dans plusieurs
jardins de curieux, et particulièrement dans celui du Roi,
mais bien moins commune que la fuchsie à fleurs écarlates,
à laquelle elle est inférieure en beauté. Ses feuilles sont opposées, ovales-lancéolées, très-entières ; les pédoncules axillaires, uniflores, solitaires; les quatre découpures du calice
réfléchies ; les pétales plus courts que le calice.

Fuchsie a feuilles en scie; *Fuchsia serratifolia*, Ruiz et Pav.,
Fl. Per., 3, pag. 86, tab. 323. Arbrisseau du Pérou, dont les
tiges sont droites, médiocrement rameuses, hautes de quatre
à cinq pieds; les rameaux striés; les feuilles pétiolées, ternées
ou quaternées, dentées en scie, un peu pubescentes en dessous,
longues de trois pouces et plus; les nervures rougeâtres ou

purpurines; de petites stipules caduques, lancéolées; les pédoncules axillaires, pendans, solitaires, uniflores; le calice
rouge, un peu velu, long de deux pouces; ses découpures
verdâtres vers leur sommet; les pétales ovales-oblongs; huit
glandes conniventes et verdâtres; les filamens et l'ovaire rouges;
une baie pendante, purpurine, longue d'un pouce.

Fuchsie denticulée : *Fuchsia denticulata*, *Fl. Per.*, l. c., tab.
325, fig. A. Bel arbrisseau du Pérou, très-rameux, haut de
douze pieds. Les rameaux sont trigones, étalés, de couleur
purpurine; les feuilles ternées, oblongues, lancéolées, denticulées, un peu velues en dessous, longues de six pouces; les
stipules aiguës; les fleurs écarlates, grandes, solitaires, inclinées; le calice ventru, velu en dedans; une baie purpurine,
très-glabre; les semences rougeâtres, cunéiformes. Dans le
fuchsia ovata, *Flor. Per.*, l. c., tab. 324, fig. A, les fleurs sont
disposées en grappes pendantes : les rameaux pubescens dans
leur jeunesse, tétragones, garnis de feuilles fort amples, opposées ou ternées, pubescentes, luisantes en dessus, aiguës à
leurs deux extrémités; les grappes axillaires, pubescentes,
flexueuses; les fleurs écarlates; les baies oblongues, d'un beau
rouge pourpre; les semences jaunâtres.

Fuchsie a corymbes ; *Fuchsia corymbiflora*, *Flor. Per.*, l. c.,
tab. 325, fig. A. Cet arbrisseau a des tiges cendrées, médiocrement rameuses, hautes de six pieds; les feuilles opposées,
denticulées, très-légèrement ciliées à leurs bords et sur leurs
nervures inférieures. Les fleurs sont pendantes, nombreuses,
axillaires; les pédoncules filiformes, très-longs, solitaires ou
géminés, uniflores; le calice tubulé, d'un rouge écarlate,
presque long d'un pouce et demi, renflé vers son sommet,
divisé à son limbe en quatre découpures lancéolées, très-
aiguës; les pétales d'un beau violet, ovales-arrondis, beaucoup plus courts que le calice; les étamines presque saillantes,
quatre plus courtes; les filamens rouges. Le fruit est une baie
ovoïde, d'un rouge noirâtre, remplie d'un suc rouge et
sucré.

Le *thilco* de Feuillée ne diffère de cet arbrisseau que par
ses fleurs divisées en cinq parties, cinq pétales, dix étamines;
les feuilles, quoique d'un beau vert, sont parsemées d'un
petit duvet qui les rend comme veloutées. Les Indiens se

servent de cet arbrisseau pour teindre leurs étoffes en noir.
Il croît sur les montagnes, depuis le Chili jusqu'au détroit de
Magellan.

Fuchsie a grappes : *Fuchsia racemosa*, Lam., Encycl. et *Ill.
gen.*, tab. 282, fig. 1; Plum., *Gen.* 14; Burm., *Amer.*, tab. 133, f. 1.
Les racines de cette plante sont ligneuses, mais sa tige est herbacée, droite, très-simple, d'un vert rougeâtre, haute de deux
pieds, garnie de feuilles lancéolées, entières, d'un vert pâle,
coriaces, sessiles, disposées trois par trois. Les pédoncules sont
épars, uniflores, formant par leur ensemble une grappe étroite
et terminale. Les fleurs sont grandes, belles, d'un rouge écarlate
éclatant; leur calice en entonnoir, renflé en massue vers son
sommet, à quatre découpures ovales-aiguës. Le fruit est une
baie ovale, un peu plus grosse qu'une olive, molle, charnue,
d'un noir rougeâtre, un peu pubescente, d'un goût agréable,
à quatre loges; les semences brunes, menues, ovales. Cette
plante croît à Saint-Domingue, et depuis Carthagène jusque
dans la Nouvelle-Espagne.

Fuchsie de la Nouvelle-Zélande : *Fuchsia excorticata*, Linn.,
Supp., 217 : *Skinnera excorticata*, Forst., *Gen.*, pag. 57, tab. 29;
Quelusia? Vandell., Bres. Cet arbre, découvert par Forster à
la Nouvelle-Zélande, a des feuilles alternes, ovales, blanchâtres en dessous, bordées de très-petites dentelures, et
portées sur de très-longs pétioles. Les fleurs sont pendantes,
oblongues-lancéolées, molles, pubescentes, un peu denticulées, longues de deux ou trois pouces; les fleurs disposées en
corymbes axillaires, feuillés, pendans; le calice long de deux
pouces, rétréci à sa base, renflé à son orifice, d'un rouge
pourpre; les pétales oblongs, lancéolés. Les fruits sont ovales,
oblongs, tétragones, longs de quatre lignes, de couleur écarlate. Cette plante croît dans le Pérou, aux lieux ombragés.

Fuchsie croisée; *Fuchsia decussata*, Flor. Per., l. c., tab. 323,
fig. B. Ses tiges sont hautes de trois pieds; ses rameaux opposés en croix, quelquefois ternés, lanugineux, un peu pulvé-
rulens dans leur jeunesse; les feuilles ternées, inégales, pubescentes, oblongues-lancéolées, denticulées, longues d'un
pouce et demi; les fleurs écarlates, petites et pendantes; les
baies rouges, oblongues; les semences jaunâtres, en forme de
coin. Cette espèce croît dans les lieux ombragés, au Pérou.

Fuchsie a tige simple : *Fuchsia simplicicaulis*, Flor. Per., l. c., tab. 322, fig. A. Espèce distinguée par ses tiges simples, ligneuses, filiformes et pendantes, longues de quatre pieds. Les feuilles sont quaternées, distantes, linéaires-lancéolées, obscurément dentées, longues de deux ou trois pouces ; les stipules subulées; les pédoncules uniflores, très-courts, réunis quatre ensemble avec une sorte d'involucre formé par quatre feuilles oblongues , concaves, légèrement pubescentes. Les fleurs sont pendantes, d'un rouge écarlate ; le calice pubescent, renflé à sa partie supérieure ; les baies tétragones, oblongues, pubescentes. Cette plante croît au Pérou dans les forêts. Le *fuchsia rosea*, Flor. Per., l. c., est distingué par ses fleurs roses, par ses pétales en cœur renversé, par ses baies tétragones. Ses tiges sont hautes de dix pieds; ses feuilles inégales, rapprochées huit ensemble, glabres , lancéolées, très-entières ; les supérieures alternes ; les pédoncules solitaires, axillaires. Il croît au Chili.

Fuchsie apétalée : *Fuchsia apetala*, Flor. Per., l. c., tab. 322, fig. A. Cette espèce est ligneuse, velue, enracinée sur le tronc des arbres ; ses tiges médiocrement rameuses, cylindriques ; les rameaux pendans, verruqueux, courts et tortueux dans leur jeunesse ; les feuilles éparses, rapprochées, molles, très-entières, purpurines en dessous, ovales, acuminées ; les pétioles très-velus ; les fleurs rouges, axillaires, presque terminales, portées sur des pédoncules réunis en corymbes, presque en ombelles ; le calice en massue, presque long de trois pouces, pubescent en dehors ; ses découpures courtes, ovales, d'un jaune clair; il n'y a point de corolle. Le fruit consiste en une baie rouge, oblongue, tétragone. Cette plante croît dans les forêts, au Pérou.

Le *fuchsia involucrata* de Swartz a été réuni au genre Schradera par Willdenow. Voyez ce mot. (Poir.)

FUCOIDEÆ (*Bot.*), nom de la première section de la famille des algues, dans la Méthode d'Agardh. Cette section est la même que celle que nous avons appelée les *fucacées*. Agardh y ramène les genres suivans : *Fucus*, Lamx.; *Osmundaria*, Lamx. ; *Lichina*, Agardh ; *Sporochnus*, Agardh ; *Furcellaria*, Lamx. ; *Chordaria*, Link ; et *Laminaria*, Lamx. (Lem.)

FUCOIDÉES. (*Bot.*) Voyez Fucacées. (Lem.)

FUCOIDES. (*Zoophyt.*) Ray avoit séparé, sous ce nom, quelques espèces de sertulaires, entre autres la sertulaire lendigère du genre Anathia de M. Lamouroux. (De B.)

FUCUS (*Bot.*); vulgairement Varec ou Varech, Gouèmons. Linnæus a compris sous cette dénomination toutes les plantes marines, inarticulées, de la famille des algues, qui présentent pour fructification des tubercules composés par la réunion de petites capsules ou séminules disposées en paquets ou éparses. Cette définition ramenoit dans le genre *Fucus* toutes les algues de notre première section, les Fucacées. Il en étoit de même pour le genre *Fucus* de Tournefort. Donati, et puis Adanson crurent devoir former plusieurs genres sur les fucus de Linnæus, et ils leur assignèrent même des caractères; mais, ces caractères étant fondés uniquement sur une hypothèse, ces genres devoient être nécessairement très-défectueux. Cette hypothèse est celle de l'existence des fleurs mâles et des fleurs femelles dans les fucus. Cependant, il n'est pas du tout prouvé que les organes que l'on a pris pour des fleurs en exercent les fonctions. Ce qu'il y a de plus évident dans tout ceci, c'est l'existence d'organes particuliers dont les fonctions nous sont inconnues. (Voyez à l'article Algues.)

Adanson partage les fucus en trois genres:

1.° Fucus, fondé sur le *fucus acinarius*, caractérisé ainsi : Fleurs mâles au-dessous des femelles; vessies (étamines) lenticulaires, percées d'un trou par où passent des filets. Fruit : capsules sphériques, surmontées par un faisceau de filets; graines sphériques fermées, disposées par rayons dans la substance charnue des capsules.

2.° Virson, établi sur le *fucus vesiculosus*, Linn. Il a ses fleurs disposées comme dessus; des cavités coniques, d'où sortent des faisceaux de filets parsemés de globules : pour fruits, des cavités sphériques percées d'un trou d'où sort un faisceau de filets, et des graines attachées à un placenta central.

3.° Baillouviana (de Grisel, *Epist. ic.*), fondé sur le *fucus baillouviana*, Gmel., *Fuc.*, p. 165, qui presente des fleurs mâles et femelles dioïques : les premières constituées par des vessies ovoïdes percées d'un trou d'où sort un faisceau de filets, et les secondes par des fruits ou vessies ovoïdes terminées par un cylindre contenant des graines fixées à un placenta central.

Les deux premiers genres sont empruntés de Donati (*acinaria* et *virsoides*), des observations duquel Adanson a profité. Le troisième, pris à Grisel, n'a pas été adopté, sans doute, parce que ses caractères génériques sont plus que suspects.

Les divisions de Donati et celles d'Adanson ont été oubliées ; et les botanistes ont continué à considérer, jusqu'à ces derniers temps, le genre *Fucus* tel que Linnæus l'avoit établi ; et c'est encore la marche adoptée par M. D. Turner, quoique plusieurs cryptogamistes instruits aient prouvé la nécessité de diviser et aient divisé ce genre. M. Decandolle paroît avoir été l'un des premiers à démontrer, il y a quinze ans, la nécessité de modifier le genre *Fucus*. Il rapporta au genre *Ulva* toutes les espèces de fucus membraneuses ou foliacées, et dont la fructification n'est pas constituée par des tubercules, comme Linnæus la définissoit. Cette modification rendoit le genre *Fucus* plus facile à étudier. Aussi les botanistes qui sont pour le partage des espèces du genre *Fucus* en plusieurs groupes, ont-ils adopté les changemens proposés par M. Decandolle, excepté, cependant, qu'au lieu de porter les plantes retranchées dans les ulves, ils en ont fait plusieurs nouveaux genres.

Roussel, en 1806 (Flore du Calvados), ne balança point à diviser les *fucus*, Linn., en plusieurs genres dont voici les noms : *Dendroides*, *Furcellarius*, *Scorpioides*, *Globulifer*, *Spinularia*, *Granularius*, *Tendinarius*, *Funicularius*, *Scutarius*, *Tubercularius*, *Nidularia*, *Buccifer*, *Acinarius*, *Siliquarius*, *Vesicularius*, *Laminarius*. Mais les caractères mal saisis de la plupart de ces genres, et peut-être, plus que tout cela, leur insertion dans un ouvrage très-peu répandu, sont cause, sans doute, que le travail de Roussel n'est pas cité, et que l'on voit les mêmes genres rétablis par d'autres auteurs et sous d'autres noms.

En 1813, a paru l'*Essai sur les genres de la famille des thalassiophytes non articulées*, par M. Lamouroux. Dans cet ouvrage, l'auteur divise les fucus de Linnæus en deux ordres, les *fucacées* et les *floridées*, et en dix-sept genres. Ceux-ci forment autant de groupes aussi naturels qu'il se peut, et se trouvent caractérisés par la disposition de la fructification.

M. Stackhouse, dans la deuxième édition de sa Néréide

britannique, a divisé les fucus en un très-grand nombre de genres (voyez à la fin de l'article ALGUES, Supp.), dont les noms mal choisis ont pu faire croire à quelques personnes que l'auteur avoit cherché, dans l'établissement de ces genres, moins l'intérêt de la science qu'à ridiculiser les travaux des botanistes qui, les premiers, établirent un nouvel ordre parmi les fucus.

Stackhouse n'est pas le dernier auteur qui se soit annoncé comme l'un des réformateurs du genre *Fucus* : Linck, aidé de ses observations et de celles de Roth, de Weber et Morh, etc., et plusieurs autres botanistes, ont adopté quelques uns des genres de Stackhouse ou de Lamouroux, ou bien en ont établi d'autres. Agardh, en 1817, et Lyngbye en 1820, ont publié chacun (le premier dans son *Synopsis algarum Scandinaviæ*, et le second dans son *Tentamen hydrophytographiæ danicæ*), une nouvelle classification des algues dans laquelle le genre *Fucus*, Linn., est subdivisé en beaucoup de genres qui rentrent dans ceux établis par Stackhouse et par Lamouroux, et dont l'ordre est, à peu de différences près, le même que celui exposé par nous au mot ALGUES. Enfin M. Palisot de Beauvois, que les sciences viennent de perdre, comptoit publier un travail particulier sur les *fucus*, qui auroit jeté un grand jour sur la partie physiologique de ces plantes.

Ainsi donc, de l'aveu des botanistes qui se sont le plus occupés des algues, la division des *fucus* en plusieurs genres est absolument nécessaire. Mais que doit-on comprendre dans le genre *Fucus* proprement dit? C'est sur quoi ils ne sont pas tout-a-fait d'accord. Nous nous bornerons ici à présenter ce genre tel que M. Lamouroux le définit, et tel qu'il le considère.

Les caractères génériques de ce genre sont, d'après cet auteur : Fructification formée par des tubercules réunis en grand nombre dans un conceptacle cylindrique, plane ou comprimé, simple ou divisé ; racine à empatement entier et étendu.

Selon Agardh, ce genre est très-bien caractérisé par ses conceptacles tuberculeux, composés de tubercules percés à un bout, et contenant de petites capsules groupées et entremêlées avec des filets articulés.

Les séminules sont enveloppées d'un liquide visqueux, ainsi que les tubercules, liquide qui sert à les fixer sans doute après leur chute.

Nous devons faire remarquer ici que Lamouroux et Agardh nomment conceptacle ou réceptacle la partie du fucus qui contient les tubercules, partie que d'autres botanistes ont appelée gousse, vésicule et bouton : dénominations peut-être impropres, mais qui ne donnent pas une fausse idée de cette partie, comme les noms de conceptacle et de réceptacle, qui ne doivent désigner, en cryptogamie, que les organes qui contiennent ce qu'on peut considérer comme les graines. Ces organes sont ici les tubercules : les vrais conceptacles ou capsules des fucus sont donc les tubercules; les corpuscules ou élytres qu'ils renferment sont les séminules, puisqu'elles propagent la plante (voyez ci-après), soit qu'on les considère comme des bourgeons, ou comme des corps composés.

Le genre *Fucus*, ainsi restreint, est encore très-nombreux en espèces, lesquelles s'élèvent à plus de cent cinquante, dont une centaine habitent les mers européennes. Ces espèces varient extrêmement dans leurs formes : les unes sont très-rameuses, garnies de frondes en forme de feuille; d'autres forment de petits arbrisseaux; plusieurs sont capillacées; quelquefois encore, leurs ramifications sont planes et frondescentes avec une nervure au milieu. Mais, ce que les *fucus* seulement présentent, ce sont des vésicules creuses qui se développent dans l'épaisseur de la fronde, ou qui lui sont adhérentes, et dont les fonctions et l'origine sont encore à deviner. L'on a successivement avancé qu'elles étoient des frondes avortées; des cavités qui avoient contenu autrefois des graines; des corps aérifères destinés à soutenir les plantes dans l'eau, ce qu'on peut croire par suite de leur structure; des fleurs mâles; enfin, des organes respiratoires particuliers à ces végétaux, opinion qui nous paroît bien aventurée. (Voyez ci-après, n.° 12.) Toutes choses égales d'ailleurs, la présence des vésicules fournit un bon caractère pour diviser ce genre et caractériser beaucoup d'espèces, et il est bon de faire remarquer que nombre de *fucus* en sont privés.

Les frondes de plusieurs *fucus* offrent sur une de leurs surfaces, ou sur leurs deux surfaces, de petites houppes de poils blancs articulés, sur lesquels nous reviendrons à l'article du *fucus vésiculeux*, n.° 11, que plusieurs auteurs ont pris pour des organes mâles, et dont les fonctions ne sont pas connues. Ces poils ne paroissent que dans certaines saisons; ils ne sont point permanens, se dessèchent, et tombent en laissant sur les feuilles de petits points.

Les fucus n'ont point de couleurs brillantes : dans l'état frais, ils sont d'un brun verdâtre ou d'un vert brunâtre et translucide, quelquefois d'un brun noir. Ils noircissent en se desséchant, et deviennent durs, quelquefois même fragiles. Ils ne prennent de la souplesse que dans les temps très-humides, surtout lorsque par des lavages réitérés dans l'eau fraîche on ne les a pas débarrassés de tous les sels marins qui les recouvrent.

Les fucus tiennent plus particulièrement aux rochers et aux pierres. Très-peu sont parasites, et même on peut dire qu'il n'y en a pas. On trouve au contraire beaucoup de polypiers et de plantes de la famille des algues qui s'attachent sur les fucus. La durée de la vie, dans les fucus, n'est pas encore très-bien déterminée ; mais ils sont le plus souvent vivaces. Sur les côtes de France, on en coupe plusieurs fois l'an, pour fumer les terres ou fabriquer de la soude.

Les fucus tiennent aux rochers par un empatement discoïde, et ils se développent de la même manière que les fucus vésiculeux et courroie, ainsi décrit ci-après, n.° 12 et 16.

Les usages les plus ordinaires des fucus sont de servir à l'engrais des terres, et d'être brûlés avec les autres plantes marines pour la fabrication de la soude.

La soude qui en provient est appelée *soude de varec*, parce que, sur les côtes de France baignées par l'Océan, on nomme *varec* ou *varech* toutes les plantes marines rejetées par les flots; et comme les fucacées en forment la plus grande partie, les botanistes françois ont donné au genre *Fucus* de Linnæus le nom de *varec*.

Les fucus, répandus sur les terres, ne commencent à les bonifier qu'au bout de quelques années. Ce n'est pas dans ce genre qu'on doit chercher un grand nombre d'espèces comestibles : elles sont, en général, trop coriaces pour être bonnes à manger. Cependant l'on dit que quelques unes servent d'aliment, après avoir été préparées, soit dans du vinaigre, soit de toute autre manière. Dans le Nord, on en donne quelquefois aux bestiaux, probablement dans le cas de disette. (Voyez les articles Delesseria, Gelidium, Laminaria et Varec.)

Voici l'indication des principales espèces de ce genre et de ses divisions, qui, comme on le verra, sont autant de genres distincts pour plusieurs botanistes.

§. I.er

Acinaria, Imp., Donat.; *Fucus*, Adans.; *Acinarius*, Rouss.

Des vésicules aérifères, pédicellées; frondules ou feuilles distinctes, sessiles ou pétiolées.

1. Fucus nageant : *Fucus natans*, Linn.; *Fucus sargasso*, Gmel., *Fuc.*, 96; Lobel, *Ic.*, 2, t. 256, fig. 2; vulgairement, Raisin des tropiques, Raisin de mer, Sargazo ou Sargasso des Portugais. Tige cylindrique, nue à la base, grêle, très-rameuse, garnie de frondules ou feuilles d'un vert foncé, éparses, alternes, pétiolées, étroites, linéaires ou lancéolées, membraneuses, traversées dans le milieu par une nervure, munies sur les bords de dentelures sétacées; vésicules aérifères, de la grosseur d'un grain de poivre, sphériques, pédicellées, quelquefois terminées par une petite pointe ou par un petit fil, solitaires ou géminées, persistantes.

Ce fucus, l'un des plus jolis peut-être de ce genre, croît dans presque toutes les mers comprises entre les tropiques, et même dans les zones tempérées, si toutefois l'on n'a pas confondu plusieurs espèces sous le même nom. C'est surtout entre les tropiques et dans l'Océan, et particulièrement entre l'Afrique et l'Amérique qu'est sa véritable patrie. Il s'y multiplie prodigieusement, au point de couvrir des parties très-étendues de l'Océan, et de former des bancs flottans qui peuvent ralentir le cours des navires. Les naturalistes ont pensé que ce fucus étoit arraché par les flots de dessus les rochers auxquels il adhère; mais Thunberg s'est assuré, à son retour du Japon, qu'il végète très-librement, quoique détaché des rochers. « Nous voguions alors, dit-il, sur cette portion de l'Océan qu'on nomme *kross sjou*, et qui abonde tellement en varec (*fucus natans*), que la surface de l'eau en semble toute couverte. Dans un temps calme, on croit traverser une immense prairie. Quelquefois ces plantes forment des îles flottantes que le vent disperse et détruit quand il souffle avec véhémence. On voit aisément que ce fucus prend de l'accroissement et pousse de nouvelles branches en flottant ainsi sur les eaux; ces branches acquièrent même une certaine grosseur. En examinant de plus près cette plante marine, je vis qu'elle servoit d'asile et de nourriture à différens animaux, tels que la scyllée (*scyllæa pelagica*), le crabe nain (*cancer minutus*), etc. „ Thunberg, vol. 4, p. 439 de la Trad. franç.

Il est fait mention de ces vastes tapis de *fucus nageans* dans les relations des anciens voyageurs. Ils effrayèrent les compagnons de Christophe Colomb voguant à la découverte d'un nouveau monde. C'est probablement cette partie de l'Océan qui est la mer herbeuse, terme des voyages des anciens navigateurs phéniciens, au rapport d'Aristote.

Les marins nomment cette plante *raisin de mer, raisin des tropiques*, à cause de son habitation et de la disposition de ses vésicules, qui lui donnent l'apparence de grappes feuillues. Plusieurs auteurs attribuent des vertus médicinales au *fucus nageant*. Rumph, *Amb.*, 6, pag. 188, pl. 76, fig. 1, qui le nomme *sargassum pelagicum*, avance que ses feuilles desséchées s'emploient à Amboine, dans les Indes orientales, avec avantage, contre la néphrétique. Selon Kalmius, les Américains s'en servoient pour guérir de la fièvre, et pour exciter l'accouchement, en l'administrant en poudre. Selon Pison, il est très-utile contre les douleurs et contre les suppressions d'urines.

L'on dit que dans quelques parties de l'Espagne, on le confit au vinaigre, et qu'on le mange avec les viandes.

Ce fucus croît dans la Méditerranée, mais n'y est pas assez abondant pour nager en masse sur les eaux, comme entre les tropiques, vers les îles Canaries et au cap Vert, d'où ses couches flottantes opposent de la résistance à la fureur des flots dans les tempêtes. Ses feuilles présentent à certaines époques des tubercules qui, en se détruisant, laissent souvent de petites cavités.

2. FUCUS RAISIN : *Fucus acinarius*, Poir., Encyclop. méth.; Esper., *Hist.*, tabl. 65, 66; *Acinaria*, Imperati, Donat., *Adr.*,

pag. 3, tabl. 4; Ginan., *Op. post.*, 1, p. 18, tab. 16, 17, 18, 19. Tige filiforme, rameuse ; frondes linéaires, très-entières ; vésicules aérifères, petites, sphériques, quelquefois surmontées d'un petit filet.

Cette espéce, dont nous avons donné la description à l'article Acinarius (Supp.), croit dans la Méditerranée et dans l'Océan. Elle paroît être le *lenticula marina* de Sérapion ; l'*uve marina* de quelques anciens auteurs ; la *vigne de mer* de Théophraste, etc. Mais ces diverses citations pourroient aussi se rapporter aux *fucus natans*, Linn., *salicifolius*, Poir., *lavandulœfolius*, Delil., *linifolius*, Turn., qui croissent dans la Méditerranée. Ces espéces appartiennent aussi à cette première section du genre *Fucus* qui, selon Lamouroux, contiendroit environ cinquante espéces, et, selon Agardh, une soixantaine.

§. II.

Vésicules stipitées, aérifères, pédicellées, munies à leur sommet d'une membrane foliacée.

3. Fucus turbiné : *Fucus turbinatus*, Linn.; Gmel, *Fuc.*, tab. 75, fig. 1 ; Turn., *Hist. Fuc.*, pl. 24. Tiges réunies plusieurs ensemble, droites, roides, longues d'un à six pieds : divisées en petits rameaux épars, alternes, supportant chacun une vessie, en forme de petits entonnoirs fermés, triangulaires, s'épanouissant au sommet en un limbe foliacé, entier, ou crénelé ou découpé, et trilobé ou inégal.

Ce fucus a de deux à six pieds de hauteur ; ses vessies ont un demi-pouce de longueur : elles offrent quelquefois une couronne d'épine et de fort petits tubercules épars, qui paroissent situés sous l'épiderme, et aboutir à des ouvertures externes. Les tubercules fructifères forment de petites grappes au bas des vessies. Il croit sur les rochers, dans les Indes orientales, au cap de Bonne-Espérance, et même sur les côtes d'Amérique.

§. III.

Vésicules anguleuses, ayant leurs angles munis d'une membrane foliacée.

4. Fucus triangulaire : *Fucus triqueter*, Linn.; Turn., *Hist. Fuc.*, pl. 54. Tige d'un pied de long environ, un peu cartilagineuse, fortement et irrégulièrement rameuse, garnie dans toute son étendue de trois membranes longitudinales dentées,

qui offrent de petites ampoules ou vésicules oblongues. Cette espèce croit au cap de Bonne-Espérance; ses membranes n'ont guère qu'une ligne de largeur : elle est brune étant sèche.

§. IV.

Siliquarius, Rouss. ; *Siliquaria*, Stackh. ; *Halidrys*, Lyngb.

Vésicules pédicellées, alongées en forme de siliques.

5. Fucus siliqueux : *Fucus siliquosus*, Linn.; Oed., *Dan.*, tab. 106; Stackh., *Ner.*, tab. 5; Turn., *Hist.*, tab. 159 ; Esp., *Fuc.*, tab. 8; *Halidrys siliquosa*, Lyngb., *Tentam. hydroph.*, tab. 8. Base arrondie en forme de scutelle, donnant naissance à plusieurs tiges droites, épaisses, coriaces, rameuses, comprimées ; rameaux distiques, alternes ou dichotomes, garnis de branches latérales, filiformes, terminées par une sorte de siliques ou de gousses renflées, comprimées, linéaires, lancéolées, presque articulées, divisées en cloisons transversales, surmontées d'une pointe plus ou moins longue et obtuse; conceptacles terminaux linéaires-lancéolés, finement tuberculeux, à tubercules percés d'un pore.

Cette plante, commune dans l'Océan, est fréquemment rejetée sur la côte; elle a depuis un jusqu'à quatre pieds de longueur. Lorsqu'elle est parfaitement conservée, ce qui est fort rare, elle est garnie, d'après l'observation d'Agardh, de petites feuilles lancéolées, linéaires, pointues, longues d'un pouce. Sa couleur naturelle est la couleur olivâtre; mais, par la dessiccation, elle se change en noire. Les vésicules et les conceptacles ont un pouce et plus de longueur, et se ressemblent beaucoup, de sorte qu'il faut de l'attention pour les distinguer. Les séminules sont mélangées avec des fibres rameuses, qui leur servoient sans doute de placentaires. Ce fucus est, parmi toutes les plantes de l'ordre des fucacées, celle qui fournit le plus de cette substance sucrée, si remarquable dans les *fucus digitatus* et *saccharinus*, Linn., maintenant placés dans le genre *Laminaria*. On en retire une quantité considérable. Elle se forme en efflorescence blanche à la surface de la plante, à mesure qu'on l'enlève; on la dissout ensuite dans l'eau, et puis on la fait cristalliser après avoir concentré la dissolution. On la purifie en la faisant dissoudre et cristalliser plusieurs fois de suite.

Le *fucus siliculosus* de Gmelin paroît être une variété du *fucus siliquosus*, dont elle se distingue en ce qu'elle est plus petite de moitié dans toutes ses parties.

On doit rapporter à cette section les *fucus sisymbryiodes* et *horneri* de Turner.

§. V.

Phryganella, Stackh.

Vésicules formées par le renflement des rameaux; feuilles distinctes.

6. Fucus DÉPAREILLÉ : *Fucus discors*, Linn.; Stackh., *Ner. Britann.*, tabl. 17; Esp., *Fuc.*, tab. 27. Tige cylindrique, droite, roide, renflée à sa base, garnie d'aspérités produites par des rameaux avortés ou détruits, très-ramifiés; ramifications inférieures en forme de feuilles alternes ou opposées, linéaires, lancéolées, dentées en scie, alternativement ailées, munies d'une nervure longitudinale; dernières ramifications de la tige et des rameaux finement découpées et déchiquetées : les dernières découpures renflées en vésicules ovales, remplies d'un mucus visqueux, dans lequel sont de petits grains épars.

Ce fucus, de couleur rousse, tient aux rochers par sa base renflée. Il croît dans la Méditerranée et dans l'Océan, sur les côtes de Norwège, de Suède, d'Angleterre, etc.

7. Fucus BARBU : *Fucus barbatus*, Turn., *Trans. Linn.*; Stackh., *Ner.*, tab. 14; *Fucus fœniculaceus*, Linn.; Gmel., *Fuc.*, 86, tabl. 2, A., f. 2. Filamenteux, coriace, brun; tige cylindrique, épaisse dans le bas, très-rameuse; dernières ramifications renflées en vésicules oblongues rousses, placées deux, trois à la suite l'une de l'autre, remplies de graines opaques; la dernière terminée par une foliole pointue ordinairement simple. Cette espèce, qui atteint près d'un pied de longueur, croît dans l'Océan et dans la Méditerranée.

8. Fucus FIBREUX : *Fucus fibrosus*, Stackh., *Ner.*, tab. 14; *Fucus abrotanoides*, Gmel., *Fuc.*, p. 89; Esp., *Fuc.*, 65, tab. 29, A. Adhérant au sol par une base arrondie, molle et spongieuse; tige ligneuse, cylindrique, divisée en rameaux épars, grêles, comprimés, garnis de ramifications dentiformes, évasés çà et là près de leur base en vessies ovoïdes, moniliformes, aérifères;

rameaux terminés par des vésicules muqueuses, séminifères. Cette plante est coriace, et d'un brun obscur ; elle croît dans la profondeur de l'Océan, d'où elle est détachée dans les fortes tempêtes, et jetée sur les côtes.

9. FUCUS-BRUYÈRE : *Fucus ericoides*, *Trans. Linn. Lond.* ; *Fucus tamariscifolius*, Stackh., *Ner. Brit.*, p. 44 et xxxv, tab. 2 ; *Fucus abies marina*, Gmel., *Fuc.*, p. 83, tab. 2 A. ; *Fucus selaginoides*, Esp., *Fuc.*, t. 31 ; vulgairement Bruyère de mer. Tige épaisse, noueuse, inégalement cylindrique, divisée supérieurement en un grand nombre de rameaux grêles, aplatis ou anguleux, sillonnés, garnis sur leurs bords ou angles de feuilles élargies à la base, pointues, courtes, dirigées vers le sommet ; branches supérieures renflées en vésicules souvent moniliformes, offrant des ponctuations cratériformes, ciliées sur les bords, qui sont les orifices d'autant de capsules.

Ce fucus est naturellement verdâtre ; mais il noircit par la dessiccation. Les feuilles inférieures de ses rameaux se détruisent promptement. Il varie beaucoup pour son port ; ses rameaux sont tantôt simples, tantôt rameux, très-aplatis ou anguleux, etc. : il croît dans l'Océan et dans la Méditerranée.

10. FUCUS A FEUILLES D'AURONE : *Fucus abrotanifolius*, Linn. ; Stackh., *Ner. Brit.*, tab. 14. Adhérant aux rochers par une base aplatie ; tiges filiformes, comprimées, très-rameuses ; rameaux alternes, fort grêles, très-comprimés, divisés en d'autres rameaux plus courts, fort rapprochés, renflés en vésicules rousses, oblongues, pleines de graines, donnant naissance à de petites folioles déchiquetées ou divisées en deux branches.

Ce fucus croît dans l'Océan et dans la Méditerranée : il est brunâtre et coriace. Sa longueur ordinaire est de quatre à huit pouces. Les rameaux du milieu ressemblent un peu, par leurs découpures, aux feuilles d'aurone.

11. FUCUS FAUX-SEDUM : *Fucus sedoides*, Desf., *Atlant.*, 2, p. 423, tab. 260. Tige cylindrique, simple ou divisée en deux ou trois branches, garnies d'un fort grand nombre de petits rameaux cylindriques alongés, revêtus dans toute leur longueur de plus petits rameaux géminés, cylindriques, pointus, un peu courbés au sommet, appliqués contre les rameaux, munis à leur base d'une cavité glanduleuse, qui aboutit probablement à l'organe fructifère.

Ce fucus est brun, coriace, long d'un pied environ, ou
plus court. Il croit sur les côtes de la Méditerranée, principalement sur celles de France et d'Afrique.

Tous les fucus précédens se trouvent sur les côtes de France;
on y trouve encore les *fucus selaginoides*, Linn.; *mucronatus*,
Turn., qui sont de la même section, une des plus riches en
espèces, surtout exotiques.

§. VI.

Virsoides, Donat.; *Virson*, Adans.; *Vesicularius* Rouss.;
Halidrys, Stackh.

Fructifications au sommet de frondes planes, rameuses,
ordinairement vésiculeuses, presque toujours munies d'une
nervure médiane.

12. Fucus vésiculeux : *Fucus vesiculosus*, Linn.; Stackh.,
Ner. Brit., tab. 2-6 ; Esp., *Fuc.*, tab. 11-13 ; Martius, *Nov. act.
phys. med. nat. cur.*, vol. 9, p. 275, tab. 4; Lyngb., *Hydroph.
Dan.*. tab. 1 : *Virsoides*, Donat., *Adr.*, tab. 3. Fronde plusieurs
fois dichotome, très-entière sur les bords; des vésicules axillaires ou disposées sur les côtés de la nervure médiane; de
petits faisceaux de poils épars à la surface de la fronde; fructifications consistant en de petits tubercules, réunis à chaque
extrémité des rameaux en un gros bouton ou espèce de gousse
simple ou bifurquée.

Ce fucus est coriace, d'un vert brun, long de deux pieds
environ. La fronde et ses découpures, lesquelles ressemblent
à des lanières, ont trois à quatre lignes de largeur. Il abonde
sur les rochers, dans l'Océan et dans la Méditerranée. On
l'arrache pour fumer les terres, et pour en retirer de la soude
et de la potasse par l'incinération. Il répand une odeur désagréable, et rougit quelquefois. mais accidentellement, les
eaux dans lesquelles il croit. En Suède, les pauvres habitans
des bords de la mer en couvrent les toits de leurs maisons : dans
les régions du Nord, on en donne aux bestiaux, mêlé avec
leur fourrage; ils en mangent volontiers à cause de sa saveur
salée. Il paroît qu'en Angleterre, dans le Nortland, on en
mêle avec la farine destinée à faire le pain.

Plusieurs médecins ont employé cette plante. Gmelin, l'auteur de l'histoire des *Fucus*, rapporte que Gaubius et plusieurs

autres médecins l'annonçoient comme propre à résoudre les engorgemens des parties et leur squirre ; que Russel se servoit de sa décoction pour frictionner les tumeurs scrofuleuses et squirreuses ; et que le même médecin composoit un *ethiops végétal* avec la poudre desséchée de cette plante, qu'il administroit avec avantage dans les scrofules. Baster en formoit une préparation dont il faisoit usage dans l'engorgement des glandes.

Ce fucus est un de ceux que les botanistes ont le plus examinés ; il a fait le sujet des observations de Donati, et a donné naissance à l'idée de l'existence des fleurs unisexuelles dans les fucus. Il vient tout récemment de faire le sujet d'une lettre de M. Martius à M. Nées, dans laquelle on explique comment naît cette plante, et comment elle se développe.

Donati nommoit fleurs mâles les petites cavités ou pores épars sous l'épiderme des frondes, et qui ont au dehors une ouverture bordée de filets ou poils blanchâtres, transparens, articulés et rameux, sur lesquels il a observé des corpuscules ronds, qu'il présumoit être des anthères. Ces mêmes fleurs contiennent un fluide mucilagineux, enveloppant un grand nombre de corpuscules de diverses formes, mais ordinairement presque ronds, jaunâtres ou vert-pâle, qui, selon Donati, formoient une espèce de pollen. Il considère comme fleurs femelles les petites capsules pleines de séminules, accumulées à l'extrémité des rameaux. Lyngbye, dans les figures anatomiques qu'il vient de donner de ces capsules, représente les séminules entremêlées avec des filamens articulés. Il est donc probable que ces filamens servent d'attaches aux séminules, et même on pourroit peut-être penser que les prétendues fleurs femelles de Donati ne diffèrent qu'en ce que par leur accumulation elles n'ont pas pu prendre tout leur développement, comme ont pu l'acquérir les prétendues fleurs mâles.

Cette plante, qui offre beaucoup de variétés, ne présente pas toujours des vésicules. Tel est l'échantillon figuré par Donati ; mais ce cas ne se présente guère que dans de jeunes individus. Ces vésicules sont creuses, pleines d'air, garnies intérieurement de quelques poils très-fins, presque articulés et blanchâtres, que Linnæus supposoit être des étamines, et que les botanistes prennent actuellement pour des organes excréteurs. Ne seroit-il pas plus probable que ces vésicules

sont produites par l'avortement de quelques capsules fructifères ?

Ce fucus, lorsqu'il vient de naître, et du moment qu'on peut
le voir à l'œil nu, n'a tout au plus que le quart d'une ligne de
hauteur; il prend la forme d'une massue soutenue par un
pédicelle plus ou moins court. Examinée à la loupe, cette
massue est, tantôt parfaitement entière, tantôt un peu comprimée, ou bien en godet, ou même en forme de coupe. Cette
massue est entourée à sa base par une masse muqueuse très-
mince, en forme de disque plus ou moins dilaté. Au milieu
de cette masse sont des filets couchés, rampans, et d'autres qui
se redressent et forment les godets que nous venons de décrire.
Ceux-ci se déforment en grossissant, et passent insensiblement
à la forme plane. Ils sont le plus souvent d'abord simples,
rarement géminés, et se divisent ensuite en deux, puis se
ramifient. Ce qu'il y a de remarquable, c'est qu'ils offrent quelquefois les pores garnis de filets articulés dont il a été question plus haut, avant que de commencer à se diviser. La
matière muqueuse qui leur sert de base s'épaissit avec l'âge,
devient coriace, et forme un empatement qui fixe fortement
cette plante après les rochers. Ce que nous venons de rapporter
est extrait du travail de Martius. Cet auteur a encore examiné
ce qu'il nomme gongyles, et que nous appelons capsules.
Il fait observer que ces gongyles sont composés de corpuscules claviformes ou cunéiformes, obscurs, presque cloisonnés
à l'intérieur, entièrement semblables aux petits propagules du
bourgeon que l'on observe dans le fucus naissant, attachés
aux plus petites ramifications de filamens, tellement serrés
entre eux qu'ils semblent ne former qu'une seule masse. Ces
corpuscules sont plongés dans un suc mucilagineux; et M. Martius ne doute point que ce ne soit ceux qui donnent naissance
à ce fucus, après avoir été chassés de la plante. On voit par
là qu'il ne doute pas non plus que ce ne soit le moyen que
la nature emploie pour propager cette espèce. Mais, par des
considérations qu'il seroit trop long de rapporter ici, on voit
aussi qu'il ne considère pas ces corpuscules comme des graines,
mais comme de simples bourgeons ou propagules.

On croit que cette plante est le *quercus marina* des anciens,
qui croissoit dans le fond de la mer Méditerranée, qui avoit

une coudée de hauteur, dont les rameaux s'attachoient aux coquilles, et qu'on employoit pour teindre la laine. Pline rapporte que le *quercus marina* est excellent contre la goutte des articulations, et contre les tumeurs inflammatoires. (Voyez Phucus.)

Stackhouse rapporte une analyse faite des cendres provenant de cette plante, après qu'elle a été brûlée. Elle indique, sur cinq cents parties :

Eau.	138
Ammoniaque.	90
Charbon	86
Huile empyreumatique. .	54
Soude.	18,5
Magnésie.	14
Silice.	1,5
Fer.	o 3
Acide muriatique.	6,5
Acide sulfurique.	4,5
Soufre.	4,5
Gaz acide carbonique. . .	60
Gaz oxigène.	13
Gaz hydrogène carbonné,	2
Azote gaz azote.	3
Perte.	4,2
Total. . . .	500

A cette longue liste il faut encore joindre l'iode, dont l'existence à l'état salin, dans les fucus, a été constatée par M. Gautier de Claubry.

13. Fucus denrelé : *Fucus serratus*, Linn.; Réaum., Mém. Acad. Par., 1772, tab. 3, fig. 1, 2, 3, 4, 5, 7, 9 ; Stackh., *Ner. Brit.*, tab. 1; Lyngb., *Hydroph. Dan.*, tab. 8. (Voyez les cahiers qui accompagnent ce Dictionnaire.) Fronde plane, découpée en lanières larges, plusieurs fois dichotomes, fortement dentées en scie sur les bords; extrémités des dernières divisions obtuses, garnies sous l'épiderme de tubercules nombreux, petits, presque sphériques, munis d'un orifice externe.

Cette plante, très-commune dans l'Océan, croît sur les rochers découverts par la marée; elle y tient par un empatement arrondi. Elle acquiert jusqu'à trois pieds de longueur. Le bas de la fronde est nu, cylindrique. Quelquefois les ramifications semblent pétiolées par l'effet de la destruction de la fronde dans leur partie inférieure. Les découpures ont la largeur du doigt; elles offrent encore, plus fréquemment que l'espèce précédente, des tubercules épars à droite et à gauche de la nervure, dont les orifices sont garnis de longs poils blanchâtres.

Sur nos côtes, on coupe ce fucus deux fois par an, pour en fumer les terres, ou pour faire de la soude.

On trouve encore, sur nos côtes baignées par l'Océan, ou sur celles de la Méditerranée, les *fucus spiralis, ceranoides, longifructus* et *distichus*, qui appartiennent à cette section.

<h3 style="text-align:center">§. VII.</h3>

Nodularia, Rouss.; *Fistularia*, Stackh.; *Halidrys*, Lyngb.

Vésicules produites par le renflement de la plante; fructifications pédonculées.

14. FUCUS NOUEUX: *Fucus nodosus*, Linn.; Gmel., *Fuc.*, tab. 1, B. 1; Stackh., *Ner.*, tabl. 10; *Flor. Dan.*, tab. 146; Réaum., Mém. Acad. Par., 1712, tab. 2, f. 3, *Halidrys nodosa*, Lyngb., *Hydroph. Dan.*, tab. 8. Adhérant aux rochers par un disque arrondi, d'où s'élèvent plusieurs tiges brunes, coriaces, cylindriques à leur base, puis comprimées, et s'élargissant, rameuses, simples ou bifurquées, renflées d'espace en espace, en vésicules ovoïdes, pleines d'air; garnies de pédoncules qui portent une gousse arrondie, comprimée, tuberculeuse, contenant les capsules dans lesquelles sont renfermées les graines enveloppées d'un fluide muqueux.

Ce fucus, très-remarquable par la forme de ses vésicules et leur disposition, atteint un pied et demi de longueur. Il croît dans l'Océan, et n'est pas rare sur nos côtes.

<h3 style="text-align:center">§. VIII.</h3>

Point de feuilles; vésicules en chapelet, et couvertes de points fructifères.

15. FUCUS EN COLLIER: *Fucus moniliformis*, Labill., *Nov. Holl.*, pl. 262; *Fucus Banksii*, Turn., *Hist.*, pl. 1. Tige ou fronde filiforme, dichotome, longue d'un à deux pieds, renflée, à de

très-petites distances, en de grosses vessies presque contiguës l'une à l'autre, ovales, oblongues et disposées en façon de grains de collier.

Ce fucus, aussi abondant sur les côtes de la Nouvelle-Hollande, que les fucus vésiculeux, denté et noueux sur nos côtes, est très-remarquable par sa forme. Selon Labillardière, les vessies sont couvertes de petits tubercules, probablement fructifères.

§. IX.

Funicularius, Rouss.; *Lorea*, Stackh.; *Himanthalia*, Lyngb.

Point de vésicules, fronde comprimée, égale; fructifications éparses.

16. Fucus-courroie; *Fucus loreus*, Linn., *Flor. Dan.*, tabl. 710; Réaum., Mém. Acad. Par., 1712, tab. 24, fig. 2, et 1772, tab. 2, fig. 14, Y; Stackh., *Ner. Brit.*, tabl. 10. Base en forme de disque arrondi, ou de coupe évasée, à bord entier; du centre naissent deux ou trois frondes semblables à des courroies, bifurquées à de longues distances, étroites, de même largeur en haut qu'en bas, brunes, visqueuses, coriaces, tubuleuses; partie intérieure du tube garnie, sous l'épiderme, de vésicules nombreuses, ovales ou presque en forme de poire, éparses dans une mucosité visqueuse, s'ouvrant au dehors par un pore arrondi.

Ce fucus, qui s'écarte beaucoup des autres espèces par sa forme, atteint dix pieds de longueur; ses ramifications ont trois lignes de largeur. Il croît dans l'Océan, et se trouve communément sur nos côtes. Il offre une variété caractérisée par l'inégalité de la largeur de ses ramifications. Turner en fait une espèce distincte.

Cette plante, lorsqu'elle naît, forme un simple petit grain ovoïde, muqueux, qui grossit jusqu'au moment où il a un pouce de diamètre; alors c'est une coupe concave, entière en ses bords. Quelques botanistes pensent que cette coupe est la vraie fronde de la plante, et que les autres parties qui s'élèvent de son centre ne sont que les réceptacles des fructifications; mais alors il en faudroit dire autant des *fucus vesiculosus*, *serratus* et leurs congénères, qui se développent de la même manière, excepté que la coupe est infiniment plus petite.

Lorsque le *fucus loreus* a pris de l'accroissement, la coupe de la b⬤⬤ s'aplatit et ressemble à une rondelle ; elle tient aux rochers par une racine centrale. Gunner avoit pris cette coupe, non encore développée, pour une espèce d'ulve, et lui avoit donné le nom d'*ulva pruniformis*, Gun., II , p . 89 , tab. 2, fig. 2, 7, et tabl. 9, fig. 4, 5.

§. X.

Halidrys, Stackh.

Point de vésicule, fronde comprimée, à rameaux canaliculés ; fructifications à l'extrémité des rameaux.

17. FUCUS EN GOUTTIÈRE : *Fucus canaliculatus*, Linn., *Fl. Dan.*, tab. 244; Stackh., *Ner. Brit.*, *App.*, tab. E, n. 4 ; Gmel., *Fuc.*, t. 1 , A , t. 2.

Frondes en touffe, brunes, coriaces, étroites, sans nervures au milieu, plusieurs fois bifurquées, très-entières, repliées, en forme de gouttière, par leurs bords ; dernières bifurcations, renflées à leur extrémité, composées de tubercules placés ordinairement sur deux rangs.

Cette espèce tient aux rochers, ou bien au sol, par un disque arrondi : ses frondes ont à peine deux lignes de largeur ; elles forment des touffes étalées, hautes de trois à quatre pouces. Stackhouse a semé et a vu germer les tubercules contenus dans les renflemens terminaux des dernières branches. A cet effet, il les avoit semées dans de l'eau de mer, qu'il avoit soin de renouveler toutes les douze heures. Au bout de huit jours, ces tubercules se changèrent en petites coupes, semblables, pour la forme seulement, à celles qui produisent le fucus-courroie, n.° 15.

Ce fucus croît, en Europe, sur les côtes de l'Océan et de la Méditerranée.

§. XI.

Point de vésicules ; toutes les ramifications cylindriques.

18. FUCUS BIFURQUÉ : *Ficus bifurcatus*, With., *Brit.*, 4 , tab. 17, f. 1 ; *Fucus tuberculatus*, Turn. ; Stackh., *Ner.*, *App.*, tab. A, n.° 1. Coriace ; tige cylindrique, divisée au sommet en plusieurs bifurcations, à aisselles arrondies : dernières ramifications, les unes stériles, courtes et obtuses ; les autres

fructifères, alongées, renflées en vésicules cylindriques, pleines de capsules ou tubercules, aboutissant à l'extérieur par des pores.

Ce fucus croît dans l'Océan : il est naturellement verdâtre, mais il devient brun en se desséchant. Sa longueur est de cinq à huit pouces, et le diamètre de ses tiges d'une ligne environ. (Lem.)

FUDSI, Fusii (*Bot.*), nom d'un dolic, *dolichos polystachyos*, dans le Japon, suivant Kæmpfer et Thunberg. Le *fudsi bakama* est un eupatoire, *eupatorium chinense*. Un autre, *eupatorium album*, est nommé *fusi-bakana*. (J.)

FUDSINA. (*Bot.*) Voyez Fosei. (J.)

FUFEL. (*Bot.*) Voyez Faufel. (J.)

FUGACE [Calice]. (*Bot.*) On nomme fugace, ou caduc, le calice qui tombe dès que la fleur commence à s'ouvrir (pavot, *epimedium*). On applique la même épithète à la corolle qui tombe au moment de l'entier épanouissement de la fleur, ou même avant (*papaver, angemone, thalictrum*, etc.) ; à la spathe qui se détache après s'être ouverte (*allium, porrum*, etc.) ; aux feuilles qui disparoissent peu de temps après leur apparition (*cactus, opuntia*, etc.) ; aux stipules, qui ne durent pas autant que les feuilles (tilleul, figuier, etc.). (Mass.)

FUGA DÆMONUM. (*Bot.*) On trouve, dans quelques anciens auteurs, le millepertuis officinal (*hypericum perforatum*, Linn.) désigné sous ce nom. (L. D.)

FUGEIROU. (*Bot.*) Le gouet maculé, ou pied de veau, porte ce nom en Provence. (L. D.)

FUGEL. (*Bot.*) Voyez Fidjel. (J.)

FUGET. (*Conchyl.*) Bruguières désigne sous ce nom une petite espèce de turbot, qu'il nomme *trochus sanguineus*. Je suppose que c'est du Fujet d'Adanson qu'il veut parler ; et cependant Gmelin a donné le nom de *trochus corallinus* à celui-ci. (De B.)

FUGLA (*Bot.*), nom hébreu du raifort, suivant Mentzel. (J.)

FUGLE-KONGE (*Ornith.*), nom danois du roitelet, *motacilla regulus*, Linn. (Ch. D.)

FUGOSIA. (*Bot.*) Voyez Cienfuégose. (Poir.)

FUINA (*Mamm.*), nom espagnol de la fouine. (F. C.)

FUIRENE, *Fuirena*. (*Bot.*) Genre de plantes monocotylédones, à fleurs glumacées, de la famille des cypéroïdes, de la *triandrie monogynie* de Linnæus, offrant pour caractère essentiel : Des paillettes mucronées, imbriquées de toute part, formant un épi; chaque fleur composée d'un calice à trois valves égales, pétaliformes, en cœur, aristées; trois étamines; un style bifide à son sommet; deux stigmates, une semence trigone; point de soies.

Ce genre, très-rapproché des scirpes, en diffère par les trois écailles pétaliformes. calicinales, qui accompagnent les organes sexuels. M. Persoon en a séparé quelques espèces, dont il a formé son genre *Vaginaria*, distingué par trois soies alternes. avec les valves calicinales. (Voyez VAGINARIA.)

FUIRÈNE PANICULÉE : *Fuirena paniculata*, Linn. fils, *Supp.*, 105, et *Diss. Gram.*, 25, *Icon.*; Lamk., *Ill. gen.*, tab. 39 ; *Fuirena umbellata*, Rottb., *Descr.*, 70, tab. 19, pag. 5; Vahl, *Enum.*, 2, pag. 585 : Rob. Brow., *Nov. Holl.*, 220. Ses tiges sont lisses, tétragones, munies de gaines anguleuses, garnies de feuilles alternes, glabres, lancéolées, glauques, profondément striées, à gaines sèches, chargées de poils courts; les pédoncules axillaires et terminaux, disposés en panicules ombelliformes, soutenant des épillets cylindriques, scabres, un peu courts, noirâtres; les écailles ovales, cunéiformes, terminées par une petite barbe droite; les valves du calice planes, échancrées en cœur au sommet, aristées dans l'échancrure. Cette plante croît aux environs de Surinam et à la Nouvelle-Hollande.

FUIRÈNE BLANCHATRE ; *Fuirena canescens*, Vahl, *Enum.*, 2, pag. 585. Plante du Sénégal, toute couverte d'un duvet velu et blanchâtre. Ses tiges sont triangulaires; ses feuilles longues de deux pouces; ses fleurs réunies en une petite tête, divisée en quatre autres médiocrement pédicellées, accompagnées d'une bractée plus courte que les fleurs; les épillets sont fort petits; les valves calicinales oblongues, à trois nervures, surmontées d'une pointe roide et droite.

FUIRÈNE RABOTEUSE ; *Fuirena squarrosa*, Mich., *Flor. Amer.*, 1, pag. 37. Cette espèce a des tiges glabres, hautes d'un pied et demi, anguleuses, pileuses vers leur sommet; munies à leur base de gaines brunes, très-pileuses. Les feuilles sont planes, longues de deux à cinq pouces, glabres, ciliées vers leur base. De la gaine supérieure sortent deux pédoncules inégaux; un involucre à peine long d'un pouce ; l'ombelle composée de deux rayons velus, soutenant chacun trois ou quatre épillets sessiles, ovales, obtus, longs de trois lignes; plusieurs autres sessiles dans le centre de l'ombelle ; les écailles calicinales oblongues, très-obtuses, membraneuses, purpurines, légèrement ciliées, vertes sur le dos, terminées par une longue arête recourbée. Cette plante croît aux lieux marécageux, dans la Caroline et la Géorgie.

Fuirène glomérulée : *Fuirena glomerata*, Lamk., *Ill.*, 1, pag. 150; Vahl, *Enum.*, 1, pag. 386; Brown, *Nov. Holl.*, 1, pag. 220; *Scirpus ciliaris*, Linn., *Mant.*, 182. Plante des Indes orientales, dont les tiges sont longues d'un pied; les feuilles de trois à six pouces, planes, ciliées; les supérieures pileuses; les gaînes glabres, longues d'un pouce; les pédoncules velus, souvent géminés ; un involucre à deux folioles pileuses sous l'ombelle du plus long pédoncule; il n'y en a point sous l'ombelle du plus court, qui est composée de trois à six épillets agglomérés en tête, obtus, longs de trois lignes; les écailles d'un brun verdàtre, à trois nervures, terminées par une pointe de la longueur des écailles; les valves du calice purpurines, un peu arrondies, tridentées, à trois nervures.

Fuirène hérissée : *Fuirena hirta*, Vahl, *Enum*, l. c.; *Scirpus hottentotus*, Linn., *Mant.*, 182 ; Rottb., *Gram.*, 54, tab. 16, fig. 4. Cette plante croît au cap de Bonne-Espérance, sur le bord des ruisseaux et aux lieux marécageux. Ses tiges sont roides, triangulaires, hautes d'un pied, garnies de trois feuilles alternes, distantes, lisses, plus courtes que les tiges, qu'elles embrassent par une gaîne cylindrique. Les fleurs sont réunies en un paquet globuleux, composé d'épillets sessiles, très-serrés; les écailles lancéolées, velues, mucronées; les involucres à trois folioles inégales, à peine plus longues que les fleurs.

Fuirène des sables ; *Fuirena arenosa*, Rob. Brown, *Nov. Holl.*, 1, pag. 220. Ses tiges sont glabres, garnies de feuilles également glabres, alternes; les fleurs disposées en ombelles axillaires et terminales, composées d'épillets solitaires, pileux, oblongs; les écailles terminées par une arête de moitié plus courte que ces écailles. Cette espèce croit sur les côtes de la Nouvelle-Hollande. (Poir.)

FUJET (*Conchyl.*), nom donné par Adanson au *trochus corallinus*. Linn., espéce du genre Toupie ou Troque. (De B.)

FUJOO, Kibatsisso (*Bot.*), noms japonois de l'*hibiscus mutabilis*, cités par Kæmpfer et Thunberg. (J.)

FUKI (*Bot.*), nom japonois du pétasite, *tussilago petasites*, selon M. Thunberg. (J.)

FUKOS (*Bot.*), un des anciens noms de la conyze, cités dans la table d'Adanson. (H. Cass.)

FUKU. (*Bot.*) Cette plante graminée du Japon, citée par Kæmpfer, est un *saccharum* de M. Thunberg, et M. de Beauvois en fait son *erianthus japonicus*. (J.)

FUL. (*Bot.*) Voyez Foul. (J.)

FULD KOPPE. (*Ornith.*) L'oiseau qui porte, à l'île de Ferroë, ce nom, qui s'écrit aussi *ful-kop*, Muller, n.° 142, est le petit guillemot, *colymbus minor*, Linn. (Ch. D.)

FULFUL (*Bot.*), nom arabe du poivre ordinaire, suivant Avicenne, cité par Clusius, qui ajoute que le poivre long est nommé *darfulful* et *fulfel*. Ce dernier nom approche beaucoup de celui de l'arec, en Arabie. (Voyez Faufel.) Le poivre est encore désigné à Guzarate, sous le nom de *meriche*; à Malaca, sous celui de *lada*; sous celui de *morois* au Bengale, où le poivre long est nommé *pimpilin*. (J.)

FULGORE. *Fulgora*. (Entom.) Linnæus a emprunté ce nom du mot latin *fulgor*, qui signifie éclat, lueur, pour désigner un genre d'insectes hémiptères, de la famille des cigales ou collirostres, dont plusieurs espèces, au rapport des voyageurs, répandent pendant la nuit une lumière phosphorique.

Les fulgores, comme tous les Auchénorinques (voyez ce mot, tom. III, pag. 5o3), ont les ailes de consistance égale, non croisées, mais disposées en toit sur le ventre, qu'elles dépassent; trois articles à tous les tarses; un bec alongé, couché le long du corps, en dessous, entre les pates, dans l'état de repos, et paroissant naître du col; les antennes très-courtes.

En outre, ces antennes ne sont pas insérées entre les yeux, comme dans les *cigales*, *cicadelles* et les *membraces*, ni dans les yeux, comme chez les *delphaces*, mais au-dessous. Les *cercopes* et les *flates* sont dans le même cas; mais ces dernières ont les ailes très-grandes, dilatées et pendantes, comme certaines espèces de *pyrales* ou de *chappes*; et les premières n'ont pas le front prolongé ni bizarrement enflé, comme certaines espèces de *fulgores*.

Le genre Fulgore comprend des espèces très-remarquables pour les formes et les couleurs. La plupart sont originaires des pays éloignés, de Cayenne, des Indes, de l'Afrique, de l'Australasie : nous n'en avons que quelques petites espèces de la partie méridionale de l'Europe.

L'espèce la plus anciennement connue est de l'Amérique méridionale; c'est :

1.° La Fulgore lanternière, ou Porte-lanterne : *Fulgora laternaria*, Linn.

Mademoiselle Mérian l'a figurée dans ses Insectes de Surinam, pl. 49; et Réaumur, t. V de ses Mémoires, pl. 20, n°ˢ 6, 7.

C'est un insecte de près de quatre pouces de longueur, dont la tête, excessivement renflée, fait à elle seule près de la moitié du corps. Cette tête est vésiculeuse, arrondie à son extrémité libre. La couleur générale est d'un jaune pâle et sale; la partie vésiculeuse, dans laquelle on croit que la matière phosphorescente est contenue, est d'un vert sale, avec quelques lignes rougeâtres. Les élytres ou ailes supérieures sont grises, avec des traits en long et en travers, d'une teinte brunâtre. Les inférieures sont grises également; mais elles portent, vers leur extrémité libre, une grande tache œillée, brune, avec deux autres taches ou prunelles olivâtres ou d'un brun verdâtre.

On nomme, à Cayenne et à la Guadeloupe, ces fulgores, des mouches à feu, et des mouches luisantes. Mademoiselle Mérian dit qu'elle s'est servie de ces insectes pour lire la Gazette de Leyde, journal qui, à cette époque, étoit imprimé avec des caractères d'un œil très-petit; mais d'autres naturalistes n'ont pas remarqué cette propriété. Il pourroit se faire que cette lumière phosphorescente dépendît de quelque circonstance, comme cela arrive à nos femelles de lampyre ou de ver-luisant, qui ne brillent la nuit qu'à l'époque de la fécondation, et dont la lueur disparoît presque aussitôt que le but de la nature est rempli.

2.° La Fulgore chandélière ou Porte-chandelle; *Fulgora candelaria*. Nous l'avons fait figurer dans l'Atlas, Ordre des hémiptères, famille des auchénorinques, sous le n.º 4. On l'apporte de la Chine, et on la voit souvent peinte sur les papiers et les étoffes de tenture de ce pays. Elle est d'un tiers plus petite que l'espèce précédente. Elle est facile à reconnoître par ses élytres ou ailes supérieures vertes, à nervures blanchâtres, avec des taches de rouille bordées de blanc, la plupart transversales. Le corselet et la tête sont jaunes, avec un front prolongé, arrondi, recourbé en dessus. Les ailes inférieures sont jaunes, avec une large bande noire à la pointe. On dit qu'elle brille aussi pendant la nuit.

Fabricius a décrit dix-huit autres espèces étrangères. La seule qu'on trouve en France est très-petite; c'est :

5.º La FULGORE D'EUROPE; *Fulgora europea*. Elle n'a pas en tout un demi-pouce de longueur. Elle est verte; ses ailes sont transparentes, excepté les nervures; son front prolongé est strié par cinq lignes longitudinales, dont deux sont en dessus. On la trouve sur les arbres. Nous en avons recueilli deux fois sur des noyers.

Il est probable que les mœurs des fulgores sont les mêmes que celles des cigales. (C. D.)

FULGORELLE. (*Entom.*) M. Latreille a désigné sous ce nom la tribu de la famille qu'il nomme cicadaires, dont le genre Fulgore est le type, et qui comprend en outre les *cercopes* et les *flates*, qui ont les antennes insérées sous les yeux. Voyez AUCHÉNORINQUES. (C. D.)

FULGUR, CARREAU. (*Conchyl.*) Genre de coquilles univalves de la famille des *murex* de Linnæus, établi par M. Denys de Montfort, pour une assez grosse coquille qui, outre sa singularité de n'être presque connue dans les collections qu'à l'état gauche, offre un *facies* intermédiaire aux pyrules, aux fasciolaires et aux turbinelles. Il peut être défini : Coquille pyriforme, à spire assez aplatie, armée de pointes; le dernier tour très-grand; ouverture très-longue, à bords presque parallèles, et terminée par un canal droit; un seul pli à la columelle. L'espèce que M. Denys de Montfort donne comme type de ce genre, et qu'il nomme le CARREAU FOUDRE, *fulgur elicians*, *murex perversus*, Linn., est figurée dans la Conchyliologie de Lister, tab. 907, fig. 17. C'est l'UNIQUE, le BUCCIN UNIQUE, la TROMPETTE DE DRAGON des marchands françois. C'est une coquille de quatre pouces de long, de couleur blanche, striée ou flambée de brun, et dont l'ouverture est d'un beau blanc. Elle est finement ridée et quadrillée, surtout en avant. Elle vient des mers d'Amérique, et est assez rare dans les collections. Ellis a représenté, Corall., t. 38, fig. a et b, un groupe d'œufs de cette espèce, qui sont assez singuliers. (DE B.)

FUL-HENDI (*Bot.*), nom arabe, signifiant *fève de l'Inde*, d'un haricot ou dolic, *dolichos faba indica* de Forskal. (J.)

FULICA. (*Ornith.*) Ce nom générique de la foulque est appliqué, dans Gesner, à une espèce de mouette. (CH. D.)

FULICARIA. (*Ornith.*) L'espèce du genre *Tringa* qui, dans Linnæus, est désignée par ce terme, est le phalarope rouge, *phalaropus rufus*, Bechst. et Meyer. (CH. D.)

FULIGINOSITÉ. (*Chim.*) C'est la substance noire, charbonneuse, très-divisée, qui se manifeste lorsqu'on brûle à l'air libre des matières huileuses et résineuses. Cette substance n'est que du charbon retenant très-peu de matière huileuse empireumatique, qu'on peut en séparer par l'alcool bouillant, ou la calcination, qui la réduit en charbon. (CH.)

FULIGO. (*Bot.*) Genre de plantes cryptogames, de la famille des champignons, établi par Haller, et adopté par Persoon. Les espèces qui le composent sont d'abord pulpeuses, le plus souvent étalées, de forme différente selon l'espèce, velues à l'extérieur, ou garnies de fibrilles roides : elles ont une base membraneuse; leur intérieur est cellulaire, fibreux ou poilu. Elles finissent par s'évanouir en poussière.

Le *mucor septicus*, Linn., vulgairement nommé *fleur du tan* ou *de la tannée*, est le type de ce genre, qui est le même que l'*œthalium* de Link. Ce genre est aussi le même que le *reticularia* de Bulliard, quoique plusieurs des espèces de *reticularia* de cet auteur ne doivent pas y être rapportées, étant mieux placées dans les genres *Physarum*, *Spumaria*, *Lycogala* et *Diderma*. (LEM.)

FULIGULA. (*Ornith.*) Ce terme qui, seul, désigne dans Gesner le morillon, a été employé par Linnæus comme épithète pour cette espèce de canard dont il a fait *anas fuligula*. (CH. D.)

FULL-BOTTOM (*Mamm.*), nom que Pennant donne à un

singe d'Afrique à longue queue, qu'il dit privé de pouce aux mains. Voyez Guenons a camail. (F. C.)

FULLEN (*Mamm.*), nom du poulain en allemand. (F. C.)

FULLO. (*Ornith.*) Le jaseur, *ampelis garrulus*, Linn., est désigné par ce terme dans divers auteurs. (Ch. D.)

FULLONICA. (*Ichthyol.*) Quelques auteurs latins ont décrit, sous ce nom, la raie-chardon, *raja fullonica*. Voyez Raie. (H. C.)

FULMAR. (*Ornith.*) Ce nom est donné, dans l'ile de Saint-Kilda, au pétrel gris-blanc, *procellaria glacialis*, Linn. et Latham. (Ch. D.)

FULMINAIRE. (*Foss.*) On a donné le nom de pierre ful-minaire, ou pierre de foudre, aux bélemnites et aux oursins fossiles, parce que l'on a cru anciennement que ces corps tomboient du ciel. (D. F.)

FULMINATION. (*Chim.*) C'est une détonation excessive-ment violente, et dont les effets sont comparables à ceux de la foudre. Telles sont les détonations du mercure fulminant, de l'or fulminant, des deux argens fulminans, du chlorure d'azote. Voyez Détonation. (Ch.)

FULOUN. (*Ornith.*) Ce nom désigne, dans le Piémont, le chevalier gambette, *tringa gambetta*, Linn. (Ch. D.)

FULVIE (*Erpétol.*), nom spécifique d'une Couleuvre. Voyez ce mot. (H. C.)

FUMA (*Ichthyol.*), nom que, suivant M. Risso, on donne, à Nice, à la raie museau-pointu de M. de Lacépède. Voyez Raie. (H. C.)

FUMA. (*Ornith.*) On nomme ainsi, en langage provençal, le grèbe huppé, *colymbus cristatus* et *urinator*, Gmel. (Ch. D.)

FUMAGO. (*Bot.*) M. Persoon propose de donner ce nom générique à une matière noire, semblable à de la fumée ou à de la suie, qui couvre, à la fin de l'été, surtout après une longue sécheresse, les feuilles du tilleul, de l'orme et de l'érable, et, dans le Midi, celles du citronnier. « Cette ma-tière, dit-il, vue au microscope, présente une croûte mince, entremêlée de quelques fibrilles. » Il est encore douteux que cette production appartienne au règne végétal. M. Per-soon place provisoirement ce genre près de l'*erineum* et du *torula*, dans la famille des mucédinées. (Lem.)

FUMARIA (*Bot.*), nom latin du genre Fumeterre. (L.D.)

FUMAROLE. (*Min.*) C'est le nom donné aux ouvertures d'une foible dimension qu'on rencontre souvent dans les volcans et dans les autres terrains pyrogènes, et par lesquelles sortent des vapeurs de différentes natures. (B.)

FUMAT. (*Ichthyol.*) Voyez Fuma. (H. C.)

FUMÉE. (*Chim.*) On appelle fumée toute matière non gazeuse, non enflammée, qui est assez divisée pour être tenue en suspension dans l'air pendant un certain temps, et qui en altère plus ou moins la transparence. Quelquefois on a improprement appelé fumée des matières gazeuses qui étoient visibles, parce qu'elles étoient colorées.

Cette définition est donc fondée sur un simple état physique de la matière, et non sur une composition déterminée. Il est visible que des corps très-différens peuvent donner lieu à une production de fumée, et que les circonstances les plus favorables à cette production seront celles où des corps, réduits d'abord à l'état gazeux par la chaleur, viendront à se condenser par le refroidissement en liquide ou en solide. Exemples :

1.° Lorsqu'on place du bois vert dans un foyer qui n'est pas très-ardent, il se produit une fumée épaisse, laquelle est due, 1.° à de l'eau, dont une partie est simplement séparée du bois, où elle étoit à l'état d'*eau de végétation*, et dont l'autre partie est produite par la combinaison de l'hydrogène du bois avec de l'oxigène, lequel provient soit de l'air, soit du bois; 2.° à des *huiles empireumatiques*, formées aux dépens des élémens du bois qui ont échappé à la combustion. Cette eau et ces huiles s'élèvent du foyer à l'état gazeux; mais, se trouvant bientôt en contact avec des couches d'air froid, elles se condensent en petites parties qui paroissent de forme globuleuse, et qui restent quelque temps dans l'air.

2.° Lorsque de l'eau est placée sur le feu, et qu'elle bout, on aperçoit au-dessus d'elle une sorte de fumée, qui finit par disparoître si l'air est suffisamment sec. Dans ce cas, de l'eau gazeuse, invisible, s'élève d'abord dans l'air, et s'y mêle ; le froid la condense en petites gouttes séparées par la portion d'air qui se trouvoit mêlée à la vapeur transparente : l'ensemble de ces petites gouttes est ce que Saussure a nommé *vapeur vésiculaire*; et comme elles sont très-mobiles, elles se répandent dans l'espace, où elles disparoissent en reprenant l'état gazeux.

3.° L'eau, chargée d'acide hydrochlorique ou d'acide nitrique, répand des fumées blanches dans l'air, par la raison suivante. Cette dissolution a une tension plus grande que l'eau pure; exposée à l'air, elle émet une vapeur acide: cette vapeur, se trouvant bientôt en contact avec le gaz aqueux de l'atmosphère, s'y unit, et donne naissance à un composé qui, ayant une tension moindre que celle de la première vapeur, se précipite en partie à l'état de gouttelettes qui forment une fumée blanche par leur mélange avec l'air; mais cette fumée, en se divisant dans l'espace, reprend l'état élastique, et disparoît.

4.° Lorsque du zinc est exposé au feu, il se volatilise; si cette vapeur trouve de l'oxigène, elle s'y unit, et forme un oxide blanc très-divisé, qui est entraîné à une grande hauteur par le courant d'air qui s'élève du foyer. Cet oxide retombe ensuite sous forme de flocons.

5.° Le soufre fondu peut se vaporiser; si la vapeur n'est pas assez chaude pour prendre feu, elle se condensera en une fumée jaune, qui n'est que du soufre très-divisé. (Ch.)

FUMETERRE (*Bot.*), *Fumaria*, Linn. Genre de plantes dicotylédones, de la famille des papavéracées, Juss., et de la *diadelphie hexandrie*, Linn., dont les principaux caractères sont les suivans: Calice de deux petites folioles opposées, caduques; corolle de quatre pétales irréguliers, imitant, par leur conformation, une fleur papillonacée, et dont le supérieur est terminé en éperon; six anthères portées par deux filamens élargis à leur base; un ovaire supérieur, surmonté d'un style à stigmate en tête; une petite capsule indéhiscente et monosperme.

Les fumeterres sont des plantes herbacées, pour la plupart annuelles, à feuilles alternes, ailées ou décomposées, dont les pétioles s'entortillent souvent autour des autres plantes qui sont dans leur voisinage, et dont les fleurs sont disposées en épis ou en grappes. Depuis que les botanistes ont retiré de ce genre les plantes dont le fruit est une silique bivalve et polysperme, pour en former les corydales (voyez Corydale, vol. X, p. 574), les fumeterres, dont on comptoit près de trente espèces, se trouvent réduites à huit.

Fumeterre grimpante : *Fumaria capreolata*, Linn., *Spec.*, 985 ; Decand., *Ic. pl. rar.*, t. 34. Sa tige est rameuse, haute de deux à trois pieds, grimpante, s'attachant aux corps qui sont dans son voisinage, au moyen des pétioles de ses feuilles, qui s'entortillent en manière de vrilles. Ses feuilles sont deux fois ailées, un peu glauques, cunéiformes, divisées en plusieurs lobes. Ses fleurs sont couleur de chair, tachées à leur sommet de pourpre noirâtre ; longues de cinq à six lignes, disposées, par vingt ou davantage, en grappes axillaires. Ses fruits sont globuleux et parfaitement lisses. Cette plante croît dans les parties méridionales de la France et de l'Europe.

Fumeterre moyenne : *Fumaria media*, Lois., Not., p. 101 ; *Fumaria major floribus dilute purpureis*, Vaill., Bot. Par., 56, t. 10, f. 4 (*excl. plur. synon.*). Cette plante est intermédiaire entre la fumeterre grimpante et la fumeterre officinale. Elle diffère de la première par ses fleurs plus petites, par ses calices dentés, par ses feuilles découpées plus menu, par ses fruits légèrement ridés, parce qu'elle s'élève moins, et parce que sa tige se soutient droite, sans avoir besoin d'appui : elle se distingue de la seconde, parce qu'elle s'élève davantage, qu'elle est moins rameuse et moins diffuse, que ses feuilles sont plus grandes et plus glauques, que ses pétioles cherchent souvent à s'entortiller autour des corps environnans ; enfin, parce que ses fleurs sont plus grandes. Cette fumeterre n'est pas rare dans les vignes et dans les terrains cultivés.

Fumeterre officinale : *Fumaria officinalis*, Linn., *Spec.*, 984 ; Bull., Herb., t. 189. Sa tige est anguleuse, droite, rameuse, souvent diffuse, glauque comme toute la plante, haute de six à dix pouces, garnie de feuilles deux fois ailées, à folioles découpées. Ses fleurs sont plus petites que dans les deux espèces précédentes, d'un rose foncé, mêlées de noir, disposées en grappes simples, opposées aux feuilles. Ses fruits sont presque globuleux, très-légèrement ridés, émoussés à leur sommet. Cette espèce est commune dans les lieux cultivés et les jardins, où elle fleurit pendant la plus grande partie de la belle saison.

La fumeterre officinale est très-usitée en médecine. On l'emploie surtout dans les maladies cutanées, usage qui l'a fait appeler autrefois *solamen scabiosorum*. Elle a, quand on

la mâche, beaucoup d'amertume et un goût particulier,
comme de fumée ou de suie, ce qui paroît lui avoir valu son
nom latin. *fumaria*, et son nom françois, corrompu assez évidemment de celui de *fumée-de-terre*, qu'elle a porté autrefois.
C'est cette même amertume qui lui a fait donner quelquefois,
chez les anciens, le nom de *fel terræ*, fiel de terre.

Outre son usage dans les maladies de la peau, la fumeterre
est aussi conseillée dans le scorbut, les engorgemens glanduleux, la jaunisse, les obstructions du foie et des viscères du
bas-ventre. On prescrit le plus souvent cette plante en décoction. Son suc exprimé paroît cependant préférable : la dose
ordinaire est de deux à quatre onces. On en fait, dans les
pharmacies, plusieurs préparations, un sirop, une conserve,
un extrait.

Les autres espèces de fumeterre sont : celle à petites fleurs,
fumaria parviflora, Lamk., Dict. Enc., 2, p. 567, dont la tige est
très-rameuse et très-étalée, dont les divisions des feuilles sont
filiformes, un peu charnues, canaliculées, et dont les fleurs sont
blanches, disposées en grappes très-courtes; la fumeterre de
Vaillant, *fumaria Vaillantii*, Lois., Not., 102, qui diffère de la
précédente par ses tiges plus droites, et par les divisions de ses
feuilles qui sont planes; la fumeterre à épi, *fumaria spicata*,
Linn., *Spec.*, 2, p. 985, dont la tige est redressée, dont les
découpures des feuilles sont filiformes, dont les fleurs sont
resserrées en épi ovale, et dont les capsules sont comprimées,
entourées d'un petit rebord particulier; la fumeterre à fleurs
serrées, *fumaria densiflora*, Decand., *Catal. Hort. Monsp.*,
113, qui ressemble en tout à la précédente par son port et
son inflorescence, mais dont les capsules sont globuleuses;
enfin, la fumeterre à feuilles grasses, *fumaria crassifolia*,
Desf., *Flor. Atlant.*, 2, p. 126, t. 173, dont les tiges sont
très-rameuses, dont les feuilles sont charnues, simples ou
divisées en deux à trois lobes profonds, longuement pétiolées,
dont les fleurs sont portées sur des pédoncules filiformes et
réunis en une sorte de grappe ou de corymbe. De ces cinq
plantes, les deux premières ne sont pas rares dans les champs
cultivés du nord de la France et de l'Europe; la troisième et
la quatrième se trouvent particulièrement dans le midi, et la
dernière a été découverte en Barbarie par M. Desfontaines :

elle seule est vivace ; mais comme son fruit n'a pas été observé, ce n'est qu'avec doute que nous la rapportons aux *fumaria;* toutes les autres sont annuelles. (L. D.)

FUM-HOAM. (*Ornith.*) L'oiseau royal des Chinois, qu'on désigne par ce nom, est regardé comme un être fabuleux. (Cʜ. D.)

FUMMER (*Mamm.*) , un des noms anglois du putois. (F.C.)

FUNARIA. (*Bot.*) Ce genre appartient à la famille des mousses, et a été institué par Hedwig pour placer le *mnium hygrometricum* , Linn. Il l'avoit d'abord nommé *koelreutera.* Les botanistes se sont empressés de l'adopter, et ils l'ont même augmenté de quelques espèces nouvelles. Bridel le nomme en françois *cordette;* et M. Palisot de Beauvois propose de le désigner par *strephedium* , stréphédie. Adanson l'avoit confondu dans son genre *Luida.*

Le *funaria* est caractérisé par son péristome double : l'extérieur a seize dents cohérentes à leur extrémité supérieure ; l'intérieur est formé de seize cils membraneux, opposés aux dents. Les gémmules, que l'on regarde comme des fleurs mâles, sont sur des pieds différens de ceux qui portent les urnes, ou fleurs femelles, dans la Méthode d'Hedwig.

· Bridel compte sept espèces de *funaria.* Ces mousses ont le port de certain *bryum;* leur tige est fort courte, feuillée, terminée par les fleurs. Les pédicelles sont fort longs ; chacun d'eux porte une urne oblongue, pendante, munie d'une coiffe fendue sur le côté, et le plus souvent à sommet subulé, oblique. Ces mousses croissent en Europe, ou dans l'Amérique septentrionale ; plusieurs se retrouvent dans les deux continens, et d'autres en Europe et en Afrique. Nous distinguerons les suivantes.

§. I. *Urne striée.*

Fᴜɴᴀʀɪᴀ ʜʏɢʀᴏᴍᴇᴛʀɪǫᴜᴇ : *Funaria hygrometrica* , Hedw. ; *Mnium hygrometricum*, Linn.; Dillen., *Musc.* , tab. 53, fig. 75; Vaill., Fl. Par., tab. 26, fig. 16. Tige très-courte, presque simple ; feuilles conniventes, ovales-lancéolées, entières, marquées d'une nervure ; pédicelles longs, arqués à l'extrémité, et portant une urne pyriforme, pendante, profondément sillonnée, munie d'un opercule un peu plane, et d'une

coiffe presque quadrangulaire et réfléchie. Cette mousse croît
par toute la terre, et c'est peut-être de toutes les mousses la
plus répandue; elle forme des tapis étendus, fort touffus et
très-jolis par la longueur des pédicelles qui varient de six
lignes à deux pouces au plus. Ces pédicelles, ainsi que les
urnes, sont d'abord d'un jaune pâle, puis rougeâtre. Elle se
plaît le long des sentiers, dans les fentes des murs, dans les
pâturages, au bord des claires fontaines, dans les lieux humides
où l'on a fait des dépôts de charbon, dans les fossés et les bois
humides. Elle est fort commune en Europe. Wahlenberg l'a
observée en Laponie, sur les bords ombragés des rivières ;
Tilesius au Kamtschatka; Seezen, dans l'Asie mineure, la
Palestine et l'Egypte ; Forskal en Arabie ; Thunberg au cap de
Bonne-Espérance ; Bory de Saint-Vincent, aux îles de France
et de Bourbon; d'autres botanistes à Madère ; Commerson à
Buenos-Ayres ; Muhlenberg en Pensylvanie, etc.

Le *funaria hygrométrique* est annuel, fleurit en automne,
et fructifie au printemps. Ses pédicelles se tordent sur eux-
mêmes par la sécheresse, et se déroulent avec rapidité lorsqu'on les mouille. C'est cette propriété hygrométrique qui a
valu à cette mousse son nom spécifique, et la forme en corde
de ses pédicelles desséchés explique l'origine de son nom
générique.

§. II. *Urne lisse.*

Funaria de Muhlenberg : *Funaria Muhlenbergii*, Hedw., *Fil.*;
Decand., Fl. Fr. n. 1290; *Funaria calcarea*, Wahlenb., *in
nov. Act.*, Holm., 1806, tom. iv, fol. 2. Tige fort courte,
simple; feuilles droites, un peu étalées, ovales, dentées sur
le bord, marquées d'une nervure médiane qui s'évanouit près
de la pointe de la feuille ; pédicelles droits; urne pendante,
oblongue et presque pyriforme, un peu lisse; opercule presque
conique. Cette mousse est annuelle, et n'a guère plus d'un
pouce de hauteur. Elle a été confondue pendant long-temps
avec la précédente; elle est très-répandue en Europe et dans
l'Amérique méridionale, mais moins communément que le
funaria hygrométrique. Bridel l'indique aux environs de Paris,
sur l'autorité de Decandolle ; mais ce dernier botaniste n'en
parle pas dans la deuxième édition de la Flore françoise.

Funaria de Desfontaines : *Funaria Fontanesii*, Schwæg.,
Suppl., I, part. II, p. 80, pl. 66 ; Bridel, *Suppl.*, III, p. 69 ;
Funaria minor, Delile, *Egypt.* Tige droite, simple, d'environ
un demi-pouce ; feuilles disposées en rosette. oblongues,
pointues, un peu dentelées, marquées chacune d'une nervure
qui s'évanouit bientôt ; pédicelles droits ; urne en forme de
poire alongée, un peu penchée, presque lisse. Cette mousse est
annuelle. M. Desfontaines l'a observée en Barbarie ; M. Delile,
en Egypte. Une variété, qui peut-être en doit être distinguée
comme espèce, a été observée par Bridel, abondamment, dans
les fossés desséchés des environs de Rome. C'est le *funaria ven-*
tricosa, Brid., remarquable par ses urnes pendantes et en
forme de poire ventrue. (Lem.)

FUN-BOKU. (*Bot.*) Un groseillier, *ribes cynosbati*, est ainsi
nommé au Japon, suivant M. Thunberg. (J.)

FUNCHO (*Bot.*), nom espagnol et portugais du fenouil. (J.)

FUNDAN. (*Bot.*) Le *viburnum dentatum* est ainsi nommé dans
le Japon, selon M. Thunberg. (J.)

FUNDULE, *Fundulus*. (*Ichth.*) M. de Lacépède a donné ce
nom à un genre de poissons dont les caractères sont : *Un corps*
et une queue presque cylindriques ; des dents aux mâchoires, et
point de barbillons ; une seule nageoire dorsale. Ce genre appartient à la famille des cylindrosomes de M. Duméril, et à celle
des cyprius ou à la quatrième famille des poissons malacop-
térygiens abdominaux de M. Cuvier : il a été séparé de celui
des Cobites et des Misgurns. (Voyez ces mots.)

On distinguera facilement les *fundules* des *cobites*, qui ont
des barbillons aux mâchoires.

On ne connoît encore que deux espèces de fundules.

Le Mudfish ou Mundfish : *Fundulus mudfish*, Lacép. ; *Cobitis*
heteroclita, Linn. ; Cobite limoneux, Daubenton. Six rayons à
chaque catope ; écailles grandes et lisses ; des points blancs sur
les nageoires du dos et de l'anus ; ventre jaunâtre.

M. Cuvier rapporte cette espèce, qui vit dans les rivières
de la Caroline, au genre *Pœcilia* de M. Schneider.

Le Fundule japonois : *Fundulus japonicus*, Lacép. ; *Cobitis*
japonica, Linn. Huit rayons à chaque catope ; taille d'environ sept pouces.

Des eaux du Japon.

M. Cuvier pense que l'on n'a point encore assez de renseignemens pour classer cette espèce avec certitude. (H. C.)

FUNÉRAIRE. (*Entomol.*) Fourcroy désigne sous ce nom, dans l'Entomologie parisienne, une espèce de phalène, sous le n.° 167, en latin *heraclitea*. (C. D.)

FUNGICOLES. (*Entom.*) M. Latreille a désigné sous ce nom une petite famille de coléoptères trimérés qui forment la première section de nos tridactyles, et qui comprend les genres *Dasycère*, *Eumorphe* et *Endomyque*. Il ne faut pas confondre les fongicoles avec nos fongivores ou mycétobies, qui sont hétéromérés. (C. D.)

FUNGIENS, *Fungi* (*Bot.*), nom donné par Link au troisième ordre qu'il a établi dans la famille des champignons. Il comprend des genres caractérisés par les séminules, qui sont disposées en série dans des cellules alongées (*thecæ*). Il répond à l'ordre des champignons gymnocarpes de Persoon, mais ne renferme point les champignons gymnocarpes næmatothéciens. Les genres suivans en font partie ; *Amanita*, *Agaricus* (voyez FONGE), *Russula*, *Coprinus*, *Merulius*, *Cantharellus* (Chanterelle), *Xylophagus*, *Dædalea*, *Boletus*, *Fistulina*, *Sistotrema*, *Hydnum*, *Thelephora*, *Stereum*, *Merisma*, *Clavaria*, *Geoglossum*, *Spathularia*, *Leotia*, *Helvella*, *Helotium*, *Morchella*, *Peziza*, *Ascobolus* et *Stictis*. (LEM.)

FUNGILLUS MITHRIDATICUS (*Bot.*), de Welsch. Voyez CHAMPIGNON DE MITHRIDATE. (LEM.)

FUNGINE. (*Chim.*) M. Braconnot a donné ce nom à la substance charnue des champignons, qu'il regarde comme une espèce de principe immédiat, identique dans toutes les espèces de cette famille de plantes.

M. Braconnot obtient la fungine à l'état de pureté, en traitant un champignon quelconque par l'eau bouillante légèrement alcalisée.

Composition. Elle est formée d'oxigène, d'azote, de carbone et d'hydrogène, unis en des proportions inconnues. M. Braconnot la considère comme étant plus abondante en hydrogène et en azote que le bois. A ce sujet, nous ferons observer que le ligneux ne contient pas d'azote.

Propriétés physiques. La fungine est blanche, peu élastique, mollasse.

Elle est inodore, insipide; mais elle se divise bien dans la mastication; et M. Braconnot pense qu'elle est très-nutritive.

Elle est insoluble dans l'eau, l'alcool et l'éther.

Une légère solution de potasse capable de dissoudre le ligneux, n'a aucune action sur elle. Une solution concentrée bouillante en dissout une portion.

L'ammoniaque dissout, par digestion, une portion de fungine.

L'acide sulfurique concentré la charbonne: il y a production d'acides acétique et sulfureux.

L'acide sulfurique foible n'a pas d'action sur elle.

L'acide hydrochlorique chaud la convertit en matière gélatiniforme soluble dans l'eau.

Le chlore que l'on fait passer au travers de la fungine séchée et tenue en supension dans l'eau, la jaunit, et lui donne une saveur âcre qui s'évanouit par la dessiccation. Après ce traitement, la fungine est, suivant M. Braconnot, altérée. Elle présente, à l'analyse, de l'acide hydrochlorique, et une matière adipo-résineuse qui paroît contenir de l'acide hydrochlorique.

L'acide nitrique foible en dégage du gaz azote.

Une partie de fungine traitée dans une cornue par 6 parties d'acide nitrique à 29, jaunit; elle se ramollit, se gonfle considérablement: il se dégage de l'acide nitreux, de l'acide hydrocyanique, de l'acide carbonique. Ce qui reste dans la cornue, évaporé en consistance épaisse, puis mêlé à l'eau et chauffé, se partage en deux portions: l'une est insoluble, et l'autre est dissoute. La première portion est formée d'oxalate de chaux, d'une substance analogue au suif et d'une autre analogue à la cire: celle-ci est moins abondante que le suif. La portion dissoute est formée d'acide oxalique, d'amer de Welter, et d'une matière résinoïde rouge.

La fungine, mise dans une infusion de noix de galle, en absorbe la matière astringente.

Abandonnée à elle-même dans l'eau, elle exhale d'abord une odeur fade de gluten; puis elle répand celle des matières azotées qui se décomposent. Au bout de trois mois, l'eau contient une matière visqueuse qui est abondamment précipitée par l'acétate de plomb, et qui présente les propriétés du

mucus, suivant M. Braconnot. L'eau ne contient d'ailleurs ni
acide, ni ammoniaque. Quant à la matière indissoute, elle a la
forme de la fungine ; mais elle est molle et glaireuse. Lavée dans
l'eau tiède, elle se réduit en une pulpe homogène très-ductile.

La fungine, mise sur un charbon, se torréfie sans s'agiter,
et exhale l'odeur du pain grillé. Elle prend feu à la flamme
d'une bougie, et laisse une cendre blanche.

58 grammes de fungine desséchée distillés dans une cornue
de verre ont donné :

19,5 gr. de produit liquide, formé de	8,0 gr.	huile brune épaisse.
	11,5	d'une eau tenant de l'acétate d'ammoniaque légèrement alcalin.
10 gr. de charbon, qui ont laissé 3 gr. de cendre....................	0,9	de phosphate de chaux tenant un peu de phosphate de fer et d'alumine.
	0,2	de sous-carbonate de chaux.
	1,7	de sable étranger au champignon.

(Ch.)

FUNGOIDASTER. (*Bot.*) Les diverses espèces de champignons que Micheli réunit dans le genre qu'il désigne par *fungoidaster*, appartiennent aux genres *Merulius* et *Helvella* des botanistes modernes. Micheli les partage en deux groupes. Dans le premier, les semences sont à la partie supérieure du champignon : l'*helvella gelatinosa*, Dec., en fait partie ; c'est le *fungherello di gelatina* de Micheli. Les autres espèces sont nommées par lui : *fungo di fungo morto*, *funghini di foglie* et *funghetti di legni morti*, qui sont des helvelles.

Dans le second groupe, les semences sont situées à la surface inférieure, et Micheli y rapporte dix espèces, entre autres le *merulius cornucopioides*, Pers., que Linnæus avoit placé dans le genre *Peziza*, et qui est la *trompette des morts* de Paulet, et le *trombetta di morto maggiore a cespi*, de Micheli. (Lem.)

FUNGOIDES. (*Bot.*) Tournefort désigne par ce nom des champignons voisins de ceux qu'il nomme *fungus* (*agaricus* et *boletus*, Linn.), mais qui en diffèrent par leur forme en tasse, en coupe et en entonnoir, et par l'absence de tube et de feuillet au dessous. Cette définition convient au genre *Peziza*, tel que

Linnæus l'avoit admis d'après Dillenius. Ainsi, le *fungoïdes* de Tournefort peut être considéré comme le *peziza*, Linn., bien que quelques espèces étrangères à ce genre y aient été placées. Tournefort y rapportoit le *peziza lentifera*, Linn., qui est le genre *Cyathoides* de Micheli ; le *nidularia* de Bulliard, et le *cyathus* de Haller. Vaillant y plaçoit le *peziza cornucopioides*, Linn., qui rentre dans le *fungoidaster* de Micheli, et est maintenant une espèce de *merulius*. Micheli classe dans les *fungoïdes* des helvelles, beaucoup d'espèces de *peziza*. Plumier y ramenoit un *agaricus* d'Amérique, qui paroît être l'*agaricus crinitus*, Linn.

Dillen et Rai ont donné une acception différente au nom de *fungoïdes*, puisqu'ils désignent par là des espèces de *clavaria*, de *stemonitis*, et les champignons que Paulet nomme les *croissans*.

Les botanistes ne désignent plus de genre de champignon par ce nom de *fungoïdes*. (Lem.)

FUNGULUS. (*Bot.*) Mentzel désigne par ce nom, qui signifie petit champignon, plusieurs cryptogames de familles différentes, entre autres, le *peziza lentifera*. Linn. (voyez Cyathus); le *lichen ericetorum*, Linn. (voyez Boemyces), et une plante qui paroît être un lichen foliacé ou une espèce d'hépatique, qu'on a observée dans les marécages, et qui, dans les belles nuits d'octobre, brille d'une lueur phosphorique, semblable à celle du lampyre. Cette plante, que Mentzel seul a vue, devoit sans doute sa lumière à quelque matière animale en décomposition, dont elle étoit enduite. (Lem.)

FUNGUS. (*Bot.*) Chez les Latins, on nommoit *fungus* les champignons proprement dits, tels que les espèces d'*agaricus* et de *boletus*, Linn., dont la consistance étoit charnue ou spongieuse. C'est ce qu'exprime le nom de *fungus*, qui dérive du grec, *sphongos*, éponge. Pline paroît cependant avoir restreint ce nom aux espèces à chapeau soutenu par un pied, et il les classe en trois genres :

1.º Les *fungus* à feuillets roses, les meilleurs à manger, et qui étoient sans doute nos champignons de couche ;

2.º Les *fungus* à pied élevé, à chapeau conique, comme les bonnets des prêtres flamines, et à feuillets blancs : les coulemelles en faisoient probablement partie ;

3.° Les *fungus* garnis de tubes ou de pores en dessous du chapeau, et que Pline appelle *suillus* et *suilli*, et parmi lesquels se trouvoient les champignons les plus suspects. Les *suilli* rentrent évidemment dans le genre *Boletus*, Linn. (Voyez SUILLUS.)

Mais, quoique Pline paroisse restreindre le nom de *fungus* aux champignons que nous venons de citer, il se sert cependant, dans beaucoup de circonstances, de ce terme, d'une manière générale; et autant en ont fait tous les botanistes, jusqu'à Tournefort, qui jugea convenable de ne l'appliquer qu'aux champignons ayant une tige, portant un chapeau uni en dessus, et garni en dessous de feuillets ou de pores : c'étoit réunir les espèces de *boletus* et d'*agaricus*, Linn., qui ont cette forme. Vaillant alloit plus loin, puisqu'il y joignit les genres *Helvella* et *Hydnum*, Linn. On doit dire toutefois que ses espèces de *fungus* sont partagées par familles, qui représentent tous les genres que nous venons de nommer.

Micheli vint, et il donna le nom de *fungus* à tous les champignons, dont le chapeau est garni en dessous de lames ou de feuillets plus ou moins épais, sur lesquels adhèrent les organes que cet auteur appeloit les fleurs et les semences, les premières formées par des filamens fixés sur les tranches des lames, et les secondes attachées sur l'une ou l'autre surface des lames : ainsi Micheli ne nommoit *fungus* que les agaricus charnus et spongieux de Linnæus, ou mieux le genre *Amanita* de Dillen. Adanson suivit en partie l'opinion de Micheli; mais il ne plaça dans le *fungus* que les espèces d'*agaricus*, Linn., qui ont un collet : il a nommé *amanita* le groupe où il range les *fungus* à stipe nu.

Haller employa d'abord le nom de *fungus* dans le sens de Micheli; mais il l'abandonna, pour le remplacer par celui d'*amanita*.

Avant Adanson et avant Haller, Linnæus avoit déjà proscrit ce nom de *fungus*, comme nom de genre, et il le donna seulement à la dernière famille des cryptogames, celle des champignons (*fungi*), et depuis lors, ce mot n'a pas eu d'autre signification.

Par ce que je viens de dire, on a pu juger que le nom de *fungus* a été particulièrement affecté aux espèces du genre

Agaricus de Linnæus, puisque la majeure partie des espéces de champignons décrites jusqu'à Linnæus appartiennent à ce genre, omis à sa lettre dans ce Dictionnaire; et c'est ce qui nous a engagés à le décrire sous le nom de FONGE, qui n'est que la traduction française du nom latin. Voyez FONGE. (LEM.)

FUNGUS. (*Bot.*) Voy. STELLIFERA. (LEM.)

FUNGUS CÆSAREUS. (*Bot.*) Un empereur romain appeloit l'oronge le manger des dieux, et voilà pourquoi ce champignon a été appelé *fungus cæsareus*. (LEM.)

FUNICULARIUS. (*Bot.*) Le *fucus loreus*, Linn., remarquable par sa fronde dichotome, et semblable à un paquet de courroies ou de cordes, est le type du genre nommé *Funicularius* par Roussel, dans sa Flore du Calvados. Ce genre est encore caractérisé par l'absence des vésicules, et parce que sa fronde est fixée au centre d'une petite rondelle membraneuse et radicale. Ce genre n'a pas été adopté. Voyez FUCUS, §. IX. (LEM.)

FUNICULE. (*Bot.*) On nomme funicule, ou cordon ombilical, le cordon vasculaire qui part du placentaire, et aboutit à la graine. Dans le *magnolia grandiflora*, le funicule a deux centimètres de long, et lorsque le fruit est ouvert, les graines pendent tout autour, attachées à l'extrémité de ce cordon. Dans une multitude de plantes, le funicule est très-court (haricot, genêt, ricin, etc.), ou souvent il n'existe pas, et alors les graines sont fixées immédiatement sur le placentaire (primulacées, pavot, etc.). (MASS.)

FUNICULÉE [GRAINE] (*Bot.*), ayant un funicule ou cordon ombilical (*magnolia grandiflora*, plumbaginées, etc.). Par opposition, lorsque la graine est attachée au placenta sans l'intermédiaire d'un funicule, on la dit sessile (primulacées, pavot, etc.). (MASS.)

FUNICULINE , *Funiculina*. (*Zooph.*) Division du genre Pennatule de Linnæus, établi par M. de Lamarck, Animaux sans vert., t. 2, p. 402, pour quelques espèces dont les cellules polypifères sont disposées par rangées longitudinales, sur un corps commun, filiforme, contenant un axe grêle, corné ou subpierreux : d'où il est aisé de voir que ce genre ne diffère des vérétilles, que parce que le corps commun, dans ces derniers, est moins long, plus épais, et surtout que les polypes y sont placés sans ordre bien apparent. Aussi M. Ocken en fait-il des espèces de ce dernier genre. M. de Lamarck y range trois espèces, qui sont :

1.º La FUNICULINE CYLINDRIQUE : *Funiculina cylindrica*, Lmck; *Pennatula mirabilis*, Pall., Zooph., p. 371 ; Linn., *Mus. reg.*, t. 19, f. 4. Corps commun fort alongé, cylindrique, grêle, flexible, ayant l'aspect d'une petite corde blanche ; garni dans presque toute sa longueur de papilles turbinées, courbées, ascendantes, disposées d'une manière alterne sur deux rangées longitudinales : axe subcapillaire. De l'Océan américain ?

C'est à tort que cette espèce a été confondue avec la *pennatula mirabilis*, qui vient des mers du Nord, et dont M. de Lamarck fait son *virgularia mirabilis*.

2.º La FUNICULINE TÉTRAGONE : *Funiculina tetragona*, Lmck.; *Pennatula quadrangularis*, Pall., *Bodsach. mar.*, t. 9, fig. 4. Espèce de plus de deux pieds de long, linéaire, tétragone, couverte sur une seule face de polypes très-nombreux, très-serrés, disposés sur trois rangs. De la mer Méditerranée ?

3.º La FUNICULINE STELLIFÈRE : *Funiculina stellifera*, Lmck.; *Pennatula stellifera*. Mull., *Zool. Dan.*, t. 36, fig. 1, 3. Tige simple, égale, n'offrant des polypes que vers son extrémité. Cette espèce, qui, suivant M. de Lamarck lui-même, n'est peut être qu'une vérétille, vit en partie enfoncée dans le limon des mers de Norwége. Muller dit que les polypes n'ont que six tentacules, ce qui nous paroît un peu douteux. (DE B.)

FUNOU (*Conchyl.*), nom vulgaire donné par Adanson à une très-petite coquille du genre Buccin. (DE B.)

FUR. (*Ornith.*) Ce nom est donné, ainsi que celui de *truen*, par Bartholin, dans le tome 1.ᵉʳ des Mémoires académiques de Copenhague, au labbe à longue queue de Buffon, *struntjager* de Ray et de Martens, *larus parasiticus*, Linn. Pline désigne, par la dénomination de *fur nocturnus*, l'engoulevent, *caprimulgus europæus*. Linn. Le *fur pullorum* de Schwenckfeld est le milan commun, *falco milvus*, Linn. (CH. D.)

FURAN (*Bot.*), nom japonois, cité par Kæmpfer, d'un angrec, *epidendrum moniliforme* de Linnæus. (J.)

FURCELLARIA. (*Bot.*) Genre de plantes cryptogames, de la famille des algues, section des fucacées, établi par

M. Lamouroux, et adopté par Agardh. Ce genre est caractérisé par la fructification, qui forme, à l'extrémité des rameaux, des renflemens en forme de siliques raboteuses, subulées, simples ou bifurquées. La tige et ses divisions sont cylindriques et nues. Lorsque les séminules sont tombées, l'extrémité des rameaux est comme tronquée, puis il en sort de nouveaux prolongemens fructifères. Les espèces sont peu nombreuses, d'une consistance cartilagineuse. C'est dans ce genre que rentre en partie le *Furcellarius* de Roussel.

Le FURCELLARIA LOMBRIC : *Furcellaria lumbricalis*, Agardh, *Synops.*; *Fucus lumbricalis*, Gmel., *Fuc.*, tab. 6, f. 2; Turn., *Fucus furcellatus*, Linn. Fronde cylindrique, filiforme, dichotome, fastigiée; les dernières divisions sont fourchues, à angles aiguës. Cette plante marine s'élève de cinq à six pouces, et adhère aux rochers par une racine fibreuse; elle est olivâtre, ou d'un brun olive; lorsqu'elle est vivante, elle devient très-noire par la sécheresse; elle est de nature cartilagineuse. Agardh a vu, pendant l'hiver, dans la partie renflée des rameaux, des verrues éparses qui renfermoient des corpuscules (séminules?) brunâtres. Cette espèce croît sur toutes les côtes de l'Océan européen, et même sur les côtes d'Amérique.

Quelques auteurs y rapportent, comme une variété d'une petite taille, le *fucus fastigiatus*, Linn., et Gmel., *Fuc.*, t. 6, f. 1. Plusieurs autres botanistes, au contraire, l'en distinguent, et en font une espèce à part; elle se trouve particulièrement dans la mer Baltique et dans l'Océan septentrional.

Le FURCELLARIA LYCOPODIOÏDE : *Furcellaria lycopodioides*, Agardh, *Synops.*; *Fucus lycopodioides*, Gunner; Turn., *Hist.*, tabl. 12; *Conferva squarrosa*, *Fl. Dan.*, tabl. 357. Filiforme, presque simple, couverte de toutes parts de petits rameaux sétacés de la longueur de l'ongle, simples ou bifurqués. Cette plante forme des touffes de cinq à six pouces de longueur, d'un brun rougeâtre, qui se change en noir par la dessiccation. Sa substance est cartilagineuse et roide. Se trouve dans le Nord, en Suède et en Islande. (LEM.)

FURCELLARIUS. (*Bot.*) Genre établi par Roussel, dans sa Flore du Calvados, pour placer les *fucus furcellatus*, Linn.; *corneus*, Linn., et *fastigiatus*, Linn., dont la fronde est di-

chotomé, et les dernières divisions terminées par deux petites branches en forme de fourche. Ce genre ne diffère du
Furcellaria de Lamouroux, que parce qu'il renferme le *fucus
corneus*, qui s'en écarte sous plus d'un rapport, et que Lamouroux place dans son genre *Gelidium*, et Agardh dans
celui qu'il désigne par *Sphærococcus*. (LEM.)

FURCELLE, *Furcella*. (*Conchyl.*) M. de Lamarck, dans la
première édition de ses Animaux sans vertèbres, avoit proposé
de faire sous ce nom un genre du tube calcaire terminé par
deux autres tubes plus petits, qui a été figuré dans Rumph,
pl. 41, fig. D E. L'animal qui forme ce tube doit être évidemment fort voisin des tarets, et surtout des fistulanes. C'est
le *solen arenarius* de Rumph; le *serpula polythalamia* de Gmelin,
que M. Denys de Montfort rapporte à tort comme synonyme
du *serpula anguina*, type de son genre *Agathirsis*, qui est le
SILIQUARIA de M. de Lamarck. Voyez ce mot et SEPTARIA. (DE B.)

FURCHENHUT (*Bot.*), nom allemand, imposé par Bridel
au genre de la famille des mousses, qu'il appelle GLYPHOMI-
TRIUM. Voyez ce mot. (LEM.)

FURCOCERQUE, *Furcocerca*. (*Infus.*) Subdivision générique
établie par M. de Lamarck parmi les espèces de cercaires de
Muller, et qui comprend celles qui ont le corps terminé par
un appendice double ou bifide. Elles sont au nombre de huit,
savoir :

1.° La FURCOCERQUE PODURE ; *Furcocerca podura*, Lmck.,
Enc. méth., pl. 9, fig. 1, 5. Cylindrique, acuminée en arrière;
la queue à peine bifide. Eaux de marais.

2.° La FURCOCERQUE VERTE; *Furcocerca viridis*, Lmck., Enc.
méth., pl. 9, fig. 6, 13. De même forme, mais très-chan-
geante; la queue plus profondément bifide. Eaux stagnantes.

3.° La FURCOCERQUE BOURSE; *Furcocerca crumena*, Lmck.,
l. c., fig. 19, 21. Plus ventrue, tronquée, oblique en avant;
la queue linéaire terminée par deux pointes. Infusion de l'*ulve*,
Linn.

4.° La FURCOCERQUE CATELLE; *Furcocerca catellus*, Lmck., l.c.,
fig. 20, 23. Corps divisé en trois parties; la queue terminée
par deux soies. Eaux des marais.

5.° La FURCOCERQUE CATELLINE; *Furcocerca catellina*, Lmck.,
l. c., fig. 24, 25. Très-rapprochée de la précédente, dont elle

ne diffère guère que parce que la queue est seulement terminée par deux pointes. Eaux des fossés.

6.° La FURCOCERQUE LOUP; *Furcocerca lupus*, Lmck., l. c., fig. 26, 29. Cylindrique, alongée; la queue terminée par deux épines. Eaux stagnantes.

7.° La FURCOCERQUE ORBICULAIRE; *Furcocerca orbicularis*, Lmck., l. c., pl. 10, fig. 8. De forme orbiculaire; la queue terminée par deux soies fort longues. Eaux stagnantes.

8.° La FURCOCERQUE LUNE; *Furcocerca luna*, Lmck., l. c., fig. 9, 10. Ne diffère de la précédente que par la brièveté des épines de la queue. Des eaux stagnantes.

Sur l'organisation de ces animaux, et les considérations générales auxquelles ils peuvent donner lieu, voyez INFUSOIRES, (DE B.)

FURCRŒA (*Bot.*), Ventenat observoit dans la fleur d'un pitte, *agave fœtida*, un calice divisé plus profondément que dans ses congénères; des étamines ne débordant pas ce calice; leurs filets élargis à la base; un style plus épais par le bas, et un stigmate plus divisé. Il crut pouvoir en faire un genre particulier, qu'il consacra à la mémoire de Fourcroy; mais ces distinctions ont paru insuffisantes, et on trouve même dans l'*agave vivipara* des étamines débordantes, et d'autres qui ne débordent pas. En conséquence, ce genre n'a pas été adopté. (J.)

FURET (*Mamm.*), nom françois d'une espèce de MARTE. Voyez ce mot. (F. C.)

FURET DE JAVA. (*Mamm.*) On trouve, dans Seba, tab. 48, fig. 4, la figure d'un animal désigné par ce nom, dans lequel on a cru reconnoître le VANSIRE. Voyez ce mot. (F. C.)

FURET DES INDES. (*Mamm.*) Brisson donne ce nom à une mangouste. (F. C.)

FURET [GRAND] (*Mamm.*). M. d'Azara désigne sous ce nom le GRISON. Voyez ce mot et GLOUTON. (F. C.)

FURET [PETIT] (*Mamm.*), nom que M. d'Azara donne au TAYRA. Voyez ce mot et GLOUTON. (F. C.)

FURETTO (*Mamm.*), un des noms italiens du furet. (F. C.)

FURIE ou GRANDE CAME FLAMBOYANTE. (*Conchyl.*) C'est l'arche velue, *arca pilosa*, avec son épiderme. (DE B.)

FURIE, *Furia*. (Entozoair.) Sous ce nom, Solander, *Nov. act. Ups.*, vol. 1, p. 44, 58, a décrit, d'après ce qu'on lui a

rapporté, et sans l'avoir jamais vu, un animal très-probablement fabuleux, qui a, dit-on, le corps filiforme, continu,
égal et cilié de chaque côté par des aiguillons réfléchis, dé-
primés, et qui, dans la Suède septentrionale, surtout en
Laponie, produit la maladie qu'on appelle skatt (*ictus*), en
tombant de l'air sur les hommes et les bestiaux. Linnæus,
Amœnit. acad., vol. 3, p. 3₂₂, dit avoir reçu un de ces vers
desséché, mais dans un si mauvais état qu'il lui a été impossible de définir à quel genre et à quelle espèce il pouvoit
appartenir. Car. Godef. Hagen, dans une dissertation ayant
trait à l'histoire de la furie infernale, croit à son existence,
quoiqu'il convienne qu'aucun auteur digne de foi ne l'ait
vue; et Adolphe Modeer, *Nya veteusk. academ. Haudl.*, 1795,
place encore cet animal avec la filaire de Médine, à laquelle
il suppose à tort des appendices sétacés. Les auteurs les plus
modernes, comme MM. Blumenbach, Rudolphi, de Lamarck,
Cuvier, etc., n'en parlent que comme d'un animal fabuleux.
(De B.)

FURINE. (*Bot.*) C'est, au rapport de Kæmpfer, une espèce
de chardon cultivée au Japon, à cause de sa fleur bleue employée dans les teintures. Sur cette indication il pourroit
être rapporté au genre *Carduncellus*. (J.)

FURNARIUS (*Ornith.*), nom latin appliqué par M. Vieillot
au genre *Fournier*. (Ch. D.)

FURO (*Mamm.*), un des noms latins du furet, et vraisemblablement la souche de la plupart des noms de cet animal
dans les langues dérivées du latin. (F. C.)

FURO-TOO. (*Bot.*) Voyez Kimpoge. (J.)

FURS (*Bot.*), un des noms japonois de l'armoise ordinaire,
suivant M. Thunberg. (J.)

FURUNCULUS. (*Mamm.*) On a quelquefois donné ce nom
latin au furet, et, en y ajoutant l'épithète *sciuroides*, Messer
Schmit l'a appliqué à l'écureuil suisse. Voyez Ecureuil.
(F. C.)

FURZO-CHAT. (*Ornith.*) Les Anglois donnent ce nom, et
celui de *whin-chat*, au grand traquet ou tarier, *motacilla
rubetra*, Linn. (Ch. D.)

FUS. (*Ornith.*) On appelle ainsi, à Turin, le blongios,
ardea minuta et *danubialis*, Gmel. (Ch. D.)

FUSAIN (*Bot.*), *Evonymus*, Linn. Genre de plantes dicotylédones, de la *pentandrie monogynie* du système sexuel, et de
la famille des rhamnées de Jussieu, dont les principaux caractères sont les suivans : Calice monophylle, presque plane,
partagé en quatre ou cinq divisions; corolle de quatre ou cinq
pétales alternes avec les découpures du calice, et insérés sur
le bord d'un disque qui occupe le centre de la fleur; quatre
à cinq étamines insérées sur des glandes saillantes, au-dessus
du disque; un ovaire supérieur, à demi enfoncé dans le disque,
surmonté d'un style court, à stigmate obtus; une capsule à
quatre ou cinq angles, à quatre ou cinq loges, contenant
chacune une ou deux graines enveloppées d'une tunique
pulpeuse.

Les fusains sont des arbrisseaux à feuilles simples, opposées, et à fleurs axillaires, portées sur des pédoncules, souvent
rameux et dichotomes. On en connoit sept espèces, toutes
indigènes, excepté deux, de l'ancien continent.

Fusain d'Europe : vulgairement Fusen, Bois à lardoire,
Bonnet-de-Prêtre; *Evonymus europæus*, Linn., *Spec.*, 286; Bull.,
Herb., t. 135. Arbrisseau de douze à quinze pieds de haut,
divisé en branches et en rameaux quadrangulaires, surtout
dans leur jeunesse. Ses feuilles sont lancéolées, dentées,
glabres, portées sur de courts pétioles; ses fleurs sont petites,
blanchâtres, presque toutes quadrifides, et disposées sur des
pédoncules rameux, opposés dans les aisselles des feuilles ;
ses fruits sont des capsules à quatre lobes obtus, d'un rouge
éclatant, à l'époque de leur maturité, dans l'espèce commune,
et d'une couleur rose, ou même blanche, dans deux variétés
qu'on ne trouve que dans les jardins. Le fusain croît naturellement dans les bois et dans les haies, en France, en Allemagne, en Angleterre, et dans une grande partie de l'Europe.
Il fleurit en mai et en juin.

On plante assez souvent le fusain dans les haies; mais il
n'est pas de beaucoup de défense. Depuis le mois de septembre,
jusque très-avant dans l'hiver, il reste chargé de fruits, et il fait
alors un fort joli effet. Cette considération lui a fait trouver
place dans les jardins paysagers, où sa culture n'exige aucun
soin particulier. On le multiplie facilement de graines, de
drageons, de marcottes, et même de boutures; il vient bien

dans toute espèce de terre, pourvu qu'elle ne soit pas trop
aride ou trop marécageuse.

Son bois est jaunâtre: il a le grain fin et serré, ce qui permet de l'employer pour les ouvrages de tour ou de marqueterie, lorsqu'il a acquis certaines dimensions, ce qui lui arrive
rarement, parce qu'on le laisse rarement croître en liberté.
On en fabrique aussi des vis, des fuseaux et des lardoires: mais
il n'est pas sans inconvénient de l'employer à ce dernier usage,
car on assure qu'il cause des nausées aux ouvriers qui le travaillent, et, à plus forte raison, peut-il communiquer ses mauvaises qualités aux viandes. On l'emploie, quand il est réduit
en charbon, dans la fabrication de la poudre à canon; et les
dessinateurs se servent de ce même charbon, fait avec ses
jeunes rameaux, en guise de crayon, pour tracer des esquisses,
parce qu'il s'efface facilement.

Ses fruits ont un goût âcre et nauséeux : on les dit émétiques
et purgatifs : mais ils ne sont pas usités en médecine, parce
qu'on ne connoît pas bien leur véritable manière d'agir.
Quelques petits oiseaux, comme le moineau, le rouge-gorge,
paroissent quelquefois les béqueter; cependant, en les tuant
sur-le-champ, on n'en a jamais trouvé dans leur gésier, ce qui
paroit prouver qu'ils ne servent point à leur nourriture. Dans
certains cantons, on retire des graines une huile pour brûler
dans les lampes; en Allemagne, on fait usage des capsules dans
les teintures communes, et on en prépare une couleur rougeâtre: ailleurs, on fait sécher ces capsules, on les réduit en
poudre, et on les emploie extérieurement pour faire mourir
la vermine, ou, en les faisant infuser dans le vinaigre, on s'en
sert pour guérir la gale des animaux domestiques. Les auteurs
ne sont pas d'ailleurs d'accord sur toutes les propriétés de cet
arbrisseau: Clusius rapporte avoir vu des chèvres manger ses
feuilles avec avidité; Linnæus et Willich disent que les bestiaux en général les broutent volontiers, ainsi que les jeunes
pousses, tandis que Gmelin assure qu'elles tuent les brebis qui
en mangent.

FUSAIN A FEUILLES LARGES : *Evonymus latifolius*, Lamk., Dict.
enc., 2, p. 572; Nouv. Duham., vol. 5, p. 24, t. 7. Cette
espèce diffère de la précédente par la largeur bien plus considérable de ses feuilles: par ses fleurs presque toutes quin-

quéfides, à pétales ovales, et par ses capsules à cinq angles
comprimés, tranchans, minces comme des ailes. Elle croit en
Autriche, en Hongrie, en Suisse, et dans les bois montagneux
du midi de la France. On peut, pour les usages et les propriétés, l'assimiler en tout à l'espèce précédente.

Fusain galeux; *Evonymus verrucosus*, Jacq., *Flor. Aust.*, 3,
p. 48, t. 289. Arbrisseau très-rameux, très-touffu, ne s'élevant guère au-delà de quatre à six pieds, remarquable par les
points élevés, verruqueux et brunàtres, dont ses rameaux
sont chargés; du reste, ses feuilles sont ovales, glabres, luisantes; ses pédoncules sont filiformes, trifides à leur sommet,
chargés de trois à sept fleurs quadrifides, d'un pourpre brun
et à pétales arrondis. Il croît naturellement en Hongrie, en
Autriche, et est cultivé dans les jardins de botanique et
quelques jardins paysagers. Il faut le placer dans une exposition plus chaude que froide, et ses fruits mûrissent rarement
dans le nord de la France. Il prend difficilement de boutures;
on le multiplie ordinairement de marcottes, ou en le greffant
sur le fusain commun.

Fusain noir pourpre; *Evonymus atropurpureus*, Jacq., *Hort.
Vind.*, 2, p. 55, t. 120. Cette espèce a le port du fusain commun; elle en diffère par ses fleurs d'un pourpre noirâtre, à
pétales arrondis, à stigmates tétragones, et par ses capsules
anguleuses. Elle est originaire de l'Amérique septentrionale.
On la cultive en Europe, depuis 1756.

Fusain d'Amérique : *Evonymus americanus*, Linn., *Spec.*,
286; Nouv. Duham., 3, p. 26, t. 9. Cet arbrisseau s'élève à
la hauteur de huit à dix pieds; ses feuilles sont ovales-lancéolées, d'un vert foncé, sessiles ou presque sessiles; ses pédoncules sont axillaires, très-menus, et ne portent chacun que
deux à trois fleurs, d'un vert blanchâtre ou jaunàtre, toutes
quinquéfides, à pétales arrondis; ses capsules sont à cinq
lobes arrondis, et hérissés de petits tubercules verruqueux.
Cette espèce croît naturellement dans la Virginie, la Caroline, et autres parties de l'Amérique septentrionale. Elle est
cultivée en Europe, depuis plus de cent ans. Son feuillage
toujours vert la rend propre à servir à la décoration des bosquets d'hiver.

Fusain odorant : *Evonymus tobira*, Thunb., *Fl. Jap.*, 99;

Tobera seu tobira, Kæmpf., *Amœn. Fasc.*, 5, p. 796, t. 797.
Ce fusain s'élève à douze ou quinze pieds; ses rameaux sont
alternes, ses feuilles oblongues ou cunéiformes, obtuses, luisantes en dessus, réticulées en dessous; ses fleurs sont blanches,
disposées, au sommet des rameaux, en bouquet ombelliforme.
Cet arbrisseau croit au Japon; il a le bois mou et contenant
beaucoup de moelle. Son écorce est remplie d'un suc laiteux,
fétide, susceptible de s'épaissir sous la forme d'une résine
blanche.

Fusain du Japon; *Evonymus japonicus*, Thunb., *Flor. Jap.*, 100.
Arbrisseau de quatre a six pieds, dont les feuilles sont ovales,
obtuses, dentées, et dont les fleurs sont blanches, quadrifides,
disposées en panicules axillaires. Il a été observé au Japon,
par Kæmpfer et Thunberg.

L'*evonymus chinensis*, Lour., *Flor. Coch.*, 1, p. 194, paroît
avoir plus de rapport avec les celastres qu'avec les fusains, et
doit être rapporté à ce dernier genre. (L. D.)

FUSAIRE, *Fusarium*. (*Bot.*) Genre établi par Link, et que
depuis il a réuni au *fusidium*. (Lem.)

FUSANE, *Fusanus*. (*Bot.*) Genre de plantes dicotylédones,
à fleurs incomplètes, de la famille des éléagnées, de la *tétrandrie monogynie* de Linnæus, offrant pour caractère essentiel:
Un calice supérieur, à quatre, rarement à cinq découpures;
point de corolle; quatre étamines opposées aux divisions du
calice; un ovaire inférieur; un style très-court, quatre stigmates; un drupe monosperme.

Fusane comprimée : *Fusanus compressus*, Linn.; Lamk., *Ill.
gen.*, tab. 75, et Encycl. Supp. ; *Colpoon compressum*, Berg.,
Cap., p. 58, tab. 1, fig. 1; *Thesium colpoon*, Linn., *Supp.*, 161 ;
Evonymus colpoon, Lamk., Encycl. Après avoir été réunie à
plusieurs genres différens, il a été enfin reconnu que cette
espèce devoit former un genre particulier. C'est un arbre du
cap de Bonne-Espérance, de médiocre grandeur, très-rameux;
ses rameaux sont glabres, d'un blanc grisâtre, très-comprimés,
à quatre angles tranchans, garnis de feuilles opposées, ovales,
assez semblables à celles du buis, glabres, coriaces, entières,
un peu aiguës, de couleur glauque, à peine longues d'un
pouce, plus grandes que les entre-nœuds ; les pétioles très-
courts, anguleux. Les fleurs sont disposées en petites grappes

rameuses, terminales, presque fasciculées sur les ramifications du pédoncule commun. Parmi un grand nombre de fleurs hermaphrodites, on en trouve quelques unes mâles ou stériles. Le calice est turbiné. d'une seule pièce, à quatre, quelquefois cinq découpures ovales, un peu concaves; point de corolle; les filamens des étamines très-courts, attachés vers la base du calice, soutenant des anthères arrondies; un ovaire inférieur, glanduleux en dessus; le style presque nul; quatre stigmates obtus et en croix. Le fruit est un drupe ovale, point couronné, ombiliqué au sommet, à une seule loge, ne contenant qu'une seule semence.

M. Rob. Brown a ajouté à ce genre trois nouvelles espèces découvertes à la Nouvelle-Hollande. 1.° *Fusanus spicatus*, Brown, *Nov. Holl.*, 355. Ses tiges sont arborescentes; ses feuilles linéaires-oblongues, un peu obtuses, mutiques; les fleurs disposées en épis axillaires et rameux. 2.° *Fusanus acuminatus*, Brown, l. c. Tige ligneuse, garnie de feuilles lancéolées, terminées par une pointe en crochet; les fleurs disposées en une grappe terminale ramifiée à sa base. 3.° *Fusanus crassifolius*, Brown, l. c. Ses tiges sont ligneuses; les rameaux tétragones; les feuilles épaisses, linéaires, obtuses; les pédoncules axillaires, peu garnis de fleurs. (Poir.)

FUSANUS. (*Bot.*) Crescentius, ancien auteur d'agriculture, nommoit ainsi le genre *Evonymus*, d'où est venu probablement son nom françois *fusain*. Il étoit aussi nommé *fusoria*, et en italien, *fusara*, suivant Dalechamps, parce qu'on faisoit avec son bois de bons fuseaux. Cet arbre, suivant C. Bauhin, est le *tetragonia* de Théophraste, le *siler* de Pline. Linnæus a appliqué le nom *fusanus* à un autre arbre du cap de Bonne-Espérance, décrit auparavant par Bergius sous celui de *colpoon*, et que Linnæus fils a cru ensuite devoir réunir au *thesium*. Il en diffère cependant par un disque calicinal à quatre lobes, un stigmate quadruple, et un fruit drupacé. Nous l'avons conservé, pour cette raison, sous le nom de Linnæus, et plus récemment M. Robert Brown l'a également adopté. Voyez FUSANE. (J.)

FUSARIA. (*Entozoair.*) C'est le nom sous lequel Zeder, dans son Histoire naturelle des vers intestinaux, a proposé de désigner les ascarides, à cause de leur forme appointie aux deux extrémités. Mais, comme ce caractère est bien loin de n'appartenir qu'à ces espèces, la dénomination d'ascarides est conservée et admise par tous les autres zoologistes, et personne n'a cru devoir adopter le changement proposé par Zeder. (De B.)

FUSCALBIN (*Ornith.*), nom donné, dans les Oiseaux dorés d'Audebert et Vieillot, tom. 2, pag. 95 et pl. 61, à un grimpereau héorotaire trouvé dans la Nouvelle-Hollande, et qui a été appelé par Shaw *certhia lunata*. (Ch. D.)

FUSCINA. (*Bot.*) Genre de mousse établi par Schranck, dans sa Flore de Bavière, pour l'*hypnum taxifolium*, Linn., qui est le *fissidens taxifolium*, Hedw., dont les dents du péristome sont bifides et à branches divergentes. Il n'a pas été adopté. Voyez Fissidens. (Lem.)

FUSCITE. (*Min.*) M. Schumacher a décrit ce minéral à peu près comme il suit.

Il est opaque, d'un noir verdâtre ou grisâtre ; il est cristallin, en prismes à quatre et à six pans ; sa cassure est raboteuse ; il se laisse aisément rayer ; sa poussière est d'un gris blanchâtre, et sa pesanteur spécifique presque de 2,5 à 3.

Il est infusible au chalumeau, mais la surface des fragmens y devient luisante et comme émaillée. On l'a trouvé à Kallerigen, près Arendal, en Norwège, dans un quarz grenu, accompagné d'un peu de felspath et de chaux carbonatée brunissante.

Cette pierre, sur laquelle nous n'avons pas d'autres renseignemens que les précédens, paroit avoir quelque analogie avec la Pinite. Voyez ce mot. (B.)

FUSEAU, *Fusus.* (*Conchyl.*) Subdivision du grand genre *Murex* de Linnæus, établie par M. de Lamarck pour un assez grand nombre d'espèces peu distinctes de ses fasciolaires, et qui ont pour caractères : Coquille fusiforme ; la spire alongée ; ouverture ovalaire, terminée antérieurement par un long canal droit ; le bord droit tranchant ; la columelle lisse. Les anciens conchyliologistes françois, comme d'Argenville, admettoient aussi cette subdivision, mais d'une manière vague ; et il faut avouer qu'il est réellement assez difficile de faire autrement.

Le nombre des espèces que M. de Lamarck place dans ce genre est assez grand. Les planches de l'Encyclopédie méthodique en figurent au moins quarante. Nous allons nous borner à faire connoître les principales :

1.° Le Fuseau-quenouille : *Fusus colus*, Enc. mét., pl. 424, fig. 4. C'est une coquille assez commune dans les collections, striée, noueuse sur les tours de spire, blanche ; les nodosités brunes. De l'Océan indien.

2.° Le Fuseau a longue queue ; *Fusus longicauda*, Encycl. méth., pl. 423, fig. 2. Fort rapprochée de la précédente, mais toute blanche, et le tube encore plus long, quelquefois de trois pouces. Des mêmes mers.

3.° Le Fuseau-entonnoir : *Fusus infundibulum*, Lmck., Enc. méth., pl. 424, fig. 2. Espèce d'un blanc jaunâtre ; les stries transversales rougeâtres ; la spire garnie de gros tubercules alongés sur six rangs ; deux ou trois petits plis transverses à la columelle ; une sorte d'ombilic.

Cette espèce appartient-elle réellement à ce genre, et ne devroit-elle pas plutôt passer, avec celles que M. de Lamarck nomme *bidens, cingulifera, craticulata, limata*, parmi les fasciolaires ?

4.° Le Fuseau hérissé ; *Fusus muriceus*, Lmck., Enc. méth., pl. 428, fig. 5, a b. Petite espèce presque semblable à un véritable murex ; à tube peu droit, avec un petit ombilic au côté droit ; la spire assez courte, hérissée, et garnie de quatre à cinq rangs de tubercules assez pointus.

5.° Le Fuseau brun ; *Fusus morio*, Lmck., Encycl. méth., pl. 430, fig. 3, a b. Coquille un peu rapprochée des fasciolaires, dont le tube est très-ouvert, la couleur brun-marron avec deux bandes étroites, blanches, qui suivent les tours de spire.

6.° Le Fuseau couronné ; *Fusus corona*, Lmck, Enc. méth., pl. 430, fig. 2. Coquille encore moins fusiforme que la précédente ; à tube assez court ; couleur fond brun, avec des bandes longitudinales blanches traversées à angle droit par d'autres bandes de la même couleur ; le bord supérieur des tours de spire hérissé de dents.

7.° Le Fuseau d'Islande ; *Fusus islandicus*, Lmck., Encycl. méth., pl. 429, fig. 3. Espèce un peu ventrue, de quatre à cinq pouces de long ; assez finement striée en travers ; toute blanche sous un épiderme brun ; le sommet et les tours de spire arrondis. Commun dans les mers d'Islande.

8.° Le Fuseau bleu ; *Fusus lignarius*, Lmck, Encycl. méth., pl. 424, fig. 6. Coquille oblongue, rude, à tube assez court, ouvert ou fermé ; les tours de spire garnis de nœuds peu prononcés, sur un seul rang. Des mers du Nord.

9.° Le Fuseau petit ; *Fusus pusio*. Lmck., Enc. méth., pl. 426, fig. 1. a b. Petite espèce à tube court, échancré à son extrémité : blanche, avec des taches brunes ou fauves, disposées en séries. Mer Méditerranée et d'Afrique. Est-elle bien de ce genre ?

10.° Le Fuseau-trompette ; *Fusus tuba*, Enc. méth., pl. 426, fig. 2. Grande coquille assez fusiforme, striée en travers et blanche ; les tours de spire hérissés de quelques tubercules pointus. Cette espèce, fort rare dans les collections, vient des mers de la Chine.

11.° Le Fuseau méprisé ; *Fusus despectus*, Lmck., Enc. méth., pl. 426, fig. 4. Coquille assez large, oblongue ; le tube médiocre ; deux lignes plus élevées sur les tours de spire ; couleur blanche, ordinairement brune au sommet. Mers du Nord.

12.° Le Fuseau heptagone ; *Fusus heptagonus*, Lmck., Enc. méth., pl. 428, fig. 7, a b. Assez petite espèce, fusiforme, striée finement en travers entre les bourrelets longitudinaux qui lui donnent une forme heptagone.

13.° Le Fuseau gauche ; *Fusus sinistralis*, Lmck., Encycl. méth., pl. 424, fig. 1, a b. Petite coquille rude, striée profondément dans les deux sens ; le tube médiocre ; la spire assez élevée et tournant de gauche à droite. Des mers d'Amérique, où elle est fort rare.

14.° Le Fuseau géant ; *Fusus colossus*, Lmck., Enc. méth., pl. 427, fig. 2. Coquille de sept à huit pouces de long ; fusiforme, quoique assez renflée, striée dans les deux sens. J'ignore sa patrie. (De B.)

FUSEAU. (*Foss.*) Les fuseaux fossiles ne se présentent ni dans les couches à cornes d'ammon, ni dans les craies ; c'est dans le calcaire coquillier, qui est d'une formation plus nouvelle, qu'on commence à les rencontrer, et les espèces y sont plus communes que dans les couches postérieures. Quoique ces espèces fossiles soient très-nombreuses, on n'en rencontre presque aucunes qui soient parfaitement analogues à celles que l'on trouve aujourd'hui à l'état frais dans les mers.

M. de Lamarck avoit rangé parmi les fuseaux celles de ces coquilles qui portent des plis à la columelle, mais en annonçant qu'il conviendroit plutôt de les rapporter au genre Fasciolaire. En effet, la différence des caractères de ces genres ne provenant presque que des plis qui se trouvent sur la columelle des coquilles qui dépendent de ce dernier, il convient d'y porter ceux des fuseaux qui portent des plis, et qui vont être présentés à part dans cet article.

Coquilles sans plis à la columelle.

Le Fuseau ridé : *Fusus rugosus*. Lamk. , Ann. du Mus., tom. 6, pl. 46, fig. 1 ; *Murex porrectus*, Brander, fig. 35. Coquille couverte de stries transversales élevées, et de stries longitudinales feuilletées moins apparentes. La spire présente une pyramide noduleuse, et est terminée au sommet par un mamelon. Sa base se prolonge en une queue longue et droite : longueur, trois pouces. On trouve cette espèce à Grignon.

Le Fuseau a ventre lisse : *Fusus longævus*, Lamk., Vélins du Mus., n.° 5, fig. 14 et 16 ; *Murex longævus*, Brander, fig. 40, 73 et 93 ; Sowerby, *Min. Conch.*. tab. 63. Coquille épaisse, à ventre lisse, aplati. Le bord supérieur de chaque tour forme une rampe tournante autour de la spire, qui se termine par un mamelon. Cette espèce varie beaucoup, pour la grandeur et dans ses formes. Quelques individus, qui paroissent appartenir à la même espèce, ont le ventre bombé. D'autres, que l'on trouve à Louvres, près de Paris, dont la coquille paroît terminée, n'ont que deux pouces de longueur. On trouve cette espèce à Grignon, à Courtagnon près de Reims, à Rheteuil, à Hordwel, et dans le Hampshire en Angleterre, où l'on en rencontre qui ont jusqu'à sept pouces de longueur.

M. de Lamarck a pensé que les individus qui avoient le ventre bombé devoient former une espèce particulière, à laquelle il a donné le nom de fuseau clavellé.

Le mamelon. gros, lisse et composé de trois ou quatre tours, qui se trouve au sommet, paroît avoir été formé avant que l'animal fût sorti de l'œuf, ou plutôt de l'espèce de placenta dans lequel les petites coquilles ont dû être réunies plusieurs ensemble, comme il arrive pour certaines espèces que l'on trouve à l'état frais sur les côtes de la Nouvelle-York en Virginie, et duquel placenta l'on voit une figure dans l'ouvrage d'Ellis sur les Corallines, pl. 33, fig. *a.* Brander, ayant cru que celles de ces petites coquilles qui avoient déjà formé un tour ou deux après le mamelon, constituoient une espèce particulière, les a décrites sous le nom de *murex deformis*, et il en a donné la figure dans son ouvrage, *Foss. Hant.*, fig. 57 et 58; mais c'est une erreur, car je possède de ces jeunes coquilles, qui prouvent qu'à mesure que l'animal avançoit en âge, il ajoutoit à ce mamelon des tours couverts de stries transverses.

Le Fuseau aciculé : *Fusus aciculatus*, Lamk., Ann. du Mus., tom. 6, pl. 46, fig. 6; Brand., *Foss.*, fig. 36. Coquille très-jolie et très-remarquable par sa forme grêle, presque linéaire, striée transversalement et couverte de légères stries longitudinales. Il est très-distinct du fuseau ridé, avec lequel il paroît que Brander l'a confondu. Longueur, deux pouces. On le trouve à Grignon; mais il est rare.

Le Fuseau subulé; *Fusus subulatus*, Lamk., Vélins du Mus., n.° 5, fig. 15. Petite coquille très-élégante, à forme alongée et à canal court; elle est chargée de stries transverses très-fines et de côtes longitudinales. Longueur, neuf à dix lignes. On la trouve à Grignon; mais elle est rare.

Le Fuseau grain-d'orge; *Fusus hordeolus*, Lamk., Vél., Supp. 2, fig. 10. Elle approche de la précédente par sa forme turriculée. Elle est lisse. Longueur, trois lignes.

Le Fuseau tortillé; *Fusus intortus*, Lamk., Ann., tom. 6, pl. 46, fig. 4. Coquille à columelle torse, striée transversalement et à côtes longitudinales. Longueur, un pouce et demi. On la trouve à Grignon et à Hauteville, département de la Manche.

Il paroît que quelques individus de certaines espéces de fuseaux ont la faculté de former des plis sur leur columelle; car j'en possède deux de cette dernière, qui ont été trouvés à Hauteville, et qui sont parfaitement semblables entre eux, à l'exception de deux plis qui se trouvent sur la columelle de l'un d'eux. Cette anomalie se fait également remarquer dans un individu de l'espèce qui porte le nom de *fusus excisus.*

Le Fuseau polygone; *Fusus polygonus*, Lamk., Vélins, n.° 6, fig. 12. Coquille courte, presque ovale, ventrue, striée transversalement, portant sur chaque tour neuf à dix côtes obtuses et longitudinales. Longueur, quinze lignes. On la trouve sur des terres labourables, près de Grignon.

Le Fuseau a long bec : *Fusus longiroster*, Def. ; *Murex longiroster*, Brocchi, tab. 8, fig. 7. Grande coquille, composée de neuf à dix tours, striée transversalement, et se terminant à la base par une longue queue droite. Longueur, cinq pouces. Quelques individus portent neuf côtes longitudinales ou tubercules alongés sur chaque tour, et d'autres sont presque lisses. On trouve cette espèce dans le Plaisantin.

Le Fuseau rostré : *Fusus rostratus*, Def. ; *Murex rostratus*, Brocchi, tab. 8, fig. 1. Coquille composée de six à sept tours, couverte de fortes stries transverses et de côtes longitudinales, terminée à sa base par une longue queue. Longueur, deux pouces. On la trouve dans le Plaisantin et à Rome.

Le Fuseau bulbiforme : *Fusus bulbiformis*, Lamk. ; *Murex bulbus*, Brander, fig. 54 : Favannes, Conch., tab. 66, fig. m., 11. Coquille ovale-fusiforme, ventrue, lisse ou presque lisse : sa spire est mucronée, et sa queue présente une légère courbure. Le bord gauche, épaissi dans sa partie supérieure, rend le haut de la columelle comme calleux. Le bord droit est très-mince quand il est entier. Longueur, quelquefois trois pouces.

Cette espèce présente beaucoup de variétés, qui sont plus ou moins alongées, et dont les tours de spire sont plus ou moins concaves, en sorte qu'il est très-difficile d'établir une distinction bien marquée entre cette espèce et les pyrules.

Le Fuseau petite-figue : *Fusus ficulneus*, Lamk. ; *Murex ficulneus*, Chemn., *Conch.*, vol. 11, tab. 212, f. 3004, 3005. Coquille ovale, renflée, presque globuleuse, portant quinze à vingt côtes longitudinales et peu élevées sur le dernier tour. Chacune d'elles porte, vers les deux tiers de sa longueur, un petit angle qui forme une rangée transversale de tubercules sur le ventre de la coquille. La queue est un peu courte, arquée, striée transversalement ; la columelle est torse, et vers le bas elle présente un pli oblique. Longueur, quatorze lignes. On trouve cette espèce à Grignon. On la trouve aussi à Acy et à Betz, département de l'Oise ; mais les individus qu'on y rencontre diffèrent sensiblement de ceux de Grignon : ils sont chargés de stries transverses ; les côtes longitudinales sont moins nombreuses, ne sont presque pas marquées, et n'ont point

le petit angle qui forme la rangée de tubercules. J'ai déjà
remarqué que quelques espèces de ces endroits différoient
sensiblement des mêmes qu'on trouvoit à Grignon.

On connoit encore, à l'état fossile, les espèces ci-après : le
fuseau côtelé; le fuseau effacé; le fuseau de Hauteville; le
fuseau plissé, que l'on trouve à Hauteville; le fuseau épais;
le fuseau de Bordeaux; le fuseau strié, que l'on trouve à
Laugnan, près de Bordeaux; le fuseau raccourci; le fuseau
fragile; le fuseau coupé; le fuseau nain; le fuseau à stries rudes;
le fuseau scalaroïde; le fuseau marginé; le fuseau petite-lyre;
le fuseau lisse; le fuseau striatule; le fuseau variable; le fuseau
couronné; le fuseau de Lamarck, que l'on trouve à Grignon;
le fuseau de Brander, que l'on trouve à Betz et dans le Hampshire; le fuseau douteux, que l'on trouve en Touraine; le
fuseau subcaréné, que l'on trouve à Chaumont, à Crépy et à
Ronca, et le fuseau pleurotomoïde, que l'on trouve à Betz.

*Coquilles qui ont des plis à la columelle, et qui doivent entrer
dans le genre Fasciolaire.*

Le Fuseau de Noé : *Fusus Noæ*, Lamk., Ann. du Mus.,
tom. 6, pl. 46, fig. 2; *Murex Noæ*, Chemn., Conch., tab. 212,
fig. 2096, 2097. Coquille épaisse et pesante, striée transversalement : le bord de chaque tour est déprimé en rampe d'es-
calier, et crépu ou plissé d'une manière remarquable; le
ventre est presque lisse; sa spire n'est point terminée par un
mamelon, comme le fuseau à ventre lisse, et elle porte sur la
columelle deux plis obliques, qu'on n'aperçoit point dans
l'ouverture quand la coquille est parvenue à toute sa grandeur.
Longueur, quatre pouces. On trouve cette espèce à Grignon, à
Courtagnon et à Montmirail.

Le Fuseau a un pli : *Fusus uniplicatus*, Lamk., Vélins du
Mus., n.° 6, fig. 8. Coquille à côtes obtuses, médiocrement
élevées, à stries transverses, très-saillantes, coupées par des
stries longitudinales moins fortes; un pli oblique à la columelle. Longueur, un pouce et demi. On trouve cette belle
espèce à Grignon et à Hauteville.

Le Fuseau cordelé; *Fusus funiculosus*, Lamk., Ann., tom. 6,
pl. 46, fig. 3. Coquille alongée, à côtes longitudinales obtuses,
couverte de stries transverses, et d'autres longitudinales moins

marquées; deux plis à la columelle. Longueur, quatorze à quinze lignes. On la trouve avec la précédente.

Le Fuseau anguleux ; *Fusus angulatus*, Lamk. Coquille fusiforme, ventrue ; à queue grêle et étroite; à côtes longitudinales, anguleuses, grossières et un peu distantes ; à stries transverses écartées; deux plis à la columelle. Longueur, quatorze lignes. On la trouve à Grignon.

Le Fuseau noduleux ; *Fusus nodulosus*, Lamk., Vélins, n.° 6, fig. 3. Coquille ovale, lisse, à petites côtes longitudinales; deux plis sur la columelle. Longueur, sept lignes. On la trouve à Grignon et à Hauteville.

Le Fuseau cerclé ; *Fusus alligatus*, Lamk. Coquille ovale-turriculée, à spire conique, à stries longitudinales très-fines, qui se croisent avec des stries transverses plus marquées. Longueur, six lignes. On la trouve à Grignon ; mais elle est rare.

Le Fuseau a deux plis; *Fusus biplicatus*, Lamk. Coquille à spire conique, composée de cinq ou six tours un peu convexes, chargés de petites côtes longitudinales obtuses et peu élevées ; le canal de la base est fort court ; deux plis à la columelle. Longueur, cinq lignes. On la trouve à Grignon ; mais elle est rare.

Toutes ces espèces sont dans ma collection, et je ne trouve d'analogie avec celles que l'on trouve à l'état vivant que pour le fuseau à stries rudes et le fuseau petite-lyre, dont il existe des espèces, à peu près analogues, sur les côtes de Cherbourg. (D. F.)

FUSEAU A COLLET ou A RUBAN. (*Bot.*) Famille établie par Paulet dans le genre *Agaricus* de Linnæus (voyez Fonge), et caractérisée par le stipe en forme de fuseau, muni d'un collet, et par la substance du chapeau, qui est sèche, ferme, ordinairement entr'ouverte du côté des bords. Cette famille comprend deux espèces qui ne sont point malfaisantes, le fuseau à ruban et le fuseau à collet.

Le Fuseau a ruban, Paul., Tr., 2, p. 297, pl. 140, fig. 1, 2. Stipe fusiforme, de cinq à six pouces, blanc, ayant vers le milieu un anneau ou ruban rouge; chapeau de deux pouces d'étendue, marron-clair en dessus; en dessous feuillets marron plus foncé. Il croît en automne dans la forêt de Senard.

Le Fuseau a collet, Paul., l. c., p. 297, pl. 140, fig. 3, 4, 5.

Stipe élevé de trois à quatre pouces, fusiforme, cylindrique, le plus souvent colleté, quelquefois marbré par des élevures de peau fine; chapeau fauve en dessus, plus foncé en dessous, d'abord bombé, puis concave. Il se trouve aussi dans la forêt de Senard. (LEM.)

FUSEAU A DENTS, DENTELÉ, ÉTOILÉ, DE TERNATE. (*Conch.*) Dénominations sous lesquelles les marchands désignent la coquille qui fait le type du genre Rostellaire de M. de Lamarck, *strombus fusus* de Linnæus. (DE B.)

FUSELÉE. (*Bot.*) Selon M. Decandolle, on nomme ainsi, à Montpellier, l'*atractylis cancellata*, Linn. Suivant Adanson, c'est un nom vulgaire de l'*hieracium*. (H. CASS.)

FUSEN. (*Bot.*) Voyez FUSAIN. (L. D.)

FUSER. (*Ornith.*) Ce nom, dans Aldrovande, désigne le butor, *ardea stellaris*, Linn. (CH. D.)

FUSET-SO (*Bot.*), nom que porte au Japon un eupatoire, *eupatorium hyssopifolium*, suivant M. Thunberg. (J.)

FUSI, FUSII. (*Bot.*) Voyez FULSI. (J.)

FUSIBILITÉ. (*Chim.*) Propriété qu'ont les corps solides, de devenir liquides, lorsqu'ils sont exposés à des températures suffisamment élevées. (CH.)

FUSICORNES, ou CLOSTÉROCÈRES. (*Entom.*) Voyez ce dernier mot, tom. IX. Nom d'une famille d'insectes lépidoptères, dont les antennes sont en fuseau ou renflées au milieu : tels sont les *sésies*, les *sphinx*, les *zygènes*. (C. D.)

FUSIDIUM. (*Bot.*) Genre de la famille des champignons, ordre des mucedinés, et série des entophytes, de la méthode de Link. Il est caractérisé par ses sporidies nues, agglomérées, fusiformes ou oblongues, et par l'absence d'un *thallus* ou d'une base. Link n'indique qu'un très-petit nombre d'espèces.

Le FUSIDIUM ROSÉ, *Fusidium roseum*, est d'un rose agréable; il forme de petites touffes sur les tiges desséchées des malvacées. Cette plante étoit le type du genre *Fusarium*, que Link avoit cru devoir établir, *Berl. Mag.*, 3, p. 10, tabl. 1, fig. 10, et qu'il a supprimé depuis, parce que le caractère de sporidies couvertes, qu'il lui assignoit, n'est pas exact. M. Beauvois l'indique sur les feuilles d'orme et le bois mort.

Le FUSIDIUM ORANGÉ, *Fusidium aurantium*, Link, a les sporidies d'une couleur orangée, entassées en lignes étendues sur les tiges du maïs et des cucurbitacées. Cette espèce forme le genre *Fusisporium* de Link, qui l'a supprimé aussi, ayant trouvé inexact le caractère qu'il lui avoit assigné.

Les *Fusidium obtusum*, *hypodermium* et *griseum*, sont trois autres espèces de ce genre, indiquées par Link. Nées en a décrit quelques autres.

Le *fusidium* est voisin du *stilbospora*, et s'en distingue par sa couleur, qui n'est jamais noire, et par l'absence d'un thallus vésiculeux.

D'après M. Persoon, les genres *Fusarium* et *Fusisporium*, qu'il réunit, à l'exemple de Link, en un seul genre qu'il nomme *fusarium*, diffèrent de ses *tubercularia* par la forme moins régulière et d'une substance plus charnue, et qui se divise dans l'eau en corpuscules ou sporules linéaires très-minces. En outre, ces espèces vivent sur les tiges des plantes desséchées. Mais ce naturaliste, ainsi que Nées, les sépare du *fusidium*. Selon eux, les espèces de *fusidium* forment, sur les feuilles sèches, des croûtes laineuses qui ne sont que des amas de corpuscules linéaires. M. Persoon ajoute deux espèces à ce genre : le *fusidium albidum* (*griseum ?* Link), commun en automne sur les feuilles du châtaignier et du chêne ; et le *Fusidium viride* qui est printanier et d'un beau vert, et qu'on trouve sur les feuilles du chêne.

C'est auprès de ce genre *Fusidium* que l'on doit placer le *Bactridium* de Kunze et de Nées, lequel comprend de très-petits champignons qui naissent sur le bois et les plantes mortes. Ces champignons sont formés de petits amas de sporidies alongées, presque annulées, transparentes à leurs extrémités, pédicellées, à pédicelles peu rameux et rampans. Ils tiennent le milieu entre les *fusidium* et les *seiridium*.

Le Bactridium jaune, *Bactridium flavum*, Kunze, *Mycet.*, 1, p. 5, tabl. 2, fig. 2, est d'un jaune foncé ; ses sporidies sont cylindriques et obtuses.

Le Bactridium carné, *Bactridium carneum*, Nées, *Nov. act. nat. cur.*, 9, tabl. 5, fig. 4, est d'un beau rouge de chair ; ses sporidies sont elliptiques, pointues aux deux bouts et brillantes. Il a été observé près Bâle. (Lem.)

FUSIFORME (*Bot.*), renflé vers le milieu et s'amincissant par les deux bouts, à la manière d'un fuseau. La racine du *raphanus sativus*, variété Rave, les follicules du laurier-rose, le fruit du *cucumis chate*, etc., sont fusiformes. (Mass.)

FUSILIER (*Ornith.*), nom que l'on donne, dans les environs de Woronesch, en Russie, au grand pic noir, *picus martius*, Linn. (Ch. D.)

FUSIOLES. (*Bot.*), *Atractium*, Link. Genre de la famille des champignons, de l'ordre des mucédines, et de la série des *sphærobases* de la Méthode de Link, et que ce naturaliste caractérise ainsi : Conceptacle (*stroma*), globuleux ou capité, recouvrant des sporidies fusiformes. Link en indique trois espèces.

L'Atractium cilié : *Atractium ciliatum*, Link ; *Tubercularia ciliata*, Albert. et Schw., *Hist.*, pag. 8, tab. 5, fig. 6. Il est globuleux, rouge, très-petit, velu et à longs poils. Il paroît que les sporidies sont cloisonnées.

L'Atractium en coussin ; *Atractium pulvinatum*, Link. Il est globuleux, convexe, rouge et à sporidies blanches. Il est à peine gros comme une tête d'épingle ; il croit sur les branches mortes des arbrisseaux.

L'Atractium faux-stilbum : *Atractium stilbaster*, Link, *Berl. Magaz.*, 3, pag. 10, tab. 1, fig. 5. Il est glabre, jaunâtre et stipité, et à stipe cylindrique, portant une petite tête ronde. Il se trouve sur les troncs des hêtres nouvellement abattus : il n'a guère plus d'une demi-ligne de diamètre, et disparoît bientôt. Nées ajoute une quatrième espèce qu'il a observée dans les bois près de Bâle ; c'est son *atractium pallens* (*Nov. Act. nat. cur.*, 9, pag. 238, tabl. v, fig. 7). Elle est d'une couleur cendrée pâle, et se trouve sur les petites branches mortes de l'aune. Ce genre offre le port d'un *stilbum* ou d'un *mucor*, et les sporidies ou graines du *fusidium*. (Lem.)

FUSION. (*Chim.*) On entend par ce mot l'état d'un corps liquéfié par la seule action de la chaleur, ou l'opération par laquelle on opère cette liquéfaction. (Cu.)

FUSISPORIUM. (*Bot.*) Genre établi par Link, et qu'il a depuis réuni au *fusidium*. (Lem.)

FUSTET. (*Bot.*) Cet arbrisseau, nommé *cotinus* par Dodoens et Tournefort, a été réuni par Linnæus au genre Sumac, *Rhus*, dont il a en effet les caractères principaux. Il en diffère seulement par ses feuilles simples et non pennées ni ternées, et

17. 35

par ses fleurs presque toutes mâles : d'où il résulte que ses panicules lâches, qui ne portent qu'un très-petit nombre de fruits, ont, après la chute des fleurs mâles, l'aspect d'une espèce de houpe. (J.)

FUSTET. (*Chim.*) C'est le bois du *rhus cotinus*. La matière colorante qu'il contient, est employée en teinture pour donner à des étoffes déjà teintes une nuance de jaune orangé, qui doit se composer avec leur couleur première. Ainsi, on passe dans un bain de fustet l'écarlate qui doit tirer sur la couleur de feu ; on y passe aussi les étoffes de couleur grenade, jujube, langouste, chamois, orangée, jaune d'or, jonquille, etc.

La couleur du fustet n'est jamais appliquée seule sur les étoffes, parce qu'elle est trop altérable ; mais, quand elle s'y trouve unie sur une étoffe à une autre couleur, elle acquiert un peu de solidité, et présente cet avantage, que le temps, en en affoiblissant l'intensité, ne change pas la nature de sa couleur, qui est le jaune orangé. (Ch.)

FUSTI. (*Bot.*) Suivant C. Bauhin, quelques personnes donnoient ce nom au calice du giroflier qui est encore couronné de ses pétales. (J.)

FUSUS-AGRESTIS (*Bot.*), ancien nom du *carthamus lanatus*, Linn. (H. Cass.)

FUT. (*Ornith.*) Voyez Strunt-Jager. (Ch. D.)

FUTS, Mots-futs. (*Bot.*) Suivant M. Thunberg, le *gnaphalium arenarium* est ainsi nommé au Japon. Une clématite, *clematis virginica*, est le *futs-kusa* du même lieu. (J.)

FUTSIKU, Futamma-take (*Bot.*), noms japonois du bambou, ou d'une de ses variétés à tige bifurquée. (J.)

FYLL-ASFAR (*Bot.*), un des noms égyptiens de l'aloe pendens de Forskal. (J.)

FYSTERLIN (*Ornith.*), nom allemand de la guignette, *tringa hypoleucos*, Linn. (Ch. D.)

FIN DU DIX-SEPTIÈME VOLUME.

www.ingramcontent.com/pod-product-compliance
Lightning Source LLC
LaVergne TN
LVHW011943170726
843503LV00001B/32